2026학년도 수능 대비

수능 기출의 미래

수학영역 미적분

All New

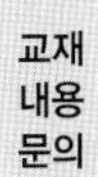 정답과 풀이는 EBS*i* 사이트(www.ebs*i*.co.kr)에서 내려받으실 수 있습니다.

교재 내용 문의 교재 및 강의 내용 문의는 EBS*i* 사이트 (www.ebs*i*.co.kr)의 학습 Q&A 서비스를 이용하시기 바랍니다.

교재 정오표 공지 발행 이후 발견된 정오 사항을 EBS*i* 사이트 정오표 코너에서 알려 드립니다. 교재 ▶ 교재 자료실 ▶ 교재 정오표

교재 정정 신청 공지된 정오 내용 외에 발견된 정오 사항이 있다면 EBS*i* 사이트를 통해 알려 주세요. 교재 ▶ 교재 정정 신청

EBS

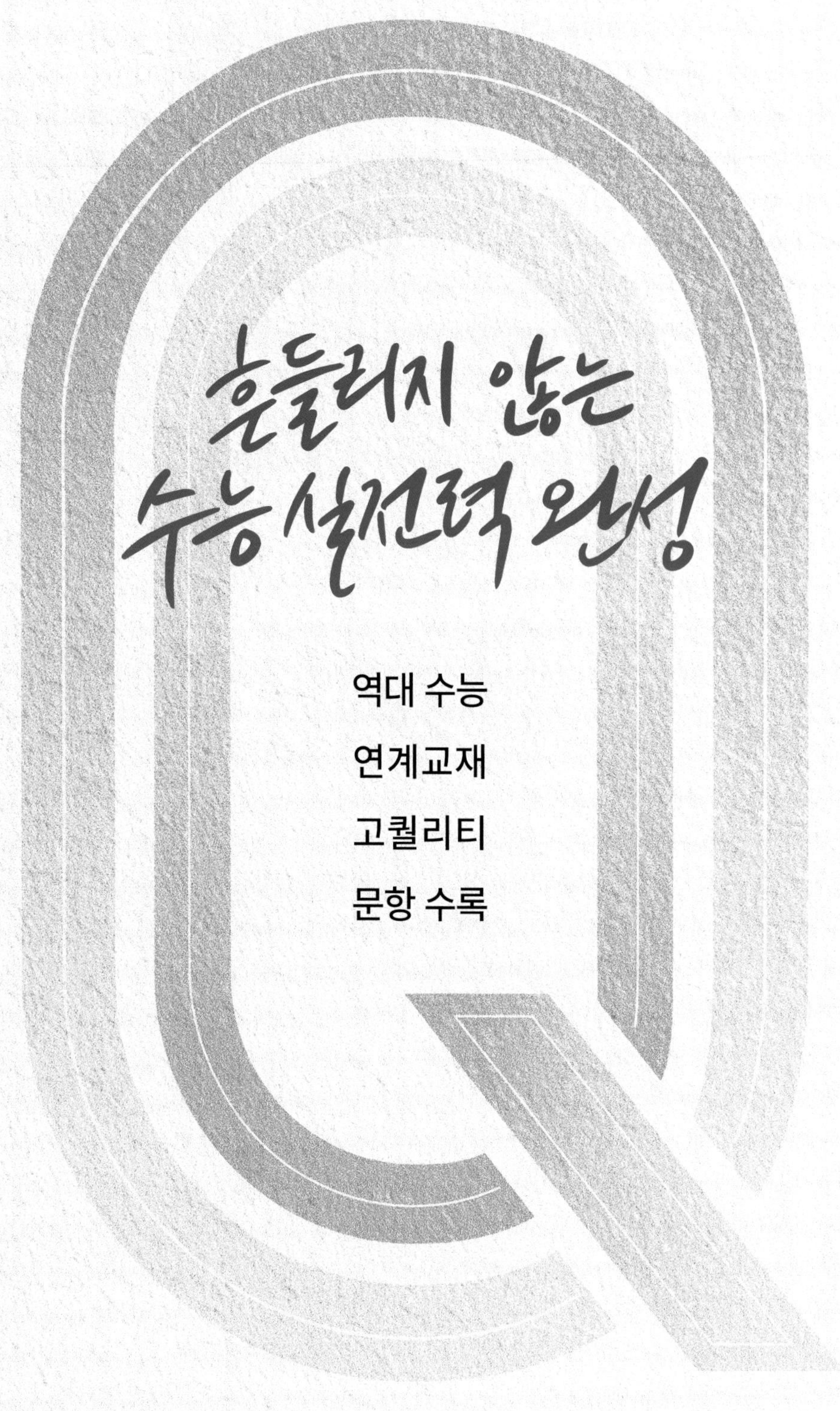

14회분 수록

미니모의고사로 만나는 수능연계 우수 문항집

수능특강Q 미니모의고사

국 어	Start / Jump / Hyper
수 학	수학Ⅰ / 수학Ⅱ / 확률과 통계 / 미적분
영 어	Start / Jump / Hyper
사회탐구	사회 · 문화
과학탐구	생명과학Ⅰ / 지구과학Ⅰ

2026학년도 수능 대비

수능 기출의 미래

수학영역 미적분

All New

수능 기출의 미래

수학영역 미적분

기출 풀어 유형 잡고, 수능 기출의 미래로 2026 수능 가자!!

매해 반복 출제되는 개념과 번갈아 출제되는 개념들을 익히기 위해서는 다년간의 기출문제를 꼼꼼히 풀어 봐야 합니다. 다년간 수능 및 모의고사에 출제된 기출문제를 풀다 보면 스스로 과목별, 영역별 유형을 익힐 수 있기 때문입니다.

최신 수능, 모의평가, 학력평가 기출문제를 엄선하여 실은
EBS **수능 기출의 미래로 2026학년도 수능을 준비**하세요.

수능 준비의 시작과 마무리! **수능 기출의 미래**가 책임집니다.

수능 유형별 기출문제

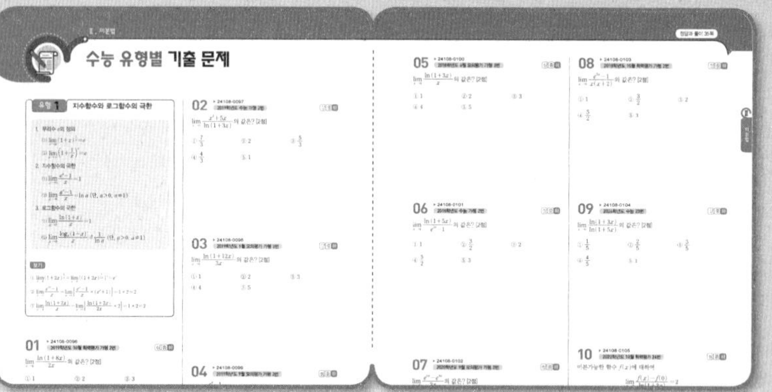

최신 기출문제로 단원별 유형을 확인하고 수능을 준비할 수 있도록 구성하였습니다. 매해 반복 출제되는 유형과 개념을 심화 학습할 수 있습니다.

도전 1등급 문제

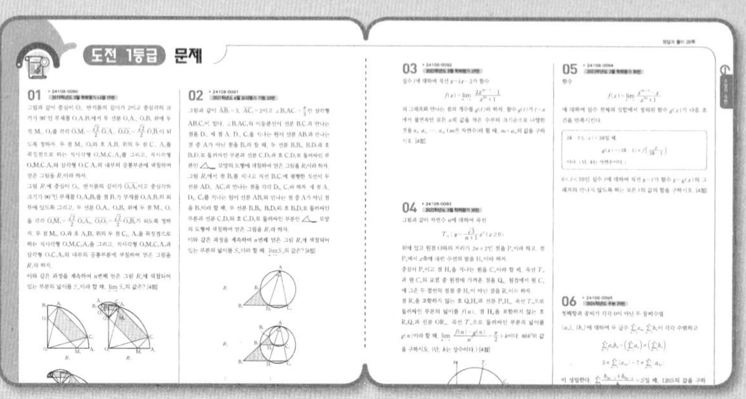

난도 있는 문제를 집중 심화 연습하면서 1등급을 완성합니다. 개념이 확장된 문제, 복합 유형을 다룬 문제를 수록하였습니다.

정답과 풀이

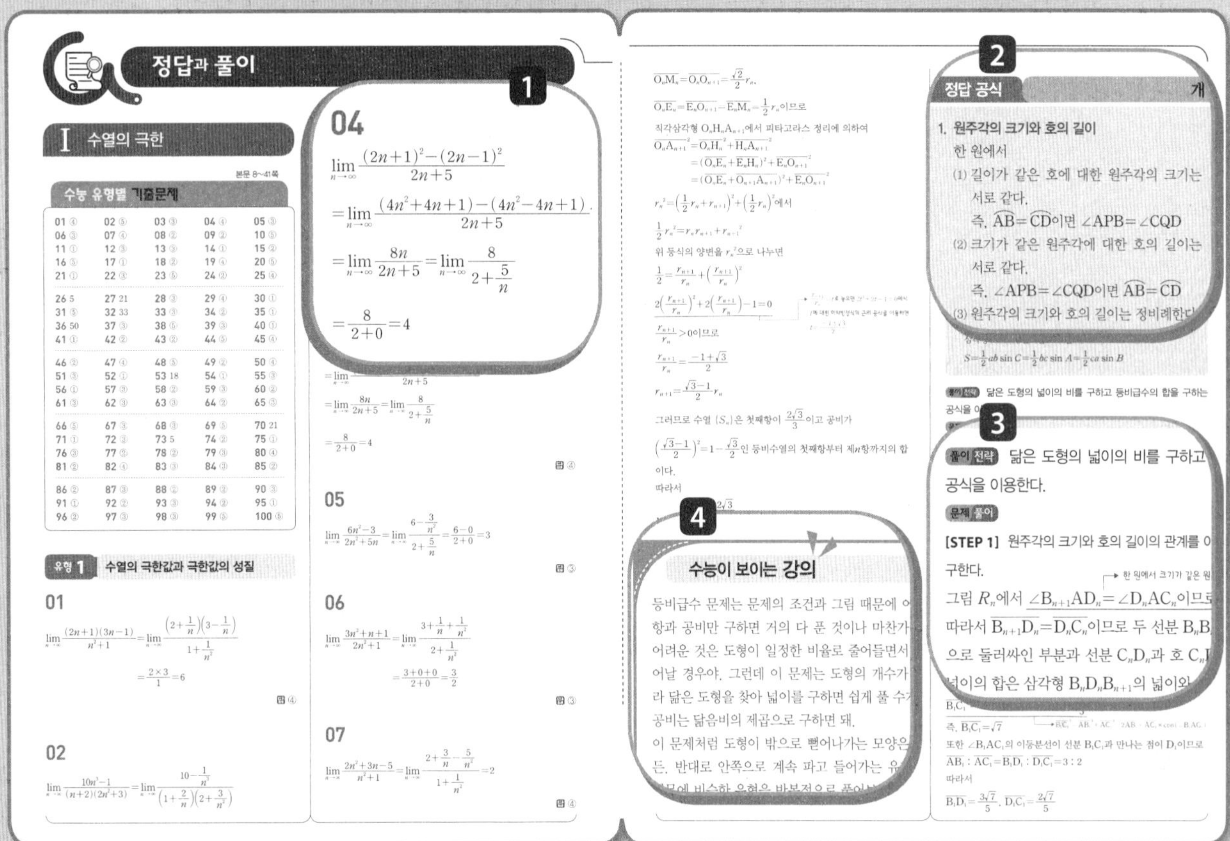

1 군더더기 없이 꼭 필요한 풀이만!

유형별 기출문제 풀이는 복잡하지 않고 꼭 필요한 핵심 내용의 풀이만 담았습니다. 더욱 쉽고 빠르게 풀이를 이해할 수 있도록 하였습니다.

2 정답 공식

문제를 푸는 데 핵심이 되는 개념과 관련된 공식을 정리하여, 문제 풀이에 적용할 수 있도록 하였습니다.

3 1등급 문제 풀이의 단계별 전략과 첨삭 설명!

풀이 전략을 통해 문제를 한 번 더 점검한 후, 단계별로 제시된 친절한 풀이와 첨삭 지도를 통해 이해가 어려운 부분을 보충 설명하였습니다.

4 수능이 보이는 강의

문제와 풀이에 관련된 기본 개념과 이전에 배웠던 개념을 다시 체크하고 다질 수 있도록 정리하였습니다.

수능 기출의 미래

수학영역 미적분

I 수열의 극한

II 미분법

Ⅲ 적분법

별책 정답과 풀이

수열의 극한

2025 수능 출제 분석

- 수열의 극한에 대한 성질을 이용하여 수열의 극한값을 구하는 문제가 출제되었다.
- 급수의 수렴 조건을 만족시키는 등비급수를 구하여 등비급수의 합을 구하는 문제가 어렵게 출제되었다.

2026 수능 예측

1. $\frac{\infty}{\infty}$ 꼴, $\infty-\infty$ 꼴, r^n을 포함하는 식의 간단한 극한값을 계산하는 문제가 출제되므로 계산 과정에서 실수하지 않도록 주의한다.
2. 부분분수를 이용한 급수의 합을 구하는 문제, 급수와 수열의 극한 사이의 관계, 특히 급수가 수렴할 때 수열의 극한값을 구하는 응용 문제가 출제된다.
3. 그래프나 그림이 주어진 상황에서 수열의 극한값 또는 급수의 합을 구하는 문제에 대비하기 위해 함수의 그래프와 도형의 성질을 연결하여 해결하는 연습을 충분히 하도록 한다.
4. 도형과 관련된 등비급수의 합을 구하는 활용 문제에 대비하기 위해 여러 도형의 성질과 닮은 도형의 성질, 도형의 넓이 공식 등을 도형에 적용하는 연습을 충분히 하도록 한다.

한눈에 보는 출제 빈도

연도 \ 핵심 주제		유형 1 수열의 극한값과 극한값의 성질	유형 2 등비수열의 극한	유형 3 급수의 합, 급수와 극한의 관계	유형 4 그림, 그래프를 이용한 수열의 극한	유형 5 도형과 관련된 급수의 활용
2025 학년도	수능	1		1		
	9월 모평		1	1		
	6월 모평		1	1		
2024 학년도	수능			1		
	9월 모평		1	1		
	6월 모평	1				
2023 학년도	수능		1			1
	9월 모평		1			1
	6월 모평	1		1		1
2022 학년도	수능	1		1		
	9월 모평		1			1
	6월 모평	1				1
2021 학년도	수능	1	1			1
	9월 모평	1		2		
	6월 모평	1	1	1		1

수능 유형별 기출문제

유형 1 수열의 극한값과 극한값의 성질

두 수열 $\{a_n\}$, $\{b_n\}$이 각각 수렴하고,
$\lim_{n\to\infty} a_n=\alpha$, $\lim_{n\to\infty} b_n=\beta$ (α, β는 실수)일 때

(1) $\lim_{n\to\infty} ca_n=c\lim_{n\to\infty} a_n=c\alpha$ (단, c는 상수)

(2) $\lim_{n\to\infty} (a_n+b_n)=\lim_{n\to\infty} a_n+\lim_{n\to\infty} b_n=\alpha+\beta$

(3) $\lim_{n\to\infty} (a_n-b_n)=\lim_{n\to\infty} a_n-\lim_{n\to\infty} b_n=\alpha-\beta$

(4) $\lim_{n\to\infty} a_nb_n=\lim_{n\to\infty} a_n\times\lim_{n\to\infty} b_n=\alpha\beta$

(5) $\lim_{n\to\infty} \frac{a_n}{b_n}=\frac{\lim_{n\to\infty} a_n}{\lim_{n\to\infty} b_n}=\frac{\alpha}{\beta}$ (단, $b_n\neq0$, $\beta\neq0$)

보기

$\lim_{n\to\infty} a_n=3$, $\lim_{n\to\infty} b_n=2$일 때

$\lim_{n\to\infty} (2a_n-b_n)=2\lim_{n\to\infty} a_n-\lim_{n\to\infty} b_n$
$=2\times3-2=4$

주의

두 수열 $\{a_n\}$, $\{b_n\}$ 중 어느 하나라도 수렴하지 않으면 수열의 극한에 대한 기본 성질이 성립하지 않을 수 있다.

01

▸ 25108-0001
2023학년도 3월 학력평가 23번 상중하

$\lim_{n\to\infty} \frac{(2n+1)(3n-1)}{n^2+1}$의 값은? [2점]

① 3 ② 4 ③ 5
④ 6 ⑤ 7

02

▸ 25108-0002
2021학년도 3월 학력평가 23번 상중하

$\lim_{n\to\infty} \frac{10n^3-1}{(n+2)(2n^2+3)}$의 값은? [2점]

① 1 ② 2 ③ 3
④ 4 ⑤ 5

03

▸ 25108-0003
2020학년도 10월 학력평가 가형 1번 상중하

$\lim_{n\to\infty} \frac{n(9n-5)}{3n^2+1}$의 값은? [2점]

① 1 ② 2 ③ 3
④ 4 ⑤ 5

04

▸ 25108-0004
2021학년도 9월 모의평가 가형 2번 상중하

$\lim_{n\to\infty} \frac{(2n+1)^2-(2n-1)^2}{2n+5}$의 값은? [2점]

① 1 ② 2 ③ 3
④ 4 ⑤ 5

05

▸ 25108-0005

2019학년도 수능 나형 3번

상중하

$\lim_{n\to\infty}\dfrac{6n^2-3}{2n^2+5n}$의 값은? [2점]

① 5　② 4　③ 3　④ 2　⑤ 1

06

▸ 25108-0006

2019학년도 6월 모의평가 나형 2번

$\lim_{n\to\infty}\dfrac{3n^2+n+1}{2n^2+1}$의 값은? [2점]

① $\dfrac{1}{2}$　② 1　③ $\dfrac{3}{2}$　④ 2　⑤ $\dfrac{5}{2}$

07

▸ 25108-0007

2023학년도 10월 학력평가 23번

상중하

$\lim_{n\to\infty}\dfrac{2n^2+3n-5}{n^2+1}$의 값은? [2점]

① $\dfrac{1}{2}$　② 1　③ $\dfrac{3}{2}$　④ 2　⑤ $\dfrac{5}{2}$

08

▸ 25108-0008

2022학년도 6월 모의평가 23번

$\lim_{n\to\infty}\dfrac{1}{\sqrt{n^2+n+1}-n}$의 값은? [2점]

① 1　② 2　③ 3　④ 4　⑤ 5

09
▸ 25108-0009
2021학년도 수능 가형 2번
상 중 하

$\lim_{n\to\infty}\dfrac{1}{\sqrt{4n^2+2n+1}-2n}$의 값은? [2점]

① 1 ② 2 ③ 3
④ 4 ⑤ 5

10
▸ 25108-0010
2022학년도 수능 23번
상 중 하

$\lim_{n\to\infty}\dfrac{\dfrac{5}{n}+\dfrac{3}{n^2}}{\dfrac{1}{n}-\dfrac{2}{n^3}}$의 값은? [2점]

① 1 ② 2 ③ 3
④ 4 ⑤ 5

11
▸ 25108-0011
2023학년도 6월 모의평가 23번
상 중 하

$\lim_{n\to\infty}\dfrac{1}{\sqrt{n^2+3n}-\sqrt{n^2+n}}$의 값은? [2점]

① 1 ② $\dfrac{3}{2}$ ③ 2
④ $\dfrac{5}{2}$ ⑤ 3

12
▸ 25108-0012
2020학년도 6월 모의평가 나형 2번
상 중 하

$\lim_{n\to\infty}\dfrac{\sqrt{9n^2+4n+1}}{2n+5}$의 값은? [2점]

① $\dfrac{1}{2}$ ② 1 ③ $\dfrac{3}{2}$
④ 2 ⑤ $\dfrac{5}{2}$

13

▸ 25108-0013

2020학년도 수능 나형 3번

상중하

$\lim_{n\to\infty} \frac{\sqrt{9n^2+4}}{5n-2}$의 값은? [2점]

① $\frac{1}{5}$ ② $\frac{2}{5}$ ③ $\frac{3}{5}$ ④ $\frac{4}{5}$ ⑤ 1

14

▸ 25108-0014

2022학년도 10월 학력평가 23번

상중하

첫째항이 1이고 공차가 2인 등차수열 $\{a_n\}$에 대하여

$\lim_{n\to\infty} \frac{a_n}{3n+1}$의 값은? [2점]

① $\frac{2}{3}$ ② 1 ③ $\frac{4}{3}$ ④ $\frac{5}{3}$ ⑤ 2

15

▸ 25108-0015

2021학년도 6월 모의평가 가형 2번

상중하

$\lim_{n\to\infty} (\sqrt{9n^2+12n}-3n)$의 값은? [2점]

① 1 ② 2 ③ 3 ④ 4 ⑤ 5

16

▸ 25108-0016

2024학년도 6월 모의평가 23번

상중하

$\lim_{n\to\infty} (\sqrt{n^2+9n}-\sqrt{n^2+4n})$의 값은? [2점]

① $\frac{1}{2}$ ② 1 ③ $\frac{3}{2}$ ④ 2 ⑤ $\frac{5}{2}$

17
▸ 25108-0017
2020학년도 3월 학력평가 가형 3번 상중하

$\lim_{n\to\infty}(\sqrt{4n^2+2n+1}-\sqrt{4n^2-2n-1})$의 값은? [2점]

① 1　② 2　③ 3　④ 4　⑤ 5

18
▸ 25108-0018
2018학년도 3월 학력평가 나형 3번 상중하

$\lim_{n\to\infty}\left(\frac{2}{n}+\frac{1}{2}\right)$의 값은? [2점]

① 0　② $\frac{1}{2}$　③ 1　④ $\frac{3}{2}$　⑤ 2

19
▸ 25108-0019
2020학년도 9월 모의평가 나형 10번 상중하

모든 항이 양수인 수열 $\{a_n\}$이 모든 자연수 n에 대하여 부등식

$$\sqrt{9n^2+4}<\sqrt{na_n}<3n+2$$

를 만족시킬 때, $\lim_{n\to\infty}\frac{a_n}{n}$의 값은? [3점]

① 6　② 7　③ 8　④ 9　⑤ 10

20
▸ 25108-0020
2022학년도 3월 학력평가 24번 상중하

수열 $\{a_n\}$이 $\lim_{n\to\infty}(3a_n-5n)=2$를 만족시킬 때,

$\lim_{n\to\infty}\frac{(2n+1)a_n}{4n^2}$의 값은? [3점]

① $\frac{1}{6}$　② $\frac{1}{3}$　③ $\frac{1}{2}$　④ $\frac{2}{3}$　⑤ $\frac{5}{6}$

21
▸ 25108-0021
2018학년도 3월 학력평가 나형 8번
상 중 하

모든 항이 양수인 수열 $\{a_n\}$에 대하여 $\lim_{n\to\infty}\frac{1}{a_n}=0$일 때,

$\lim_{n\to\infty}\frac{-2a_n+1}{a_n+3}$의 값은? [3점]

① -2 ② -1 ③ 0
④ 1 ⑤ 2

22
▸ 25108-0022
2024학년도 3월 학력평가 24번
상 중 하

두 수열 $\{a_n\}$, $\{b_n\}$이

$$\lim_{n\to\infty} na_n=1,\ \lim_{n\to\infty}\frac{b_n}{n}=3$$

을 만족시킬 때, $\lim_{n\to\infty}\frac{n^2a_n+b_n}{1+2b_n}$의 값은? [3점]

① $\frac{1}{3}$ ② $\frac{1}{2}$ ③ $\frac{2}{3}$
④ $\frac{5}{6}$ ⑤ 1

23
▸ 25108-0023
2024학년도 3월 학력평가 25번
상 중 하

수열 $\{a_n\}$이 모든 자연수 n에 대하여

$$2n+3<a_n<2n+4$$

를 만족시킬 때, $\lim_{n\to\infty}\frac{(a_n+1)^2+6n^2}{na_n}$의 값은? [3점]

① 1 ② 2 ③ 3
④ 4 ⑤ 5

24
▸ 25108-0024
2025학년도 수능 25번
상 중 하

수열 $\{a_n\}$에 대하여 $\lim_{n\to\infty}\frac{na_n}{n^2+3}=1$일 때,

$\lim_{n\to\infty}\left(\sqrt{{a_n}^2+n}-a_n\right)$의 값은? [3점]

① $\frac{1}{3}$ ② $\frac{1}{2}$ ③ 1
④ 2 ⑤ 3

25
▸ 25108-0025
2022학년도 3월 학력평가 25번
상중하

$\lim_{n\to\infty}(\sqrt{an^2+n}-\sqrt{an^2-an})=\frac{5}{4}$를 만족시키는 모든 양수 a의 값의 합은? [3점]

① $\frac{7}{2}$　② $\frac{15}{4}$　③ 4　④ $\frac{17}{4}$　⑤ $\frac{9}{2}$

26
▸ 25108-0026
2018학년도 10월 학력평가 나형 24번
상중하

수열 $\{a_n\}$이 모든 자연수 n에 대하여 부등식

$$\frac{10}{2n^2+3n}<a_n<\frac{10}{2n^2+n}$$

을 만족시킬 때, $\lim_{n\to\infty}n^2a_n$의 값을 구하시오. [3점]

27
▸ 25108-0027
2020학년도 3월 학력평가 가형 25번
상중하

두 수열 $\{a_n\}$, $\{b_n\}$이

$$\lim_{n\to\infty}n^2a_n=3,\ \lim_{n\to\infty}\frac{b_n}{n}=5$$

를 만족시킬 때, $\lim_{n\to\infty}na_n(b_n+2n)$의 값을 구하시오. [3점]

28
▸ 25108-0028
2023학년도 3월 학력평가 25번
상중하

등차수열 $\{a_n\}$에 대하여

$$\lim_{n\to\infty}\frac{a_{2n}-6n}{a_n+5}=4$$

일 때, a_2-a_1의 값은? [3점]

① -1　② -2　③ -3　④ -4　⑤ -5

29 ▸ 25108-0029 2024학년도 3월 학력평가 26번 상중하

수열 $\{a_n\}$이 모든 자연수 n에 대하여

$$a_{n+1}-a_n=a_1+2$$

를 만족시킨다. $\lim_{n\to\infty}\frac{2a_n+n}{a_n-n+1}=3$일 때, a_{10}의 값은?

(단, $a_1>0$) [3점]

① 35 ② 36 ③ 37 ④ 38 ⑤ 39

30 ▸ 25108-0030 2022학년도 3월 학력평가 27번 상중하

수열 $\{a_n\}$이 모든 자연수 n에 대하여

$$a_n^2<4na_n+n-4n^2$$

을 만족시킬 때, $\lim_{n\to\infty}\frac{a_n+3n}{2n+4}$의 값은? [3점]

① $\frac{5}{2}$ ② 3 ③ $\frac{7}{2}$ ④ 4 ⑤ $\frac{9}{2}$

31 ▸ 25108-0031 2023학년도 3월 학력평가 26번 상중하

두 수열 $\{a_n\}$, $\{b_n\}$에 대하여

$$\lim_{n\to\infty}(n^2+1)a_n=3,\ \lim_{n\to\infty}(4n^2+1)(a_n+b_n)=1$$

일 때, $\lim_{n\to\infty}(2n^2+1)(a_n+2b_n)$의 값은? [3점]

① -3 ② $-\frac{7}{2}$ ③ -4 ④ $-\frac{9}{2}$ ⑤ -5

32 ▸ 25108-0032 2019학년도 3월 학력평가 나형 24번 상중하

두 수열 $\{a_n\}$, $\{b_n\}$에 대하여

$$\lim_{n\to\infty}(a_n+2b_n)=9,\ \lim_{n\to\infty}(2a_n+b_n)=90$$

일 때, $\lim_{n\to\infty}(a_n+b_n)$의 값을 구하시오. [3점]

33
▶ 25108-0033
2019학년도 10월 학력평가 나형 9번 상중하

두 수열 $\{a_n\}$, $\{b_n\}$에 대하여 이차방정식
$a_nx^2+2a_{n+1}x+a_{n+2}=0$의 두 근이 -1, b_n일 때, $\lim_{n\to\infty} b_n$의 값은? [3점]

① -2 ② $-\sqrt{3}$ ③ -1
④ $\sqrt{3}$ ⑤ 2

34
▶ 25108-0034
2024학년도 3월 학력평가 27번 상중하

$a_1=3$, $a_2=6$인 등차수열 $\{a_n\}$과 모든 항이 양수인 수열 $\{b_n\}$이 모든 자연수 n에 대하여

$$\sum_{k=1}^{n} a_k(b_k)^2=n^3-n+3$$

을 만족시킬 때, $\lim_{n\to\infty}\frac{a_n}{b_nb_{2n}}$의 값은? [3점]

① $\frac{3}{2}$ ② $\frac{3\sqrt{2}}{2}$ ③ 3
④ $3\sqrt{2}$ ⑤ 6

35
▶ 25108-0035
2023학년도 3월 학력평가 27번 상중하

$a_1=3$, $a_2=-4$인 수열 $\{a_n\}$과 등차수열 $\{b_n\}$이 모든 자연수 n에 대하여

$$\sum_{k=1}^{n}\frac{a_k}{b_k}=\frac{6}{n+1}$$

을 만족시킬 때, $\lim_{n\to\infty} a_nb_n$의 값은? [3점]

① -54 ② $-\frac{75}{2}$ ③ -24
④ $-\frac{27}{2}$ ⑤ -6

36
▶ 25108-0036
2023학년도 3월 학력평가 29번 상중하

자연수 n에 대하여 x에 대한 부등식 $x^2-4nx-n<0$을 만족시키는 정수 x의 개수를 a_n이라 하자. 두 상수 p, q에 대하여

$$\lim_{n\to\infty}(\sqrt{na_n}-pn)=q$$

일 때, $100pq$의 값을 구하시오. [4점]

유형 2 등비수열의 극한

등비수열 $\{r^n\}$의 수렴과 발산은 다음과 같다.

(1) $r>1$일 때, $\lim_{n\to\infty} r^n=\infty$ (발산)

(2) $r=1$일 때, $\lim_{n\to\infty} r^n=1$ (수렴)

(3) $|r|<1$일 때, $\lim_{n\to\infty} r^n=0$ (수렴)

(4) $r\le -1$일 때, 수열 $\{r^n\}$은 진동한다. (발산)

보기

① 수열 $\{3^n\}$은 공비 3이 1보다 크므로 양의 무한대로 발산한다.

② 수열 $\left\{\left(\frac{1}{3}\right)^n\right\}$은 공비 $\frac{1}{3}$이 $-1<\frac{1}{3}<1$이므로 0으로 수렴한다.

③ 수열 $\{(-3)^n\}$은 공비 -3이 -1보다 작으므로 발산(진동)한다.

④ $\lim_{n\to\infty}\frac{3^n-4^n}{3^n+4^n}=\lim_{n\to\infty}\frac{\left(\frac{3}{4}\right)^n-1}{\left(\frac{3}{4}\right)^n+1}=\frac{0-1}{0+1}=-1$

참고

① 등비수열 $\{r^n\}$이 수렴할 필요충분조건은 $-1<r\le 1$이다.

② 수열 $\{ar^{n-1}\}$이 수렴할 필요충분조건은 $a=0$ 또는 $-1<r\le 1$이다.

③ 분모, 분자가 등비수열 $\{r^n\}$ 꼴의 식으로 나타내어진 수열의 극한값은 분모에 있는 등비수열의 공비의 절댓값이 가장 큰 것으로 분모, 분자를 각각 나누어 극한값을 구한다.

37
▸ 25108-0037
2022학년도 9월 모의평가 23번
상 중 **하**

$\lim_{n\to\infty}\frac{2\times 3^{n+1}+5}{3^n+2^{n+1}}$의 값은? [2점]

① 2 ② 4 ③ 6 ④ 8 ⑤ 10

38
▸ 25108-0038
2018학년도 9월 모의평가 나형 4번
상 중 **하**

$\lim_{n\to\infty}\frac{4\times 3^{n+1}+1}{3^n}$의 값은? [3점]

① 8 ② 9 ③ 10 ④ 11 ⑤ 12

39
▸ 25108-0039
2019학년도 9월 모의평가 나형 3번
상 중 **하**

$\lim_{n\to\infty}\frac{3\times 4^n+2^n}{4^n+3}$의 값은? [2점]

① 1 ② 2 ③ 3 ④ 4 ⑤ 5

40

▸ 25108-0040

2018학년도 수능 나형 3번

상 중 하

$\lim_{n\to\infty} \frac{5^n-3}{5^{n+1}}$의 값은? [2점]

① $\frac{1}{5}$ ② $\frac{1}{4}$ ③ $\frac{1}{3}$
④ $\frac{1}{2}$ ⑤ 1

41

▸ 25108-0041

2024학년도 3월 학력평가 23번

상 중 하

$\lim_{n\to\infty} \frac{2^{n+1}+3^{n-1}}{2^n-3^n}$의 값은? [2점]

① $-\frac{1}{3}$ ② $-\frac{1}{6}$ ③ 0
④ $\frac{1}{6}$ ⑤ $\frac{1}{3}$

42

▸ 25108-0042

2022학년도 3월 학력평가 23번

상 중 하

$\lim_{n\to\infty} \frac{2^{n+1}+3^{n-1}}{(-2)^n+3^n}$의 값은? [2점]

① $\frac{1}{9}$ ② $\frac{1}{3}$ ③ 1
④ 3 ⑤ 9

43

▸ 25108-0043

2025학년도 6월 모의평가 23번

상 중 하

$\lim_{n\to\infty} \frac{\left(\frac{1}{2}\right)^n+\left(\frac{1}{3}\right)^{n+1}}{\left(\frac{1}{2}\right)^{n+1}+\left(\frac{1}{3}\right)^n}$의 값은? [2점]

① 1 ② 2 ③ 3
④ 4 ⑤ 5

44

▸ 25108-0044
2023학년도 9월 모의평가 25번

상중하

수열 $\{a_n\}$에 대하여 $\lim_{n\to\infty}\frac{a_n+2}{2}=6$일 때,

$\lim_{n\to\infty}\frac{na_n+1}{a_n+2n}$의 값은? [3점]

① 1 ② 2 ③ 3 ④ 4 ⑤ 5

45

▸ 25108-0045
2024학년도 10월 학력평가 25번

상중하

수열 $a_n=\left(\frac{k}{2}\right)^n$이 수렴하도록 하는 모든 자연수 k에 대하여

$$\lim_{n\to\infty}\frac{a\times a_n+\left(\frac{1}{2}\right)^n}{a_n+b\times\left(\frac{1}{2}\right)^n}=\frac{k}{2}$$

일 때, $a+b$의 값은? (단, a와 b는 상수이다.) [3점]

① 1 ② 2 ③ 3 ④ 4 ⑤ 5

46

▸ 25108-0046
2021학년도 6월 모의평가 가형 7번

상중하

함수

$$f(x)=\lim_{n\to\infty}\frac{2\times\left(\frac{x}{4}\right)^{2n+1}-1}{\left(\frac{x}{4}\right)^{2n}+3}$$

에 대하여 $f(k)=-\frac{1}{3}$을 만족시키는 정수 k의 개수는? [3점]

① 5 ② 7 ③ 9 ④ 11 ⑤ 13

47

▸ 25108-0047
2025학년도 9월 모의평가 25번

상중하

등비수열 $\{a_n\}$에 대하여

$$\lim_{n\to\infty}\frac{4^n\times a_n-1}{3\times 2^{n+1}}=1$$

일 때, a_1+a_2의 값은? [3점]

① $\frac{3}{2}$ ② $\frac{5}{2}$ ③ $\frac{7}{2}$ ④ $\frac{9}{2}$ ⑤ $\frac{11}{2}$

48

▶ 25108-0048

2023학년도 수능 25번

상중하

등비수열 $\{a_n\}$에 대하여 $\lim_{n\to\infty}\frac{a_n+1}{3^n+2^{2n-1}}=3$일 때, a_2의 값은? [3점]

① 16 ② 18 ③ 20 ④ 22 ⑤ 24

49

▶ 25108-0049

2023학년도 3월 학력평가 24번

상중하

수열 $\{a_n\}$이 모든 자연수 n에 대하여

$$3^n-2^n<a_n<3^n+2^n$$

을 만족시킬 때, $\lim_{n\to\infty}\frac{a_n}{3^{n+1}+2^n}$의 값은? [3점]

① $\frac{1}{6}$ ② $\frac{1}{3}$ ③ $\frac{1}{2}$ ④ $\frac{2}{3}$ ⑤ $\frac{5}{6}$

50

▶ 25108-0050

2021학년도 3월 학력평가 25번

상중하

모든 항이 양수인 수열 $\{a_n\}$이 모든 자연수 n에 대하여

$$a_{n+1}=a_1a_n$$

을 만족시킨다. $\lim_{n\to\infty}\frac{3a_{n+3}-5}{2a_n+1}=12$일 때, a_1의 값은? [3점]

① $\frac{1}{2}$ ② 1 ③ $\frac{3}{2}$ ④ 2 ⑤ $\frac{5}{2}$

51

▶ 25108-0051

2021학년도 수능 가형 18번

상중하

실수 a에 대하여 함수 $f(x)$를

$$f(x)=\lim_{n\to\infty}\frac{(a-2)x^{2n+1}+2x}{3x^{2n}+1}$$

라 하자. $(f\circ f)(1)=\frac{5}{4}$가 되도록 하는 모든 a의 값의 합은? [4점]

① $\frac{11}{2}$ ② $\frac{13}{2}$ ③ $\frac{15}{2}$ ④ $\frac{17}{2}$ ⑤ $\frac{19}{2}$

52
▸ 25108-0052
2019학년도 3월 학력평가 나형 13번 상중하

$\lim_{n\to\infty}\frac{\left(\frac{m}{5}\right)^{n+1}+2}{\left(\frac{m}{5}\right)^{n}+1}=2$가 되도록 하는 자연수 m의 개수는? [3점]

① 5 ② 6 ③ 7 ④ 8 ⑤ 9

53
▸ 25108-0053
2024학년도 9월 모의평가 29번 상중하

두 실수 a, b $(a>1, b>1)$이

$$\lim_{n\to\infty}\frac{3^n+a^{n+1}}{3^{n+1}+a^n}=a,\ \lim_{n\to\infty}\frac{a^n+b^{n+1}}{a^{n+1}+b^n}=\frac{9}{a}$$

를 만족시킬 때, $a+b$의 값을 구하시오. [4점]

유형 3 급수의 합, 급수와 극한의 관계

1. 급수와 수열의 극한 사이의 관계
   ① 급수 $\sum_{n=1}^{\infty}a_n$이 수렴하면 $\lim_{n\to\infty}a_n=0$이다.
   ② $\lim_{n\to\infty}a_n\neq0$이면 급수 $\sum_{n=1}^{\infty}a_n$은 발산한다.
2. 등비급수의 뜻
   첫째항이 $a\,(a\neq0)$이고 공비가 r인 등비수열 $\{ar^{n-1}\}$에 대하여 급수
   $$\sum_{n=1}^{\infty}ar^{n-1}=a+ar+ar^2+\cdots+ar^{n-1}+\cdots$$
   을 첫째항이 a이고 공비가 r인 등비급수라고 한다.
3. 등비급수 $\sum_{n=1}^{\infty}ar^{n-1}(a\neq0)$의 수렴과 발산
   ① $|r|<1$일 때, 수렴하고 그 합은 $\frac{a}{1-r}$이다.
   ② $|r|\geq1$일 때, 발산한다.

보기

수열 $\left\{\left(\frac{1}{2}\right)^{n-1}\right\}$은 첫째항이 1이고, 공비가 $\frac{1}{2}$인 등비수열이다.

이때 $-1<\frac{1}{2}<1$이므로 등비급수 $\sum_{n=1}^{\infty}\left(\frac{1}{2}\right)^{n-1}$은 수렴하고, 그 합은

$\frac{1}{1-\frac{1}{2}}=2$이다.

주의

등비급수 $\sum_{n=1}^{\infty}r^{n-1}$의 수렴 조건은 $-1<r<1$이다.

급수 $\sum_{n=1}^{\infty}ar^{n-1}$의 수렴 조건은 $a=0$ 또는 $-1<r<1$이다.

54
▸ 25108-0054
2021학년도 3월 학력평가 24번 상중하

수열 $\{a_n\}$의 일반항이

$$a_n=\left(\frac{x^2-4x}{5}\right)^n$$

일 때, 수열 $\{a_n\}$이 수렴하도록 하는 모든 정수 x의 개수는? [3점]

① 7 ② 8 ③ 9 ④ 10 ⑤ 11

55

▸ 25108-0055

2021학년도 10월 학력평가 24번

상중하

수열 $\{a_n\}$에 대하여 $\sum_{n=1}^{\infty}\frac{a_n-4n}{n}=1$일 때, $\lim_{n\to\infty}\frac{5n+a_n}{3n-1}$의 값은? [3점]

① 1 ② 2 ③ 3 ④ 4 ⑤ 5

56

▸ 25108-0056

2021학년도 6월 모의평가 가형 5번

상중하

수열 $\{a_n\}$에 대하여 $\sum_{n=1}^{\infty}\frac{a_n}{n}=10$일 때, $\lim_{n\to\infty}\frac{a_n+2a_n^2+3n^2}{a_n^2+n^2}$의 값은? [3점]

① 3 ② $\frac{7}{2}$ ③ 4 ④ $\frac{9}{2}$ ⑤ 5

57

▸ 25108-0057

2025학년도 6월 모의평가 25번

상중하

수열 $\{a_n\}$이

$$\sum_{n=1}^{\infty}\left(a_n-\frac{3n^2-n}{2n^2+1}\right)=2$$

를 만족시킬 때, $\lim_{n\to\infty}(a_n^2+2a_n)$의 값은? [3점]

① $\frac{17}{4}$ ② $\frac{19}{4}$ ③ $\frac{21}{4}$ ④ $\frac{23}{4}$ ⑤ $\frac{25}{4}$

58

▸ 25108-0058

2021학년도 9월 모의평가 가형 4번

상중하

$\sum_{n=1}^{\infty}\frac{2}{n(n+2)}$의 값은? [3점]

① 1 ② $\frac{3}{2}$ ③ 2 ④ $\frac{5}{2}$ ⑤ 3

59 ▸25108-0059
2022학년도 3월 학력평가 26번 상중하

첫째항이 1인 두 수열 $\{a_n\}$, $\{b_n\}$이 모든 자연수 n에 대하여

$$a_{n+1}-a_n=3,\ \sum_{k=1}^{n}\frac{1}{b_k}=n^2$$

을 만족시킬 때, $\lim_{n\to\infty} a_nb_n$의 값은? [3점]

① $\frac{7}{6}$ ② $\frac{4}{3}$ ③ $\frac{3}{2}$
④ $\frac{5}{3}$ ⑤ $\frac{11}{6}$

60 ▸25108-0060
2021학년도 3월 학력평가 26번 상중하

수열 $\{a_n\}$이 모든 자연수 n에 대하여

$$2n^2-3<a_n<2n^2+4$$

를 만족시킨다. 수열 $\{a_n\}$의 첫째항부터 제n항까지의 합을 S_n이라 할 때, $\lim_{n\to\infty}\frac{S_n}{n^3}$의 값은? [3점]

① $\frac{1}{2}$ ② $\frac{2}{3}$ ③ $\frac{5}{6}$
④ 1 ⑤ $\frac{7}{6}$

61 ▸25108-0061
2021학년도 9월 모의평가 가형 8번 상중하

등비수열 $\{a_n\}$에 대하여 $\lim_{n\to\infty}\frac{3^n}{a_n+2^n}=6$일 때, $\sum_{n=1}^{\infty}\frac{1}{a_n}$의 값은? [3점]

① 1 ② 2 ③ 3
④ 4 ⑤ 5

62 ▸25108-0062
2019학년도 3월 학력평가 나형 5번 상중하

수열 $\{a_n\}$은 첫째항이 3이고 공비가 $\frac{1}{2}$인 등비수열이다.

$\sum_{n=1}^{\infty}a_n$의 값은? [3점]

① 4 ② 5 ③ 6
④ 7 ⑤ 8

63
▸ 25108-0063
2020학년도 6월 모의평가 나형 11번
상중하

수열 $\{a_n\}$이 $\sum_{n=1}^{\infty}(2a_n-3)=2$를 만족시킨다.

$\lim_{n\to\infty} a_n=r$일 때, $\lim_{n\to\infty}\frac{r^{n+2}-1}{r^n+1}$의 값은? [3점]

① $\frac{7}{4}$　② 2　③ $\frac{9}{4}$
④ $\frac{5}{2}$　⑤ $\frac{11}{4}$

64
▸ 25108-0064
2022학년도 수능 25번
상중하

등비수열 $\{a_n\}$에 대하여

$$\sum_{n=1}^{\infty}(a_{2n-1}-a_{2n})=3,\ \sum_{n=1}^{\infty}{a_n}^2=6$$

일 때, $\sum_{n=1}^{\infty}a_n$의 값은? [3점]

① 1　② 2　③ 3
④ 4　⑤ 5

65
▸ 25108-0065
2018학년도 3월 학력평가 나형 11번
상중하

등비급수 $\sum_{n=1}^{\infty}\left(\frac{2x-3}{7}\right)^n$이 수렴하도록 하는 정수 x의 개수는? [3점]

① 2　② 4　③ 6
④ 8　⑤ 10

66
▸ 25108-0066
2019학년도 6월 모의평가 나형 11번
상중하

급수 $\sum_{n=1}^{\infty}\left(\frac{x}{5}\right)^n$이 수렴하도록 하는 모든 정수 x의 개수는? [3점]

① 1　② 3　③ 5
④ 7　⑤ 9

67 ▸ 25108-0067
2023학년도 6월 모의평가 27번 상중하

첫째항이 4인 등차수열 $\{a_n\}$에 대하여 급수

$$\sum_{n=1}^{\infty}\left(\frac{a_n}{n}-\frac{3n+7}{n+2}\right)$$

이 실수 S에 수렴할 때, S의 값은? [3점]

① $\frac{1}{2}$ ② 1 ③ $\frac{3}{2}$

④ 2 ⑤ $\frac{5}{2}$

68 ▸ 25108-0068
2021학년도 3월 학력평가 27번 상중하

수열 $\{a_n\}$이 모든 자연수 n에 대하여

$$\sum_{k=1}^{n}\frac{a_k}{(k-1)!}=\frac{3}{(n+2)!}$$

을 만족시킨다. $\lim_{n\to\infty}(a_1+n^2a_n)$의 값은? [3점]

① $-\frac{7}{2}$ ② -3 ③ $-\frac{5}{2}$

④ -2 ⑤ $-\frac{3}{2}$

69 ▸ 25108-0069
2024학년도 9월 모의평가 26번 상중하

공차가 양수인 등차수열 $\{a_n\}$과 등비수열 $\{b_n\}$에 대하여

$a_1=b_1=1$, $a_2b_2=1$이고

$$\sum_{n=1}^{\infty}\left(\frac{1}{a_na_{n+1}}+b_n\right)=2$$

일 때, $\sum_{n=1}^{\infty}b_n$의 값은? [3점]

① $\frac{7}{6}$ ② $\frac{6}{5}$ ③ $\frac{5}{4}$

④ $\frac{4}{3}$ ⑤ $\frac{3}{2}$

70

▸ 25108-0070

2018학년도 3월 학력평가 나형 24번

상 중 하

수열 $\{a_n\}$의 첫째항부터 제n항까지의 합을 S_n이라 하자. $\lim_{n\to\infty} S_n=7$일 때, $\lim_{n\to\infty}(2a_n+3S_n)$의 값을 구하시오. [3점]

71

▸ 25108-0071

2023학년도 10월 학력평가 27번

상 중 하

모든 항이 자연수인 등비수열 $\{a_n\}$에 대하여

$$\sum_{n=1}^{\infty}\frac{a_n}{3^n}=4$$

이고 급수 $\sum_{n=1}^{\infty}\frac{1}{a_{2n}}$이 실수 S에 수렴할 때, S의 값은? [3점]

① $\frac{1}{6}$ ② $\frac{1}{5}$ ③ $\frac{1}{4}$

④ $\frac{1}{3}$ ⑤ $\frac{1}{2}$

유형 4 그림, 그래프를 이용한 수열의 극한

1. 좌표평면에서 선분의 길이, 도형의 넓이에 대한 극한
   (1) 좌표평면에서 조건을 만족시키는 점의 좌표와 함수식이 주어질 때, 주어진 조건을 이용하여 선분의 길이, 도형의 넓이를 n에 대한 식으로 나타낸다.
   (2) $\frac{\infty}{\infty}$ 꼴 또는 $\infty-\infty$ 꼴의 극한값을 구한다.
2. 좌표평면에서 여러 가지 극한
   (1) 좌표평면에서 조건을 만족시키는 점의 좌표, 점의 개수, 직선의 기울기 등을 n에 대한 식으로 나타낸다.
   (2) $\frac{\infty}{\infty}$ 꼴 또는 $\infty-\infty$ 꼴의 극한값을 구한다.

보기

두 점 $\mathrm{P}(0,\ 2n+1)$, $\mathrm{Q}(\sqrt{n},\ 1)$ 사이의 거리 a_n은

$$\begin{aligned}a_n&=\overline{\mathrm{PQ}}\\&=\sqrt{(\sqrt{n}-0)^2+(1-2n-1)^2}\\&=\sqrt{(\sqrt{n})^2+(-2n)^2}\\&=\sqrt{4n^2+n}\end{aligned}$$

따라서

$$\begin{aligned}\lim_{n\to\infty}\frac{a_n}{n}&=\lim_{n\to\infty}\frac{\sqrt{4n^2+n}}{n}\\&=\lim_{n\to\infty}\frac{\sqrt{4+\frac{1}{n}}}{1}\\&=\frac{\sqrt{4+0}}{1}\\&=2\end{aligned}$$

72

▸ 25108-0072

2021학년도 3월 학력평가 28번

상중하

자연수 n에 대하여 $\angle A=90°$, $\overline{AB}=2$, $\overline{CA}=n$인 삼각형 ABC에서 $\angle A$의 이등분선이 선분 BC와 만나는 점을 D라 하자. 선분 CD의 길이를 a_n이라 할 때, $\lim_{n\to\infty}(n-a_n)$의 값은? [4점]

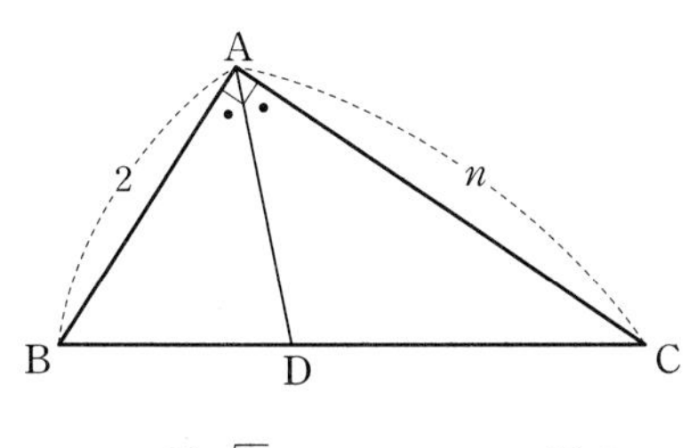

① 1 ② $\sqrt{2}$ ③ 2
④ $2\sqrt{2}$ ⑤ 4

73

▸ 25108-0073

2020학년도 10월 학력평가 가형 26번

상중하

자연수 n에 대하여 좌표평면 위에 두 점 $A_n(n, 0)$, $B_n(n, 3)$이 있다. 점 $P(1, 0)$을 지나고 x축에 수직인 직선이 직선 OB_n과 만나는 점을 C_n이라 할 때, $\lim_{n\to\infty}\frac{\overline{PC_n}}{\overline{OB_n}-\overline{OA_n}}=\frac{q}{p}$이다. $p+q$의 값을 구하시오.

(단, O는 원점이고, p와 q는 서로소인 자연수이다.) [4점]

74

▸ 25108-0074

2016학년도 9월 모의평가 A형 20번

상중하

자연수 n에 대하여 직선 $y=\left(\frac{1}{2}\right)^{n-1}(x-1)$과 이차함수 $y=3x(x-1)$의 그래프가 만나는 두 점을 $\mathrm{A}(1,\ 0)$과 P_n이라 하자. 점 P_n에서 x축에 내린 수선의 발을 H_n이라 할 때, $\sum_{n=1}^{\infty}\overline{\mathrm{P}_n\mathrm{H}_n}$의 값은? [4점]

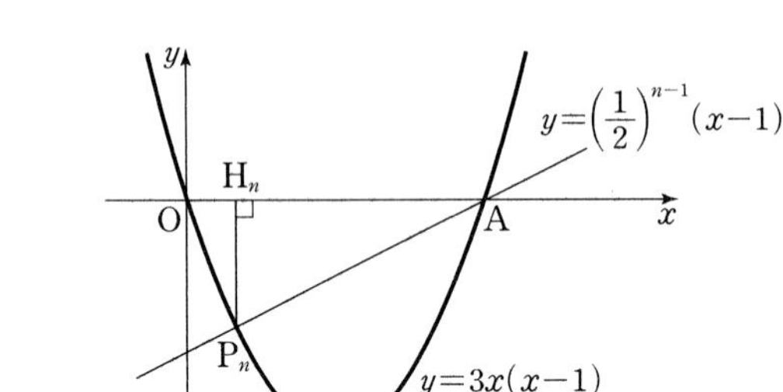

① $\frac{3}{2}$ ② $\frac{14}{9}$ ③ $\frac{29}{18}$

④ $\frac{5}{3}$ ⑤ $\frac{31}{18}$

75

▸ 25108-0075

2022학년도 3월 학력평가 28번

상중하

자연수 n에 대하여 좌표평면 위의 점 A_n을 다음 규칙에 따라 정한다.

> (가) A_1은 원점이다.
> (나) n이 홀수이면 A_{n+1}은 점 A_n을 x축의 방향으로 a만큼 평행이동한 점이다.
> (다) n이 짝수이면 A_{n+1}은 점 A_n을 y축의 방향으로 $a+1$만큼 평행이동한 점이다.

$\lim_{n\to\infty}\frac{\overline{\mathrm{A}_1\mathrm{A}_{2n}}}{n}=\frac{\sqrt{34}}{2}$일 때, 양수 a의 값은? [4점]

① $\frac{3}{2}$ ② $\frac{7}{4}$ ③ 2

④ $\frac{9}{4}$ ⑤ $\frac{5}{2}$

76
▸ 25108-0076
2024학년도 3월 학력평가 28번
상중하

자연수 n에 대하여 직선 $y=2nx$가 곡선 $y=x^2+n^2-1$과 만나는 두 점을 각각 A_n, B_n이라 하자. 원 $(x-2)^2+y^2=1$ 위의 점 P에 대하여 삼각형 $\mathrm{A}_n\mathrm{B}_n\mathrm{P}$의 넓이가 최대가 되도록 하는 점 P를 P_n이라 할 때, 삼각형 $\mathrm{A}_n\mathrm{B}_n\mathrm{P}_n$의 넓이를 S_n이라 하자. $\lim_{n\to\infty}\frac{S_n}{n}$의 값은? [4점]

① 2　② 4　③ 6　④ 8　⑤ 10

77
▸ 25108-0077
2023학년도 3월 학력평가 28번
상중하

$a>0$, $a\neq1$인 실수 a와 자연수 n에 대하여 직선 $y=n$이 y축과 만나는 점을 A_n, 직선 $y=n$이 곡선 $y=\log_a(x-1)$과 만나는 점을 B_n이라 하자. 사각형 $\mathrm{A}_n\mathrm{B}_n\mathrm{B}_{n+1}\mathrm{A}_{n+1}$의 넓이를 S_n이라 할 때,

$$\lim_{n\to\infty}\frac{\overline{\mathrm{B}_n\mathrm{B}_{n+1}}}{S_n}=\frac{3}{2a+2}$$

을 만족시킬 때, 모든 a의 값의 합은? [4점]

① 2　② $\frac{9}{4}$　③ $\frac{5}{2}$　④ $\frac{11}{4}$　⑤ 3

유형 5 도형과 관련된 급수의 활용

선분의 길이나 도형의 넓이가 일정한 비율로 한없이 작아질 때, 이 모든 선분들의 길이의 합 또는 도형들의 넓이의 합은 등비급수의 합을 이용하여 구할 수 있다.

① 첫 번째 도형에서 주어진 조건을 이용하여 구하고자 하는 선분의 길이 또는 도형의 넓이의 첫째항 a를 구한다.

② 두 번째 도형에서 a_2를 구하거나 선분의 길이 또는 도형의 넓이의 이웃하는 두 항 a_n과 a_{n+1} 사이의 관계를 유도하여 공비를 $r=\frac{a_2}{a_1}$ 또는 $r=\frac{a_{n+1}}{a_n}$로 구한다.
이때 닮음인 두 도형의 길이의 비가 $m : n$이면 넓이의 비는 $m^2 : n^2$임을 이용한다.

③ $\frac{a}{1-r}$를 이용하여 등비급수의 합을 구한다.

보기

그림과 같이 한 변의 길이가 3인 정사각형 $A_1B_1C_1D_1$과 자연수 n에 대하여 $\overline{A_{n+1}C_n}=\frac{2}{3}\overline{D_nC_n}$을 만족시키는 정사각형 $A_{n+1}C_nC_{n+1}D_{n+1}$이 있다.

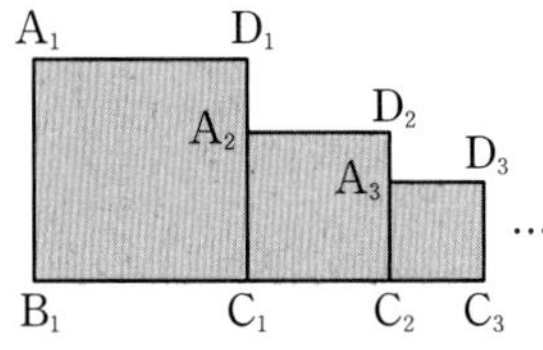

정사각형 $A_1B_1C_1D_1$의 넓이는 3^2이고, 정사각형 $A_2C_1C_2D_2$, $A_3C_2C_3D_3$, …의 넓이는 각각

$2^2, \left(\frac{4}{3}\right)^2, \cdots$

이므로 그림의 모든 정사각형의 넓이의 합은

$3^2+2^2+\left(\frac{4}{3}\right)^2+\cdots=\frac{9}{1-\frac{4}{9}}=\frac{81}{5}$

78 ▸ 25108-0078
2020학년도 10월 학력평가 가형 18번 상중하

그림과 같이 길이가 4인 선분 A_1B_1을 지름으로 하는 반원 O_1의 호 A_1B_1을 4등분하는 점을 점 A_1에서 가까운 순서대로 각각 C_1, D_1, E_1이라 하고, 두 점 C_1, E_1에서 선분 A_1B_1에 내린 수선의 발을 각각 A_2, B_2라 하자. 사각형 $C_1A_2B_2E_1$의 외부와 삼각형 $D_1A_1B_1$의 외부의 공통부분 중 반원 O_1의 내부에 있는 ⌒ 모양의 도형에 색칠하여 얻은 그림을 R_1이라 하자.

그림 R_1에서 선분 A_2B_2를 지름으로 하는 반원 O_2를 반원 O_1의 내부에 그리고, 반원 O_2의 호 A_2B_2를 4등분하는 점을 점 A_2에서 가까운 순서대로 각각 C_2, D_2, E_2라 하고, 두 점 C_2, E_2에서 선분 A_2B_2에 내린 수선의 발을 각각 A_3, B_3이라 하자. 사각형 $C_2A_3B_3E_2$의 외부와 삼각형 $D_2A_2B_2$의 외부의 공통부분 중 반원 O_2의 내부에 있는 ⌒ 모양의 도형에 색칠을 하여 얻은 그림을 R_2라 하자.

이와 같은 과정을 계속하여 n번째 얻은 그림 R_n에 색칠되어 있는 부분의 넓이를 S_n이라 할 때, $\lim_{n\to\infty} S_n$의 값은? [4점]

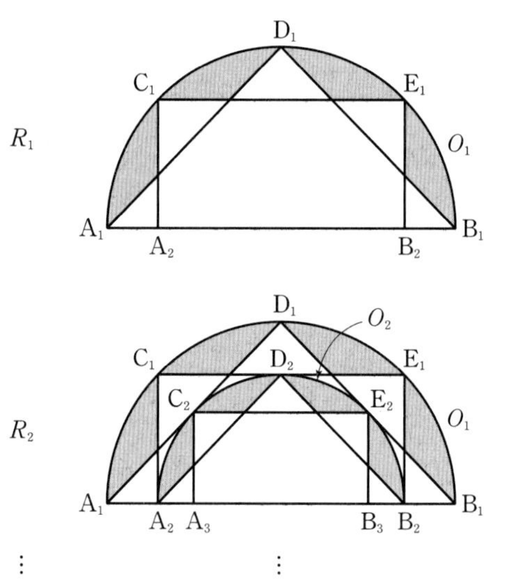

① $4\pi+4\sqrt{2}-16$ ② $4\pi+16\sqrt{2}-32$ ③ $4\pi+8\sqrt{2}-20$
④ $2\pi+16\sqrt{2}-24$ ⑤ $2\pi+8\sqrt{2}-12$

79

▶ 25108-0079

2022학년도 6월 모의평가 26번 (상중하)

그림과 같이 중심이 O_1, 반지름의 길이가 1이고 중심각의 크기가 $\frac{5\pi}{12}$인 부채꼴 $O_1A_1O_2$가 있다. 호 A_1O_2 위에 점 B_1을 $\angle A_1O_1B_1=\frac{\pi}{4}$가 되도록 잡고, 부채꼴 $O_1A_1B_1$에 색칠하여 얻은 그림을 R_1이라 하자.

그림 R_1에서 점 O_2를 지나고 선분 O_1A_1에 평행한 직선이 직선 O_1B_1과 만나는 점을 A_2라 하자. 중심이 O_2이고 중심각의 크기가 $\frac{5\pi}{12}$인 부채꼴 $O_2A_2O_3$을 부채꼴 $O_1A_1B_1$과 겹치지 않도록 그린다. 호 A_2O_3 위에 점 B_2를 $\angle A_2O_2B_2=\frac{\pi}{4}$가 되도록 잡고, 부채꼴 $O_2A_2B_2$에 색칠하여 얻은 그림을 R_2라 하자.

이와 같은 과정을 계속하여 n번째 얻은 그림 R_n에 색칠되어 있는 부분의 넓이를 S_n이라 할 때, $\lim_{n\to\infty} S_n$의 값은? [3점]

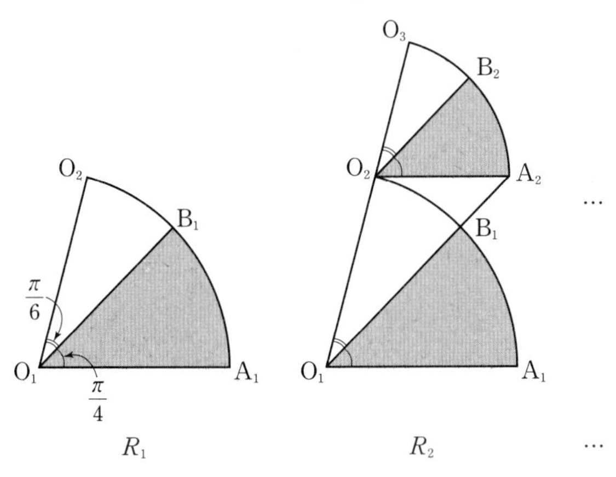

① $\frac{3\pi}{16}$　② $\frac{7\pi}{32}$　③ $\frac{\pi}{4}$　④ $\frac{9\pi}{32}$　⑤ $\frac{5\pi}{16}$

80

▶ 25108-0080

2022학년도 10월 학력평가 27번 (상중하)

그림과 같이 $\overline{A_1B_1}=1$, $\overline{B_1C_1}=2\sqrt{6}$인 직사각형 $A_1B_1C_1D_1$이 있다. 중심이 B_1이고 반지름의 길이가 1인 원이 선분 B_1C_1과 만나는 점을 E_1이라 하고, 중심이 D_1이고 반지름의 길이가 1인 원이 선분 A_1D_1과 만나는 점을 F_1이라 하자. 선분 B_1D_1이 호 A_1E_1, 호 C_1F_1과 만나는 점을 각각 B_2, D_2라 하고, 두 선분 B_1B_2, D_1D_2의 중점을 각각 G_1, H_1이라 하자.

두 선분 A_1G_1, G_1B_2와 호 B_2A_1로 둘러싸인 부분인 ◸ 모양의 도형과 두 선분 D_2H_1, H_1F_1과 호 F_1D_2로 둘러싸인 부분인 ▷ 모양의 도형에 색칠하여 얻은 그림을 R_1이라 하자.

그림 R_1에서 선분 B_2D_2가 대각선이고 모든 변이 선분 A_1B_1 또는 선분 B_1C_1에 평행한 직사각형 $A_2B_2C_2D_2$를 그린다.

직사각형 $A_2B_2C_2D_2$에 그림 R_1을 얻은 것과 같은 방법으로 ◸ 모양의 도형과 ▷ 모양의 도형을 그리고 색칠하여 얻은 그림을 R_2라 하자.

이와 같은 과정을 계속하여 n번째 얻은 그림 R_n에 색칠되어 있는 부분의 넓이를 S_n이라 할 때, $\lim_{n\to\infty} S_n$의 값은? [3점]

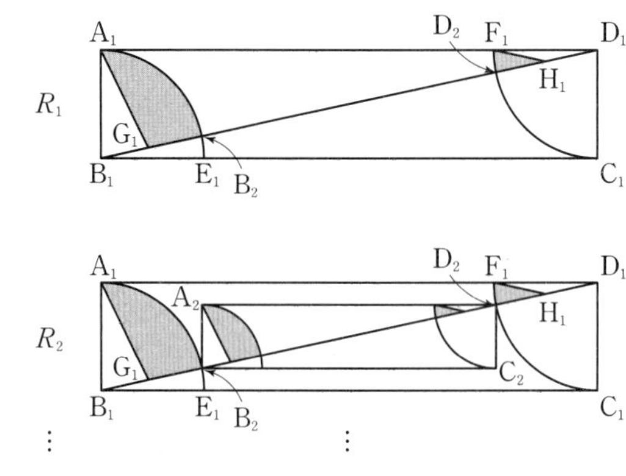

① $\frac{25\pi-12\sqrt{6}-5}{64}$　② $\frac{25\pi-12\sqrt{6}-4}{64}$

③ $\frac{25\pi-10\sqrt{6}-6}{64}$　④ $\frac{25\pi-10\sqrt{6}-5}{64}$

⑤ $\frac{25\pi-10\sqrt{6}-4}{64}$

81

▸ 25108-0081
2021학년도 10월 학력평가 26번
상중하

그림과 같이 길이가 2인 선분 A_1B를 지름으로 하는 반원 O_1이 있다. 호 BA_1 위에 점 C_1을 $\angle BA_1C_1=\frac{\pi}{6}$가 되도록 잡고, 선분 A_2B를 지름으로 하는 반원 O_2가 선분 A_1C_1과 접하도록 선분 A_1B 위에 점 A_2를 잡는다. 반원 O_2와 선분 A_1C_1의 접점을 D_1이라 할 때, 두 선분 A_1A_2, A_1D_1과 호 D_1A_2로 둘러싸인 부분과 선분 C_1D_1과 두 호 BC_1, BD_1로 둘러싸인 부분인 ◬ 모양의 도형에 색칠하여 얻은 그림을 R_1이라 하자.

그림 R_1에서 호 BA_2 위에 점 C_2를 $\angle BA_2C_2=\frac{\pi}{6}$가 되도록 잡고, 선분 A_3B를 지름으로 하는 반원 O_3이 선분 A_2C_2와 접하도록 선분 A_2B 위에 점 A_3을 잡는다. 반원 O_3과 선분 A_2C_2의 접점을 D_2라 할 때, 두 선분 A_2A_3, A_2D_2와 호 D_2A_3으로 둘러싸인 부분과 선분 C_2D_2와 두 호 BC_2, BD_2로 둘러싸인 부분인 ◬ 모양의 도형에 색칠하여 얻은 그림을 R_2라 하자.

이와 같은 과정을 계속하여 n번째 얻은 그림 R_n에 색칠되어 있는 부분의 넓이를 S_n이라 할 때, $\lim_{n\to\infty} S_n$의 값은? [3점]

R_1

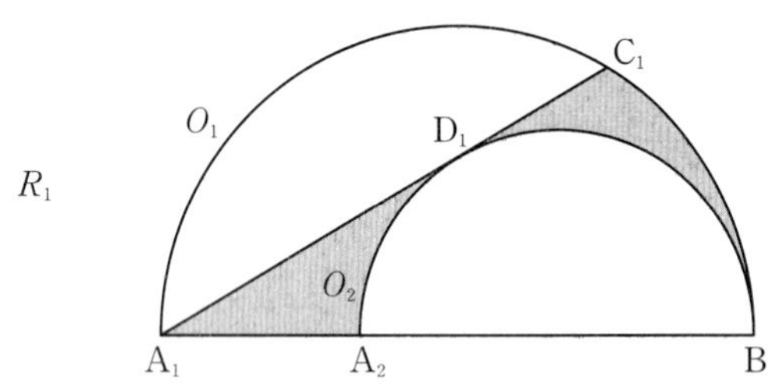

R_2

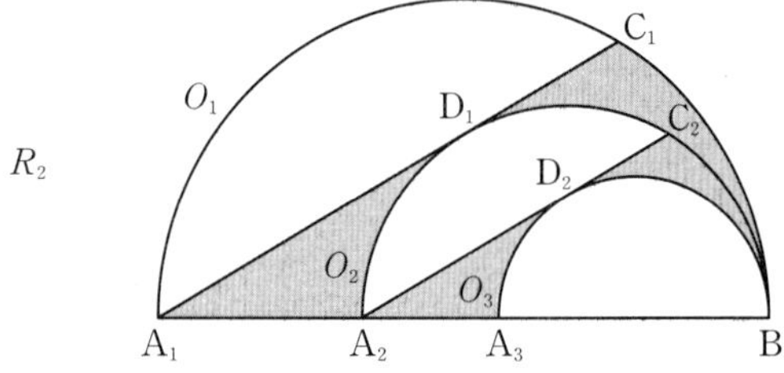

⋮ ⋮

① $\frac{4\sqrt{3}-\pi}{10}$　② $\frac{9\sqrt{3}-2\pi}{20}$　③ $\frac{8\sqrt{3}-\pi}{20}$

④ $\frac{5\sqrt{3}-\pi}{10}$　⑤ $\frac{9\sqrt{3}-\pi}{20}$

82

▸ 25108-0082
2019학년도 수능 나형 16번
상중하

그림과 같이 $\overline{OA_1}=4$, $\overline{OB_1}=4\sqrt{3}$인 직각삼각형 OA_1B_1이 있다. 중심이 O이고 반지름의 길이가 $\overline{OA_1}$인 원이 선분 OB_1과 만나는 점을 B_2라 하자. 삼각형 OA_1B_1의 내부와 부채꼴 OA_1B_2의 내부에서 공통된 부분을 제외한 ◸ 모양의 도형에 색칠하여 얻은 그림을 R_1이라 하자.

그림 R_1에서 점 B_2를 지나고 선분 A_1B_1에 평행한 직선이 선분 OA_1과 만나는 점을 A_2, 중심이 O이고 반지름의 길이가 $\overline{OA_2}$인 원이 선분 OB_2와 만나는 점을 B_3이라 하자. 삼각형 OA_2B_2의 내부와 부채꼴 OA_2B_3의 내부에서 공통된 부분을 제외한 ◸ 모양의 도형에 색칠하여 얻은 그림을 R_2라 하자.

이와 같은 과정을 계속하여 n번째 얻은 그림 R_n에 색칠되어 있는 부분의 넓이를 S_n이라 할 때, $\lim_{n\to\infty} S_n$의 값은? [4점]

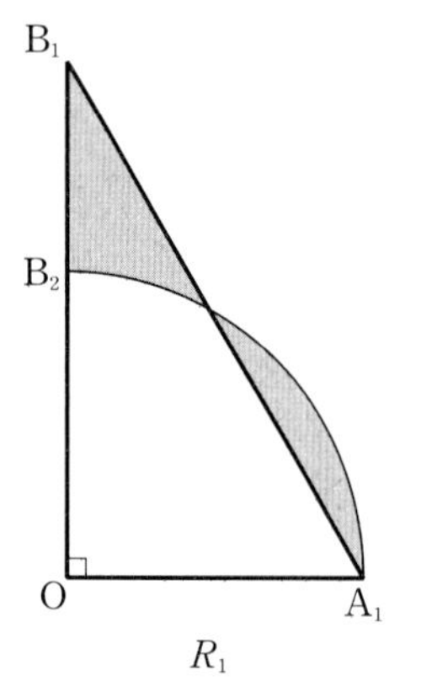

R_1

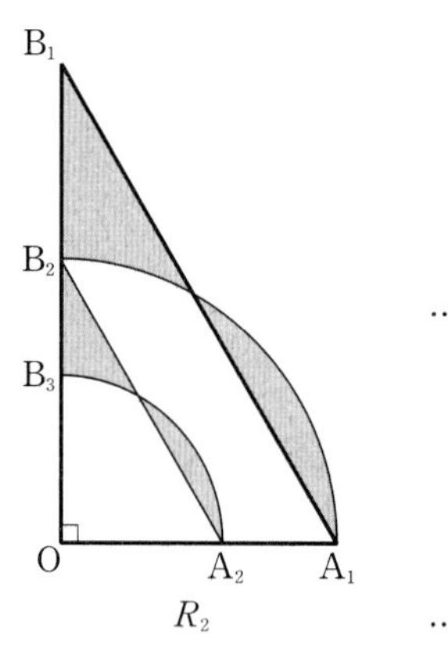

R_2

⋯

① $\frac{3}{2}\pi$　② $\frac{5}{3}\pi$　③ $\frac{11}{6}\pi$

④ 2π　⑤ $\frac{13}{6}\pi$

83

▸ 25108-0083

2021학년도 수능 가형 14번

상중하

그림과 같이 $\overline{AB_1}=2$, $\overline{AD_1}=4$인 직사각형 $AB_1C_1D_1$이 있다. 선분 AD_1을 $3:1$로 내분하는 점을 E_1이라 하고, 직사각형 $AB_1C_1D_1$의 내부에 점 F_1을 $\overline{F_1E_1}=\overline{F_1C_1}$, $\angle E_1F_1C_1=\frac{\pi}{2}$가 되도록 잡고 삼각형 $E_1F_1C_1$을 그린다. 사각형 $E_1F_1C_1D_1$을 색칠하여 얻은 그림을 R_1이라 하자.

그림 R_1에서 선분 AB_1 위의 점 B_2, 선분 E_1F_1 위의 점 C_2, 선분 AE_1 위의 점 D_2와 점 A를 꼭짓점으로 하고 $\overline{AB_2}:\overline{AD_2}=1:2$인 직사각형 $AB_2C_2D_2$를 그린다. 그림 R_1을 얻은 것과 같은 방법으로 직사각형 $AB_2C_2D_2$에 삼각형 $E_2F_2C_2$를 그리고 사각형 $E_2F_2C_2D_2$를 색칠하여 얻은 그림을 R_2라 하자.

이와 같은 과정을 계속하여 n번째 얻은 그림 R_n에 색칠되어 있는 부분의 넓이를 S_n이라 할 때, $\lim_{n\to\infty} S_n$의 값은? [4점]

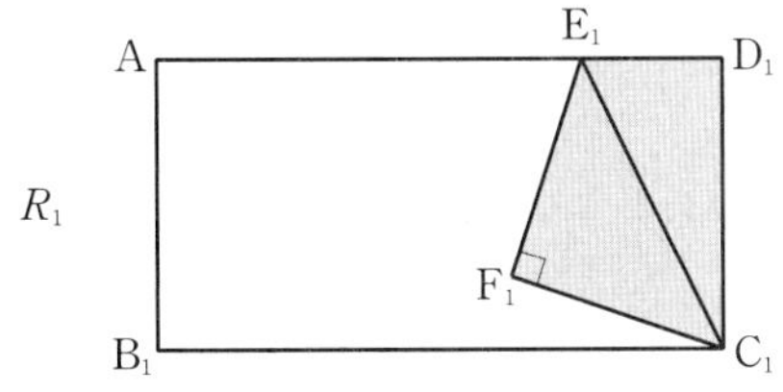

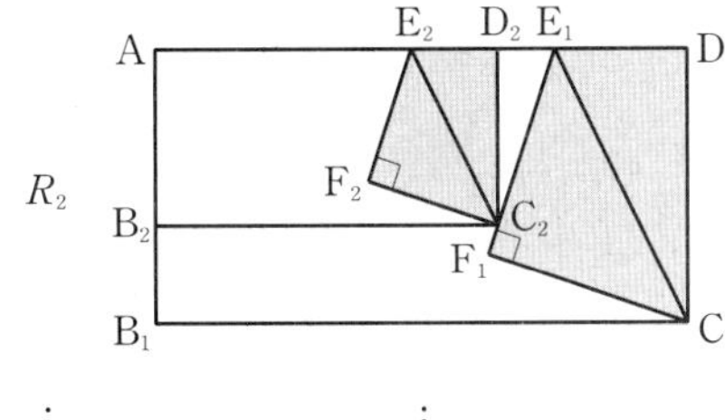

⋮ ⋮

① $\frac{441}{103}$ ② $\frac{441}{109}$ ③ $\frac{441}{115}$ ④ $\frac{441}{121}$ ⑤ $\frac{441}{127}$

84

▸ 25108-0084

2019학년도 10월 학력평가 나형 19번

상중하

그림과 같이 $\overline{AB}=2$, $\overline{BC}=4$이고 $\angle ABC=60°$인 삼각형 ABC가 있다. 사각형 $D_1BE_1F_1$이 마름모가 되도록 세 선분 AB, BC, CA 위에 각각 점 D_1, E_1, F_1을 잡고, 마름모 $D_1BE_1F_1$의 내부와 중심이 B인 부채꼴 BE_1D_1의 외부의 공통부분에 색칠하여 얻은 그림을 R_1이라 하자.

그림 R_1에서 사각형 $D_2E_1E_2F_2$가 마름모가 되도록 세 선분 F_1E_1, E_1C, CF_1 위에 각각 점 D_2, E_2, F_2를 잡고, 마름모 $D_2E_1E_2F_2$의 내부와 중심이 E_1인 부채꼴 $E_1E_2D_2$의 외부의 공통부분에 색칠하여 얻은 그림을 R_2라 하자.

이와 같은 과정을 계속하여 n번째 얻은 그림 R_n에 색칠되어 있는 부분의 넓이를 S_n이라 할 때, $\lim_{n\to\infty} S_n$의 값은? [4점]

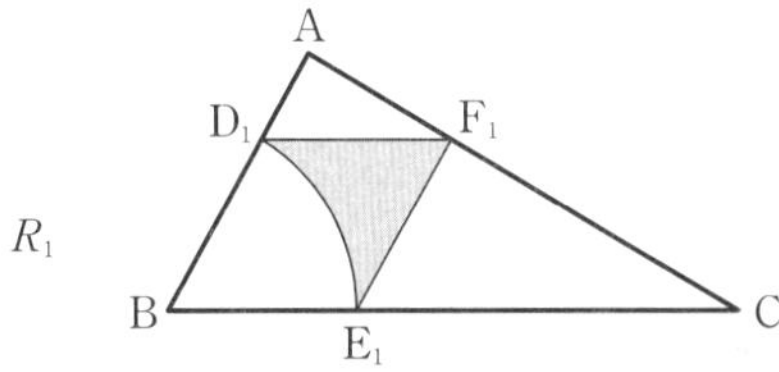

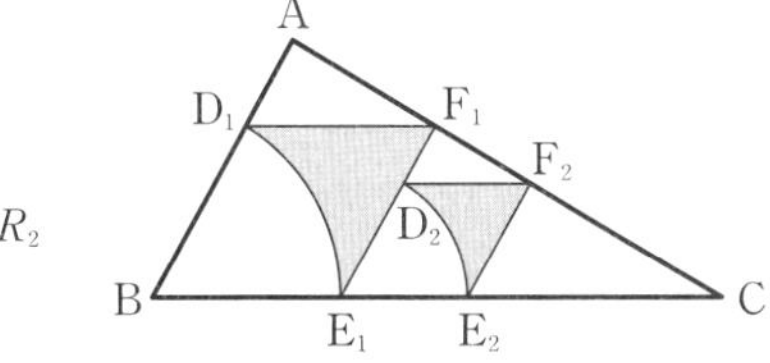

⋮ ⋮

① $\frac{4(3\sqrt{3}-\pi)}{15}$ ② $\frac{4(3\sqrt{3}-\pi)}{9}$ ③ $\frac{8(3\sqrt{3}-\pi)}{15}$ ④ $\frac{2(3\sqrt{3}-\pi)}{3}$ ⑤ $\frac{8(3\sqrt{3}-\pi)}{9}$

85

▶ 25108-0085
2023학년도 수능 27번

상중하

그림과 같이 중심이 O, 반지름의 길이가 1이고 중심각의 크기가 $\frac{\pi}{2}$인 부채꼴 OA_1B_1이 있다. 호 A_1B_1 위에 점 P_1, 선분 OA_1 위에 점 C_1, 선분 OB_1 위에 점 D_1을 사각형 $OC_1P_1D_1$이 $\overline{OC_1}:\overline{OD_1}=3:4$인 직사각형이 되도록 잡는다.
부채꼴 OA_1B_1의 내부에 점 Q_1을 $\overline{P_1Q_1}=\overline{A_1Q_1}$, $\angle P_1Q_1A_1=\frac{\pi}{2}$가 되도록 잡고, 이등변삼각형 $P_1Q_1A_1$에 색칠하여 얻은 그림을 R_1이라 하자.
그림 R_1에서 선분 OA_1 위의 점 A_2와 선분 OB_1 위의 점 B_2를 $\overline{OQ_1}=\overline{OA_2}=\overline{OB_2}$가 되도록 잡고, 중심이 O, 반지름의 길이가 $\overline{OQ_1}$, 중심각의 크기가 $\frac{\pi}{2}$인 부채꼴 OA_2B_2를 그린다. 그림 R_1을 얻은 것과 같은 방법으로 네 점 P_2, C_2, D_2, Q_2를 잡고, 이등변삼각형 $P_2Q_2A_2$에 색칠하여 얻은 그림을 R_2라 하자.
이와 같은 과정을 계속하여 n번째 얻은 그림 R_n에 색칠되어 있는 부분의 넓이를 S_n이라 할 때, $\lim_{n\to\infty} S_n$의 값은? [3점]

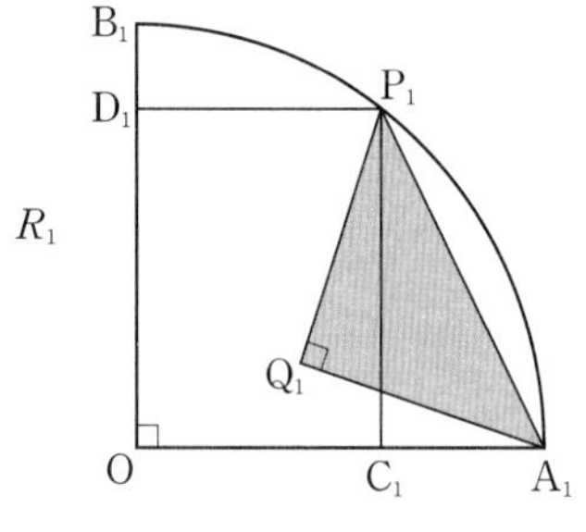

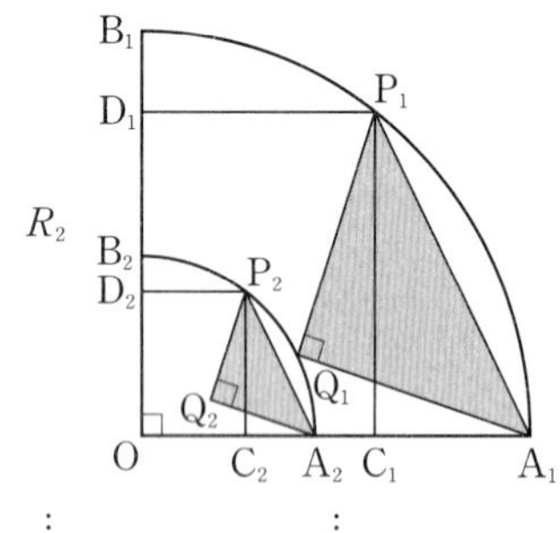

⋮ ⋮

① $\frac{9}{40}$ ② $\frac{1}{4}$ ③ $\frac{11}{40}$
④ $\frac{3}{10}$ ⑤ $\frac{13}{40}$

86

▶ 25108-0086
2023학년도 6월 모의평가 26번

상중하

그림과 같이 $\overline{A_1B_1}=2$, $\overline{B_1A_2}=3$이고 $\angle A_1B_1A_2=\frac{\pi}{3}$인 삼각형 $A_1A_2B_1$과 이 삼각형의 외접원 O_1이 있다.
점 A_2를 지나고 직선 A_1B_1에 평행한 직선이 원 O_1과 만나는 점 중 A_2가 아닌 점을 B_2라 하자. 두 선분 A_1B_2, B_1A_2가 만나는 점을 C_1이라 할 때, 두 삼각형 $A_1A_2C_1$, $B_1C_1B_2$로 만들어진 ⧖ 모양의 도형에 색칠하여 얻은 그림을 R_1이라 하자.
그림 R_1에서 점 B_2를 지나고 직선 B_1A_2에 평행한 직선이 직선 A_1A_2와 만나는 점을 A_3이라 할 때, 삼각형 $A_2A_3B_2$의 외접원을 O_2라 하자. 그림 R_1을 얻은 것과 같은 방법으로 두 점 B_3, C_2를 잡아 원 O_2에 ⧖ 모양의 도형을 그리고 색칠하여 얻은 그림을 R_2라 하자.
이와 같은 과정을 계속하여 n번째 얻은 그림 R_n에 색칠되어 있는 부분의 넓이를 S_n이라 할 때, $\lim_{n\to\infty} S_n$의 값은? [3점]

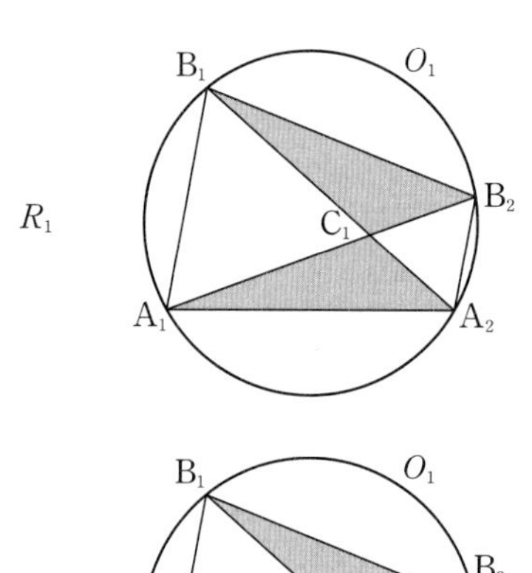

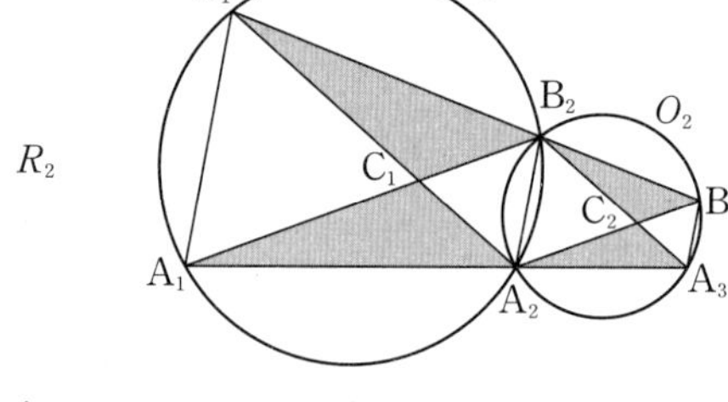

⋮ ⋮

① $\frac{11\sqrt{3}}{9}$ ② $\frac{4\sqrt{3}}{3}$ ③ $\frac{13\sqrt{3}}{9}$
④ $\frac{14\sqrt{3}}{9}$ ⑤ $\frac{5\sqrt{3}}{3}$

87

▸ 25108-0087
2017학년도 9월 모의평가 나형 16번 상중하

그림과 같이 한 변의 길이가 1인 정사각형 $A_1B_1C_1D_1$ 안에 꼭짓점 A_1, C_1을 중심으로 하고 선분 A_1B_1, C_1D_1을 반지름으로 하는 사분원을 각각 그린다. 선분 A_1C_1이 두 사분원과 만나는 점 중 점 A_1과 가까운 점을 A_2, 점 C_1과 가까운 점을 C_2라 하자. 선분 A_1D_1에 평행하고 점 A_2를 지나는 직선이 선분 A_1B_1과 만나는 점을 E_1, 선분 B_1C_1에 평행하고 점 C_2를 지나는 직선이 선분 C_1D_1과 만나는 점을 F_1이라 하자. 삼각형 $A_1E_1A_2$와 삼각형 $C_1F_1C_2$를 그린 후 두 삼각형의 내부에 속하는 영역을 색칠하여 얻은 그림을 R_1이라 하자.

그림 R_1에 선분 A_2C_2를 대각선으로 하는 정사각형을 그리고, 새로 그려진 정사각형 안에 그림 R_1을 얻는 것과 같은 방법으로 두 개의 사분원과 두 개의 삼각형을 그리고 두 삼각형의 내부에 속하는 영역을 색칠하여 얻은 그림을 R_2라 하자.

이와 같은 과정을 계속하여 n번째 얻은 그림 R_n에 색칠되어 있는 부분의 넓이를 S_n이라 할 때, $\lim_{n\to\infty} S_n$의 값은? [4점]

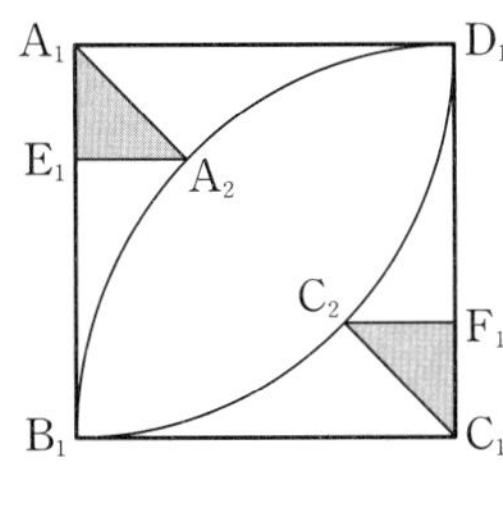

R_1

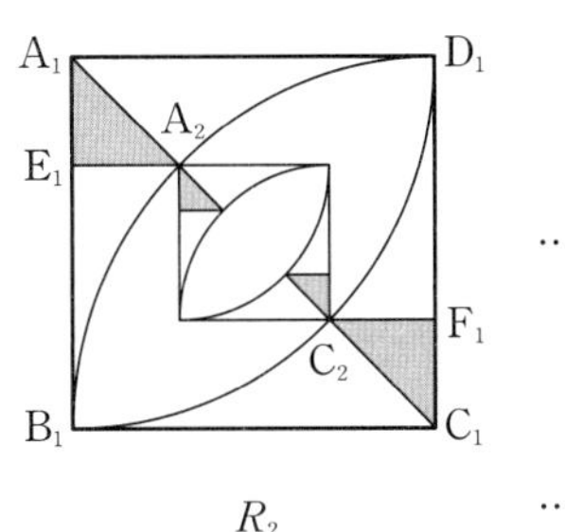

R_2

…

① $\frac{1}{12}(\sqrt{2}-1)$ ② $\frac{1}{6}(\sqrt{2}-1)$ ③ $\frac{1}{4}(\sqrt{2}-1)$

④ $\frac{1}{3}(\sqrt{2}-1)$ ⑤ $\frac{5}{12}(\sqrt{2}-1)$

88

▸ 25108-0088
2019학년도 6월 모의평가 나형 18번 상중하

그림과 같이 $\overline{A_1B_1}=1$, $\overline{A_1D_1}=2$인 직사각형 $A_1B_1C_1D_1$이 있다. 선분 A_1D_1 위의 $\overline{B_1C_1}=\overline{B_1E_1}$, $\overline{C_1B_1}=\overline{C_1F_1}$인 두 점 E_1, F_1에 대하여 중심이 B_1인 부채꼴 $B_1E_1C_1$과 중심이 C_1인 부채꼴 $C_1F_1B_1$을 각각 직사각형 $A_1B_1C_1D_1$ 내부에 그리고, 선분 B_1E_1과 선분 C_1F_1의 교점을 G_1이라 하자. 두 선분 G_1F_1, G_1B_1과 호 F_1B_1로 둘러싸인 부분과 두 선분 G_1E_1, G_1C_1과 호 E_1C_1로 둘러싸인 부분인 ⋈ 모양의 도형에 색칠하여 얻은 그림을 R_1이라 하자.

그림 R_1에서 선분 B_1G_1 위의 점 A_2, 선분 C_1G_1 위의 점 D_2와 선분 B_1C_1 위의 두 점 B_2, C_2를 꼭짓점으로 하고 $\overline{A_2B_2}:\overline{A_2D_2}=1:2$인 직사각형 $A_2B_2C_2D_2$를 그리고, 그림 R_1을 얻는 것과 같은 방법으로 직사각형 $A_2B_2C_2D_2$ 내부에 ⋈ 모양의 도형을 그리고 색칠하여 얻은 그림을 R_2라 하자.

이와 같은 과정을 계속하여 n번째 얻은 그림 R_n에 색칠되어 있는 부분의 넓이를 S_n이라 할 때, $\lim_{n\to\infty} S_n$의 값은? [4점]

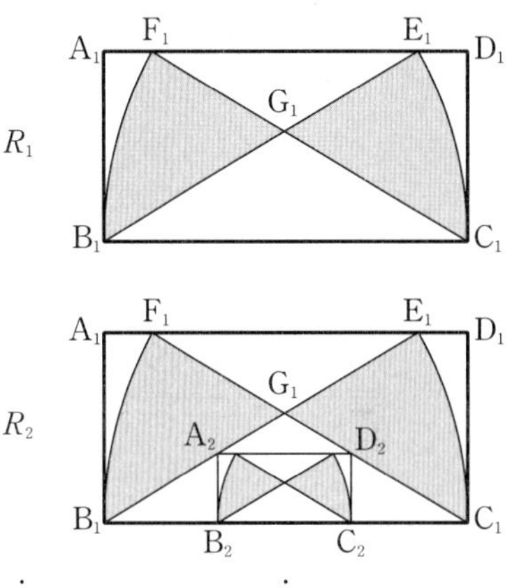

① $\frac{3\sqrt{3}\pi-7}{9}$ ② $\frac{4\sqrt{3}\pi-12}{9}$ ③ $\frac{3\sqrt{3}\pi-5}{9}$

④ $\frac{4\sqrt{3}\pi-10}{9}$ ⑤ $\frac{4\sqrt{3}\pi-8}{9}$

89

▸ 25108-0089

2018학년도 수능 나형 19번

상 중 하

그림과 같이 한 변의 길이가 1인 정삼각형 $A_1B_1C_1$이 있다. 선분 A_1B_1의 중점을 D_1이라 하고, 선분 B_1C_1 위의 $\overline{C_1D_1}=\overline{C_1B_2}$인 점 B_2에 대하여 중심이 C_1인 부채꼴 $C_1D_1B_2$를 그린다. 점 B_2에서 선분 C_1D_1에 내린 수선의 발을 A_2, 선분 C_1B_2의 중점을 C_2라 하자. 두 선분 B_1B_2, B_1D_1과 호 D_1B_2로 둘러싸인 영역과 삼각형 $C_1A_2C_2$의 내부에 색칠하여 얻은 그림을 R_1이라 하자.

그림 R_1에서 선분 A_2B_2의 중점을 D_2라 하고, 선분 B_2C_2 위의 $\overline{C_2D_2}=\overline{C_2B_3}$인 점 B_3에 대하여 중심이 C_2인 부채꼴 $C_2D_2B_3$을 그린다. 점 B_3에서 선분 C_2D_2에 내린 수선의 발을 A_3, 선분 C_2B_3의 중점을 C_3이라 하자. 두 선분 B_2B_3, B_2D_2와 호 D_2B_3으로 둘러싸인 영역과 삼각형 $C_2A_3C_3$의 내부에 색칠하여 얻은 그림을 R_2라 하자.

이와 같은 과정을 계속하여 n번째 얻은 그림 R_n에 색칠되어 있는 부분의 넓이를 S_n이라 할 때, $\lim_{n\to\infty} S_n$의 값은? [4점]

R_1

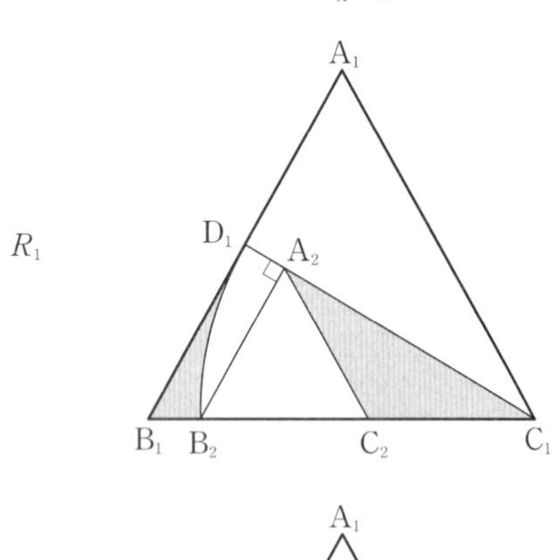

R_2

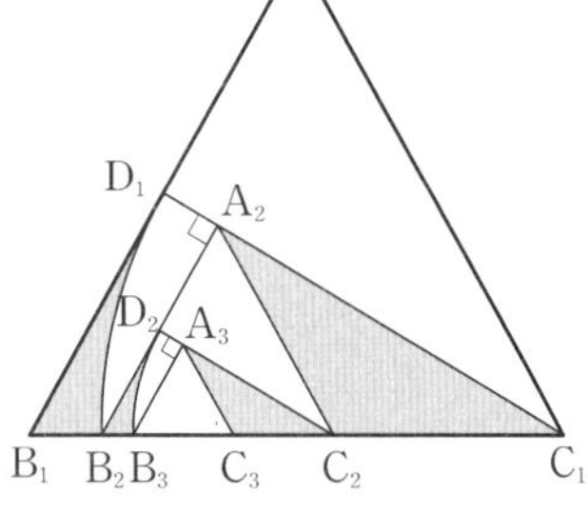

⋮ ⋮

① $\dfrac{11\sqrt{3}-4\pi}{56}$ ② $\dfrac{11\sqrt{3}-4\pi}{52}$ ③ $\dfrac{15\sqrt{3}-6\pi}{56}$

④ $\dfrac{15\sqrt{3}-6\pi}{52}$ ⑤ $\dfrac{15\sqrt{3}-4\pi}{52}$

90

▸ 25108-0090

2017학년도 수능 나형 17번

상 중 하

그림과 같이 길이가 4인 선분 AB를 지름으로 하는 원 O가 있다. 원의 중심을 C라 하고, 선분 AC의 중점과 선분 BC의 중점을 각각 D, P라 하자. 선분 AC의 수직이등분선과 선분 BC의 수직이등분선이 원 O의 위쪽 반원과 만나는 점을 각각 E, Q라 하자. 선분 DE를 한 변으로 하고 원 O와 점 A에서 만나며 선분 DF가 대각선인 정사각형 DEFG를 그리고, 선분 PQ를 한 변으로 하고 원 O와 점 B에서 만나며 선분 PR가 대각선인 정사각형 PQRS를 그린다. 원 O의 내부와 정사각형 DEFG의 내부의 공통부분인 ◸ 모양의 도형과 원 O의 내부와 정사각형 PQRS의 내부의 공통부분인 ◹ 모양의 도형에 색칠하여 얻은 그림을 R_1이라 하자.

그림 R_1에서 점 F를 중심으로 하고 반지름의 길이가 $\frac{1}{2}\overline{DE}$인 원 O_1, 점 R를 중심으로 하고 반지름의 길이가 $\frac{1}{2}\overline{PQ}$인 원 O_2를 그린다. 두 원 O_1, O_2에 각각 그림 R_1을 얻는 것과 같은 방법으로 만들어지는 ◸ 모양의 2개의 도형과 ◹ 모양의 2개의 도형에 색칠하여 얻은 그림을 R_2라 하자.

이와 같은 과정을 계속하여 n번째 얻은 그림 R_n에 색칠되어 있는 부분의 넓이를 S_n이라 할 때, $\lim_{n\to\infty} S_n$의 값은? [4점]

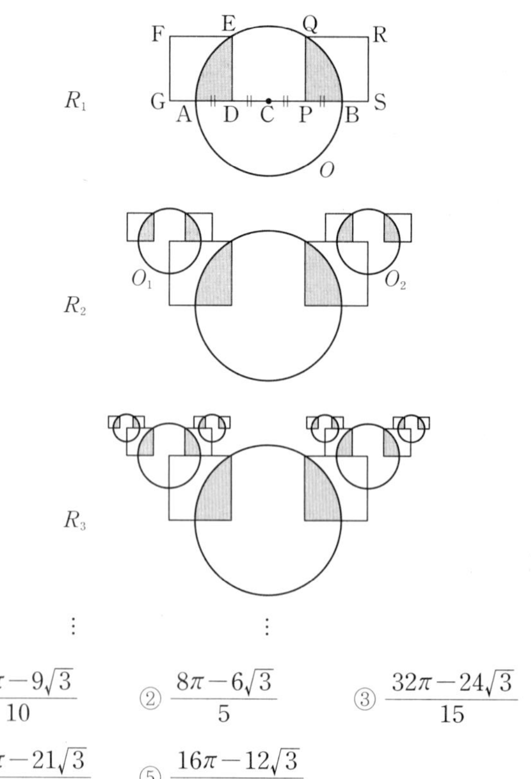

⋮ ⋮

① $\dfrac{12\pi-9\sqrt{3}}{10}$ ② $\dfrac{8\pi-6\sqrt{3}}{5}$ ③ $\dfrac{32\pi-24\sqrt{3}}{15}$

④ $\dfrac{28\pi-21\sqrt{3}}{10}$ ⑤ $\dfrac{16\pi-12\sqrt{3}}{5}$

91

▸ 25108-0091
2020학년도 9월 모의평가 나형 18번
상 중 하

그림과 같이 중심이 O, 반지름의 길이가 2이고 중심각의 크기가 90°인 부채꼴 OAB가 있다. 선분 OA의 중점을 C, 선분 OB의 중점을 D라 하자. 점 C를 지나고 선분 OB와 평행한 직선이 호 AB와 만나는 점을 E, 점 D를 지나고 선분 OA와 평행한 직선이 호 AB와 만나는 점을 F라 하자. 선분 CE와 선분 DF가 만나는 점을 G, 선분 OE와 선분 DG가 만나는 점을 H, 선분 OF와 선분 CG가 만나는 점을 I라 하자. 사각형 OIGH를 색칠하여 얻은 그림을 R_1이라 하자.

그림 R_1에 중심이 C, 반지름의 길이가 $\overline{CI}$, 중심각의 크기가 90°인 부채꼴 CJI와 중심이 D, 반지름의 길이가 $\overline{DH}$, 중심각의 크기가 90°인 부채꼴 DHK를 그린다. 두 부채꼴 CJI, DHK에 그림 R_1을 얻는 것과 같은 방법으로 두 개의 사각형을 그리고 색칠하여 얻은 그림을 R_2라 하자.

이와 같은 과정을 계속하여 n번째 얻은 그림 R_n에 색칠되어 있는 부분의 넓이를 S_n이라 할 때, $\lim_{n\to\infty} S_n$의 값은? [4점]

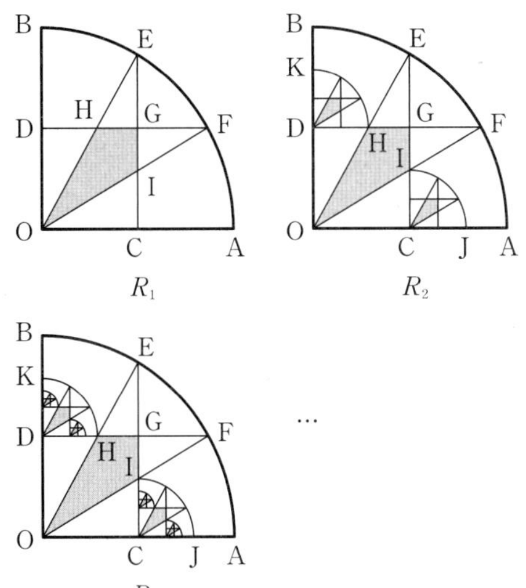

① $\frac{2(3-\sqrt{3})}{5}$　② $\frac{7(3-\sqrt{3})}{15}$　③ $\frac{8(3-\sqrt{3})}{15}$　④ $\frac{3(3-\sqrt{3})}{5}$　⑤ $\frac{2(3-\sqrt{3})}{3}$

92

▸ 25108-0092
2018학년도 10월 학력평가 나형 19번
상 중 하

그림과 같이 한 변의 길이가 2인 정사각형 $A_1B_1C_1D_1$이 있다. 세 변 A_1B_1, B_1C_1, D_1A_1의 중점을 각각 E_1, F_1, G_1이라 하자. 선분 G_1F_1을 지름으로 하고 선분 D_1C_1에 접하는 반원의 호 G_1F_1과 두 선분 G_1E_1, E_1F_1로 둘러싸인 ◯ 모양의 도형의 외부와 정사각형 $A_1B_1C_1D_1$의 내부의 공통부분을 색칠하여 얻은 그림을 R_1이라 하자.

그림 R_1에서 선분 G_1E_1 위의 점 A_2, 선분 E_1F_1 위의 점 B_2와 호 G_1F_1 위의 두 점 C_2, D_2를 꼭짓점으로 하고 선분 A_2B_2가 선분 A_1B_1과 평행한 정사각형 $A_2B_2C_2D_2$를 그린다. 정사각형 $A_2B_2C_2D_2$에 그림 R_1을 얻는 것과 같은 방법으로 그린 ◯ 모양의 도형의 외부와 정사각형 $A_2B_2C_2D_2$의 내부의 공통부분을 색칠하여 얻은 그림을 R_2라 하자.

이와 같은 과정을 계속하여 n번째 얻은 그림 R_n에 색칠되어 있는 부분의 넓이를 S_n이라 할 때, $\lim_{n\to\infty} S_n$의 값은? [4점]

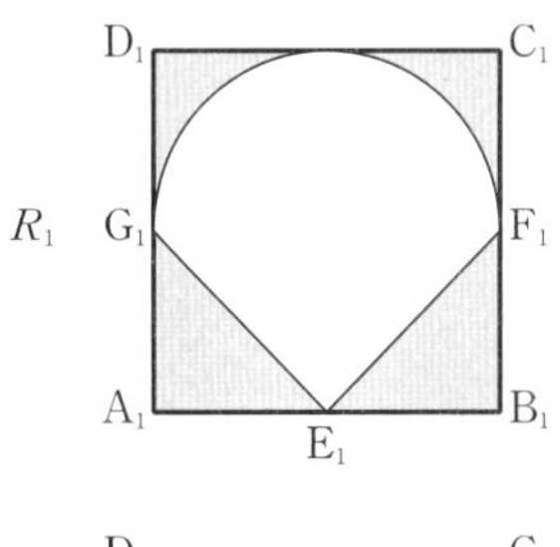

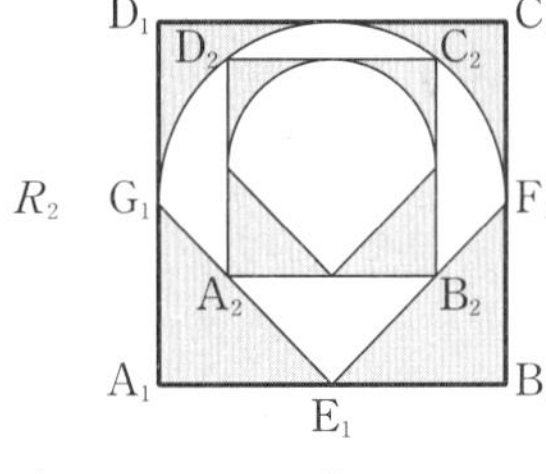

⋮　⋮

① $\frac{25(6-\pi)}{42}$　② $\frac{25(6-\pi)}{32}$　③ $\frac{25(6-\pi)}{24}$　④ $\frac{25(6-\pi)}{21}$　⑤ $\frac{5(6-\pi)}{4}$

93

▸ 25108-0093

2023학년도 9월 모의평가 27번

상 중 하

그림과 같이 $\overline{A_1B_1}=4$, $\overline{A_1D_1}=1$인 직사각형 $A_1B_1C_1D_1$에서 두 대각선의 교점을 E_1이라 하자. $\overline{A_2D_1}=\overline{D_1E_1}$, $\angle A_2D_1E_1=\frac{\pi}{2}$이고 선분 D_1C_1과 선분 A_2E_1이 만나도록 점 A_2를 잡고, $\overline{B_2C_1}=\overline{C_1E_1}$, $\angle B_2C_1E_1=\frac{\pi}{2}$이고 선분 D_1C_1과 선분 B_2E_1이 만나도록 점 B_2를 잡는다. 두 삼각형 $A_2D_1E_1$, $B_2C_1E_1$을 그린 후 ◺◸ 모양의 도형에 색칠하여 얻은 그림을 R_1이라 하자.

그림 R_1에서 $\overline{A_2B_2}:\overline{A_2D_2}=4:1$이고 선분 D_2C_2가 두 선분 A_2E_1, B_2E_1과 만나지 않도록 직사각형 $A_2B_2C_2D_2$를 그린다. 그림 R_1을 얻은 것과 같은 방법으로 세 점 E_2, A_3, B_3을 잡고 두 삼각형 $A_3D_2E_2$, $B_3C_2E_2$를 그린 후 ◺◸ 모양의 도형에 색칠하여 얻은 그림을 R_2라 하자.

이와 같은 과정을 계속하여 n번째 얻은 그림 R_n에 색칠되어 있는 부분의 넓이를 S_n이라 할 때, $\lim_{n\to\infty} S_n$의 값은? [3점]

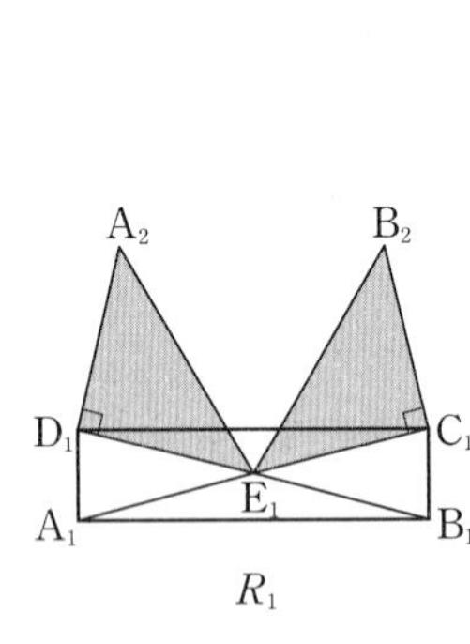

R_1

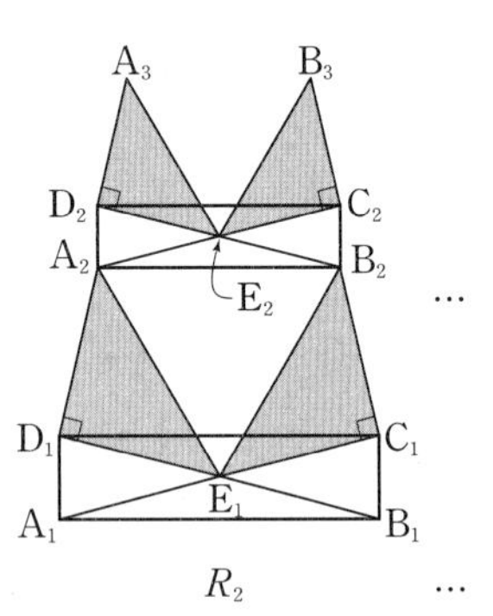

R_2 ...

① $\frac{68}{5}$　② $\frac{34}{3}$　③ $\frac{68}{7}$

④ $\frac{17}{2}$　⑤ $\frac{68}{9}$

94

▸ 25108-0094

2019학년도 9월 모의평가 나형 19번

상 중 하

그림과 같이 $\overline{A_1B_1}=3$, $\overline{B_1C_1}=1$인 직사각형 $OA_1B_1C_1$이 있다. 중심이 C_1이고 반지름의 길이가 $\overline{B_1C_1}$인 원과 선분 OC_1의 교점을 D_1, 중심이 O이고 반지름의 길이가 $\overline{OD_1}$인 원과 선분 A_1B_1의 교점을 E_1이라 하자. 직사각형 $OA_1B_1C_1$에 호 B_1D_1, 호 D_1E_1, 선분 B_1E_1로 둘러싸인 ◹ 모양의 도형을 그리고 색칠하여 얻은 그림을 R_1이라 하자.

그림 R_1에 선분 OA_1 위의 점 A_2와 호 D_1E_1 위의 점 B_2, 선분 OD_1 위의 점 C_2와 점 O를 꼭짓점으로 하고 $\overline{A_2B_2}:\overline{B_2C_2}=3:1$인 직사각형 $OA_2B_2C_2$를 그리고, 그림 R_1을 얻는 것과 같은 방법으로 직사각형 $OA_2B_2C_2$에 ◹ 모양의 도형을 그리고 색칠하여 얻은 그림을 R_2라 하자.

이와 같은 과정을 계속하여 n번째 얻은 그림 R_n에 색칠되어 있는 부분의 넓이를 S_n이라 할 때, $\lim_{n\to\infty} S_n$의 값은? [4점]

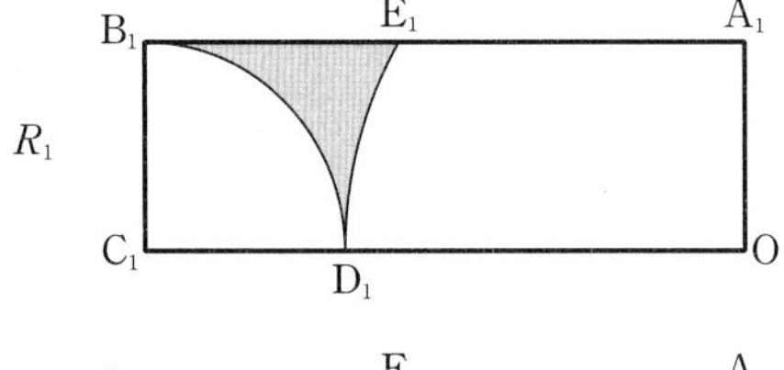

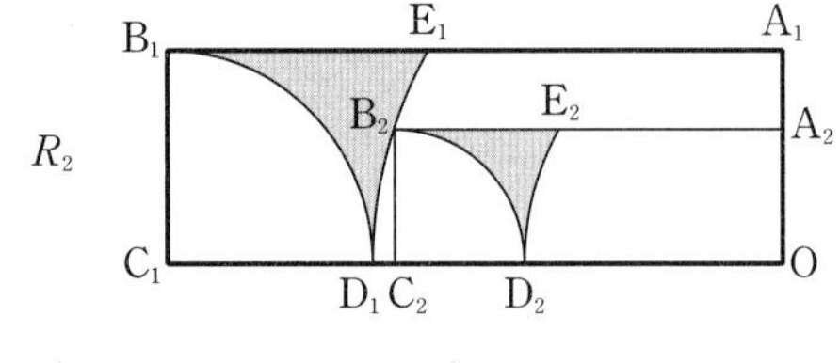

⋮　⋮

① $4-\frac{2\sqrt{3}}{3}-\frac{7}{9}\pi$　② $5-\frac{5\sqrt{3}}{6}-\frac{35}{36}\pi$

③ $6-\sqrt{3}-\frac{7}{6}\pi$　④ $7-\frac{7\sqrt{3}}{6}-\frac{49}{36}\pi$

⑤ $8-\frac{4\sqrt{3}}{3}-\frac{14}{9}\pi$

95

▶ 25108-0095

2018학년도 6월 모의평가 나형 18번 상중하

한 변의 길이가 $2\sqrt{3}$인 정삼각형 $\mathrm{A_1B_1C_1}$이 있다. 그림과 같이 $\angle \mathrm{A_1B_1C_1}$의 이등분선과 $\angle \mathrm{A_1C_1B_1}$의 이등분선이 만나는 점을 $\mathrm{A_2}$라 하자. 두 선분 $\mathrm{B_1A_2}$, $\mathrm{C_1A_2}$를 각각 지름으로 하는 반원의 내부와 정삼각형 $\mathrm{A_1B_1C_1}$의 내부의 공통부분인 모양의 도형에 색칠하여 얻은 그림을 R_1이라 하자.

그림 R_1에서 점 $\mathrm{A_2}$를 지나고 선분 $\mathrm{A_1B_1}$에 평행한 직선이 선분 $\mathrm{B_1C_1}$과 만나는 점을 $\mathrm{B_2}$, 점 $\mathrm{A_2}$를 지나고 선분 $\mathrm{A_1C_1}$에 평행한 직선이 선분 $\mathrm{B_1C_1}$과 만나는 점을 $\mathrm{C_2}$라 하자. 그림 R_1에 정삼각형 $\mathrm{A_2B_2C_2}$를 그리고, 그림 R_1을 얻는 것과 같은 방법으로 정삼각형 $\mathrm{A_2B_2C_2}$의 내부에 모양의 도형을 그리고 색칠하여 얻은 그림을 R_2라 하자.

이와 같은 과정을 계속하여 n번째 얻은 그림 R_n에 색칠되어 있는 부분의 넓이를 S_n이라 할 때, $\lim_{n\to\infty} S_n$의 값은? [4점]

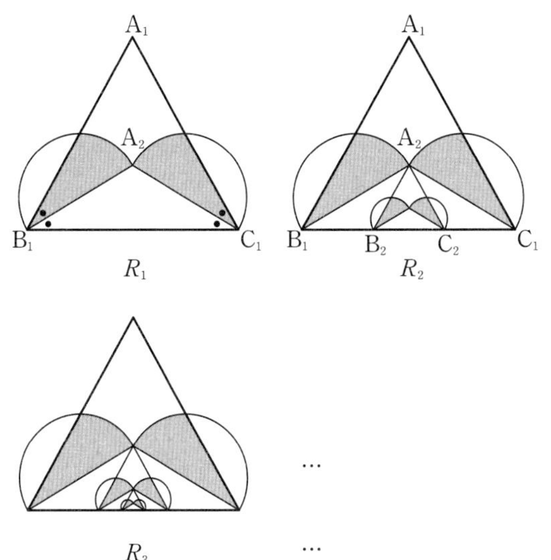

① $\dfrac{9\sqrt{3}+6\pi}{16}$　② $\dfrac{3\sqrt{3}+4\pi}{8}$　③ $\dfrac{9\sqrt{3}+8\pi}{16}$

④ $\dfrac{3\sqrt{3}+2\pi}{4}$　⑤ $\dfrac{3\sqrt{3}+6\pi}{8}$

96

▶ 25108-0096

2020학년도 6월 모의평가 나형 17번 상중하

그림과 같이 한 변의 길이가 4인 정사각형 $\mathrm{A_1B_1C_1D_1}$이 있다. 선분 $\mathrm{C_1D_1}$의 중점을 $\mathrm{E_1}$이라 하고, 직선 $\mathrm{A_1B_1}$ 위에 두 점 $\mathrm{F_1}$, $\mathrm{G_1}$을 $\overline{\mathrm{E_1F_1}}=\overline{\mathrm{E_1G_1}}$, $\overline{\mathrm{E_1F_1}}:\overline{\mathrm{F_1G_1}}=5:6$이 되도록 잡고 이등변삼각형 $\mathrm{E_1F_1G_1}$을 그린다. 선분 $\mathrm{D_1A_1}$과 선분 $\mathrm{E_1F_1}$의 교점을 $\mathrm{P_1}$, 선분 $\mathrm{B_1C_1}$과 선분 $\mathrm{G_1E_1}$의 교점을 $\mathrm{Q_1}$이라 할 때, 네 삼각형 $\mathrm{E_1D_1P_1}$, $\mathrm{P_1F_1A_1}$, $\mathrm{Q_1B_1G_1}$, $\mathrm{E_1Q_1C_1}$로 만들어진 모양의 도형에 색칠하여 얻은 그림을 R_1이라 하자.

그림 R_1에 선분 $\mathrm{F_1G_1}$ 위의 두 점 $\mathrm{A_2}$, $\mathrm{B_2}$와 선분 $\mathrm{G_1E_1}$ 위의 점 $\mathrm{C_2}$, 선분 $\mathrm{E_1F_1}$ 위의 점 $\mathrm{D_2}$를 꼭짓점으로 하는 정사각형 $\mathrm{A_2B_2C_2D_2}$를 그리고, 그림 R_1을 얻는 것과 같은 방법으로 정사각형 $\mathrm{A_2B_2C_2D_2}$에 모양의 도형을 그리고 색칠하여 얻은 그림을 R_2라 하자.

이와 같은 과정을 계속하여 n번째 얻은 그림 R_n에 색칠되어 있는 부분의 넓이를 S_n이라 할 때, $\lim_{n\to\infty} S_n$의 값은? [4점]

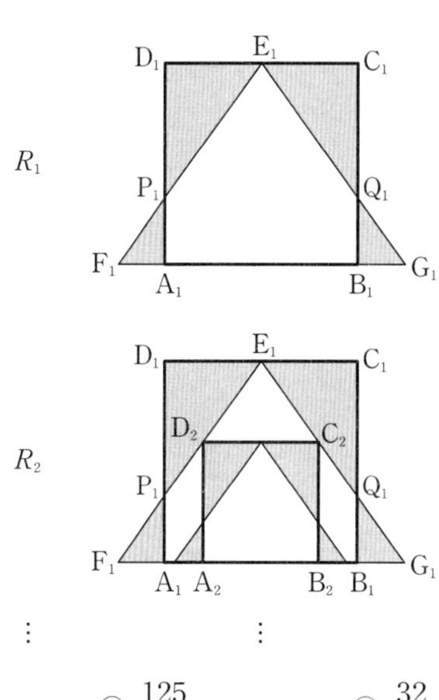

① $\dfrac{61}{6}$　② $\dfrac{125}{12}$　③ $\dfrac{32}{3}$

④ $\dfrac{131}{12}$　⑤ $\dfrac{67}{6}$

97

▸ 25108-0097
2022학년도 9월 모의평가 27번
상 중 하

그림과 같이 $\overline{AB_1}=1$, $\overline{B_1C_1}=2$인 직사각형 $AB_1C_1D_1$이 있다. $\angle AD_1C_1$을 삼등분하는 두 직선이 선분 B_1C_1과 만나는 점 중 점 B_1에 가까운 점을 E_1, 점 C_1에 가까운 점을 F_1이라 하자. $\overline{E_1F_1}=\overline{F_1G_1}$, $\angle E_1F_1G_1=\frac{\pi}{2}$이고 선분 AD_1과 선분 F_1G_1이 만나도록 점 G_1을 잡아 삼각형 $E_1F_1G_1$을 그린다.

선분 E_1D_1과 선분 F_1G_1이 만나는 점을 H_1이라 할 때, 두 삼각형 $G_1E_1H_1$, $H_1F_1D_1$로 만들어진 ◺◹ 모양의 도형에 색칠하여 얻은 그림을 R_1이라 하자.

그림 R_1에 선분 AB_1 위의 점 B_2, 선분 E_1G_1 위의 점 C_2, 선분 AD_1 위의 점 D_2와 점 A를 꼭짓점으로 하고 $\overline{AB_2}:\overline{B_2C_2}=1:2$인 직사각형 $AB_2C_2D_2$를 그린다. 직사각형 $AB_2C_2D_2$에 그림 R_1을 얻은 것과 같은 방법으로 ◺◹ 모양의 도형을 그리고 색칠하여 얻은 그림을 R_2라 하자.

이와 같은 과정을 계속하여 n번째 얻은 그림 R_n에 색칠되어 있는 부분의 넓이를 S_n이라 할 때, $\lim_{n\to\infty} S_n$의 값은? [3점]

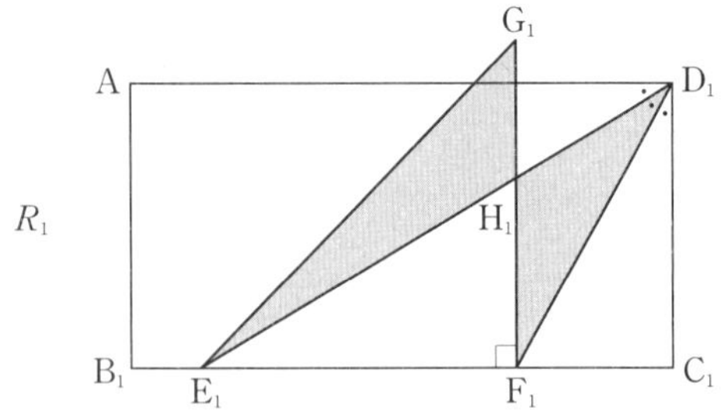

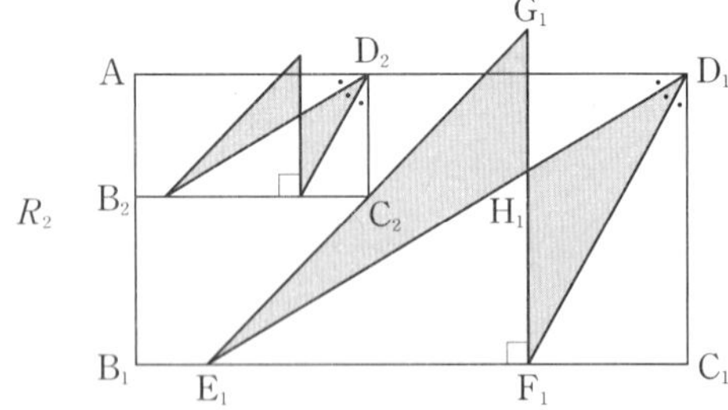

⋮ ⋮

① $\frac{2\sqrt{3}}{9}$ ② $\frac{5\sqrt{3}}{18}$ ③ $\frac{\sqrt{3}}{3}$ ④ $\frac{7\sqrt{3}}{18}$ ⑤ $\frac{4\sqrt{3}}{9}$

98

▸ 25108-0098
2018학년도 9월 모의평가 나형 18번
상 중 하

그림과 같이 반지름의 길이가 2인 원 O_1에 내접하는 정삼각형 $A_1B_1C_1$이 있다. 점 A_1에서 선분 B_1C_1에 내린 수선의 발을 D_1이라 하고, 선분 A_1C_1을 $2:1$로 내분하는 점을 E_1이라 하자. 점 A_1을 포함하지 않는 호 B_1C_1과 선분 B_1C_1로 둘러싸인 도형의 내부와 삼각형 $A_1D_1E_1$의 내부를 색칠하여 얻은 그림을 R_1이라 하자.

그림 R_1에 삼각형 $A_1B_1D_1$에 내접하는 원 O_2와 원 O_2에 내접하는 정삼각형 $A_2B_2C_2$를 그리고, 점 A_2에서 선분 B_2C_2에 내린 수선의 발을 D_2, 선분 A_2C_2를 $2:1$로 내분하는 점을 E_2라 하자. 점 A_2를 포함하지 않는 호 B_2C_2와 선분 B_2C_2로 둘러싸인 도형의 내부와 삼각형 $A_2D_2E_2$의 내부를 색칠하여 얻은 그림을 R_2라 하자.

이와 같은 과정을 계속하여 n번째 얻은 그림 R_n에 색칠되어 있는 부분의 넓이를 S_n이라 할 때, $\lim_{n\to\infty} S_n$의 값은? [4점]

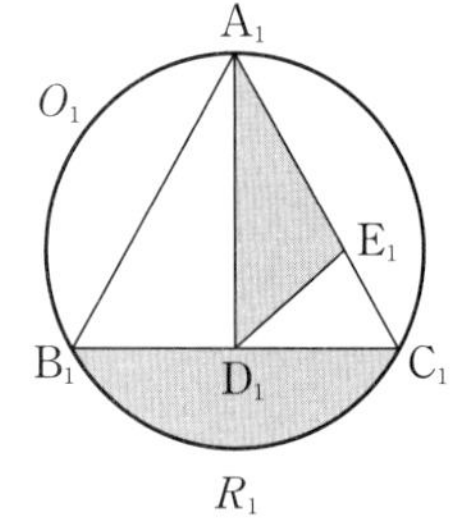

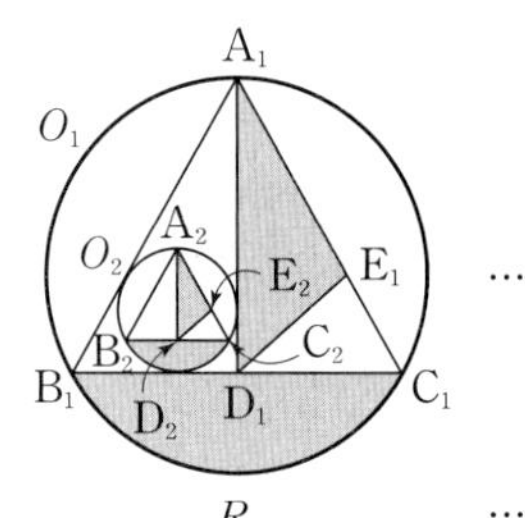

① $\frac{16(3\sqrt{3}-2)\pi}{69}$ ② $\frac{16(3\sqrt{3}-1)\pi}{65}$ ③ $\frac{32(3\sqrt{3}-2)\pi}{69}$ ④ $\frac{32(3\sqrt{3}-1)\pi}{69}$ ⑤ $\frac{32(3\sqrt{3}-1)\pi}{65}$

99

▸ 25108-0099
2017학년도 6월 모의평가 나형 17번 상 중 하

그림과 같이 한 변의 길이가 2인 정사각형 $A_1B_1C_1D_1$에서 선분 A_1B_1과 선분 B_1C_1의 중점을 각각 E_1, F_1이라 하자.
정사각형 $A_1B_1C_1D_1$의 내부와 삼각형 $E_1F_1D_1$의 외부의 공통부분에 색칠하여 얻은 그림을 R_1이라 하자.
그림 R_1에 선분 D_1E_1 위의 점 A_2, 선분 D_1F_1 위의 점 D_2와 선분 E_1F_1 위의 두 점 B_2, C_2를 꼭짓점으로 하는 정사각형 $A_2B_2C_2D_2$를 그리고, 정사각형 $A_2B_2C_2D_2$에 그림 R_1을 얻은 것과 같은 방법으로 삼각형 $E_2F_2D_2$를 그리고 정사각형 $A_2B_2C_2D_2$의 내부와 삼각형 $E_2F_2D_2$의 외부의 공통부분에 색칠하여 얻은 그림을 R_2라 하자.
이와 같은 과정을 계속하여 n번째 얻은 그림 R_n에 색칠되어 있는 부분의 넓이를 S_n이라 할 때, $\lim_{n\to\infty} S_n$의 값은? [4점]

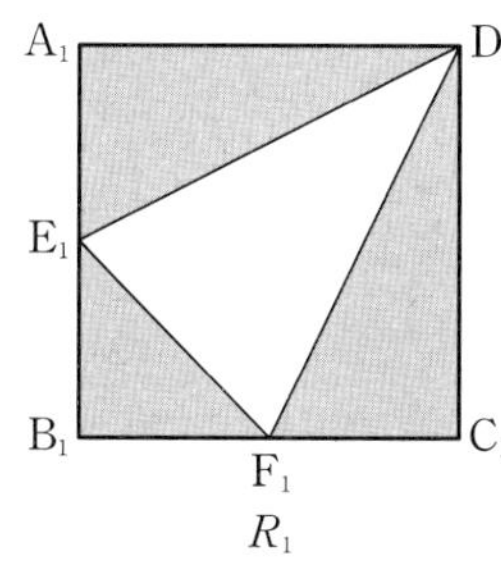

R_1

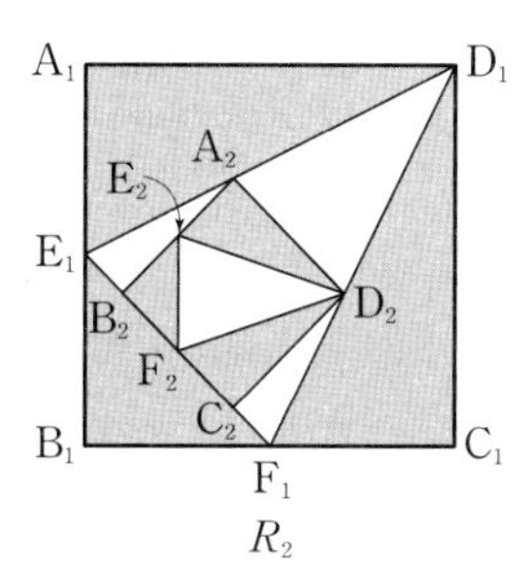

R_2

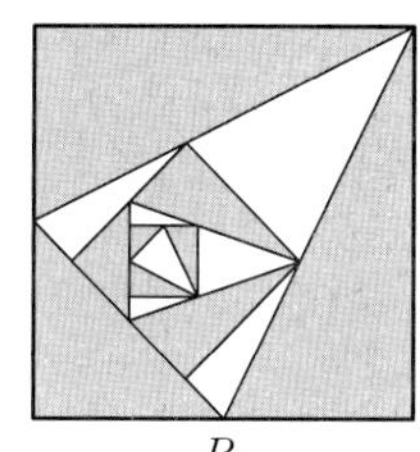
R_3

…

① $\frac{125}{37}$ ② $\frac{125}{38}$ ③ $\frac{125}{39}$
④ $\frac{25}{8}$ ⑤ $\frac{125}{41}$

100

▸ 25108-0100
2020학년도 수능 나형 18번 상 중 하

그림과 같이 한 변의 길이가 5인 정사각형 ABCD에 중심이 A이고 중심각의 크기가 90°인 부채꼴 ABD를 그린다. 선분 AD를 $3:2$로 내분하는 점을 A_1, 점 A_1을 지나고 선분 AB에 평행한 직선이 호 BD와 만나는 점을 B_1이라 하자. 선분 A_1B_1을 한 변으로 하고 선분 DC와 만나도록 정사각형 $A_1B_1C_1D_1$을 그린 후, 중심이 D_1이고 중심각의 크기가 90°인 부채꼴 $D_1A_1C_1$을 그린다. 선분 DC가 호 A_1C_1, 선분 B_1C_1과 만나는 점을 각각 E_1, F_1이라 하고, 두 선분 DA_1, DE_1과 호 A_1E_1로 둘러싸인 부분과 두 선분 E_1F_1, F_1C_1과 호 E_1C_1로 둘러싸인 부분인 모양의 도형에 색칠하여 얻은 그림을 R_1이라 하자.
그림 R_1에서 정사각형 $A_1B_1C_1D_1$에 중심이 A_1이고 중심각의 크기가 90°인 부채꼴 $A_1B_1D_1$을 그린다. 선분 A_1D_1을 $3:2$로 내분하는 점을 A_2, 점 A_2를 지나고 선분 A_1B_1에 평행한 직선이 호 B_1D_1과 만나는 점을 B_2라 하자. 선분 A_2B_2를 한 변으로 하고 선분 D_1C_1과 만나도록 정사각형 $A_2B_2C_2D_2$를 그린 후, 그림 R_1을 얻은 것과 같은 방법으로 정사각형 $A_2B_2C_2D_2$에 모양의 도형을 그리고 색칠하여 얻은 그림을 R_2라 하자.
이와 같은 과정을 계속하여 n번째 얻은 그림 R_n에 색칠되어 있는 부분의 넓이를 S_n이라 할 때, $\lim_{n\to\infty} S_n$의 값은? [4점]

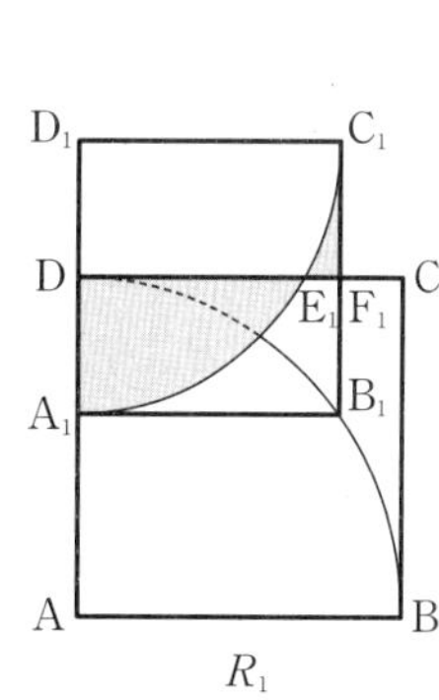

R_1

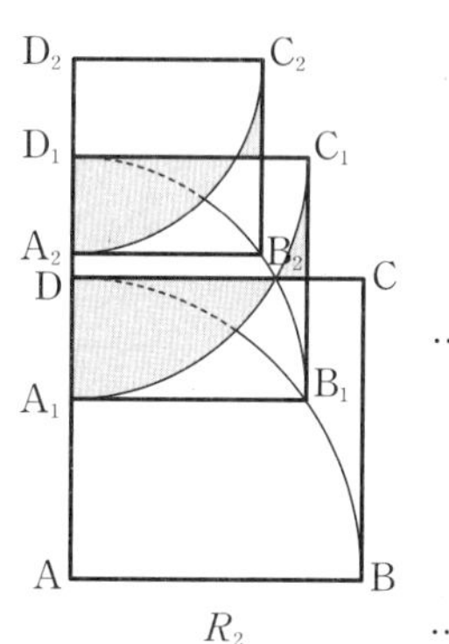

R_2

…

① $\frac{50}{3}\left(3-\sqrt{3}+\frac{\pi}{6}\right)$ ② $\frac{100}{9}\left(3-\sqrt{3}+\frac{\pi}{3}\right)$
③ $\frac{50}{3}\left(2-\sqrt{3}+\frac{\pi}{3}\right)$ ④ $\frac{100}{9}\left(3-\sqrt{3}+\frac{\pi}{6}\right)$
⑤ $\frac{100}{9}\left(2-\sqrt{3}+\frac{\pi}{3}\right)$

도전 1등급 문제

01 ▸ 25108-0101
2025학년도 9월 모의평가 29번

수열 $\{a_n\}$의 첫째항부터 제m항까지의 합을 S_m이라 하자.
모든 자연수 m에 대하여

$$S_m=\sum_{n=1}^{\infty}\frac{m+1}{n(n+m+1)}$$

일 때, $a_1+a_{10}=\frac{q}{p}$이다. $p+q$의 값을 구하시오.
(단, p와 q는 서로소인 자연수이다.) [4점]

02 ▸ 25108-0102
2019학년도 3월 학력평가 나형 19번

그림과 같이 중심이 $\mathrm{O_1}$, 반지름의 길이가 2이고 중심각의 크기가 $90°$인 부채꼴 $\mathrm{O_1A_1B_1}$에서 두 선분 $\mathrm{O_1A_1}$, $\mathrm{O_1B_1}$ 위에 두 점 $\mathrm{M_1}$, $\mathrm{O_2}$를 각각 $\overline{\mathrm{O_1M_1}}=\frac{\sqrt{2}}{2}\overline{\mathrm{O_1A_1}}$, $\overline{\mathrm{O_1O_2}}=\frac{\sqrt{2}}{2}\overline{\mathrm{O_1B_1}}$이 되도록 정하자. 두 점 $\mathrm{M_1}$, $\mathrm{O_2}$와 호 $\mathrm{A_1B_1}$ 위의 두 점 $\mathrm{C_1}$, $\mathrm{A_2}$를 꼭짓점으로 하는 직사각형 $\mathrm{O_2M_1C_1A_2}$를 그리고, 직사각형 $\mathrm{O_2M_1C_1A_2}$와 삼각형 $\mathrm{O_1C_1A_2}$의 내부의 공통부분에 색칠하여 얻은 그림을 R_1이라 하자.

그림 R_1에 중심이 $\mathrm{O_2}$, 반지름의 길이가 $\overline{\mathrm{O_2A_2}}$이고 중심각의 크기가 $90°$인 부채꼴 $\mathrm{O_2A_2B_2}$를 점 $\mathrm{B_2}$가 부채꼴 $\mathrm{O_1A_1B_1}$의 외부에 있도록 그리고, 두 선분 $\mathrm{O_2A_2}$, $\mathrm{O_2B_2}$ 위에 두 점 $\mathrm{M_2}$, $\mathrm{O_3}$을 각각 $\overline{\mathrm{O_2M_2}}=\frac{\sqrt{2}}{2}\overline{\mathrm{O_2A_2}}$, $\overline{\mathrm{O_2O_3}}=\frac{\sqrt{2}}{2}\overline{\mathrm{O_2B_2}}$가 되도록 정하자. 두 점 $\mathrm{M_2}$, $\mathrm{O_3}$과 호 $\mathrm{A_2B_2}$ 위의 두 점 $\mathrm{C_2}$, $\mathrm{A_3}$을 꼭짓점으로 하는 직사각형 $\mathrm{O_3M_2C_2A_3}$을 그리고, 직사각형 $\mathrm{O_3M_2C_2A_3}$과 삼각형 $\mathrm{O_2C_2A_3}$의 내부의 공통부분에 색칠하여 얻은 그림을 R_2라 하자.

이와 같은 과정을 계속하여 n번째 얻은 그림 R_n에 색칠되어 있는 부분의 넓이를 S_n이라 할 때, $\lim_{n\to\infty}S_n$의 값은? [4점]

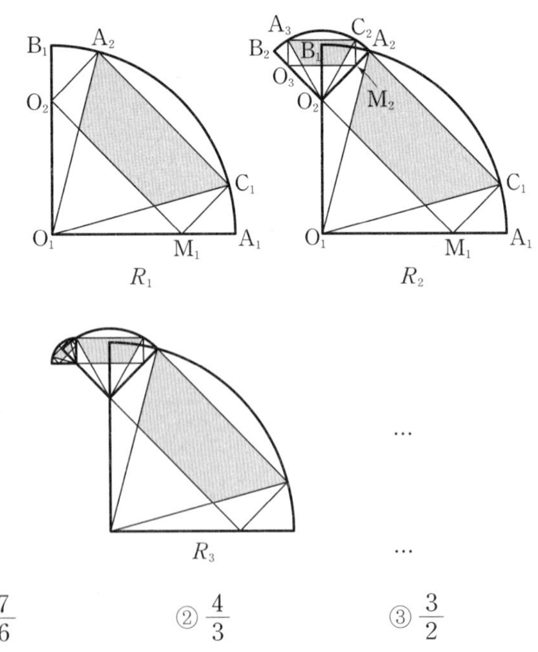

① $\frac{7}{6}$ ② $\frac{4}{3}$ ③ $\frac{3}{2}$
④ $\frac{5}{3}$ ⑤ $\frac{11}{6}$

03

▸ 25108-0103
2021학년도 6월 모의평가 가형 20번

그림과 같이 $\overline{AB_1}=3$, $\overline{AC_1}=2$이고 $\angle B_1AC_1=\frac{\pi}{3}$인 삼각형 AB_1C_1이 있다. $\angle B_1AC_1$의 이등분선이 선분 B_1C_1과 만나는 점을 D_1, 세 점 A, D_1, C_1을 지나는 원이 선분 AB_1과 만나는 점 중 A가 아닌 점을 B_2라 할 때, 두 선분 B_1B_2, B_1D_1과 호 B_2D_1로 둘러싸인 부분과 선분 C_1D_1과 호 C_1D_1로 둘러싸인 부분인 ◿⌣ 모양의 도형에 색칠하여 얻은 그림을 R_1이라 하자.
그림 R_1에서 점 B_2를 지나고 직선 B_1C_1에 평행한 직선이 두 선분 AD_1, AC_1과 만나는 점을 각각 D_2, C_2라 하자. 세 점 A, D_2, C_2를 지나는 원이 선분 AB_2와 만나는 점 중 A가 아닌 점을 B_3이라 할 때, 두 선분 B_2B_3, B_2D_2와 호 B_3D_2로 둘러싸인 부분과 선분 C_2D_2와 호 C_2D_2로 둘러싸인 부분인 ◿⌣ 모양의 도형에 색칠하여 얻은 그림을 R_2라 하자.
이와 같은 과정을 계속하여 n번째 얻은 그림 R_n에 색칠되어 있는 부분의 넓이를 S_n이라 할 때, $\lim_{n\to\infty}S_n$의 값은? [4점]

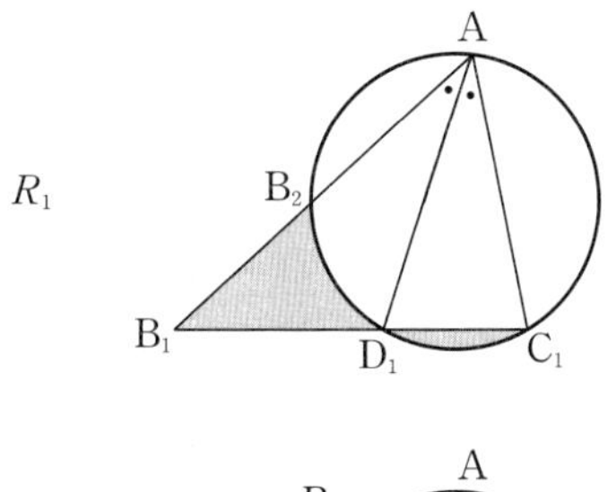

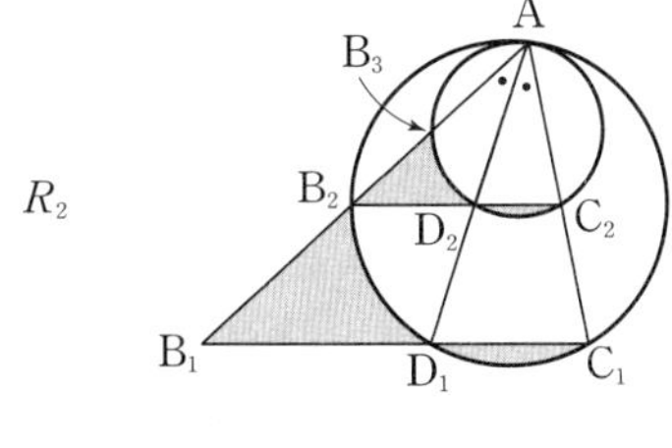

⋮ ⋮

① $\frac{27\sqrt{3}}{46}$ ② $\frac{15\sqrt{3}}{23}$ ③ $\frac{33\sqrt{3}}{46}$
④ $\frac{18\sqrt{3}}{23}$ ⑤ $\frac{39\sqrt{3}}{46}$

04

▸ 25108-0104
2022학년도 3월 학력평가 29번

실수 t에 대하여 직선 $y=tx-2$가 함수

$$f(x)=\lim_{n\to\infty}\frac{2x^{2n+1}-1}{x^{2n}+1}$$

의 그래프와 만나는 점의 개수를 $g(t)$라 하자. 함수 $g(t)$가 $t=a$에서 불연속인 모든 a의 값을 작은 수부터 크기순으로 나열한 것을 a_1, a_2, $\cdots$, a_m (m은 자연수)라 할 때, $m\times a_m$의 값을 구하시오. [4점]

05

▸ 25108-0105
2025학년도 수능 29번

등비수열 $\{a_n\}$이

$$\sum_{n=1}^{\infty}(|a_n|+a_n)=\frac{40}{3},\ \sum_{n=1}^{\infty}(|a_n|-a_n)=\frac{20}{3}$$

을 만족시킨다. 부등식

$$\lim_{n\to\infty}\sum_{k=1}^{2n}\left((-1)^{\frac{k(k+1)}{2}}\times a_{m+k}\right)>\frac{1}{700}$$

을 만족시키는 모든 자연수 m의 값의 합을 구하시오. [4점]

06

▸ 25108-0106

2024학년도 3월 학력평가 29번

자연수 n에 대하여 함수 $f(x)$를

$$f(x)=\frac{4}{n^3}x^3+1$$

이라 하자. 원점에서 곡선 $y=f(x)$에 그은 접선을 l_n, 접선 l_n의 접점을 P_n이라 하자. x축과 직선 l_n에 동시에 접하고 점 P_n을 지나는 원 중 중심의 x좌표가 양수인 것을 C_n이라 하자. 원 C_n의 반지름의 길이를 r_n이라 할 때, $40\times\lim_{n\to\infty}n^2(4r_n-3)$의 값을 구하시오. [4점]

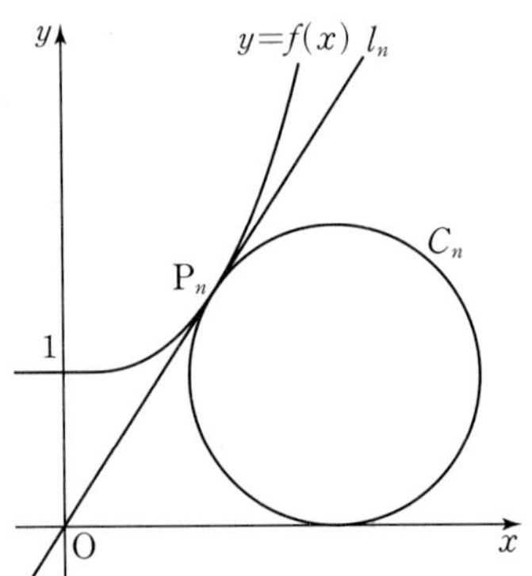

07

▸ 25108-0107

2022학년도 3월 학력평가 30번

그림과 같이 자연수 n에 대하여 곡선

$$T_n : y=\frac{\sqrt{3}}{n+1}x^2\ (x\ge 0)$$

위에 있고 원점 O와의 거리가 $2n+2$인 점을 P_n이라 하고, 점 P_n에서 x축에 내린 수선의 발을 H_n이라 하자.

중심이 P_n이고 점 H_n을 지나는 원을 C_n이라 할 때, 곡선 T_n과 원 C_n의 교점 중 원점에 가까운 점을 Q_n, 원점에서 원 C_n에 그은 두 접선의 접점 중 H_n이 아닌 점을 R_n이라 하자.

점 R_n을 포함하지 않는 호 $\mathrm{Q}_n\mathrm{H}_n$과 선분 $\mathrm{P}_n\mathrm{H}_n$, 곡선 T_n으로 둘러싸인 부분의 넓이를 $f(n)$, 점 H_n을 포함하지 않는 호 $\mathrm{R}_n\mathrm{Q}_n$과 선분 OR_n, 곡선 T_n으로 둘러싸인 부분의 넓이를 $g(n)$이라 할 때, $\lim_{n\to\infty}\frac{f(n)-g(n)}{n^2}=\frac{\pi}{2}+k$이다. $60k^2$의 값을 구하시오. (단, k는 상수이다.) [4점]

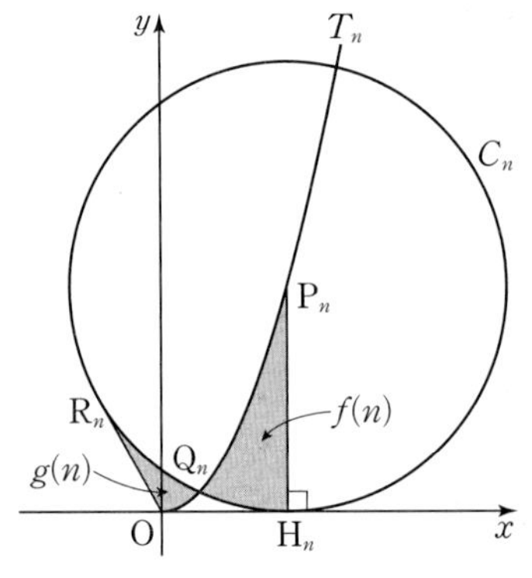

08

▸ 25108-0108
2023학년도 3월 학력평가 30번

함수

$$f(x)=\lim_{n\to\infty}\frac{x^{2n+1}-x}{x^{2n}+1}$$

에 대하여 실수 전체의 집합에서 정의된 함수 $g(x)$가 다음 조건을 만족시킨다.

> $2k-2\le|x|<2k$일 때,
>
> $$g(x)=(2k-1)\times f\left(\frac{x}{2k-1}\right)$$
>
> 이다. (단, k는 자연수이다.)

$0<t<10$인 실수 t에 대하여 직선 $y=t$가 함수 $y=g(x)$의 그래프와 만나지 않도록 하는 모든 t의 값의 합을 구하시오. [4점]

09

▸ 25108-0109
2024학년도 3월 학력평가 30번

최고차항의 계수가 1인 삼차함수 $f(x)$와 자연수 m에 대하여 구간 $(0, \infty)$에서 정의된 함수 $g(x)$를

$$g(x)=\lim_{n\to\infty}\frac{f(x)\left(\frac{x}{m}\right)^n+x}{\left(\frac{x}{m}\right)^n+1}$$

라 하자. 함수 $g(x)$는 다음 조건을 만족시킨다.

> (가) 함수 $g(x)$는 구간 $(0, \infty)$에서 미분가능하고, $g'(m+1)\le0$이다.
>
> (나) $g(k)g(k+1)=0$을 만족시키는 자연수 k의 개수는 3이다.
>
> (다) $g(l)\ge g(l+1)$을 만족시키는 자연수 l의 개수는 3이다.

$g(12)$의 값을 구하시오. [4점]

10

▸ 25108-0110
2024학년도 수능 29번

첫째항과 공비가 각각 0이 아닌 두 등비수열 $\{a_n\}$, $\{b_n\}$에 대하여 두 급수 $\sum_{n=1}^{\infty}a_n$, $\sum_{n=1}^{\infty}b_n$이 각각 수렴하고

$$\sum_{n=1}^{\infty}a_nb_n=\left(\sum_{n=1}^{\infty}a_n\right)\times\left(\sum_{n=1}^{\infty}b_n\right)$$

$$3\times\sum_{n=1}^{\infty}|a_{2n}|=7\times\sum_{n=1}^{\infty}|a_{3n}|$$

이 성립한다. $\sum_{n=1}^{\infty}\frac{b_{2n-1}+b_{3n+1}}{b_n}=S$일 때, $120S$의 값을 구하시오. [4점]

미분법

유형 1 지수함수와 로그함수의 극한

유형 2 지수함수와 로그함수의 도함수

유형 3 삼각함수의 덧셈정리

유형 4 삼각함수의 극한

유형 5 삼각함수의 도함수

유형 6 여러 가지 함수의 미분법

유형 7 접선의 방정식

유형 8 함수의 극대와 극소, 함수의 그래프

유형 9 방정식과 부등식에의 활용

유형 10 속도와 가속도

2025 수능 출제 분석

- 삼각함수의 극한을 구하는 문제가 출제되었다.
- 역함수의 미분법을 이용하여 함숫값을 구하는 문제가 출제되었다.
- 합성함수의 미분법을 이용하여 도함수를 구하고 극댓값을 갖는 x의 값을 추론하는 문제가 비교적 높은 난이도로 출제되었다.

2026 수능 예측

1. 도형의 성질을 이용하여 삼각함수로 나타내어 삼각함수의 극한의 성질을 이용하여 극한값을 구하는 문제가 비교적 높은 난이도로 출제된다.
2. 몫의 미분법, 합성함수의 미분법, 역함수의 미분법, 음함수의 미분법, 매개변수의 미분법 등을 이용하여 미분계수를 구하거나 도함수의 활용 문제에 적용해야 하는 경우가 많으므로 기본 공식을 정확히 익혀야 한다.
3. 여러 조건의 상황으로 주어진 접선의 방정식을 구하고 여러 가지 함수의 미분법을 이용하여 미분계수나 함숫값을 구하는 문제가 비교적 높은 난이도로 출제되고 있으니 미분법과 적분법을 유기적으로 해결하는 연습을 충분히 하도록 한다.
4. 그래프의 개형을 유추하는 문제는 높은 난이도로 출제될 가능성이 높으므로 함수의 증가와 감소, 극대와 극소, 변곡점 등을 이해하여 난이도 높은 문제에 충분히 대비하도록 한다.

한눈에 보는 출제 빈도

연도 \ 핵심 주제		유형 1 지수함수와 로그함수의 극한	유형 2 지수함수와 로그함수의 도함수	유형 3 삼각함수의 덧셈정리	유형 4 삼각함수의 극한	유형 5 삼각함수의 도함수	유형 6 여러 가지 함수의 미분법	유형 7 접선의 방정식	유형 8 함수의 극대와 극소, 함수의 그래프	유형 9 방정식과 부등식에의 활용	유형 10 속도와 가속도
2025 학년도	수능				1		1		1		
	9월 모평				1		1				
	6월 모평	1		1			2		2		
2024 학년도	수능	1					1	1			
	9월 모평	1					2				
	6월 모평	1			1		2			1	
2023 학년도	수능	1			1						
	9월 모평	1			1		1				
	6월 모평				1		2		2		
2022 학년도	수능						1		1		
	9월 모평			1			1		1		
	6월 모평		1		1		1	1	1	1	
2021 학년도	수능				1		3		1		
	9월 모평		1		1		1		1	1	
	6월 모평	1			2		2		1		

수능 유형별 기출문제

유형 1 지수함수와 로그함수의 극한

1. 무리수 e의 정의

(1) $\lim_{x\to0}(1+x)^{\frac{1}{x}}=e$

(2) $\lim_{x\to\infty}\left(1+\frac{1}{x}\right)^x=e$

2. 지수함수의 극한

(1) $\lim_{x\to0}\frac{e^x-1}{x}=1$

(2) $\lim_{x\to0}\frac{a^x-1}{x}=\ln a$ (단, $a>0$, $a\neq1$)

3. 로그함수의 극한

(1) $\lim_{x\to0}\frac{\ln(1+x)}{x}=1$

(2) $\lim_{x\to0}\frac{\log_a(1+x)}{x}=\frac{1}{\ln a}$ (단, $a>0$, $a\neq1$)

보기

① $\lim_{x\to0}(1+2x)^{\frac{1}{x}}=\lim_{x\to0}\{(1+2x)^{\frac{1}{2x}}\}^2=e^2$

② $\lim_{x\to0}\frac{e^{2x}-1}{x}=\lim_{x\to0}\left\{\frac{e^x-1}{x}\times(e^x+1)\right\}=1\times2=2$

③ $\lim_{x\to0}\frac{\ln(1+2x)}{x}=\lim_{x\to0}\left\{\frac{\ln(1+2x)}{2x}\times2\right\}=1\times2=2$

01

▸ 25108-0111

2019학년도 10월 학력평가 가형 2번

상중하

$\lim_{x\to0}\frac{\ln(1+8x)}{2x}$의 값은? [2점]

① 1　② 2　③ 3　④ 4　⑤ 5

02

▸ 25108-0112

2019학년도 수능 가형 2번

상중하

$\lim_{x\to0}\frac{x^2+5x}{\ln(1+3x)}$의 값은? [2점]

① $\frac{7}{3}$　② 2　③ $\frac{5}{3}$　④ $\frac{4}{3}$　⑤ 1

03

▸ 25108-0113

2019학년도 6월 모의평가 가형 2번

상중하

$\lim_{x\to0}\frac{\ln(1+12x)}{3x}$의 값은? [2점]

① 1　② 2　③ 3　④ 4　⑤ 5

04
▸ 25108-0114
2019학년도 9월 모의평가 가형 2번

상중하

$\lim_{x \to 0} \frac{e^x-1}{x(x^2+2)}$의 값은? [2점]

① 1　② $\frac{1}{2}$　③ $\frac{1}{3}$　④ $\frac{1}{4}$　⑤ $\frac{1}{5}$

05
▸ 25108-0115
2018학년도 6월 모의평가 가형 3번

상중하

$\lim_{x \to 0} \frac{\ln(1+3x)}{x}$의 값은? [2점]

① 1　② 2　③ 3　④ 4　⑤ 5

06
▸ 25108-0116
2018학년도 수능 가형 2번

상중하

$\lim_{x \to 0} \frac{\ln(1+5x)}{e^{2x}-1}$의 값은? [2점]

① 1　② $\frac{3}{2}$　③ 2　④ $\frac{5}{2}$　⑤ 3

07
▸ 25108-0117
2020학년도 9월 모의평가 가형 2번

상중하

$\lim_{x \to 0} \frac{e^{6x}-e^{4x}}{2x}$의 값은? [2점]

① 1　② 2　③ 3　④ 4　⑤ 5

08
▸ 25108-0118
2018학년도 10월 학력평가 가형 2번

상중하

$\lim_{x \to 0} \frac{e^{3x}-1}{x(x+2)}$의 값은? [2점]

① 1　② $\frac{3}{2}$　③ 2　④ $\frac{5}{2}$　⑤ 3

09

▸ 25108-0119

2024학년도 수능 23번

상중하

$\lim_{x \to 0} \frac{\ln(1+3x)}{\ln(1+5x)}$의 값은? [2점]

① $\frac{1}{5}$ ② $\frac{2}{5}$ ③ $\frac{3}{5}$

④ $\frac{4}{5}$ ⑤ 1

10

▸ 25108-0120

2022학년도 10월 학력평가 24번

상중하

미분가능한 함수 $f(x)$에 대하여

$$\lim_{x \to 0} \frac{f(x)-f(0)}{\ln(1+3x)}=2$$

일 때, $f'(0)$의 값은? [3점]

① 4 ② 5 ③ 6

④ 7 ⑤ 8

11

▸ 25108-0121

2024학년도 10월 학력평가 23번

상중하

$\lim_{x \to 0} \frac{e^{3x}-1}{\ln(1+2x)}$의 값은? [2점]

① 1 ② $\frac{3}{2}$ ③ 2

④ $\frac{5}{2}$ ⑤ 3

12

▸ 25108-0122

2017학년도 수능 가형 2번

상중하

$\lim_{x \to 0} \frac{e^{6x}-1}{\ln(1+3x)}$의 값은? [2점]

① 1 ② 2 ③ 3

④ 4 ⑤ 5

13

▸25108-0123
2024학년도 9월 모의평가 23번

상 중 하

$\lim_{x\to0}\frac{e^{7x}-1}{e^{2x}-1}$의 값은? [2점]

① $\frac{1}{2}$ ② $\frac{3}{2}$ ③ $\frac{5}{2}$
④ $\frac{7}{2}$ ⑤ $\frac{9}{2}$

14

▸25108-0124
2020학년도 6월 모의평가 가형 3번

상 중 하

$\lim_{x\to0}\frac{e^{2x}+e^{3x}-2}{2x}$의 값은? [2점]

① $\frac{1}{2}$ ② 1 ③ $\frac{3}{2}$
④ 2 ⑤ $\frac{5}{2}$

15

▸25108-0125
2020학년도 수능 가형 2번

상 중 하

$\lim_{x\to0}\frac{6x}{e^{4x}-e^{2x}}$의 값은? [2점]

① 1 ② 2 ③ 3
④ 4 ⑤ 5

16

▸25108-0126
2018학년도 3월 학력평가 가형 5번

상 중 하

함수 $f(x)=e^{x}-e^{-x}$에 대하여 $\lim_{x\to0}\frac{f(x)}{x}$의 값은? [3점]

① 1 ② 2 ③ 3
④ 4 ⑤ 5

Ⅱ 미분법

17
▸ 25108-0127

2023학년도 수능 23번

상중하

$\lim_{x \to 0} \frac{\ln(x+1)}{\sqrt{x+4}-2}$의 값은? [2점]

① 1　② 2　③ 3　④ 4　⑤ 5

18
▸ 25108-0128

2018학년도 3월 학력평가 가형 3번

상중하

$\lim_{x \to 0} (1+2x)^{\frac{1}{x}}$의 값은? [2점]

① $\frac{1}{e^2}$　② $\frac{1}{2e}$　③ $\frac{1}{e}$　④ $2e$　⑤ e^2

19
▸ 25108-0129

2023학년도 9월 모의평가 23번

상중하

$\lim_{x \to 0} \frac{4^x-2^x}{x}$의 값은? [3점]

① $\ln 2$　② 1　③ $2\ln 2$　④ 2　⑤ $3\ln 2$

20
▸ 25108-0130

2024학년도 6월 모의평가 25번

상중하

$\lim_{x \to 0} \frac{2^{ax+b}-8}{2^{bx}-1}=16$일 때, $a+b$의 값은?

(단, a와 b는 0이 아닌 상수이다.) [3점]

① 9　② 10　③ 11　④ 12　⑤ 13

21

▸ 25108-0131
2017학년도 3월 학력평가 가형 13번

상중하

좌표평면 위의 한 점 P$(t,\ 0)$을 지나는 직선 $x=t$와 두 곡선 $y=\ln x$, $y=-\ln x$가 만나는 점을 각각 A, B라 하자. 삼각형 AQB의 넓이가 1이 되도록 하는 x축 위의 점을 Q라 할 때, 선분 PQ의 길이를 $f(t)$라 하자. $\lim_{t \to 1+}(t-1)f(t)$의 값은?

(단, 점 Q의 x좌표는 t보다 작다.) [3점]

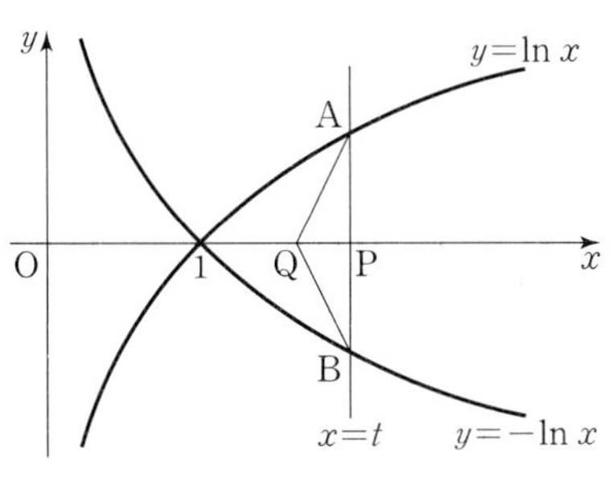

① $\frac{1}{2}$　② 1　③ $\frac{3}{2}$

④ 2　⑤ $\frac{5}{2}$

22

▸ 25108-0132
2021학년도 6월 모의평가 가형 16번

상중하

양수 t에 대하여 다음 조건을 만족시키는 실수 k의 값을 $f(t)$라 하자.

> 직선 $x=k$와 두 곡선 $y=e^{\frac{x}{2}}$, $y=e^{\frac{x}{2}+3t}$이 만나는 점을 각각 P, Q라 하고, 점 Q를 지나고 y축에 수직인 직선이 곡선 $y=e^{\frac{x}{2}}$과 만나는 점을 R라 할 때, $\overline{\mathrm{PQ}}=\overline{\mathrm{QR}}$이다.

함수 $f(t)$에 대하여 $\lim_{t \to 0+} f(t)$의 값은? [4점]

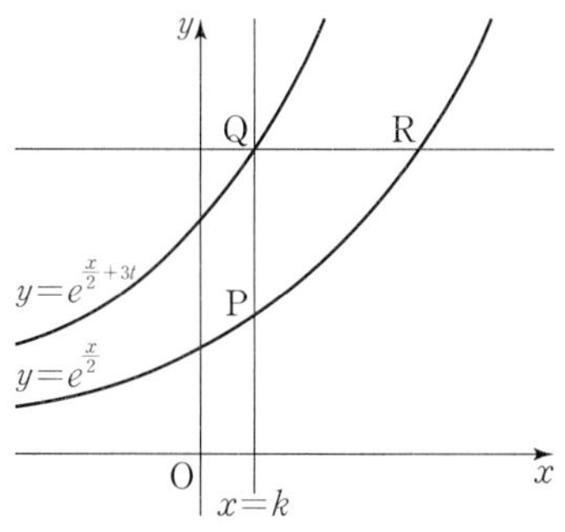

① ln 2　② ln 3　③ ln 4

④ ln 5　⑤ ln 6

23

▸ 25108-0133
2017학년도 10월 학력평가 가형 17번

상중하

$t<1$인 실수 t에 대하여 곡선 $y=\ln x$와 직선 $x+y=t$가 만나는 점을 P라 하자. 점 P에서 x축에 내린 수선의 발을 H, 직선 PH와 곡선 $y=e^x$이 만나는 점을 Q라 할 때, 삼각형 OHQ의 넓이를 $S(t)$라 하자. $\lim_{t\to 0+}\frac{2S(t)-1}{t}$의 값은? [4점]

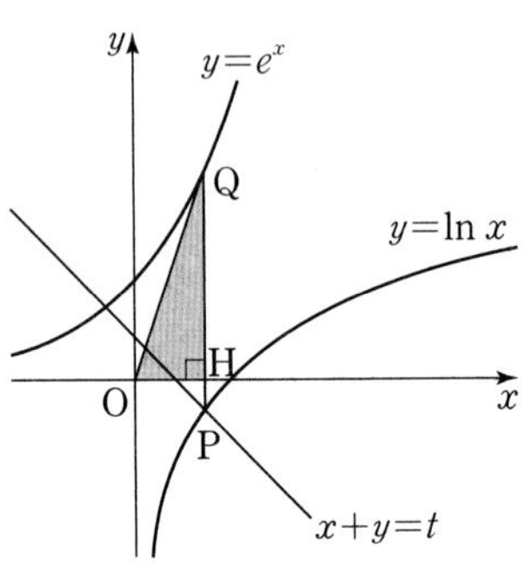

① 1　② $e-1$　③ 2
④ e　⑤ 3

24

▸ 25108-0134
2025학년도 6월 모의평가 26번

상중하

양수 t에 대하여 곡선 $y=e^{x^2}-1\ (x\geq 0)$이 두 직선 $y=t$, $y=5t$와 만나는 점을 각각 A, B라 하고, 점 B에서 x축에 내린 수선의 발을 C라 하자. 삼각형 ABC의 넓이를 $S(t)$라 할 때, $\lim_{t\to 0+}\frac{S(t)}{t\sqrt{t}}$의 값은? [3점]

① $\frac{5}{4}(\sqrt{5}-1)$　② $\frac{5}{2}(\sqrt{5}-1)$　③ $5(\sqrt{5}-1)$
④ $\frac{5}{4}(\sqrt{5}+1)$　⑤ $\frac{5}{2}(\sqrt{5}+1)$

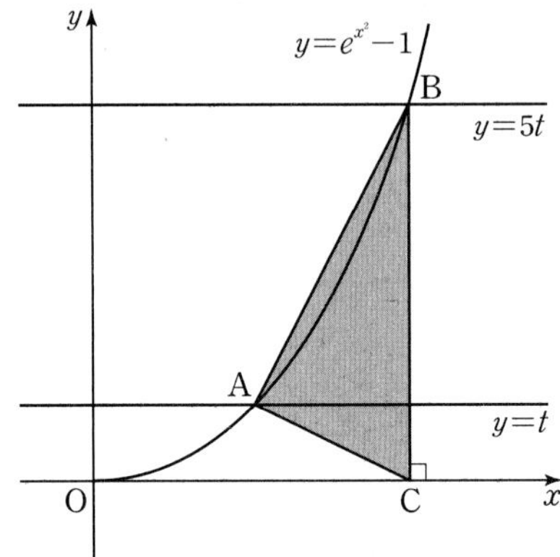

유형 2 지수함수와 로그함수의 도함수

1. 지수함수의 도함수
   (1) $y=e^{f(x)}$에 대하여 $y'=e^{f(x)}f'(x)$
   (2) $y=a^{f(x)}$에 대하여 $y'=a^{f(x)}f'(x)\ln a$
   (단, $a>0$, $a\neq1$이고, $f(x)$는 미분가능한 함수이다.)
2. 로그함수의 도함수
   (1) $y=\ln|x|$에 대하여 $y'=\dfrac{1}{x}$
   (2) $y=\log_a|x|$에 대하여 $y'=\dfrac{1}{x\ln a}$ (단, $a>0$, $a\neq1$)
   (3) $y=\ln|f(x)|$에 대하여 $y'=\dfrac{f'(x)}{f(x)}$
   (단, $f(x)$는 미분가능한 함수이고, $f(x)\neq0$이다.)

보기

① $y=e^{x+1}$에서
$y'=(e^{x+1})'=(e\times e^x)'=e\times(e^x)'=e\times e^x=e^{x+1}$

② $y=2^x$에서 $y'=2^x\ln 2$

③ $y=\ln|2x|$에서
$y'=(\ln|2x|)'=(\ln 2+\ln|x|)'=(\ln 2)'+(\ln|x|)'=\dfrac{1}{x}$

④ $y=\log_2|x|$에서
$y'=(\log_2|x|)'=\left(\dfrac{\ln|x|}{\ln 2}\right)'=\dfrac{1}{\ln 2}(\ln|x|)'=\dfrac{1}{x\ln 2}$

25 ▸ 25108-0135
2020학년도 6월 모의평가 가형 2번 상중하

함수 $f(x)=7+3\ln x$에 대하여 $f'(3)$의 값은? [2점]

① 1 ② 2 ③ 3 ④ 4 ⑤ 5

26 ▸ 25108-0136
2019학년도 6월 모의평가 가형 3번 상중하

함수 $f(x)=e^{3x-2}$에 대하여 $f'(1)$의 값은? [2점]

① e ② $2e$ ③ $3e$ ④ $4e$ ⑤ $5e$

27 ▸ 25108-0137
2018학년도 6월 모의평가 가형 5번 상중하

함수 $f(x)=e^x(2x+1)$에 대하여 $f'(1)$의 값은? [3점]

① $8e$ ② $7e$ ③ $6e$ ④ $5e$ ⑤ $4e$

28

▸ 25108-0138

2018학년도 수능 가형 23번

상중하

함수 $f(x)=\ln(x^2+1)$에 대하여 $f'(1)$의 값을 구하시오. [3점]

29

▸ 25108-0139

2018학년도 10월 학력평가 가형 23번

상중하

함수 $f(x)=4e^{3x-3}$에 대하여 $f'(1)$의 값을 구하시오. [3점]

30

▸ 25108-0140

2019학년도 3월 학력평가 가형 22번

상중하

함수 $f(x)=e^{3x-3}+1$에 대하여 $f'(1)$의 값을 구하시오. [3점]

31

▸ 25108-0141

2021학년도 9월 모의평가 가형 23번

상중하

함수 $f(x)=x\ln(2x-1)$에 대하여 $f'(1)$의 값을 구하시오. [3점]

32

▸ 25108-0142

2017학년도 9월 모의평가 가형 11번

상중하

함수 $f(x)=\log_3 x$에 대하여 $\lim_{h\to 0}\frac{f(3+h)-f(3-h)}{h}$의 값은? [3점]

① $\frac{1}{2\ln 3}$　② $\frac{2}{3\ln 3}$　③ $\frac{5}{6\ln 3}$

④ $\frac{1}{\ln 3}$　⑤ $\frac{7}{6\ln 3}$

33

▸ 25108-0143
2019학년도 3월 학력평가 가형 7번

상중하

함수 $f(x)=\ln(ax+b)$에 대하여 $\lim_{x \to 0} \frac{f(x)}{x}=2$일 때, $f(2)$의 값은? (단, a, b는 상수이다.) [3점]

① $\ln 3$ ② $2\ln 2$ ③ $\ln 5$
④ $\ln 6$ ⑤ $\ln 7$

34

▸ 25108-0144
2020학년도 수능 가형 22번

상중하

함수 $f(x)=x^3 \ln x$에 대하여 $\frac{f'(e)}{e^2}$의 값을 구하시오. [3점]

35

▸ 25108-0145
2017학년도 10월 학력평가 가형 25번

상중하

함수

$$f(x)=\begin{cases} x+1 & (x<0) \\ e^{ax+b} & (x\geq 0) \end{cases}$$

은 $x=0$에서 미분가능하다. $f(10)=e^k$일 때, 상수 k의 값을 구하시오. (단, a와 b는 상수이다.) [3점]

36

▸ 25108-0146
2024학년도 10월 학력평가 27번

상중하

함수 $f(x)=e^{3x}-ax$ (a는 상수)와 상수 k에 대하여 함수

$$g(x)=\begin{cases} f(x) & (x\geq k) \\ -f(x) & (x<k) \end{cases}$$

가 실수 전체의 집합에서 연속이고 역함수를 가질 때, $a\times k$의 값은? [3점]

① e ② $e^{\frac{3}{2}}$ ③ e^2
④ $e^{\frac{5}{2}}$ ⑤ e^3

유형 3 삼각함수의 덧셈정리

(1) $\sin(\alpha+\beta)=\sin\alpha\cos\beta+\cos\alpha\sin\beta$

$\sin(\alpha-\beta)=\sin\alpha\cos\beta-\cos\alpha\sin\beta$

(2) $\cos(\alpha+\beta)=\cos\alpha\cos\beta-\sin\alpha\sin\beta$

$\cos(\alpha-\beta)=\cos\alpha\cos\beta+\sin\alpha\sin\beta$

(3) $\tan(\alpha+\beta)=\dfrac{\tan\alpha+\tan\beta}{1-\tan\alpha\tan\beta}$ (단, $\tan\alpha\tan\beta\neq1$)

$\tan(\alpha-\beta)=\dfrac{\tan\alpha-\tan\beta}{1+\tan\alpha\tan\beta}$ (단, $\tan\alpha\tan\beta\neq-1$)

보기

① $\sin 75^\circ=\sin(45^\circ+30^\circ)$

$=\sin 45^\circ\cos 30^\circ+\cos 45^\circ\sin 30^\circ$

$=\dfrac{\sqrt{2}}{2}\times\dfrac{\sqrt{3}}{2}+\dfrac{\sqrt{2}}{2}\times\dfrac{1}{2}=\dfrac{\sqrt{6}+\sqrt{2}}{4}$

② $\cos 75^\circ=\cos(45^\circ+30^\circ)$

$=\cos 45^\circ\cos 30^\circ-\sin 45^\circ\sin 30^\circ$

$=\dfrac{\sqrt{2}}{2}\times\dfrac{\sqrt{3}}{2}-\dfrac{\sqrt{2}}{2}\times\dfrac{1}{2}=\dfrac{\sqrt{6}-\sqrt{2}}{4}$

③ $\tan 105^\circ=\tan(45^\circ+60^\circ)$

$=\dfrac{\tan 45^\circ+\tan 60^\circ}{1-\tan 45^\circ\tan 60^\circ}$

$=\dfrac{1+\sqrt{3}}{1-1\times\sqrt{3}}=\dfrac{1+\sqrt{3}}{1-\sqrt{3}}$

$=\dfrac{(1+\sqrt{3})^2}{(1-\sqrt{3})(1+\sqrt{3})}=-2-\sqrt{3}$

37

▸ 25108-0147

2017학년도 9월 모의평가 가형 5번 상중하

$\cos(\alpha+\beta)=\dfrac{5}{7}$, $\cos\alpha\cos\beta=\dfrac{4}{7}$일 때, $\sin\alpha\sin\beta$의 값은? [3점]

① $-\dfrac{1}{7}$　② $-\dfrac{2}{7}$　③ $-\dfrac{3}{7}$　④ $-\dfrac{4}{7}$　⑤ $-\dfrac{5}{7}$

38

▸ 25108-0148

2018학년도 10월 학력평가 가형 7번 상중하

$\sin\alpha=\dfrac{3}{5}$, $\cos\beta=\dfrac{\sqrt{5}}{5}$일 때, $\sin(\beta-\alpha)$의 값은?

(단, α, β는 예각이다.) [3점]

① $\dfrac{3\sqrt{5}}{20}$　② $\dfrac{\sqrt{5}}{5}$　③ $\dfrac{\sqrt{5}}{4}$　④ $\dfrac{3\sqrt{5}}{10}$　⑤ $\dfrac{7\sqrt{5}}{20}$

39

▸ 25108-0149

2017학년도 6월 모의평가 가형 7번 상중하

$\tan\left(\alpha+\dfrac{\pi}{4}\right)=2$일 때, $\tan\alpha$의 값은? [3점]

① $\dfrac{1}{3}$　② $\dfrac{4}{9}$　③ $\dfrac{5}{9}$　④ $\dfrac{2}{3}$　⑤ $\dfrac{7}{9}$

40

▸ 25108-0150
2022학년도 9월 모의평가 24번

상중하

$2\cos\alpha=3\sin\alpha$이고 $\tan(\alpha+\beta)=1$일 때, $\tan\beta$의 값은? [3점]

① $\frac{1}{6}$ ② $\frac{1}{5}$ ③ $\frac{1}{4}$

④ $\frac{1}{3}$ ⑤ $\frac{1}{2}$

41

▸ 25108-0151
2017학년도 3월 학력평가 가형 10번

점 O를 중심으로 하고 반지름의 길이가 각각 1, $\sqrt{2}$인 두 원 C_1, C_2가 있다. 원 C_1 위의 두 점 P, Q와 원 C_2 위의 점 R에 대하여 $\angle\text{QOP}=\alpha$, $\angle\text{ROQ}=\beta$라 하자. $\overline{\text{OQ}}\perp\overline{\text{QR}}$이고 $\sin\alpha=\frac{4}{5}$일 때, $\cos(\alpha+\beta)$의 값은?

$\left(\text{단, } 0<\alpha<\frac{\pi}{2},\ 0<\beta<\frac{\pi}{2}\right)$ [3점]

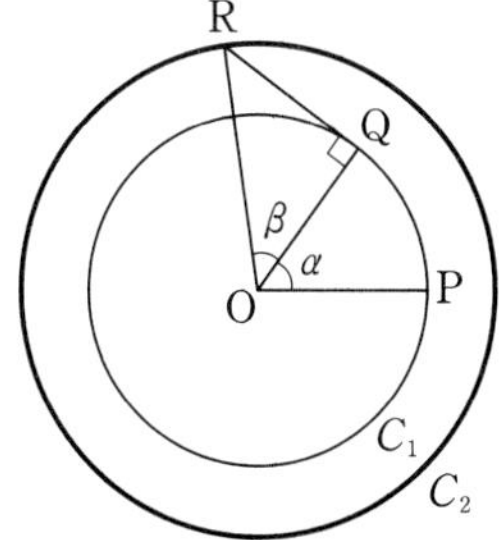

① $-\frac{\sqrt{6}}{10}$ ② $-\frac{\sqrt{5}}{10}$ ③ $-\frac{1}{5}$

④ $-\frac{\sqrt{3}}{10}$ ⑤ $-\frac{\sqrt{2}}{10}$

42

▸ 25108-0152
2018학년도 9월 모의평가 가형 15번

상중하

곡선 $y=1-x^2$ $(0<x<1)$ 위의 점 P에서 y축에 내린 수선의 발을 H라 하고, 원점 O와 점 A(0, 1)에 대하여 $\angle\text{APH}=\theta_1$, $\angle\text{HPO}=\theta_2$라 하자. $\tan\theta_1=\frac{1}{2}$일 때, $\tan(\theta_1+\theta_2)$의 값은? [4점]

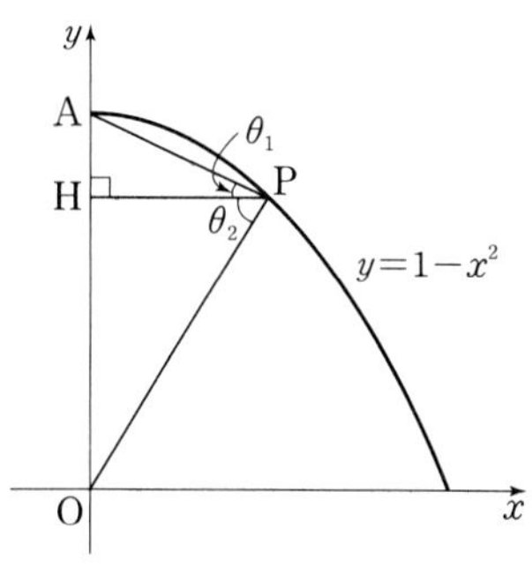

① 2 ② 4 ③ 6

④ 8 ⑤ 10

43
▶ 25108-0153
2018학년도 3월 학력평가 가형 23번
상중하

$\tan\alpha=4$, $\tan\beta=-2$일 때, $\tan(\alpha+\beta)=\frac{q}{p}$이다. $p+q$의 값을 구하시오. (단, p와 q는 서로소인 자연수이다.) [3점]

44
▶ 25108-0154
2019학년도 10월 학력평가 가형 8번
상중하

$0<\alpha<\beta<2\pi$이고 $\cos\alpha=\cos\beta=\frac{1}{3}$일 때, $\sin(\beta-\alpha)$의 값은? [3점]

① $-\frac{4\sqrt{2}}{9}$　② $-\frac{4}{9}$　③ 0　④ $\frac{4}{9}$　⑤ $\frac{4\sqrt{2}}{9}$

45
▶ 25108-0155
2018학년도 수능 가형 14번
상중하

그림과 같이 $\overline{AB}=5$, $\overline{AC}=2\sqrt{5}$인 삼각형 ABC의 꼭짓점 A에서 선분 BC에 내린 수선의 발을 D라 하자.
선분 AD를 3 : 1로 내분하는 점 E에 대하여 $\overline{EC}=\sqrt{5}$이다.
$\angle ABD=\alpha$, $\angle DCE=\beta$라 할 때, $\cos(\alpha-\beta)$의 값은? [4점]

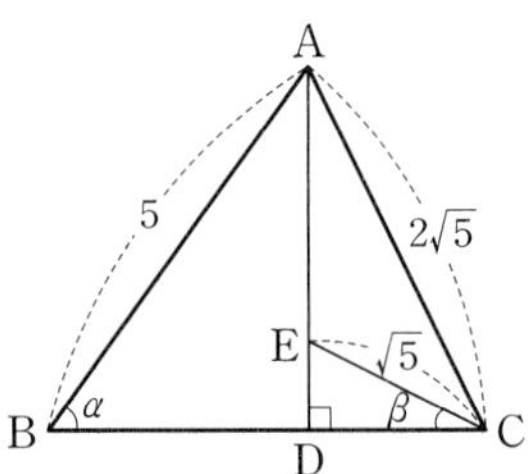

① $\frac{\sqrt{5}}{5}$　② $\frac{\sqrt{5}}{4}$　③ $\frac{3\sqrt{5}}{10}$　④ $\frac{7\sqrt{5}}{20}$　⑤ $\frac{2\sqrt{5}}{5}$

46
▶ 25108-0156
2019학년도 3월 학력평가 가형 15번
상중하

그림과 같이 한 변의 길이가 1인 정사각형 ABCD가 있다. 선분 AD 위의 점 E와 정사각형 ABCD의 내부에 있는 점 F가 다음 조건을 만족시킨다.

(가) 두 삼각형 ABE와 FBE는 서로 합동이다.
(나) 사각형 ABFE의 넓이는 $\frac{1}{3}$이다.

$\tan(\angle ABF)$의 값은? [4점]

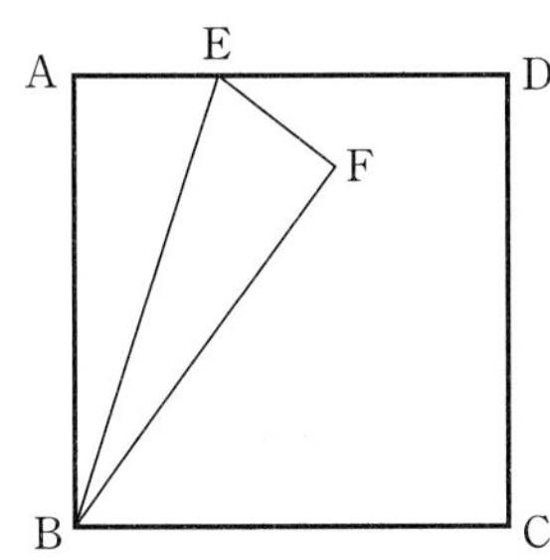

① $\frac{5}{12}$ ② $\frac{1}{2}$ ③ $\frac{7}{12}$
④ $\frac{2}{3}$ ⑤ $\frac{3}{4}$

47
▶ 25108-0157
2020학년도 수능 가형 10번
상중하

$\overline{AB}=\overline{AC}$인 이등변삼각형 ABC에서 $\angle A=\alpha$, $\angle B=\beta$라 하자. $\tan(\alpha+\beta)=-\frac{3}{2}$일 때, $\tan\alpha$의 값은? [3점]

① $\frac{21}{10}$ ② $\frac{11}{5}$ ③ $\frac{23}{10}$
④ $\frac{12}{5}$ ⑤ $\frac{5}{2}$

유형 4 삼각함수의 극한

(1) $\lim_{x\to 0}\sin x=0$, $\lim_{x\to\frac{\pi}{2}}\sin x=1$

(2) $\lim_{x\to 0}\cos x=1$, $\lim_{x\to\frac{\pi}{2}}\cos x=0$

(3) $\lim_{x\to 0}\tan x=0$, $\lim_{x\to\frac{\pi}{4}}\tan x=1$

(4) $\lim_{x\to 0}\frac{\sin x}{x}=1$ (단, x의 단위는 라디안)

보기

① $\lim_{x\to 0}\frac{\sin 2x}{x}=\lim_{x\to 0}\left(\frac{\sin 2x}{2x}\times 2\right)=1\times 2=2$

② $\lim_{x\to 0}\frac{\tan x}{x}=\lim_{x\to 0}\left(\frac{\sin x}{x}\times\frac{1}{\cos x}\right)=\lim_{x\to 0}\frac{\sin x}{x}\times\lim_{x\to 0}\frac{1}{\cos x}$
$=1\times 1=1$

48
▶ 25108-0158
2025학년도 수능 23번
상중하

$\lim_{x\to 0}\frac{3x^2}{\sin^2 x}$의 값은? [2점]

① 1 ② 2 ③ 3
④ 4 ⑤ 5

49
▶ 25108-0159
2025학년도 9월 모의평가 23번
상중하

$\lim_{x\to 0}\frac{\sin 5x}{x}$의 값은? [2점]

① 1 ② 2 ③ 3
④ 4 ⑤ 5

50

▸ 25108-0160

2018학년도 9월 모의평가 가형 2번

상중하

$\lim_{x\to 0}\frac{\sin 7x}{4x}$의 값은? [2점]

① $\frac{3}{4}$　② 1　③ $\frac{5}{4}$　④ $\frac{3}{2}$　⑤ $\frac{7}{4}$

51

▸ 25108-0161

2017학년도 6월 모의평가 가형 22번

상중하

$\lim_{x\to 0}\frac{\sin 2x}{x\cos x}$의 값을 구하시오. [3점]

52

▸ 25108-0162

2017학년도 9월 모의평가 가형 20번

상중하

그림과 같이 한 변의 길이가 1인 정사각형 ABCD가 있다. 변 CD 위의 점 E에 대하여 선분 DE를 지름으로 하는 원과 직선 BE가 만나는 점 중 E가 아닌 점을 F라 하자. $\angle EBC=\theta$라 할 때, 점 E를 포함하지 않는 호 DF를 이등분하는 점과 선분 DF의 중점을 지름의 양 끝점으로 하는 원의 반지름의 길이를 $r(\theta)$라 하자. $\lim_{\theta\to\frac{\pi}{4}-}\frac{r(\theta)}{\frac{\pi}{4}-\theta}$의 값은? $\left(단, 0<\theta<\frac{\pi}{4}\right)$ [4점]

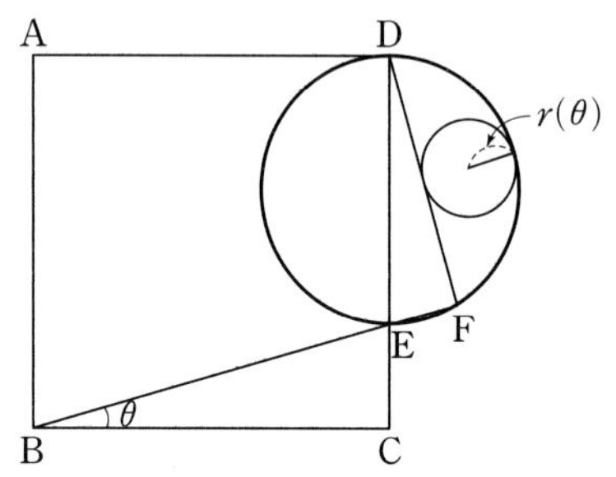

① $\frac{1}{7}(2-\sqrt{2})$　② $\frac{1}{6}(2-\sqrt{2})$　③ $\frac{1}{5}(2-\sqrt{2})$　④ $\frac{1}{4}(2-\sqrt{2})$　⑤ $\frac{1}{3}(2-\sqrt{2})$

53

▶ 25108-0163

2019학년도 10월 학력평가 가형 16번

상중하

그림과 같이 길이가 2인 선분 AB를 지름으로 하는 원 C_1과 점 B를 중심으로 하고 원 C_1 위의 점 P를 지나는 원 C_2가 있다. 원 C_1의 중심 O에서 원 C_2에 그은 두 접선의 접점을 각각 Q, R라 하자. $\angle PAB=\theta$일 때, 사각형 ORBQ의 넓이를 $S(\theta)$라 하자. $\lim_{\theta \to 0+} \frac{S(\theta)}{\theta}$의 값은? $\left(단, 0<\theta<\frac{\pi}{6}\right)$ [4점]

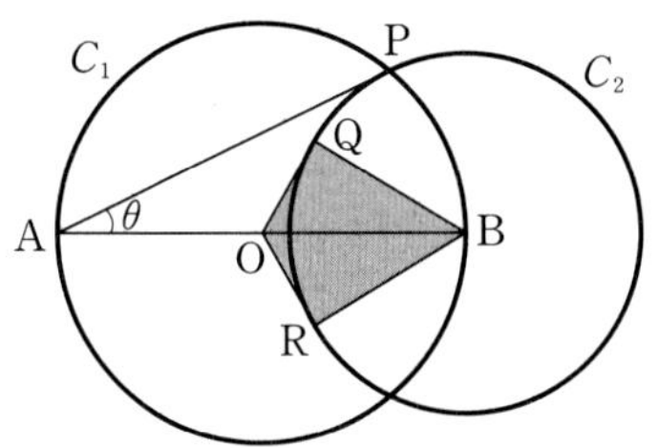

① 2 ② $\sqrt{3}$ ③ 1 ④ $\frac{\sqrt{3}}{2}$ ⑤ $\frac{1}{2}$

54

▶ 25108-0164

2021학년도 수능 가형 24번

상중하

그림과 같이 $\overline{AB}=2$, $\angle B=\frac{\pi}{2}$인 직각삼각형 ABC에서 중심이 A, 반지름의 길이가 1인 원이 두 선분 AB, AC와 만나는 점을 각각 D, E라 하자. 호 DE의 삼등분점 중 점 D에 가까운 점을 F라 하고, 직선 AF가 선분 BC와 만나는 점을 G라 하자.

$\angle BAG=\theta$라 할 때, 삼각형 ABG의 내부와 부채꼴 ADF의 외부의 공통부분의 넓이를 $f(\theta)$, 부채꼴 AFE의 넓이를 $g(\theta)$라 하자. $40\times \lim_{\theta \to 0+} \frac{f(\theta)}{g(\theta)}$의 값을 구하시오.

$\left(단, 0<\theta<\frac{\pi}{6}\right)$ [3점]

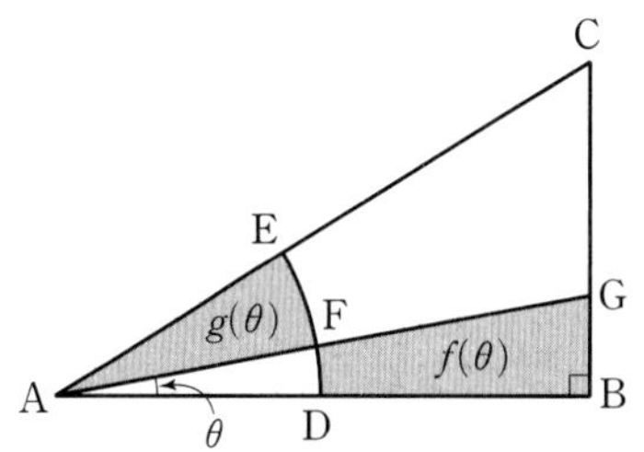

55

▸ 25108-0165

2021학년도 6월 모의평가 가형 10번

상 중 하

실수 전체의 집합에서 연속인 함수 $f(x)$가 모든 실수 x에 대하여

$$(e^{2x}-1)^2 f(x) = a - 4\cos\frac{\pi}{2}x$$

를 만족시킬 때, $a \times f(0)$의 값은? (단, a는 상수이다.) [3점]

① $\frac{\pi^2}{6}$ ② $\frac{\pi^2}{5}$ ③ $\frac{\pi^2}{4}$

④ $\frac{\pi^2}{3}$ ⑤ $\frac{\pi^2}{2}$

56

▸ 25108-0166

2017학년도 수능 가형 14번

상 중 하

그림과 같이 반지름의 길이가 1이고 중심각의 크기가 $\frac{\pi}{2}$인 부채꼴 OAB가 있다. 호 AB 위의 점 P에서 선분 OA에 내린 수선의 발을 H, 선분 PH와 선분 AB의 교점을 Q라 하자. $\angle \mathrm{POH} = \theta$일 때, 삼각형 AQH의 넓이를 $S(\theta)$라 하자. $\lim_{\theta \to 0+} \frac{S(\theta)}{\theta^4}$의 값은? $\left(\text{단, } 0 < \theta < \frac{\pi}{2}\right)$ [4점]

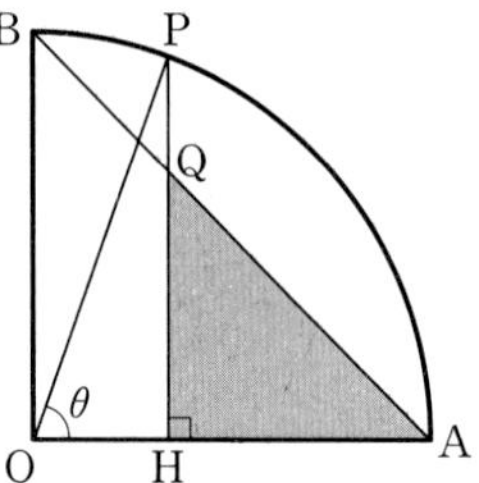

① $\frac{1}{8}$ ② $\frac{1}{4}$ ③ $\frac{3}{8}$

④ $\frac{1}{2}$ ⑤ $\frac{5}{8}$

57 ▶ 25108-0167
2019학년도 9월 모의평가 가형 19번 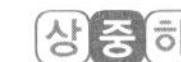

자연수 n에 대하여 중심이 원점 O이고 점 $\mathrm{P}(2^n,\ 0)$을 지나는 원 C가 있다. 원 C 위에 점 Q를 호 PQ의 길이가 π가 되도록 잡는다. 점 Q에서 x축에 내린 수선의 발을 H라 할 때, $\lim\limits_{n\to\infty}(\overline{\mathrm{OQ}}\times\overline{\mathrm{HP}})$의 값은? [4점]

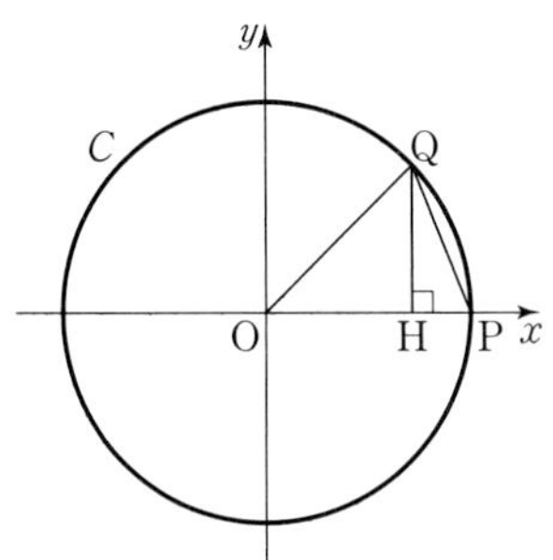

① $\dfrac{\pi^2}{2}$　② $\dfrac{3}{4}\pi^2$　③ π^2　④ $\dfrac{5}{4}\pi^2$　⑤ $\dfrac{3}{2}\pi^2$

58 ▶ 25108-0168
2018학년도 10월 학력평가 가형 17번 상중하

그림과 같이 빗변 AC의 길이가 1이고 $\angle\mathrm{BAC}=\theta$인 직각삼각형 ABC가 있다. 점 B를 중심으로 하고 점 C를 지나는 원이 선분 AC와 만나는 점 중 점 C가 아닌 점을 D라 하고, 점 D에서 선분 AB에 내린 수선의 발을 E라 하자. 사각형 BCDE의 넓이를 $S(\theta)$라 할 때, $\lim\limits_{\theta\to0+}\dfrac{S(\theta)}{\theta^3}$의 값은?

$\left(단,\ 0<\theta<\dfrac{\pi}{4}\right)$ [4점]

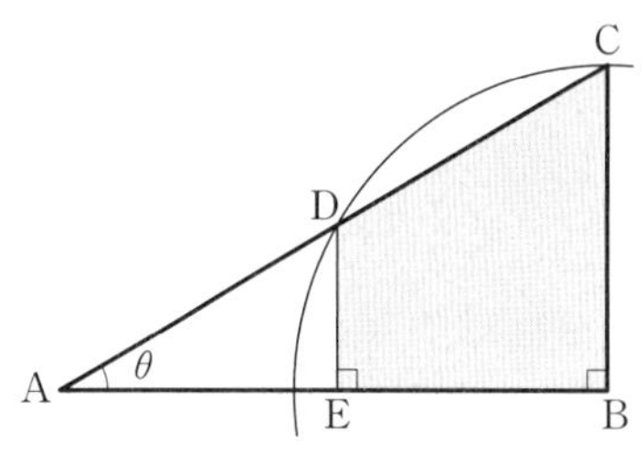

① $\dfrac{1}{4}$　② $\dfrac{1}{2}$　③ 1　④ 2　⑤ 4

59 ▸ 25108-0169

2019학년도 3월 학력평가 가형 13번 상중하

$0 \le x \le \pi$에서 정의된 함수

$$f(x)=\begin{cases} 2\cos x \tan x + a & \left(x \ne \frac{\pi}{2}\right) \\ 3a & \left(x=\frac{\pi}{2}\right) \end{cases}$$

가 $x=\frac{\pi}{2}$에서 연속일 때, 함수 $f(x)$의 최댓값과 최솟값의 합은? (단, a는 상수이다.) [3점]

① $\frac{5}{2}$　② 3　③ $\frac{7}{2}$　④ 4　⑤ $\frac{9}{2}$

60 ▸ 25108-0170

2017학년도 3월 학력평가 가형 23번 상중하

함수 $f(\theta)=1-\frac{1}{1+2\sin\theta}$일 때, $\lim_{\theta \to 0}\frac{10f(\theta)}{\theta}$의 값을 구하시오. [3점]

61 ▸ 25108-0171

2020학년도 9월 모의평가 가형 20번 상중하

그림과 같이 반지름의 길이가 1이고 중심각의 크기가 $\frac{\pi}{2}$인 부채꼴 OAB가 있다. 호 AB 위의 점 P에서 선분 OA에 내린 수선의 발을 H, 점 P에서 호 AB에 접하는 직선과 직선 OA의 교점을 Q라 하자. 점 Q를 중심으로 하고 반지름의 길이가 $\overline{\mathrm{QA}}$인 원과 선분 PQ의 교점을 R라 하자. $\angle\mathrm{POA}=\theta$일 때, 삼각형 OHP의 넓이를 $f(\theta)$, 부채꼴 QRA의 넓이를 $g(\theta)$라 하자. $\lim_{\theta \to 0+}\frac{\sqrt{g(\theta)}}{\theta \times f(\theta)}$의 값은? $\left(\text{단, } 0<\theta<\frac{\pi}{2}\right)$ [4점]

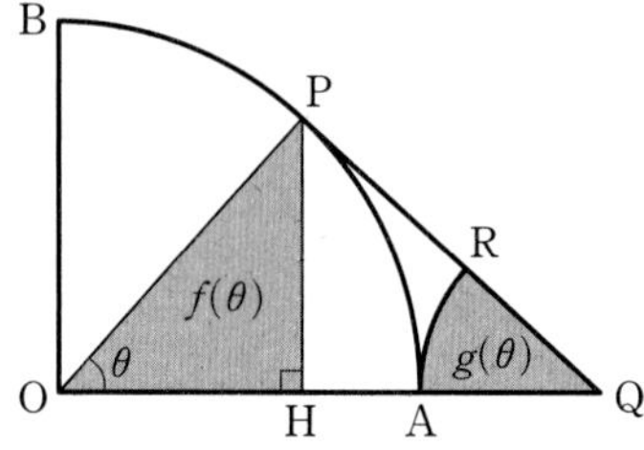

① $\frac{\sqrt{\pi}}{5}$　② $\frac{\sqrt{\pi}}{4}$　③ $\frac{\sqrt{\pi}}{3}$　④ $\frac{\sqrt{\pi}}{2}$　⑤ $\sqrt{\pi}$

62

▸ 25108-0172
2018학년도 수능 가형 17번

상중하

그림과 같이 한 변의 길이가 1인 마름모 ABCD가 있다. 점 C에서 선분 AB의 연장선에 내린 수선의 발을 E, 점 E에서 선분 AC에 내린 수선의 발을 F, 선분 EF와 선분 BC의 교점을 G라 하자. $\angle DAB=\theta$일 때, 삼각형 CFG의 넓이를 $S(\theta)$라 하자. $\lim_{\theta \to 0+} \frac{S(\theta)}{\theta^5}$의 값은? $\left(\text{단, } 0<\theta<\frac{\pi}{2}\right)$ [4점]

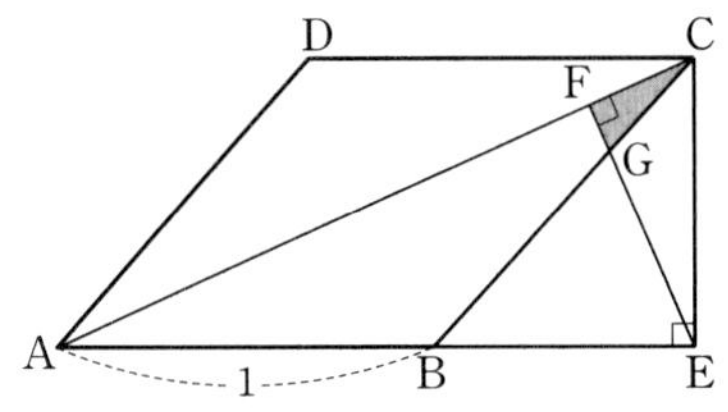

① $\frac{1}{24}$ ② $\frac{1}{20}$ ③ $\frac{1}{16}$ ④ $\frac{1}{12}$ ⑤ $\frac{1}{8}$

63

▸ 25108-0173
2020학년도 수능 가형 24번

상중하

좌표평면에서 곡선 $y=\sin x$ 위의 점 $P(t, \sin t)(0<t<\pi)$를 중심으로 하고 x축에 접하는 원을 C라 하자. 원 C가 x축에 접하는 점을 Q, 선분 OP와 만나는 점을 R라 하자.

$\lim_{t \to 0+} \frac{\overline{OQ}}{\overline{OR}}=a+b\sqrt{2}$일 때, $a+b$의 값을 구하시오.

(단, O는 원점이고, a, b는 정수이다.) [3점]

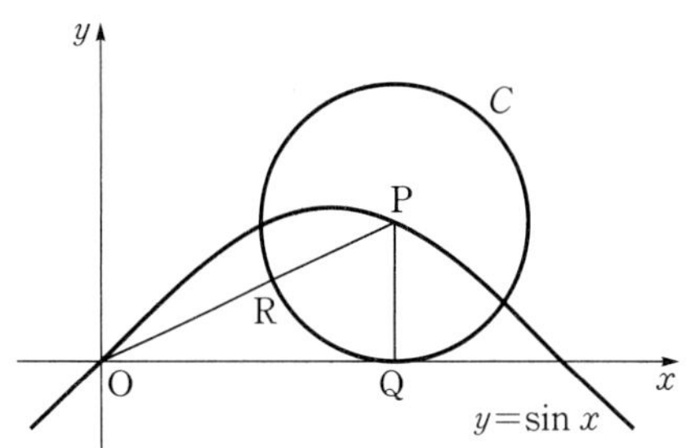

64

▸ 25108-0174
2024학년도 6월 모의평가 27번

상중하

실수 $t\ (0<t<\pi)$에 대하여 곡선 $y=\sin x$ 위의 점 $P(t, \sin t)$에서의 접선과 점 P를 지나고 기울기가 -1인 직선이 이루는 예각의 크기를 θ라 할 때, $\lim_{t \to \pi-} \frac{\tan\theta}{(\pi-t)^2}$의 값은?

[3점]

① $\frac{1}{16}$ ② $\frac{1}{8}$ ③ $\frac{1}{4}$ ④ $\frac{1}{2}$ ⑤ 1

65

▸ 25108-0175

2019학년도 수능 가형 18번

상중하

그림과 같이 $\overline{AB}=1$, $\angle B=\frac{\pi}{2}$인 직각삼각형 ABC에서 ∠C를 이등분하는 직선과 선분 AB의 교점을 D, 중심이 A이고 반지름의 길이가 $\overline{AD}$인 원과 선분 AC의 교점을 E라 하자. $\angle A=\theta$일 때, 부채꼴 ADE의 넓이를 $S(\theta)$, 삼각형 BCE의 넓이를 $T(\theta)$라 하자. $\lim_{\theta\to0+}\frac{\{S(\theta)\}^2}{T(\theta)}$의 값은? [4점]

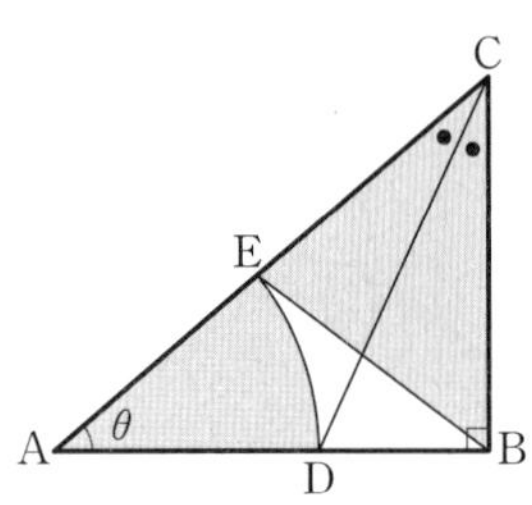

① $\frac{1}{4}$ ② $\frac{1}{2}$ ③ $\frac{3}{4}$

④ 1 ⑤ $\frac{5}{4}$

66

▸ 25108-0176

2019학년도 6월 모의평가 가형 16번

상중하

그림과 같이 반지름의 길이가 1이고 중심각의 크기가 $\frac{\pi}{2}$인 부채꼴 OAB가 있다. 호 AB 위의 점 P에서 선분 OA에 내린 수선의 발을 H라 하고, 호 BP 위에 점 Q를 $\angle POH=\angle PHQ$가 되도록 잡는다. $\angle POH=\theta$일 때, 삼각형 OHQ의 넓이를 $S(\theta)$라 하자. $\lim_{\theta\to0+}\frac{S(\theta)}{\theta}$의 값은?

$\left(단,\ 0<\theta<\frac{\pi}{6}\right)$ [4점]

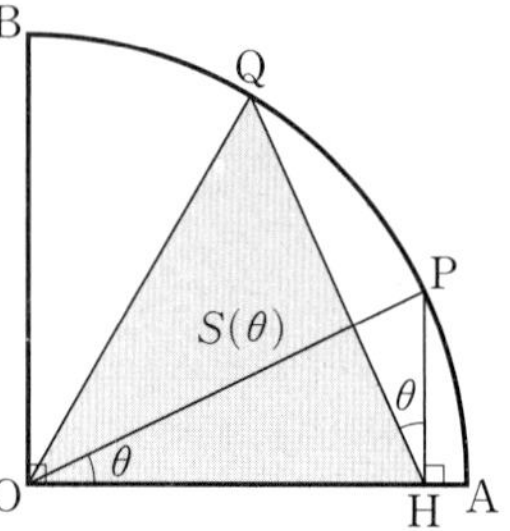

① $\frac{1+\sqrt{2}}{2}$ ② $\frac{2+\sqrt{2}}{2}$ ③ $\frac{3+\sqrt{2}}{2}$

④ $\frac{4+\sqrt{2}}{2}$ ⑤ $\frac{5+\sqrt{2}}{2}$

67

▸ 25108-0177
2023학년도 9월 모의평가 28번

상 중 하

그림과 같이 반지름의 길이가 1이고 중심각의 크기가 $\frac{\pi}{2}$인 부채꼴 OAB가 있다. 호 AB 위의 점 P에 대하여 $\overline{PA}=\overline{PC}=\overline{PD}$가 되도록 호 PB 위에 점 C와 선분 OA 위에 점 D를 잡는다. 점 D를 지나고 선분 OP와 평행한 직선이 선분 PA와 만나는 점을 E라 하자. $\angle POA=\theta$일 때, 삼각형 CDP의 넓이를 $f(\theta)$, 삼각형 EDA의 넓이를 $g(\theta)$라 하자. $\lim_{\theta \to 0+} \frac{g(\theta)}{\theta^2 \times f(\theta)}$의 값은? $\left(\text{단, } 0<\theta<\frac{\pi}{4}\right)$ [4점]

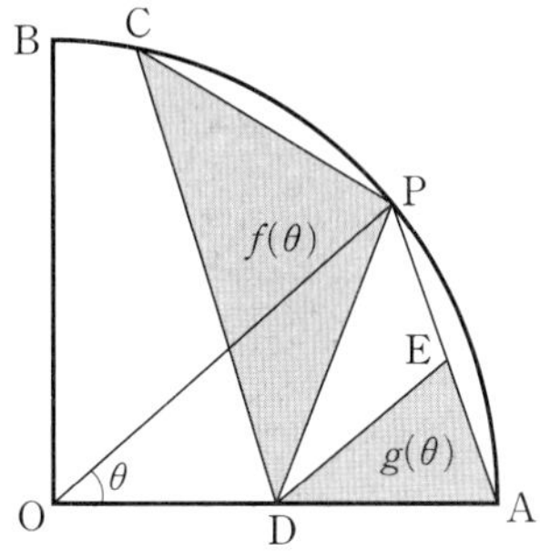

① $\frac{1}{8}$ ② $\frac{1}{4}$ ③ $\frac{3}{8}$
④ $\frac{1}{2}$ ⑤ $\frac{5}{8}$

68

▸ 25108-0178
2019학년도 3월 학력평가 가형 19번

상 중 하

그림과 같이 중심이 O이고 길이가 2인 선분 AB를 지름으로 하는 반원이 있다. 호 AB 위의 점 P에서 선분 AB에 내린 수선의 발을 H라 하고, 점 H를 지나고 선분 OP에 수직인 직선이 선분 OP, 호 AB와 만나는 점을 각각 I, Q라 하자. 점 Q를 지나고 직선 OP에 평행한 직선이 호 AB와 만나는 점 중 Q가 아닌 점을 R라 하자. $\angle POB=\theta$일 때, 두 삼각형 RIP, IHP의 넓이를 각각 $S(\theta)$, $T(\theta)$라 하자. $\lim_{\theta \to 0+} \frac{S(\theta)-T(\theta)}{\theta^3}$의 값은? $\left(\text{단, } 0<\theta<\frac{\pi}{2}\right)$ [4점]

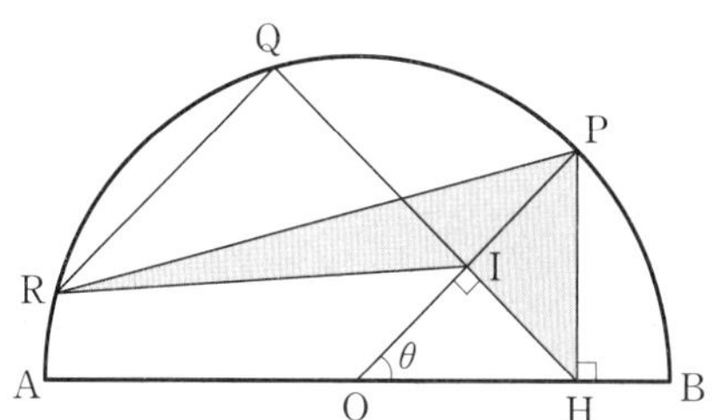

① $\frac{\sqrt{2}-1}{4}$ ② $\frac{\sqrt{2}-1}{2}$ ③ $\sqrt{2}-1$
④ $\frac{2\sqrt{2}-1}{4}$ ⑤ $\frac{2\sqrt{2}-1}{2}$

69

▸ 25108-0179

2018학년도 3월 학력평가 가형 19번

상중하

그림과 같이 길이가 1인 선분 AB를 지름으로 하는 반원 위의 점 P에 대하여 $\angle$ABP를 삼등분하는 두 직선이 선분 AP와 만나는 점을 각각 Q, R라 하자. $\angle \mathrm{PAB}=\theta$일 때, 삼각형 BRQ의 넓이를 $S(\theta)$라 하자. $\lim_{\theta \to 0+} \frac{S(\theta)}{\theta^2}$의 값은? $\left(단, 0<\theta<\frac{\pi}{2}\right)$ [4점]

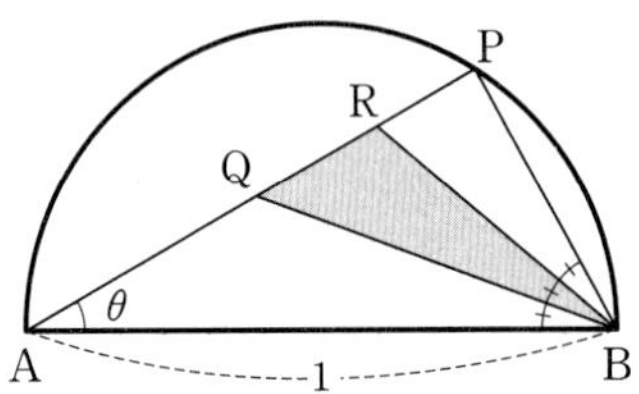

① $\frac{1}{3}$ ② $\frac{\sqrt{3}}{3}$ ③ 1

④ $\sqrt{3}$ ⑤ 3

70

▸ 25108-0180

2020학년도 10월 학력평가 가형 21번

상중하

그림과 같이 길이가 2인 선분 AB를 지름으로 하는 반원이 있다. 호 AB 위의 점 P와 선분 AB 위의 점 C에 대하여 $\angle \mathrm{PAC}=\theta$일 때, $\angle \mathrm{APC}=2\theta$이다. $\angle \mathrm{ADC}=\angle \mathrm{PCD}=\frac{\pi}{2}$인 점 D에 대하여 두 선분 AP와 CD가 만나는 점을 E라 하자. 삼각형 DEP의 넓이를 $S(\theta)$라 할 때, $\lim_{\theta \to 0+} \frac{S(\theta)}{\theta}$의 값은? $\left(단, 0<\theta<\frac{\pi}{6}\right)$ [4점]

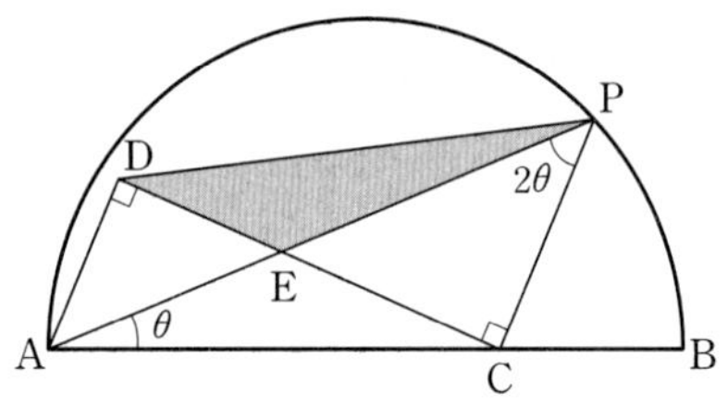

① $\frac{5}{9}$ ② $\frac{2}{3}$ ③ $\frac{7}{9}$

④ $\frac{8}{9}$ ⑤ 1

71

▸ 25108-0181
2022학년도 6월 모의평가 28번
상 중 하

그림과 같이 길이가 2인 선분 AB를 지름으로 하는 반원의 호 AB 위에 점 P가 있다. 선분 AB의 중점을 O라 할 때, 점 B를 지나고 선분 AB에 수직인 직선이 직선 OP와 만나는 점을 Q라 하고, $\angle$OQB의 이등분선이 직선 AP와 만나는 점을 R라 하자. $\angle \mathrm{OAP}=\theta$일 때, 삼각형 OAP의 넓이를 $f(\theta)$, 삼각형 PQR의 넓이를 $g(\theta)$라 하자. $\lim_{\theta \to 0+} \frac{g(\theta)}{\theta^4 \times f(\theta)}$의 값은? $\left(\text{단, } 0<\theta<\frac{\pi}{4}\right)$ [4점]

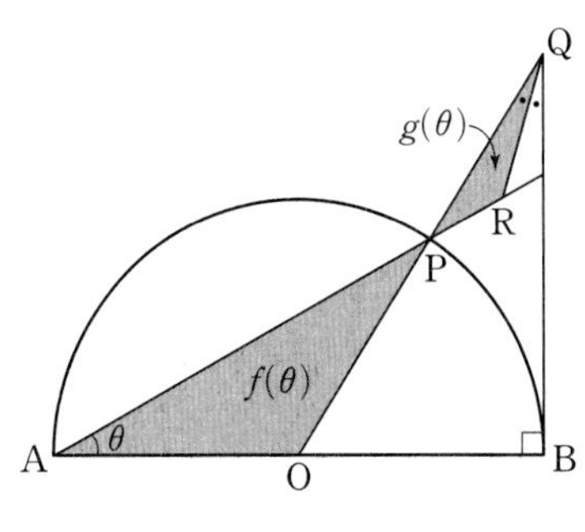

① 2　② $\frac{5}{2}$　③ 3　④ $\frac{7}{2}$　⑤ 4

72

▸ 25108-0182
2023학년도 수능 28번
상 중 하

그림과 같이 중심이 O이고 길이가 2인 선분 AB를 지름으로 하는 반원 위에 $\angle \mathrm{AOC}=\frac{\pi}{2}$인 점 C가 있다. 호 BC 위에 점 P와 호 CA 위에 점 Q를 $\overline{\mathrm{PB}}=\overline{\mathrm{QC}}$가 되도록 잡고, 선분 AP 위에 점 R를 $\angle \mathrm{CQR}=\frac{\pi}{2}$가 되도록 잡는다. 선분 AP와 선분 CO의 교점을 S라 하자. $\angle \mathrm{PAB}=\theta$일 때, 삼각형 POB의 넓이를 $f(\theta)$, 사각형 CQRS의 넓이를 $g(\theta)$라 하자.
$\lim_{\theta \to 0+} \frac{3f(\theta)-2g(\theta)}{\theta^2}$의 값은? $\left(\text{단, } 0<\theta<\frac{\pi}{4}\right)$ [4점]

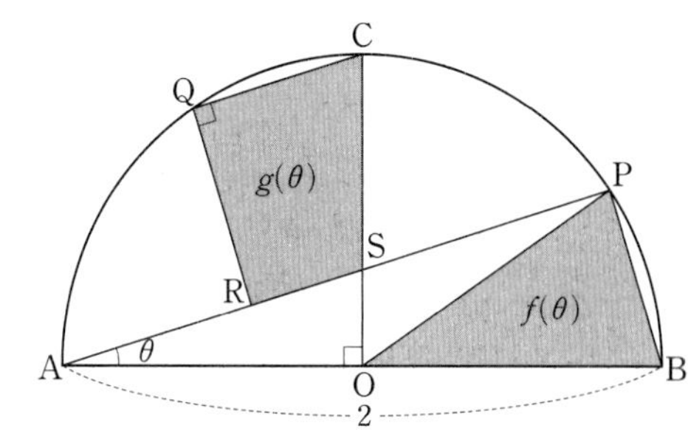

① 1　② 2　③ 3　④ 4　⑤ 5

73

▸ 25108-0183

2021학년도 10월 학력평가 28번

상중하

그림과 같이 $\overline{AB}=1$, $\overline{BC}=2$인 삼각형 ABC에 대하여 선분 AC의 중점을 M이라 하고, 점 M을 지나고 선분 AB에 평행한 직선이 선분 BC와 만나는 점을 D라 하자. $\angle BAC$의 이등분선이 두 직선 BC, DM과 만나는 점을 각각 E, F라 하자. $\angle CBA=\theta$일 때, 삼각형 ABE의 넓이를 $f(\theta)$, 삼각형 DFC의 넓이를 $g(\theta)$라 하자. $\lim_{\theta \to 0+} \frac{g(\theta)}{\theta^2 \times f(\theta)}$의 값은?

(단, $0<\theta<\pi$) [4점]

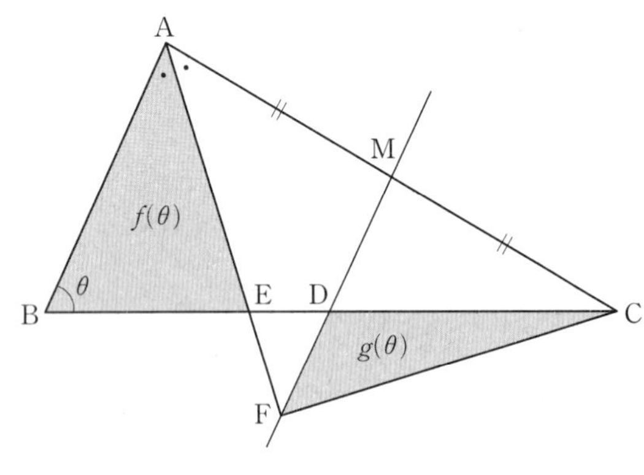

① $\frac{1}{8}$　　② $\frac{1}{4}$　　③ $\frac{1}{2}$

④ 1　　⑤ 2

74

▸ 25108-0184

2023학년도 10월 학력평가 29번

상중하

그림과 같이 $\overline{AB}=\overline{AC}$, $\overline{BC}=2$인 삼각형 ABC에 대하여 선분 AB를 지름으로 하는 원이 선분 AC와 만나는 점 중 A가 아닌 점을 D라 하고, 선분 AB의 중점을 E라 하자. $\angle BAC=\theta$일 때, 삼각형 CDE의 넓이를 $S(\theta)$라 하자. $60 \times \lim_{\theta \to 0+} \frac{S(\theta)}{\theta}$의 값을 구하시오. $\left(단,\ 0<\theta<\frac{\pi}{2}\right)$ [4점]

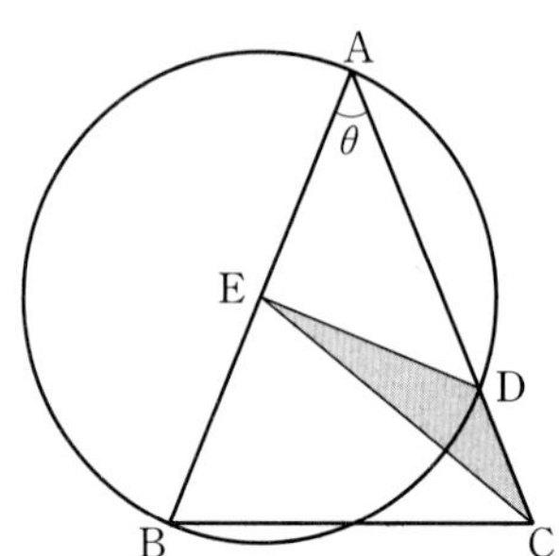

유형 5 삼각함수의 도함수

(1) $y=\sin x$에 대하여 $y'=\cos x$
(2) $y=\cos x$에 대하여 $y'=-\sin x$
(3) $y=\tan x$에 대하여 $y'=\sec^2 x$
(4) $y=\sec x$에 대하여 $y'=\sec x \tan x$
(5) $y=\csc x$에 대하여 $y'=-\csc x \cot x$
(6) $y=\cot x$에 대하여 $y'=-\csc^2 x$

보기

① $y=\sin x+\cos x$에서
$y'=(\sin x+\cos x)'$
$=(\sin x)'+(\cos x)'$
$=\cos x-\sin x$

② $y=x\tan x$이면
$y'=(x)'\tan x+x(\tan x)'$
$=\tan x+x\sec^2 x$

75 ▸ 25108-0185
2019학년도 10월 학력평가 가형 12번 상중하

함수 $f(x)=\sin x-\sqrt{3}\cos x$에 대하여 $f'\left(\frac{\pi}{3}\right)$의 값을 구하시오. [3점]

76 ▸ 25108-0186
2018학년도 3월 학력평가 가형 2번 상중하

함수 $f(x)=x+2\sin x$에 대하여 $f'\left(\frac{\pi}{3}\right)$의 값은? [2점]

① 1 ② $\frac{3}{2}$ ③ 2
④ $\frac{5}{2}$ ⑤ 3

77 ▸ 25108-0187
2019학년도 3월 학력평가 가형 4번 상중하

함수 $f(x)=\frac{x}{2}+\sin x$에 대하여 $\lim_{x\to\pi}\frac{f(x)-f(\pi)}{x-\pi}$의 값은? [3점]

① $-\frac{5}{2}$ ② -2 ③ $-\frac{3}{2}$
④ -1 ⑤ $-\frac{1}{2}$

78 ▸ 25108-0188
2019학년도 6월 모의평가 가형 6번 상중하

함수 $f(x)=\tan 2x+3\sin x$에 대하여

$\lim_{h\to 0}\frac{f(\pi+h)-f(\pi-h)}{h}$의 값은? [3점]

① -2 ② -4 ③ -6
④ -8 ⑤ -10

79 ▸ 25108-0189
2020학년도 6월 모의평가 가형 12번 상중하

함수 $f(x)=\sin(x+\alpha)+2\cos(x+\alpha)$에 대하여

$f'\left(\frac{\pi}{4}\right)=0$일 때, $\tan\alpha$의 값은? (단, α는 상수이다.) [3점]

① $-\frac{5}{6}$ ② $-\frac{2}{3}$ ③ $-\frac{1}{2}$
④ $-\frac{1}{3}$ ⑤ $-\frac{1}{6}$

유형 6 여러 가지 함수의 미분법

1. 함수의 몫의 미분법
두 함수 $f(x)$, $g(x)$가 미분가능하고 $g(x)\neq 0$일 때
(1) $y=\frac{1}{g(x)}$이면 $y'=-\frac{g'(x)}{\{g(x)\}^2}$
(2) $y=\frac{f(x)}{g(x)}$이면 $y'=\frac{f'(x)g(x)-f(x)g'(x)}{\{g(x)\}^2}$

2. 합성함수의 미분법
두 함수 $y=f(u)$, $u=g(x)$가 미분가능할 때, 합성함수 $y=f(g(x))$의 도함수는
$$\frac{dy}{dx}=\frac{dy}{du}\times\frac{du}{dx} \text{ 또는 } \{f(g(x))\}'=f'(g(x))g'(x)$$

3. 매개변수로 나타낸 함수의 미분법
두 함수 $x=f(t)$, $y=g(t)$가 미분가능하고 $f'(t)\neq 0$이면
$$\frac{dy}{dx}=\frac{\frac{dy}{dt}}{\frac{dx}{dt}}=\frac{g'(t)}{f'(t)}$$

4. 음함수의 미분법
음함수 $f(x, y)=0$에서 y를 x에 대한 함수로 보고 각 항을 x에 대하여 미분하여 $\frac{dy}{dx}$를 구한다.

5. 역함수의 미분법
미분가능한 함수 $f(x)$의 역함수 $g(x)$가 존재하고 미분가능할 때
$$g'(x)=\frac{1}{f'(g(x))} \text{ (단, } f'(g(x))\neq 0)$$

보기

① $y=\frac{x}{x+1}$이면
$y'=\frac{x'\times(x+1)-x\times(x+1)'}{(x+1)^2}=\frac{x+1-x}{(x+1)^2}=\frac{1}{(x+1)^2}$

② $y=(2x-1)^4$이면 $y'=4(2x-1)^3(2x-1)'=8(2x-1)^3$

③ $x=2t-1$, $y=t^2+t$에 대하여 $\frac{dx}{dt}=2$, $\frac{dy}{dt}=2t+1$이므로
$$\frac{dy}{dx}=\frac{\frac{dy}{dt}}{\frac{dx}{dt}}=\frac{2t+1}{2}$$

④ 음함수 $x^2+y^2-1=0$에서 y를 x에 대한 함수로 보고 각 항을 x에 대하여 미분하면
$\frac{d}{dx}(x^2)+\frac{d}{dx}(y^2)-\frac{d}{dx}(1)=\frac{d}{dx}(0)$
$2x+2y\frac{dy}{dx}=0$이므로 $\frac{dy}{dx}=-\frac{x}{y}$ (단, $y\neq 0$)

⑤ 함수 $f(x)=x^3$의 역함수를 $g(x)$라 하면
$f(2)=8$이므로 $g(8)=2$이고, $f'(x)=3x^2$이므로
$g'(8)=\frac{1}{f'(g(8))}=\frac{1}{f'(2)}=\frac{1}{3\times 2^2}=\frac{1}{12}$

80

▸ 25108-0190

2020학년도 10월 학력평가 가형 22번

상중하

함수 $f(x)=\sin(3x-6)$에 대하여 $f'(2)$의 값을 구하시오. [3점]

81

▸ 25108-0191

2020학년도 10월 학력평가 가형 9번

상중하

함수 $f(x)=\frac{1}{e^x+2}$의 역함수 $g(x)$에 대하여 $g'\left(\frac{1}{4}\right)$의 값은? [3점]

① -5　② -6　③ -7　④ -8　⑤ -9

82

▸ 25108-0192

2020학년도 10월 학력평가 가형 6번

상중하

매개변수 $t\,(t>0)$으로 나타내어진 곡선

$$x=t^2+1,\ y=4\sqrt{t}$$

에서 $t=4$일 때, $\frac{dy}{dx}$의 값은? [3점]

① $\frac{1}{8}$　② $\frac{1}{4}$　③ $\frac{3}{8}$　④ $\frac{1}{2}$　⑤ $\frac{5}{8}$

83

▸ 25108-0193

2025학년도 6월 모의평가 24번

상중하

곡선 $x\sin 2y+3x=3$ 위의 점 $\left(1,\ \frac{\pi}{2}\right)$에서의 접선의 기울기는? [3점]

① $\frac{1}{2}$　② 1　③ $\frac{3}{2}$　④ 2　⑤ $\frac{5}{2}$

84
▸ 25108-0194
2020학년도 9월 모의평가 가형 6번
상중하

곡선 $\pi x=\cos y+x\sin y$ 위의 점 $\left(0,\ \frac{\pi}{2}\right)$에서의 접선의 기울기는? [3점]

① $1-\frac{5}{2}\pi$ ② $1-2\pi$ ③ $1-\frac{3}{2}\pi$
④ $1-\pi$ ⑤ $1-\frac{\pi}{2}$

85
▸ 25108-0195
2018학년도 6월 모의평가 가형 6번
상중하

매개변수 t로 나타내어진 곡선

$$x=t^2+2,\ y=t^3+t-1$$

에서 $t=1$일 때, $\frac{dy}{dx}$의 값은? [3점]

① $\frac{1}{2}$ ② 1 ③ $\frac{3}{2}$
④ 2 ⑤ $\frac{5}{2}$

86
▸ 25108-0196
2020학년도 6월 모의평가 가형 6번
상중하

곡선 $x^2+xy+y^3=7$ 위의 점 $(2,\ 1)$에서의 접선의 기울기는? [3점]

① -5 ② -4 ③ -3
④ -2 ⑤ -1

87
▸ 25108-0197
2018학년도 9월 모의평가 가형 23번
상중하

함수 $f(x)=-\cos^2 x$에 대하여 $f'\left(\frac{\pi}{4}\right)$의 값을 구하시오. [3점]

88
▸ 25108-0198
2022학년도 6월 모의평가 24번
상중하

매개변수 t로 나타내어진 곡선

$$x=e^t+\cos t,\ y=\sin t$$

에서 $t=0$일 때, $\frac{dy}{dx}$의 값은? [3점]

① $\frac{1}{2}$ ② 1 ③ $\frac{3}{2}$ ④ 2 ⑤ $\frac{5}{2}$

89
▸ 25108-0199
2022학년도 9월 모의평가 25번
상중하

매개변수 t로 나타내어진 곡선

$$x=e^t-4e^{-t},\ y=t+1$$

에서 $t=\ln 2$일 때, $\frac{dy}{dx}$의 값은? [3점]

① 1 ② $\frac{1}{2}$ ③ $\frac{1}{3}$ ④ $\frac{1}{4}$ ⑤ $\frac{1}{5}$

90
▸ 25108-0200
2020학년도 9월 모의평가 가형 8번
상중하

함수 $f(x)=\frac{\ln x}{x^2}$에 대하여 $\lim_{h\to 0}\frac{f(e+h)-f(e-2h)}{h}$의 값은? [3점]

① $-\frac{2}{e}$ ② $-\frac{3}{e^2}$ ③ $-\frac{1}{e}$ ④ $-\frac{2}{e^2}$ ⑤ $-\frac{3}{e^3}$

91
▸ 25108-0201
2019학년도 9월 모의평가 가형 6번
상중하

$x\geq\frac{1}{e}$에서 정의된 함수 $f(x)=3x\ln x$의 그래프가 점 $(e,\ 3e)$를 지난다. 함수 $f(x)$의 역함수를 $g(x)$라고 할 때, $\lim_{h\to 0}\frac{g(3e+h)-g(3e-h)}{h}$의 값은? [3점]

① $\frac{1}{3}$ ② $\frac{1}{2}$ ③ $\frac{2}{3}$ ④ $\frac{5}{6}$ ⑤ 1

92

▸ 25108-0202

2021학년도 수능 가형 23번

상 중 하

함수 $f(x)=\dfrac{x^2-2x-6}{x-1}$에 대하여 $f'(0)$의 값을 구하시오. [3점]

93

▸ 25108-0203

2020학년도 수능 가형 5번

상 중 하

곡선 $x^2-3xy+y^2=x$ 위의 점 $(1,\ 0)$에서의 접선의 기울기는? [3점]

① $\dfrac{1}{12}$　② $\dfrac{1}{6}$　③ $\dfrac{1}{4}$　④ $\dfrac{1}{3}$　⑤ $\dfrac{5}{12}$

94

▸ 25108-0204

2020학년도 6월 모의평가 가형 9번

상 중 하

함수 $f(x)=\dfrac{2^x}{\ln 2}$과 실수 전체의 집합에서 미분가능한 함수 $g(x)$가 다음 조건을 만족시킬 때, $g(2)$의 값은? [3점]

(가) $\lim_{h\to 0}\dfrac{g(2+4h)-g(2)}{h}=8$

(나) 함수 $(f\circ g)(x)$의 $x=2$에서의 미분계수는 10이다.

① 1　② $\log_2 3$　③ 2　④ $\log_2 5$　⑤ $\log_2 6$

95

▸ 25108-0205

2019학년도 10월 학력평가 가형 12번

상 중 하

실수 전체의 집합에서 미분가능한 두 함수 $f(x)$, $g(x)$에 대하여 함수 $h(x)$를 $h(x)=(f\circ g)(x)$라 하자.

$$\lim_{x\to 1}\frac{g(x)+1}{x-1}=2,\ \lim_{x\to 1}\frac{h(x)-2}{x-1}=12$$

일 때, $f(-1)+f'(-1)$의 값은? [3점]

① 4　② 5　③ 6　④ 7　⑤ 8

96

▸ 25108-0206
2018학년도 9월 모의평가 가형 11번

상 중 하

함수 $f(x)=x^3+5x+3$의 역함수를 $g(x)$라 할 때, $g'(3)$의 값은? [3점]

① $\frac{1}{7}$ ② $\frac{1}{6}$ ③ $\frac{1}{5}$
④ $\frac{1}{4}$ ⑤ $\frac{1}{3}$

97

▸ 25108-0207
2019학년도 수능 가형 9번

상 중 하

함수 $f(x)=\frac{1}{1+e^{-x}}$의 역함수를 $g(x)$라 할 때, $g'(f(-1))$의 값은? [3점]

① $\frac{1}{(1+e)^2}$ ② $\frac{e}{1+e}$ ③ $\left(\frac{1+e}{e}\right)^2$
④ $\frac{e^2}{1+e}$ ⑤ $\frac{(1+e)^2}{e}$

98

▸ 25108-0208
2018학년도 10월 학력평가 가형 25번

상 중 하

매개변수 $t\,(t>0)$으로 나타내어진 함수

$$x=\ln t,\ y=\ln(t^2+1)$$

에 대하여 $\lim_{t\to\infty}\frac{dy}{dx}$의 값을 구하시오. [3점]

99

▸ 25108-0209
2021학년도 6월 모의평가 가형 11번

상 중 하

실수 전체의 집합에서 미분가능한 함수 $f(x)$에 대하여 함수 $g(x)$를

$$g(x)=\frac{f(x)}{(e^x+1)^2}$$

라 하자. $f'(0)-f(0)=2$일 때, $g'(0)$의 값은? [3점]

① $\frac{1}{4}$ ② $\frac{3}{8}$ ③ $\frac{1}{2}$
④ $\frac{5}{8}$ ⑤ $\frac{3}{4}$

100 ▸ 25108-0210
2024학년도 수능 24번

상중하

매개변수 $t\,(t>0)$으로 나타내어진 곡선

$$x=\ln(t^3+1),\ y=\sin \pi t$$

에서 $t=1$일 때, $\frac{dy}{dx}$의 값은? [3점]

① $-\frac{1}{3}\pi$　② $-\frac{2}{3}\pi$　③ $-\pi$
④ $-\frac{4}{3}\pi$　⑤ $-\frac{5}{3}\pi$

101 ▸ 25108-0211
2024학년도 6월 모의평가 24번

상중하

매개변수 t로 나타내어진 곡선

$$x=\frac{5t}{t^2+1},\ y=3\ln(t^2+1)$$

에서 $t=2$일 때, $\frac{dy}{dx}$의 값은? [3점]

① -1　② -2　③ -3
④ -4　⑤ -5

102 ▸ 25108-0212
2018학년도 6월 모의평가 가형 9번

상중하

함수 $f(x)=\frac{1}{x+3}$에 대하여 $\lim_{h\to 0}\frac{f'(a+h)-f'(a)}{h}=2$를 만족시키는 실수 a의 값은? [3점]

① -2　② -1　③ 0
④ 1　⑤ 2

103 ▸ 25108-0213
2024학년도 9월 모의평가 24번

상중하

매개변수 t로 나타내어진 곡선

$$x=t+\cos 2t,\ y=\sin^2 t$$

에서 $t=\frac{\pi}{4}$일 때, $\frac{dy}{dx}$의 값은? [3점]

① -2　② -1　③ 0
④ 1　⑤ 2

104 ▸25108-0214
2018학년도 수능 가형 11번 상중하

실수 전체의 집합에서 미분가능한 두 함수 $f(x)$, $g(x)$가 있다. $f(x)$가 $g(x)$의 역함수이고 $f(1)=2$, $f'(1)=3$이다. 함수 $h(x)=xg(x)$라 할 때, $h'(2)$의 값은? [3점]

① 1 ② $\frac{4}{3}$ ③ $\frac{5}{3}$

④ 2 ⑤ $\frac{7}{3}$

105 ▸25108-0215
2022학년도 수능 24번 상중하

실수 전체의 집합에서 미분가능한 함수 $f(x)$가 모든 실수 x에 대하여

$$f(x^3+x)=e^x$$

을 만족시킬 때, $f'(2)$의 값은? [3점]

① e ② $\frac{e}{2}$ ③ $\frac{e}{3}$

④ $\frac{e}{4}$ ⑤ $\frac{e}{5}$

106 ▸25108-0216
2025학년도 9월 모의평가 27번 상중하

실수 전체의 집합에서 미분가능한 함수 $f(x)$가 모든 실수 x에 대하여

$$f(x)+f\left(\frac{1}{2}\sin x\right)=\sin x$$

를 만족시킬 때, $f'(\pi)$의 값은? [3점]

① $-\frac{5}{6}$ ② $-\frac{2}{3}$ ③ $-\frac{1}{2}$

④ $-\frac{1}{3}$ ⑤ $-\frac{1}{6}$

107 ▸25108-0217
2023학년도 6월 모의평가 24번 상중하

곡선 $x^2-y\ln x+x=e$ 위의 점 $(e,\ e^2)$에서의 접선의 기울기는? [3점]

① $e+1$ ② $e+2$ ③ $e+3$

④ $2e+1$ ⑤ $2e+2$

108

▸ 25108-0218

2017학년도 6월 모의평가 가형 15번

상중하

두 함수 $f(x)=\sin^2 x$, $g(x)=e^x$에 대하여

$\lim_{x \to \frac{\pi}{4}} \dfrac{g(f(x))-\sqrt{e}}{x-\frac{\pi}{4}}$의 값은? [4점]

① $\dfrac{1}{e}$　② $\dfrac{1}{\sqrt{e}}$　③ 1

④ $\sqrt{e}$　⑤ e

109

▸ 25108-0219

2018학년도 수능 가형 9번

상중하

실수 전체의 집합에서 미분가능한 함수 $f(x)$에 대하여 함수 $g(x)$를

$$g(x)=\frac{f(x)}{e^{x-2}}$$

라 하자. $\lim_{x \to 2} \dfrac{f(x)-3}{x-2}=5$일 때, $g'(2)$의 값은? [3점]

① 1　② 2　③ 3

④ 4　⑤ 5

110

▸ 25108-0220

2018학년도 수능 가형 24번

상중하

곡선 $2x+x^2y-y^3=2$ 위의 점 $(1,\ 1)$에서의 접선의 기울기를 구하시오. [3점]

111

▸ 25108-0221

2023학년도 6월 모의평가 25번

상중하

함수 $f(x)=x^3+2x+3$의 역함수를 $g(x)$라 할 때, $g'(3)$의 값은? [3점]

① 1　② $\dfrac{1}{2}$　③ $\dfrac{1}{3}$

④ $\dfrac{1}{4}$　⑤ $\dfrac{1}{5}$

112 ▸ 25108-0222
2023학년도 10월 학력평가 26번 상중하

함수 $f(x)=e^{2x}+e^{x}-1$의 역함수를 $g(x)$라 할 때, 함수 $g(5f(x))$의 $x=0$에서의 미분계수는? [3점]

① $\frac{1}{2}$ ② $\frac{3}{4}$ ③ 1
④ $\frac{5}{4}$ ⑤ $\frac{3}{2}$

113 ▸ 25108-0223
2018학년도 6월 모의평가 가형 23번 상중하

함수 $f(x)=\sqrt{x^3+1}$에 대하여 $f'(2)$의 값을 구하시오. [3점]

114 ▸ 25108-0224
2019학년도 6월 모의평가 가형 9번 상중하

곡선 $e^x-e^y=y$ 위의 점 $(a,\ b)$에서의 접선의 기울기가 1일 때, $a+b$의 값은? [3점]

① $1+\ln(e+1)$ ② $2+\ln(e^2+2)$
③ $3+\ln(e^3+3)$ ④ $4+\ln(e^4+4)$
⑤ $5+\ln(e^5+5)$

115 ▸ 25108-0225
2020학년도 6월 모의평가 가형 16번 상중하

실수 전체의 집합에서 미분가능한 함수 $f(x)$에 대하여 함수 $g(x)$를

$$g(x)=\frac{f(x)\cos x}{e^x}$$

라 하자. $g'(\pi)=e^{\pi}g(\pi)$일 때, $\frac{f'(\pi)}{f(\pi)}$의 값은?

(단, $f(\pi)\neq 0$) [4점]

① $e^{-2\pi}$ ② 1 ③ $e^{-\pi}+1$
④ $e^{\pi}+1$ ⑤ $e^{2\pi}$

116
▸ 25108-0226

2021학년도 9월 모의평가 가형 15번

상중하

열린구간 $\left(-\frac{\pi}{2}, \frac{\pi}{2}\right)$에서 정의된 함수

$$f(x)=\ln\left(\frac{\sec x+\tan x}{a}\right)$$

의 역함수를 $g(x)$라 하자. $\lim_{x\to -2}\frac{g(x)}{x+2}=b$일 때, 두 상수 a, b의 곱 ab의 값은? (단, $a>0$) [4점]

① $\frac{e^2}{4}$ ② $\frac{e^2}{2}$ ③ e^2

④ $2e^2$ ⑤ $4e^2$

117
▸ 25108-0227

2019학년도 6월 모의평가 가형 25번

상중하

함수 $f(x)=3e^{5x}+x+\sin x$의 역함수를 $g(x)$라 할 때, 곡선 $y=g(x)$는 점 $(3, 0)$을 지난다. $\lim_{x\to 3}\frac{x-3}{g(x)-g(3)}$의 값을 구하시오. [3점]

118
▸ 25108-0228

2019학년도 3월 학력평가 가형 14번

상중하

함수 $f(x)=x^3-5x^2+9x-5$의 역함수를 $g(x)$라 할 때, 곡선 $y=g(x)$ 위의 점 $(4, g(4))$에서의 접선의 기울기는? [4점]

① $\frac{1}{18}$ ② $\frac{1}{12}$ ③ $\frac{1}{9}$

④ $\frac{5}{36}$ ⑤ $\frac{1}{6}$

119
▸ 25108-0229

2022학년도 10월 학력평가 25번

상중하

매개변수 $t\,(0<t<\pi)$로 나타내어진 곡선

$$x=\sin t-\cos t,\ y=3\cos t+\sin t$$

위의 점 (a, b)에서의 접선의 기울기가 3일 때, $a+b$의 값은? [3점]

① 0 ② $-\frac{\sqrt{10}}{10}$ ③ $-\frac{\sqrt{10}}{5}$

④ $-\frac{3\sqrt{10}}{10}$ ⑤ $-\frac{2\sqrt{10}}{5}$

120
▸ 25108-0230
2020학년도 9월 모의평가 가형 24번
상 중 하

정의역이 $\left\{x \middle| -\frac{\pi}{4}<x<\frac{\pi}{4}\right\}$인 함수 $f(x)=\tan 2x$의 역함수를 $g(x)$라 할 때, $100\times g'(1)$의 값을 구하시오. [3점]

121
▸ 25108-0231
2017학년도 10월 학력평가 가형 12번
상 중 하

그림과 같이 $\overline{\mathrm{BC}}=1$, $\angle\mathrm{ABC}=\frac{\pi}{3}$, $\angle\mathrm{ACB}=2\theta$인 삼각형 ABC에 내접하는 원의 반지름의 길이를 $r(\theta)$라 하자.
$h(\theta)=\frac{r(\theta)}{\tan\theta}$일 때, $h'\left(\frac{\pi}{6}\right)$의 값은? $\left(\text{단, } 0<\theta<\frac{\pi}{3}\right)$ [3점]

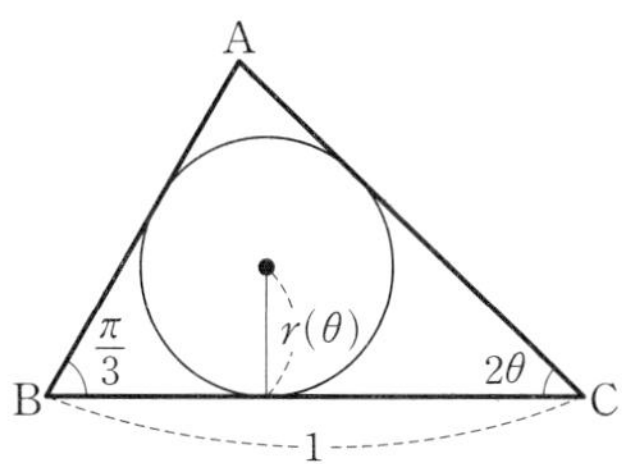

① $-\sqrt{3}$　② $-\frac{\sqrt{3}}{3}$　③ $\frac{\sqrt{3}}{6}$
④ $\frac{\sqrt{3}}{3}$　⑤ $\sqrt{3}$

122
▸ 25108-0232
2021학년도 6월 모의평가 가형 25번
상 중 하

곡선 $x^3-y^3=e^{xy}$ 위의 점 $(a, 0)$에서의 접선의 기울기가 b일 때, $a+b$의 값을 구하시오. [3점]

123
▸ 25108-0233
2020학년도 수능 가형 26번
상 중 하

함수 $f(x)=(x^2+2)e^{-x}$에 대하여 함수 $g(x)$가 미분가능하고

$$g\left(\frac{x+8}{10}\right)=f^{-1}(x),\ g(1)=0$$

을 만족시킬 때, $|g'(1)|$의 값을 구하시오. [4점]

124
▸ 25108-0234
2018학년도 3월 학력평가 가형 21번
상 중 하

함수 $f(x)=(x^2+ax+b)e^x$과 함수 $g(x)$가 다음 조건을 만족시킨다.

(가) $f(1)=e$, $f'(1)=e$
(나) 모든 실수 x에 대하여 $g(f(x))=f'(x)$이다.

함수 $h(x)=f^{-1}(x)g(x)$에 대하여 $h'(e)$의 값은?
(단, a, b는 상수이다.) [4점]

① 1 ② 2 ③ 3
④ 4 ⑤ 5

125
▸ 25108-0235
2025학년도 수능 27번
상 중 하

최고차항의 계수가 1인 삼차함수 $f(x)$에 대하여 함수 $g(x)$를

$$g(x)=f(e^x)+e^x$$

이라 하자. 곡선 $y=g(x)$ 위의 점 $(0, g(0))$에서의 접선이 x축이고 함수 $g(x)$가 역함수 $h(x)$를 가질 때, $h'(8)$의 값은?
[3점]

① $\frac{1}{36}$ ② $\frac{1}{18}$ ③ $\frac{1}{12}$
④ $\frac{1}{9}$ ⑤ $\frac{5}{36}$

126
▸ 25108-0236
2018학년도 6월 모의평가 가형 21번
상 중 하

최고차항의 계수가 1인 사차함수 $f(x)$에 대하여

$$F(x)=\ln|f(x)|$$

라 하고, 최고차항의 계수가 1인 삼차함수 $g(x)$에 대하여

$$G(x)=\ln|g(x)\sin x|$$

라 하자.

$$\lim_{x\to 1}(x-1)F'(x)=3,\ \lim_{x\to 0}\frac{F'(x)}{G'(x)}=\frac{1}{4}$$

일 때, $f(3)+g(3)$의 값은? [4점]

① 57 ② 55 ③ 53
④ 51 ⑤ 49

127 ▸ 25108-0237
2025학년도 6월 모의평가 28번 상중하

함수 $f(x)$가

$$f(x)=\begin{cases}(x-a-2)^2e^x & (x\geq a)\\ e^{2a}(x-a)+4e^a & (x<a)\end{cases}$$

일 때, 실수 t에 대하여 $f(x)=t$를 만족시키는 x의 최솟값을 $g(t)$라 하자.

함수 $g(t)$가 $t=12$에서만 불연속일 때, $\dfrac{g'(f(a+2))}{g'(f(a+6))}$의 값은? (단, a는 상수이다.) [4점]

① $6e^4$ ② $9e^4$ ③ $12e^4$
④ $8e^6$ ⑤ $10e^6$

유형 7 접선의 방정식

1. **곡선 위의 한 점에서의 접선의 방정식**
   곡선 $y=f(x)$ 위의 점 $\mathrm{P}(a, f(a))$에서의 접선의 방정식은
   $y-f(a)=f'(a)(x-a)$, 즉 $y=f'(a)(x-a)+f(a)$
2. **곡선 $y=f(x)$에 접하고 기울기가 m인 접선의 방정식**
   (1) 접점의 좌표를 $(a, f(a))$로 놓는다.
   (2) $f'(a)=m$을 이용하여 접점을 구한다.
3. **곡선 $y=f(x)$ 밖의 한 점 (x_1, y_1)에서 곡선에 그은 접선의 방정식**
   (1) 접점의 좌표를 $(a, f(a))$로 놓는다.
   (2) $y-f(a)=f'(a)(x-a)$에 점 (x_1, y_1)의 좌표를 각각 대입하여 a의 값을 구한다.

보기

곡선 $f(x)=e^x$ 위의 점 $(0, 1)$에서의 접선의 방정식을 구해 보자.
$f'(x)=e^x$이므로
$f'(0)=e^0=1$
따라서 접선의 기울기가 1이므로 접선의 방정식은
$y-1=1\times(x-0)$
즉, $y=x+1$

참고

곡선 $y=f(x)$ 위의 점 $(a, f(a))$를 지나고 이 점에서의 접선에 수직인 직선의 기울기를 m이라 하면

$$m\times f'(a)=-1,\ m=-\frac{1}{f'(a)}$$

따라서 점 $(a, f(a))$를 지나고 이 점에서의 접선에 수직인 직선의 방정식은

$$y-f(a)=-\frac{1}{f'(a)}(x-a)\ (\text{단, } f'(a)\neq 0)$$

128 ▸ 25108-0238
2019학년도 9월 모의평가 가형 11번 상중하

곡선 $e^y\ln x=2y+1$ 위의 점 $(e, 0)$에서의 접선의 방정식을 $y=ax+b$라 할 때, ab의 값은? (단, a, b는 상수이다.) [3점]

① $-2e$ ② $-e$ ③ -1
④ $-\dfrac{2}{e}$ ⑤ $-\dfrac{1}{e}$

129 ▸ 25108-0239
2017학년도 9월 모의평가 가형 26번 상중하

함수 $f(x)=2x+\sin x$의 역함수를 $g(x)$라 할 때, 곡선 $y=g(x)$ 위의 점 $(4\pi,\ 2\pi)$에서의 접선의 기울기는 $\frac{q}{p}$이다. $p+q$의 값을 구하시오. (단, p와 q는 서로소인 자연수이다.) [4점]

130 ▸ 25108-0240
2020학년도 9월 모의평가 가형 13번 상중하

양수 k에 대하여 두 곡선 $y=ke^x+1$, $y=x^2-3x+4$가 점 P에서 만나고, 점 P에서 두 곡선에 접하는 두 직선이 서로 수직일 때, k의 값은? [3점]

① $\frac{1}{e}$ ② $\frac{1}{e^2}$ ③ $\frac{2}{e^2}$
④ $\frac{2}{e^3}$ ⑤ $\frac{3}{e^3}$

131 ▸ 25108-0241
2019학년도 3월 학력평가 가형 8번 상중하

좌표평면에서 곡선 $y=\frac{1}{x-1}$ 위의 점 $\left(\frac{3}{2},\ 2\right)$에서의 접선과 x축 및 y축으로 둘러싸인 부분의 넓이는? [4점]

① 8 ② $\frac{17}{2}$ ③ 9
④ $\frac{19}{2}$ ⑤ 10

132 ▸ 25108-0242
2022학년도 6월 모의평가 25번 상중하

원점에서 곡선 $y=e^{|x|}$에 그은 두 접선이 이루는 예각의 크기를 θ라 할 때, $\tan\theta$의 값은? [3점]

① $\frac{e}{e^2+1}$ ② $\frac{e}{e^2-1}$ ③ $\frac{2e}{e^2+1}$
④ $\frac{2e}{e^2-1}$ ⑤ 1

133 ▸ 25108-0243
2019학년도 9월 모의평가 가형 26번 상중하

미분가능한 함수 $f(x)$와 함수 $g(x)=\sin x$에 대하여 합성함수 $y=(g\circ f)(x)$의 그래프 위의 점 $(1,\ (g\circ f)(1))$에서의 접선이 원점을 지난다.

$$\lim_{x\to 1}\frac{f(x)-\frac{\pi}{6}}{x-1}=k$$

일 때, 상수 k에 대하여 $30k^2$의 값을 구하시오. [4점]

134 ▸ 25108-0244
2018학년도 3월 학력평가 가형 13번 상중하

$0<x<\frac{\pi}{2}$에서 정의된 함수 $f(x)=\ln(\tan x)$의 그래프와 x축이 만나는 점을 P라 하자. 곡선 $y=f(x)$ 위의 점 P에서의 접선의 y절편은? [3점]

① $-\pi$ ② $-\frac{5}{6}\pi$ ③ $-\frac{3}{2}\pi$

④ $-\frac{\pi}{2}$ ⑤ $-\frac{\pi}{3}$

135 ▸ 25108-0245
2018학년도 3월 학력평가 가형 15번 상중하

실수 전체의 집합에서 미분가능한 함수 $f(x)$에 대하여 곡선 $y=f(x)$ 위의 점 $(4,\ f(4))$에서의 접선 l이 다음 조건을 만족시킨다.

(가) 직선 l은 제2사분면을 지나지 않는다.
(나) 직선 l과 x축 및 y축으로 둘러싸인 도형은 넓이가 2인 직각이등변삼각형이다.

함수 $g(x)=xf(2x)$에 대하여 $g'(2)$의 값은? [4점]

① 3 ② 4 ③ 5

④ 6 ⑤ 7

136 ▸ 25108-0246

2019학년도 수능 가형 20번 상중하

점 $\left(-\frac{\pi}{2},\ 0\right)$에서 곡선 $y=\sin x\ (x>0)$에 접선을 그어 접점의 x좌표를 작은 수부터 크기순으로 모두 나열할 때, n번째 수를 a_n이라 하자. 모든 자연수 n에 대하여 〈보기〉에서 옳은 것만을 있는 대로 고른 것은? [4점]

보기

ㄱ. $\tan a_n = a_n + \frac{\pi}{2}$

ㄴ. $\tan a_{n+2} - \tan a_n > 2\pi$

ㄷ. $a_{n+1} + a_{n+2} > a_n + a_{n+3}$

① ㄱ　② ㄱ, ㄴ　③ ㄱ, ㄷ

④ ㄴ, ㄷ　⑤ ㄱ, ㄴ, ㄷ

137 ▸ 25108-0247

2018학년도 6월 모의평가 가형 16번 상중하

실수 k에 대하여 함수 $f(x)$는

$$f(x)=\begin{cases} x^2+k & (x\le 2) \\ \ln(x-2) & (x>2) \end{cases}$$

이다. 실수 t에 대하여 직선 $y=x+t$와 함수 $y=f(x)$의 그래프가 만나는 점의 개수를 $g(t)$라 하자. 함수 $g(t)$가 $t=a$에서 불연속인 a의 값이 한 개일 때, k의 값은? [4점]

① -2　② $-\frac{9}{4}$　③ $-\frac{5}{2}$

④ $-\frac{11}{4}$　⑤ -3

138 ▸ 25108-0248
2020학년도 6월 모의평가 가형 21번 상중하

함수 $f(x)=\frac{\ln x}{x}$와 양의 실수 t에 대하여 기울기가 t인 직선이 곡선 $y=f(x)$에 접할 때 접점의 x좌표를 $g(t)$라 하자. 원점에서 곡선 $y=f(x)$에 그은 접선의 기울기가 a일 때, 미분가능한 함수 $g(t)$에 대하여 $a\times g'(a)$의 값은? [4점]

① $-\frac{\sqrt{e}}{3}$ ② $-\frac{\sqrt{e}}{4}$ ③ $-\frac{\sqrt{e}}{5}$
④ $-\frac{\sqrt{e}}{6}$ ⑤ $-\frac{\sqrt{e}}{7}$

139 ▸ 25108-0249
2019학년도 10월 학력평가 가형 21번 상중하

정수 n에 대하여 점 $(a, 0)$에서 곡선 $y=(x-n)e^x$에 그은 접선의 개수를 $f(n)$이라 하자. 〈보기〉에서 옳은 것만을 있는 대로 고른 것은? [4점]

보기

ㄱ. $a=0$일 때, $f(4)=1$이다.
ㄴ. $f(n)=1$인 정수 n의 개수가 1인 정수 a가 존재한다.
ㄷ. $\sum_{n=1}^{5} f(n)=5$를 만족시키는 정수 a의 값은 -1 또는 3이다.

① ㄱ ② ㄱ, ㄴ ③ ㄱ, ㄷ
④ ㄴ, ㄷ ⑤ ㄱ, ㄴ, ㄷ

Ⅱ 미분법

140 ▸ 25108-0250

2021학년도 3월 학력평가 29번 상중하

자연수 n에 대하여 곡선 $y=x^2$ 위의 점 $P_n(2n,\ 4n^2)$에서의 접선과 수직이고 점 $Q_n(0,\ 2n^2)$을 지나는 직선을 l_n이라 하자. 점 P_n을 지나고 점 Q_n에서 직선 l_n과 접하는 원을 C_n이라 할 때, 원점을 지나고 원 C_n의 넓이를 이등분하는 직선의 기울기를 a_n이라 하자. $\lim_{n\to\infty}\frac{a_n}{n}$의 값을 구하시오. [4점]

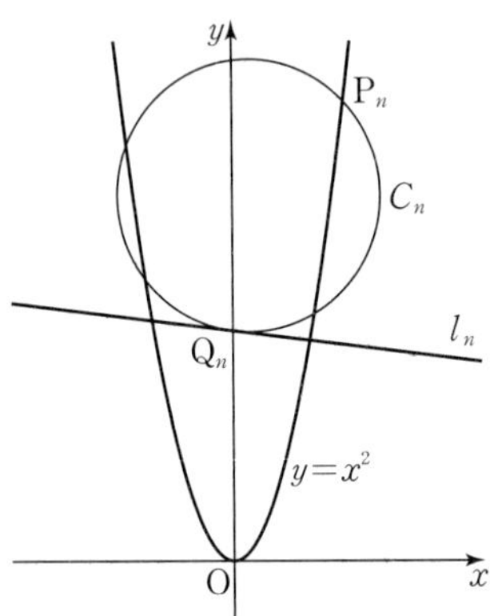

141 ▸ 25108-0251

2017학년도 3월 학력평가 가형 30번 상중하

그림과 같이 제1사분면에 있는 점 $P(a,\ 2a)$에서 곡선 $y=-\frac{2}{x}$에 그은 두 접선의 접점을 각각 A, B라 할 때, $\overline{PA}^2+\overline{PB}^2+\overline{AB}^2$의 최솟값을 구하시오. [4점]

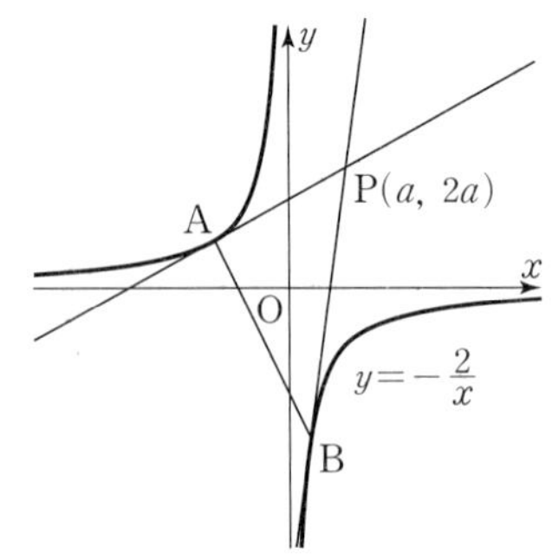

유형 8 함수의 극대와 극소, 함수의 그래프

1. 함수의 극대와 극소
   미분가능한 함수 $f(x)$에 대하여 $f'(a)=0$이고 $x=a$의 좌우에서
   ① $f'(x)$의 부호가 양에서 음으로 바뀌면 함수 $f(x)$는 $x=a$에서 극대이고, 극댓값은 $f(a)$이다.
   ② $f'(x)$의 부호가 음에서 양으로 바뀌면 함수 $f(x)$는 $x=a$에서 극소이고, 극솟값은 $f(a)$이다.
2. 이계도함수를 이용한 함수의 극대와 극소의 판정
   이계도함수를 갖는 함수 $f(x)$에 대하여 $f'(a)=0$이고
   ① $f''(a)<0$이면 함수 $f(x)$는 $x=a$에서 극대이다.
   ② $f''(a)>0$이면 함수 $f(x)$는 $x=a$에서 극소이다.
3. 변곡점
   이계도함수를 갖는 함수 $f(x)$에 대하여 $f''(a)=0$이고 $x=a$의 좌우에서 $f''(x)$의 부호가 바뀌면 점 $(a, f(a))$는 곡선 $y=f(x)$의 변곡점이다.
4. 함수의 그래프와 최대, 최소
   함수 $f(x)$가 닫힌구간 $[a, b]$에서 연속일 때, 주어진 구간에서 $f(x)$의 극댓값과 극솟값, $f(a)$, $f(b)$ 중에서 가장 큰 값이 최댓값이고 가장 작은 값이 최솟값이다.

보기

닫힌구간 $\left[0, \frac{\pi}{2}\right]$에서 함수 $f(x)=x+2\cos x$의 최댓값과 최솟값을 구해 보자.

$f'(x)=1-2\sin x$, $f''(x)=-2\cos x$

$f'(x)=0$에서 $\sin x=\frac{1}{2}$이므로 $x=\frac{\pi}{6}$

이때 $f''\left(\frac{\pi}{6}\right)=-\sqrt{3}<0$이므로 함수 $y=f(x)$는 $x=\frac{\pi}{6}$에서 극대이고, 극댓값은 $f\left(\frac{\pi}{6}\right)=\frac{\pi}{6}+\sqrt{3}$이다.

한편 열린구간 $\left(0, \frac{\pi}{2}\right)$에서 $f''(x)<0$이므로 함수 $y=f(x)$의 그래프는 이 구간에서 위로 볼록하다.

이때 $f(0)=2$, $f\left(\frac{\pi}{2}\right)=\frac{\pi}{2}$이므로 닫힌구간 $\left[0, \frac{\pi}{2}\right]$에서 함수 $y=f(x)$는 $x=\frac{\pi}{6}$에서 최댓값 $\frac{\pi}{6}+\sqrt{3}$, $x=\frac{\pi}{2}$에서 최솟값 $\frac{\pi}{2}$를 갖는다.

142 ▸ 25108-0252
2021학년도 수능 가형 7번 상중하

함수 $f(x)=(x^2-2x-7)e^x$의 극댓값과 극솟값을 각각 a, b라 할 때, $a\times b$의 값은? [3점]

① -32 ② -30 ③ -28
④ -26 ⑤ -24

143 ▸ 25108-0253
2020학년도 9월 모의평가 가형 11번 상중하

함수 $f(x)=(x^2-3)e^{-x}$의 극댓값과 극솟값을 각각 a, b라 할 때, $a\times b$의 값은? [3점]

① $-12e^2$ ② $-12e$ ③ $-\frac{12}{e}$
④ $-\frac{12}{e^2}$ ⑤ $-\frac{12}{e^3}$

144
▸ 25108-0254
2020학년도 6월 모의평가 가형 11번 상중하

함수 $f(x)=xe^x$에 대하여 곡선 $y=f(x)$의 변곡점의 좌표가 (a, b)일 때, 두 수 a, b의 곱 ab의 값은? [3점]

① $4e^2$ ② e ③ $\frac{1}{e}$
④ $\frac{4}{e^2}$ ⑤ $\frac{9}{e^3}$

145
▸ 25108-0255
2021학년도 9월 모의평가 가형 7번 상중하

매개변수 $t\,(t>0)$으로 나타내어진 함수

$$x=\ln t+t,\ y=-t^3+3t$$

에 대하여 $\frac{dy}{dx}$가 $t=a$에서 최댓값을 가질 때, a의 값은? [3점]

① $\frac{1}{6}$ ② $\frac{1}{5}$ ③ $\frac{1}{4}$
④ $\frac{1}{3}$ ⑤ $\frac{1}{2}$

146
▸ 25108-0256
2017학년도 6월 모의평가 가형 13번 상중하

함수 $f(x)=(x^2-8)e^{-x+1}$은 극솟값 a와 극댓값 b를 갖는다. 두 수 a, b의 곱 ab의 값은? [3점]

① -34 ② -32 ③ -30
④ -28 ⑤ -26

147
▸ 25108-0257
2017학년도 3월 학력평가 가형 8번 상중하

곡선 $y=(\ln x)^2-x+1$의 변곡점에서의 접선의 기울기는? [3점]

① $\frac{1}{e}-1$ ② $\frac{2}{e}-1$ ③ $\frac{1}{e}$
④ $\frac{2}{e}+1$ ⑤ $\frac{5}{2}$

148
▸ 25108-0258
2018학년도 3월 학력평가 가형 10번
상 중 하

함수 $f(x)=\frac{x-1}{x^2-x+1}$의 극댓값과 극솟값의 합은? [3점]

① -1 ② $-\frac{5}{6}$ ③ $-\frac{2}{3}$
④ $-\frac{1}{2}$ ⑤ $\frac{1}{3}$

149
▸ 25108-0259
2017학년도 수능 가형 15번
상 중 하

곡선 $y=2e^{-x}$ 위의 점 $\mathrm{P}(t,\ 2e^{-t})\ (t>0)$에서 y축에 내린 수선의 발을 A라 하고, 점 P에서의 접선이 y축과 만나는 점을 B라 하자. 삼각형 APB의 넓이가 최대가 되도록 하는 t의 값은? [4점]

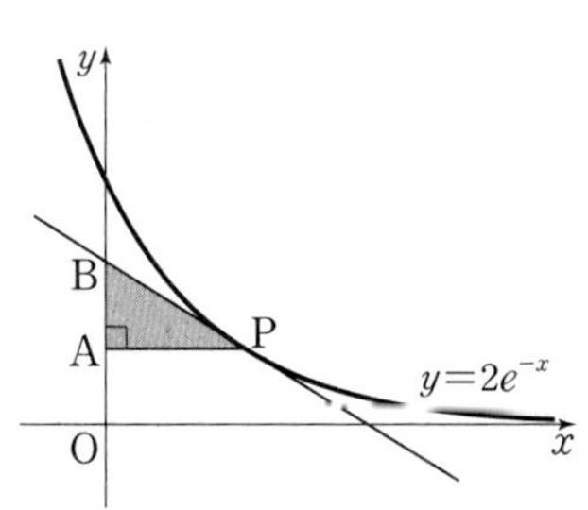

① 1 ② $\frac{e}{2}$ ③ $\sqrt{2}$
④ 2 ⑤ e

150
▸ 25108-0260
2019학년도 3월 학력평가 가형 11번
상 중 하

함수 $f(x)=\tan(\pi x^2+ax)$가 $x=\frac{1}{2}$에서 극솟값 k를 가질 때, k의 값은? (단, a는 상수이다.) [3점]

① $-\sqrt{3}$ ② -1 ③ $-\frac{\sqrt{3}}{3}$
④ 0 ⑤ $\frac{\sqrt{3}}{3}$

151
▸ 25108-0261
2020학년도 수능 가형 11번
상 중 하

곡선 $y=ax^2-2\sin 2x$가 변곡점을 갖도록 하는 정수 a의 개수는? [3점]

① 4 ② 5 ③ 6
④ 7 ⑤ 8

152 ▸ 25108-0262

2020학년도 9월 모의평가 가형 26번 상중하

함수 $f(x)=3\sin kx+4x^3$의 그래프가 오직 하나의 변곡점을 가지도록 하는 실수 k의 최댓값을 구하시오. [4점]

153 ▸ 25108-0263

2019학년도 6월 모의평가 가형 26번 상중하

좌표평면에서 점 $(2,\ a)$가 곡선 $y=\dfrac{2}{x^2+b}$ $(b>0)$의 변곡점일 때, $\dfrac{b}{a}$의 값을 구하시오. (단, a, b는 상수이다.) [4점]

154 ▸ 25108-0264

2017학년도 6월 모의평가 가형 21번 상중하

실수 전체의 집합에서 미분가능한 함수 $f(x)$가 모든 실수 x에 대하여 다음 조건을 만족시킨다.

(가) $f(x)\neq 1$
(나) $f(x)+f(-x)=0$
(다) $f'(x)=\{1+f(x)\}\{1+f(-x)\}$

<보기>에서 옳은 것만을 있는 대로 고른 것은? [4점]

보기

ㄱ. 모든 실수 x에 대하여 $f(x)\neq -1$이다.
ㄴ. 함수 $f(x)$는 어떤 열린구간에서 감소한다.
ㄷ. 곡선 $y=f(x)$는 세 개의 변곡점을 갖는다.

① ㄱ　② ㄴ　③ ㄱ, ㄷ
④ ㄴ, ㄷ　⑤ ㄱ, ㄴ, ㄷ

155 ▸ 25108-0265
2018학년도 6월 모의평가 가형 20번 상 중 하

양수 a와 실수 b에 대하여 함수 $f(x)=ae^{3x}+be^{x}$이 다음 조건을 만족시킬 때, $f(0)$의 값은? [4점]

(가) $x_1<\ln\frac{2}{3}<x_2$를 만족시키는 모든 실수 x_1, x_2에 대하여 $f''(x_1)f''(x_2)<0$이다.
(나) 구간 $[k, \infty)$에서 함수 $f(x)$의 역함수가 존재하도록 하는 실수 k의 최솟값을 m이라 할 때, $f(2m)=-\frac{80}{9}$이다.

① -15 ② -12 ③ -9
④ -6 ⑤ -3

156 ▸ 25108-0266
2019학년도 3월 학력평가 가형 20번 상 중 하

함수 $f(x)=x^2+ax+b\left(0<b<\frac{\pi}{2}\right)$에 대하여 함수 $g(x)=\sin(f(x))$가 다음 조건을 만족시킨다.

(가) 모든 실수 x에 대하여 $g'(-x)=-g'(x)$이다.
(나) 점 $(k, g(k))$는 곡선 $y=g(x)$의 변곡점이고, $2kg(k)=\sqrt{3}g'(k)$이다.

두 상수 a, b에 대하여 $a+b$의 값은? [4점]

① $\frac{\pi}{2}-\frac{\sqrt{3}}{2}$ ② $\frac{\pi}{3}-\frac{\sqrt{3}}{3}$ ③ $\frac{\pi}{3}-\frac{\sqrt{3}}{6}$
④ $\frac{\pi}{2}-\frac{\sqrt{3}}{3}$ ⑤ $\frac{\pi}{2}-\frac{\sqrt{3}}{6}$

Ⅱ 미분법

157

▸ 25108-0267

2017학년도 10월 학력평가 가형 21번

상중하

그림과 같이 길이가 2인 선분 AB를 지름으로 하는 반원 모양의 색종이가 있다. 호 AB 위의 점 P에 대하여 두 점 A, P를 연결하는 선을 접는 선으로 하여 색종이를 접는다.

$\angle PAB=\theta$일 때, 포개어지는 부분의 넓이를 $S(\theta)$라 하자.

$\theta=\alpha$에서 $S(\theta)$가 최댓값을 갖는다고 할 때, $\cos 2\alpha$의 값은?

$\left(\text{단, } 0<\theta<\frac{\pi}{4}\right)$ [4점]

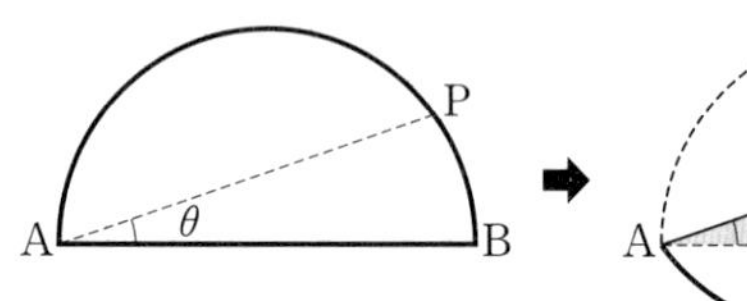

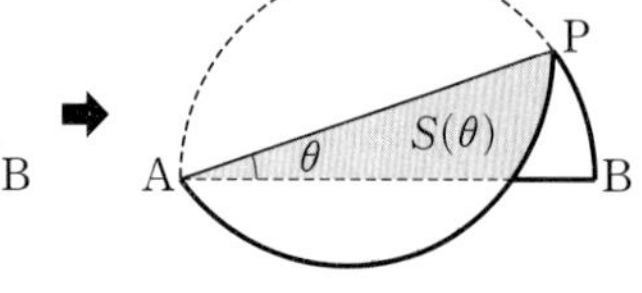

① $\frac{-2+\sqrt{17}}{8}$　② $\frac{-1+\sqrt{17}}{8}$　③ $\frac{\sqrt{17}}{8}$

④ $\frac{1+\sqrt{17}}{8}$　⑤ $\frac{2+\sqrt{17}}{8}$

158

▸ 25108-0268

2019학년도 9월 모의평가 가형 20번

상중하

열린구간 $(0, 2\pi)$에서 정의된 함수 $f(x)=\cos x+2x\sin x$가 $x=\alpha$와 $x=\beta$에서 극값을 가진다. 〈보기〉에서 옳은 것만을 있는 대로 고른 것은? (단, $\alpha<\beta$) [4점]

보기

ㄱ. $\tan(\alpha+\pi)=-2\alpha$

ㄴ. $g(x)=\tan x$라 할 때, $g'(\alpha+\pi)<g'(\beta)$이다.

ㄷ. $\frac{2(\beta-\alpha)}{\alpha+\pi-\beta}<\sec^2\alpha$

① ㄱ　② ㄷ　③ ㄱ, ㄴ

④ ㄴ, ㄷ　⑤ ㄱ, ㄴ, ㄷ

159

▸ 25108-0269

2017학년도 3월 학력평가 가형 18번

상중하

그림은 함수 $f(x)=x^2e^{-x+2}$의 그래프이다.

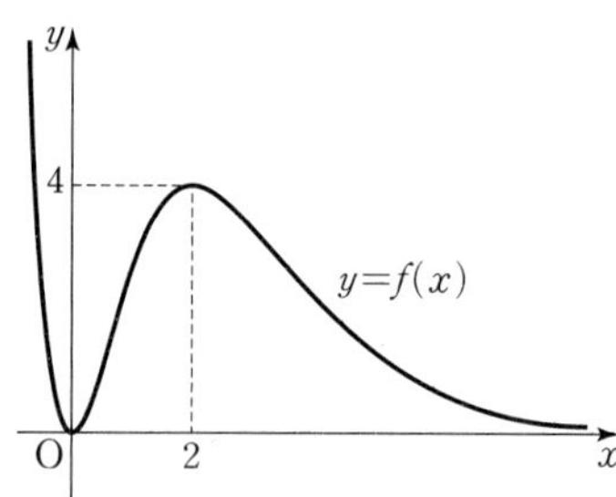

함수 $y=(f\circ f)(x)$의 그래프와 직선 $y=\frac{15}{e^2}$의 교점의 개수는? (단, $\lim_{x\to\infty}f(x)=0$) [4점]

① 2　② 3　③ 4

④ 5　⑤ 6

160

▸ 25108-0270
2025학년도 6월 모의평가 27번

상중하

상수 $a\ (a>1)$과 실수 $t\ (t>0)$에 대하여 곡선 $y=a^x$ 위의 점 $\mathrm{A}(t,\ a^t)$에서의 접선을 l이라 하자. 점 A를 지나고 직선 l에 수직인 직선이 x축과 만나는 점을 B, y축과 만나는 점을 C라 하자. $\dfrac{\overline{\mathrm{AC}}}{\overline{\mathrm{AB}}}$의 값이 $t=1$에서 최대일 때, a의 값은? [3점]

① $\sqrt{2}$　② $\sqrt{e}$　③ 2　④ $\sqrt{2e}$　⑤ e

161

▸ 25108-0271
2022학년도 수능 28번

상중하

함수 $f(x)=6\pi(x-1)^2$에 대하여 함수 $g(x)$를

$$g(x)=3f(x)+4\cos f(x)$$

라 하자. $0<x<2$에서 함수 $g(x)$가 극소가 되는 x의 개수는? [4점]

① 6　② 7　③ 8　④ 9　⑤ 10

162

▸ 25108-0272
2020학년도 10월 학력평가 가형 20번

상중하

자연수 n에 대하여 실수 전체의 집합에서 정의된 함수 $f(x)$가

$$f(x)=\begin{cases} \dfrac{nx}{x^n+1} & (x\neq-1) \\ -2 & (x=-1) \end{cases}$$

일 때, 〈보기〉에서 옳은 것만을 있는 대로 고른 것은? [4점]

보기

ㄱ. $n=3$일 때, 함수 $f(x)$는 구간 $(-\infty,\ -1)$에서 증가한다.
ㄴ. 함수 $f(x)$가 $x=-1$에서 연속이 되도록 하는 n에 대하여 방정식 $f(x)=2$의 서로 다른 실근의 개수는 2이다.
ㄷ. 구간 $(-1,\ \infty)$에서 함수 $f(x)$가 극솟값을 갖도록 하는 10 이하의 모든 자연수 n의 값의 합은 24이다.

① ㄱ　② ㄱ, ㄴ　③ ㄱ, ㄷ　④ ㄴ, ㄷ　⑤ ㄱ, ㄴ, ㄷ

163
▸ 25108-0273
2018학년도 6월 모의평가 가형 26번
상중하

그림과 같이 좌표평면에 점 A$(1, 0)$을 중심으로 하고 반지름의 길이가 1인 원이 있다. 원 위의 점 Q에 대하여 $\angle AOQ=\theta$ $\left(0<\theta<\frac{\pi}{3}\right)$라 할 때, 선분 OQ 위에 $\overline{PQ}=1$인 점 P를 정한다. 점 P의 y좌표가 최대가 될 때 $\cos\theta=\frac{a+\sqrt{b}}{8}$이다. $a+b$의 값을 구하시오. (단, O는 원점이고, a와 b는 자연수이다.) [4점]

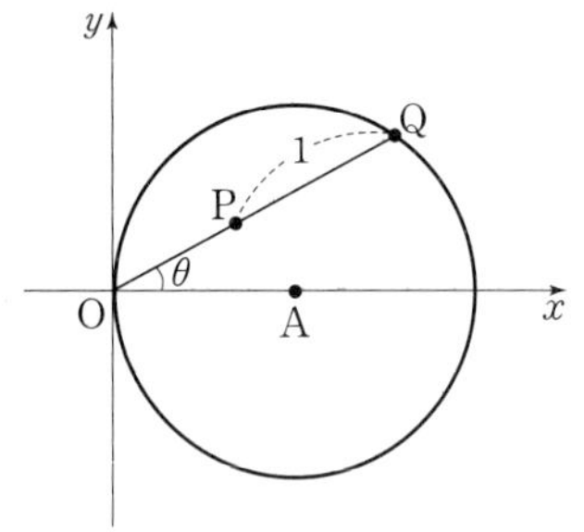

164
▸ 25108-0274
2017학년도 3월 학력평가 가형 14번
상중하

모든 실수 x에 대하여 $f(x+2)=f(x)$이고, $0\leq x<2$일 때 $f(x)=\frac{(x-a)^2}{x+1}$인 함수 $f(x)$가 $x=0$에서 극댓값을 갖는다. 구간 $[0, 2)$에서 극솟값을 갖도록 하는 모든 정수 a의 값의 곱은? [4점]

① -3 ② -2 ③ -1
④ 1 ⑤ 2

165
▸ 25108-0275
2022학년도 6월 모의평가 29번
상중하

$t>2e$인 실수 t에 대하여 함수 $f(x)=t(\ln x)^2-x^2$이 $x=k$에서 극대일 때, 실수 k의 값을 $g(t)$라 하면 $g(t)$는 미분가능한 함수이다. $g(\alpha)=e^2$인 실수 α에 대하여
$\alpha\times\{g'(\alpha)\}^2=\frac{q}{p}$일 때, $p+q$의 값을 구하시오.

(단, p와 q는 서로소인 자연수이다.) [4점]

166
▸ 25108-0276
2021학년도 3월 학력평가 30번
상 중 하

자연수 n에 대하여 삼차함수 $f(x)=x(x-n)(x-3n^2)$이 극대가 되는 x를 a_n이라 하자. x에 대한 방정식 $f(x)=f(a_n)$의 근 중에서 a_n이 아닌 근을 b_n이라 할 때, $\lim_{n \to \infty} \frac{a_n b_n}{n^3} = \frac{q}{p}$이다. $p+q$의 값을 구하시오. (단, p와 q는 서로소인 자연수이다.) [4점]

167
▸ 25108-0277
2022학년도 9월 모의평가 29번
상 중 하

이차함수 $f(x)$에 대하여 함수 $g(x)=\{f(x)+2\}e^{f(x)}$이 다음 조건을 만족시킨다.

(가) $f(a)=6$인 a에 대하여 $g(x)$는 $x=a$에서 최댓값을 갖는다.
(나) $g(x)$는 $x=b$, $x=b+6$에서 최솟값을 갖는다.

방정식 $f(x)=0$의 서로 다른 두 실근을 α, β라 할 때, $(\alpha-\beta)^2$의 값을 구하시오. (단, a, b는 실수이다.) [4점]

168
▸ 25108-0278
2023학년도 6월 모의평가 28번
상 중 하

최고차항의 계수가 $\frac{1}{2}$인 삼차함수 $f(x)$에 대하여 함수 $g(x)$가

$$g(x)=\begin{cases} \ln|f(x)| & (f(x)\neq 0) \\ 1 & (f(x)=0) \end{cases}$$

이고 다음 조건을 만족시킬 때, 함수 $g(x)$의 극솟값은? [4점]

(가) 함수 $g(x)$는 $x\neq 1$인 모든 실수 x에서 연속이다.
(나) 함수 $g(x)$는 $x=2$에서 극대이고,
함수 $|g(x)|$는 $x=2$에서 극소이다.
(다) 방정식 $g(x)=0$의 서로 다른 실근의 개수는 3이다.

① $\ln\frac{13}{27}$　② $\ln\frac{16}{27}$　③ $\ln\frac{19}{27}$　④ $\ln\frac{22}{27}$　⑤ $\ln\frac{25}{27}$

유형 9 방정식과 부등식에의 활용

1. 방정식에의 활용
   (1) 방정식 $f(x)=0$의 서로 다른 실근의 개수는 함수 $y=f(x)$의 그래프와 x축의 교점의 개수와 같다.
   (2) 방정식 $f(x)=g(x)$의 서로 다른 실근의 개수는 두 함수 $y=f(x)$, $y=g(x)$의 그래프의 교점의 개수와 같다.
2. 부등식에의 활용
   (1) 모든 실수 x에 대하여 부등식 $f(x)\ge 0$이 성립함을 보이려면 ($f(x)$의 최솟값)≥ 0임을 보인다.
   (2) 어떤 구간에서 부등식 $f(x)\ge 0$이 성립함을 보이려면 그 구간에서 ($f(x)$의 최솟값)≥ 0임을 보인다.
   (3) 두 함수 $f(x)$, $g(x)$에 대하여 어떤 구간에서 부등식 $f(x)\ge g(x)$가 성립함을 보이려면 $h(x)=f(x)-g(x)$로 놓고, 주어진 구간에서 $h(x)\ge 0$임을 보인다.

보기

① 두 함수
$f(x)=e^x$, $g(x)=-x^2+3$
의 그래프는 오른쪽 그림과 같이 서로 다른 두 점에서 만난다.
따라서 방정식 $e^x=-x^2+3$은 서로 다른 두 실근을 갖는다.

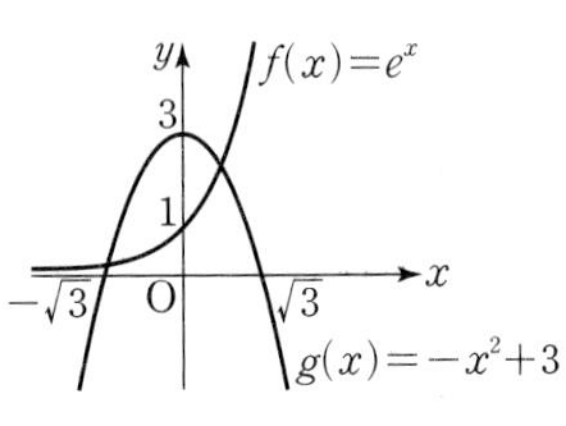

② $x>0$에서 부등식 $2x>1-\cos x$가 성립함을 증명해 보자.
$f(x)=2x-1+\cos x$로 놓으면
$f'(x)=2-\sin x$
이때 $f'(x)>0$이므로 함수 $f(x)$는 증가한다.
$f(0)=0$이므로 $x>0$일 때 $f(x)>0$이다.
따라서 $x>0$일 때 부등식 $2x>1-\cos x$가 성립한다.

169 ▸ 25108-0279
2022학년도 6월 모의평가 27번 상중하

두 함수

$$f(x)=e^x,\ g(x)=k\sin x$$

에 대하여 방정식 $f(x)=g(x)$의 서로 다른 양의 실근의 개수가 3일 때, 양수 k의 값은? [3점]

① $\sqrt{2}e^{\frac{3\pi}{2}}$ ② $\sqrt{2}e^{\frac{7\pi}{4}}$ ③ $\sqrt{2}e^{2\pi}$
④ $\sqrt{2}e^{\frac{9\pi}{4}}$ ⑤ $\sqrt{2}e^{\frac{5\pi}{2}}$

170 ▸ 25108-0280
2024학년도 6월 모의평가 26번 상중하

x에 대한 방정식 $x^2-5x+2\ln x=t$의 서로 다른 실근의 개수가 2가 되도록 하는 모든 실수 t의 값의 합은? [3점]

① $-\frac{17}{2}$ ② $-\frac{33}{4}$ ③ -8
④ $-\frac{31}{4}$ ⑤ $-\frac{15}{2}$

유형 10 속도와 가속도

1. 수직선 위에서의 속도와 가속도

수직선 위를 움직이는 점 P의 시각 t에서의 위치 x가 $x=f(t)$일 때

① 점 P의 시각 t에서의 속도 v는

$$v=\frac{dx}{dt}=f'(t)$$

② 점 P의 시각 t에서의 가속도 a는

$$a=\frac{dv}{dt}=f''(t)$$

2. 좌표평면 위에서의 속도와 가속도

좌표평면 위를 움직이는 점 P의 시각 t에서의 위치 (x, y)가 $x=f(t)$, $y=g(t)$일 때, 점 P의 시각 t에서의

① 속도: $\left(\frac{dx}{dt}, \frac{dy}{dt}\right)=(f'(t), g'(t))$

② 속력: $\sqrt{\left(\frac{dx}{dt}\right)^2+\left(\frac{dy}{dt}\right)^2}=\sqrt{\{f'(t)\}^2+\{g'(t)\}^2}$

③ 가속도: $\left(\frac{d^2x}{dt^2}, \frac{d^2y}{dt^2}\right)=(f''(t), g''(t))$

④ 가속도의 크기:

$$\sqrt{\left(\frac{d^2x}{dt^2}\right)^2+\left(\frac{d^2y}{dt^2}\right)^2}=\sqrt{\{f''(t)\}^2+\{g''(t)\}^2}$$

보기

(1) 수직선 위를 움직이는 점 P의 시각 t에서의 위치 x가 $x=\sin^2 t$일 때

① 점 P의 시각 t에서의 속도 v는

$$v=\frac{dx}{dt}=2\sin t\cos t$$

② 점 P의 시각 t에서의 가속도 a는

$$a=\frac{dv}{dt}=2\cos^2 t-2\sin^2 t=4\cos^2 t-2$$

(2) 좌표평면 위를 움직이는 점 P의 시각 t에서의 위치 (x, y)가 $x=t^3$, $y=t^4$일 때

① $\frac{dx}{dt}=3t^2$, $\frac{dy}{dt}=4t^3$이므로
시각 t에서의 점 P의 속도는 $(3t^2, 4t^3)$이다.
이때 $t=1$에서의 점 P의 속도는 $(3, 4)$이다.

② $\frac{d^2x}{dt^2}=6t$, $\frac{d^2y}{dt^2}=12t^2$이므로
시각 t에서의 점 P의 가속도는 $(6t, 12t^2)$이다.
이때 $t=1$에서의 점 P의 가속도는 $(6, 12)$이다.

171

▸ 25108-0281

2019학년도 10월 학력평가 가형 7번 상중하

좌표평면 위를 움직이는 점 P의 시각 t에서의 위치 (x, y)가

$$x=2t+\sin t,\ y=1-\cos t$$

이다. 시각 $t=\frac{\pi}{3}$에서 점 P의 속력은? [3점]

① $\sqrt{3}$　② 2　③ $\sqrt{5}$　④ $\sqrt{6}$　⑤ $\sqrt{7}$

172

▸ 25108-0282

2017학년도 수능 가형 10번 상중하

좌표평면 위를 움직이는 점 P의 시각 t $(t>0)$에서의 위치 (x, y)가

$$x=t-\frac{2}{t},\ y=2t+\frac{1}{t}$$

이다. 시각 $t=1$에서 점 P의 속력은? [3점]

① $2\sqrt{2}$　② 3　③ $\sqrt{10}$　④ $\sqrt{11}$　⑤ $2\sqrt{3}$

173 ▸ 25108-0283
2021학년도 10월 학력평가 25번 상중하

좌표평면 위를 움직이는 점 P의 시각 $t\ (t>2)$에서의 위치 $(x,\ y)$가

$$x=t\ln t,\ y=\frac{4t}{\ln t}$$

이다. 시각 $t=e^2$에서 점 P의 속력은? [3점]

① $\sqrt{7}$ ② $2\sqrt{2}$ ③ 3
④ $\sqrt{10}$ ⑤ $\sqrt{11}$

174 ▸ 25108-0284
2020학년도 6월 모의평가 가형 15번 상중하

좌표평면 위를 움직이는 점 P의 시각 $t\ (t>0)$에서의 위치 $(x,\ y)$가

$$x=2\sqrt{t+1},\ y=t-\ln(t+1)$$

이다. 점 P의 속력의 최솟값은? [4점]

① $\frac{\sqrt{3}}{8}$ ② $\frac{\sqrt{6}}{8}$ ③ $\frac{\sqrt{3}}{4}$
④ $\frac{\sqrt{6}}{4}$ ⑤ $\frac{\sqrt{3}}{2}$

175 ▸ 25108-0285
2019학년도 수능 가형 24번 상중하

좌표평면 위를 움직이는 점 P의 시각 $t\ (t\geq 0)$에서의 위치 $(x,\ y)$가

$$x=1-\cos 4t,\ y=\frac{1}{4}\sin 4t$$

이다. 점 P의 속력이 최대일 때, 점 P의 가속도의 크기를 구하시오. [3점]

176
▸ 25108-0286
2020학년도 수능 가형 9번
상중하

좌표평면 위를 움직이는 점 P의 시각 $t\left(0<t<\frac{\pi}{2}\right)$에서의 위치 (x, y)가

$$x=t+\sin t\cos t,\ y=\tan t$$

이다. $0<t<\frac{\pi}{2}$에서 점 P의 속력의 최솟값은? [3점]

① 1　② $\sqrt{3}$　③ 2
④ $2\sqrt{2}$　⑤ $2\sqrt{3}$

177
▸ 25108-0287
2018학년도 10월 학력평가 가형 18번
상중하

원점 O를 중심으로 하고 두 점 A(1, 0), B(0, 1)을 지나는 사분원이 있다. 그림과 같이 점 P는 점 A에서 출발하여 호 AB를 따라 점 B를 향하여 매초 1의 일정한 속력으로 움직인다. 선분 OP와 선분 AB가 만나는 점을 Q라 하자. 점 P의 x좌표가 $\frac{4}{5}$인 순간 점 Q의 속도는 (a, b)이다. $b-a$의 값은?
[4점]

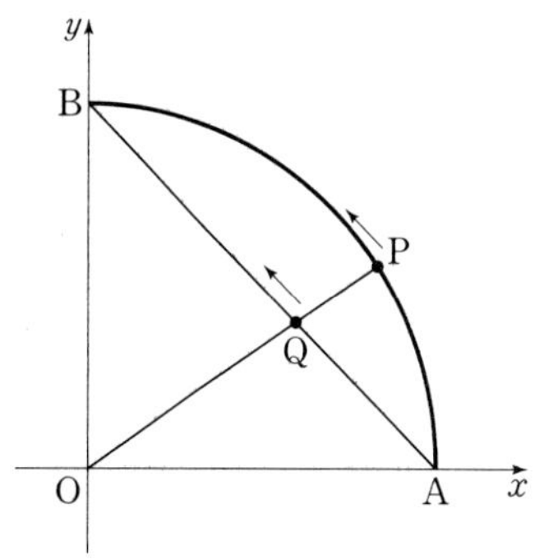

① $\frac{2}{49}$　② $\frac{8}{49}$　③ $\frac{18}{49}$
④ $\frac{32}{49}$　⑤ $\frac{50}{49}$

도전 1등급 문제

01

▸ 25108-0288

2020학년도 6월 모의평가 가형 28번

그림과 같이 길이가 2인 선분 AB를 지름으로 하는 반원의 호 AB 위에 점 P가 있다. 중심이 A이고 반지름의 길이가 $\overline{\mathrm{AP}}$인 원과 선분 AB의 교점을 Q라 하자.

호 PB 위에 점 R를 호 PR와 호 RB의 길이의 비가 3 : 7이 되도록 잡는다. 선분 AB의 중점을 O라 할 때, 선분 OR와 호 PQ의 교점을 T, 점 O에서 선분 AP에 내린 수선의 발을 H라 하자.

세 선분 PH, HO, OT와 호 TP로 둘러싸인 부분의 넓이를 S_1, 두 선분 RT, QB와 두 호 TQ, BR로 둘러싸인 부분의 넓이를 S_2라 하자. $\angle\mathrm{PAB}=\theta$라 할 때, $\lim_{\theta\to0+}\frac{S_1-S_2}{\overline{\mathrm{OH}}}=a$이다. $50a$의 값을 구하시오. $\left(\text{단, } 0<\theta<\frac{\pi}{4}\right)$ [4점]

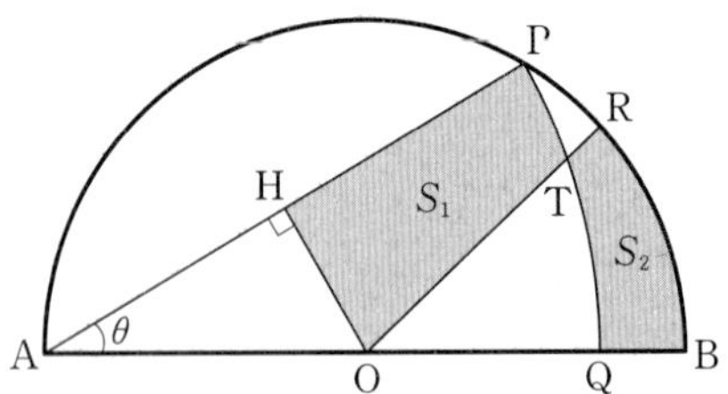

02

▸ 25108-0289

2019학년도 6월 모의평가 가형 21번

열린구간 $\left(-\frac{\pi}{2}, \frac{3\pi}{2}\right)$에서 정의된 함수

$$f(x)=\begin{cases}2\sin^3 x & \left(-\frac{\pi}{2}<x<\frac{\pi}{4}\right)\\ \cos x & \left(\frac{\pi}{4}\le x<\frac{3\pi}{2}\right)\end{cases}$$

가 있다. 실수 t에 대하여 다음 조건을 만족시키는 모든 실수 k의 개수를 $g(t)$라 하자.

> (가) $-\frac{\pi}{2}<k<\frac{3\pi}{2}$
>
> (나) 함수 $\sqrt{|f(x)-t|}$는 $x=k$에서 미분가능하지 않다.

함수 $g(t)$에 대하여 합성함수 $(h\circ g)(t)$가 실수 전체의 집합에서 연속이 되도록 하는 최고차항의 계수가 1인 사차함수 $h(x)$가 있다. $g\left(\frac{\sqrt{2}}{2}\right)=a$, $g(0)=b$, $g(-1)=c$라 할 때, $h(a+5)-h(b+3)+c$의 값은? [4점]

① 96 ② 97 ③ 98 ④ 99 ⑤ 100

03

▸ 25108-0290
2024학년도 수능 27번

실수 t에 대하여 원점을 지나고 곡선 $y=\frac{1}{e^x}+e^t$에 접하는 직선의 기울기를 $f(t)$라 하자. $f(a)=-e\sqrt{e}$를 만족시키는 상수 a에 대하여 $f'(a)$의 값은? [3점]

① $-\frac{1}{3}e\sqrt{e}$ ② $-\frac{1}{2}e\sqrt{e}$ ③ $-\frac{2}{3}e\sqrt{e}$
④ $-\frac{5}{6}e\sqrt{e}$ ⑤ $-e\sqrt{e}$

04

▸ 25108-0291
2022학년도 10월 학력평가 29번

그림과 같이 길이가 2인 선분 AB를 지름으로 하는 반원이 있다. 선분 AB의 중점을 O라 하고 호 AB 위에 두 점 P, Q를

$$\angle BOP=\theta,\ \angle BOQ=2\theta$$

가 되도록 잡는다. 점 Q를 지나고 선분 AB에 평행한 직선이 호 AB와 만나는 점 중 Q가 아닌 점을 R라 하고, 선분 BR가 두 선분 OP, OQ와 만나는 점을 각각 S, T라 하자.
세 선분 AO, OT, TR와 호 RA로 둘러싸인 부분의 넓이를 $f(\theta)$라 하고, 세 선분 QT, TS, SP와 호 PQ로 둘러싸인 부분의 넓이를 $g(\theta)$라 하자. $\lim_{\theta\to 0+}\frac{g(\theta)}{f(\theta)}=a$일 때, $80a$의 값을 구하시오. $\left(\text{단, } 0<\theta<\frac{\pi}{4}\right)$ [4점]

R Q T $g(\theta)$ P $f(\theta)$ S θ A O B

05

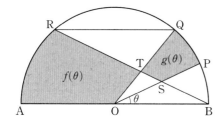

▸ 25108-0292
2024학년도 10월 학력평가 29번

점 (0, 1)을 지나고 기울기가 양수인 직선 l과 곡선 $y=e^{\frac{x}{a}}-1\ (a>0)$이 있다. 직선 l이 x축의 양의 방향과 이루는 각의 크기가 θ일 때, 직선 l이 곡선 $y=e^{\frac{x}{a}}-1\ (a>0)$과 제1사분면에서 만나는 점의 x좌표를 $f(\theta)$라 하자.

$f\left(\frac{\pi}{4}\right)=a$일 때, $\sqrt{f'\left(\frac{\pi}{4}\right)}=pe+q$이다. p^2+q^2의 값을 구하시오. (단, a는 상수이고 p, q는 정수이다.) [4점]

06
▸ 25108-0293
2021학년도 수능 가형 28번

두 상수 a, b $(a<b)$에 대하여 함수 $f(x)$를

$$f(x)=(x-a)(x-b)^2$$

이라 하자. 함수 $g(x)=x^3+x+1$의 역함수 $g^{-1}(x)$에 대하여 합성함수 $h(x)=(f\circ g^{-1})(x)$가 다음 조건을 만족시킬 때, $f(8)$의 값을 구하시오. [4점]

(가) 함수 $(x-1)|h(x)|$가 실수 전체의 집합에서 미분가능하다.
(나) $h'(3)=2$

07
▸ 25108-0294
2024학년도 6월 모의평가 29번

세 실수 a, b, k에 대하여 두 점 $\mathrm{A}(a,\ a+k)$, $\mathrm{B}(b,\ b+k)$가 곡선 $C:x^2-2xy+2y^2=15$ 위에 있다. 곡선 C 위의 점 A에서의 접선과 곡선 C 위의 점 B에서의 접선이 서로 수직일 때, k^2의 값을 구하시오. (단, $a+2k\neq0$, $b+2k\neq0$) [4점]

08
▸ 25108-0295
2025학년도 수능 30번

두 상수 a $(1\le a\le2)$, b에 대하여 함수 $f(x)=\sin(ax+b+\sin x)$가 다음 조건을 만족시킨다.

(가) $f(0)=0$, $f(2\pi)=2\pi a+b$
(나) $f'(0)=f'(t)$인 양수 t의 최솟값은 4π이다.

함수 $f(x)$가 $x=\alpha$에서 극대인 α의 값 중 열린구간 $(0,\ 4\pi)$에 속하는 모든 값의 집합을 A라 하자. 집합 A의 원소의 개수를 n, 집합 A의 원소 중 가장 작은 값을 α_1이라 하면, $n\alpha_1-ab=\frac{q}{p}\pi$이다. $p+q$의 값을 구하시오.

(단, p와 q는 서로소인 자연수이다.) [4점]

09

▸ 25108-0296
2021학년도 9월 모의평가 가형 28번

그림과 같이 길이가 2인 선분 AB를 지름으로 하는 반원이 있다. 선분 AB의 중점을 O라 할 때, 호 AB 위에 두 점 P, Q를 $\angle \text{POA}=\theta$, $\angle \text{QOB}=2\theta$가 되도록 잡는다. 두 선분 PB, OQ의 교점을 R라 하고, 점 R에서 선분 PQ에 내린 수선의 발을 H라 하자. 삼각형 POR의 넓이를 $f(\theta)$, 두 선분 RQ, RB와 호 QB로 둘러싸인 부분의 넓이를 $g(\theta)$라 할 때,

$\lim_{\theta \to 0+} \frac{f(\theta)+g(\theta)}{\overline{\text{RH}}}=\frac{q}{p}$이다. $p+q$의 값을 구하시오.

$\left(\text{단, } 0<\theta<\frac{\pi}{3}\text{이고, } p\text{와 } q\text{는 서로소인 자연수이다.}\right)$ [4점]

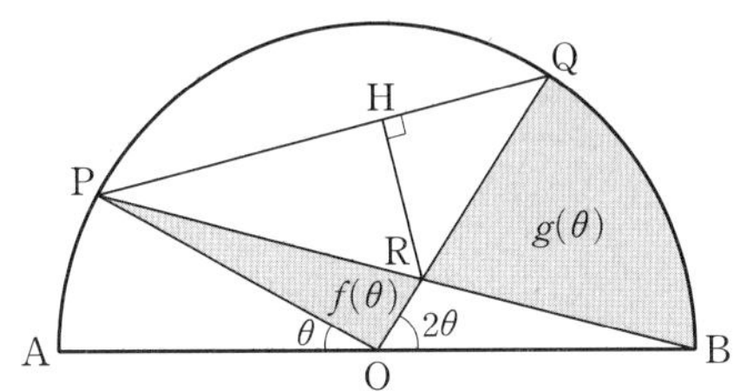

10

▸ 25108-0297
2021학년도 6월 모의평가 가형 28번

그림과 같이 $\overline{\text{AB}}=1$, $\overline{\text{BC}}=2$인 두 선분 AB, BC에 대하여 선분 BC의 중점을 M, 점 M에서 선분 AB에 내린 수선의 발을 H라 하자. 중심이 M이고 반지름의 길이가 $\overline{\text{MH}}$인 원이 선분 AM과 만나는 점을 D, 선분 HC가 선분 DM과 만나는 점을 E라 하자. $\angle \text{ABC}=\theta$라 할 때, 삼각형 CDE의 넓이를 $f(\theta)$, 삼각형 MEH의 넓이를 $g(\theta)$라 하자.

$\lim_{\theta \to 0+} \frac{f(\theta)-g(\theta)}{\theta^3}=a$일 때, $80a$의 값을 구하시오.

$\left(\text{단, } 0<\theta<\frac{\pi}{2}\right)$ [4점]

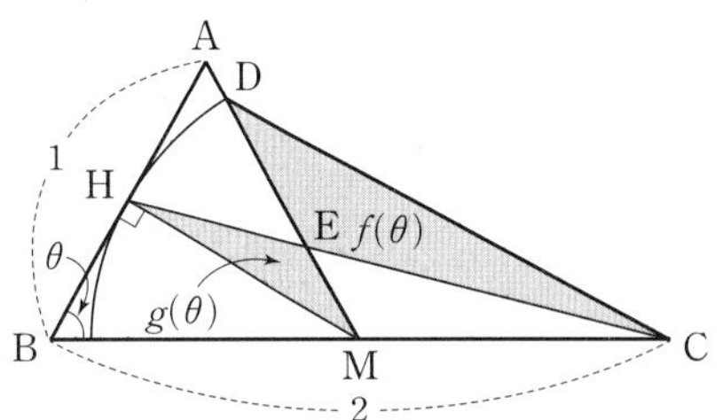

11

▸ 25108-0298
2024학년도 10월 학력평가 30번

두 상수 $a\ (a>0)$, b에 대하여 함수 $f(x)=(ax^2+bx)e^{-x}$이 다음 조건을 만족시킬 때, $60\times(a+b)$의 값을 구하시오. [4점]

> (가) $\{x \mid f(x)=f'(t)\times x\}=\{0\}$을 만족시키는 실수 t의 개수가 1이다.
> (나) $f(2)=2e^{-2}$

12

▸ 25108-0299
2025학년도 6월 모의평가 29번

함수 $f(x)=\frac{1}{3}x^3-x^2+\ln(1+x^2)+a$ (a는 상수)와 두 양수 b, c에 대하여 함수

$$g(x)=\begin{cases} f(x) & (x\geq b) \\ -f(x-c) & (x<b) \end{cases}$$

는 실수 전체의 집합에서 미분가능하다.

$a+b+c=p+q\ln 2$일 때, $30(p+q)$의 값을 구하시오.

(단, p, q는 유리수이고, $\ln 2$는 무리수이다.) [4점]

13

▸ 25108-0300
2023학년도 9월 모의평가 29번

함수 $f(x)=e^x+x$가 있다. 양수 t에 대하여 점 $(t,\ 0)$과 점 $(x,\ f(x))$ 사이의 거리가 $x=s$에서 최소일 때, 실수 $f(s)$의 값을 $g(t)$라 하자. 함수 $g(t)$의 역함수를 $h(t)$라 할 때, $h'(1)$의 값을 구하시오. [4점]

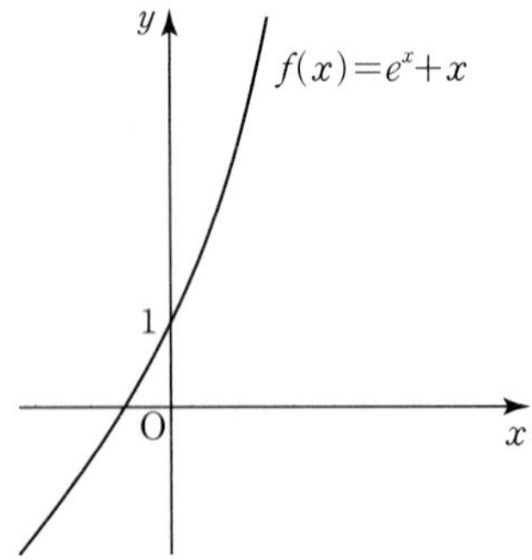

14

▸ 25108-0301
2023학년도 6월 모의평가 29번

그림과 같이 반지름의 길이가 1이고 중심각의 크기가 $\frac{\pi}{2}$인 부채꼴 OAB가 있다. 호 AB 위의 점 P에서 선분 OA에 내린 수선의 발을 H라 하고, ∠OAP를 이등분하는 직선과 세 선분 HP, OP, OB의 교점을 각각 Q, R, S라 하자. $\angle APH=\theta$일 때, 삼각형 AQH의 넓이를 $f(\theta)$, 삼각형 PSR의 넓이를 $g(\theta)$라 하자. $\lim_{\theta\rightarrow 0+}\frac{\theta^3\times g(\theta)}{f(\theta)}=k$일 때, $100k$의 값을 구하시오.

$\left(\text{단, } 0<\theta<\frac{\pi}{4}\right)$ [4점]

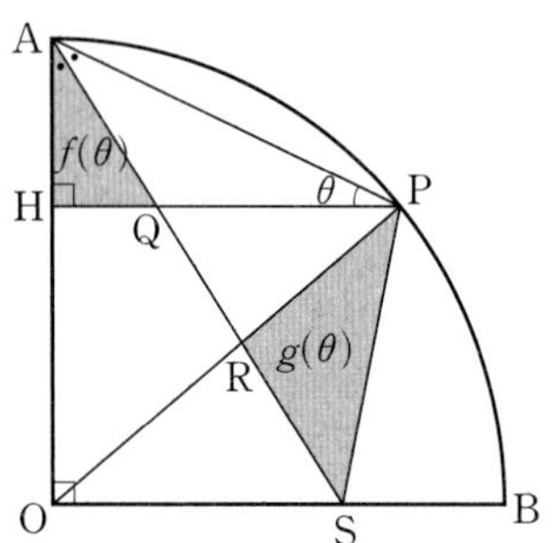

15 ▶ 25108-0302
2019학년도 9월 모의평가 가형 30번

최고차항의 계수가 $\frac{1}{2}$이고 최솟값이 0인 사차함수 $f(x)$와 함수 $g(x)=2x^4e^{-x}$에 대하여 합성함수 $h(x)=(f\circ g)(x)$가 다음 조건을 만족시킨다.

> (가) 방정식 $h(x)=0$의 서로 다른 실근의 개수는 4이다.
> (나) 함수 $h(x)$는 $x=0$에서 극소이다.
> (다) 방정식 $h(x)=8$의 서로 다른 실근의 개수는 6이다.

$f'(5)$의 값을 구하시오. (단, $\lim_{x\to\infty} g(x)=0$) [4점]

16 ▶ 25108-0303
2022학년도 6월 모의평가 30번

$t>\frac{1}{2}\ln 2$인 실수 t에 대하여 곡선 $y=\ln(1+e^{2x}-e^{-2t})$과 직선 $y=x+t$가 만나는 서로 다른 두 점 사이의 거리를 $f(t)$라 할 때, $f'(\ln 2)=\frac{q}{p}\sqrt{2}$이다. $p+q$의 값을 구하시오.

(단, p와 q는 서로소인 자연수이다.) [4점]

17 ▶ 25108-0304
2023학년도 10월 학력평가 30번

두 정수 a, b에 대하여 함수

$$f(x)=(x^2+ax+b)e^{-x}$$

이 다음 조건을 만족시킨다.

> (가) 함수 $f(x)$는 극값을 갖는다.
> (나) 함수 $|f(x)|$가 $x=k$에서 극대 또는 극소인 모든 k의 값의 합은 3이다.

$f(10)=pe^{-10}$일 때, p의 값을 구하시오. [4점]

18 ▶ 25108-0305
2021학년도 9월 모의평가 가형 30번

다음 조건을 만족시키는 실수 a, b에 대하여 ab의 최댓값을 M, 최솟값을 m이라 하자.

> 모든 실수 x에 대하여 부등식
> $$-e^{-x+1}\le ax+b\le e^{x-2}$$
> 이 성립한다.

$|M\times m^3|=\frac{q}{p}$일 때, $p+q$의 값을 구하시오.

(단, p와 q는 서로소인 자연수이다.) [4점]

Ⅱ 미분법

19
▸ 25108-0306
2023학년도 6월 모의평가 30번

양수 a에 대하여 함수 $f(x)$는

$$f(x)=\frac{x^2-ax}{e^x}$$

이다. 실수 t에 대하여 x에 대한 방정식

$$f(x)=f'(t)(x-t)+f(t)$$

의 서로 다른 실근의 개수를 $g(t)$라 하자.

$g(5)+\lim_{t\to5} g(t)=5$일 때, $\lim_{t\to k-} g(t)\neq\lim_{t\to k+} g(t)$를 만족시키는 모든 실수 k의 값의 합은 $\frac{q}{p}$이다. $p+q$의 값을 구하시오. (단, p와 q는 서로소인 자연수이다.) [4점]

20
▸ 25108-0307
2024학년도 9월 모의평가 30번

길이가 10인 선분 AB를 지름으로 하는 원과 선분 AB 위에 $\overline{\mathrm{AC}}=4$인 점 C가 있다. 이 원 위의 점 P를 $\angle\mathrm{PCB}=\theta$가 되도록 잡고, 점 P를 지나고 선분 AB에 수직인 직선이 이 원과 만나는 점 중 P가 아닌 점을 Q라 하자. 삼각형 PCQ의 넓이를 $S(\theta)$라 할 때, $-7\times S'\left(\frac{\pi}{4}\right)$의 값을 구하시오.

$\left(\text{단, } 0<\theta<\frac{\pi}{2}\right)$ [4점]

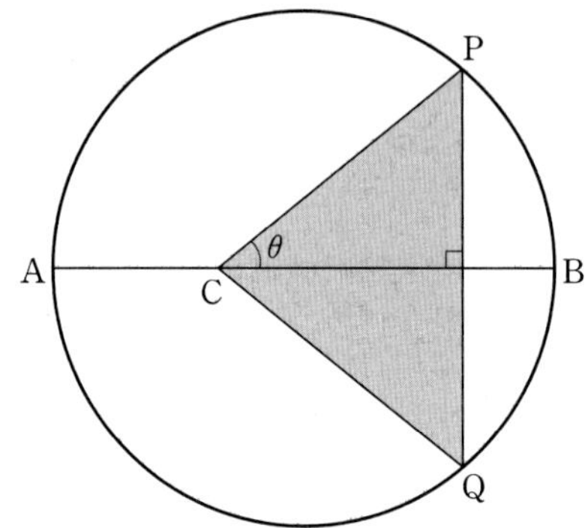

21

▸ 25108-0308

2021학년도 수능 가형 30번

최고차항의 계수가 1인 삼차함수 $f(x)$에 대하여 실수 전체의 집합에서 정의된 함수 $g(x)=f(\sin^2 \pi x)$가 다음 조건을 만족시킨다.

(가) $0<x<1$에서 함수 $g(x)$가 극대가 되는 x의 개수가 3이고, 이때 극댓값이 모두 동일하다.

(나) 함수 $g(x)$의 최댓값은 $\frac{1}{2}$이고 최솟값은 0이다.

$f(2)=a+b\sqrt{2}$일 때, a^2+b^2의 값을 구하시오.

(단, a와 b는 유리수이다.) [4점]

22

▸ 25108-0309

2019학년도 3월 학력평가 가형 30번

다음 조건을 만족시키며 최고차항의 계수가 1인 모든 사차함수 $f(x)$에 대하여 $f(0)$의 최댓값과 최솟값의 합을 구하시오.

$\left(\text{단, } \lim_{x \to \infty} \frac{x}{e^x}=0\right)$ [4점]

(가) $f(1)=0$, $f'(1)=0$

(나) 방정식 $f(x)=0$의 모든 실근은 10 이하의 자연수이다.

(다) 함수 $g(x)=\frac{3x}{e^{x-1}}+k$에 대하여 함수 $|(f \circ g)(x)|$가 실수 전체의 집합에서 미분가능하도록 하는 자연수 k의 개수는 4이다.

23

▸ 25108-0310
2019학년도 수능 가형 30번

최고차항의 계수가 6π인 삼차함수 $f(x)$에 대하여 함수 $g(x)=\dfrac{1}{2+\sin(f(x))}$이 $x=\alpha$에서 극대 또는 극소이고, $\alpha\geq0$인 모든 α를 작은 수부터 크기순으로 나열한 것을 α_1, α_2, α_3, α_4, α_5, …라 할 때, $g(x)$는 다음 조건을 만족시킨다.

(가) $\alpha_1=0$이고 $g(\alpha_1)=\dfrac{2}{5}$이다.

(나) $\dfrac{1}{g(\alpha_5)}=\dfrac{1}{g(\alpha_2)}+\dfrac{1}{2}$

$g'\left(-\dfrac{1}{2}\right)=a\pi$라 할 때, a^2의 값을 구하시오.

$\left(\text{단, } 0<f(0)<\dfrac{\pi}{2}\right)$ [4점]

24

▸ 25108-0311
2020학년도 수능 가형 30번

양의 실수 t에 대하여 곡선 $y=t^3\ln(x-t)$가 곡선 $y=2e^{x-a}$과 오직 한 점에서 만나도록 하는 실수 a의 값을 $f(t)$라 하자.
$\left\{f'\left(\dfrac{1}{3}\right)\right\}^2$의 값을 구하시오. [4점]

25

▸ 25108-0312
2025학년도 6월 모의평가 30번

함수 $y=\dfrac{\sqrt{x}}{10}$의 그래프와 함수 $y=\tan x$의 그래프가 만나는 모든 점의 x좌표를 작은 수부터 크기순으로 나열할 때, n번째 수를 a_n이라 하자.

$$\frac{1}{\pi^2}\times\lim_{n\to\infty}a_n^{\ 3}\tan^2(a_{n+1}-a_n)$$

의 값을 구하시오. [4점]

26 ▸ 25108-0313
2021학년도 10월 학력평가 30번

서로 다른 두 양수 a, b에 대하여 함수 $f(x)$를

$$f(x)=-\frac{ax^3+bx}{x^2+1}$$

라 하자. 모든 실수 x에 대하여 $f'(x)\neq 0$이고, 두 함수 $g(x)=f(x)-f^{-1}(x)$, $h(x)=(g\circ f)(x)$가 다음 조건을 만족시킨다.

(가) $g(2)=h(0)$

(나) $g'(2)=-5h'(2)$

$4(b-a)$의 값을 구하시오. [4점]

27 ▸ 25108-0314
2021학년도 6월 모의평가 가형 30번

실수 전체의 집합에서 정의된 함수 $f(x)$는 $0\le x<3$일 때 $f(x)=|x-1|+|x-2|$이고, 모든 실수 x에 대하여 $f(x+3)=f(x)$를 만족시킨다. 함수 $g(x)$를

$$g(x)=\lim_{h\to 0+}\left|\frac{f(2^{x+h})-f(2^x)}{h}\right|$$

이라 하자. 함수 $g(x)$가 $x=a$에서 불연속인 a의 값 중에서 열린구간 $(-5, 5)$에 속하는 모든 값을 작은 수부터 크기순으로 나열한 것을 $a_1, a_2, \cdots, a_n$(n은 자연수)라 할 때, $n+\sum_{k=1}^{n}\frac{g(a_k)}{\ln 2}$의 값을 구하시오. [4점]

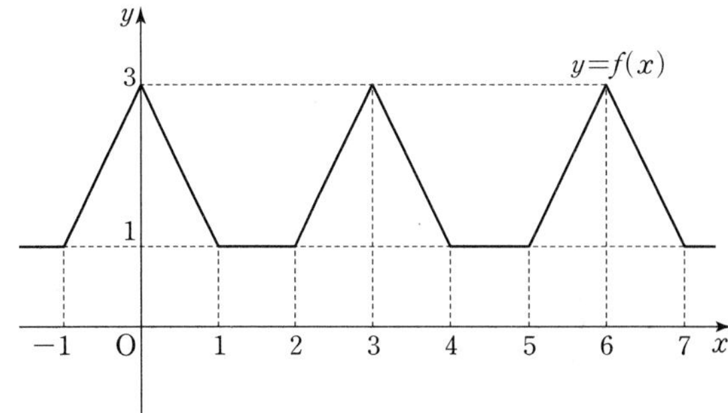

III 적분법

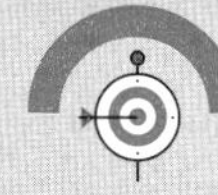

2025 수능 출제 분석

- 여러 가지 함수의 부정적분을 이용하여 정적분의 값을 구하는 문제가 출제되었다.
- 곡선과 x축 및 두 직선으로 둘러싸인 부분을 밑면으로 하는 입체도형의 부피를 정적분을 이용하여 구하는 문제가 출제되었다.
- 부정적분과 접선의 방정식을 이용하여 도형의 넓이를 구하는 문제가 다소 어렵게 출제되었다.

2026 수능 예측

1. 여러 가지 함수의 정적분과 치환적분법, 부분적분법을 이용하여 정적분을 구하는 문제가 출제된다.
2. 정적분으로 나타낸 함수에서 함수를 구하거나 여러 가지 조건을 만족시키는 함수를 파악한 후 정적분의 값을 구하는 난이도 높은 문제가 출제 예상되므로 미분법과 적분법을 유기적으로 해결하는 연습을 충분히 하도록 한다.
3. 급수의 합을 정적분으로 바꾸어 계산하는 문제를 여러 가지 방법으로 다양한 문제를 풀어 보는 연습을 하도록 한다.
4. 곡선으로 둘러싸인 부분의 넓이와 정적분을 이용하여 입체도형의 부피를 구하는 문제가 출제된다.

한눈에 보는 출제 빈도

연도 \ 핵심 주제		유형 1 정적분의 계산	유형 2 정적분으로 나타낸 함수	유형 3 조건으로 주어진 함수의 정적분	유형 4 급수와 정적분	유형 5 넓이	유형 6 입체도형의 부피	유형 7 속도와 거리
2025 학년도	수능	1				1	1	
	9월 모평	2		1			1	
	6월 모평							
2024 학년도	수능		2	1			1	
	9월 모평	1	1					1
	6월 모평							
2023 학년도	수능			1	1		1	
	9월 모평	1		1			1	
	6월 모평							
2022 학년도	수능			1	1			1
	9월 모평		1	1			1	
	6월 모평							
2021 학년도	수능			2	1	1		
	9월 모평	1	2		1			
	6월 모평							

수능 유형별 기출문제

유형 1 정적분의 계산

1. 치환적분법을 이용한 정적분

미분가능한 함수 $g(x)$가 닫힌구간 $[a, b]$에서 연속이고 일대일대응이며 $\alpha=g(a)$, $\beta=g(b)$이고, 도함수 $g'(x)$가 닫힌구간 $[a, b]$에서 연속이며, 함수 $f(x)$는 닫힌구간 $[\alpha, \beta]$에서 연속일 때, $g(x)=t$로 놓으면

$$\int_a^b f(g(x))g'(x)dx=\int_\alpha^\beta f(t)dt$$

2. 부분적분법을 이용한 정적분

두 함수 $f(x)$, $g(x)$가 미분가능하고 $f'(x)$, $g'(x)$가 닫힌구간 $[a, b]$에서 연속일 때

$$\int_a^b f(x)g'(x)dx=\Big[f(x)g(x)\Big]_a^b-\int_a^b f'(x)g(x)dx$$

3. 여러 가지 함수의 정적분

(1) $y=x^n$ 꼴의 정적분

① $n\neq-1$인 실수일 때

$$\int_\alpha^\beta x^n dx=\left[\frac{1}{n+1}x^{n+1}\right]_\alpha^\beta=\frac{1}{n+1}(\beta^{n+1}-\alpha^{n+1})$$

② $n=-1$일 때

$$\int_\alpha^\beta \frac{1}{x}dx=\Big[\ln|x|\Big]_\alpha^\beta=\ln|\beta|-\ln|\alpha|=\ln\left|\frac{\beta}{\alpha}\right|$$

(2) 지수함수의 정적분

① $\int_\alpha^\beta e^x dx=\Big[e^x\Big]_\alpha^\beta=e^\beta-e^\alpha$

② $\int_\alpha^\beta a^x dx=\left[\frac{a^x}{\ln a}\right]_\alpha^\beta=\frac{1}{\ln a}(a^\beta-a^\alpha)$

(단, $a>0$, $a\neq1$)

(3) 삼각함수의 정적분

① $\int_\alpha^\beta \sin ax\,dx=\left[-\frac{1}{a}\cos ax\right]_\alpha^\beta$ (단, $a\neq0$)

② $\int_\alpha^\beta \cos ax\,dx=\left[\frac{1}{a}\sin ax\right]_\alpha^\beta$ (단, $a\neq0$)

보기

① $\int_1^2 (2x-1)^4 dx$에서 $2x-1=t$로 놓으면 $2=\frac{dt}{dx}$이므로

$$\int_1^2(2x-1)^4dx=\int_1^3\left(t^4\times\frac{1}{2}\right)dt=\frac{1}{2}\left[\frac{1}{5}t^5\right]_1^3$$
$$=\frac{1}{10}(3^5-1^5)=\frac{242}{10}=\frac{121}{5}$$

② $\int_0^{\ln 2} xe^{2x}dx$에서 $f(x)=x$, $g'(x)=e^{2x}$으로 놓으면

$f'(x)=1$, $g(x)=\frac{1}{2}e^{2x}$이므로

$$\int_0^{\ln 2}xe^{2x}dx=\left[\frac{1}{2}xe^{2x}\right]_0^{\ln 2}-\int_0^{\ln 2}\frac{1}{2}e^{2x}dx$$
$$=\frac{1}{2}\times\ln 2\times e^{2\ln 2}-\left[\frac{1}{4}e^{2x}\right]_0^{\ln 2}=2\ln 2-\frac{3}{4}$$

01 ▸ 25108-0315
2020학년도 6월 모의평가 가형 5번 상중하

$\int_0^{\ln 3} e^{x+3}dx$의 값은? [3점]

① $\frac{e^3}{2}$ ② e^3 ③ $\frac{3}{2}e^3$ ④ $2e^3$ ⑤ $\frac{5}{2}e^3$

02 ▸ 25108-0316
2017학년도 9월 모의평가 가형 6번 상중하

$\int_0^3 \frac{2}{2x+1}dx$의 값은? [3점]

① $\ln 5$ ② $\ln 6$ ③ $\ln 7$ ④ $3\ln 2$ ⑤ $2\ln 3$

03 ▸ 25108-0317
2025학년도 수능 24번 상중하

$\int_0^{10}\frac{x+2}{x+1}dx$의 값은? [3점]

① $10+\ln 5$ ② $10+\ln 7$ ③ $10+2\ln 3$ ④ $10+\ln 11$ ⑤ $10+\ln 13$

정답과 풀이 122쪽

04 ▸ 25108-0318
2021학년도 10월 학력평가 23번
상중하

$\int_{2}^{4} \frac{6}{x^2}\,dx$의 값은? [2점]

① $\frac{3}{2}$　② $\frac{7}{4}$　③ 2　④ $\frac{9}{4}$　⑤ $\frac{5}{2}$

05 ▸ 25108-0319
2017학년도 수능 가형 3번
상중하

$\int_{0}^{\frac{\pi}{2}} 2\sin x\,dx$의 값은? [2점]

① 0　② $\frac{1}{2}$　③ 1　④ $\frac{3}{2}$　⑤ 2

06 ▸ 25108-0320
2024학년도 10월 학력평가 24번
상중하

$\int_{0}^{\frac{\pi}{3}} \cos\left(\frac{\pi}{3}-x\right)dx$의 값은? [3점]

① $\frac{1}{3}$　② $\frac{1}{2}$　③ $\frac{\sqrt{3}}{3}$　④ $\frac{\sqrt{2}}{2}$　⑤ $\frac{\sqrt{3}}{2}$

07 ▸ 25108-0321
2018학년도 10월 학력평가 가형 9번
상중하

$\int_{1}^{e} (1+\ln x)\,dx$의 값은? [3점]

① e　② $e+1$　③ $e+2$　④ $2e$　⑤ $2e+1$

Ⅲ 적분법

08

▸ 25108-0322

2020학년도 6월 모의평가 가형 10번

상중하

$\int_{1}^{e} x^3 \ln x \, dx$의 값은? [3점]

① $\frac{3e^4}{16}$　② $\frac{3e^4+1}{16}$　③ $\frac{3e^4+2}{16}$

④ $\frac{3e^4+3}{16}$　⑤ $\frac{3e^4+4}{16}$

09

▸ 25108-0323

2021학년도 9월 모의평가 가형 6번

상중하

$\int_{1}^{2} (x-1)e^{-x} dx$의 값은? [3점]

① $\frac{1}{e}-\frac{2}{e^2}$　② $\frac{1}{e}-\frac{1}{e^2}$　③ $\frac{1}{e}$

④ $\frac{2}{e}-\frac{2}{e^2}$　⑤ $\frac{2}{e}-\frac{1}{e^2}$

10

▸ 25108-0324

2017학년도 10월 학력평가 가형 4번

상중하

$\int_{0}^{1} xe^x \, dx$의 값은? [3점]

① 1　② 2　③ e

④ $1+e$　⑤ $2e$

11

▸ 25108-0325

2018학년도 6월 모의평가 가형 24번

상중하

$\int_{2}^{4} 2e^{2x-4} \, dx=k$일 때, $\ln(k+1)$의 값을 구하시오. [3점]

12 ▸ 25108-0326
2017학년도 수능 가형 9번
상중하

$\int_{1}^{e} \ln \frac{x}{e}\, dx$의 값은? [3점]

① $\frac{1}{e}-1$ ② $2-e$ ③ $\frac{1}{e}-2$
④ $1-e$ ⑤ $\frac{1}{2}-e$

13 ▸ 25108-0327
2018학년도 3월 학력평가 가형 7번
상중하

$\int_{1}^{2} x\sqrt{x^2-1}\, dx$의 값은? [3점]

① $\sqrt{3}$ ② 2 ③ $\sqrt{5}$
④ $\sqrt{6}$ ⑤ $\sqrt{7}$

14 ▸ 25108-0328
2019학년도 3월 학력평가 가형 24번
상중하

함수 $f(x)$의 도함수가 $f'(x)=\frac{1}{x}$이고 $f(1)=10$일 때, $f(e^3)$의 값을 구하시오. [3점]

15 ▸ 25108-0329
2023학년도 9월 모의평가 24번
상중하

$\int_{0}^{\pi} x\cos\left(\frac{\pi}{2}-x\right) dx$의 값은? [3점]

① $\frac{\pi}{2}$ ② π ③ $\frac{3\pi}{2}$
④ 2π ⑤ $\frac{5\pi}{2}$

16

▸ 25108-0330

2017학년도 6월 모의평가 가형 16번

상중하

$\int_1^e x(1-\ln x)\,dx$의 값은? [4점]

① $\frac{1}{4}(e^2-7)$　② $\frac{1}{4}(e^2-6)$　③ $\frac{1}{4}(e^2-5)$

④ $\frac{1}{4}(e^2-4)$　⑤ $\frac{1}{4}(e^2-3)$

17

▸ 25108-0331

2018학년도 6월 모의평가 가형 14번

상중하

$\int_2^6 \ln(x-1)\,dx$의 값은? [4점]

① $4\ln 5-4$　② $4\ln 5-3$　③ $5\ln 5-4$

④ $5\ln 5-3$　⑤ $6\ln 5-4$

18

▸ 25108-0332

2019학년도 수능 가형 25번

상중하

$\int_0^\pi x\cos(\pi-x)\,dx$의 값을 구하시오. [3점]

19

▸ 25108-0333

2019학년도 3월 학력평가 가형 6번

상중하

$\int_0^{\sqrt{3}} 2x\sqrt{x^2+1}\,dx$의 값은? [3점]

① 4　② $\frac{13}{3}$　③ $\frac{14}{3}$

④ 5　⑤ $\frac{16}{3}$

20

▸ 25108-0334
2017학년도 3월 학력평가 가형 4번

상중하

$\int_{1}^{e^2} \frac{(\ln x)^3}{x} dx$의 값은? [3점]

① $2\ln 2$ ② 2 ③ $4\ln 2$
④ 4 ⑤ $6\ln 2$

21

▸ 25108-0335
2018학년도 9월 모의평가 가형 8번

상중하

$\int_{1}^{e} \frac{3(\ln x)^2}{x} dx$의 값은? [3점]

① 1 ② $\frac{1}{2}$ ③ $\frac{1}{3}$
④ $\frac{1}{4}$ ⑤ $\frac{1}{5}$

22

▸ 25108-0336
2019학년도 6월 모의평가 가형 11번

상중하

$\int_{1}^{\sqrt{2}} x^3\sqrt{x^2-1}\, dx$의 값은? [3점]

① $\frac{7}{15}$ ② $\frac{8}{15}$ ③ $\frac{3}{5}$
④ $\frac{2}{3}$ ⑤ $\frac{11}{15}$

23

▸ 25108-0337
2024학년도 9월 모의평가 25번

상중하

함수 $f(x)=x+\ln x$에 대하여 $\int_{1}^{e} \left(1+\frac{1}{x}\right)f(x)\, dx$의 값은? [3점]

① $\frac{e^2}{2}+\frac{e}{2}$ ② $\frac{e^2}{2}+e$ ③ $\frac{e^2}{2}+2e$
④ e^2+e ⑤ e^2+2e

24

▸ 25108-0338
2017학년도 10월 학력평가 가형 14번

상중하

미분가능한 두 함수 $f(x)$, $g(x)$에 대하여 $g(x)$는 $f(x)$의 역함수이다. $f(1)=3$, $g(1)=3$일 때,

$$\int_{1}^{3}\left\{\frac{f(x)}{f'(g(x))}+\frac{g(x)}{g'(f(x))}\right\}dx$$

의 값은? [4점]

① -8 ② -4 ③ 0
④ 4 ⑤ 8

25

▸ 25108-0339
2020학년도 수능 가형 8번

상중하

$\int_{e}^{e^2}\frac{\ln x-1}{x^2}dx$의 값은? [3점]

① $\frac{e+2}{e^2}$ ② $\frac{e+1}{e^2}$ ③ $\frac{1}{e}$
④ $\frac{e-1}{e^2}$ ⑤ $\frac{e-2}{e^2}$

26

▸ 25108-0340
2019학년도 9월 모의평가 가형 25번

상중하

$\int_{0}^{\frac{\pi}{2}}(\cos x+3\cos^3 x)\,dx$의 값을 구하시오. [3점]

27

▸ 25108-0341
2019학년도 수능 가형 16번

상중하

$x>0$에서 정의된 연속함수 $f(x)$가 모든 양수 x에 대하여

$$2f(x)+\frac{1}{x^2}f\left(\frac{1}{x}\right)=\frac{1}{x}+\frac{1}{x^2}$$

을 만족시킬 때, $\int_{\frac{1}{2}}^{2}f(x)dx$의 값은? [4점]

① $\frac{\ln 2}{3}+\frac{1}{2}$ ② $\frac{2\ln 2}{3}+\frac{1}{2}$ ③ $\frac{\ln 2}{3}+1$
④ $\frac{2\ln 2}{3}+1$ ⑤ $\frac{2\ln 2}{3}+\frac{3}{2}$

28

▸ 25108-0342
2025학년도 9월 모의평가 28번

상중하

함수 $f(x)$는 실수 전체의 집합에서 연속인 이계도함수를 갖고, 실수 전체의 집합에서 정의된 함수 $g(x)$를

$$g(x)=f'(2x)\sin \pi x+x$$

라 하자. 함수 $g(x)$는 역함수 $g^{-1}(x)$를 갖고,

$$\int_0^1 g^{-1}(x)\,dx=2\int_0^1 f'(2x)\sin \pi x\,dx+\frac{1}{4}$$

을 만족시킬 때, $\int_0^2 f(x)\cos\frac{\pi}{2}x\,dx$의 값은? [4점]

① $-\frac{1}{\pi}$ ② $-\frac{1}{2\pi}$ ③ $-\frac{1}{3\pi}$
④ $-\frac{1}{4\pi}$ ⑤ $-\frac{1}{5\pi}$

유형 2 정적분으로 나타낸 함수

1. 정적분으로 나타낸 함수의 미분
연속함수 $f(x)$에 대하여
(1) $\frac{d}{dx}\int_a^x f(t)dt=f(x)$ (단, a는 상수)
(2) $\frac{d}{dx}\int_x^{x+a} f(t)dt=f(x+a)-f(x)$ (단, a는 상수)

2. 정적분으로 나타낸 함수의 극한
연속함수 $f(x)$에 대하여
(1) $\lim_{x\to 0}\frac{1}{x}\int_a^{x+a} f(t)dt=f(a)$ (단, a는 상수)
(2) $\lim_{x\to a}\frac{1}{x-a}\int_a^x f(t)dt=f(a)$ (단, a는 상수)

보기

① $\frac{d}{dx}\int_1^x (t^2+t)e^t\,dt$에서
$f(t)=(t^2+t)e^t$으로 놓고 $F'(t)=f(t)$라 하면
$$\frac{d}{dx}\int_1^x (t^2+t)e^t\,dt=\frac{d}{dx}\{F(x)-F(1)\}$$
$$=F'(x)=f(x)$$
$$=(x^2+x)e^x$$

② $\lim_{x\to 0}\frac{1}{x}\int_e^{x+e} t^2\ln t\,dt$에서
$f(t)=t^2\ln t$로 놓고 $F'(t)=f(t)$라 하면
$$\lim_{x\to 0}\frac{1}{x}\int_e^{x+e} t^2\ln t\,dt=\lim_{x\to 0}\frac{F(x+e)-F(e)}{x}$$
$$=F'(e)=f(e)$$
$$=e^2\ln e=e^2$$

29

▸ 25108-0343
2018학년도 6월 모의평가 가형 12번

상중하

양의 실수 전체의 집합에서 연속인 함수 $f(x)$가

$$\int_1^x f(t)dt=x^2-a\sqrt{x}\ (x>0)$$

을 만족시킬 때, $f(1)$의 값은? (단, a는 상수이다.) [3점]

① 1 ② $\frac{3}{2}$ ③ 2
④ $\frac{5}{2}$ ⑤ 3

30

▸ 25108-0344

2018학년도 10월 학력평가 가형 13번

상중하

실수 전체의 집합에서 정의된 함수

$$f(x)=\int_0^x \frac{2t-1}{t^2-t+1}\,dt$$

의 최솟값은? [3점]

① $\ln\frac{1}{2}$　② $\ln\frac{2}{3}$　③ $\ln\frac{3}{4}$

④ $\ln\frac{4}{5}$　⑤ $\ln\frac{5}{6}$

31

▸ 25108-0345

2020학년도 10월 학력평가 가형 12번

상중하

연속함수 $f(x)$가 모든 양의 실수 t에 대하여

$$\int_0^{\ln t} f(x)\,dx=(t\ln t+a)^2-a$$

를 만족시킬 때, $f(1)$의 값은? (단, a는 0이 아닌 상수이다.) [3점]

① $2e^2+2e$　② $2e^2+4e$　③ $4e^2+4e$

④ $4e^2+8e$　⑤ $8e^2+8e$

32

▸ 25108-0346

2019학년도 10월 학력평가 가형 20번

상중하

함수 $f(x)=\int_x^{x+2} |2^t-5|\,dt$의 최솟값을 m이라 할 때, 2^m의 값은? [4점]

① $\left(\frac{5}{4}\right)^8$　② $\left(\frac{5}{4}\right)^9$　③ $\left(\frac{5}{4}\right)^{10}$

④ $\left(\frac{5}{4}\right)^{11}$　⑤ $\left(\frac{5}{4}\right)^{12}$

33

▸ 25108-0347

2019학년도 6월 모의평가 가형 15번

상중하

함수 $f(x)=a\cos(\pi x^2)$에 대하여

$$\lim_{x\to 0}\left\{\frac{x^2+1}{x}\int_1^{x+1} f(t)\,dt\right\}=3$$

일 때, $f(a)$의 값은? (단, a는 상수이다.) [4점]

① 1　② $\frac{3}{2}$　③ 2

④ $\frac{5}{2}$　⑤ 3

34

▸ 25108-0348

2018학년도 수능 가형 15번

상 중 하

함수 $f(x)$가

$$f(x)=\int_{0}^{x}\frac{1}{1+e^{-t}}\,dt$$

일 때, $(f\circ f)(a)=\ln 5$를 만족시키는 실수 a의 값은? [4점]

① $\ln 11$ ② $\ln 13$ ③ $\ln 15$
④ $\ln 17$ ⑤ $\ln 19$

35

▸ 25108-0349

2024학년도 수능 25번

상 중 하

양의 실수 전체의 집합에서 정의되고 미분가능한 두 함수 $f(x)$, $g(x)$가 있다. $g(x)$는 $f(x)$의 역함수이고, $g'(x)$는 양의 실수 전체의 집합에서 연속이다.

모든 양수 a에 대하여

$$\int_{1}^{a}\frac{1}{g'(f(x))f(x)}\,dx=2\ln a+\ln(a+1)-\ln 2$$

이고 $f(1)=8$일 때, $f(2)$의 값은? [3점]

① 36 ② 40 ③ 44
④ 48 ⑤ 52

36

▸ 25108-0350

2017학년도 수능 가형 20번

상 중 하

함수 $f(x)=e^{-x}\int_{0}^{x}\sin(t^2)\,dt$에 대하여 〈보기〉에서 옳은 것만을 있는 대로 고른 것은? [4점]

보기

ㄱ. $f(\sqrt{\pi})>0$

ㄴ. $f'(a)>0$을 만족시키는 a가 열린구간 $(0, \sqrt{\pi})$에 적어도 하나 존재한다.

ㄷ. $f'(b)=0$을 만족시키는 b가 열린구간 $(0, \sqrt{\pi})$에 적어도 하나 존재한다.

① ㄱ ② ㄷ ③ ㄱ, ㄴ
④ ㄴ, ㄷ ⑤ ㄱ, ㄴ, ㄷ

37

▸ 25108-0351

2017학년도 6월 모의평가 가형 20번

상중하

함수 $f(x)=\frac{5}{2}-\frac{10x}{x^2+4}$와 함수 $g(x)=\frac{4-|x-4|}{2}$의 그래프가 그림과 같다.

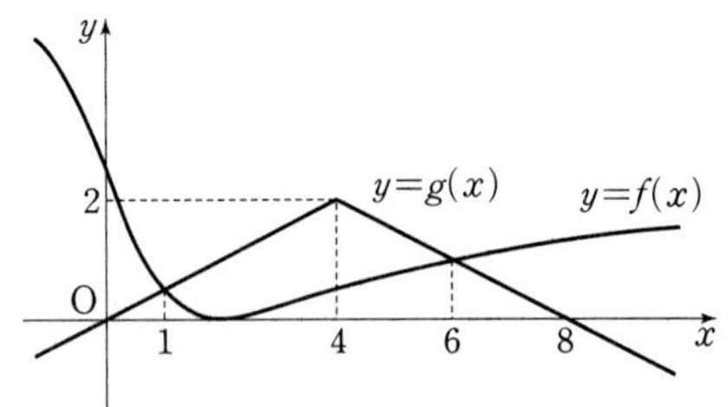

$0\le a\le 8$인 a에 대하여 $\int_0^a f(x)\,dx+\int_a^8 g(x)\,dx$의 최솟값은? [4점]

① $14-5\ln 5$ ② $15-5\ln 10$ ③ $15-5\ln 5$
④ $16-5\ln 10$ ⑤ $16-5\ln 5$

38

▸ 25108-0352

2018학년도 3월 학력평가 가형 20번

상중하

함수 $f(x)=\int_0^x \sin(\pi\cos t)\,dt$에 대하여 〈보기〉에서 옳은 것만을 있는 대로 고른 것은? [4점]

보기

ㄱ. $f'(0)=0$
ㄴ. 함수 $y=f(x)$의 그래프는 원점에 대하여 대칭이다.
ㄷ. $f(\pi)=0$

① ㄱ ② ㄷ ③ ㄱ, ㄴ
④ ㄴ, ㄷ ⑤ ㄱ, ㄴ, ㄷ

39

▸ 25108-0353

2021학년도 9월 모의평가 가형 20번

상중하

함수 $f(x)=\sin(\pi\sqrt{x})$에 대하여 함수

$$g(x)=\int_0^x tf(x-t)\,dt\ (x\ge 0)$$

이 $x=a$에서 극대인 모든 a를 작은 수부터 크기순으로 나열할 때, n번째 수를 a_n이라 하자. $k^2<a_6<(k+1)^2$인 자연수 k의 값은? [4점]

① 11 ② 14 ③ 17
④ 20 ⑤ 23

40

▸ 25108-0354
2018학년도 3월 학력평가 가형 27번 상중하

실수 전체의 집합에서 연속인 함수 $f(x)$가 모든 실수 x에 대하여

$$x\int_0^x f(t)\,dt-\int_0^x tf(t)\,dt=ae^{2x}-4x+b$$

를 만족시킬 때, $f(a)f(b)$의 값을 구하시오.

(단, a, b는 상수이다.) [4점]

41

▸ 25108-0355
2021학년도 9월 모의평가 가형 18번 상중하

함수

$$f(x)=\begin{cases}0 & (x\le 0)\\ \{\ln(1+x^4)\}^{10} & (x>0)\end{cases}$$

에 대하여 실수 전체의 집합에서 정의된 함수 $g(x)$를

$$g(x)=\int_0^x f(t)f(1-t)\,dt$$

라 하자. 〈보기〉에서 옳은 것만을 있는 대로 고른 것은? [4점]

보기

ㄱ. $x\le 0$인 모든 실수 x에 대하여 $g(x)=0$이다.
ㄴ. $g(1)=2g\left(\frac{1}{2}\right)$
ㄷ. $g(a)\ge 1$인 실수 a가 존재한다.

① ㄱ　② ㄱ, ㄴ　③ ㄱ, ㄷ　④ ㄴ, ㄷ　⑤ ㄱ, ㄴ, ㄷ

Ⅲ 적분법

유형 3 조건으로 주어진 함수의 정적분

1. 적분 구간이 변수인 정적분

함수 $f(x)$가 $\int_a^x f(t)dt=g(x)$ (a는 상수)를 만족시킬 때

(1) 양변에 $x=a$를 대입하면

$\int_a^a f(t)dt=0$이므로 $g(a)=0$

(2) 양변을 x에 대하여 미분하면

$f(x)=g'(x)$

2. 주기함수의 정적분

주기가 k인 연속함수 $f(x)$에 대하여

(1) $\int_a^b f(x)dx=\int_{a+k}^{b+k} f(x)dx$

(2) $\int_a^{a+k} f(x)dx=\int_b^{b+k} f(x)dx$

보기

미분가능한 함수 $f(x)$가 모든 실수 x에 대하여 다음 조건을 만족시킬 때, $f(1)$의 값을 구해 보자.

(가) $f(x)>0$

(나) $f(x)=1+\int_0^x te^t f(t)dt$

조건 (나)의 양변을 x에 대하여 미분하면

$f'(x)=xe^x f(x)$ …… ㉠

조건 (가)에서 $f(x)>0$이므로 ㉠의 양변을 $f(x)$로 나누면

$\frac{f'(x)}{f(x)}=xe^x$

$\int \frac{f'(x)}{f(x)}dx=\int xe^x dx$ …… ㉡

$u(x)=x$, $v'(x)=e^x$으로 놓으면 $u'(x)=1$, $v(x)=e^x$이므로

$\int xe^x dx=xe^x-\int e^x dx$

$=xe^x-e^x+C$ (단, C는 적분상수)

㉡에서

$\ln f(x)=xe^x-e^x+C$ …… ㉢

조건 (나)의 양변에 $x=0$을 대입하면

$f(0)=1$

㉢의 양변에 $x=0$을 대입하면

$\ln f(0)=0-1+C$, $C=1$

따라서 $\ln f(x)=xe^x-e^x+1$이므로 양변에 $x=1$을 대입하면

$\ln f(1)=e-e+1=1$, 즉 $f(1)=e$

42 ▸ 25108-0356
2017학년도 10월 학력평가 가형 16번 상중하

연속함수 $f(x)$가 다음 조건을 만족시킨다.

(가) $x\neq0$인 실수 x에 대하여 $\{f(x)\}^2 f'(x)=\frac{2x}{x^2+1}$

(나) $f(0)=0$

$\{f(1)\}^3$의 값은? [4점]

① $2\ln 2$ ② $3\ln 2$ ③ $1+2\ln 2$ ④ $4\ln 2$ ⑤ $1+3\ln 2$

43 ▸ 25108-0357
2025학년도 9월 모의평가 24번 상중하

양의 실수 전체의 집합에서 정의된 미분가능한 함수 $f(x)$가 있다. 양수 t에 대하여 곡선 $y=f(x)$ 위의 점 $(t, f(t))$에서의 접선의 기울기는 $\frac{1}{t}+4e^{2t}$이다. $f(1)=2e^2+1$일 때, $f(e)$의 값은? [3점]

① $2e^{2e}-1$ ② $2e^{2e}$ ③ $2e^{2e}+1$ ④ $2e^{2e}+2$ ⑤ $2e^{2e}+3$

44

▶ 25108-0358
2021학년도 수능 가형 15번

상중하

$x>0$에서 미분가능한 함수 $f(x)$에 대하여

$$f'(x)=2-\frac{3}{x^2},\ f(1)=5$$

이다. $x<0$에서 미분가능한 함수 $g(x)$가 다음 조건을 만족시킬 때, $g(-3)$의 값은? [4점]

(가) $x<0$인 모든 실수 x에 대하여 $g'(x)=f'(-x)$이다.
(나) $f(2)+g(-2)=9$

① 1 ② 2 ③ 3 ④ 4 ⑤ 5

45

▶ 25108-0359
2020학년도 9월 모의평가 가형 17번

상중하

두 함수 $f(x)$, $g(x)$는 실수 전체의 집합에서 도함수가 연속이고 다음 조건을 만족시킨다.

(가) 모든 실수 x에 대하여 $f(x)g(x)=x^4-1$이다.
(나) $\int_{-1}^{1}\{f(x)\}^2g'(x)\,dx=120$

$\int_{-1}^{1}x^3f(x)\,dx$의 값은? [4점]

① 12 ② 15 ③ 18 ④ 21 ⑤ 24

46

▶ 25108-0360
2020학년도 6월 모의평가 가형 20번

상중하

실수 전체의 집합에서 미분가능한 함수 $f(x)$가 모든 실수 x에 대하여 다음 조건을 만족시킨다.

(가) $f(x)>0$
(나) $\ln f(x)+2\int_{0}^{x}(x-t)f(t)\,dt=0$

〈보기〉에서 옳은 것만을 있는 대로 고른 것은? [4점]

보기

ㄱ. $x>0$에서 함수 $f(x)$는 감소한다.
ㄴ. 함수 $f(x)$의 최댓값은 1이다.
ㄷ. 함수 $F(x)$를 $F(x)=\int_{0}^{x}f(t)\,dt$라 할 때, $f(1)+\{F(1)\}^2=1$이다.

① ㄱ ② ㄱ, ㄴ ③ ㄱ, ㄷ ④ ㄴ, ㄷ ⑤ ㄱ, ㄴ, ㄷ

Ⅲ 적분법

47

▸ 25108-0361

2018학년도 3월 학력평가 가형 17번 상중하

실수 전체의 집합에서 미분가능한 함수 $f(x)$의 역함수를 $g(x)$라 하자. 두 함수 $f(x)$, $g(x)$가 다음 조건을 만족시킨다.

(가) $f(0)=1$
(나) 모든 실수 x에 대하여 $f(x)g'(f(x))=\frac{1}{x^2+1}$이다.

$f(3)$의 값은? [4점]

① e^3 ② e^6 ③ e^9
④ e^{12} ⑤ e^{15}

48

▸ 25108-0362

2020학년도 수능 가형 21번 상중하

실수 t에 대하여 곡선 $y=e^x$ 위의 점 $(t,\ e^t)$에서의 접선의 방정식을 $y=f(x)$라 할 때, 함수 $y=|f(x)+k-\ln x|$가 양의 실수 전체의 집합에서 미분가능하도록 하는 실수 k의 최솟값을 $g(t)$라 하자. 두 실수 a, b $(a<b)$에 대하여 $\int_a^b g(t)dt=m$이라 할 때, 〈보기〉에서 옳은 것만을 있는 대로 고른 것은? [4점]

보기

ㄱ. $m<0$이 되도록 하는 두 실수 a, b $(a<b)$가 존재한다.
ㄴ. 실수 c에 대하여 $g(c)=0$이면 $g(-c)=0$이다.
ㄷ. $a=\alpha$, $b=\beta$ $(\alpha<\beta)$일 때 m의 값이 최소이면 $\frac{1+g'(\beta)}{1+g'(\alpha)}<-e^2$이다.

① ㄱ ② ㄴ ③ ㄱ, ㄴ
④ ㄱ, ㄷ ⑤ ㄱ, ㄴ, ㄷ

49

▸ 25108-0363
2017학년도 3월 학력평가 가형 21번

상 중 하

구간 $[0, 1]$에서 정의된 연속함수 $f(x)$에 대하여 함수

$$F(x)=\int_0^x f(t)\,dt \ (0\le x\le 1)$$

은 다음 조건을 만족시킨다.

(가) $F(x)=f(x)-x$
(나) $\int_0^1 F(x)\,dx=e-\frac{5}{2}$

〈보기〉에서 옳은 것만을 있는 대로 고른 것은? [4점]

보기

ㄱ. $F(1)=e$
ㄴ. $\int_0^1 xF(x)\,dx=\frac{1}{6}$
ㄷ. $\int_0^1 \{F(x)\}^2\,dx=\frac{1}{2}e^2-2e+\frac{11}{6}$

① ㄴ ② ㄷ ③ ㄱ, ㄴ
④ ㄴ, ㄷ ⑤ ㄱ, ㄴ, ㄷ

50

▸ 25108-0364
2019학년도 수능 가형 21번

상 중 하

실수 전체의 집합에서 미분가능한 함수 $f(x)$가 다음 조건을 만족시킬 때, $f(-1)$의 값은? [4점]

(가) 모든 실수 x에 대하여
$2\{f(x)\}^2f'(x)=\{f(2x+1)\}^2f'(2x+1)$이다.
(나) $f\left(-\frac{1}{8}\right)=1$, $f(6)=2$

① $\frac{\sqrt[3]{3}}{6}$ ② $\frac{\sqrt[3]{3}}{3}$ ③ $\frac{\sqrt[3]{3}}{2}$
④ $\frac{2\sqrt[3]{3}}{3}$ ⑤ $\frac{5\sqrt[3]{3}}{6}$

Ⅲ 적분법

51

▸ 25108-0365

2021학년도 10월 학력평가 27번

상 중 하

미분가능한 함수 $f(x)$가 다음 조건을 만족시킨다.

(가) $x_1 < x_2$인 임의의 두 실수 x_1, x_2에 대하여 $f(x_1) > f(x_2)$이다.

(나) 닫힌구간 $[-1, 3]$에서 함수 $f(x)$의 최댓값은 1이고 최솟값은 -2이다.

$\int_{-1}^{3} f(x)\,dx=3$일 때, $\int_{-2}^{1} f^{-1}(x)\,dx$의 값은? [3점]

① 4　② 5　③ 6　④ 7　⑤ 8

52

▸ 25108-0366

2021학년도 수능 가형 20번

상 중 하

함수 $f(x)=\pi\sin 2\pi x$에 대하여 정의역이 실수 전체의 집합이고 치역이 집합 $\{0,\ 1\}$인 함수 $g(x)$와 자연수 n이 다음 조건을 만족시킬 때, n의 값은? [4점]

함수 $h(x)=f(nx)g(x)$는 실수 전체의 집합에서 연속이고

$$\int_{-1}^{1} h(x)dx=2,\ \int_{-1}^{1} xh(x)dx=-\frac{1}{32}$$

이다.

① 8　② 10　③ 12　④ 14　⑤ 16

53

▶ 25108-0367
2022학년도 9월 모의평가 28번
상중하

좌표평면에서 원점을 중심으로 하고 반지름의 길이가 2인 원 C와 두 점 $\mathrm{A}(2, 0)$, $\mathrm{B}(0, -2)$가 있다. 원 C 위에 있고 x좌표가 음수인 점 P에 대하여 $\angle\mathrm{PAB}=\theta$라 하자.

점 $\mathrm{Q}(0, 2\cos\theta)$에서 직선 BP에 내린 수선의 발을 R라 하고, 두 점 P와 R 사이의 거리를 $f(\theta)$라 할 때, $\int_{\frac{\pi}{6}}^{\frac{\pi}{3}} f(\theta)\,d\theta$의 값은? [4점]

① $\frac{2\sqrt{3}-3}{2}$ ② $\sqrt{3}-1$ ③ $\frac{3\sqrt{3}-3}{2}$
④ $\frac{2\sqrt{3}-1}{2}$ ⑤ $\frac{4\sqrt{3}-3}{2}$

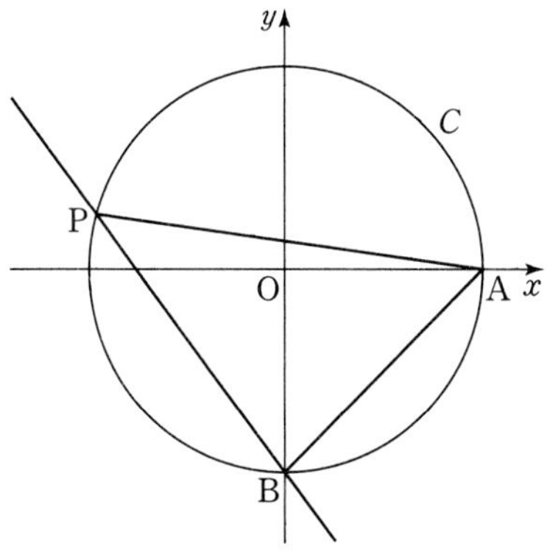

54

▶ 25108-0368
2019학년도 3월 학력평가 가형 21번
상중하

함수 $f(x)$의 도함수가 $f'(x)=xe^{-x^2}$이다. 모든 실수 x에 대하여 두 함수 $f(x)$, $g(x)$가 다음 조건을 만족시킬 때, 〈보기〉에서 옳은 것만을 있는 대로 고른 것은? [4점]

(가) $g(x)=\int_1^x f'(t)(x+1-t)\,dt$
(나) $f(x)=g'(x)-f'(x)$

보기

ㄱ. $g'(1)=\frac{1}{e}$
ㄴ. $f(1)=g(1)$
ㄷ. 어떤 양수 x에 대하여 $g(x)<f(x)$이다.

① ㄱ ② ㄱ, ㄴ ③ ㄱ, ㄷ
④ ㄴ, ㄷ ⑤ ㄱ, ㄴ, ㄷ

Ⅲ 적분법

55
▸ 25108-0369
2017학년도 9월 모의평가 가형 21번
상중하

양의 실수 전체의 집합에서 미분가능한 두 함수 $f(x)$와 $g(x)$가 모든 양의 실수 x에 대하여 다음 조건을 만족시킨다.

(가) $\left(\frac{f(x)}{x}\right)'=x^2e^{-x^2}$

(나) $g(x)=\frac{4}{e^4}\int_1^x e^{t^2}f(t)\,dt$

$f(1)=\frac{1}{e}$일 때, $f(2)-g(2)$의 값은? [4점]

① $\frac{16}{3e^4}$ ② $\frac{6}{e^4}$ ③ $\frac{20}{3e^4}$
④ $\frac{22}{3e^4}$ ⑤ $\frac{8}{e^4}$

56
▸ 25108-0370
2018학년도 9월 모의평가 가형 21번
상중하

수열 $\{a_n\}$이

$$a_1=-1,\ a_n=2-\frac{1}{2^{n-2}}\ (n\geq 2)$$

이다. 구간 $[-1,\ 2)$에서 정의된 함수 $f(x)$가 모든 자연수 n에 대하여

$$f(x)=\sin(2^n\pi x)\ (a_n\leq x\leq a_{n+1})$$

이다. $-1<\alpha<0$인 실수 α에 대하여 $\int_\alpha^t f(x)\,dx=0$을 만족시키는 $t\ (0<t<2)$의 값의 개수가 103일 때, $\log_2\{1-\cos(2\pi\alpha)\}$의 값은? [4점]

① -48 ② -50 ③ -52
④ -54 ⑤ -56

57 ▸ 25108-0371
2017학년도 수능 가형 21번 상중하

닫힌구간 $[0, 1]$에서 증가하는 연속함수 $f(x)$가

$$\int_0^1 f(x)\,dx=2,\ \int_0^1 |f(x)|\,dx=2\sqrt{2}$$

를 만족시킨다. 함수 $F(x)$가

$$F(x)=\int_0^x |f(t)|\,dt\ (0\le x\le 1)$$

일 때, $\int_0^1 f(x)F(x)\,dx$의 값은? [4점]

① $4-\sqrt{2}$ ② $2+\sqrt{2}$ ③ $5-\sqrt{2}$
④ $1+2\sqrt{2}$ ⑤ $2+2\sqrt{2}$

58 ▸ 25108-0372
2023학년도 10월 학력평가 28번 상중하

함수

$$f(x)=\sin x\cos x\times e^{a\sin x+b\cos x}$$

이 다음 조건을 만족시키도록 하는 서로 다른 두 실수 a, b의 순서쌍 (a, b)에 대하여 $a-b$의 최솟값은? [4점]

(가) $ab=0$
(나) $\int_0^{\frac{\pi}{2}} f(x)dx=\frac{1}{a^2+b^2}-2e^{a+b}$

① $-\frac{5}{2}$ ② -2 ③ $-\frac{3}{2}$
④ -1 ⑤ $-\frac{1}{2}$

59 ▸ 25108-0373
2022학년도 10월 학력평가 28번 상중하

닫힌구간 $[0, 4\pi]$에서 연속이고 다음 조건을 만족시키는 모든 함수 $f(x)$에 대하여 $\int_0^{4\pi} |f(x)|\,dx$의 최솟값은? [4점]

(가) $0\le x\le \pi$일 때, $f(x)=1-\cos x$이다.
(나) $1\le n\le 3$인 각각의 자연수 n에 대하여
$f(n\pi+t)=f(n\pi)+f(t)\ (0<t\le \pi)$
또는
$f(n\pi+t)=f(n\pi)-f(t)\ (0<t\le \pi)$
이다.
(다) $0<x<4\pi$에서 곡선 $y=f(x)$의 변곡점의 개수는 6이다.

① 4π ② 6π ③ 8π
④ 10π ⑤ 12π

유형 4 급수와 정적분

함수 $f(x)$가 닫힌구간 $[a, b]$에서 연속일 때

(1) $\lim_{n\to\infty}\sum_{k=1}^{n} f\left(a+\frac{b-a}{n}k\right)\frac{b-a}{n}=\int_a^b f(x)\,dx$

(2) $\lim_{n\to\infty}\sum_{k=1}^{n} f\left(\frac{p}{n}k\right)\frac{p}{n}=\int_0^p f(x)\,dx$

(3) $\lim_{n\to\infty}\sum_{k=1}^{n} f\left(a+\frac{p}{n}k\right)\frac{p}{n}=\int_a^{a+p} f(x)\,dx$

$=\int_0^p f(a+x)\,dx$

보기

$\lim_{n\to\infty}\sum_{k=1}^{n}\left(1+\frac{3k}{n}\right)^2\frac{3}{n}$에서 $f(x)=x^2$, $a=1$, $b=4$로 놓으면

$\Delta x=\frac{b-a}{n}=\frac{3}{n}$, $x_k=a+k\Delta x=1+\frac{3k}{n}$이므로

$\lim_{n\to\infty}\sum_{k=1}^{n}\left(1+\frac{3k}{n}\right)^2\frac{3}{n}=\int_1^4 x^2\,dx=\left[\frac{1}{3}x^3\right]_1^4$

$=\frac{1}{3}\times4^3-\frac{1}{3}\times1^3=21$

60

▸ 25108-0374
2022학년도 수능 26번 상중하

$\lim_{n\to\infty}\sum_{k=1}^{n}\frac{k^2+2kn}{k^3+3k^2n+n^3}$의 값은? [3점]

① $\ln 5$ ② $\frac{\ln 5}{2}$ ③ $\frac{\ln 5}{3}$ ④ $\frac{\ln 5}{4}$ ⑤ $\frac{\ln 5}{5}$

61

▸ 25108-0375
2023학년도 수능 24번 상중하

$\lim_{n\to\infty}\frac{1}{n}\sum_{k=1}^{n}\sqrt{1+\frac{3k}{n}}$의 값은? [3점]

① $\frac{4}{3}$ ② $\frac{13}{9}$ ③ $\frac{14}{9}$ ④ $\frac{5}{3}$ ⑤ $\frac{16}{9}$

62

▸ 25108-0376
2019학년도 3월 학력평가 가형 12번 상중하

함수 $f(x)=\sin(3x)$에 대하여 $\lim_{n\to\infty}\sum_{k=1}^{n}\frac{\pi}{n}f\left(\frac{k\pi}{n}\right)$의 값은? [3점]

① $\frac{2}{3}$ ② 1 ③ $\frac{4}{3}$ ④ $\frac{5}{3}$ ⑤ 2

63

▸ 25108-0377
2020학년도 10월 학력평가 가형 14번 상중하

함수 $f(x)=\cos x$에 대하여 $\lim_{n\to\infty}\sum_{k=1}^{n}\frac{k\pi}{n^2}f\left(\frac{\pi}{2}+\frac{k\pi}{n}\right)$의 값은? [4점]

① $-\frac{5}{2}$ ② -2 ③ $-\frac{3}{2}$ ④ -1 ⑤ $-\frac{1}{2}$

64

▸ 25108-0378
2023학년도 10월 학력평가 24번

상중하

$\lim_{n\to\infty}\frac{2\pi}{n}\sum_{k=1}^{n}\sin\frac{\pi k}{3n}$의 값은? [3점]

① $\frac{5}{2}$ ② 3 ③ $\frac{7}{2}$
④ 4 ⑤ $\frac{9}{2}$

65

▸ 25108-0379
2021학년도 수능 가형 11번

상중하

$\lim_{n\to\infty}\frac{1}{n}\sum_{k=1}^{n}\sqrt{\frac{3n}{3n+k}}$의 값은? [3점]

① $4\sqrt{3}-6$ ② $\sqrt{3}-1$ ③ $5\sqrt{3}-8$
④ $2\sqrt{3}-3$ ⑤ $3\sqrt{3}-5$

66

▸ 25108-0380
2021학년도 9월 모의평가 가형 25번

상중하

$\lim_{n\to\infty}\sum_{k=1}^{n}\frac{2}{n}\left(1+\frac{2k}{n}\right)^4=a$일 때, $5a$의 값을 구하시오. [3점]

67

▸ 25108-0381
2022학년도 10월 학력평가 26번

상중하

$\lim_{n\to\infty}\sum_{k=1}^{n}\frac{k}{(2n-k)^2}$의 값은? [3점]

① $\frac{3}{2}-2\ln 2$ ② $1-\ln 2$ ③ $\frac{3}{2}-\ln 3$
④ $\ln 2$ ⑤ $2-\ln 3$

68
▸ 25108-0382
2018학년도 3월 학력평가 가형 28번
상중하

함수 $f(x)=\ln x$에 대하여 $\lim_{n\to\infty}\sum_{k=1}^{n}\frac{k}{n^2}f\left(1+\frac{k}{n}\right)=\frac{q}{p}$일 때, $p+q$의 값을 구하시오. (단, p와 q는 서로소인 자연수이다.) [4점]

69
▸ 25108-0383
2017학년도 9월 모의평가 나형 28번
상중하

함수 $f(x)=4x^2+6x+32$에 대하여

$$\lim_{n\to\infty}\sum_{k=1}^{n}\frac{k}{n^2}f\left(\frac{k}{n}\right)$$

의 값을 구하시오. [4점]

유형 5 넓이

1. 곡선과 x축 사이의 넓이
함수 $f(x)$가 닫힌구간 $[a, b]$에서 연속일 때, 곡선 $y=f(x)$와 x축 및 두 직선 $x=a$, $x=b$로 둘러싸인 부분의 넓이 S는

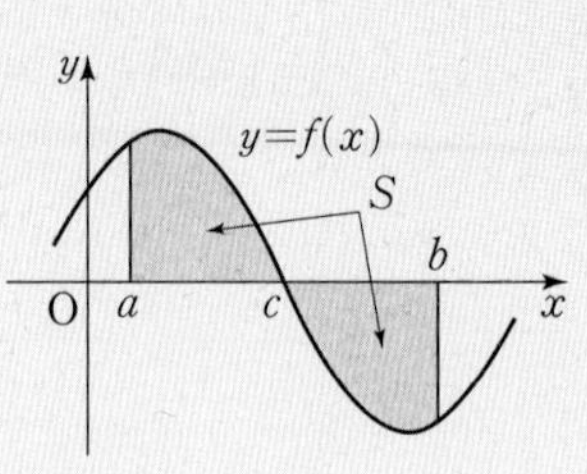

$$S=\int_a^b |f(x)|\,dx$$

2. 두 곡선으로 둘러싸인 부분의 넓이
두 함수 $f(x)$, $g(x)$가 닫힌구간 $[a, b]$에서 연속일 때, 두 곡선 $y=f(x)$, $y=g(x)$ 및 두 직선 $x=a$, $x=b$로 둘러싸인 부분의 넓이 S는

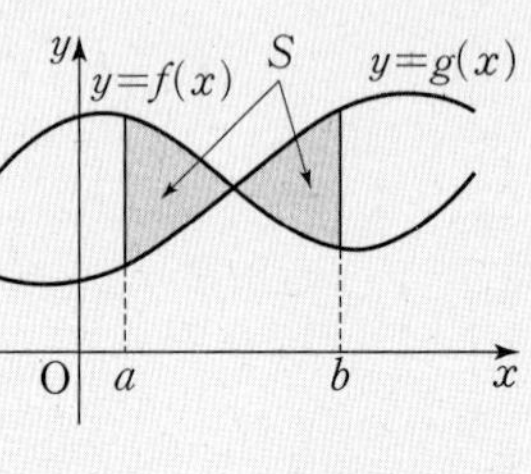

$$S=\int_a^b |f(x)-g(x)|\,dx$$

보기

① 곡선 $y=e^x$과 x축, y축 및 직선 $x=1$로 둘러싸인 부분의 넓이는

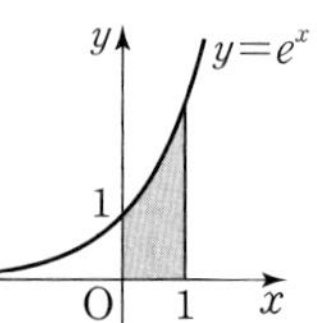

$$\int_0^1 e^x\,dx=\left[e^x\right]_0^1=e^1-e^0$$
$$=e-1$$

② 닫힌구간 $[0, 2\pi]$에서 두 곡선 $y=\sin x$, $y=\cos x$로 둘러싸인 부분의 넓이는

$$\int_{\frac{\pi}{4}}^{\frac{5}{4}\pi}(\sin x-\cos x)\,dx=\left[-\cos x-\sin x\right]_{\frac{\pi}{4}}^{\frac{5}{4}\pi}$$
$$=\sqrt{2}-(-\sqrt{2})=2\sqrt{2}$$

70
▸ 25108-0384
2021학년도 수능 가형 8번
상중하

곡선 $y=e^{2x}$과 x축 및 두 직선 $x=\ln\frac{1}{2}$, $x=\ln 2$로 둘러싸인 부분의 넓이는? [3점]

① $\frac{5}{3}$ ② $\frac{15}{8}$ ③ $\frac{15}{7}$
④ $\frac{5}{2}$ ⑤ 3

71
▸ 25108-0385
2019학년도 10월 학력평가 가형 9번 상중하

모든 실수 x에 대하여 $f(x)>0$인 연속함수 $f(x)$에 대하여 $\int_{3}^{5} f(x)\,dx=36$일 때, 곡선 $y=f(2x+1)$과 x축 및 두 직선 $x=1$, $x=2$로 둘러싸인 부분의 넓이는? [3점]

① 16 ② 18 ③ 20
④ 22 ⑤ 24

72
▸ 25108-0386
2019학년도 9월 모의평가 가형 9번 상중하

그림과 같이 두 곡선 $y=2^x-1$, $y=\left|\sin\frac{\pi}{2}x\right|$가 원점 O와 점 (1, 1)에서 만난다. 두 곡선 $y=2^x-1$, $y=\left|\sin\frac{\pi}{2}x\right|$로 둘러싸인 부분의 넓이는? [3점]

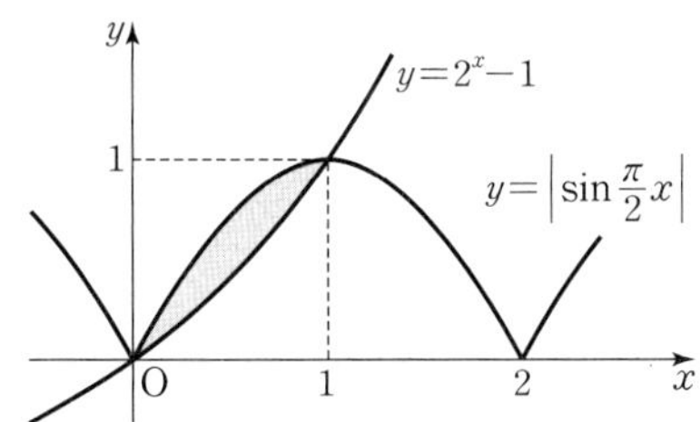

① $-\frac{1}{\pi}+\frac{1}{\ln 2}-1$ ② $\frac{2}{\pi}-\frac{1}{\ln 2}+1$
③ $\frac{2}{\pi}+\frac{1}{2\ln 2}-1$ ④ $\frac{1}{\pi}-\frac{1}{2\ln 2}+1$
⑤ $\frac{1}{\pi}+\frac{1}{\ln 2}-1$

73
▸ 25108-0387
2017학년도 9월 모의평가 가형 13번 상중하

함수 $y=\cos 2x$의 그래프와 x축, y축 및 직선 $x=\frac{\pi}{12}$로 둘러싸인 영역의 넓이가 직선 $y=a$에 의하여 이등분될 때, 상수 a의 값은? [3점]

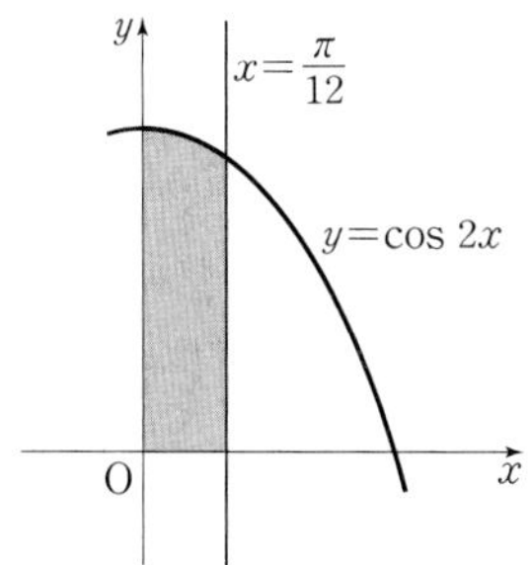

① $\frac{1}{2\pi}$ ② $\frac{1}{\pi}$ ③ $\frac{3}{2\pi}$
④ $\frac{2}{\pi}$ ⑤ $\frac{5}{2\pi}$

74

▸ 25108-0388

2018학년도 3월 학력평가 가형 12번 상중하

그림과 같이 곡선 $y=xe^x$ 위의 점 $(1,\ e)$를 지나고 x축에 평행한 직선을 l이라 하자. 곡선 $y=xe^x$과 y축 및 직선 l로 둘러싸인 도형의 넓이는? [3점]

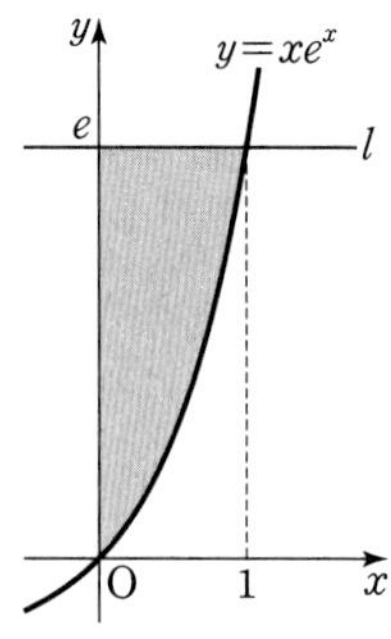

① $2e-3$　② $2e-\frac{5}{2}$　③ $e-2$

④ $e-\frac{3}{2}$　⑤ $e-1$

75

▸ 25108-0389

2018학년도 수능 가형 12번 상중하

곡선 $y=e^{2x}$과 y축 및 직선 $y=-2x+a$로 둘러싸인 영역을 A, 곡선 $y=e^{2x}$과 두 직선 $y=-2x+a$, $x=1$로 둘러싸인 영역을 B라 하자. A의 넓이와 B의 넓이가 같을 때, 상수 a의 값은? (단, $1<a<e^2$) [3점]

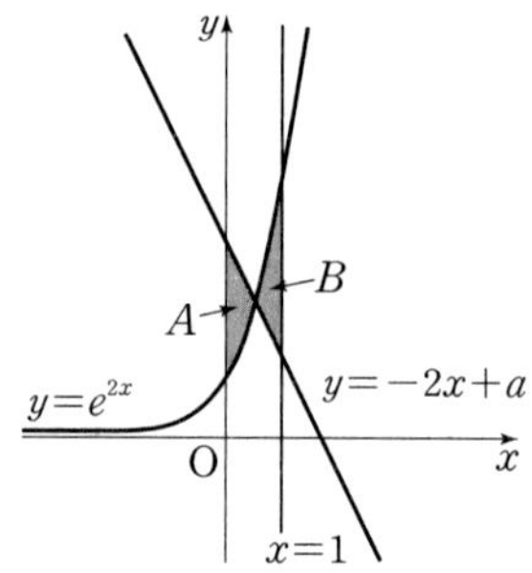

① $\frac{e^2+1}{2}$　② $\frac{2e^2+1}{4}$　③ $\frac{e^2}{2}$

④ $\frac{2e^2-1}{4}$　⑤ $\frac{e^2-1}{2}$

76

▸ 25108-0390

2019학년도 6월 모의평가 가형 8번 상중하

곡선 $y=|\sin 2x|+1$과 x축 및 두 직선 $x=\frac{\pi}{4}$, $x=\frac{5\pi}{4}$로 둘러싸인 부분의 넓이는? [3점]

① $\pi+1$　② $\pi+\frac{3}{2}$　③ $\pi+2$

④ $\pi+\frac{5}{2}$　⑤ $\pi+3$

77 ▸ 25108-0391
2018학년도 9월 모의평가 가형 18번 상중하

실수 전체의 집합에서 미분가능한 함수 $f(x)$가 $f(0)=0$이고 모든 실수 x에 대하여 $f'(x)>0$이다. 곡선 $y=f(x)$ 위의 점 $A(t, f(t))$ $(t>0)$에서 x축에 내린 수선의 발을 B라 하고, 점 A를 지나고 점 A에서의 접선과 수직인 직선이 x축과 만나는 점을 C라 하자. 모든 양수 t에 대하여 삼각형 ABC의 넓이가 $\frac{1}{2}(e^{3t}-2e^{2t}+e^t)$일 때, 곡선 $y=f(x)$와 x축 및 직선 $x=1$로 둘러싸인 부분의 넓이는? [4점]

① $e-2$ ② e ③ $e+2$
④ $e+4$ ⑤ $e+6$

78 ▸ 25108-0392
2017학년도 3월 학력평가 가형 9번 상중하

곡선 $y=\sin^2 x\cos x$ $\left(0\le x\le \frac{\pi}{2}\right)$와 x축으로 둘러싸인 도형의 넓이는? [3점]

① $\frac{1}{4}$ ② $\frac{1}{3}$ ③ $\frac{1}{2}$
④ 1 ⑤ 2

79 ▸ 25108-0393
2019학년도 3월 학력평가 가형 17번 상중하

두 함수 $f(x)=ax^2$ $(a>0)$, $g(x)=\ln x$의 그래프가 한 점 P에서 만나고, 곡선 $y=f(x)$ 위의 점 P에서의 접선의 기울기와 곡선 $y=g(x)$ 위의 점 P에서의 접선의 기울기가 서로 같다. 두 곡선 $y=f(x)$, $y=g(x)$와 x축으로 둘러싸인 부분의 넓이는? (단, a는 상수이다.) [4점]

① $\frac{2\sqrt{e}-3}{6}$ ② $\frac{2\sqrt{e}-3}{3}$ ③ $\frac{\sqrt{e}-1}{2}$
④ $\frac{4\sqrt{e}-3}{6}$ ⑤ $\sqrt{e}-1$

Ⅲ 적분법

유형 6 입체도형의 부피

닫힌구간 $[a, b]$의 임의의 점 x에서 x축에 수직인 평면으로 자른 단면의 넓이가 $S(x)$이고, 함수 $S(x)$가 닫힌구간 $[a, b]$에서 연속일 때, 이 입체도형의 부피 V는

$$V=\int_a^b S(x)\,dx$$

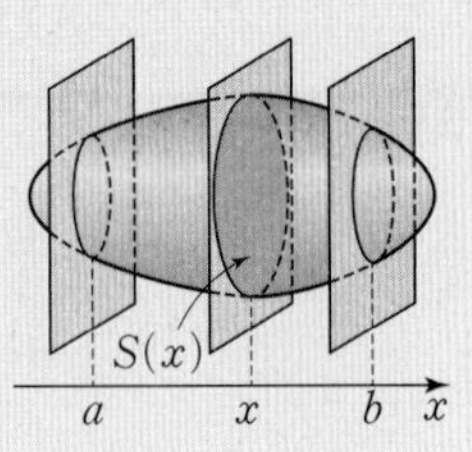

보기

$0\le x\le 10$이고 단면의 넓이가 $S(x)=2x+1$인 입체도형의 부피 V는

$V=\int_0^{10}(2x+1)\,dx=\left[x^2+x\right]_0^{10}=110$

80

▸ 25108-0394

2017학년도 수능 가형 11번 상중하

그림과 같이 곡선 $y=\sqrt{x}+1$과 x축, y축 및 직선 $x=1$로 둘러싸인 도형을 밑면으로 하는 입체도형이 있다. 이 입체도형을 x축에 수직인 평면으로 자른 단면이 모두 정사각형일 때, 이 입체도형의 부피는? [3점]

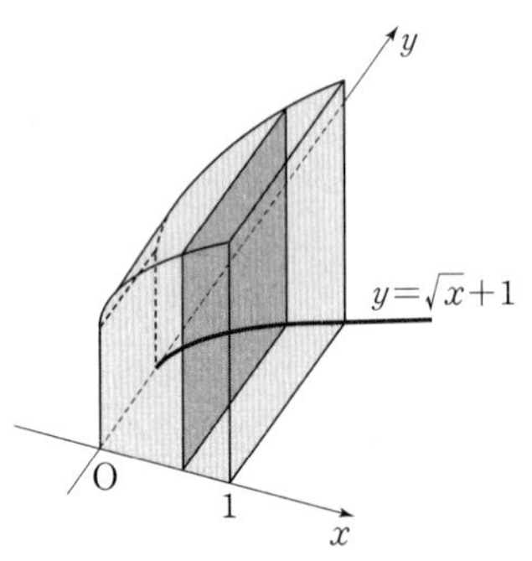

① $\frac{7}{3}$ ② $\frac{5}{2}$ ③ $\frac{8}{3}$

④ $\frac{17}{6}$ ⑤ 3

81

▸ 25108-0395

2023학년도 10월 학력평가 25번 상중하

그림과 같이 곡선 $y=\frac{2}{\sqrt{x}}$와 x축 및 두 직선 $x=1$, $x=4$로 둘러싸인 부분을 밑면으로 하고 x축에 수직인 평면으로 자른 단면이 모두 정사각형인 입체도형의 부피는? [3점]

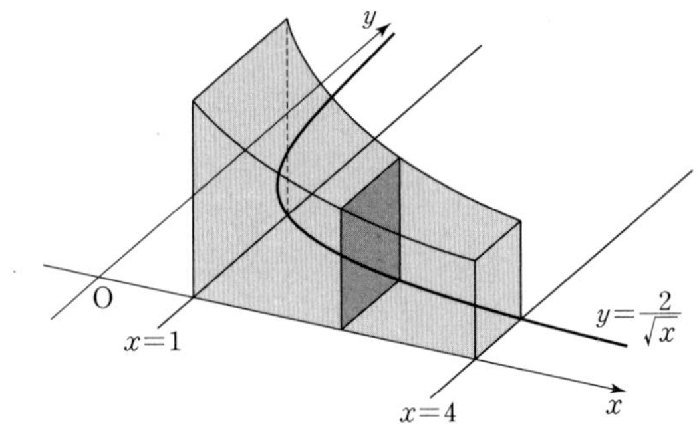

① $6\ln 2$ ② $7\ln 2$ ③ $8\ln 2$

④ $9\ln 2$ ⑤ $10\ln 2$

82

▸ 25108-0396

2025학년도 수능 26번 상중하

그림과 같이 곡선 $y=\sqrt{\frac{x+1}{x(x+\ln x)}}$과 x축 및 두 직선 $x=1$, $x=e$로 둘러싸인 부분을 밑면으로 하는 입체도형이 있다. 이 입체도형을 x축에 수직인 평면으로 자른 단면이 모두 정사각형일 때, 이 입체도형의 부피는? [3점]

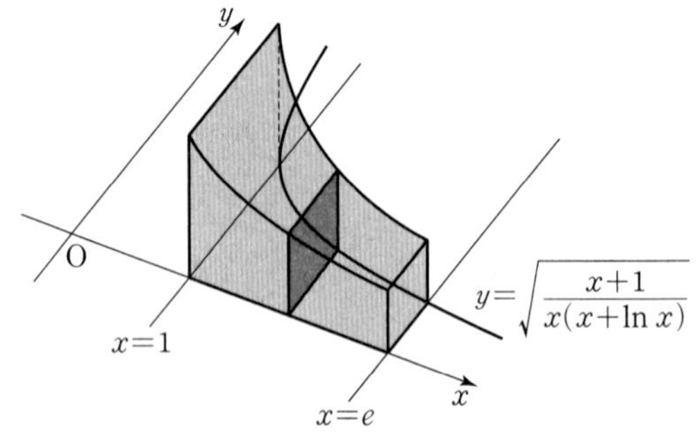

① $\ln(e+1)$ ② $\ln(e+2)$ ③ $\ln(e+3)$

④ $\ln(2e+1)$ ⑤ $\ln(2e+2)$

83 ▸ 25108-0397
2020학년도 수능 가형 12번 상중하

그림과 같이 양수 k에 대하여 곡선 $y=\sqrt{\frac{e^x}{e^x+1}}$과 x축, y축 및 직선 $x=k$로 둘러싸인 부분을 밑면으로 하고 x축에 수직인 평면으로 자른 단면이 모두 정사각형인 입체도형의 부피가 $\ln 7$일 때, k의 값은? [3점]

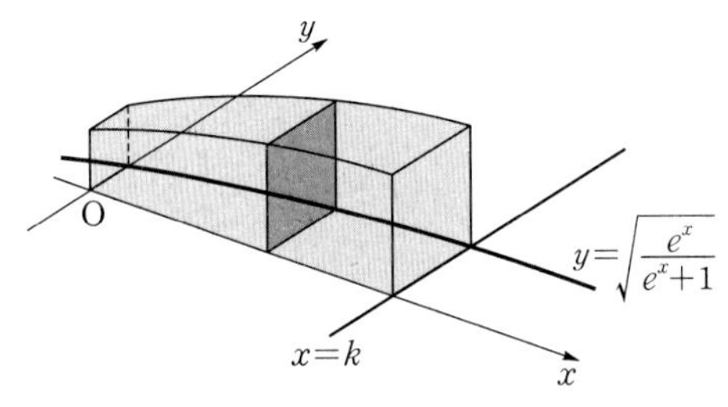

① $\ln 11$ ② $\ln 13$ ③ $\ln 15$
④ $\ln 17$ ⑤ $\ln 19$

84 ▸ 25108-0398
2025학년도 9월 모의평가 26번 상중하

그림과 같이 곡선 $y=2x\sqrt{x\sin x^2}$ $(0\le x\le\sqrt{\pi})$와 x축 및 두 직선 $x=\sqrt{\frac{\pi}{6}}$, $x=\sqrt{\frac{\pi}{2}}$로 둘러싸인 부분을 밑면으로 하는 입체도형이 있다. 이 입체도형을 x축에 수직인 평면으로 자른 단면이 모두 반원일 때, 이 입체도형의 부피는? [3점]

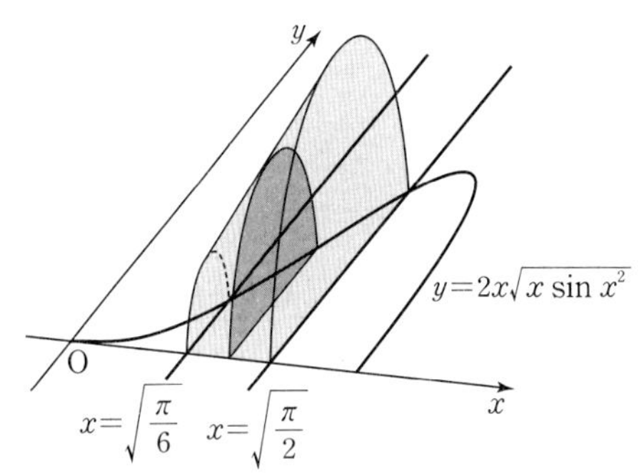

① $\frac{\pi^2+6\pi}{48}$ ② $\frac{\sqrt{2}\pi^2+6\pi}{48}$ ③ $\frac{\sqrt{3}\pi^2+6\pi}{48}$
④ $\frac{\sqrt{2}\pi^2+12\pi}{48}$ ⑤ $\frac{\sqrt{3}\pi^2+12\pi}{48}$

85

▶ 25108-0399

2024학년도 수능 26번

상중하

그림과 같이 곡선 $y=\sqrt{(1-2x)\cos x}\left(\frac{3}{4}\pi \le x \le \frac{5}{4}\pi\right)$와 x축 및 두 직선 $x=\frac{3}{4}\pi$, $x=\frac{5}{4}\pi$로 둘러싸인 부분을 밑면으로 하는 입체도형이 있다. 이 입체도형을 x축에 수직인 평면으로 자른 단면이 모두 정사각형일 때, 이 입체도형의 부피는? [3점]

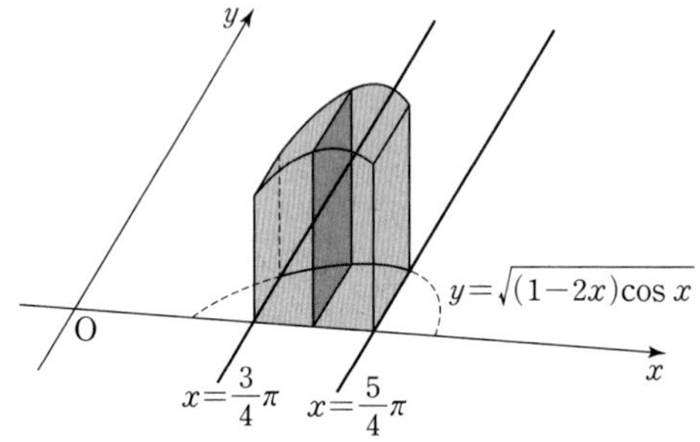

① $\sqrt{2}\pi-\sqrt{2}$　② $\sqrt{2}\pi-1$　③ $2\sqrt{2}\pi-\sqrt{2}$
④ $2\sqrt{2}\pi-1$　⑤ $2\sqrt{2}\pi$

86

▶ 25108-0400

2024학년도 10월 학력평가 26번

상중하

그림과 같이 곡선 $y=\sqrt{(5-x)\ln x}\ (2\le x\le 4)$와 x축 및 두 직선 $x=2$, $x=4$로 둘러싸인 부분을 밑면으로 하는 입체도형이 있다. 이 입체도형을 x축에 수직인 평면으로 자른 단면이 모두 정사각형일 때, 이 입체도형의 부피는? [3점]

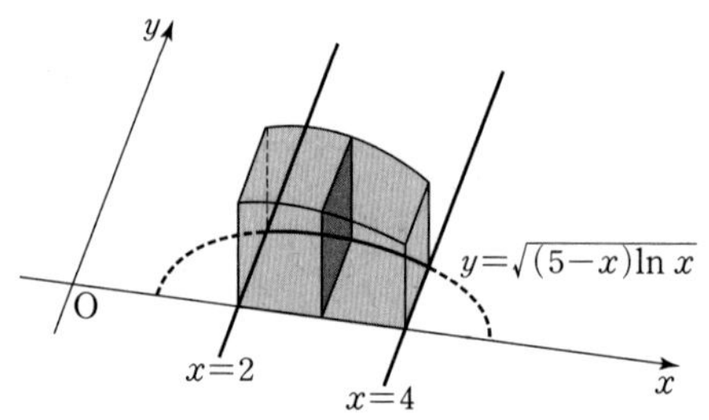

① $14\ln 2-7$　② $14\ln 2-6$　③ $16\ln 2-7$
④ $16\ln 2-6$　⑤ $16\ln 2-5$

87

▸ 25108-0401
2018학년도 10월 학력평가 가형 16번

상중하

그림과 같이 함수 $f(x)=\sqrt{x\sin x^2}\left(\frac{\sqrt{\pi}}{2}\le x\le\frac{\sqrt{3\pi}}{2}\right)$에 대하여 곡선 $y=f(x)$와 곡선 $y=-f(x)$ 및 두 직선 $x=\frac{\sqrt{\pi}}{2}$, $x=\frac{\sqrt{3\pi}}{2}$로 둘러싸인 도형을 밑면으로 하는 입체도형이 있다. 이 입체도형을 x축에 수직인 평면으로 자른 단면이 모두 정사각형일 때, 이 입체도형의 부피는? [4점]

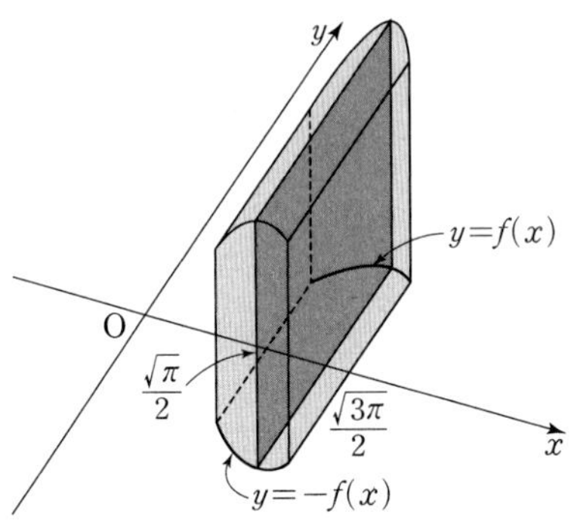

① $2\sqrt{2}$　② $2\sqrt{3}$　③ 4　④ $4\sqrt{2}$　⑤ $4\sqrt{3}$

88

▸ 25108-0402
2020학년도 9월 모의평가 가형 14번

상중하

그림과 같이 양수 k에 대하여 함수 $f(x)=2\sqrt{x}e^{kx^2}$의 그래프와 x축 및 두 직선 $x=\frac{1}{\sqrt{2k}}$, $x=\frac{1}{\sqrt{k}}$로 둘러싸인 부분을 밑면으로 하고 x축에 수직인 평면으로 자른 단면이 모두 정삼각형인 입체도형의 부피가 $\sqrt{3}(e^2-e)$일 때, k의 값은? [4점]

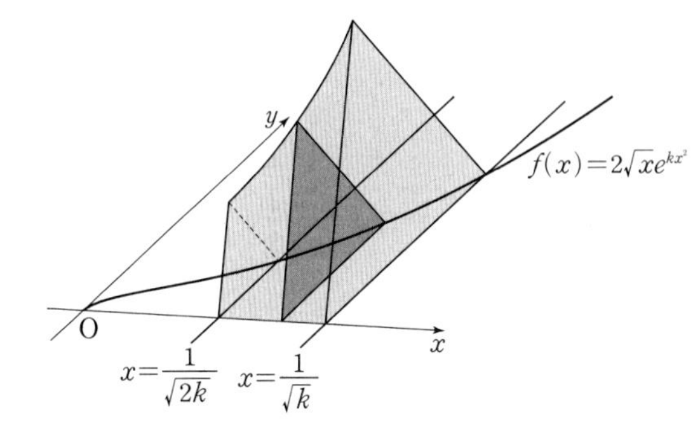

① $\frac{1}{12}$　② $\frac{1}{6}$　③ $\frac{1}{4}$　④ $\frac{1}{3}$　⑤ $\frac{1}{2}$

89

▸ 25108-0403

2023학년도 9월 모의평가 26번

상중하

그림과 같이 양수 k에 대하여 곡선 $y=\sqrt{\dfrac{kx}{2x^2+1}}$와 x축 및 두 직선 $x=1$, $x=2$로 둘러싸인 부분을 밑면으로 하고 x축에 수직인 평면으로 자른 단면이 모두 정사각형인 입체도형의 부피가 $2\ln 3$일 때, k의 값은? [3점]

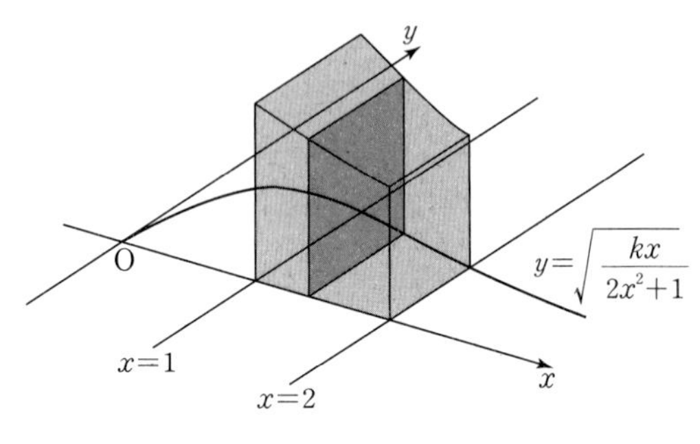

① 6 ② 7 ③ 8 ④ 9 ⑤ 10

90

▸ 25108-0404

2022학년도 9월 모의평가 26번

상중하

그림과 같이 곡선 $y=\sqrt{\dfrac{3x+1}{x^2}}$ $(x>0)$과 x축 및 두 직선 $x=1$, $x=2$로 둘러싸인 부분을 밑면으로 하고 x축에 수직인 평면으로 자른 단면이 모두 정사각형인 입체도형의 부피는? [3점]

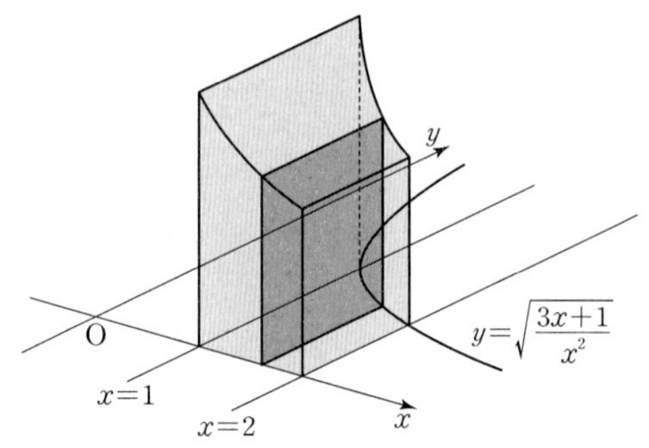

① $3\ln 2$ ② $\dfrac{1}{2}+3\ln 2$ ③ $1+3\ln 2$ ④ $\dfrac{1}{2}+4\ln 2$ ⑤ $1+4\ln 2$

91

▸ 25108-0405

2023학년도 수능 26번

상중하

그림과 같이 곡선 $y=\sqrt{\sec^2 x+\tan x}\left(0\le x\le\frac{\pi}{3}\right)$와 x축, y축 및 직선 $x=\frac{\pi}{3}$로 둘러싸인 부분을 밑면으로 하는 입체도형이 있다. 이 입체도형을 x축에 수직인 평면으로 자른 단면이 모두 정사각형일 때, 이 입체도형의 부피는? [3점]

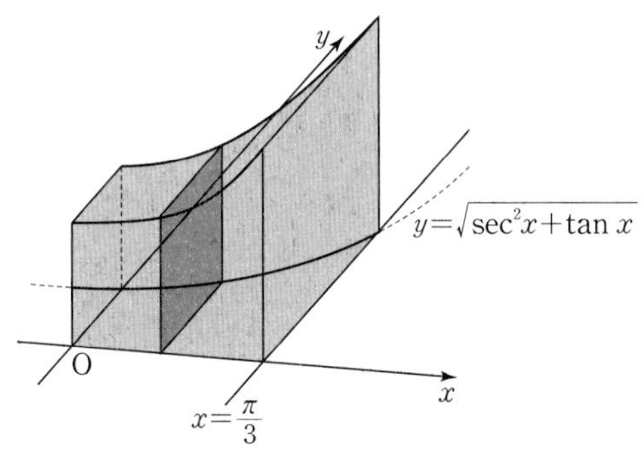

① $\frac{\sqrt{3}}{2}+\frac{\ln 2}{2}$ ② $\frac{\sqrt{3}}{2}+\ln 2$ ③ $\sqrt{3}+\frac{\ln 2}{2}$

④ $\sqrt{3}+\ln 2$ ⑤ $\sqrt{3}+2\ln 2$

92

▸ 25108-0406

2019학년도 3월 학력평가 가형 28번

상중하

그림과 같이 두 곡선 $y=2\sqrt{2x}+1$, $y=\sqrt{2x}$와 y축 및 직선 $x=2$로 둘러싸인 도형을 밑면으로 하는 입체도형이 있다. 이 입체도형을 x축에 수직인 평면으로 자른 단면이 모두 정사각형일 때, 이 입체도형의 부피를 V라 하자. $30V$의 값을 구하시오. [4점]

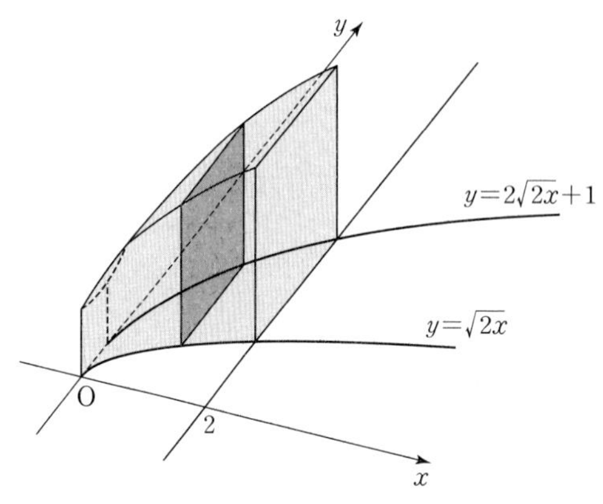

유형 7 속도와 거리

1. 속도와 거리

수직선 위를 움직이는 점 P의 시각 t $(a\le t\le b)$에서의 속도를 $v(t)$, 위치를 $x(t)$라 할 때

(1) 시각 t에서의 점 P의 위치 $x(t)$는

$$x(t)=x(a)+\int_a^t v(t)\,dt$$

(2) 시각 $t=a$에서 시각 $t=b$까지 점 P의 위치의 변화량은

$$\int_a^b v(t)\,dt$$

(3) 시각 $t=a$에서 시각 $t=b$까지 점 P가 움직인 거리 s는

$$s=\int_a^b |v(t)|\,dt$$

2. 평면 위에서 점이 움직인 거리 및 곡선의 길이

(1) 평면 위에서 점이 움직인 거리

좌표평면 위를 움직이는 점 P(x, y)의 시각 t에서의 위치 (x, y)가 $x=f(t)$, $y=g(t)$일 때, 점 P가 시각 $t=a$에서 시각 $t=b$까지 움직인 거리 s는

$$s=\int_a^b \sqrt{\left(\frac{dx}{dt}\right)^2+\left(\frac{dy}{dt}\right)^2}\,dt=\int_a^b \sqrt{\{f'(t)\}^2+\{g'(t)\}^2}\,dt$$

(2) 곡선의 길이

① 곡선 $y=f(x)$의 $x=a$에서 $x=b$ $(a\le b)$까지의 길이 l은

$$l=\int_a^b \sqrt{1+\{f'(x)\}^2}\,dx$$

② 매개변수 t로 나타내어진 곡선 $x=f(t)$, $y=g(t)$ $(a\le t\le b)$의 길이 l은

$$l=\int_a^b \sqrt{\left(\frac{dx}{dt}\right)^2+\left(\frac{dy}{dt}\right)^2}\,dt=\int_a^b \sqrt{\{f'(t)\}^2+\{g'(t)\}^2}\,dt$$

보기

① 원점을 출발하여 수직선 위를 움직이는 점 P의 시각 t에서의 속도 $v(t)=\cos t$일 때, 시각 $t=0$에서 $t=\pi$까지 점 P가 움직인 거리는

$$\int_0^\pi |v(t)|\,dt=\int_0^{\frac{\pi}{2}}\cos t\,dt+\int_{\frac{\pi}{2}}^{\pi}(-\cos t)\,dt=\Big[\sin t\Big]_0^{\frac{\pi}{2}}+\Big[-\sin t\Big]_{\frac{\pi}{2}}^{\pi}=1+1=2$$

② 곡선 $y=\frac{2}{3}x\sqrt{x}$에서 $y'=\frac{2}{3}\times\frac{3}{2}x^{\frac{1}{2}}=\sqrt{x}$

이때 $0\le x\le 3$에서 곡선 $y=\frac{2}{3}x\sqrt{x}$의 길이를 l이라 하면

$$l=\int_0^3\sqrt{1+(y')^2}\,dx=\int_0^3\sqrt{1+(\sqrt{x})^2}\,dx=\int_0^3\sqrt{1+x}\,dx=\left[\frac{2}{3}(x+1)^{\frac{3}{2}}\right]_0^3=\frac{16}{3}-\frac{2}{3}=\frac{14}{3}$$

93

▶ 25108-0407

2019학년도 6월 모의평가 가형 12번

상중하

$x=0$에서 $x=\ln 2$까지의 곡선 $y=\frac{1}{8}e^{2x}+\frac{1}{2}e^{-2x}$의 길이는? [3점]

① $\frac{1}{2}$　② $\frac{9}{16}$　③ $\frac{5}{8}$　④ $\frac{11}{16}$　⑤ $\frac{3}{4}$

94

▶ 25108-0408

2022학년도 수능 27번

상중하

좌표평면 위를 움직이는 점 P의 시각 t $(t>0)$에서의 위치가 곡선 $y=x^2$과 직선 $y=t^2x-\frac{\ln t}{8}$가 만나는 서로 다른 두 점의 중점일 때, 시각 $t=1$에서 $t=e$까지 점 P가 움직인 거리는? [3점]

① $\frac{e^4}{2}-\frac{3}{8}$　② $\frac{e^4}{2}-\frac{5}{16}$　③ $\frac{e^4}{2}-\frac{1}{4}$　④ $\frac{e^4}{2}-\frac{3}{16}$　⑤ $\frac{e^4}{2}-\frac{1}{8}$

95

▶ 25108-0409

2024학년도 9월 모의평가 27번

상중하

$x=-\ln 4$에서 $x=1$까지의 곡선 $y=\frac{1}{2}(|e^x-1|-e^{|x|}+1)$의 길이는? [3점]

① $\frac{23}{8}$　② $\frac{13}{4}$　③ $\frac{29}{8}$　④ 4　⑤ $\frac{35}{8}$

도전 1등급 문제

01

▸ 25108-0410

2020학년도 9월 모의평가 나형 19번

함수 $f(x)=4x^4+4x^3$에 대하여 $\lim_{n\to\infty}\sum_{k=1}^{n}\frac{1}{n+k}f\left(\frac{k}{n}\right)$의 값은? [4점]

① 1　② 2　③ 3　④ 4　⑤ 5

02

▸ 25108-0411

2025학년도 수능 28번

실수 전체의 집합에서 미분가능한 함수 $f(x)$의 도함수 $f'(x)$가

$$f'(x)=-x+e^{1-x^2}$$

이다. 양수 t에 대하여 곡선 $y=f(x)$ 위의 점 $(t,\ f(t))$에서의 접선과 곡선 $y=f(x)$ 및 y축으로 둘러싸인 부분의 넓이를 $g(t)$라 하자. $g(1)+g'(1)$의 값은? [4점]

① $\frac{1}{2}e+\frac{1}{2}$　② $\frac{1}{2}e+\frac{2}{3}$　③ $\frac{1}{2}e+\frac{5}{6}$　④ $\frac{2}{3}e+\frac{1}{2}$　⑤ $\frac{2}{3}e+\frac{2}{3}$

03

▸ 25108-0412

2019학년도 9월 모의평가 가형 21번

0이 아닌 세 정수 l, m, n이

$$|l|+|m|+|n|\le 10$$

을 만족시킨다. $0\le x\le \frac{3}{2}\pi$에서 정의된 연속함수 $f(x)$가 $f(0)=0$, $f\left(\frac{3}{2}\pi\right)=1$이고

$$f'(x)=\begin{cases} l\cos x & \left(0<x<\frac{\pi}{2}\right) \\ m\cos x & \left(\frac{\pi}{2}<x<\pi\right) \\ n\cos x & \left(\pi<x<\frac{3}{2}\pi\right) \end{cases}$$

를 만족시킬 때, $\int_0^{\frac{3}{2}\pi} f(x)\,dx$의 값이 최대가 되도록 하는 l, m, n에 대하여 $l+2m+3n$의 값은? [4점]

① 12　② 13　③ 14　④ 15　⑤ 16

04

▸ 25108-0413

2024학년도 10월 학력평가 28번

함수 $y=\frac{2\pi}{x}$의 그래프와 함수 $y=\cos x$의 그래프가 만나는 점의 x좌표 중 양수인 것을 작은 수부터 크기순으로 모두 나열할 때, m번째 수를 a_m이라 하자.

$\lim_{n\to\infty}\sum_{k=1}^{n}\{n\times\cos^2(a_{n+k})\}$의 값은? [4점]

① $\frac{3}{2}$　② 2　③ $\frac{5}{2}$　④ 3　⑤ $\frac{7}{2}$

05

▸ 25108-0414

2024학년도 9월 모의평가 28번

실수 a $(0<a<2)$에 대하여 함수 $f(x)$를

$$f(x)=\begin{cases}2|\sin 4x| & (x<0)\\ -\sin ax & (x\ge 0)\end{cases}$$

이라 하자. 함수

$$g(x)=\left|\int_{-a\pi}^{x} f(t)\,dt\right|$$

가 실수 전체의 집합에서 미분가능할 때, a의 최솟값은? [4점]

① $\frac{1}{2}$　② $\frac{3}{4}$　③ 1　④ $\frac{5}{4}$　⑤ $\frac{3}{2}$

06

▸ 25108-0415

2024학년도 수능 28번

실수 전체의 집합에서 연속인 함수 $f(x)$가 모든 실수 x에 대하여 $f(x)\ge 0$이고, $x<0$일 때 $f(x)=-4xe^{4x^2}$이다.

모든 양수 t에 대하여 x에 대한 방정식 $f(x)=t$의 서로 다른 실근의 개수는 2이고, 이 방정식의 두 실근 중 작은 값을 $g(t)$, 큰 값을 $h(t)$라 하자.

두 함수 $g(t)$, $h(t)$는 모든 양수 t에 대하여

$$2g(t)+h(t)=k\ (k\text{는 상수})$$

를 만족시킨다. $\int_0^7 f(x)dx=e^4-1$일 때, $\frac{f(9)}{f(8)}$의 값은? [4점]

① $\frac{3}{2}e^5$　② $\frac{4}{3}e^7$　③ $\frac{5}{4}e^9$　④ $\frac{6}{5}e^{11}$　⑤ $\frac{7}{6}e^{13}$

07

▸ 25108-0416

2023학년도 수능 29번

세 상수 a, b, c에 대하여 함수 $f(x)=ae^{2x}+be^{x}+c$가 다음 조건을 만족시킨다.

> (가) $\lim_{x \to -\infty} \frac{f(x)+6}{e^x}=1$
>
> (나) $f(\ln 2)=0$

함수 $f(x)$의 역함수를 $g(x)$라 할 때, $\int_0^{14} g(x)\,dx=p+q\ln 2$이다. $p+q$의 값을 구하시오.

(단, p, q는 유리수이고, $\ln 2$는 무리수이다.) [4점]

08

▸ 25108-0417

2018학년도 3월 학력평가 가형 30번

함수

$$f(x)=\begin{cases} e^x & (0\le x<1) \\ e^{2-x} & (1\le x\le 2) \end{cases}$$

에 대하여 열린구간 $(0,\ 2)$에서 정의된 함수

$$g(x)=\int_0^x |f(x)-f(t)|\,dt$$

의 극댓값과 극솟값의 차는 $ae+b\sqrt[3]{e^2}$이다. $(ab)^2$의 값을 구하시오. (단, a, b는 유리수이다.) [4점]

09

▸ 25108-0418

2020학년도 10월 학력평가 가형 30번

최고차항의 계수가 $k\ (k>0)$인 이차함수 $f(x)$에 대하여 $f(0)=f(-2)$, $f(0)\neq 0$이다.

함수 $g(x)=(ax+b)e^{f(x)}\ (a<0)$이 다음 조건을 만족시킨다.

> (가) 모든 실수 x에 대하여 $(x+1)\{g(x)-mx-m\}\le 0$을 만족시키는 실수 m의 최솟값은 -2이다.
>
> (나) $\int_0^1 g(x)\,dx=\int_{-2f(0)}^{1} g(x)\,dx=\frac{e-e^4}{k}$

$f(ab)$의 값을 구하시오. (단, a, b는 상수이다.) [4점]

10 ▸ 25108-0419
2025학년도 9월 모의평가 30번

양수 k에 대하여 함수 $f(x)$를

$$f(x)=(k-|x|)e^{-x}$$

이라 하자. 실수 전체의 집합에서 미분가능하고 다음 조건을 만족시키는 모든 함수 $F(x)$에 대하여 $F(0)$의 최솟값을 $g(k)$라 하자.

모든 실수 x에 대하여 $F'(x)=f(x)$이고 $F(x)\geq f(x)$이다.

$g\left(\frac{1}{4}\right)+g\left(\frac{3}{2}\right)=pe+q$일 때, $100(p+q)$의 값을 구하시오.

(단, $\lim_{x\to\infty} xe^{-x}=0$이고, p와 q는 유리수이다.) [4점]

11 ▸ 25108-0420
2021학년도 10월 학력평가 29번

함수 $f(x)=\sin(ax)\ (a\neq 0)$에 대하여 다음 조건을 만족시키는 모든 실수 a의 값의 합을 구하시오. [4점]

(가) $\int_0^{\frac{\pi}{a}} f(x)\,dx\geq\frac{1}{2}$

(나) $0<t<1$인 모든 실수 t에 대하여

$$\int_0^{3\pi}|f(x)+t|\,dx=\int_0^{3\pi}|f(x)-t|\,dx$$

이다.

12

▸ 25108-0421

2022학년도 10월 학력평가 30번

최고차항의 계수가 1인 이차함수 $f(x)$에 대하여 실수 전체의 집합에서 정의된 함수

$$g(x)=\ln\{f(x)+f'(x)+1\}$$

이 있다. 상수 a와 함수 $g(x)$가 다음 조건을 만족시킨다.

(가) 모든 실수 x에 대하여 $g(x)>0$이고

$$\int_{2a}^{3a+x} g(t)\,dt=\int_{3a-x}^{2a+2} g(t)\,dt$$

이다.

(나) $g(4)=\ln 5$

$\int_{3}^{5}\{f'(x)+2a\}g(x)\,dx=m+n\ln 2$일 때, $m+n$의 값을 구하시오. (단, m, n은 정수이고, $\ln 2$는 무리수이다.) [4점]

13

▸ 25108-0422

2020학년도 6월 모의평가 가형 30번

상수 a, b에 대하여 함수 $f(x)=a\sin^3 x+b\sin x$가

$$f\left(\frac{\pi}{4}\right)=3\sqrt{2},\ f\left(\frac{\pi}{3}\right)=5\sqrt{3}$$

을 만족시킨다. 실수 $t\ (1<t<14)$에 대하여 함수 $y=f(x)$의 그래프와 직선 $y=t$가 만나는 점의 x좌표 중 양수인 것을 작은 수부터 크기순으로 모두 나열할 때, n번째 수를 x_n이라 하고

$$c_n=\int_{3\sqrt{2}}^{5\sqrt{3}} \frac{t}{f'(x_n)}\,dt$$

라 하자. $\sum_{n=1}^{101} c_n=p+q\sqrt{2}$일 때, $q-p$의 값을 구하시오.

(단, p와 q는 유리수이다.) [4점]

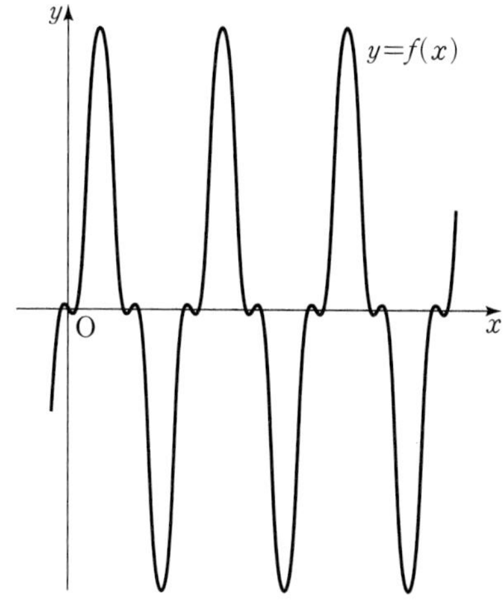

14

▸ 25108-0423

2018학년도 6월 모의평가 가형 30번

실수 a와 함수 $f(x)=\ln(x^4+1)-c$ ($c>0$인 상수)에 대하여 함수 $g(x)$를

$$g(x)=\int_a^x f(t)\,dt$$

라 하자. 함수 $y=g(x)$의 그래프가 x축과 만나는 서로 다른 점의 개수가 2가 되도록 하는 모든 a의 값을 작은 수부터 크기 순으로 나열하면 α_1, α_2, $\cdots$, α_m (m은 자연수)이다.

$a=\alpha_1$일 때, 함수 $g(x)$와 상수 k는 다음 조건을 만족시킨다.

(가) 함수 $g(x)$는 $x=1$에서 극솟값을 갖는다.

(나) $\displaystyle\int_{\alpha_1}^{\alpha_m} g(x)\,dx=k\alpha_m\int_0^1 |f(x)|\,dx$

$mk\times e^c$의 값을 구하시오. [4점]

15

▸ 25108-0424

2017학년도 6월 모의평가 가형 30번

실수 전체의 집합에서 미분가능한 함수 $f(x)$가 상수 a ($0<a<2\pi$)와 모든 실수 x에 대하여 다음 조건을 만족시킨다.

(가) $f(x)=f(-x)$

(나) $\displaystyle\int_x^{x+a} f(t)\,dt=\sin\left(x+\frac{\pi}{3}\right)$

닫힌구간 $\left[0, \frac{a}{2}\right]$에서 두 실수 b, c에 대하여

$f(x)=b\cos(3x)+c\cos(5x)$일 때 $abc=-\frac{q}{p}\pi$이다.

$p+q$의 값을 구하시오. (단, p와 q는 서로소인 자연수이다.) [4점]

16

▸ 25108-0425

2019학년도 6월 모의평가 가형 30번

실수 전체의 집합에서 미분가능한 함수 $f(x)$에 대하여 곡선 $y=f(x)$ 위의 점 $(t,\ f(t))$에서의 접선의 y절편을 $g(t)$라 하자. 모든 실수 t에 대하여

$$(1+t^2)\{g(t+1)-g(t)\}=2t$$

이고, $\int_0^1 f(x)\,dx=-\frac{\ln 10}{4}$, $f(1)=4+\frac{\ln 17}{8}$일 때, $2\{f(4)+f(-4)\}-\int_{-4}^{4} f(x)\,dx$의 값을 구하시오. [4점]

17

▸ 25108-0426

2019학년도 10월 학력평가 가형 30번

실수 전체의 집합에서 미분가능한 두 함수 $f(x)$, $g(x)$가 모든 실수 x에 대하여 다음 조건을 만족시킨다.

(가) $g(x+1)-g(x)=-\pi(e+1)e^x\sin(\pi x)$

(나) $g(x+1)=\int_0^x \{f(t+1)e^t-f(t)e^t+g(t)\}\,dt$

$\int_0^1 f(x)\,dx=\frac{10}{9}e+4$일 때, $\int_1^{10} f(x)\,dx$의 값을 구하시오.

[4점]

18

▸ 25108-0427

2018학년도 수능 나형 30번

이차함수 $f(x)=\frac{3x-x^2}{2}$에 대하여 구간 $[0,\ \infty)$에서 정의된 함수 $g(x)$가 다음 조건을 만족시킨다.

(가) $0\le x<1$일 때, $g(x)=f(x)$이다.

(나) $n\le x<n+1$일 때,

$$g(x)=\frac{1}{2^n}\{f(x-n)-(x-n)\}+x$$

이다. (단, n은 자연수이다.)

어떤 자연수 $k\ (k\ge 6)$에 대하여 함수 $h(x)$는

$$h(x)=\begin{cases} g(x) & (0\le x<5 \text{ 또는 } x\ge k) \\ 2x-g(x) & (5\le x<k) \end{cases}$$

이다. 수열 $\{a_n\}$을 $a_n=\int_0^n h(x)\,dx$라 할 때, $\lim_{n\to\infty}(2a_n-n^2)=\frac{241}{768}$이다. k의 값을 구하시오. [4점]

19
▸ 25108-0428
2018학년도 10월 학력평가 가형 30번

함수

$$f(x)=\begin{cases} -x-\pi & (x<-\pi) \\ \sin x & (-\pi\le x\le\pi) \\ -x+\pi & (x>\pi) \end{cases}$$

가 있다. 실수 t에 대하여 부등식 $f(x)\le f(t)$를 만족시키는 실수 x의 최솟값을 $g(t)$라 하자. 예를 들어, $g(\pi)=-\pi$이다. 함수 $g(t)$가 $t=\alpha$에서 불연속일 때,

$$\int_{-\pi}^{\alpha} g(t)\,dt=-\frac{7}{4}\pi^2+p\pi+q$$

이다. $100\times|p+q|$의 값을 구하시오.

(단, p, q는 유리수이다.) [4점]

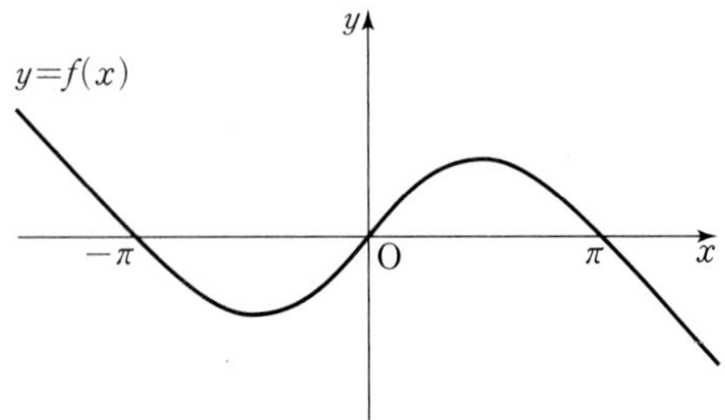

20
▸ 25108-0429
2020학년도 9월 모의평가 가형 30번

실수 전체의 집합에서 미분가능한 함수 $f(x)$가 모든 실수 x에 대하여

$$f'(x^2+x+1)=\pi f(1)\sin\pi x+f(3)x+5x^2$$

을 만족시킬 때, $f(7)$의 값을 구하시오. [4점]

21
▸ 25108-0430
2022학년도 수능 30번

실수 전체의 집합에서 증가하고 미분가능한 함수 $f(x)$가 다음 조건을 만족시킨다.

(가) $f(1)=1$, $\int_1^2 f(x)dx=\frac{5}{4}$
(나) 함수 $f(x)$의 역함수를 $g(x)$라 할 때, $x\ge1$인 모든 실수 x에 대하여 $g(2x)=2f(x)$이다.

$\int_1^8 xf'(x)dx=\frac{q}{p}$일 때, $p+q$의 값을 구하시오.

(단, p와 q는 서로소인 자연수이다.) [4점]

22

▸ 25108-0431
2022학년도 9월 모의평가 30번

최고차항의 계수가 9인 삼차함수 $f(x)$가 다음 조건을 만족시킨다.

(가) $\lim_{x \to 0} \frac{\sin(\pi \times f(x))}{x} = 0$
(나) $f(x)$의 극댓값과 극솟값의 곱은 5이다.

함수 $g(x)$는 $0 \le x < 1$일 때 $g(x) = f(x)$이고 모든 실수 x에 대하여 $g(x+1) = g(x)$이다.

$g(x)$가 실수 전체의 집합에서 연속일 때, $\int_0^5 xg(x)dx = \frac{q}{p}$이다. $p+q$의 값을 구하시오.

(단, p와 q는 서로소인 자연수이다.) [4점]

23

▸ 25108-0432
2023학년도 9월 모의평가 30번

최고차항의 계수가 1인 사차함수 $f(x)$와 구간 $(0, \infty)$에서 $g(x) \ge 0$인 함수 $g(x)$가 다음 조건을 만족시킨다.

(가) $x \le -3$인 모든 실수 x에 대하여 $f(x) \ge f(-3)$이다.
(나) $x > -3$인 모든 실수 x에 대하여 $g(x+3)\{f(x) - f(0)\}^2 = f'(x)$이다.

$\int_4^5 g(x)dx = \frac{q}{p}$일 때, $p+q$의 값을 구하시오.

(단, p와 q는 서로소인 자연수이다.) [4점]

Ⅲ 적분법

24

▸ 25108-0433
2024학년도 수능 30번

실수 전체의 집합에서 미분가능한 함수 $f(x)$의 도함수 $f'(x)$가

$$f'(x)=|\sin x|\cos x$$

이다. 양수 a에 대하여 곡선 $y=f(x)$ 위의 점 $(a,\ f(a))$에서의 접선의 방정식을 $y=g(x)$라 하자. 함수

$$h(x)=\int_0^x \{f(t)-g(t)\}dt$$

가 $x=a$에서 극대 또는 극소가 되도록 하는 모든 양수 a를 작은 수부터 크기순으로 나열할 때, n번째 수를 a_n이라 하자.

$\dfrac{100}{\pi}\times(a_6-a_2)$의 값을 구하시오. [4점]

25

▸ 25108-0434
2018학년도 수능 가형 30번

실수 t에 대하여 함수 $f(x)$를

$$f(x)=\begin{cases} 1-|x-t| & (|x-t|\le 1) \\ 0 & (|x-t|>1) \end{cases}$$

이라 할 때, 어떤 홀수 k에 대하여 함수

$$g(t)=\int_k^{k+8} f(x)\cos(\pi x)\,dx$$

가 다음 조건을 만족시킨다.

> 함수 $g(t)$가 $t=\alpha$에서 극소이고 $g(\alpha)<0$인 모든 α를 작은 수부터 크기순으로 나열한 것을 $\alpha_1,\ \alpha_2,\ \cdots,\ \alpha_m$ (m은 자연수)라 할 때, $\sum_{i=1}^{m}\alpha_i=45$이다.

$k-\pi^2\sum_{i=1}^{m}g(\alpha_i)$의 값을 구하시오. [4점]

2026학년도 수능 대비

수능 기출의 미래

'한눈에 보는 정답'
& 정답과 풀이 바로가기

정답과 풀이

수학영역 **미적분**

2026학년도 수능 대비

수능 기출의 미래

수학영역 미적분

All New

정답과 풀이

정답과 풀이

I 수열의 극한

본문 8~41쪽

수능 유형별 기출문제

01 ④	02 ⑤	03 ③	04 ④	05 ③
06 ③	07 ④	08 ②	09 ②	10 ⑤
11 ①	12 ③	13 ③	14 ①	15 ②
16 ⑤	17 ①	18 ②	19 ④	20 ⑤
21 ①	22 ③	23 ⑤	24 ②	25 ④
26 5	27 21	28 ③	29 ④	30 ①
31 ⑤	32 33	33 ③	34 ②	35 ①
36 50	37 ③	38 ⑤	39 ③	40 ①
41 ①	42 ②	43 ②	44 ⑤	45 ④
46 ②	47 ④	48 ⑤	49 ②	50 ④
51 ③	52 ①	53 18	54 ①	55 ③
56 ①	57 ③	58 ②	59 ③	60 ②
61 ③	62 ③	63 ③	64 ②	65 ③
66 ⑤	67 ③	68 ③	69 ⑤	70 21
71 ①	72 ③	73 5	74 ②	75 ①
76 ③	77 ②	78 ②	79 ③	80 ④
81 ②	82 ④	83 ③	84 ③	85 ②
86 ②	87 ③	88 ②	89 ②	90 ③
91 ①	92 ②	93 ③	94 ②	95 ①
96 ②	97 ③	98 ③	99 ⑤	100 ⑤

유형 1 수열의 극한값과 극한값의 성질

01

$$\lim_{n\to\infty}\frac{(2n+1)(3n-1)}{n^2+1}=\lim_{n\to\infty}\frac{\left(2+\frac{1}{n}\right)\left(3-\frac{1}{n}\right)}{1+\frac{1}{n^2}}$$

$$=\frac{2\times3}{1}=6$$

답 ④

02

$$\lim_{n\to\infty}\frac{10n^3-1}{(n+2)(2n^2+3)}=\lim_{n\to\infty}\frac{10-\frac{1}{n^3}}{\left(1+\frac{2}{n}\right)\left(2+\frac{3}{n^2}\right)}$$

$$=\frac{10-0}{(1+0)(2+0)}=5$$

답 ⑤

03

$$\lim_{n\to\infty}\frac{n(9n-5)}{3n^2+1}=\lim_{n\to\infty}\frac{9n^2-5n}{3n^2+1}$$

$$=\lim_{n\to\infty}\frac{9-\frac{5}{n}}{3+\frac{1}{n^2}}=\frac{9-0}{3+0}=3$$

답 ③

04

$$\lim_{n\to\infty}\frac{(2n+1)^2-(2n-1)^2}{2n+5}$$

$$=\lim_{n\to\infty}\frac{(4n^2+4n+1)-(4n^2-4n+1)}{2n+5}$$

$$=\lim_{n\to\infty}\frac{8n}{2n+5}=\lim_{n\to\infty}\frac{8}{2+\frac{5}{n}}$$

$$=\frac{8}{2+0}=4$$

답 ④

05

$$\lim_{n\to\infty}\frac{6n^2-3}{2n^2+5n}=\lim_{n\to\infty}\frac{6-\frac{3}{n^2}}{2+\frac{5}{n}}=\frac{6-0}{2+0}=3$$

답 ③

06

$$\lim_{n\to\infty}\frac{3n^2+n+1}{2n^2+1}=\lim_{n\to\infty}\frac{3+\frac{1}{n}+\frac{1}{n^2}}{2+\frac{1}{n^2}}$$

$$=\frac{3+0+0}{2+0}=\frac{3}{2}$$

답 ③

07

$$\lim_{n\to\infty}\frac{2n^2+3n-5}{n^2+1}=\lim_{n\to\infty}\frac{2+\frac{3}{n}-\frac{5}{n^2}}{1+\frac{1}{n^2}}=2$$

답 ④

08

$$\lim_{n\to\infty}\frac{1}{\sqrt{n^2+n+1}-n}=\lim_{n\to\infty}\frac{\sqrt{n^2+n+1}+n}{n+1}$$
$$=\lim_{n\to\infty}\frac{\sqrt{1+\frac{1}{n}+\frac{1}{n^2}}+1}{1+\frac{1}{n}}$$
$$=\frac{1+1}{1}=2$$

답 ②

09

$$\lim_{n\to\infty}\frac{1}{\sqrt{4n^2+2n+1}-2n}=\lim_{n\to\infty}\frac{\sqrt{4n^2+2n+1}+2n}{(\sqrt{4n^2+2n+1})^2-(2n)^2}$$
$$=\lim_{n\to\infty}\frac{\sqrt{4n^2+2n+1}+2n}{2n+1}$$
$$=\lim_{n\to\infty}\frac{\sqrt{1+\frac{1}{2n}+\frac{1}{4n^2}}+1}{1+\frac{1}{2n}}$$
$$=\frac{1+1}{1}=2$$

답 ②

10

분모, 분자에 각각 n을 곱하면

$$\lim_{n\to\infty}\frac{\frac{5}{n}+\frac{3}{n^2}}{\frac{1}{n}-\frac{2}{n^3}}=\lim_{n\to\infty}\frac{\left(\frac{5}{n}+\frac{3}{n^2}\right)\times n}{\left(\frac{1}{n}-\frac{2}{n^3}\right)\times n}$$
$$=\lim_{n\to\infty}\frac{5+\frac{3}{n}}{1-\frac{2}{n^2}}=\frac{5+0}{1-0}=5$$

답 ⑤

11

주어진 식의 분모와 분자에 $\sqrt{n^2+3n}+\sqrt{n^2+n}$을 각각 곱하면

$$\lim_{n\to\infty}\frac{1}{\sqrt{n^2+3n}-\sqrt{n^2+n}}=\lim_{n\to\infty}\frac{\sqrt{n^2+3n}+\sqrt{n^2+n}}{(n^2+3n)-(n^2+n)}$$
$$=\lim_{n\to\infty}\frac{\sqrt{n^2+3n}+\sqrt{n^2+n}}{2n}$$
$$=\lim_{n\to\infty}\frac{\sqrt{1+\frac{3}{n}}+\sqrt{1+\frac{1}{n}}}{2}$$
$$=\frac{1+1}{2}=1$$

답 ①

12

$$\lim_{n\to\infty}\frac{\sqrt{9n^2+4n+1}}{2n+5}=\lim_{n\to\infty}\frac{\sqrt{\frac{9n^2+4n+1}{n^2}}}{\frac{2n+5}{n}}$$
$$=\lim_{n\to\infty}\frac{\sqrt{9+\frac{4}{n}+\frac{1}{n^2}}}{2+\frac{5}{n}}$$
$$=\frac{\sqrt{9+0+0}}{2+0}=\frac{3}{2}$$

답 ③

13

$$\lim_{n\to\infty}\frac{\sqrt{9n^2+4}}{5n-2}=\lim_{n\to\infty}\frac{\frac{\sqrt{9n^2+4}}{n}}{\frac{5n-2}{n}}=\lim_{n\to\infty}\frac{\sqrt{\frac{9n^2+4}{n^2}}}{5-\frac{2}{n}}$$
$$=\lim_{n\to\infty}\frac{\sqrt{9+\frac{4}{n^2}}}{5-\frac{2}{n}}=\frac{\sqrt{9+0}}{5-0}=\frac{3}{5}$$

답 ③

14

$a_n=1+(n-1)\times 2=2n-1$이므로

$$\lim_{n\to\infty}\frac{a_n}{3n+1}=\lim_{n\to\infty}\frac{2n-1}{3n+1}$$
$$=\lim_{n\to\infty}\frac{2-\frac{1}{n}}{3+\frac{1}{n}}=\frac{2}{3}$$

답 ①

15

$$\lim_{n\to\infty}(\sqrt{9n^2+12n}-3n)$$
$$=\lim_{n\to\infty}\frac{(\sqrt{9n^2+12n}-3n)(\sqrt{9n^2+12n}+3n)}{\sqrt{9n^2+12n}+3n}$$
$$=\lim_{n\to\infty}\frac{12n}{\sqrt{9n^2+12n}+3n}$$

$$=\lim_{n\to\infty}\frac{12}{\sqrt{9+\frac{12}{n}}+3}$$

$$=\frac{12}{\sqrt{9+0}+3}=\frac{12}{3+3}=2$$

답 ②

16

$$\lim_{n\to\infty}(\sqrt{n^2+9n}-\sqrt{n^2+4n})=\lim_{n\to\infty}\frac{5n}{\sqrt{n^2+9n}+\sqrt{n^2+4n}}$$

$$=\lim_{n\to\infty}\frac{5}{\sqrt{1+\frac{9}{n}}+\sqrt{1+\frac{4}{n}}}$$

$$=\frac{5}{\sqrt{1+0}+\sqrt{1+0}}=\frac{5}{2}$$

답 ⑤

17

$$\lim_{n\to\infty}(\sqrt{4n^2+2n+1}-\sqrt{4n^2-2n-1})$$

$$=\lim_{n\to\infty}\frac{(4n^2+2n+1)-(4n^2-2n-1)}{\sqrt{4n^2+2n+1}+\sqrt{4n^2-2n-1}}$$

$$=\lim_{n\to\infty}\frac{4n+2}{\sqrt{4n^2+2n+1}+\sqrt{4n^2-2n-1}}$$

$$=\lim_{n\to\infty}\frac{4+\frac{2}{n}}{\sqrt{4+\frac{2}{n}+\frac{1}{n^2}}+\sqrt{4-\frac{2}{n}-\frac{1}{n^2}}}$$

$$=\frac{4+0}{\sqrt{4+0+0}+\sqrt{4-0-0}}=1$$

답 ①

18

$$\lim_{n\to\infty}\left(\frac{2}{n}+\frac{1}{2}\right)=\lim_{n\to\infty}\frac{2}{n}+\lim_{n\to\infty}\frac{1}{2}$$

$$=0+\frac{1}{2}=\frac{1}{2}$$

답 ②

19

부등식 $\sqrt{9n^2+4}<\sqrt{na_n}<3n+2$의 각 변을 제곱하면

$9n^2+4<na_n<(3n+2)^2$

각 변을 n^2으로 나누면

$$\frac{9n^2+4}{n^2}<\frac{a_n}{n}<\frac{9n^2+12n+4}{n^2}$$

이때 $\lim_{n\to\infty}\frac{9n^2+4}{n^2}=9$, $\lim_{n\to\infty}\frac{9n^2+12n+4}{n^2}=9$

이므로 수열의 극한의 대소 관계에 의하여

$$\lim_{n\to\infty}\frac{a_n}{n}=9$$

답 ④

참고

두 수열 $\{a_n\}$, $\{b_n\}$에 대하여 $\lim_{n\to\infty}a_n=\alpha$, $\lim_{n\to\infty}b_n=\beta$일 때

$a_n<b_n$이지만 $\alpha=\beta$인 경우가 있다.

예 $a_n=-\frac{1}{n}$, $b_n=\frac{1}{n}$이면 $a_n<b_n$이지만 $\lim_{n\to\infty}a_n=\lim_{n\to\infty}b_n=0$이다.

20

$b_n=3a_n-5n$이라 하면 $\lim_{n\to\infty}b_n=2$, $a_n=\frac{b_n+5n}{3}$이므로

$$\lim_{n\to\infty}\frac{(2n+1)a_n}{4n^2}=\lim_{n\to\infty}\left(\frac{2n+1}{4n^2}\times\frac{b_n+5n}{3}\right)$$

$$=\lim_{n\to\infty}\frac{\left(2+\frac{1}{n}\right)\left(b_n\times\frac{1}{n}+5\right)}{12}$$

$$=\frac{(2+0)\times(2\times0+5)}{12}=\frac{5}{6}$$

답 ⑤

21

$\lim_{n\to\infty}\frac{1}{a_n}=0$이므로

$$\lim_{n\to\infty}\frac{-2a_n+1}{a_n+3}=\lim_{n\to\infty}\frac{-2+\frac{1}{a_n}}{1+\frac{3}{a_n}}$$

$$=\frac{-2+0}{1+0}=-2$$

답 ①

22

$\lim_{n\to\infty}na_n=1$, $\lim_{n\to\infty}\frac{b_n}{n}=3$이므로

$$\lim_{n\to\infty}\frac{n^2a_n+b_n}{1+2b_n}=\lim_{n\to\infty}\frac{na_n+\frac{b_n}{n}}{\frac{1}{n}+\frac{2b_n}{n}}$$

$$=\frac{1+3}{2\times3}=\frac{4}{6}=\frac{2}{3}$$

답 ③

23

$2n+3<a_n<2n+4$에서

$$\frac{2n+3}{n}<\frac{a_n}{n}<\frac{2n+4}{n}$$

$$\lim_{n\to\infty}\frac{2n+3}{n}=\lim_{n\to\infty}\frac{2+\frac{3}{n}}{1}=\frac{2}{1}=2$$

$$\lim_{n\to\infty}\frac{2n+4}{n}=\lim_{n\to\infty}\frac{2+\frac{4}{n}}{1}=\frac{2}{1}=2$$

수열의 극한의 대소 관계에 의하여

$$\lim_{n\to\infty}\frac{a_n}{n}=2$$

따라서

$$\lim_{n\to\infty}\frac{(a_n+1)^2+6n^2}{na_n}=\lim_{n\to\infty}\frac{\left(\frac{a_n}{n}+\frac{1}{n}\right)^2+6}{\frac{a_n}{n}}$$

$$=\frac{2^2+6}{2}=5$$

답 ⑤

24

$b_n=\frac{na_n}{n^2+3}$이라 하면 $a_n=\frac{b_n(n^2+3)}{n}$이므로

$$\lim_{n\to\infty}\frac{a_n}{n}=\lim_{n\to\infty}\frac{b_n(n^2+3)}{n^2}$$

$$=\lim_{n\to\infty}b_n\times\lim_{n\to\infty}\frac{n^2+3}{n^2}=1$$

따라서

$$\lim_{n\to\infty}(\sqrt{a_n^2+n}-a_n)=\lim_{n\to\infty}\frac{a_n^2+n-a_n^2}{\sqrt{a_n^2+n}+a_n}$$

$$=\lim_{n\to\infty}\frac{1}{\sqrt{\left(\frac{a_n}{n}\right)^2+\frac{1}{n}}+\frac{a_n}{n}}$$

$$=\frac{1}{\sqrt{1^2+0}+1}$$

$$=\frac{1}{2}$$

답 ②

25

$$\lim_{n\to\infty}(\sqrt{an^2+n}-\sqrt{an^2-an})$$

$$=\lim_{n\to\infty}\frac{(an^2+n)-(an^2-an)}{\sqrt{an^2+n}+\sqrt{an^2-an}}$$

$$=\lim_{n\to\infty}\frac{(a+1)n}{\sqrt{an^2+n}+\sqrt{an^2-an}}$$

$$=\lim_{n\to\infty}\frac{a+1}{\sqrt{a+\frac{1}{n}}+\sqrt{a-\frac{a}{n}}}$$

$$=\frac{a+1}{2\sqrt{a}}$$

$\lim_{n\to\infty}(\sqrt{an^2+n}-\sqrt{an^2-an})=\frac{5}{4}$에서

$$\frac{a+1}{2\sqrt{a}}=\frac{5}{4}$$

양변을 제곱하여 정리하면

$4a^2-17a+4=0$, $(4a-1)(a-4)=0$

$a=\frac{1}{4}$ 또는 $a=4$

따라서 모든 양수 a의 값의 합은

$$\frac{1}{4}+4=\frac{17}{4}$$

답 ④

26

부등식 $\frac{10}{2n^2+3n}<a_n<\frac{10}{2n^2+n}$의 양변에 n^2을 곱하면

$$\frac{10n^2}{2n^2+3n}<n^2a_n<\frac{10n^2}{2n^2+n}$$

$$\lim_{n\to\infty}\frac{10n^2}{2n^2+3n}=\lim_{n\to\infty}\frac{10n^2}{2n^2+n}=5$$

이므로 수열의 극한의 대소 관계에 의하여

$$\lim_{n\to\infty}n^2a_n=5$$

답 5

27

$$\lim_{n\to\infty}na_n(b_n+2n)$$

$$=\lim_{n\to\infty}(na_nb_n+2n^2a_n)$$

$$=\lim_{n\to\infty}\left\{(n^2a_n)\times\left(\frac{b_n}{n}\right)+2n^2a_n\right\}$$

$$=\left(\lim_{n\to\infty}n^2a_n\right)\times\left(\lim_{n\to\infty}\frac{b_n}{n}\right)+2\lim_{n\to\infty}n^2a_n$$

$$=3\times5+2\times3=21$$

답 21

28

등차수열 $\{a_n\}$의 공차를 d라 하면

$a_n=a_1+(n-1)d$

$$\lim_{n\to\infty}\frac{a_{2n}-6n}{a_n+5}=\lim_{n\to\infty}\frac{a_1+(2n-1)d-6n}{a_1+(n-1)d+5}$$

$$=\lim_{n\to\infty}\frac{(2d-6)n+a_1-d}{dn+a_1-d+5}$$

$$=\lim_{n\to\infty}\frac{2d-6+\frac{a_1-d}{n}}{d+\frac{a_1-d+5}{n}}$$

$$=\frac{2d-6}{d}$$

$\frac{2d-6}{d}=4$에서 $d=-3$

$a_2-a_1=d$이므로

$a_2-a_1=-3$

답 ③

29

$a_{n+1}-a_n=a_1+2$이므로 수열 $\{a_n\}$은 공차가 (a_1+2)인 등차수열이다.

$$a_n=a_1+(n-1)\times(a_1+2)$$
$$=(a_1+2)n-2$$

$$\lim_{n\to\infty}\frac{2a_n+n}{a_n-n+1}=\lim_{n\to\infty}\frac{(2a_1+5)n-4}{(a_1+1)n-1}$$

$$=\lim_{n\to\infty}\frac{2a_1+5-\frac{4}{n}}{a_1+1-\frac{1}{n}}$$

$$=\frac{2a_1+5}{a_1+1}=3$$

이므로 $a_1=2$

따라서 $a_{10}=(2+2)\times10-2=38$

답 ④

30

$a_n^2<4na_n+n-4n^2$에서

$a_n^2-4na_n+4n^2<n$

$(a_n-2n)^2<n$, $2n-\sqrt{n}<a_n<2n+\sqrt{n}$

$$2-\frac{1}{\sqrt{n}}<\frac{a_n}{n}<2+\frac{1}{\sqrt{n}}$$

$\lim_{n\to\infty}\left(2-\frac{1}{\sqrt{n}}\right)=\lim_{n\to\infty}\left(2+\frac{1}{\sqrt{n}}\right)=2$이므로 수열의 극한의 대소 관계에 의하여

$$\lim_{n\to\infty}\frac{a_n}{n}=2$$

따라서

$$\lim_{n\to\infty}\frac{a_n+3n}{2n+4}=\lim_{n\to\infty}\frac{\frac{a_n}{n}+3}{2+\frac{4}{n}}$$

$$=\frac{2+3}{2+0}=\frac{5}{2}$$

답 ①

31

$\lim_{n\to\infty}(n^2+1)a_n=3$, $\lim_{n\to\infty}(4n^2+1)(a_n+b_n)=1$에서

$c_n=(n^2+1)a_n$, $d_n=(4n^2+1)(a_n+b_n)$이라 하면

$\lim_{n\to\infty}c_n=3$, $\lim_{n\to\infty}d_n=1$이고

$$a_n=\frac{c_n}{n^2+1},\ b_n=\frac{d_n}{4n^2+1}-\frac{c_n}{n^2+1}$$

따라서

$$\lim_{n\to\infty}(2n^2+1)(a_n+2b_n)$$

$$=\lim_{n\to\infty}(2n^2+1)\left(\frac{2d_n}{4n^2+1}-\frac{c_n}{n^2+1}\right)$$

$$=\lim_{n\to\infty}\left\{\frac{2(2n^2+1)}{4n^2+1}\times d_n-\frac{2n^2+1}{n^2+1}\times c_n\right\}$$

$$=1\times1-2\times3$$

$$=-5$$

답 ⑤

32

$a_n+2b_n=c_n$ ...... ㉠

$2a_n+b_n=d_n$ ...... ㉡

이라 하면

$\lim_{n\to\infty}c_n=\lim_{n\to\infty}(a_n+2b_n)=9$

$\lim_{n\to\infty}d_n=\lim_{n\to\infty}(2a_n+b_n)=90$

$2\times$㉡$-$㉠에서

$3a_n=2d_n-c_n$

이므로 $a_n=\frac{1}{3}(2d_n-c_n)$

$2\times$㉠$-$㉡에서

$3b_n=2c_n-d_n$

이므로 $b_n=\frac{1}{3}(2c_n-d_n)$

따라서 $a_n+b_n=\frac{1}{3}(c_n+d_n)$이므로

$$\lim_{n\to\infty}(a_n+b_n)=\lim_{n\to\infty}\frac{1}{3}(c_n+d_n)$$

$$=\frac{1}{3}\lim_{n\to\infty}(c_n+d_n)$$

$$=\frac{1}{3}\left(\lim_{n\to\infty}c_n+\lim_{n\to\infty}d_n\right)$$

$$=\frac{1}{3}\times(9+90)$$

$$=33$$

답 33

다른 풀이

$\lim_{n\to\infty}(a_n+2b_n)=9$, $\lim_{n\to\infty}(2a_n+b_n)=90$이므로

$\lim_{n\to\infty}(a_n+2b_n)+\lim_{n\to\infty}(2a_n+b_n)$

$= \lim_{n\to\infty} \{(a_n+2b_n)+(2a_n+b_n)\}$

$= \lim_{n\to\infty} 3(a_n+b_n)$

그러므로 $\lim_{n\to\infty} 3(a_n+b_n)=9+90=99$

따라서 $\lim_{n\to\infty} (a_n+b_n)=\frac{1}{3}\lim_{n\to\infty} 3(a_n+b_n)=\frac{1}{3}\times 99=33$

33

$x=-1$이 이차방정식 $a_nx^2+2a_{n+1}x+a_{n+2}=0$의 근이므로

$a_n-2a_{n+1}+a_{n+2}=0$

즉, $2a_{n+1}=a_n+a_{n+2}$이므로 수열 $\{a_n\}$은 등차수열이다.

수열 $\{a_n\}$의 첫째항을 a $(a\neq 0)$, 공차를 d라 하면

$a_n=a+(n-1)d$

$a_{n+2}=a+(n+1)d$

이차방정식의 근과 계수의 관계에 의하여

두 근의 곱은 $(-1)\times b_n=\frac{a_{n+2}}{a_n}$이므로

$b_n=-\frac{a_{n+2}}{a_n}=-\frac{a+(n+1)d}{a+(n-1)d}$

(i) $d=0$인 경우

$\lim_{n\to\infty} b_n=-\frac{a}{a}=-1$

(ii) $d\neq 0$인 경우

$\lim_{n\to\infty} b_n=-\lim_{n\to\infty}\frac{dn+a+d}{dn+a-d}=-1$

(i), (ii)에서 $\lim_{n\to\infty} b_n=-1$

답 ③

34

등차수열 $\{a_n\}$의 공차는 3이므로

$a_n=3+(n-1)\times 3=3n$

$S_n=\sum_{k=1}^{n} a_k(b_k)^2=n^3-n+3$이라 하면 $n\geq 2$일 때,

$a_n(b_n)^2=S_n-S_{n-1}$

$=(n^3-n+3)-\{(n-1)^3-(n-1)+3\}$

$=3n^2-3n$

$=3n(n-1)$

$(b_n)^2=n-1$

$n=1$일 때, $S_1=a_1(b_1)^2=3$에서

$(b_1)^2=1$

수열 $\{b_n\}$의 모든 항이 양수이므로

$b_n=\sqrt{n-1}$ $(n\geq 2)$, $b_1=1$

따라서

$\lim_{n\to\infty}\frac{a_n}{b_nb_{2n}}=\lim_{n\to\infty}\frac{3n}{\sqrt{n-1}\sqrt{2n-1}}$

$=\lim_{n\to\infty}\frac{3}{\sqrt{1-\frac{1}{n}}\sqrt{2-\frac{1}{n}}}$

$=\frac{3\sqrt{2}}{2}$

답 ②

35

등차수열 $\{b_n\}$의 공차를 d라 하면

$b_n=b_1+(n-1)d$

$\frac{a_1}{b_1}=3$에서 $\frac{3}{b_1}=3$, $b_1=1$

$\frac{a_1}{b_1}+\frac{a_2}{b_2}=2$에서 $\frac{a_2}{b_2}=-1$

$-\frac{4}{1+d}=-1$에서 $d=3$

$b_n=1+(n-1)\times 3=3n-2$

$n\geq 2$일 때

$\frac{a_n}{b_n}=\sum_{k=1}^{n}\frac{a_k}{b_k}-\sum_{k=1}^{n-1}\frac{a_k}{b_k}$

$=\frac{6}{n+1}-\frac{6}{n}$

$=-\frac{6}{n(n+1)}$

이므로 $a_n=\frac{-6(3n-2)}{n^2+n}$ $(n\geq 2)$

$a_nb_n=-\frac{6(3n-2)^2}{n^2+n}$ $(n\geq 2)$

따라서

$\lim_{n\to\infty} a_nb_n=\lim_{n\to\infty}\left\{-\frac{6(3n-2)^2}{n^2+n}\right\}=-54$

답 ①

36

x에 대한 부등식 $x^2-4nx-n<0$의 해는

$2n-\sqrt{4n^2+n}<x<2n+\sqrt{4n^2+n}$

이고 $2n<\sqrt{4n^2+n}<2n+1$에서

$-1<2n-\sqrt{4n^2+n}<0$

$4n<2n+\sqrt{4n^2+n}<4n+1$

이므로 부등식 $x^2-4nx-n<0$을 만족시키는 정수 x는

$0, 1, 2, \cdots, 4n$

이므로 그 개수는 $4n+1$이다.

$a_n=4n+1$에서 $\lim_{n\to\infty}\sqrt{na_n}=\infty$이다.

$p\leq 0$이면 $\lim_{n\to\infty}(\sqrt{na_n}-pn)=\infty$이므로 $p>0$이다.

$\lim_{n\to\infty}(\sqrt{na_n}-pn)=\lim_{n\to\infty}(\sqrt{4n^2+n}-pn)$

$$=\lim_{n\to\infty}\frac{(4-p^2)n^2+n}{\sqrt{4n^2+n}+pn}$$

$\lim_{n\to\infty}\frac{(4-p^2)n^2+n}{\sqrt{4n^2+n}+pn}=q$이려면

$4-p^2=0$에서 $p>0$이므로 $p=2$

$$q=\lim_{n\to\infty}\frac{n}{\sqrt{4n^2+n}+2n}=\lim_{n\to\infty}\frac{1}{\sqrt{4+\frac{1}{n}}+2}$$

$$=\frac{1}{\sqrt{4}+2}=\frac{1}{4}$$

따라서 $100pq=100\times2\times\frac{1}{4}=50$

답 50

유형 2 등비수열의 극한

37

분모의 3^n으로 분모, 분자를 각각 나누면

$$\lim_{n\to\infty}\frac{2\times3^{n+1}+5}{3^n+2^{n+1}}=\lim_{n\to\infty}\frac{2\times3+5\times\left(\frac{1}{3}\right)^n}{1+2\times\left(\frac{2}{3}\right)^n}$$

$$=\frac{6+5\times0}{1+2\times0}$$

$$=6$$

답 ③

38

분모의 3^n으로 분모, 분자를 각각 나누면

$$\lim_{n\to\infty}\frac{4\times3^{n+1}+1}{3^n}=\lim_{n\to\infty}\left(4\times3+\frac{1}{3^n}\right)$$

$$=12+0$$

$$=12$$

답 ⑤

39

분모의 4^n으로 분모, 분자를 각각 나누면

$$\lim_{n\to\infty}\frac{3\times4^n+2^n}{4^n+3}=\lim_{n\to\infty}\frac{3+\left(\frac{1}{2}\right)^n}{1+\frac{3}{4^n}}$$

$$=\frac{3+0}{1+0}$$

$$=3$$

답 ③

40

분모의 5^{n+1}으로 분모, 분자를 각각 나누면

$$\lim_{n\to\infty}\frac{5^n-3}{5^{n+1}}=\lim_{n\to\infty}\left(\frac{1}{5}-\frac{3}{5^{n+1}}\right)$$

$$=\frac{1}{5}-3\times\lim_{n\to\infty}\frac{1}{5^{n+1}}$$

$$=\frac{1}{5}-3\times0$$

$$=\frac{1}{5}$$

답 ①

41

$$\lim_{n\to\infty}\frac{2^{n+1}+3^{n-1}}{2^n-3^n}=\lim_{n\to\infty}\frac{2\times\left(\frac{2}{3}\right)^n+\frac{1}{3}}{\left(\frac{2}{3}\right)^n-1}$$

$$=\frac{\frac{1}{3}}{-1}$$

$$=-\frac{1}{3}$$

답 ①

42

$$\lim_{n\to\infty}\frac{2^{n+1}+3^{n-1}}{(-2)^n+3^n}=\lim_{n\to\infty}\frac{2\times\left(\frac{2}{3}\right)^n+\frac{1}{3}}{\left(-\frac{2}{3}\right)^n+1}$$

$$=\frac{2\times0+\frac{1}{3}}{0+1}$$

$$=\frac{1}{3}$$

답 ②

43

$$\lim_{n\to\infty}\frac{\left(\frac{1}{2}\right)^n+\left(\frac{1}{3}\right)^{n+1}}{\left(\frac{1}{2}\right)^{n+1}+\left(\frac{1}{3}\right)^n}=\lim_{n\to\infty}\frac{1+\frac{1}{3}\times\left(\frac{2}{3}\right)^n}{\frac{1}{2}+\left(\frac{2}{3}\right)^n}$$

$$=\frac{1+\frac{1}{3}\times0}{\frac{1}{2}+0}$$

$$=2$$

답 ②

44

$\lim_{n\to\infty}\frac{a_n+2}{2}=6$에서

$\frac{a_n+2}{2}=b_n$이라 하면

$a_n=2b_n-2$이고 $\lim_{n\to\infty}b_n=6$

따라서

$$\lim_{n\to\infty}\frac{na_n+1}{a_n+2n}=\lim_{n\to\infty}\frac{n(2b_n-2)+1}{(2b_n-2)+2n}$$

$$=\lim_{n\to\infty}\frac{2b_n-2+\frac{1}{n}}{\frac{2b_n}{n}-\frac{2}{n}+2}$$

$$=\frac{2\times6-2+0}{0-0+2}=\frac{10}{2}$$

$$=5$$

답 ⑤

45

수열 $\{a_n\}$이 수렴하도록 하는 자연수 k의 값은 1 또는 2이다.

(i) $k=1$인 경우

$$\lim_{n\to\infty}\frac{(a+1)\times\left(\frac{1}{2}\right)^n}{(1+b)\times\left(\frac{1}{2}\right)^n}=\frac{a+1}{1+b}=\frac{1}{2},\ 2a=b-1$$

(ii) $k=2$인 경우

$$\lim_{n\to\infty}\frac{a+\left(\frac{1}{2}\right)^n}{1+b\times\left(\frac{1}{2}\right)^n}=a=1$$

(i), (ii)에서 $a=1$, $b=3$

따라서 $a+b=4$

답 ④

46

(i) $-4<x<4$인 경우

$-1<\frac{x}{4}<1$이므로 $\lim_{n\to\infty}\left(\frac{x}{4}\right)^{2n}=0$

따라서 $f(x)=\frac{2\times0-1}{0+3}=-\frac{1}{3}$

(ii) $x=-4$인 경우

$$f(x)=\lim_{n\to\infty}\frac{2\times(-1)^{2n+1}-1}{(-1)^{2n}+3}$$

$$=\frac{2\times(-1)-1}{1+3}=-\frac{3}{4}$$

(iii) $x=4$인 경우

$$f(x)=\lim_{n\to\infty}\frac{2\times1^{2n+1}-1}{1^{2n}+3}$$

$$=\frac{2\times1-1}{1+3}=\frac{1}{4}$$

(iv) $x<-4$ 또는 $x>4$인 경우

$\frac{x}{4}<-1$ 또는 $\frac{x}{4}>1$이므로

$$f(x)=\lim_{n\to\infty}\frac{2\times\left(\frac{x}{4}\right)^{2n+1}-1}{\left(\frac{x}{4}\right)^{2n}+3}$$

$$=\lim_{n\to\infty}\frac{2\times\frac{x}{4}-\frac{1}{\left(\frac{x}{4}\right)^{2n}}}{1+\frac{3}{\left(\frac{x}{4}\right)^{2n}}}$$

$$=\frac{\frac{x}{2}-0}{1+0}=\frac{x}{2}$$

$f(k)=\frac{k}{2}=-\frac{1}{3}$에서 $k=-\frac{2}{3}$이고 이는 정수가 아니므로 조건을 만족시키지 않는다.

(i)~(iv)에서 $f(k)=-\frac{1}{3}$을 만족시키는 정수 k의 개수는 -3, -2, -1, 0, 1, 2, 3의 7이다.

답 ②

47

등비수열 $\{a_n\}$의 공비를 r이라 하면

$a_n=a_1\times r^{n-1}$

$\lim_{n\to\infty}\frac{4^n\times a_n-1}{3\times2^{n+1}}=1$에서

$$\lim_{n\to\infty}\frac{4^n\times a_n-1}{3\times2^{n+1}}=\lim_{n\to\infty}\frac{a_n-\left(\frac{1}{4}\right)^n}{6\times\left(\frac{1}{2}\right)^n}$$

$$=\lim_{n\to\infty}\frac{a_1\times r^{n-1}-\left(\frac{1}{4}\right)^n}{6\times\left(\frac{1}{2}\right)^n}$$

이므로

$$\lim_{n\to\infty}\frac{a_1\times r^{n-1}-\left(\frac{1}{4}\right)^n}{6\times\left(\frac{1}{2}\right)^n}=1 \qquad \cdots\cdots ㉠$$

(i) $|r|<\frac{1}{2}$일 때

㉠에서

$$\lim_{n\to\infty}\frac{a_1\times r^{n-1}-\left(\frac{1}{4}\right)^n}{6\times\left(\frac{1}{2}\right)^n}=\lim_{n\to\infty}\frac{2a_1\times(2r)^{n-1}-\left(\frac{1}{2}\right)^n}{6}$$

이때 $|2r|<1$이므로

$\lim_{n\to\infty}(2r)^{n-1}=0$

이다. 즉,

$$\lim_{n\to\infty}\frac{2a_1\times(2r)^{n-1}-\left(\frac{1}{2}\right)^n}{6}=0$$

이므로 ㉠을 만족시키지 못한다.

(ii) $|r|>\frac{1}{2}$일 때

㉠에서

$$\lim_{n\to\infty}\frac{a_1\times r^{n-1}-\left(\frac{1}{4}\right)^n}{6\times\left(\frac{1}{2}\right)^n}=\lim_{n\to\infty}\frac{2a_1\times(2r)^{n-1}-\left(\frac{1}{2}\right)^n}{6}$$

이때 $|2r|>1$이므로 $\lim_{n\to\infty}(2r)^{n-1}$의 값이 존재하지 않는다.

즉, ㉠을 만족시키지 못한다.

(iii) $r=\frac{1}{2}$일 때

㉠에서

$$\lim_{n\to\infty}\frac{a_1\times r^{n-1}-\left(\frac{1}{4}\right)^n}{6\times\left(\frac{1}{2}\right)^n}=\lim_{n\to\infty}\frac{a_1\times\left(\frac{1}{2}\right)^{n-1}-\left(\frac{1}{4}\right)^n}{6\times\left(\frac{1}{2}\right)^n}$$

$$=\lim_{n\to\infty}\frac{2a_1-\left(\frac{1}{2}\right)^n}{6}$$

$$=\frac{a_1}{3}$$

이므로 $\frac{a_1}{3}=1$에서

$a_1=3$

(iv) $r=-\frac{1}{2}$일 때

㉠에서

$$\lim_{n\to\infty}\frac{a_1\times r^{n-1}-\left(\frac{1}{4}\right)^n}{6\times\left(\frac{1}{2}\right)^n}=\lim_{n\to\infty}\frac{a_1\times\left(-\frac{1}{2}\right)^{n-1}-\left(\frac{1}{4}\right)^n}{6\times\left(\frac{1}{2}\right)^n}$$

$$=\lim_{n\to\infty}\frac{2a_1\times(-1)^{n-1}-\left(\frac{1}{2}\right)^n}{6}$$

이때 $\lim_{n\to\infty}(-1)^{n-1}$의 값이 존재하지 않으므로 ㉠을 만족시키지 못한다.

(i)~(iv)에서

$a_1=3,\ r=\frac{1}{2}$

따라서 $a_2=3\times\frac{1}{2}=\frac{3}{2}$이므로

$a_1+a_2=3+\frac{3}{2}=\frac{9}{2}$

답 ④

다른 풀이

등비수열 $\{a_n\}$의 공비를 r이라 하면

$a_n=a_1r^{n-1}$

$\lim_{n\to\infty}\frac{4^n\times a_n-1}{3\times 2^{n+1}}=1$에서

$$\lim_{n\to\infty}\frac{4^n\times a_n-1}{3\times 2^{n+1}}=\lim_{n\to\infty}\frac{2^n\times a_n-\frac{1}{2^n}}{6}$$

$$=\lim_{n\to\infty}\frac{2^n\times a_1r^{n-1}-\frac{1}{2^n}}{6}$$

$$=\lim_{n\to\infty}\frac{2a_1\times(2r)^{n-1}-\frac{1}{2^n}}{6}$$

이므로

$$\lim_{n\to\infty}\frac{2a_1\times(2r)^{n-1}-\frac{1}{2^n}}{6}=1 \quad \cdots\cdots ㉠$$

이때 $\lim_{n\to\infty}\frac{1}{2^n}=0$이고, ㉠에서 0이 아닌 극한값이 존재하므로

$2r=1$, 즉 $r=\frac{1}{2}$

㉠에 $r=\frac{1}{2}$을 대입하면

$\lim_{n\to\infty}\frac{2a_1-\frac{1}{2^n}}{6}=\frac{a_1}{3}=1$이므로

$a_1=3$

따라서 $a_n=3\times\left(\frac{1}{2}\right)^{n-1}$이므로 $a_2=\frac{3}{2}$이고,

$a_1+a_2=3+\frac{3}{2}=\frac{9}{2}$

48

등비수열 $\{a_n\}$의 첫째항을 a, 공비를 r이라 하면

$a_n=ar^{n-1}$

이때

$$\lim_{n\to\infty}\frac{a_n+1}{3^n+2^{2n-1}}=\lim_{n\to\infty}\frac{a\times\frac{r^{n-1}}{4^n}+\left(\frac{1}{4}\right)^n}{\left(\frac{3}{4}\right)^n+\frac{1}{2}}$$

이고 극한값이 3으로 존재하므로

$r=4$

따라서

$$\lim_{n\to\infty}\frac{a_n+1}{3^n+2^{2n-1}}=\lim_{n\to\infty}\frac{\frac{a}{4}+\left(\frac{1}{4}\right)^n}{\left(\frac{3}{4}\right)^n+\frac{1}{2}}$$

$$=\frac{\frac{a}{4}+0}{0+\frac{1}{2}}=\frac{a}{2}=3$$

에서 $a=6$이므로

$a_2=6\times4=24$

답 ⑤

49

부등식 $3^n-2^n<a_n<3^n+2^n$의 각 변을 $3^{n+1}+2^n$으로 나누면

$$\frac{3^n-2^n}{3^{n+1}+2^n}<\frac{a_n}{3^{n+1}+2^n}<\frac{3^n+2^n}{3^{n+1}+2^n}$$

이때

$$\lim_{n\to\infty}\frac{3^n-2^n}{3^{n+1}+2^n}=\lim_{n\to\infty}\frac{1-\left(\frac{2}{3}\right)^n}{3+\left(\frac{2}{3}\right)^n}=\frac{1}{3},$$

$$\lim_{n\to\infty}\frac{3^n+2^n}{3^{n+1}+2^n}=\lim_{n\to\infty}\frac{1+\left(\frac{2}{3}\right)^n}{3+\left(\frac{2}{3}\right)^n}=\frac{1}{3}$$

이므로 수열의 극한의 대소 관계에 의하여

$$\lim_{n\to\infty}\frac{a_n}{3^{n+1}+2^n}=\frac{1}{3}$$

답 ②

50

$a_{n+1}=a_1a_n$이므로 수열 $\{a_n\}$은 첫째항이 a_1, 공비가 a_1인 등비수열이다.

그러므로 $a_n=a_1^{\,n}$ $(a_1>0)$

(i) $0<a_1<1$인 경우

$\lim_{n\to\infty}a_n=0$이므로

$$\lim_{n\to\infty}\frac{3a_{n+3}-5}{2a_n+1}=-5\neq12$$

(ii) $a_1=1$인 경우

$\lim_{n\to\infty}a_n=1$이므로

$$\lim_{n\to\infty}\frac{3a_{n+3}-5}{2a_n+1}=\frac{3\times1-5}{2\times1+1}=-\frac{2}{3}\neq12$$

(iii) $a_1>1$인 경우

$\lim_{n\to\infty}\frac{1}{a_n}=0$이므로 $a_{n+3}=a_1^{\,n+3}$에서

$$\lim_{n\to\infty}\frac{3a_{n+3}-5}{2a_n+1}=\lim_{n\to\infty}\frac{3a_1^{\,3}-\frac{5}{a_n}}{2+\frac{1}{a_n}}=\frac{3}{2}a_1^{\,3}$$

(i), (ii), (iii)에서

$\frac{3}{2}a_1^{\,3}=12$, $a_1^{\,3}=8$

따라서 $a_1=2$

답 ④

51

(i) $|x|>1$일 때

$$f(x)=\lim_{n\to\infty}\frac{(a-2)x^{2n+1}+2x}{3x^{2n}+1}$$

$$=\lim_{n\to\infty}\frac{(a-2)x+\frac{2}{x^{2n-1}}}{3+\frac{1}{x^{2n}}}$$

$$=\frac{(a-2)x+0}{3+0}$$

$$=\frac{a-2}{3}x$$

(ii) $|x|<1$일 때

$$f(x)=\lim_{n\to\infty}\frac{(a-2)x^{2n+1}+2x}{3x^{2n}+1}$$

$$=\frac{0+2x}{0+1}$$

$$=2x$$

(iii) $x=1$일 때

$$f(1)=\frac{(a-2)\times1^{2n+1}+2\times1}{3\times1^{2n}+1}=\frac{a}{4}$$

(iv) $x=-1$일 때

$$f(-1)=\frac{(a-2)\times(-1)^{2n+1}+2\times(-1)}{3\times(-1)^{2n}+1}=-\frac{a}{4}$$

(i)~(iv)에서 $f(1)=\frac{a}{4}$

$(f\circ f)(1)=f((1))=f\left(\frac{a}{4}\right)=\frac{5}{4}$

(가) $\left|\frac{a}{4}\right|>1$, 즉 $|a|>4$일 때

(i)에 의하여 $f\left(\frac{a}{4}\right)=\frac{a-2}{3}\times\frac{a}{4}=\frac{5}{4}$

$a^2-2a-15=0$

$(a-5)(a+3)=0$

$a=5$

(나) $\left|\frac{a}{4}\right|<1$, 즉 $|a|<4$일 때

(ii)에 의하여 $f\left(\frac{a}{4}\right)=2\times\frac{a}{4}=\frac{5}{4}$

$a=\frac{5}{2}$

(다) $\frac{a}{4}=1$, 즉 $a=4$일 때

$f\left(\frac{a}{4}\right)=f(1)=1\neq\frac{5}{4}$

(라) $\frac{a}{4}=-1$, 즉 $a=-4$일 때

$f\left(\frac{a}{4}\right)=f(-1)=1\neq\frac{5}{4}$

(가)~(라)에서

$a=5$ 또는 $a=\frac{5}{2}$

따라서 $(f\circ f)(1)=\frac{5}{4}$가 되도록 하는 모든 a의 값의 합은

$5+\frac{5}{2}=\frac{15}{2}$

답 ③

52

(i) $0<\frac{m}{5}<1$, 즉 $0<m<5$일 때

$$\lim_{n\to\infty}\frac{\left(\frac{m}{5}\right)^{n+1}+2}{\left(\frac{m}{5}\right)^{n}+1}=\frac{0+2}{0+1}=2$$

이므로 만족시키는 자연수 m의 값은 1, 2, 3, 4이다.

(ii) $\frac{m}{5}=1$, 즉 $m=5$일 때 $\lim_{n\to\infty}\left(\frac{m}{5}\right)^{n}=1$이므로

$$\lim_{n\to\infty}\frac{\left(\frac{m}{5}\right)^{n+1}+2}{\left(\frac{m}{5}\right)^{n}+1}=\frac{1+2}{1+1}=\frac{3}{2}$$

이므로 $m\neq5$

(iii) $\frac{m}{5}>1$, 즉 $m>5$일 때 $\lim_{n\to\infty}\left(\frac{m}{5}\right)^{n}=\infty$이므로

$$\lim_{n\to\infty}\frac{\left(\frac{m}{5}\right)^{n+1}+2}{\left(\frac{m}{5}\right)^{n}+1}=\lim_{n\to\infty}\frac{\frac{m}{5}+2\times\frac{1}{\left(\frac{m}{5}\right)^{n}}}{1+\frac{1}{\left(\frac{m}{5}\right)^{n}}}$$

$$=\frac{\frac{m}{5}+0}{1+0}$$

$$=\frac{m}{5}$$

즉, $\frac{m}{5}=2$에서 $m=10$

(i), (ii), (iii)에서 $\lim_{n\to\infty}\frac{\left(\frac{m}{5}\right)^{n+1}+2}{\left(\frac{m}{5}\right)^{n}+1}=2$가 되도록 하는 자연수 m의 개수는 1, 2, 3, 4, 10의 5이다.

답 ①

53

(i) $1<a<3$인 경우

$\lim_{n\to\infty}\left(\frac{a}{3}\right)^{n}=0$이므로

$$\lim_{n\to\infty}\frac{3^n+a^{n+1}}{3^{n+1}+a^n}=\lim_{n\to\infty}\frac{1+a\left(\frac{a}{3}\right)^n}{3+\left(\frac{a}{3}\right)^n}$$

$$=\frac{1+a\times0}{3+0}$$

$$=\frac{1}{3}=a$$

$a=\frac{1}{3}<1$이므로 모순이다.

(ii) $a=3$인 경우

$$\lim_{n\to\infty}\frac{3^n+a^{n+1}}{3^{n+1}+a^n}=\lim_{n\to\infty}\frac{3^n+3^{n+1}}{3^{n+1}+3^n}$$

$$=\lim_{n\to\infty}1=1=a$$

이므로 모순이다.

(iii) $a>3$인 경우

$\lim_{n\to\infty}\left(\frac{3}{a}\right)^{n}=0$이므로

$$\lim_{n\to\infty}\frac{3^n+a^{n+1}}{3^{n+1}+a^n}=\lim_{n\to\infty}\frac{\left(\frac{3}{a}\right)^n+a}{3\left(\frac{3}{a}\right)^n+1}$$

$$=\frac{0+a}{3\times0+1}$$

$$=a$$

이므로 등식을 만족시킨다.

(ㄱ) $3<a<b$일 때

같은 방법으로

$$\lim_{n\to\infty}\frac{a^n+b^{n+1}}{a^{n+1}+b^n}=b>3=\frac{9}{3}>\frac{9}{a}$$

이므로 등식을 만족시키지 않는다.

(ㄴ) $3<b<a$일 때

같은 방법으로

$$\lim_{n\to\infty}\frac{a^n+b^{n+1}}{a^{n+1}+b^n}=\frac{1}{a}\neq\frac{9}{a}$$

이므로 등식을 만족시키지 않는다.

(ㄷ) $3<a=b$일 때

$$\lim_{n\to\infty}\frac{a^n+b^{n+1}}{a^{n+1}+b^n}=\lim_{n\to\infty}\frac{a^n+a^{n+1}}{a^{n+1}+a^n}$$

$$=1=\frac{9}{a}$$

에서 $a=9$, $b=9$

이상에서 $a=9$, $b=9$이므로

$a+b=18$

답 18

유형 3 급수의 합, 급수와 극한의 관계

54

수열 $\{a_n\}$이 수렴하려면

$-1<\frac{x^2-4x}{5}\le 1$에서

$$\begin{cases} x^2-4x+5>0 \\ x^2-4x-5\le 0 \end{cases}$$

$x^2-4x+5>0$에서 $(x-2)^2+1>0$이므로 모든 정수 x에 대하여 부등식이 성립한다.

$x^2-4x-5\le 0$에서

$(x+1)(x-5)\le 0$, $-1\le x\le 5$

따라서 만족시키는 정수 x는 -1, 0, 1, 2, 3, 4, 5이므로 개수는 7이다.

답 ①

55

$\sum_{n=1}^{\infty}\frac{a_n-4n}{n}=1$이므로

$\lim_{n\to\infty}\frac{a_n-4n}{n}=\lim_{n\to\infty}\left(\frac{a_n}{n}-4\right)=0$이다.

$$\lim_{n\to\infty}\frac{a_n}{n}=\lim_{n\to\infty}\left\{\left(\frac{a_n}{n}-4\right)+4\right\}$$
$$=\lim_{n\to\infty}\left(\frac{a_n}{n}-4\right)+\lim_{n\to\infty}4$$
$$=0+4$$
$$=4$$

따라서

$$\lim_{n\to\infty}\frac{5n+a_n}{3n-1}=\lim_{n\to\infty}\frac{5+\frac{a_n}{n}}{3-\frac{1}{n}}$$
$$=\frac{5+4}{3-0}$$
$$=3$$

답 ③

56

$\sum_{n=1}^{\infty}\frac{a_n}{n}=10$이므로 $\lim_{n\to\infty}\frac{a_n}{n}=0$이다.

따라서 n^2으로 분모, 분자를 각각 나누면

$$\lim_{n\to\infty}\frac{a_n+2a_n^2+3n^2}{a_n^2+n^2}=\lim_{n\to\infty}\frac{\frac{a_n}{n^2}+2\left(\frac{a_n}{n}\right)^2+3}{\left(\frac{a_n}{n}\right)^2+1}$$
$$=\frac{0+2\times 0+3}{0+1}$$
$$=3$$

답 ①

57

$\sum_{n=1}^{\infty}\left(a_n-\frac{3n^2-n}{2n^2+1}\right)=2$이므로

$\lim_{n\to\infty}\left(a_n-\frac{3n^2-n}{2n^2+1}\right)=0$

이때

$$\lim_{n\to\infty}\frac{3n^2-n}{2n^2+1}=\lim_{n\to\infty}\frac{3-\frac{1}{n}}{2+\frac{1}{n^2}}=\frac{3}{2}$$

이므로

$$\lim_{n\to\infty}a_n=\lim_{n\to\infty}\left\{\left(a_n-\frac{3n^2-n}{2n^2+1}\right)+\frac{3n^2-n}{2n^2+1}\right\}$$
$$=\lim_{n\to\infty}\left(a_n-\frac{3n^2-n}{2n^2+1}\right)+\lim_{n\to\infty}\frac{3n^2-n}{2n^2+1}$$
$$=0+\frac{3}{2}=\frac{3}{2}$$

따라서

$$\lim_{n\to\infty}(a_n^2+2a_n)$$
$$=\lim_{n\to\infty}a_n\times\lim_{n\to\infty}a_n+2\lim_{n\to\infty}a_n$$
$$=\left(\frac{3}{2}\right)^2+2\times\frac{3}{2}$$
$$=\frac{9}{4}+3$$
$$=\frac{21}{4}$$

답 ③

58

$$\sum_{n=1}^{\infty}\frac{2}{n(n+2)}$$
$$=\lim_{n\to\infty}\sum_{k=1}^{n}\frac{2}{k(k+2)}$$
$$=\lim_{n\to\infty}\sum_{k=1}^{n}\left(\frac{1}{k}-\frac{1}{k+2}\right)$$
$$=\lim_{n\to\infty}\left\{\left(\frac{1}{1}-\frac{1}{3}\right)+\left(\frac{1}{2}-\frac{1}{4}\right)+\left(\frac{1}{3}-\frac{1}{5}\right)+\cdots+\left(\frac{1}{n-1}-\frac{1}{n+1}\right)+\left(\frac{1}{n}-\frac{1}{n+2}\right)\right\}$$
$$=\lim_{n\to\infty}\left(1+\frac{1}{2}-\frac{1}{n+1}-\frac{1}{n+2}\right)$$
$$=\frac{3}{2}$$

답 ②

59

수열 $\{a_n\}$은 $a_1=1$이고 공차가 3인 등차수열이므로

$a_n=1+(n-1)\times3=3n-2$

수열 $\{b_n\}$은 $n\geq2$일 때

$$\frac{1}{b_n}=\sum_{k=1}^{n}\frac{1}{b_k}-\sum_{k=1}^{n-1}\frac{1}{b_k}$$
$$=n^2-(n-1)^2$$
$$=2n-1$$

에서 $b_n=\frac{1}{2n-1}$이고 $b_1=1$이므로

모든 자연수 n에 대하여

$b_n=\frac{1}{2n-1}$

따라서

$$\lim_{n\to\infty}a_nb_n=\lim_{n\to\infty}\frac{3n-2}{2n-1}$$
$$=\lim_{n\to\infty}\frac{3-\frac{2}{n}}{2-\frac{1}{n}}=\frac{3}{2}$$

답 ③

60

$2n^2-3<a_n<2n^2+4$에서

$\sum_{k=1}^{n}(2k^2-3)<S_n<\sum_{k=1}^{n}(2k^2+4)$

이때

$$\sum_{k=1}^{n}(2k^2-3)=2\times\frac{n(n+1)(2n+1)}{6}-3n$$
$$=\frac{n(2n^2+3n-8)}{3}$$

$$\sum_{k=1}^{n}(2k^2+4)=2\times\frac{n(n+1)(2n+1)}{6}+4n$$
$$=\frac{n(2n^2+3n+13)}{3}$$

$\frac{n(2n^2+3n-8)}{3n^3}<\frac{S_n}{n^3}<\frac{n(2n^2+3n+13)}{3n^3}$이고

$\lim_{n\to\infty}\frac{n(2n^2+3n-8)}{3n^3}=\lim_{n\to\infty}\frac{n(2n^2+3n+13)}{3n^3}=\frac{2}{3}$

따라서 수열의 극한의 대소 관계에 의하여

$\lim_{n\to\infty}\frac{S_n}{n^3}=\frac{2}{3}$

답 ②

61

등비수열 $\{a_n\}$의 첫째항을 a, 공비를 r이라 하면

$a_n=a\times r^{n-1}$

$$\lim_{n\to\infty}\frac{3^n}{a_n+2^n}=\lim_{n\to\infty}\frac{3^n}{a\times r^{n-1}+2^n}$$
$$=\lim_{n\to\infty}\frac{1}{a\times\frac{1}{r}\times\left(\frac{r}{3}\right)^n+\left(\frac{2}{3}\right)^n}$$

$\lim_{n\to\infty}\left(\frac{2}{3}\right)^n=0$이므로 $\lim_{n\to\infty}a\times\frac{1}{r}\times\left(\frac{r}{3}\right)^n=\frac{1}{6}$이어야 한다.

즉, $a=\frac{1}{2}$, $r=3$

따라서 $a_n=\frac{1}{2}\times3^{n-1}$이므로

$$\sum_{n=1}^{\infty}\frac{1}{a_n}=2\sum_{n=1}^{\infty}\left(\frac{1}{3}\right)^{n-1}=2\times\frac{1}{1-\frac{1}{3}}=3$$

답 ③

62

수열 $\{a_n\}$은 첫째항이 3, 공비가 $\frac{1}{2}$인 등비수열이고

$\left|\frac{1}{2}\right|<1$이므로

$$\sum_{n=1}^{\infty}a_n=\frac{3}{1-\frac{1}{2}}=6$$

답 ③

63

급수 $\sum_{n=1}^{\infty}(2a_n-3)$이 수렴하므로 $\lim_{n\to\infty}(2a_n-3)=0$이다.

$2a_n-3=b_n$이라 하면

$\lim_{n\to\infty}b_n=0$이고 $a_n=\frac{1}{2}(b_n+3)$이므로

$$\lim_{n\to\infty}a_n=\lim_{n\to\infty}\frac{1}{2}(b_n+3)$$
$$=\frac{1}{2}\times(0+3)=\frac{3}{2}$$

즉, $r=\frac{3}{2}$이므로

$$\lim_{n\to\infty}\frac{r^{n+2}-1}{r^n+1}=\lim_{n\to\infty}\frac{\left(\frac{3}{2}\right)^{n+2}-1}{\left(\frac{3}{2}\right)^n+1}$$
$$=\lim_{n\to\infty}\frac{\frac{9}{4}-\left(\frac{2}{3}\right)^n}{1+\left(\frac{2}{3}\right)^n}$$
$$=\frac{\frac{9}{4}-0}{1+0}=\frac{9}{4}$$

답 ③

64

등비수열 $\{a_n\}$의 첫째항을 a, 공비를 r이라 하면

$a_n=ar^{n-1}$

이때

$$\begin{aligned}a_{2n-1}-a_{2n}&=ar^{2n-2}-ar^{2n-1}\\&=ar^{2n-2}(1-r)\\&=a(1-r)(r^2)^{n-1}\end{aligned}$$

이므로 수열 $\{a_{2n-1}-a_{2n}\}$은 첫째항이 $a(1-r)$이고 공비가 r^2인 등비수열이다.

따라서 $\sum_{n=1}^{\infty}(a_{2n-1}-a_{2n})=3$에서

$-1<r<1$

이고

$\frac{a(1-r)}{1-r^2}=3$

이고 $r\neq1$이므로

$\frac{a}{1+r}=3$ $\cdots\cdots$ ㉠

또 $\sum_{n=1}^{\infty}a_n^2=\sum_{n=1}^{\infty}a^2r^{2n-2}=6$이므로

$\frac{a^2}{1-r^2}=\frac{a}{1-r}\times\frac{a}{1+r}=6$

㉠을 대입하면

$\frac{a}{1-r}\times3=6$

이므로

$\frac{a}{1-r}=2$

따라서 $\sum_{n=1}^{\infty}a_n=\sum_{n=1}^{\infty}ar^{n-1}=\frac{a}{1-r}=2$

답 ②

65

x가 정수일 때, 급수 $\sum_{n=1}^{\infty}\left(\frac{2x-3}{7}\right)^n$은 첫째항과 공비가 모두 $\frac{2x-3}{7}$인 등비급수이다.

그러므로 등비급수 $\sum_{n=1}^{\infty}\left(\frac{2x-3}{7}\right)^n$이 수렴하기 위한 필요충분조건은 $-1<\frac{2x-3}{7}<1$이다.

$-7<2x-3<7$, $-4<2x<10$

즉, $-2<x<5$

따라서 만족시키는 정수 x의 값은 $-1, 0, 1, 2, 3, 4$이므로 구하는 정수 x의 개수는 6이다.

답 ③

66

$\left(\frac{x}{5}\right)^n=\frac{x}{5}\times\left(\frac{x}{5}\right)^{n-1}$이므로

급수 $\sum_{n=1}^{\infty}\left(\frac{x}{5}\right)^n$은 첫째항이 $\frac{x}{5}$이고, 공비가 $\frac{x}{5}$인 등비급수이다.

(i) $x=0$인 경우

첫째항이 0이므로 주어진 등비급수는 수렴한다.

(ii) $x\neq0$인 경우

$-1<\frac{x}{5}<1$에서 $-5<x<5$

이므로 만족시키는 정수 x의 값은

$-4, -3, -2, -1, 1, 2, 3, 4$

(i), (ii)에서 구하는 모든 정수 x의 개수는

$1+8=9$

답 ⑤

67

수열 $\{a_n\}$의 첫째항이 4이므로 공차를 d라 하면

$a_n=4+(n-1)d$

이때 급수 $\sum_{n=1}^{\infty}\left(\frac{a_n}{n}-\frac{3n+7}{n+2}\right)$이 수렴하므로

$$\begin{aligned}\lim_{n\to\infty}\left(\frac{a_n}{n}-\frac{3n+7}{n+2}\right)&=\lim_{n\to\infty}\left\{\frac{4+(n-1)d}{n}-\frac{3n+7}{n+2}\right\}\\&=\lim_{n\to\infty}\left(\frac{d+\frac{4-d}{n}}{1}-\frac{3+\frac{7}{n}}{1+\frac{2}{n}}\right)\\&=d-3=0\end{aligned}$$

그러므로 $d=3$

이때 $a_n=3n+1$이므로 주어진 급수에 대입하면

$$\begin{aligned}&\sum_{n=1}^{\infty}\left(\frac{a_n}{n}-\frac{3n+7}{n+2}\right)\\&=\sum_{n=1}^{\infty}\left(\frac{3n+1}{n}-\frac{3n+7}{n+2}\right)\\&=\sum_{n=1}^{\infty}\left\{\left(3+\frac{1}{n}\right)-\left(3+\frac{1}{n+2}\right)\right\}\\&=\sum_{n=1}^{\infty}\left(\frac{1}{n}-\frac{1}{n+2}\right)\\&=\lim_{n\to\infty}\sum_{k=1}^{n}\left(\frac{1}{k}-\frac{1}{k+2}\right)\\&=\lim_{n\to\infty}\left\{\left(\frac{1}{1}-\frac{1}{3}\right)+\left(\frac{1}{2}-\frac{1}{4}\right)+\left(\frac{1}{3}-\frac{1}{5}\right)+\cdots\right.\\&\qquad\left.+\left(\frac{1}{n-1}-\frac{1}{n+1}\right)+\left(\frac{1}{n}-\frac{1}{n+2}\right)\right\}\\&=\lim_{n\to\infty}\left(1+\frac{1}{2}-\frac{1}{n+1}-\frac{1}{n+2}\right)=\frac{3}{2}\end{aligned}$$

답 ③

68

$\sum_{k=1}^{n}\frac{a_k}{(k-1)!}=\frac{3}{(n+2)!}$이므로

$n=1$일 때,

$\frac{a_1}{0!}=\frac{3}{3!}$에서 $a_1=\frac{1}{2}$

$n\geq 2$일 때,

$$\frac{a_n}{(n-1)!}=\sum_{k=1}^{n}\frac{a_k}{(k-1)!}-\sum_{k=1}^{n-1}\frac{a_k}{(k-1)!}$$

$$=\frac{3}{(n+2)!}-\frac{3}{(n+1)!}$$

$$a_n=\frac{3(n-1)!}{(n+2)!}-\frac{3(n-1)!}{(n+1)!}$$

$$=\frac{3}{(n+2)(n+1)n}-\frac{3}{(n+1)n}$$

$$=\frac{-3n-3}{(n+2)(n+1)n}$$

$$=\frac{-3}{n(n+2)}$$

따라서

$$\lim_{n\to\infty}(a_1+n^2a_n)=\lim_{n\to\infty}\left(\frac{1}{2}-\frac{3n}{n+2}\right)$$

$$=\frac{1}{2}-3$$

$$=-\frac{5}{2}$$

답 ③

69

등차수열 $\{a_n\}$의 공차를 d $(d>0)$이라 하면

$$\frac{1}{a_na_{n+1}}=\frac{1}{a_{n+1}-a_n}\left(\frac{1}{a_n}-\frac{1}{a_{n+1}}\right)$$

$$=\frac{1}{d}\left(\frac{1}{a_n}-\frac{1}{a_{n+1}}\right)$$

이므로

$$\sum_{k=1}^{n}\frac{1}{a_ka_{k+1}}=\frac{1}{d}\sum_{k=1}^{n}\left(\frac{1}{a_k}-\frac{1}{a_{k+1}}\right)$$

$$=\frac{1}{d}\left\{\left(\frac{1}{a_1}-\frac{1}{a_2}\right)+\left(\frac{1}{a_2}-\frac{1}{a_3}\right)+\cdots+\left(\frac{1}{a_n}-\frac{1}{a_{n+1}}\right)\right\}$$

$$=\frac{1}{d}\left(\frac{1}{a_1}-\frac{1}{a_{n+1}}\right) \quad \cdots\cdots \text{㉠}$$

이때

$$a_n=a_1+(n-1)d$$

$$=dn+1-d$$

이므로

$$\lim_{n\to\infty}a_n=\lim_{n\to\infty}(dn+1-d)=\infty$$

$$\lim_{n\to\infty}a_{n+1}=\lim_{n\to\infty}a_n=\infty$$

$$\lim_{n\to\infty}\frac{1}{a_{n+1}}=0$$

㉠에서

$$\sum_{n=1}^{\infty}\frac{1}{a_na_{n+1}}=\lim_{n\to\infty}\sum_{k=1}^{n}\frac{1}{a_ka_{k+1}}$$

$$=\lim_{n\to\infty}\frac{1}{d}\left(\frac{1}{a_1}-\frac{1}{a_{n+1}}\right)$$

$$=\frac{1}{d}\left(\lim_{n\to\infty}1-\lim_{n\to\infty}\frac{1}{a_{n+1}}\right)$$

$$=\frac{1}{d}(1-0)$$

$$=\frac{1}{d}$$

$\sum_{n=1}^{\infty}\left(\frac{1}{a_na_{n+1}}+b_n\right)=2$에서

$\frac{1}{a_na_{n+1}}+b_n=c_n$이라 하면

$$\sum_{n=1}^{\infty}c_n=2$$

$b_n=c_n-\frac{1}{a_na_{n+1}}$이므로 급수의 성질에 의하여

$$\sum_{n=1}^{\infty}b_n=\sum_{n=1}^{\infty}\left(c_n-\frac{1}{a_na_{n+1}}\right)$$

$$=\sum_{n=1}^{\infty}c_n-\sum_{n=1}^{\infty}\frac{1}{a_na_{n+1}}$$

$$=2-\frac{1}{d} \quad \cdots\cdots \text{㉡}$$

따라서 등비급수 $\sum_{n=1}^{\infty}b_n$이 수렴하므로 등비수열 $\{b_n\}$의 공비를 r이라 하면 $-1<r<1$이고

$a_2b_2=(1+d)r=1$에서

$$r=\frac{1}{1+d}$$

이때 $d>0$이므로

$$\sum_{n=1}^{\infty}b_n=\frac{b_1}{1-r}$$

$$=\frac{1}{1-\frac{1}{1+d}}$$

$$=\frac{1+d}{d} \quad \cdots\cdots \text{㉢}$$

㉡, ㉢에서 $2-\frac{1}{d}=\frac{1+d}{d}$이므로

$$\frac{2d-1}{d}=\frac{1+d}{d}$$

$$d=2$$

㉡ 또는 ㉢에서

$$\sum_{n=1}^{\infty}b_n=\frac{3}{2}$$

답 ⑤

70

수열 $\{S_n\}$이 수렴하므로 $\lim_{n\to\infty} a_n=0$이다.

따라서 $\lim_{n\to\infty} S_n=7$일 때,

$$\begin{aligned}\lim_{n\to\infty}(2a_n+3S_n)&=2\lim_{n\to\infty}a_n+3\lim_{n\to\infty}S_n\\&=2\times0+3\times7\\&=21\end{aligned}$$

답 21

71

등비수열 $\{a_n\}$의 첫째항을 a, 공비를 r이라 하자.

급수 $\sum_{n=1}^{\infty}\frac{a_n}{3^n}$은 첫째항이 $\frac{a}{3}$, 공비가 $\frac{r}{3}$인 등비급수이고 수렴하므로

$-1<\frac{r}{3}<1$

$-3<r<3$ …… ㉠

급수 $\sum_{n=1}^{\infty}\frac{1}{a_{2n}}$은 첫째항이 $\frac{1}{ar}$, 공비가 $\frac{1}{r^2}$인 등비급수이고 수렴하므로

$-1<\frac{1}{r^2}<1$

$r^2>1$ …… ㉡

수열 $\{a_n\}$의 모든 항이 자연수이므로

㉠, ㉡에서 $r=2$

$$\sum_{n=1}^{\infty}\frac{a_n}{3^n}=\frac{\frac{a}{3}}{1-\frac{2}{3}}=a=4$$

$a_n=4\times2^{n-1}=2^{n+1}$이므로

$$\begin{aligned}S&=\sum_{n=1}^{\infty}\frac{1}{a_{2n}}\\&=\sum_{n=1}^{\infty}\frac{1}{2^{2n+1}}\\&=\frac{\frac{1}{8}}{1-\frac{1}{4}}\\&=\frac{1}{6}\end{aligned}$$

답 ①

유형 4 그림, 그래프를 이용한 수열의 극한

72

직각삼각형 ABC에서 피타고라스 정리에 의하여

$\overline{BC}^2=\overline{AB}^2+\overline{CA}^2=4+n^2$

$\overline{BC}=\sqrt{n^2+4}$

선분 AD가 $\angle$A의 이등분선이므로

$\overline{BD}:\overline{CD}=2:n$

즉, $a_n=\overline{CD}=\frac{n}{n+2}\times\overline{BC}=\frac{n\sqrt{n^2+4}}{n+2}$

따라서

$$\begin{aligned}\lim_{n\to\infty}(n-a_n)&=\lim_{n\to\infty}\left(n-\frac{n\sqrt{n^2+4}}{n+2}\right)\\&=\lim_{n\to\infty}\frac{n(n+2-\sqrt{n^2+4})}{n+2}\\&=\lim_{n\to\infty}\left\{\frac{n}{n+2}\times\frac{(n+2)^2-(n^2+4)}{n+2+\sqrt{n^2+4}}\right\}\\&=\lim_{n\to\infty}\left(\frac{n}{n+2}\times\frac{4n}{n+2+\sqrt{n^2+4}}\right)\\&=\lim_{n\to\infty}\left(\frac{1}{1+\frac{2}{n}}\times\frac{4}{1+\frac{2}{n}+\sqrt{1+\frac{4}{n^2}}}\right)\\&=1\times\frac{4}{1+1}=2\end{aligned}$$

답 ③

73

두 점 $A_n(n, 0)$, $B_n(n, 3)$에서

$\overline{OA_n}=n$, $\overline{OB_n}=\sqrt{n^2+9}$

직선 OB_n의 방정식은 $y=\frac{3}{n}x$이므로 점 P$(1, 0)$을 지나고 x축에 수직인 직선이 직선 OB_n과 만나는 점 C_n의 좌표는 $\left(1, \frac{3}{n}\right)$이고 $\overline{PC_n}=\frac{3}{n}$이다.

$$\begin{aligned}\lim_{n\to\infty}\frac{\overline{PC_n}}{\overline{OB_n}-\overline{OA_n}}&=\lim_{n\to\infty}\frac{\frac{3}{n}}{\sqrt{n^2+9}-n}\\&=\lim_{n\to\infty}\frac{\frac{3}{n}(\sqrt{n^2+9}+n)}{(\sqrt{n^2+9}-n)(\sqrt{n^2+9}+n)}\\&=\lim_{n\to\infty}\frac{\frac{3}{n}(\sqrt{n^2+9}+n)}{(n^2+9)-n^2}\\&=\lim_{n\to\infty}\frac{1}{3n}(\sqrt{n^2+9}+n)\\&=\lim_{n\to\infty}\frac{1}{3}\left(\sqrt{1+\frac{9}{n^2}}+1\right)\\&=\frac{1}{3}\times(\sqrt{1+0}+1)=\frac{2}{3}\end{aligned}$$

따라서 $p=3$, $q=2$이므로

$p+q=5$

답 5

74

직선 $y=\left(\frac{1}{2}\right)^{n-1}(x-1)$과 이차함수 $y=3x(x-1)$의 그래프의 교점 P_n의 x좌표는

$x\neq1$일 때, $\left(\frac{1}{2}\right)^{n-1}(x-1)=3x(x-1)$에서

$\left(\frac{1}{2}\right)^{n-1}=3x$이므로

$x=\frac{1}{3}\left(\frac{1}{2}\right)^{n-1}$

그러므로 $\mathrm{P}_n\left(\frac{1}{3}\left(\frac{1}{2}\right)^{n-1}, \left(\frac{1}{2}\right)^{n-1}\left\{\frac{1}{3}\left(\frac{1}{2}\right)^{n-1}-1\right\}\right)$

즉, $\mathrm{P}_n\left(\frac{1}{3}\left(\frac{1}{2}\right)^{n-1}, \frac{1}{3}\left(\frac{1}{4}\right)^{n-1}-\left(\frac{1}{2}\right)^{n-1}\right)$

$\overline{\mathrm{P}_n\mathrm{H}_n}=\left(\frac{1}{2}\right)^{n-1}-\frac{1}{3}\left(\frac{1}{4}\right)^{n-1}$

따라서

$$\begin{aligned}\sum_{n=1}^{\infty}\overline{\mathrm{P}_n\mathrm{H}_n}&=\sum_{n=1}^{\infty}\left\{\left(\frac{1}{2}\right)^{n-1}-\frac{1}{3}\left(\frac{1}{4}\right)^{n-1}\right\}\\&=\sum_{n=1}^{\infty}\left(\frac{1}{2}\right)^{n-1}-\frac{1}{3}\sum_{n=1}^{\infty}\left(\frac{1}{4}\right)^{n-1}\\&=\frac{1}{1-\frac{1}{2}}-\frac{1}{3}\times\frac{1}{1-\frac{1}{4}}\\&=2-\frac{4}{9}\\&=\frac{14}{9}\end{aligned}$$

답 ②

75

점 A_n의 좌표를 (x_n, y_n)이라 하면

규칙 (나)에서 $x_{2n}=x_{2n-1}+a$, $y_{2n}=y_{2n-1}$

규칙 (다)에서 $x_{2n+1}=x_{2n}$, $y_{2n+1}=y_{2n}+(a+1)$

$x_{2n+2}=x_{2n+1}+a=x_{2n}+a$,

$y_{2n+2}=y_{2n+1}=y_{2n}+(a+1)$

즉, 두 수열 $\{x_{2n}\}$, $\{y_{2n}\}$은 공차가 각각 a, $a+1$인 등차수열이고,

규칙 (가)에서

$x_2=x_1+a=a$, $y_2=y_1=0$이므로

$x_{2n}=a+(n-1)a=an$,

$y_{2n}=0+(n-1)(a+1)=(a+1)(n-1)$

그러므로

$$\begin{aligned}\overline{\mathrm{A}_1\mathrm{A}_{2n}}^2&={x_{2n}}^2+{y_{2n}}^2\\&=a^2n^2+(a+1)^2(n-1)^2\end{aligned}$$

$$\begin{aligned}\lim_{n\to\infty}\frac{\overline{\mathrm{A}_1\mathrm{A}_{2n}}}{n}&=\lim_{n\to\infty}\frac{\sqrt{a^2n^2+(a+1)^2(n-1)^2}}{n}\\&=\lim_{n\to\infty}\sqrt{a^2+(a+1)^2\left(1-\frac{1}{n}\right)^2}\\&=\sqrt{2a^2+2a+1}\end{aligned}$$

$\lim_{n\to\infty}\frac{\overline{\mathrm{A}_1\mathrm{A}_{2n}}}{n}=\frac{\sqrt{34}}{2}$에서

$\sqrt{2a^2+2a+1}=\frac{\sqrt{34}}{2}$

양변을 제곱하여 정리하면

$4a^2+4a-15=0$

$(2a+5)(2a-3)=0$

$a=-\frac{5}{2}$ 또는 $a=\frac{3}{2}$

따라서 양수 a의 값은 $\frac{3}{2}$이다.

답 ①

76

$x^2+n^2-1=2nx$에서

$x^2-2nx+(n+1)(n-1)=0$

$(x-n+1)(x-n-1)=0$이므로

$\mathrm{A}_n(n-1, 2n^2-2n)$, $\mathrm{B}_n(n+1, 2n^2+2n)$이라 하자.

$$\begin{aligned}\overline{\mathrm{A}_n\mathrm{B}_n}&=\sqrt{2^2+(4n)^2}\\&=\sqrt{16n^2+4}\\&=2\sqrt{4n^2+1}\end{aligned}$$

원의 중심 $(2, 0)$과 직선 $2nx-y=0$ 사이의 거리는 $\frac{4n}{\sqrt{4n^2+1}}$이므로 점 P와 직선 $2nx-y=0$ 사이의 거리를 h라 하면

$\frac{4n}{\sqrt{4n^2+1}}-1\leq h\leq\frac{4n}{\sqrt{4n^2+1}}+1$

$$\begin{aligned}S_n&=\frac{1}{2}\times\overline{\mathrm{A}_n\mathrm{B}_n}\times\left(\frac{4n}{\sqrt{4n^2+1}}+1\right)\\&=\frac{1}{2}\times2\sqrt{4n^2+1}\times\left(\frac{4n}{\sqrt{4n^2+1}}+1\right)\\&=4n+\sqrt{4n^2+1}\end{aligned}$$

이므로

$$\begin{aligned}\lim_{n\to\infty}\frac{S_n}{n}&=\lim_{n\to\infty}\frac{4n+\sqrt{4n^2+1}}{n}\\&=\lim_{n\to\infty}\frac{4+\sqrt{4+\frac{1}{n^2}}}{1}\\&=4+\sqrt{4}\\&=6\end{aligned}$$

답 ③

77

점 A_n의 좌표는 $(0,\ n)$이다.

$\log_a(x-1)=n$에서 $x=a^n+1$이므로

점 B_n의 좌표는 $(a^n+1,\ n)$이다.

$$\overline{B_nB_{n+1}}=\sqrt{\{(a^{n+1}+1)-(a^n+1)\}^2+1}$$
$$=\sqrt{(a-1)^2a^{2n}+1}$$

사각형 $A_nB_nB_{n+1}A_{n+1}$은 사다리꼴이므로

$$S_n=\frac{1}{2}\times1\times\{(a^n+1)+(a^{n+1}+1)\}$$
$$=\frac{(a+1)a^n+2}{2}$$

$$\lim_{n\to\infty}\frac{\overline{B_nB_{n+1}}}{S_n}=\lim_{n\to\infty}\frac{2\sqrt{(a-1)^2a^{2n}+1}}{(a+1)a^n+2}$$

(i) $0<a<1$일 때

$\lim_{n\to\infty}a^n=0$이므로

$$\lim_{n\to\infty}\frac{\overline{B_nB_{n+1}}}{S_n}=\frac{2\times1}{2}=1$$

$\frac{3}{2a+2}=1$에서

$$a=\frac{1}{2}$$

(ii) $a>1$일 때

$\lim_{n\to\infty}\frac{1}{a^n}=0$이므로

$$\lim_{n\to\infty}\frac{\overline{B_nB_{n+1}}}{S_n}=\lim_{n\to\infty}\frac{2\sqrt{(a-1)^2+\frac{1}{a^{2n}}}}{(a+1)+\frac{2}{a^n}}$$
$$=\frac{2|a-1|}{a+1}$$
$$=\frac{2(a-1)}{a+1}$$

$\frac{2(a-1)}{a+1}=\frac{3}{2a+2}$에서

$4(a-1)(a+1)=3(a+1)$

$(a+1)(4a-7)=0$

$a>1$이므로

$$a=\frac{7}{4}$$

(i), (ii)에 의하여 모든 a의 값의 합은

$$\frac{1}{2}+\frac{7}{4}=\frac{9}{4}$$

답 ②

유형 5 도형과 관련된 급수의 활용

78

선분 A_nB_n의 중점을 O, 선분 A_nD_n이 두 선분 C_nA_{n+1}, C_nE_n과 만나는 점을 각각 F_n, G_n이라 하고, 선분 B_nD_n이 두 선분 C_nE_n, E_nB_{n+1}과 만나는 점을 각각 H_n, I_n이라 하자.

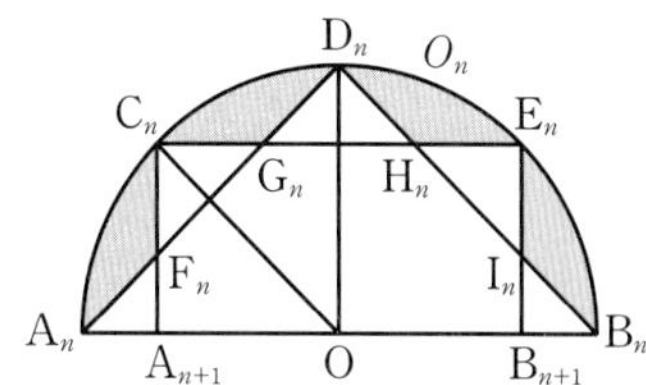

반원 O_n의 반지름의 길이를 r_n이라 하고, n번째 색칠되는 모양의 도형의 넓이를 a_n이라 하자.

두 점 C_n, D_n이 호 A_nB_n의 4등분점이므로

$\angle C_nOA_{n+1}=45°$, $\angle A_nOD_n=90°$, $\overline{D_nA_n}=\overline{D_nB_n}$

$\angle C_nA_{n+1}O=90°$이므로

$$\overline{A_{n+1}C_n}=\frac{r_n}{\sqrt{2}}$$

삼각형 $D_nG_nH_n$은 $\overline{D_nG_n}=\overline{D_nH_n}$인 직각삼각형이므로

$$\overline{D_nG_n}^2=2(\overline{OD_n}-\overline{A_{n+1}C_n})^2$$
$$=2\left(r_n-\frac{r_n}{\sqrt{2}}\right)^2$$
$$=(\sqrt{2}-1)^2r_n^2$$

$$\overline{D_nG_n}=(\sqrt{2}-1)r_n$$

(삼각형 $D_nG_nH_n$의 넓이)$=2\times$(삼각형 $A_nA_{n+1}F_n$의 넓이)

두 삼각형 $A_nA_{n+1}F_n$, $B_nB_{n+1}I_n$이 합동이므로

$a_n=$(반원 O_n의 넓이)$-$(사각형 $C_nA_{n+1}B_{n+1}E_n$의 넓이)

$\qquad -2\times$(삼각형 $D_nG_nH_n$의 넓이)

$$=\frac{1}{2}\pi r_n^2-\overline{A_{n+1}B_{n+1}}\times\overline{A_{n+1}C_n}-2\times\frac{1}{2}\times\overline{D_nG_n}^2$$
$$=\frac{1}{2}\pi r_n^2-\frac{2r_n}{\sqrt{2}}\times\frac{r_n}{\sqrt{2}}-(\sqrt{2}-1)^2r_n^2$$
$$=\left(\frac{\pi}{2}+2\sqrt{2}-4\right)r_n^2$$

$r_{n+1}=\frac{1}{2}\overline{A_{n+1}B_{n+1}}=\overline{A_{n+1}C_n}=\frac{r_n}{\sqrt{2}}$이므로

$$a_{n+1}=\left(\frac{\pi}{2}+2\sqrt{2}-4\right)r_{n+1}^2$$
$$=\frac{1}{2}\left(\frac{\pi}{2}+2\sqrt{2}-4\right)r_n^2$$

반원 O_1의 반지름의 길이 $r_1=2$이므로

$$a_1=\left(\frac{\pi}{2}+2\sqrt{2}-4\right)\times2^2$$
$$=2\pi+8\sqrt{2}-16$$

따라서 수열 $\{a_n\}$은 $a_1=2\pi+8\sqrt{2}-16$이고 공비가 $\frac{1}{2}$인 등비수

열이므로

$\lim_{n\to\infty} S_n=\sum_{n=1}^{\infty} a_n=\dfrac{2\pi+8\sqrt{2}-16}{1-\dfrac{1}{2}}$

$=4\pi+16\sqrt{2}-32$

답 ②

79

$S_1=\dfrac{1}{2}\times1^2\times\dfrac{\pi}{4}=\dfrac{\pi}{8}$

$\angle O_1A_2O_2=\dfrac{\pi}{4}$이므로 삼각형 $O_1A_2O_2$에서 사인법칙에 의하여

$\dfrac{\overline{O_2A_2}}{\sin\dfrac{\pi}{6}}=\dfrac{\overline{O_1O_2}}{\sin\dfrac{\pi}{4}}$

$\dfrac{\overline{O_2A_2}}{\dfrac{1}{2}}=\dfrac{1}{\dfrac{\sqrt{2}}{2}}$

$\overline{O_2A_2}=\dfrac{1}{\sqrt{2}}$

부채꼴 $O_nA_nB_n$과 부채꼴 $O_{n+1}A_{n+1}B_{n+1}$의 닮음비가 $1:\dfrac{1}{\sqrt{2}}$이므로 넓이의 비는 $1:\dfrac{1}{2}$이다.

따라서 구하는 극한값은 첫째항이 $\dfrac{\pi}{8}$이고, 공비가 $\dfrac{1}{2}$인 등비급수의 합이므로

$\lim_{n\to\infty} S_n=\dfrac{\dfrac{\pi}{8}}{1-\dfrac{1}{2}}=\dfrac{\pi}{4}$

답 ③

80

그림 R_n에서 새로 색칠한 부분의 넓이를 a_n이라 하자.

$\angle A_nB_nD_n=\theta$라 하면

$\overline{B_1D_1}=\sqrt{1^2+(2\sqrt{6})^2}=5$이므로

$\sin\theta=\dfrac{\overline{A_nD_n}}{\overline{B_nD_n}}=\dfrac{\overline{A_1D_1}}{\overline{B_1D_1}}=\dfrac{2\sqrt{6}}{5}$

$\cos\theta=\dfrac{1}{5}$

두 선분 A_1G_1, G_1B_2와 호 B_2A_1로 둘러싸인 도형의 넓이는 부채꼴 $B_1B_2A_1$의 넓이에서 삼각형 $A_1B_1G_1$의 넓이를 뺀 것과 같으므로

$\dfrac{1}{2}\times1^2\times\theta-\dfrac{1}{2}\times1\times\dfrac{1}{2}\times\sin\theta=\dfrac{\theta}{2}-\dfrac{\sqrt{6}}{10}$

두 선분 D_2H_1, H_1F_1과 호 F_1D_2로 둘러싸인 도형의 넓이는 부채꼴 $D_1F_1D_2$의 넓이에서 삼각형 $D_1F_1H_1$의 넓이를 뺀 것과 같으므로

$\dfrac{1}{2}\times1^2\times\left(\dfrac{\pi}{2}-\theta\right)-\dfrac{1}{2}\times1\times\dfrac{1}{2}\times\sin\left(\dfrac{\pi}{2}-\theta\right)$

$=\dfrac{\pi}{4}-\dfrac{\theta}{2}-\dfrac{1}{20}$

그러므로

$a_1=\left(\dfrac{\theta}{2}-\dfrac{\sqrt{6}}{10}\right)+\left(\dfrac{\pi}{4}-\dfrac{\theta}{2}-\dfrac{1}{20}\right)$

$=\dfrac{\pi}{4}-\dfrac{\sqrt{6}}{10}-\dfrac{1}{20}$

$\dfrac{\overline{B_{n+1}D_{n+1}}}{\overline{B_nD_n}}=\dfrac{\overline{B_2D_2}}{\overline{B_1D_1}}=\dfrac{\overline{B_1D_1}-(\overline{B_1B_2}+\overline{D_1D_2})}{\overline{B_1D_1}}=\dfrac{3}{5}$

두 직사각형 $A_nB_nC_nD_n$과 $A_{n+1}B_{n+1}C_{n+1}D_{n+1}$의 닮음비는 $5:3$이므로

$\dfrac{a_{n+1}}{a_n}=\left(\dfrac{3}{5}\right)^2=\dfrac{9}{25}$

수열 $\{a_n\}$은 첫째항이 a_1이고 공비가 $\dfrac{9}{25}$인 등비수열이므로

$\lim_{n\to\infty} S_n=\dfrac{a_1}{1-\dfrac{9}{25}}$

$=\dfrac{25\pi-10\sqrt{6}-5}{64}$

답 ④

81

반원 O_n의 중심을 O_n, 반지름의 길이를 r_n이라 하자.

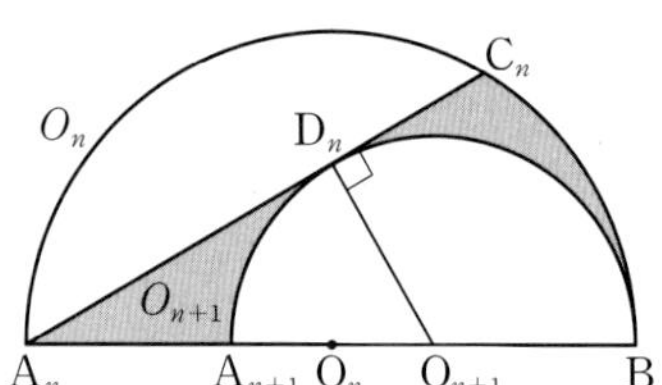

삼각형 $O_{n+1}A_nD_n$은 $\angle O_{n+1}A_nD_n=\dfrac{\pi}{6}$인 직각삼각형이므로

$\sin(\angle O_{n+1}A_nD_n)=\dfrac{1}{2}$

$\dfrac{\overline{D_nO_{n+1}}}{\overline{A_nO_{n+1}}}=\dfrac{1}{2}$

$\dfrac{r_{n+1}}{2r_n-r_{n+1}}=\dfrac{1}{2}$

$r_{n+1}=\dfrac{2}{3}r_n$ …… ㉠

$r_1=1$이므로 $r_2=\dfrac{2}{3}$

$\angle A_1O_1C_1=\dfrac{2\pi}{3}$, $\overline{A_1O_1}=\overline{C_1O_1}=1$이므로

삼각형 $A_1O_1C_1$의 넓이는

$\dfrac{1}{2}\times\overline{A_1O_1}\times\overline{C_1O_1}\times\sin\dfrac{2\pi}{3}=\dfrac{1}{2}\times1\times1\times\dfrac{\sqrt{3}}{2}=\dfrac{\sqrt{3}}{4}$

$\angle BO_1C_1=\dfrac{\pi}{3}$, $\overline{C_1O_1}=\overline{BO_1}=1$이므로

부채꼴 O_1BC_1의 넓이는

$\frac{1}{2}\times1^2\times\frac{\pi}{3}=\frac{\pi}{6}$

반원 O_2의 넓이는

$\frac{1}{2}\times\pi\times(r_2)^2=\frac{1}{2}\times\pi\times\left(\frac{2}{3}\right)^2=\frac{2\pi}{9}$

$S_1=$(삼각형 $A_1O_1C_1$의 넓이)+(부채꼴 O_1BC_1의 넓이) −(반원 O_2의 넓이)

$=\frac{\sqrt{3}}{4}+\frac{\pi}{6}-\frac{2\pi}{9}$

$=\frac{\sqrt{3}}{4}-\frac{\pi}{18}$ ...... ㉡

㉠, ㉡에서 수열 $\{S_n\}$은 첫째항이 $\frac{\sqrt{3}}{4}-\frac{\pi}{18}$이고 공비가 $\left(\frac{2}{3}\right)^2=\frac{4}{9}$인 등비수열의 첫째항부터 제$n$항까지의 합이다.

따라서

$$\lim_{n\to\infty}S_n=\frac{\frac{\sqrt{3}}{4}-\frac{\pi}{18}}{1-\frac{4}{9}}=\frac{9\sqrt{3}-2\pi}{20}$$

답 ②

82

그림 R_1에서 부채꼴 OA_1B_2의 호 A_1B_2와 선분 A_1B_1이 만나는 점을 C_1이라 하자.

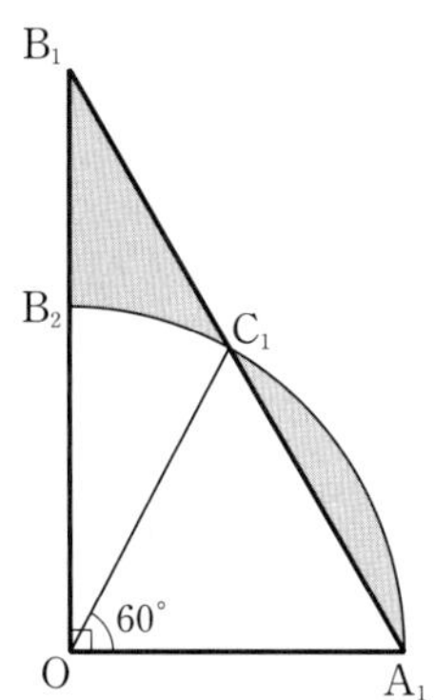

$\angle C_1OA_1=60°$이므로 부채꼴 C_1OA_1의 넓이와 삼각형 C_1OA_1의 넓이의 차는

$\pi\times4^2\times\frac{60°}{360°}-\frac{\sqrt{3}}{4}\times16=\frac{8}{3}\pi-4\sqrt{3}$ ...... ㉠

또 $\angle C_1OB_1=30°$이므로 삼각형 C_1OB_1의 넓이와 부채꼴 C_1OB_2의 넓이의 차는

$\frac{1}{2}\times4\sqrt{3}\times2-\pi\times4^2\times\frac{30°}{360°}=4\sqrt{3}-\frac{4}{3}\pi$ ...... ㉡

㉠, ㉡에서

$S_1=\left(\frac{8}{3}\pi-4\sqrt{3}\right)+\left(4\sqrt{3}-\frac{4}{3}\pi\right)=\frac{4}{3}\pi$

한편 삼각형 OA_1B_1과 삼각형 OA_2B_2의 닮음비는

$\overline{OB_1}:\overline{OB_2}=4\sqrt{3}:4=\sqrt{3}:1$

따라서 구하는 극한값은 첫째항이 $\frac{4}{3}\pi$이고 공비가 $\left(\frac{1}{\sqrt{3}}\right)^2=\frac{1}{3}$인 등비급수의 합이므로

$$\lim_{n\to\infty}S_n=\frac{\frac{4}{3}\pi}{1-\frac{1}{3}}=2\pi$$

답 ④

83

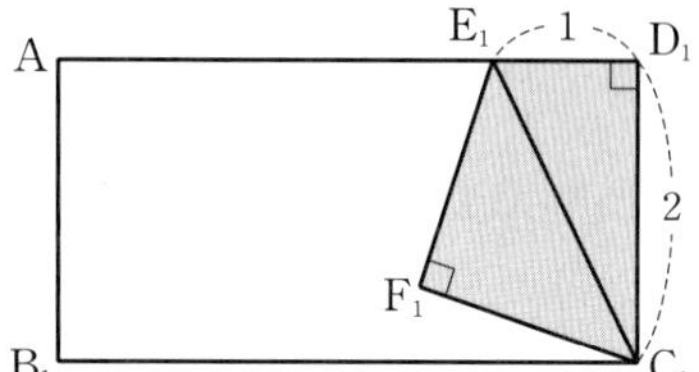

직각삼각형 $C_1D_1E_1$에서

$\overline{D_1E_1}=1$, $\overline{C_1D_1}=2$

이므로 피타고라스 정리에 의하여

$\overline{C_1E_1}=\sqrt{1^2+2^2}=\sqrt{5}$

직각삼각형 $C_1E_1F_1$에서 $\overline{C_1F_1}=\overline{E_1F_1}$이므로

$\overline{C_1F_1}^2+\overline{E_1F_1}^2=\overline{C_1E_1}^2=(\sqrt{5})^2$에서

$2\overline{C_1F_1}^2=5$

$\overline{C_1F_1}=\overline{E_1F_1}=\frac{\sqrt{10}}{2}$

사각형 $E_1F_1C_1D_1$의 넓이 S_1은 삼각형 $C_1D_1E_1$과 삼각형 $C_1E_1F_1$의 넓이의 합이므로

$S_1=\triangle C_1D_1E_1+\triangle C_1E_1F_1$

$=\frac{1}{2}\times2\times1+\frac{1}{2}\times\frac{\sqrt{10}}{2}\times\frac{\sqrt{10}}{2}$

$=\frac{9}{4}$

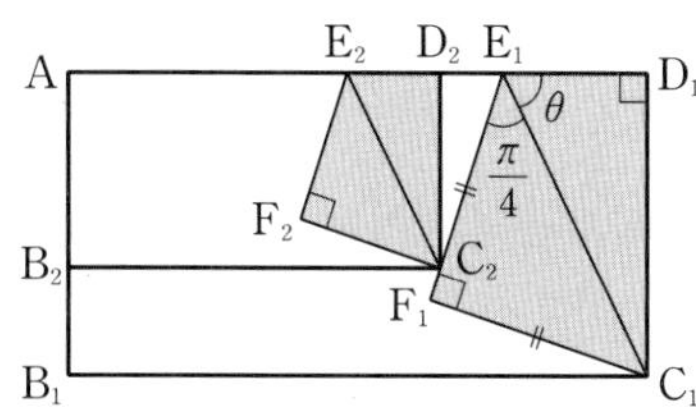

$\angle C_1E_1D_1=\theta$라 하면 $\angle C_1E_1F_1=\frac{\pi}{4}$이므로

$\angle F_1E_1D_2=\pi-\left(\frac{\pi}{4}+\theta\right)=\frac{3}{4}\pi-\theta$

$\tan\theta=\frac{\overline{C_1D_1}}{\overline{D_1E_1}}=\frac{2}{1}=2$이므로

$\tan(\angle F_1E_1D_2)=\tan\left(\frac{3}{4}\pi-\theta\right)$

$$=\frac{\tan\frac{3}{4}\pi-\tan\theta}{1+\tan\frac{3}{4}\pi\tan\theta}$$

$$=\frac{(-1)-2}{1+(-1)\times 2}$$

$$=3$$

이때 $\overline{C_2D_2}=k$라 하면 $\overline{D_2E_1}=3-2k$이고

$$\tan(\angle F_1E_1D_2)=\frac{k}{3-2k}$$

이므로

$$\frac{k}{3-2k}=3$$

$$k=\frac{9}{7}$$

두 사각형 $AB_1C_1D_1$, $AB_2C_2D_2$의 닮음비가 $2:\frac{9}{7}$, 즉 $1:\frac{9}{14}$이므로 두 사각형 $C_1D_1E_1F_1$, $C_2D_2E_2F_2$의 넓이의 비는 $1^2:\left(\frac{9}{14}\right)^2$이다.

따라서 $\lim_{n\to\infty}S_n=\frac{\frac{9}{4}}{1-\left(\frac{9}{14}\right)^2}=\frac{441}{115}$

답 ③

84

그림 R_n에서 새로 색칠된 도형의 넓이를 a_n이라 하자.

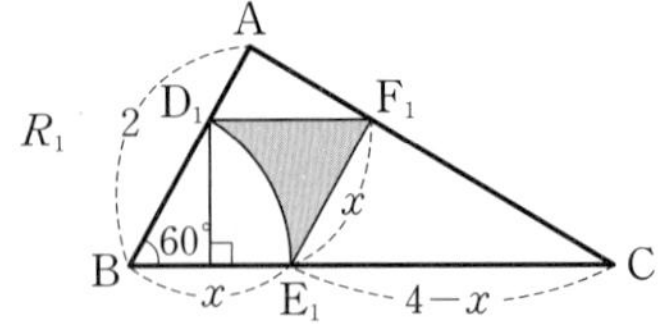

그림 R_1에서 삼각형 ABC와 삼각형 F_1E_1C가 닮음이므로

$\overline{AB}:\overline{F_1E_1}=\overline{BC}:\overline{E_1C}$

마름모 $D_1BE_1F_1$의 한 변의 길이를 x라 하면

$2:x=4:(4-x)$이므로

$2x=4-x$, 즉 $x=\frac{4}{3}$

그림 R_1에서 색칠된 부분의 넓이는 마름모 $D_1BE_1F_1$의 넓이에서 부채꼴 BE_1D_1의 넓이를 뺀 값이므로

$$a_1=\frac{4}{3}\times\frac{4}{3}\times\sin 60^\circ-\pi\times\left(\frac{4}{3}\right)^2\times\frac{60^\circ}{360^\circ}$$

$$=\frac{8(3\sqrt{3}-\pi)}{27}$$

그림 R_2에서 삼각형 ABC와 삼각형 F_1E_1C의 닮음비는

$\overline{AB}:\overline{F_1E_1}=2:\frac{4}{3}=1:\frac{2}{3}$

이므로 모든 자연수 n에 대하여 $a_{n+1}=\frac{4}{9}a_n$이 성립한다.

따라서 수열 $\{a_n\}$은 첫째항이 $\frac{8(3\sqrt{3}-\pi)}{27}$이고 공비가 $\frac{4}{9}$인 등비수열이므로

$$\lim_{n\to\infty}S_n=\sum_{n=1}^{\infty}a_n=\frac{\frac{8(3\sqrt{3}-\pi)}{27}}{1-\frac{4}{9}}$$

$$=\frac{8(3\sqrt{3}-\pi)}{15}$$

답 ③

85

$\overline{OC_1}=3t$, $\overline{OD_1}=4t$ $(t>0)$이라 하면

$\overline{OP_1}=5t$이므로

$5t=1$에서 $t=\frac{1}{5}$

따라서 $\overline{OC_1}=\frac{3}{5}$에서 $\overline{A_1C_1}=\frac{2}{5}$이고

$\overline{C_1P_1}=\overline{OD_1}=\frac{4}{5}$

이므로

$$\overline{A_1P_1}=\sqrt{\left(\frac{2}{5}\right)^2+\left(\frac{4}{5}\right)^2}=\frac{2}{\sqrt{5}}$$

이때 삼각형 $P_1Q_1A_1$은 직각이등변삼각형이므로

$$\overline{A_1Q_1}=\overline{P_1Q_1}=\frac{\sqrt{2}}{\sqrt{5}}$$

따라서

$$S_1=\frac{1}{2}\times\left(\frac{\sqrt{2}}{\sqrt{5}}\right)^2=\frac{1}{5}$$

또한 선분 A_1P_1의 중점을 M이라 하면

$\overline{A_1P_1}\perp\overline{Q_1M}$, $\overline{A_1P_1}\perp\overline{OM}$

이므로 세 점 O, Q_1, M은 한 직선 위에 있다.

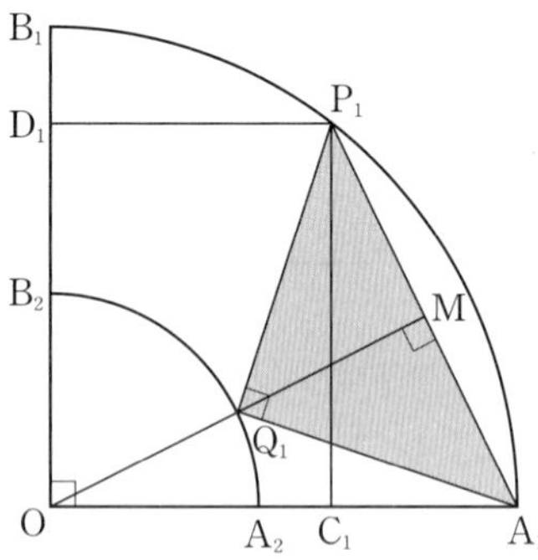

이때

$$\overline{OM}=\sqrt{1^2-\left(\frac{1}{\sqrt{5}}\right)^2}=\frac{2}{\sqrt{5}},$$

$$\overline{Q_1M}=\frac{1}{\sqrt{5}}$$

이므로

$$\overline{OQ_1}=\frac{2}{\sqrt{5}}-\frac{1}{\sqrt{5}}=\frac{1}{\sqrt{5}}$$

두 부채꼴 OA_1B_1, OA_2B_2의 닮음비는 $1:\frac{1}{\sqrt{5}}$이므로 넓이의 비

는 $1^2 : \left(\frac{1}{\sqrt{5}}\right)^2 = 1 : \frac{1}{5}$이다.

따라서 $\lim_{n\to\infty} S_n = \frac{\frac{1}{5}}{1-\frac{1}{5}} = \frac{1}{4}$

답 ②

86

원 O_1의 중심을 O라 하고 점 O에서 두 선분 A_1B_1, A_2B_2에 내린 수선의 발을 각각 H_1, H_2라 하면 점 H_1은 선분 A_1B_1의 중점이고 점 H_2는 선분 A_2B_2의 중점이다.

또 $\overline{A_1B_1} /\!/ \overline{A_2B_2}$이므로 세 점 H_1, O, H_2는 한 직선 위에 있다.

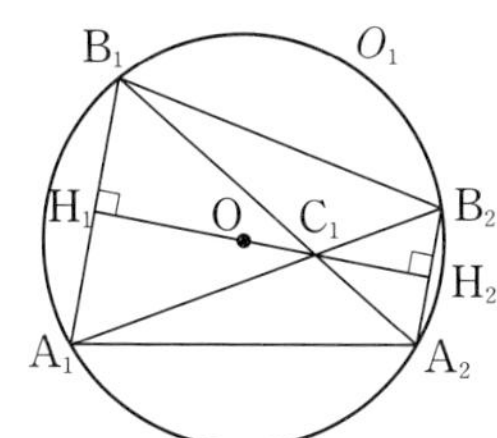

이때 $\angle A_1B_1A_2 = \frac{\pi}{3}$이므로

$$\overline{B_1C_1} = \overline{B_1H_1} \times \frac{1}{\cos\frac{\pi}{3}} = 1 \times \frac{1}{\frac{1}{2}} = 2$$

그러므로 삼각형 $A_1C_1B_1$은 한 변의 길이가 2인 정삼각형이다.

또

$\angle A_1B_2A_2 = \angle A_1B_1A_2 = \frac{\pi}{3}$,

$\angle A_2C_1B_2 = \angle A_1C_1B_1 = \frac{\pi}{3}$

이므로 삼각형 $C_1A_2B_2$는 정삼각형이다.

이때

$\overline{C_1A_2} = \overline{B_1A_2} - \overline{B_1C_1} = 3-2 = 1$

이므로 삼각형 $C_1A_2B_2$는 한 변의 길이가 1인 정삼각형이다.

그러므로

$$S_1 = 2\times(\triangle A_1A_2B_1 - \triangle A_1C_1B_1)$$
$$= 2\times\left(\frac{1}{2}\times2\times3\times\sin\frac{\pi}{3} - \frac{1}{2}\times2\times2\times\sin\frac{\pi}{3}\right)$$
$$= \sqrt{3}$$

또 그림 R_2의 두 삼각형 $A_1A_2B_1$, $A_2A_3B_2$에서

$\overline{A_1A_2} /\!/ \overline{A_2A_3}$, $\overline{A_1B_1} /\!/ \overline{A_2B_2}$, $\overline{A_2B_1} /\!/ \overline{A_3B_2}$

이고

$\overline{A_1B_1} = 2$, $\overline{A_2B_2} = 1$

이므로 두 삼각형 $A_1A_2B_1$, $A_2A_3B_2$의 닮음비는 $2 : 1$이다.

따라서 넓이의 비는 $2^2 : 1^2 = 4 : 1$이므로

$$\lim_{n\to\infty} S_n = \frac{S_1}{1-\frac{1}{4}} = \frac{\sqrt{3}}{\frac{3}{4}} = \frac{4\sqrt{3}}{3}$$

답 ②

87

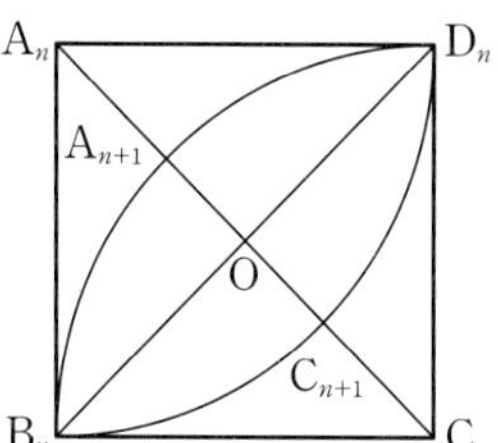

정사각형 $A_nB_nC_nD_n$의 한 변의 길이를 x_n, 두 대각선의 교점을 O라 하자.

$x_1 = 1$이므로

$$\overline{A_1A_2} = \overline{OA_1} - \overline{OA_2} = \overline{OA_1} - \overline{OC_2} = \frac{\sqrt{2}}{2} - \left(1-\frac{\sqrt{2}}{2}\right) = \sqrt{2}-1$$

S_1은 빗변의 길이가 $\sqrt{2}-1$인 직각이등변삼각형의 넓이의 2배이므로

$$S_1 = 2\times\frac{1}{4}(\sqrt{2}-1)^2 = \frac{1}{2}(3-2\sqrt{2})$$

$\overline{A_nC_n} = \sqrt{2}x_n$이므로

$\overline{OA_n} = \frac{1}{2}\overline{A_nC_n} = \frac{\sqrt{2}}{2}x_n$

이때 $\overline{A_nC_{n+1}} = x_n$이므로

$$\overline{OC_{n+1}} = \overline{A_nC_{n+1}} - \overline{OA_n} = x_n - \frac{\sqrt{2}}{2}x_n = \left(1-\frac{\sqrt{2}}{2}\right)x_n$$

$$\overline{A_{n+1}C_{n+1}} = 2\overline{OC_{n+1}} = 2\left(1-\frac{\sqrt{2}}{2}\right)x_n = (2-\sqrt{2})x_n$$

따라서 그림 R_n에서 새로 색칠된 도형과 그림 R_{n+1}에서 새로 색칠된 도형의 닮음비는

$$\overline{A_nC_n} : \overline{A_{n+1}C_{n+1}} = \sqrt{2}x_n : (2-\sqrt{2})x_n = \sqrt{2} : (2-\sqrt{2}) = 1 : (\sqrt{2}-1)$$

이므로 넓이의 비는

$1^2 : (\sqrt{2}-1)^2 = 1 : (3-2\sqrt{2})$

따라서 그림 R_{n+1}에서 새로 색칠된 도형의 넓이는 그림 R_n에서 새로 색칠된 도형의 넓이의 $(3-2\sqrt{2})$배이므로

$$\lim_{n\to\infty} S_n = \frac{\frac{1}{2}(3-2\sqrt{2})}{1-(3-2\sqrt{2})} = \frac{\frac{1}{2}(3-2\sqrt{2})}{2\sqrt{2}-2} = \frac{(3-2\sqrt{2})(\sqrt{2}+1)}{4(\sqrt{2}-1)(\sqrt{2}+1)} = \frac{1}{4}(\sqrt{2}-1)$$

답 ③

88

점 E_1에서 변 B_1C_1에 내린 수선의 발을 H_1이라 하자.

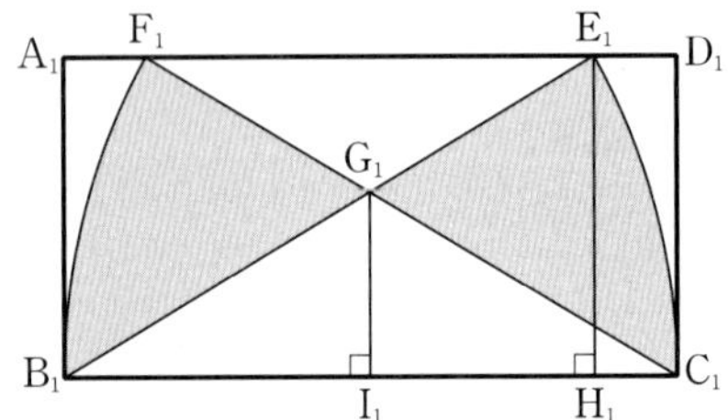

직각삼각형 $E_1B_1H_1$에서

$\sin(\angle E_1B_1H_1) = \frac{\overline{E_1H_1}}{\overline{B_1E_1}} = \frac{1}{2}$

이므로 $\angle E_1B_1H_1 = 30°$

점 G_1에서 변 B_1C_1에 내린 수선의 발을 I_1이라 하자.

$\overline{G_1I_1} = \overline{B_1I_1} \times \tan 30° = 1 \times \frac{\sqrt{3}}{3} = \frac{\sqrt{3}}{3}$

따라서 그림 R_1의 색칠한 부분의 넓이 S_1은

$$S_1 = 2\times\left(\pi\times 2^2 \times \frac{30°}{360°} - \frac{1}{2}\times 2\times\frac{\sqrt{3}}{3}\right) = \frac{2(\pi-\sqrt{3})}{3}$$

한편 그림 R_2에서 $\overline{A_2B_2} = \overline{B_2I_1} = a\ (0<a<1)$이라 하면

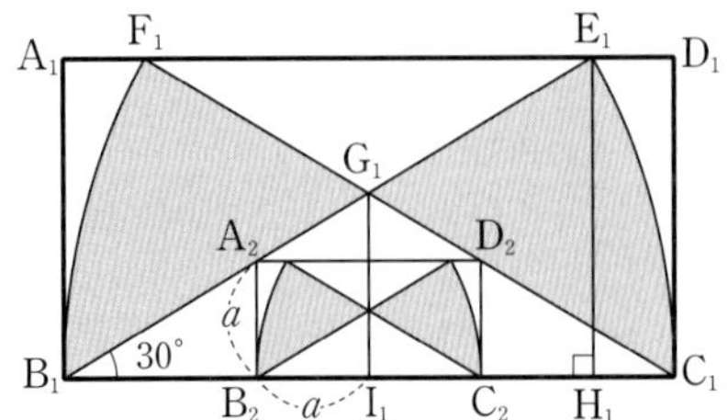

직각삼각형 $A_2B_1B_2$에서

$\tan 30° = \frac{\overline{A_2B_2}}{\overline{B_1B_2}} = \frac{a}{1-a}$

즉, $\frac{1}{\sqrt{3}} = \frac{a}{1-a}$에서

$1-a = \sqrt{3}a$, $(\sqrt{3}+1)a = 1$

$a = \frac{\sqrt{3}-1}{2}$

따라서 두 직사각형 $A_1B_1C_1D_1$, $A_2B_2C_2D_2$의 닮음비는

$1 : \frac{\sqrt{3}-1}{2}$

이므로 두 직사각형 $A_1B_1C_1D_1$, $A_2B_2C_2D_2$의 넓이의 비는

$1^2 : \left(\frac{\sqrt{3}-1}{2}\right)^2 = 1 : \frac{2-\sqrt{3}}{2}$

따라서

$$\lim_{n\to\infty} S_n = \frac{\frac{2(\pi-\sqrt{3})}{3}}{1-\frac{2-\sqrt{3}}{2}} = \frac{4\sqrt{3}\pi-12}{9}$$

답 ②

89

직각삼각형 $B_1C_1D_1$에서 $\angle C_1B_1D_1 = 60°$, $\angle C_1D_1B_1 = 90°$이므로

$\overline{C_1D_1} = \overline{B_1C_1}\sin 60° = 1\times\frac{\sqrt{3}}{2} = \frac{\sqrt{3}}{2}$

$\overline{B_1D_1} = \overline{B_1C_1}\cos 60° = 1\times\frac{1}{2} = \frac{1}{2}$

한편 두 선분 B_1B_2, B_1D_1과 호 D_1B_2로 둘러싸인 영역의 넓이는

(삼각형 $B_1C_1D_1$의 넓이)−(부채꼴 $B_2C_1D_1$의 넓이)

$= \frac{1}{2}\times\overline{C_1D_1}\times\overline{B_1D_1} - \pi\times\overline{C_1D_1}^2\times\frac{30°}{360°}$

$= \frac{1}{2}\times\frac{\sqrt{3}}{2}\times\frac{1}{2} - \pi\times\left(\frac{\sqrt{3}}{2}\right)^2\times\frac{1}{12}$

$= \frac{\sqrt{3}}{8} - \frac{\pi}{16}$

$= \frac{2\sqrt{3}-\pi}{16}$ …… ㉠

또 삼각형 $C_1A_2C_2$의 넓이는

$\frac{1}{2}\times\overline{C_1C_2}\times\overline{C_1A_2}\times\sin 30°$

$= \frac{1}{2}\times\left(\frac{1}{2}\times\overline{B_2C_1}\right)\times(\overline{B_2C_1}\cos 30°)\times\sin 30°$

$= \frac{1}{2}\times\left(\frac{1}{2}\times\frac{\sqrt{3}}{2}\right)\times\left(\frac{\sqrt{3}}{2}\times\frac{\sqrt{3}}{2}\right)\times\frac{1}{2}$

$= \frac{3\sqrt{3}}{64}$ …… ㉡

그러므로 그림 R_1에 색칠되어 있는 부분의 넓이 S_1은 ㉠, ㉡에 의하여

$S_1=\frac{2\sqrt{3}-\pi}{16}+\frac{3\sqrt{3}}{64}$

$=\frac{11\sqrt{3}-4\pi}{64}$

한편 직각삼각형 $A_2B_2C_1$에서

$\angle B_2C_1A_2=30^\circ$, $\angle A_2B_2C_1=60^\circ$이므로

$\overline{A_2B_2}=\overline{B_2C_1}\sin 30^\circ$

$=\frac{\sqrt{3}}{2}\times\frac{1}{2}$

$=\frac{\sqrt{3}}{4}$

삼각형 $A_2B_2C_2$에서 $\angle A_2B_2C_2=60^\circ$이고 $\overline{A_2B_2}=\overline{B_2C_2}$이므로

삼각형 $A_2B_2C_2$는 한 변의 길이가 $\frac{\sqrt{3}}{4}$인 정삼각형이다.

그러므로 두 정삼각형 $A_1B_1C_1$과 $A_2B_2C_2$의 닮음비가 $1:\frac{\sqrt{3}}{4}$이므로 넓이의 비는

$1^2:\left(\frac{\sqrt{3}}{4}\right)^2=1:\frac{3}{16}$

따라서

$$\lim_{n\to\infty}S_n=\frac{\frac{11\sqrt{3}-4\pi}{64}}{1-\frac{3}{16}}=\frac{11\sqrt{3}-4\pi}{52}$$

답 ②

90

그림 R_1에서 그림과 같이 두 점 C, Q를 연결하여 직각삼각형 QCP를 만든다.

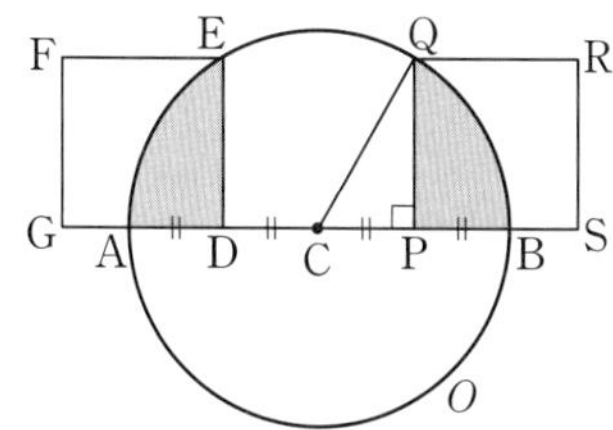

직각삼각형 QCP에서

$\overline{CQ}=2$, $\overline{CP}=1$이므로

$\overline{PQ}=\sqrt{\overline{CQ}^2-\overline{CP}^2}$

$=\sqrt{2^2-1^2}=\sqrt{3}$

에서 $\angle QCP=60^\circ$

그러므로 그림 R_1에 색칠되어 있는 부분의 넓이 S_1은

$S_1=2\{$(부채꼴 QCB의 넓이)$-$(삼각형 QCP의 넓이)$\}$

$=2\left(\pi\times2^2\times\frac{60^\circ}{360^\circ}-\frac{1}{2}\times1\times\sqrt{3}\right)$

$=\frac{4}{3}\pi-\sqrt{3}$

한편 그림 R_2에서 새로 그려진 원의 반지름의 길이는

$\frac{1}{2}\overline{DE}=\frac{1}{2}\overline{PQ}=\frac{\sqrt{3}}{2}$

이때 그림 R_1에 있는 원과 그림 R_2에서 새로 그려진 원의 반지름의 길이의 비는

$2:\frac{\sqrt{3}}{2}=1:\frac{\sqrt{3}}{4}$

이므로 넓이의 비는

$1^2:\left(\frac{\sqrt{3}}{4}\right)^2=1:\frac{3}{16}$

한편 그림 R_1의 원의 개수와 그림 R_2에서 새로 그려진 원의 개수의 비는 $1:2$이고, 같은 방법으로 그림 R_n에서 처음 그려진 원의 개수와 그림 R_{n+1}에서 처음 그려진 원의 개수의 비도 $1:2$이다.

따라서 S_n은 첫째항이 $\frac{4}{3}\pi-\sqrt{3}$이고 공비가 $\frac{3}{16}\times2=\frac{3}{8}$인 등비수열의 첫째항부터 제 n항까지의 합이므로

$$\lim_{n\to\infty}S_n=\frac{\frac{4}{3}\pi-\sqrt{3}}{1-\frac{3}{8}}=\frac{32\pi-24\sqrt{3}}{15}$$

답 ③

91

직각삼각형 OCE에서 $\overline{OC}=1$, $\overline{OE}=2$이므로

$\angle COE=60^\circ$

같은 방법으로 생각하면

$\angle DOF=60^\circ$

따라서 직각삼각형 OCI에서

$\angle COI=30^\circ$

$\overline{CI}=1\times\tan 30^\circ=\frac{\sqrt{3}}{3}$

이므로

$S_1=\square OCGD-\triangle OCI-\triangle OHD$

$=1\times1-2\times\left(\frac{1}{2}\times\frac{\sqrt{3}}{3}\times1\right)$

$=1-\frac{\sqrt{3}}{3}$

$=\frac{3-\sqrt{3}}{3}$

또한 그림과 같이 그림 R_n에 새롭게 그려진 부채꼴의 반지름의 길이를 r_n이라 하면 그림 R_{n+1}에 새롭게 그려진 부채꼴의 반지름의 길이 r_{n+1}은

$r_{n+1}=\frac{1}{2\sqrt{3}}r_n$

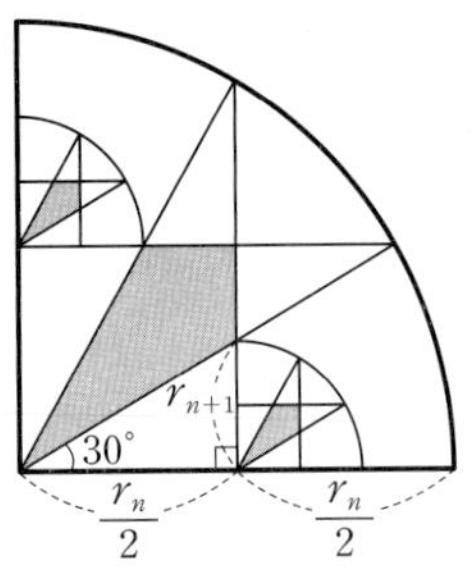

따라서 닮음비는 $1:\frac{1}{2\sqrt{3}}$이므로 넓이의 비는

$1^2:\left(\frac{1}{2\sqrt{3}}\right)^2=1:\frac{1}{12}$

그런데 새롭게 그려지는 부채꼴의 개수는 2배씩 증가하므로

$$\lim_{n\to\infty}S_n=\frac{\frac{3-\sqrt{3}}{3}}{1-2\times\frac{1}{12}}=\frac{\frac{3-\sqrt{3}}{3}}{\frac{5}{6}}$$

$$=\frac{2(3-\sqrt{3})}{5}$$

답 ①

92

그림 R_1에서 색칠된 부분의 넓이는 정사각형 $A_1B_1C_1D_1$의 넓이에서 반지름의 길이가 1인 반원의 넓이와 직각이등변삼각형 $G_1E_1F_1$의 넓이를 뺀 값과 같으므로

$$S_1=2^2-\left(\frac{\pi}{2}+\frac{1}{2}\times2\times1\right)$$

$$=\frac{1}{2}(6-\pi)$$

그림 R_2에서 선분 G_1F_1의 중점을 O, 선분 G_1F_1과 선분 B_2C_2의 교점을 H라 하고 선분 OH의 길이를 x라 하면

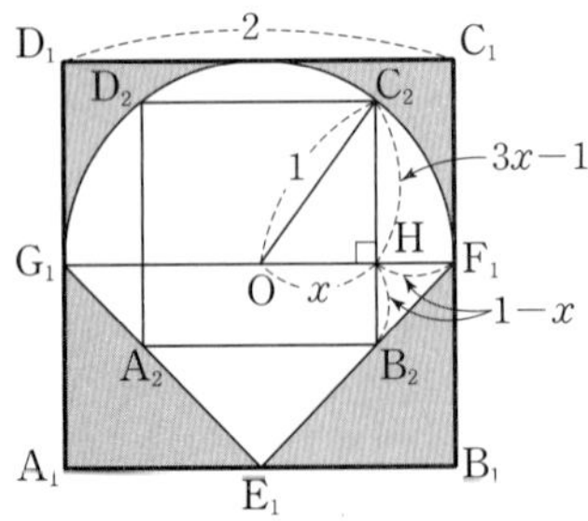

$\overline{HB_2}=\overline{HF_1}=1-x$, $\overline{C_2H}=2x-(1-x)=3x-1$

이므로 직각삼각형 OHC_2에서

$1^2=x^2+(3x-1)^2$

$10x^2-6x=0$

$2x(5x-3)=0$

$0<x<1$이므로 $x=\frac{3}{5}$

두 정사각형 $A_1B_1C_1D_1$과 $A_2B_2C_2D_2$의 닮음비는 $1:\frac{3}{5}$이므로 넓이의 비는

$1^2:\left(\frac{3}{5}\right)^2=1:\frac{9}{25}$

따라서 그림 R_{n+1}에서 새로 색칠된 도형의 넓이는 그림 R_n에서 새로 색칠된 도형의 넓이의 $\frac{9}{25}$배이므로

$$\lim_{n\to\infty}S_n=\frac{S_1}{1-\frac{9}{25}}$$

$$=\frac{\frac{1}{2}(6-\pi)}{1-\frac{9}{25}}$$

$$=\frac{25(6-\pi)}{32}$$

답 ②

93

직각삼각형 $A_1B_1D_1$에서

$$\overline{B_1D_1}=\sqrt{\overline{A_1B_1}^2+\overline{A_1D_1}^2}$$

$$=\sqrt{4^2+1^2}=\sqrt{17}$$

이므로

$$\overline{D_1E_1}=\frac{1}{2}\times\overline{B_1D_1}=\frac{\sqrt{17}}{2}$$

그러므로

$$S_1=2\times\triangle A_2D_1E_1$$

$$=2\times\left(\frac{1}{2}\times\frac{\sqrt{17}}{2}\times\frac{\sqrt{17}}{2}\right)$$

$$=\frac{17}{4}$$

한편 직각삼각형 $D_1B_1C_1$에서 $\angle C_1D_1B_1=\theta$라 하면

$$\sin\theta=\frac{\overline{B_1C_1}}{\overline{D_1B_1}}=\frac{1}{\sqrt{17}}$$

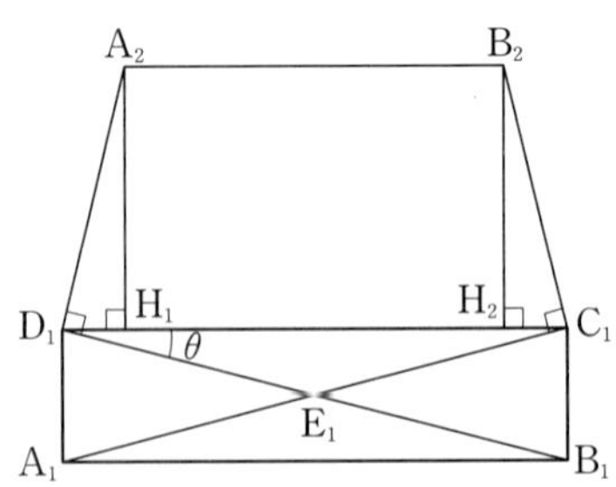

점 A_2에서 선분 D_1C_1에 내린 수선의 발을 H_1이라 하면

$\angle A_2D_1H_1=\frac{\pi}{2}-\theta$이므로

$$\overline{D_1H_1}=\overline{A_2D_1}\cos\left(\frac{\pi}{2}-\theta\right)$$

$$=\overline{A_2D_1}\sin\theta$$

$$=\frac{\sqrt{17}}{2}\times\frac{1}{\sqrt{17}}=\frac{1}{2}$$

점 B_2에서 선분 D_1C_1에 내린 수선의 발을 H_2라 하면

$\overline{A_2B_2}=\overline{H_1H_2}$

$=4-2\times\overline{D_1H_1}$

$=4-2\times\frac{1}{2}=3$

이때 $\overline{A_1B_1}=4$, $\overline{A_2B_2}=3$에서 두 직사각형 $A_1B_1C_1D_1$과 $A_2B_2C_2D_2$의 닮음비가 $1:\frac{3}{4}$이므로 넓이의 비는

$1^2:\left(\frac{3}{4}\right)^2=1:\frac{9}{16}$이다.

따라서 $\lim_{n\to\infty}S_n=\dfrac{\frac{17}{4}}{1-\frac{9}{16}}=\frac{68}{7}$

답 ③

94

직사각형 $OA_1B_1C_1$의 넓이는

$3\times1=3$

사분원 $C_1D_1B_1$의 넓이는

$\frac{1}{4}\times\pi\times1^2=\frac{\pi}{4}$

$\overline{OD_1}=\overline{OC_1}-\overline{C_1D_1}=3-1=2$이므로

$\overline{OE_1}=2$

직각삼각형 OA_1E_1에서

$\overline{A_1E_1}=\sqrt{\overline{OE_1}^2-\overline{OA_1}^2}$

$=\sqrt{2^2-1^2}=\sqrt{3}$

이므로 직각삼각형 OA_1E_1의 넓이는

$\frac{1}{2}\times1\times\sqrt{3}=\frac{\sqrt{3}}{2}$

한편 $\cos(\angle A_1OE_1)=\dfrac{\overline{OA_1}}{\overline{OE_1}}=\frac{1}{2}$이므로

$\angle A_1OE_1=60^\circ$

따라서 부채꼴 E_1OD_1의 중심각의 크기는

$\angle E_1OD_1=90^\circ-\angle A_1OE_1$

$=90^\circ-60^\circ=30^\circ$

이므로 부채꼴 E_1OD_1의 넓이는

$\pi\times2^2\times\frac{30^\circ}{360^\circ}=\frac{\pi}{3}$

따라서 그림 R_1의 색칠한 부분의 넓이 S_1은

$S_1=3-\frac{\pi}{4}-\frac{\sqrt{3}}{2}-\frac{\pi}{3}$

$=3-\frac{\sqrt{3}}{2}-\frac{7}{12}\pi$

한편 $\overline{OA_n}=a_n$이라 하면

$\overline{OA_{n+1}}=a_{n+1}$, $\overline{A_{n+1}B_{n+1}}=3a_{n+1}$이고

$\overline{OB_{n+1}}=\overline{OD_n}=\overline{OC_n}-\overline{C_nD_n}$

$=3a_n-a_n=2a_n$

이므로 직각삼각형 $OA_{n+1}B_{n+1}$에서

${a_{n+1}}^2+(3a_{n+1})^2=(2a_n)^2$

따라서 $\left(\frac{a_{n+1}}{a_n}\right)^2=\frac{4}{10}=\frac{2}{5}$

즉, 두 직사각형 $OA_nB_nC_n$, $OA_{n+1}B_{n+1}C_{n+1}$의 닮음비는 $\sqrt{5}:\sqrt{2}$이므로 넓이의 비는 $5:2$이다.

따라서 그림 R_{n+1}에서 새로 색칠된 도형의 넓이는 그림 R_n에서 새로 색칠된 도형의 넓이의 $\frac{2}{5}$배이므로

$\lim_{n\to\infty}S_n=\dfrac{S_1}{1-\frac{2}{5}}=\frac{5}{3}S_1$

$=\frac{5}{3}\left(3-\frac{\sqrt{3}}{2}-\frac{7}{12}\pi\right)$

$=5-\frac{5\sqrt{3}}{6}-\frac{35}{36}\pi$

답 ②

95

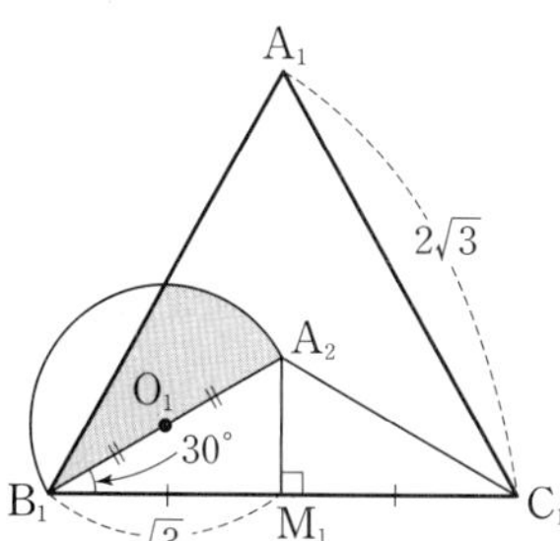

변 B_1C_1의 중점을 M_1이라 하면

$\overline{B_1M_1}=\sqrt{3}$

$\angle A_2B_1M_1=30^\circ$이므로

$\overline{A_2B_1}=2$

따라서 선분 A_2B_1의 중점을 O_1, 변 A_1B_1과 지름이 A_2B_1인 반원이 만나는 점을 D_1, 점 O_1에서 선분 B_1D_1에 내린 수선의 발을 H_1이라 하면

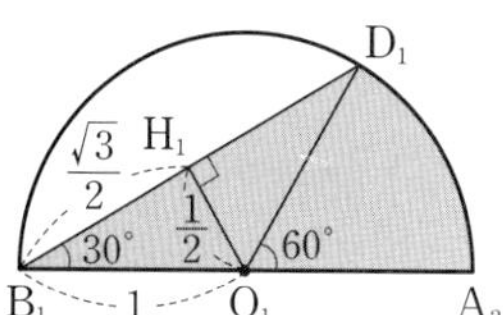

$\overline{B_1O_1}=1$, $\overline{O_1H_1}=\frac{1}{2}$, $\overline{B_1H_1}=\frac{\sqrt{3}}{2}$이므로

(도형 $B_1A_2D_1$의 넓이)

=(삼각형 $B_1O_1D_1$의 넓이)+(부채꼴 $O_1A_2D_1$의 넓이)

$=\frac{1}{2}\times\sqrt{3}\times\frac{1}{2}+\pi\times1^2\times\frac{60^\circ}{360^\circ}$

$=\frac{\sqrt{3}}{4}+\frac{\pi}{6}$

따라서 $S_1=2\left(\frac{\sqrt{3}}{4}+\frac{\pi}{6}\right)$

변 B_1C_1의 중점이 M_1이므로 정삼각형 $A_1B_1C_1$의 높이는

$\overline{A_1M_1}=\frac{\sqrt{3}}{2}\times 2\sqrt{3}=3$

정삼각형 $A_2B_2C_2$의 높이는

$\overline{A_2M_1}=1$

이때 두 정삼각형 $A_1B_1C_1$, $A_2B_2C_2$의 닮음비는 $3:1$이고 넓이의 비는 $9:1$이다.

따라서 그림 R_{n+1}에서 새로 색칠된 도형의 넓이는 그림 R_n에서 새로 색칠된 도형의 넓이의 $\frac{1}{9}$배이므로

$$\lim_{n\to\infty} S_n=\frac{2\left(\frac{\sqrt{3}}{4}+\frac{\pi}{6}\right)}{1-\frac{1}{9}}=\frac{9\sqrt{3}+6\pi}{16}$$

답 ①

96

그림 R_1의 점 E_1에서 변 A_1B_1에 내린 수선의 발을 H라 하자.

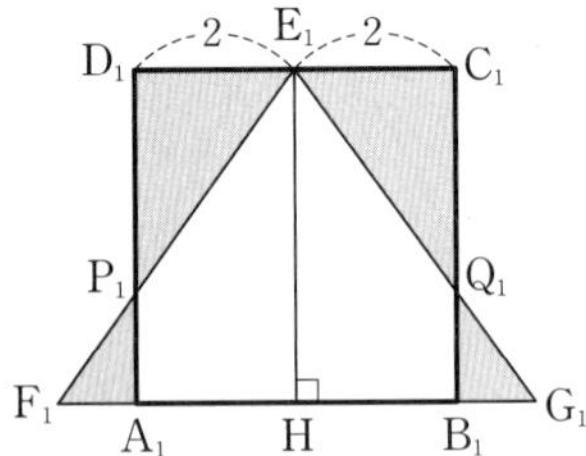

$\overline{E_1D_1}=\frac{1}{2}\overline{D_1C_1}=\frac{1}{2}\times 4=2$

$\overline{E_1H}=\overline{D_1A_1}=4$

$\overline{E_1F_1}=5a$로 놓으면

$\overline{E_1F_1}:\overline{F_1G_1}=5:6$이므로

$\overline{F_1G_1}=6a$

즉, $\overline{F_1H}=\frac{1}{2}\overline{F_1G_1}=3a$

직각삼각형 E_1F_1H에서

$(5a)^2=4^2+(3a)^2$

즉, $16a^2=16$에서 $a>0$이므로

$a=1$

$\overline{F_1H}=3$이고 $\overline{A_1H}=2$이므로

$\overline{F_1A_1}=3-2=1$

삼각형 $D_1P_1E_1$과 삼각형 $A_1P_1F_1$이 닮음이고

$\overline{D_1E_1}=2$, $\overline{A_1F_1}=1$이므로 닮음비는 $2:1$이다.

즉, $\overline{D_1P_1}=\frac{2}{3}\times 4=\frac{8}{3}$, $\overline{A_1P_1}=\frac{1}{3}\times 4=\frac{4}{3}$

$\overline{E_1F_1}=\overline{E_1G_1}$이므로 삼각형 $D_1P_1E_1$과 삼각형 $C_1Q_1E_1$이 합동이고 삼각형 $A_1P_1F_1$과 삼각형 $B_1Q_1G_1$이 합동이므로

$S_1=2\times\frac{1}{2}\times 2\times\frac{8}{3}+2\times\frac{1}{2}\times 1\times\frac{4}{3}=\frac{20}{3}$

그림 R_2의 점 E_1에서 변 D_2C_2에 내린 수선의 발을 H_1이라 하자.

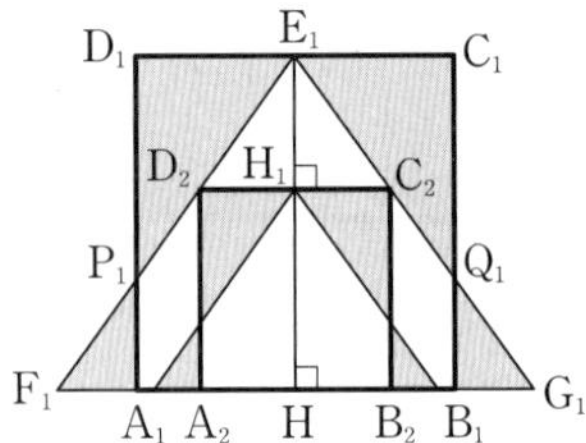

정사각형 $A_2B_2C_2D_2$의 한 변의 길이를 x라 하면

$\overline{D_2H_1}=\frac{x}{2}$, $\overline{E_1H_1}=4-x$

삼각형 E_1F_1H와 삼각형 $E_1D_2H_1$은 닮음이므로

$3:4=\frac{x}{2}:(4-x)$

즉, $2x=12-3x$에서

$5x=12$, $x=\frac{12}{5}$

정사각형 $A_1B_1C_1D_1$과 정사각형 $A_2B_2C_2D_2$의 닮음비는

$4:\frac{12}{5}=1:\frac{3}{5}$이므로 넓이의 비는

$1^2:\left(\frac{3}{5}\right)^2=1:\frac{9}{25}$

따라서 $\lim_{n\to\infty} S_n=\frac{\frac{20}{3}}{1-\frac{9}{25}}=\frac{125}{12}$

답 ②

97

직각삼각형 $C_1D_1F_1$에서

$\angle C_1D_1F_1=\frac{\pi}{6}$, $\overline{C_1D_1}=1$

이므로

$\overline{C_1F_1}=\overline{C_1D_1}\times\tan\frac{\pi}{6}$

$=1\times\frac{\sqrt{3}}{3}=\frac{\sqrt{3}}{3}$

직각삼각형 $C_1D_1E_1$에서

$\angle C_1D_1E_1=\frac{\pi}{3}$

이므로

$\overline{C_1E_1}=\overline{C_1D_1}\times\tan\frac{\pi}{3}$

$=1\times\sqrt{3}=\sqrt{3}$

이때

$\overline{E_1F_1}=\overline{C_1E_1}-\overline{C_1F_1}$

$=\sqrt{3}-\frac{\sqrt{3}}{3}=\frac{2\sqrt{3}}{3}$

직각삼각형 $E_1F_1H_1$에서 $\angle H_1E_1F_1=\frac{\pi}{6}$이므로

$$\overline{F_1H_1}=\overline{E_1F_1}\times\tan\frac{\pi}{6}$$
$$=\frac{2\sqrt{3}}{3}\times\frac{\sqrt{3}}{3}=\frac{2}{3}$$

$$S_1=\triangle E_1F_1G_1+\triangle E_1F_1D_1-2\times\triangle E_1F_1H_1$$
$$=\frac{1}{2}\times\overline{E_1F_1}\times\overline{F_1G_1}+\frac{1}{2}\times\overline{E_1F_1}\times\overline{C_1D_1}-2\times\left(\frac{1}{2}\times\overline{E_1F_1}\times\overline{F_1H_1}\right)$$
$$=\frac{1}{2}\times\frac{2\sqrt{3}}{3}\times\frac{2\sqrt{3}}{3}+\frac{1}{2}\times\frac{2\sqrt{3}}{3}\times1-2\times\left(\frac{1}{2}\times\frac{2\sqrt{3}}{3}\times\frac{2}{3}\right)$$
$$=\frac{6-\sqrt{3}}{9}$$

한편 $\overline{AB_2}:\overline{B_2C_2}=1:2$이므로

$\overline{AB_2}=k$, $\overline{B_2C_2}=2k\ (k>0)$이라 하자.

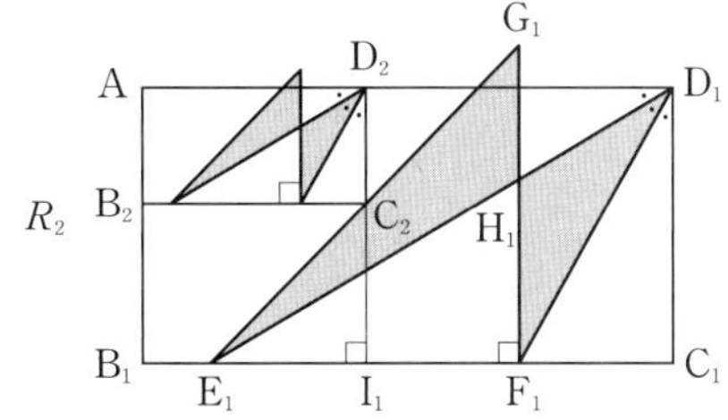

점 C_2에서 선분 B_1C_1에 내린 수선의 발을 I_1이라 하면

$\overline{E_1I_1}=\overline{C_2I_1}=1-k$, $\overline{I_1C_1}=2-2k$

이므로

$(1-k)+(2-2k)=\sqrt{3}$

$k=\frac{3-\sqrt{3}}{3}$

그림 R_1에 색칠되어 있는 도형과 그림 R_2에 새로 색칠되어 있는 도형의 닮음비가 $1:\frac{3-\sqrt{3}}{3}$이므로 넓이의 비는

$1^2:\left(\frac{3-\sqrt{3}}{3}\right)^2=1:\frac{4-2\sqrt{3}}{3}$

이다.

따라서 $\lim_{n\to\infty}S_n=\dfrac{\frac{6-\sqrt{3}}{9}}{1-\frac{4-2\sqrt{3}}{3}}=\frac{\sqrt{3}}{3}$

답 ③

98

반지름의 길이가 2인 원 O_1에 내접하는 정삼각형 $A_1B_1C_1$의 높이는

$\overline{A_1D_1}=2+1=3$

이므로 정삼각형 $A_1B_1C_1$의 한 변의 길이를 a라 하면

$\frac{\sqrt{3}}{2}a=3$

즉, $a=2\sqrt{3}$

$$S_1=\frac{\sqrt{3}}{4}\times(2\sqrt{3})^2\times\frac{1}{2}\times\frac{2}{3}+\frac{1}{3}\left\{4\pi-\frac{\sqrt{3}}{4}\times(2\sqrt{3})^2\right\}$$
$$=\sqrt{3}+\frac{1}{3}(4\pi-3\sqrt{3})$$
$$=\frac{4}{3}\pi$$

삼각형 $A_1B_1D_1$에 내접하는 원 O_2의 반지름의 길이를 r이라 하면

$\frac{r}{2}(2\sqrt{3}+\sqrt{3}+3)=\frac{1}{2}\times\sqrt{3}\times3$

$r=\frac{\sqrt{3}}{\sqrt{3}+1}=\frac{3-\sqrt{3}}{2}$

이때 두 원 O_1, O_2의 반지름의 길이의 비는

$2:\frac{3-\sqrt{3}}{2}=1:\frac{3-\sqrt{3}}{4}$

이므로 넓이의 비는

$1:\left(\frac{3-\sqrt{3}}{4}\right)^2$

이다.

따라서 그림 R_{n+1}에서 새로 색칠된 도형의 넓이는 그림 R_n에서 새로 색칠된 도형의 넓이의 $\left(\frac{3-\sqrt{3}}{4}\right)^2$배이므로

$$\lim_{n\to\infty}S_n=\frac{\frac{4}{3}\pi}{1-\left(\frac{3-\sqrt{3}}{4}\right)^2}=\frac{\frac{4}{3}\pi}{1-\frac{12-6\sqrt{3}}{16}}$$
$$=\frac{32\pi}{9\sqrt{3}+6}$$
$$=\frac{32\pi(9\sqrt{3}-6)}{(9\sqrt{3}+6)(9\sqrt{3}-6)}$$
$$=\frac{32(3\sqrt{3}-2)\pi}{69}$$

답 ③

99

정사각형 $A_1B_1C_1D_1$은 한 변의 길이가 2이므로

$$S_1=\triangle A_1E_1D_1+\triangle D_1F_1C_1+\triangle E_1B_1F_1$$
$$=\frac{1}{2}\times1\times2+\frac{1}{2}\times1\times2+\frac{1}{2}\times1\times1$$
$$=\frac{5}{2}$$

그림 R_2에서 정사각형 $A_2B_2C_2D_2$의 한 변의 길이를 x라 하고 선분 B_1D_1이 선분 A_2D_2와 만나는 점을 H라 하자.

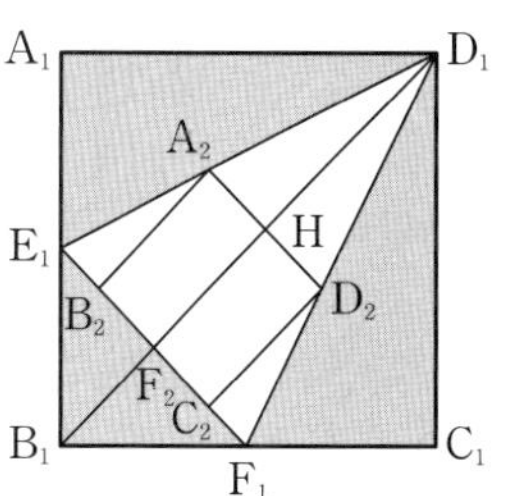

I 수열의 극한

이때 직각삼각형 $B_1F_1F_2$에서

$\angle F_2B_1F_1=\angle B_1F_1F_2=45^\circ$이므로

$\overline{F_2F_1}=\overline{F_2B_1}=\frac{\sqrt{2}}{2}$

한편 $\overline{D_1B_1}=2\sqrt{2}$이므로 직각삼각형 $D_1F_2F_1$에서

$$\begin{aligned}\overline{D_1F_2}:\overline{F_2F_1}&=(\overline{D_1B_1}-\overline{F_2B_1}):\overline{F_2F_1}\\&=\left(2\sqrt{2}-\frac{\sqrt{2}}{2}\right):\frac{\sqrt{2}}{2}\\&=\frac{3\sqrt{2}}{2}:\frac{\sqrt{2}}{2}\\&=3:1\end{aligned}$$

또 직각삼각형 D_1HD_2에서

$$\begin{aligned}\overline{D_1H}:\overline{HD_2}&=(\overline{D_1B_1}-\overline{HB_1}):\overline{HD_2}\\&=\left(2\sqrt{2}-x-\frac{\sqrt{2}}{2}\right):\frac{1}{2}x\\&=(3\sqrt{2}-2x):x\end{aligned}$$

이때 직각삼각형 $D_1F_2F_1$과 직각삼각형 D_1HD_2가 서로 닮음이므로

$\overline{D_1F_2}:\overline{F_2F_1}=\overline{D_1H}:\overline{HD_2}$에서

$3:1=(3\sqrt{2}-2x):x$

$3\sqrt{2}-2x=3x,\ 5x=3\sqrt{2}$

즉, $x=\frac{3\sqrt{2}}{5}$

두 정사각형 $A_1B_1C_1D_1$, $A_2B_2C_2D_2$의 닮음비가

$2:\frac{3\sqrt{2}}{5}=1:\frac{3\sqrt{2}}{10}$

이므로 넓이의 비는

$1^2:\left(\frac{3\sqrt{2}}{10}\right)^2=1:\frac{9}{50}$

같은 방법으로 두 정사각형 $A_nB_nC_nD_n$, $A_{n+1}B_{n+1}C_{n+1}D_{n+1}$의 넓이의 비도 $1:\frac{9}{50}$이다.

따라서 $\lim_{n\to\infty}S_n=\frac{\frac{5}{2}}{1-\frac{9}{50}}=\frac{125}{41}$

답 ⑤

100

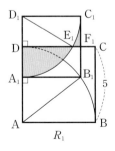

그림 R_1의 직각삼각형 A_1AB_1에서 $\overline{AA_1}=3$, $\overline{AB_1}=5$이므로

$\overline{A_1B_1}=4$

즉, $\overline{D_1E_1}=4$, $\overline{D_1D}=2$이므로

$\angle DD_1E_1=60^\circ$, $\angle C_1D_1E_1=30^\circ$

따라서

$$\begin{aligned}S_1&=\left(\pi\times4^2\times\frac{60^\circ}{360^\circ}-\frac{1}{2}\times4\times2\times\sin60^\circ\right)\\&\quad+\left(4\times2-\frac{1}{2}\times4\times2\times\sin60^\circ-\pi\times4^2\times\frac{30^\circ}{360^\circ}\right)\\&=\left(\frac{8}{3}\pi-2\sqrt{3}\right)+\left(8-2\sqrt{3}-\frac{4}{3}\pi\right)\\&=8-4\sqrt{3}+\frac{4}{3}\pi\end{aligned}$$

한편 정사각형 $A_{n+1}B_{n+1}C_{n+1}D_{n+1}$의 한 변의 길이는 정사각형 $A_nB_nC_nD_n$의 한 변의 길이의 $\frac{4}{5}$배이므로 그림 R_{n+1}에서 새로 색칠한 부분의 넓이는 그림 R_n에서 새로 색칠한 부분의 넓이의 $\frac{16}{25}$배이다.

따라서

$$\begin{aligned}\lim_{n\to\infty}S_n&=\frac{8-4\sqrt{3}+\frac{4}{3}\pi}{1-\frac{16}{25}}\\&=\frac{25}{9}\left(8-4\sqrt{3}+\frac{4}{3}\pi\right)\\&=\frac{100}{9}\left(2-\sqrt{3}+\frac{\pi}{3}\right)\end{aligned}$$

답 ⑤

도전 1등급 문제

본문 42~45쪽

01 57	02 ②	03 ①	04 28	05 25
06 270	07 80	08 25	09 84	10 162

01

정답률 **29.0%**

정답 공식 **개념만 확실히 알자!**

1. $\sum$의 주요 공식

① $\sum_{k=1}^{n} k=\frac{n(n+1)}{2}$

② $\sum_{k=1}^{n} k^2=\frac{n(n+1)(2n+1)}{6}$

③ $\sum_{k=1}^{n} k^3=\left\{\frac{n(n+1)}{2}\right\}^2$

④ $\sum_{k=1}^{n} \frac{1}{k(k+1)}=\sum_{k=1}^{n}\left(\frac{1}{k}-\frac{1}{k+1}\right)=\frac{n}{n+1}$

2. 등차수열에서 a_n과 S_n의 관계

$a_1=S_1$, $a_n=S_n-S_{n-1}$ (단, $n\ge 2$)

풀이 전략 급수의 합을 이용하여 일반항을 구한다.

문제 풀이

[STEP 1] 주어진 식을 전개한다.

$$S_m=\sum_{n=1}^{\infty}\frac{m+1}{n(n+m+1)}$$
$$=\sum_{n=1}^{\infty}\left(\frac{1}{n}-\frac{1}{n+m+1}\right)$$

→ $\frac{n+m+1}{n(n+m+1)}-\frac{n}{n(n+m+1)}$

$$=\lim_{n\to\infty}\sum_{k=1}^{n}\left(\frac{1}{k}-\frac{1}{k+m+1}\right)$$
$$=\lim_{n\to\infty}\left\{\left(1-\frac{1}{m+2}\right)+\left(\frac{1}{2}-\frac{1}{m+3}\right)+\cdots+\left(\frac{1}{n}-\frac{1}{m+n+1}\right)\right\}$$

[STEP 2] S_1, S_9, S_{10}의 값을 구하여 a_1, a_{10}의 값을 구한다.

따라서

$$S_1=\lim_{n\to\infty}\left\{\left(1-\frac{1}{3}\right)+\left(\frac{1}{2}-\frac{1}{4}\right)+\left(\frac{1}{3}-\frac{1}{5}\right)+\cdots+\left(\frac{1}{n}-\frac{1}{n+2}\right)\right\}$$
$$=1+\frac{1}{2}=\frac{3}{2}$$

→ $\lim_{n\to\infty}\left(1+\frac{1}{2}-\frac{1}{n+1}-\frac{1}{n+2}\right)=1+\frac{1}{2}-0-0=\frac{3}{2}$

이므로

$$a_1=S_1=\frac{3}{2}$$

또한

$$S_9=\lim_{n\to\infty}\left\{\left(1-\frac{1}{11}\right)+\left(\frac{1}{2}-\frac{1}{12}\right)+\left(\frac{1}{3}-\frac{1}{13}\right)+\cdots+\left(\frac{1}{n}-\frac{1}{n+10}\right)\right\}$$
$$=1+\frac{1}{2}+\frac{1}{3}+\cdots+\frac{1}{10}$$

$$S_{10}=\lim_{n\to\infty}\left\{\left(1-\frac{1}{12}\right)+\left(\frac{1}{2}-\frac{1}{13}\right)+\left(\frac{1}{3}-\frac{1}{14}\right)+\cdots+\left(\frac{1}{n}-\frac{1}{n+11}\right)\right\}$$
$$=1+\frac{1}{2}+\frac{1}{3}+\cdots+\frac{1}{10}+\frac{1}{11}$$
$$=S_9+\frac{1}{11}$$

이므로

$$a_{10}=S_{10}-S_9$$
$$=\left(S_9+\frac{1}{11}\right)-S_9$$
$$=\frac{1}{11}$$

$a_1+a_{10}=\frac{3}{2}+\frac{1}{11}=\frac{35}{22}$이므로

$p=22$, $q=35$

따라서 $p+q=57$

답 57

02

정답률 **27.2%**

정답 공식 **개념만 확실히 알자!**

1. 정삼각형의 높이와 넓이

정삼각형의 한 변의 길이가 a일 때

① 높이: $\frac{\sqrt{3}}{2}a$ ② 넓이: $\frac{\sqrt{3}}{4}a^2$

2. 닮음비와 넓이의 비

두 도형의 닮음비가 $m:n$이면 넓이의 비는 $m^2:n^2$이다.

3. 등비급수의 합

첫째항이 a $(a\ne 0)$이고 공비가 r $(-1<r<1)$인 등비급수

$\sum_{n=1}^{\infty} ar^{n-1}=a+ar+ar^2+\cdots+ar^{n-1}+\cdots$은 수렴하고

그 합은 $\frac{a}{1-r}$이다.

풀이 전략 수렴하는 등비급수의 합의 공식을 이용한다.

문제 풀이

[STEP 1] 도형의 성질을 이용하여 S_1의 값을 구한다.

점 O_1에서 선분 C_1A_2에 내린 수선의 발을 H_1이라 하고, 선분 O_1C_1, O_1H_1, O_1A_2가 선분 M_1O_2와 만나는 점을 각각 D_1, E_1, F_1이라 하자.

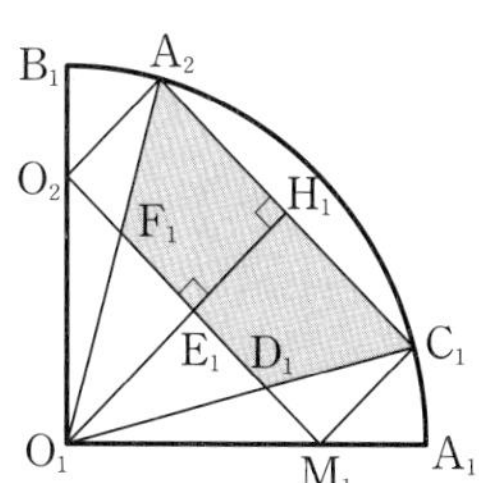

$\overline{O_1M_1}=\overline{O_1O_2}=\sqrt{2}$이고 삼각형 $O_1M_1O_2$는 직각이등변삼각형이므로 $\overline{O_2M_1}=2$, $\angle O_1O_2E_1=45°$이다.

삼각형 $O_1E_1O_2$도 $\angle O_1E_1O_2=90°$이므로 직각이등변삼각형이고 $\overline{O_1E_1}=1$이다.

$\overline{A_2C_1}=\overline{O_2M_1}=2$이므로 삼각형 $O_1C_1A_2$는 정삼각형이고 $\overline{O_1H_1}=\sqrt{3}$이다.

또 $\triangle O_1D_1F_1 \backsim \triangle O_1C_1A_2$이고 $\overline{O_1E_1} : \overline{O_1H_1}=1 : \sqrt{3}$이므로 두 삼각형의 넓이의 비는 $1 : 3$이다.

→ 닮음비가 $m : n$이면 넓이의 비는 $m^2 : n^2$이므로 $1^2 : (\sqrt{3})^2=1:3$

그러므로

$$S_1=\triangle O_1C_1A_2-\triangle O_1D_1F_1$$
$$=\triangle O_1C_1A_2-\frac{1}{3}\triangle O_1C_1A_2$$
$$=\frac{2}{3}\triangle O_1C_1A_2$$
$$=\frac{2}{3}\times\left(\frac{1}{2}\times 2\times\sqrt{3}\right)$$
$$=\frac{2\sqrt{3}}{3}$$

[STEP 2] 두 선분 O_nA_n과 $O_{n+1}A_{n+1}$의 길이의 비를 구한다.

$\overline{O_nA_n}=r_n$, $\overline{O_{n+1}A_{n+1}}=r_{n+1}$이라 하면

$\overline{O_nM_n}=\overline{O_nO_{n+1}}=\frac{\sqrt{2}}{2}r_n$

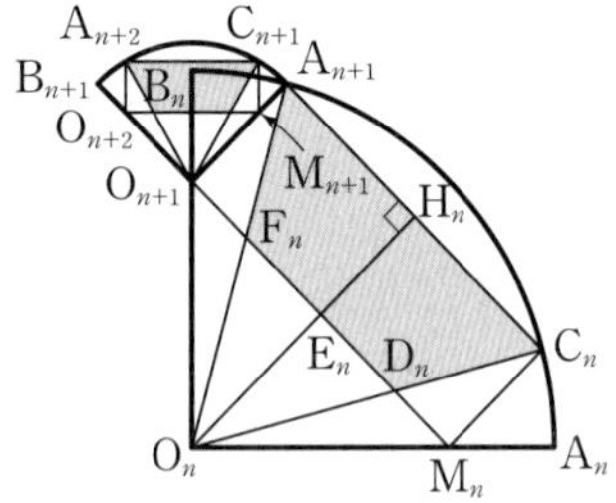

두 삼각형 $O_nM_nO_{n+1}$, $O_nE_nO_{n+1}$은 직각이등변삼각형이므로

$\overline{O_{n+1}M_n}=r_n$이고 $\overline{O_nE_n}=\frac{1}{2}r_n$

$\overline{A_{n+1}C_n}=\overline{O_{n+1}M_n}=r_n$이므로 삼각형 $O_nC_nA_{n+1}$은 정삼각형이다.

$\overline{O_nH_n}=\frac{\sqrt{3}}{2}r_n$이므로 → 한 변의 길이가 r_n인 정삼각형의 높이는 $\frac{\sqrt{3}}{2}r_n$

$$r_{n+1}=\overline{E_nH_n}=\overline{O_nH_n}-\overline{O_nE_n}$$
$$=\frac{\sqrt{3}}{2}r_n-\frac{1}{2}r_n$$
$$=\frac{\sqrt{3}-1}{2}r_n$$

부채꼴 $O_nA_nB_n$과 부채꼴 $O_{n+1}A_{n+1}B_{n+1}$은 서로 닮음이고 닮음비가 $r_n : r_{n+1}=1 : \frac{\sqrt{3}-1}{2}$이므로 넓이의 비는

→ 닮음비가 $1 : r$이면 넓이의 비는 $1 : r^2$

$1^2 : \left(\frac{\sqrt{3}-1}{2}\right)^2=1 : \left(1-\frac{\sqrt{3}}{2}\right)$이다.

실수 넓이에 대한 급수 문제에서 공비는 닮음비를 이용하여 구하는 것이 아니라 닮음비의 제곱인 비를 이용하여 구해야 한다.

[STEP 3] 등비급수의 합을 구한다.

따라서 S_n은 첫째항이 $\frac{2\sqrt{3}}{3}$이고 공비가 $1-\frac{\sqrt{3}}{2}$인 등비수열의 첫째항부터 제n항까지의 합이므로

$$\lim_{n\to\infty}S_n=\frac{\frac{2\sqrt{3}}{3}}{1-\left(1-\frac{\sqrt{3}}{2}\right)}$$
$$=\frac{4}{3}$$

답 ②

다른 풀이

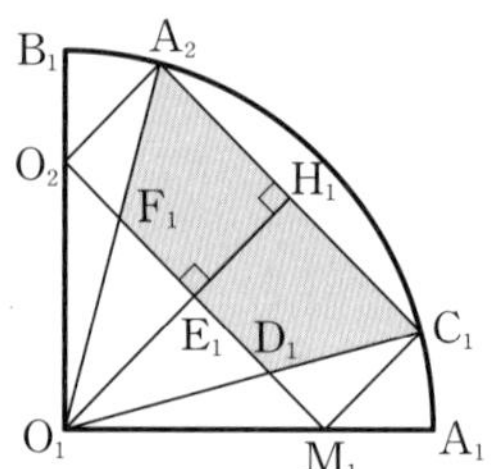

그림에서 $\overline{O_1M_1}=\overline{O_1O_2}=\sqrt{2}$이므로 삼각형 $O_1M_1O_2$는 직각이등변삼각형이다.

$\angle O_1M_1O_2=\angle O_1O_2M_1=45°$이고

$\angle O_1E_1M_1=90°$이므로

두 삼각형 $O_1E_1O_2$, $O_1E_1M_1$은 모두 직각이등변삼각형이고

$\overline{O_1E_1}=\overline{E_1O_2}=\overline{E_1M_1}=1$

직각삼각형 $O_1H_1A_2$에서

$\overline{O_1A_2}^2=\overline{O_1H_1}^2+\overline{H_1A_2}^2$

$2^2=(1+\overline{E_1H_1})^2+1^2$이므로

$\overline{E_1H_1}=\sqrt{3}-1$

→ $(1+\overline{E_1H_1})^2=3$에서 $\overline{E_1H_1}=-1\pm\sqrt{3}$
$\overline{E_1H_1}>0$이므로 $\overline{E_1H_1}=-1+\sqrt{3}$

또 $\triangle O_1E_1F_1 \backsim \triangle O_1H_1A_2$에서

$\overline{O_1E_1} : \overline{O_1H_1}=\overline{E_1F_1} : \overline{H_1A_2}$이고 $\overline{H_1A_2}=1$이므로

$1 : \sqrt{3}=\overline{E_1F_1} : 1$에서

$\overline{E_1F_1}=\frac{\sqrt{3}}{3}$

$\overline{D_1F_1}=2\overline{E_1F_1}=\frac{2\sqrt{3}}{3}$

사각형 $A_2F_1D_1C_1$은 사다리꼴이므로

→ 사다리꼴의 넓이
$\frac{1}{2}\times\{(\text{윗변의 길이})+(\text{아랫변의 길이})\}\times(\text{높이})$

$$S_1=\frac{1}{2}\times(\overline{D_1F_1}+\overline{C_1A_2})\times\overline{E_1H_1}$$
$$=\frac{1}{2}\times\left(\frac{2\sqrt{3}}{3}+2\right)\times(\sqrt{3}-1)$$
$$=\frac{2\sqrt{3}}{3}$$

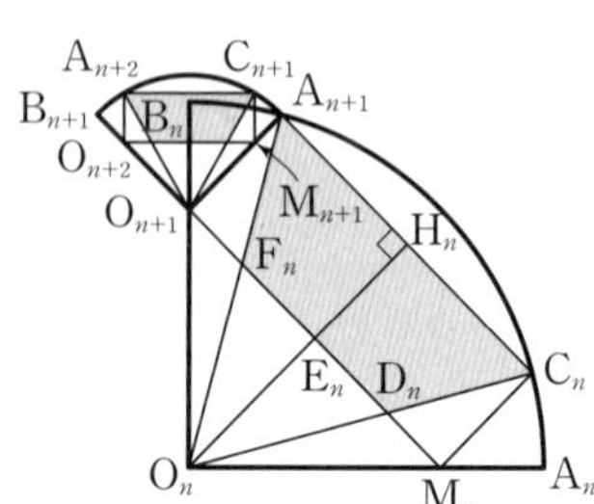

$\overline{O_nA_n}=r_n$, $\overline{O_{n+1}A_{n+1}}=r_{n+1}$이라 하면

$\overline{O_nM_n}=\overline{O_nO_{n+1}}=\frac{\sqrt{2}}{2}r_n$,

$\overline{O_nE_n}=\overline{E_nO_{n+1}}=\overline{E_nM_n}=\frac{1}{2}r_n$이므로

직각삼각형 $O_nH_nA_{n+1}$에서 피타고라스 정리에 의하여

$$\overline{O_nA_{n+1}}^2=\overline{O_nH_n}^2+\overline{H_nA_{n+1}}^2$$
$$=(\overline{O_nE_n}+\overline{E_nH_n})^2+\overline{E_nO_{n+1}}^2$$
$$=(\overline{O_nE_n}+\overline{O_{n+1}A_{n+1}})^2+\overline{E_nO_{n+1}}^2$$

$r_n^2=\left(\frac{1}{2}r_n+r_{n+1}\right)^2+\left(\frac{1}{2}r_n\right)^2$에서

$\frac{1}{2}r_n^2=r_nr_{n+1}+r_{n+1}^2$

위 등식의 양변을 r_n^2으로 나누면

$\frac{1}{2}=\frac{r_{n+1}}{r_n}+\left(\frac{r_{n+1}}{r_n}\right)^2$

$2\left(\frac{r_{n+1}}{r_n}\right)^2+2\left(\frac{r_{n+1}}{r_n}\right)-1=0$

→ $\frac{r_{n+1}}{r_n}=t$로 놓으면 $2t^2+2t-1=0$에서 t에 대한 이차방정식의 근의 공식을 이용하면 $t=\frac{-1\pm\sqrt{3}}{2}$

$\frac{r_{n+1}}{r_n}>0$이므로

$\frac{r_{n+1}}{r_n}=\frac{-1+\sqrt{3}}{2}$

$r_{n+1}=\frac{\sqrt{3}-1}{2}r_n$

그러므로 수열 $\{S_n\}$은 첫째항이 $\frac{2\sqrt{3}}{3}$이고 공비가

$\left(\frac{\sqrt{3}-1}{2}\right)^2=1-\frac{\sqrt{3}}{2}$인 등비수열의 첫째항부터 제$n$항까지의 합이다.

따라서

$$\lim_{n\to\infty}S_n=\frac{\frac{2\sqrt{3}}{3}}{1-\left(1-\frac{\sqrt{3}}{2}\right)}=\frac{4}{3}$$

수능이 보이는 강의

등비급수 문제는 문제의 조건과 그림 때문에 어렵게 보이지만 첫째항과 공비만 구하면 거의 다 푼 것이나 마찬가지야. 이런 유형에서 어려운 것은 도형이 일정한 비율로 줄어들면서 도형의 개수까지 늘어날 경우야. 그런데 이 문제는 도형의 개수가 늘어나는 것이 아니라 닮은 도형을 찾아 넓이를 구하면 쉽게 풀 수가 있어.

공비는 닮음비의 제곱으로 구하면 돼.

이 문제처럼 도형이 밖으로 뻗어나가는 모양은 문제가 쉬운 편이거든. 반대로 안쪽으로 계속 파고 들어가는 유형은 까다롭고 어렵기 때문에 비슷한 유형을 반복적으로 풀어보며 삼각비, 무게중심, 피타고라스 정리, 외분점, 내분점 등의 개념을 어떻게 활용할 것인지 감각을 익혀야 해.

03

정답률 23.4%

정답 공식 **개념만 확실히 알자!**

1. 원주각의 크기와 호의 길이

한 원에서

(1) 길이가 같은 호에 대한 원주각의 크기는 서로 같다.

즉, $\widehat{AB}=\widehat{CD}$이면 $\angle APB=\angle CQD$

(2) 크기가 같은 원주각에 대한 호의 길이는 서로 같다.

즉, $\angle APB=\angle CQD$이면 $\widehat{AB}=\widehat{CD}$

(3) 원주각의 크기와 호의 길이는 정비례한다.

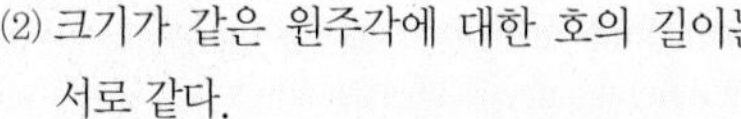

2. 코사인법칙

삼각형 ABC에서

$a^2=b^2+c^2-2bc\cos A$

$b^2=c^2+a^2-2ca\cos B$

$c^2=a^2+b^2-2ab\cos C$

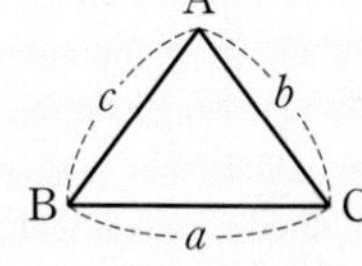

3. 삼각형의 넓이

삼각형 ABC의 넓이를 S라 할 때

$S=\frac{1}{2}ab\sin C=\frac{1}{2}bc\sin A=\frac{1}{2}ca\sin B$

풀이 전략 닮은 도형의 넓이의 비를 구하고 등비급수의 합을 구하는 공식을 이용한다.

문제 풀이

[STEP 1] 원주각의 크기와 호의 길이의 관계를 이용하여 넓이 사이의 관계를 구한다.

→ 한 원에서 크기가 같은 원주각에 대한 호의 길이는 서로 같다.

그림 R_n에서 $\angle B_{n+1}AD_n=\angle D_nAC_n$이므로 $\overline{B_{n+1}D_n}=\overline{D_nC_n}$이다.

따라서 $\overline{B_{n+1}D_n}=\overline{D_nC_n}$이므로 두 선분 B_nB_{n+1}, B_nD_n과 호 $B_{n+1}D_n$으로 둘러싸인 부분과 선분 C_nD_n과 호 C_nD_n으로 둘러싸인 부분의 넓이의 합은 삼각형 $B_nD_nB_{n+1}$의 넓이와 같다.

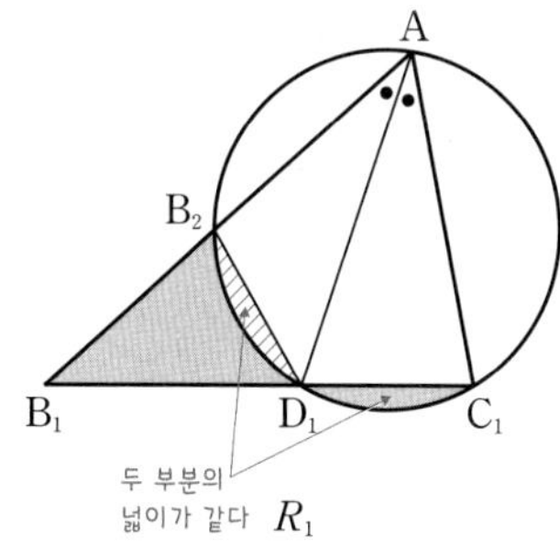

[STEP 2] 각의 이등분선의 성질과 삼각형의 넓이를 이용하여 S_1을 구한다.

그림 R_1의 삼각형 AB_1C_1에서 코사인법칙에 의하여

$\overline{B_1C_1}^2=3^2+2^2-2\times3\times2\times\cos\frac{\pi}{3}=7$

→ $\overline{B_1C_1}^2=\overline{AB_1}^2+\overline{AC_1}^2-2\overline{AB_1}\times\overline{AC_1}\times\cos(\angle B_1AC_1)$

즉, $\overline{B_1C_1}=\sqrt{7}$

또한 $\angle B_1AC_1$의 이등분선이 선분 B_1C_1과 만나는 점이 D_1이므로

$\overline{AB_1}:\overline{AC_1}=\overline{B_1D_1}:\overline{D_1C_1}=3:2$

따라서

$\overline{B_1D_1}=\frac{3\sqrt{7}}{5}$, $\overline{D_1C_1}=\frac{2\sqrt{7}}{5}$

삼각형 AD_1C_1의 외접원의 중심을 O라 하면

$\angle D_1OC_1=\angle B_2OD_1=\frac{\pi}{3}$이므로 두 삼각형 D_1OC_1, B_2OD_1은 모두 정삼각형이고 $\angle B_2D_1C_1=\frac{2}{3}\pi$이다.

따라서 $\angle B_2D_1B_1=\frac{\pi}{3}$이므로

$S_1=\frac{1}{2}\times\frac{3\sqrt{7}}{5}\times\frac{2\sqrt{7}}{5}\times\sin\frac{\pi}{3}=\frac{21\sqrt{3}}{50}$

→ 삼각형 ABC의 넓이 S는 $S=\frac{1}{2}ab\sin\theta$

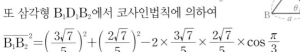

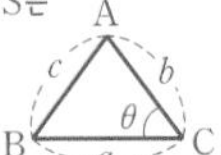

[STEP 3] 닮음비를 이용하여 공비를 구한다.

또 삼각형 $B_1D_1B_2$에서 코사인법칙에 의하여

$\overline{B_1B_2}^2=\left(\frac{3\sqrt{7}}{5}\right)^2+\left(\frac{2\sqrt{7}}{5}\right)^2-2\times\frac{3\sqrt{7}}{5}\times\frac{2\sqrt{7}}{5}\times\cos\frac{\pi}{3}$

$=\frac{91}{25}-\frac{42}{25}=\frac{49}{25}$

이므로

$\overline{B_1B_2}=\frac{7}{5}$

따라서 $\overline{AB_2}=3-\frac{7}{5}=\frac{8}{5}$이므로

$\overline{AB_1}:\overline{AB_2}=3:\frac{8}{5}=1:\frac{8}{15}$

이때 삼각형 AB_1C_1과 삼각형 AB_2C_2는 서로 닮음이고 닮음비는 $1:\frac{8}{15}$이므로 넓이의 비는 $1^2:\left(\frac{8}{15}\right)^2=1:\frac{64}{225}$이다.

[STEP 4] $\lim_{n\to\infty}S_n$의 값을 구한다.

따라서 S_n은 첫째항이 $\frac{21\sqrt{3}}{50}$이고 공비가 $\frac{64}{225}$인 등비수열의 첫째항부터 제n항까지의 합이므로

$$\lim_{n\to\infty}S_n=\frac{\frac{21\sqrt{3}}{50}}{1-\frac{64}{225}}=\frac{27\sqrt{3}}{46}$$

답 ①

수능이 보이는 강의

그림 R_n과 그림 R_{n+1}에서 닮음비를 찾아도 되지만 보통은 그림 R_1과 그림 R_2에서 닮음비를 찾는 것이 더 간단해. 이때 구하는 것이 넓이에 대한 등비급수이므로 닮음비가 아닌 넓이의 비로 공비를 구해야 한다는 것에 주의하자.
두 선분 B_1B_2, B_1D_1과 호 B_2D_1로 둘러싸인 부분과 선분 C_1D_1과 호 C_1D_1로 둘러싸인 부분의 넓이의 합은 삼각형 $B_2B_1D_1$의 넓이와 같다는 것을 이용해서 풀면 돼.

04

정답률 **17.0%**

정답 공식 **개념만 확실히 알자!**

1. 등비수열의 극한
등비수열 $\{r^n\}$의 수렴과 발산은 다음과 같다.
(1) $r>1$일 때, $\lim_{n\to\infty}r^n=\infty$ (발산)
(2) $r=1$일 때, $\lim_{n\to\infty}r^n=1$ (수렴)
(3) $|r|<1$일 때, $\lim_{n\to\infty}r^n=0$ (수렴)
(4) $r\le-1$일 때, 수열 $\{r^n\}$은 진동한다. (발산)

2. $x=a$에서 연속인 함수
함수 $f(x)$가 실수 a에 대하여
(i) $x=a$에서 정의되어 있고
(ii) 극한값 $\lim_{x\to a}f(x)$가 존재하며
(iii) $\lim_{x\to a}f(x)=f(a)$
일 때, 함수 $f(x)$는 $x=a$에서 연속이라고 한다.
즉, $\lim_{x\to a}f(x)=f(a)$이면 $f(x)$는 $x=a$에서 연속이다.

풀이 전략 수열의 극한으로 정의된 함수를 구하여 문제를 해결한다.

문제 풀이

[STEP 1] 함수 $f(x)$를 구한다.

함수 $f(x)$를 구하면 다음과 같다.

(i) $|x|<1$이면 $\lim_{n\to\infty}x^n=0$이므로

$f(x)=-1$

(ii) $x=1$이면 $\lim_{n\to\infty}x^n=1$이므로

$f(x)=\frac{1}{2}$

(iii) $x=-1$이면 $\lim_{n\to\infty}x^{2n+1}=-1$이고 $\lim_{n\to\infty}x^{2n}=1$이므로

$f(x)=-\frac{3}{2}$

(iv) $|x|>1$이면 $\lim_{n\to\infty}\left(\frac{1}{x}\right)^n=0$이므로

$$f(x)=\lim_{n\to\infty}\frac{2x-\left(\frac{1}{x}\right)^{2n}}{1+\left(\frac{1}{x}\right)^{2n}}=2x$$

→ $\frac{2x-0}{1+0}=2x$

그러므로

$$f(x)=\begin{cases}-1 & (-1<x<1)\\ \frac{1}{2} & (x=1)\\ -\frac{3}{2} & (x=-1)\\ 2x & (x<-1 \text{ 또는 } x>1)\end{cases}$$

[STEP 2] 함수 $y=f(x)$의 그래프를 그린다.

함수 $y=f(x)$의 그래프는 그림과 같다.

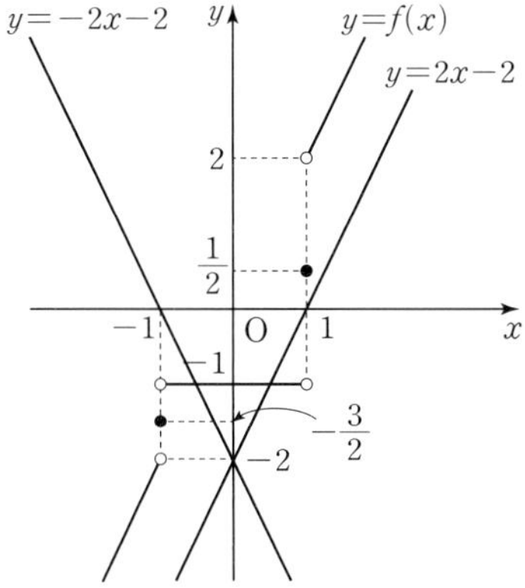

[STEP 3] 직선 $y=tx-2$와 함수 $y=f(x)$의 그래프와 만나는 점의 개수 $g(t)$를 구한다.

직선 $y=tx-2$는 점 $(0, -2)$를 지나므로 기울기 t의 값에 따른 교점의 개수 $g(t)$를 구하면

$-1\le t<-\frac{1}{2}$ 또는 $-\frac{1}{2}<t\le 0$일 때 → 위의 $y=f(x)$의 그래프와 만나지 않으므로 교점의 개수는 0이다.

$g(t)=0$

$t<-1$ 또는 $t=-\frac{1}{2}$ 또는 $0<t\le 1$ 또는 $t=2$ 또는 $t\ge 4$일 때

$g(t)=1$ → $y=f(x)$의 그래프와 교점이 1개이다.

$1<t<2$ 또는 $2<t<\frac{5}{2}$ 또는 $\frac{5}{2}<t<4$일 때

$g(t)=2$ → $y=f(x)$의 그래프와 교점이 2개이다.

$t=\frac{5}{2}$일 때 $g(t)=3$

[STEP 4] 함수 $g(t)$가 $t=a$에서 불연속인 a의 값을 구한다.

함수 $g(t)$가 $t=a$에서 불연속인 a의 값은

$-1, -\frac{1}{2}, 0, 1, 2, \frac{5}{2}, 4$

이므로 $m=7$, $a_m=4$ → 불연속인 a의 값의 개수이므로 7개이다.

따라서 $m\times a_m=7\times 4=28$

답 28

05

정답률 11.5%

정답 공식 **개념만 확실히 알자!**

1. 급수와 수열의 극한 사이의 관계

① 급수 $\sum_{n=1}^{\infty}a_n$이 수렴하면 $\lim_{n\to\infty}a_n=0$이다.

② $\lim_{n\to\infty}a_n\ne 0$이면 급수 $\sum_{n=1}^{\infty}a_n$은 발산한다.

2. 등비급수의 뜻

첫째항이 $a(a\ne 0)$이고 공비가 r인 등비수열 $\{ar^{n-1}\}$에 대하여 급수

$$\sum_{n=1}^{\infty}ar^{n-1}=a+ar+ar^2+\cdots+ar^{n-1}+\cdots$$

을 첫째항이 a이고 공비가 r인 등비급수라고 한다.

3. 등비급수 $\sum_{n=1}^{\infty}ar^{n-1}(a\ne 0)$의 수렴과 발산

① $|r|<1$일 때, 수렴하고 그 합은 $\frac{a}{1-r}$이다.

② $|r|\ge 1$일 때, 발산한다.

풀이 전략 조건을 만족시키는 등비급수를 이용하여 급수의 합을 구한다.

문제 풀이

[STEP 1] 조건을 만족시키는 첫째항 a_1과 공비 r의 부호를 알아본다.

등비수열 $\{a_n\}$의 첫째항을 a_1, 공비를 r이라 하자.

$a_1>0$, $r>0$인 경우 모든 자연수 n에 대하여 $|a_n|-a_n=0$이므로 조건을 만족시키지 않는다.

$a_1<0$, $r>0$인 경우 모든 자연수 n에 대하여 $|a_n|+a_n=0$이므로 조건을 만족시키지 않는다.

따라서 $a_1>0$, $r<0$이거나 $a_1<0$, $r<0$이다.

[STEP 2] $a_1>0$, $r<0$인 경우와 $a_1<0$, $r<0$인 경우로 나누어 a_1, r의 값을 구한다.

(i) $a_1>0$, $r<0$인 경우

$$\sum_{n=1}^{\infty}(|a_n|+a_n)=\sum_{n=1}^{\infty}2a_{2n-1}=\frac{2a_1}{1-r^2}=\frac{40}{3}$$

→ $2(a_1+a_3+a_5+\cdots)=\frac{40}{3}$

$$\sum_{n=1}^{\infty}(|a_n|-a_n)=\sum_{n=1}^{\infty}(-2a_{2n})=\frac{-2a_1r}{1-r^2}=\frac{20}{3}$$

→ $-2(a_2+a_4+a_6+\cdots)=\frac{20}{3}$

$$\frac{2a_1}{1-r^2}\times(-r)=\frac{20}{3},\ \frac{40}{3}\times(-r)=\frac{20}{3}$$

$$r=-\frac{1}{2},\ a_1=5$$

(ii) $a_1<0$, $r<0$인 경우

$$\sum_{n=1}^{\infty}(|a_n|+a_n)=\sum_{n=1}^{\infty}2a_{2n}=\frac{2a_1r}{1-r^2}=\frac{40}{3}$$

→ $a_2=a_1r$

$$\sum_{n=1}^{\infty}(|a_n|-a_n)=\sum_{n=1}^{\infty}(-2a_{2n-1})$$

$$=\frac{-2a_1}{1-r^2}=\frac{20}{3}$$

$$\frac{2a_1}{1-r^2}r=\frac{40}{3},\ -\frac{20}{3}r=\frac{40}{3}$$

$$r=-2$$

이때 $r<-1$이므로 $r^2>1$이 되어 $\sum_{n=1}^{\infty}(|a_n|+a_n)$과

$\sum_{n=1}^{\infty}(|a_n|-a_n)$은 모두 수렴하지 않는다.

(i), (ii)에서 $a_1=5$, $r=-\frac{1}{2}$
→ $-1<r<1$일 때 수렴한다.

이므로

$$a_n=5\times\left(-\frac{1}{2}\right)^{n-1}$$

→ $a_{m+k}=5\times\left(-\frac{1}{2}\right)^{m+k-1}=5\times\left(-\frac{1}{2}\right)^{m-1}\times\left(-\frac{1}{2}\right)^{k}$

[STEP 3] 부등식을 만족시키는 자연수 m의 값의 합을 구한다.

부등식 $\lim_{n\to\infty}\sum_{k=1}^{2n}\left((-1)^{\frac{k(k+1)}{2}}\times a_{m+k}\right)>\frac{1}{700}$에서

$$\lim_{n\to\infty}\left[5\times\left(-\frac{1}{2}\right)^{m-1}\times\sum_{k=1}^{2n}\left\{(-1)^{\frac{k(k+1)}{2}}\times\left(-\frac{1}{2}\right)^{k}\right\}\right]>\frac{1}{700}$$

이때

$\sum_{k=1}^{2n}\left\{(-1)^{\frac{k(k+1)}{2}}\times\left(-\frac{1}{2}\right)^{k}\right\}=\sum_{k=1}^{2n}\left\{(-1)^{\frac{k(k+3)}{2}}\times\left(\frac{1}{2}\right)^{k}\right\}$에서

$k=4l-3$이면 $(-1)^{\frac{k(k+3)}{2}}=1$

$k=4l-2$이면 $(-1)^{\frac{k(k+3)}{2}}=-1$

$k=4l-1$이면 $(-1)^{\frac{k(k+3)}{2}}=-1$

$k=4l$이면 $(-1)^{\frac{k(k+3)}{2}}=1$

(단, l은 자연수)이므로

$2n=4p-2$ (p는 자연수)이면

$$\sum_{k=1}^{2n}\left\{(-1)^{\frac{k(k+3)}{2}}\times\left(\frac{1}{2}\right)^{k}\right\}$$

$$=\sum_{i=1}^{p}\frac{1}{2}\times\left(\frac{1}{16}\right)^{i-1}-\sum_{i=1}^{p}\frac{1}{4}\times\left(\frac{1}{16}\right)^{i-1}$$

$$-\sum_{i=1}^{p-1}\frac{1}{8}\times\left(\frac{1}{16}\right)^{i-1}+\sum_{i=1}^{p-1}\frac{1}{16}\times\left(\frac{1}{16}\right)^{i-1}$$

→ 각 항을 나열하면 다음의 규칙이 성립한다.
$\frac{1}{2}, -\left(\frac{1}{2}\right)^2, -\left(\frac{1}{2}\right)^3, \left(\frac{1}{2}\right)^4, / \left(\frac{1}{2}\right)^5, -\left(\frac{1}{2}\right)^6, -\left(\frac{1}{2}\right)^7, \left(\frac{1}{2}\right)^8$
$\times\left(\frac{1}{2}\right)^4$ $\times\left(\frac{1}{2}\right)^4$

$2n=4p$ (p는 자연수)이면

$$\sum_{k=1}^{2n}\left\{(-1)^{\frac{k(k+3)}{2}}\times\left(\frac{1}{2}\right)^{k}\right\}$$

$$=\sum_{i=1}^{p}\frac{1}{2}\times\left(\frac{1}{16}\right)^{i-1}-\sum_{i=1}^{p}\frac{1}{4}\times\left(\frac{1}{16}\right)^{i-1}$$

$$-\sum_{i=1}^{p}\frac{1}{8}\times\left(\frac{1}{16}\right)^{i-1}+\sum_{i=1}^{p}\frac{1}{16}\times\left(\frac{1}{16}\right)^{i-1}$$

$n\to\infty$이면 $p\to\infty$이고

$2n=4p-2$, $2n=4p$의 두 경우 모두 각 급수가 수렴하므로

$$\lim_{n\to\infty}\left[5\times\left(-\frac{1}{2}\right)^{m-1}\times\sum_{k=1}^{2n}\left\{(-1)^{\frac{k(k+1)}{2}}\times\left(-\frac{1}{2}\right)^{k}\right\}\right]$$

$$=5\times\left(-\frac{1}{2}\right)^{m-1}\times\left\{\left(\frac{1}{2}-\frac{1}{4}-\frac{1}{8}+\frac{1}{16}\right)\times\frac{1}{1-\frac{1}{16}}\right\}$$

→ $\frac{3}{16}\times\frac{16}{15}=\frac{1}{5}$

$$=\left(-\frac{1}{2}\right)^{m-1}>\frac{1}{700}$$

따라서 주어진 부등식을 만족시키는 m의 값은 1, 3, 5, 7, 9이고, 그 합은 $1+3+5+7+9=25$

답 25

06

정답률 **11.0%**

정답 공식 **개념만 확실히 알자!**

1. 원의 접선의 성질
   원의 접선은 접점을 지나는 지나는 반지름에 수직이다.

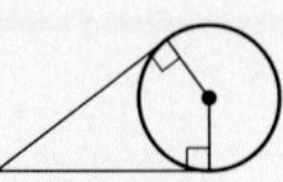

2. 접선의 기울기와 미분계수
   곡선 $y=f(x)$ 위의 점 $P(a, f(a))$에서의 접선의 기울기는 $x=a$에서의 미분계수 $f'(a)$와 같다.

풀이 전략 도형의 성질을 활용하여 수열의 극한에 대한 문제를 해결한다.

문제 풀이

[STEP 1] 점 P_n과 직선 l_n을 n에 대한 식으로 나타낸다.

양의 실수 t에 대하여 점 $P_n(t, f(t))$라 하면

$$f'(t)=\frac{f(t)}{t}$$

$$\frac{12t^3}{n^3}=\frac{4t^3}{n^3}+1$$

$$t^3=\frac{n^3}{8},\ t=\frac{n}{2}$$

$P_n\left(\frac{n}{2}, \frac{3}{2}\right)$이므로 직선 l_n의 방정식은

$$y=\frac{3}{n}x$$

[STEP 2] r_n을 n에 대한 식으로 나타낸다.

원 C_n의 중심을 C라 하고, 두 점 P_n, C에서 x축에 내린 수선의 발을 각각 Q_n, R_n이라 하자.

또 점 C에서 선분 P_nQ_n에 내린 수선의 발을 H_n이라 하자.

$\angle CP_nO=\angle OQ_nP_n=\frac{\pi}{2}$이므로

$\angle P_nOQ_n=\angle CP_nH_n$

→ $\angle P_nOQ_n+\angle OP_nQ_n=90°$, $\angle CP_nH_n+\angle OP_nQ_n=90°$이므로 $\angle P_nOQ_n=\angle CP_nH_n$

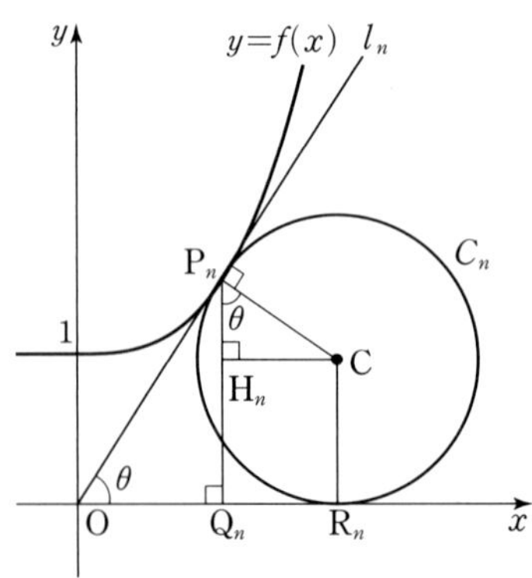

$\overline{OP_n}=\sqrt{\left(\frac{n}{2}\right)^2+\left(\frac{3}{2}\right)^2}=\frac{\sqrt{n^2+9}}{2}$이고,

$\angle P_nOQ_n=\theta$라 하면

→ 점 Q_n의 x좌표는 점 P_n의 x좌표와 같다.

$$\cos\theta=\frac{\overline{OQ_n}}{\overline{OP_n}}=\frac{n}{\sqrt{n^2+9}}$$

$\overline{\mathrm{P}_n\mathrm{C}}=\overline{\mathrm{CR}_n}=\overline{\mathrm{H}_n\mathrm{Q}_n}=r_n$, $\overline{\mathrm{P}_n\mathrm{Q}_n}=\dfrac{3}{2}$이므로

→ $\overline{\mathrm{P}_n\mathrm{Q}_n}$의 길이는 점 P_n의 y좌표의 값과 같다.

$$\begin{aligned}\overline{\mathrm{P}_n\mathrm{Q}_n}&=\overline{\mathrm{P}_n\mathrm{H}_n}+\overline{\mathrm{H}_n\mathrm{Q}_n}\\&=r_n\times\cos\theta+r_n\\&=\frac{3}{2}\end{aligned}$$

$$\begin{aligned}r_n&=\frac{3}{2(1+\cos\theta)}\\&=\frac{3\sqrt{n^2+9}}{2(\sqrt{n^2+9}+n)}\end{aligned}$$

→ $\cos\theta=\dfrac{n}{\sqrt{n^2+9}}$을 대입

[STEP 3] r_n을 대입하여 답을 구한다.

$$\begin{aligned}\lim_{n\to\infty}n^2(4r_n-3)&=\lim_{n\to\infty}n^2\times\left(\frac{6\sqrt{n^2+9}}{\sqrt{n^2+9}+n}-3\right)\\&=\lim_{n\to\infty}n^2\left(\frac{3\sqrt{n^2+9}-3n}{\sqrt{n^2+9}+n}\right)\\&=\lim_{n\to\infty}3n^2\left\{\frac{9}{(\sqrt{n^2+9}+n)^2}\right\}\\&=\lim_{n\to\infty}\frac{27}{\left(\sqrt{1+\frac{9}{n^2}}+1\right)^2}\\&=\frac{27}{4}\end{aligned}$$

따라서 $40\times\lim\limits_{n\to\infty}n^2(4r_n-3)=270$

답 270

07

정답률 **10.0%**

정답 공식 **개념만 확실히 알자!**

1. **원의 접선의 성질**
   원 밖의 한 점에서 원에 그은 두 접선의 접점까지의 길이는 같다.
   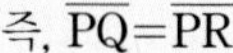
   즉, $\overline{\mathrm{PQ}}=\overline{\mathrm{PR}}$

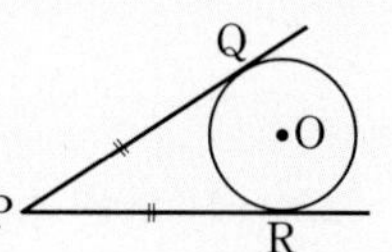

2. **부채꼴의 넓이**
   부채꼴의 반지름의 길이가 r, 중심각의 크기가 θ(라디안)일 때, 넓이 S는
   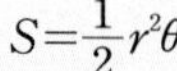
   $S=\dfrac{1}{2}r^2\theta$

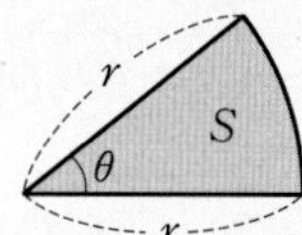

3. **곡선과 x축 사이의 넓이**
   함수 $y=f(x)$가 닫힌구간 $[a, b]$에서 연속일 때, 곡선 $y=f(x)$와 x축 및 두 직선 $x=a$, $x=b$로 둘러싸인 부분의 넓이 S는
   $S=\displaystyle\int_a^b|f(x)|dx$

풀이 전략 도형의 성질을 이용하여 수열의 극한값을 구하는 문제를 해결한다.

문제 풀이

[STEP 1] 직각삼각형 $\mathrm{P}_n\mathrm{OH}_n$에서 $\angle\mathrm{P}_n\mathrm{OH}_n$의 크기를 구한다.

곡선 $y=\dfrac{\sqrt{3}}{n+1}x^2\ (x\ge0)$ 위에 있는 점 P_n의 x좌표를 t라 하면

y좌표는 $\dfrac{\sqrt{3}}{n+1}t^2$

$\overline{\mathrm{OP}_n}=2n+2$이므로

$\sqrt{t^2+\left(\dfrac{\sqrt{3}}{n+1}t^2\right)^2}=2n+2$에서

$t=n+1$

직각삼각형 $\mathrm{P}_n\mathrm{OH}_n$에서 $\overline{\mathrm{OH}_n}:\overline{\mathrm{P}_n\mathrm{H}_n}=1:\sqrt{3}$이므로

$\tan(\angle\mathrm{P}_n\mathrm{OH}_n)=\sqrt{3}$

→ $\tan\theta=\dfrac{\overline{\mathrm{P}_n\mathrm{H}_n}}{\overline{\mathrm{OH}_n}}=\sqrt{3}$ (P_n, $\sqrt{3}$, O, θ, 1, H_n)

즉, $\angle\mathrm{P}_n\mathrm{OH}_n=\dfrac{\pi}{3}$

$$\begin{aligned}\angle\mathrm{R}_n\mathrm{P}_n\mathrm{H}_n&=2\times\angle\mathrm{OP}_n\mathrm{H}_n\\&=2\times\frac{\pi}{6}\\&=\frac{\pi}{3}\end{aligned}$$

[STEP 2] 곡선 T_n과 x축 및 선분 $\mathrm{P}_n\mathrm{H}_n$으로 둘러싸인 부분의 넓이를 구한다.

점 R_n을 포함하지 않는 호 $\mathrm{Q}_n\mathrm{H}_n$과 선분 OH_n, 곡선 T_n으로 둘러싸인 부분의 넓이를 $h(n)$이라 하자.

(i) 곡선 T_n과 x축 및 선분 $\mathrm{P}_n\mathrm{H}_n$으로 둘러싸인 부분의 넓이는 $f(n)+h(n)$이므로

$$\begin{aligned}f(n)+h(n)&=\int_0^{n+1}\frac{\sqrt{3}}{n+1}x^2\,dx\\&=\left[\frac{\sqrt{3}}{3(n+1)}x^3\right]_0^{n+1}\\&=\frac{\sqrt{3}}{3}(n+1)^2\qquad\cdots\cdots\ ㉠\end{aligned}$$

[STEP 3] 점 Q_n을 포함하는 호 $\mathrm{R}_n\mathrm{H}_n$과 두 선분 OR_n, OH_n으로 둘러싸인 부분의 넓이를 구한다.

(ii) 점 Q_n을 포함하는 호 $\mathrm{R}_n\mathrm{H}_n$과 두 선분 OR_n, OH_n으로 둘러싸인 부분의 넓이는 $g(n)+h(n)$이고, 이 값은 사각형 $\mathrm{OH}_n\mathrm{P}_n\mathrm{R}_n$의 넓이에서 중심각의 크기가 $\dfrac{\pi}{3}$인 부채꼴 $\mathrm{P}_n\mathrm{R}_n\mathrm{H}_n$의 넓이를 뺀 값과 같으므로

$$\begin{aligned}&g(n)+h(n)\\&=2\times\left(\frac{1}{2}\times\overline{\mathrm{OH}_n}\times\overline{\mathrm{P}_n\mathrm{H}_n}\right)-\frac{1}{2}\times\overline{\mathrm{P}_n\mathrm{H}_n}^2\times\frac{\pi}{3}\\&=\sqrt{3}(n+1)^2-\frac{\pi(n+1)^2}{2}\\&=\left(\sqrt{3}-\frac{\pi}{2}\right)(n+1)^2\qquad\cdots\cdots\ ㉡\end{aligned}$$

→ 사각형 $\mathrm{OH}_n\mathrm{P}_n\mathrm{R}_n$의 넓이

[STEP 4] $f(n)-g(n)$을 구하여 $\lim\limits_{n\to\infty}\dfrac{f(n)-g(n)}{n^2}$의 값을 구한다.

㉠－㉡에서

→ $f(n)+h(n)-(g(n)+h(n))=f(n)-g(n)$

$$f(n)-g(n)=\left(\frac{\pi}{2}-\frac{2\sqrt{3}}{3}\right)(n+1)^2$$

이므로

$$\lim_{n\to\infty}\frac{f(n)-g(n)}{n^2}=\lim_{n\to\infty}\frac{\left(\frac{\pi}{2}-\frac{2\sqrt{3}}{3}\right)(n+1)^2}{n^2}$$

$$=\lim_{n\to\infty}\left(\frac{\pi}{2}-\frac{2\sqrt{3}}{3}\right)\left(1+\frac{1}{n}\right)^2$$

└ $\lim_{n\to\infty}\left(1+\frac{1}{n}\right)^2=1$

$$=\frac{\pi}{2}-\frac{2\sqrt{3}}{3}$$

그러므로 $k=-\frac{2\sqrt{3}}{3}$

따라서 $60k^2=60\times\left(-\frac{2\sqrt{3}}{3}\right)^2=80$

답 80

08

정답률 **8.0%**

정답 공식 **개념만 확실히 알자!**

등비수열의 극한

등비수열 $\{r^n\}$의 수렴과 발산은 다음과 같다.

(1) $r>1$일 때, $\lim_{n\to\infty}r^n=\infty$ (발산)

(2) $r=1$일 때, $\lim_{n\to\infty}r^n=1$ (수렴)

(3) $|r|<1$일 때, $\lim_{n\to\infty}r^n=0$ (수렴)

(4) $r\le-1$일 때, 수열 $\{r^n\}$은 진동한다. (발산)

풀이 전략 등비수열의 극한의 성질을 이용하여 $y=g(x)$의 그래프를 그려서 조건을 만족시키는 실수 t의 값의 합을 구한다.

문제 풀이

[STEP 1] 공비 x의 값의 범위를 나누어 $f(x)$를 구한다.

$f(x)=\lim_{n\to\infty}\frac{x^{2n+1}-x}{x^{2n}+1}$에서

$|x|<1$이면 $\lim_{n\to\infty}x^{2n}=0$이므로

$$f(x)=\frac{0-x}{0+1}=\frac{-x}{1}=-x$$

$|x|=1$이면 $\lim_{n\to\infty}x^{2n}=1$이므로

$$f(x)=\lim_{n\to\infty}\frac{x(x^{2n}-1)}{x^{2n}+1}=0$$

└ $\frac{x(1-1)}{1+1}=0$

$|x|>1$이면 $\lim_{n\to\infty}\left(\frac{1}{x}\right)^{2n}=0$이므로

$$f(x)=\lim_{n\to\infty}\frac{x-x\left(\frac{1}{x}\right)^{2n}}{1+\left(\frac{1}{x}\right)^{2n}}=x$$

└ $\frac{x-x\times0}{1+0}=x$

따라서

$$f(x)=\begin{cases}-x & (|x|<1)\\ 0 & (|x|=1)\\ x & (|x|>1)\end{cases}$$

[STEP 2] 주어진 조건을 만족시키는 함수 $g(x)$를 구한다.

자연수 k에 대하여

(i) $2k-2\le|x|<2k-1$일 때

$\left|\frac{x}{2k-1}\right|<1$이므로

$$g(x)=(2k-1)\times\left(-\frac{x}{2k-1}\right)$$

$$=-x$$

(ii) $|x|=2k-1$일 때

└ $y=g(x)$의 그래프에서 절댓값이 홀수일 때 함숫값이 0이다.

$\left|\frac{x}{2k-1}\right|=1$이므로

$$g(x)=(2k-1)\times0=0$$

(iii) $2k-1<|x|<2k$일 때

$\left|\frac{x}{2k-1}\right|>1$이므로

$$g(x)=(2k-1)\times\left(\frac{x}{2k-1}\right)$$

$$=x$$

[STEP 3] 함수 $y=g(x)$의 그래프를 그려 직선 $y=t$와 만나지 않는 t의 값을 구한다.

(i), (ii), (iii)에 의하여 함수 $y=g(x)$의 그래프는 다음과 같다.

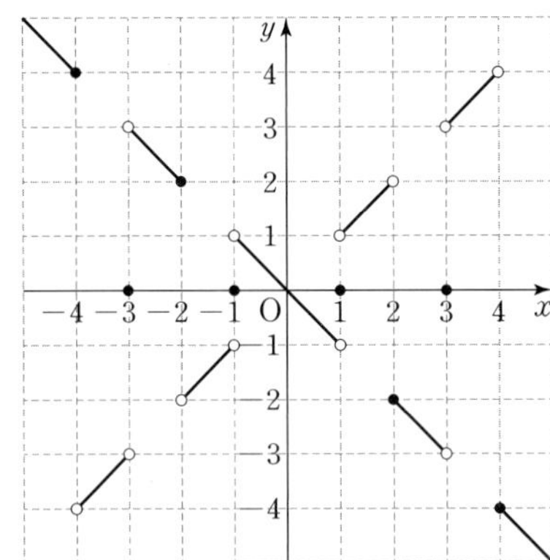

$t=2m-1$ (m은 정수)일 때 직선 $y=t$는 함수 $y=g(x)$의 그래프와 만나지 않는다.

└ $y=g(x)$의 그래프에서 x축과 평행한 $y=1$, $y=3$인 경우에 흰 동그라미로 함숫값이 존재하지 않아 만나지 않는다.

따라서 $0<t<10$인 모든 t의 값의 합은

$1+3+5+7+9=25$

답 25

09

정답률 **7.0%**

정답 공식 **개념만 확실히 알자!**

1. 등비수열의 극한

등비수열 $\{r^n\}$의 수렴과 발산은 다음과 같다.

(1) $r>1$일 때, $\lim_{n\to\infty} r^n=\infty$ (발산)

(2) $r=1$일 때, $\lim_{n\to\infty} r^n=1$ (수렴)

(3) $|r|<1$일 때, $\lim_{n\to\infty} r^n=0$ (수렴)

(4) $r\le -1$일 때, 수열 $\{r^n\}$은 진동한다. (발산)

2. $x=a$에서 연속인 함수

함수 $f(x)$가 실수 a에 대하여

(i) $x=a$에서 정의되어 있고

(ii) 극한값 $\lim_{x\to a} f(x)$가 존재하며

(iii) $\lim_{x\to a} f(x)=f(a)$

일 때, 함수 $f(x)$는 $x=a$에서 연속이라고 한다.

즉, $\lim_{x\to a} f(x)=f(a)$이면 $f(x)$는 $x=a$에서 연속이다.

풀이 전략 수열의 극한으로 정의된 함수를 추론하여 함숫값을 구한다.

문제 풀이

[STEP 1] x의 범위에 따라 함수 $g(x)$의 식을 구한다.

$x>0$일 때, 함수 $g(x)$를 구하면 다음과 같다.

(i) $0<x<m$이면 $\lim_{n\to\infty}\left(\frac{x}{m}\right)^n=0$이므로 $g(x)=x$

→ $0<x<m$이면 $\frac{x}{m}<1$이다.

(ii) $x=m$이면 $\lim_{n\to\infty}\left(\frac{x}{m}\right)^n=1$이므로

$$g(m)=\frac{f(m)+m}{2}$$

(iii) $x>m$이면 $\lim_{n\to\infty}\left(\frac{m}{x}\right)^n=0$이므로

→ 분모와 분자에 각각 $\left(\frac{m}{x}\right)^n$을 곱한다.

$$g(x)=\lim_{n\to\infty}\frac{f(x)\left(\frac{x}{m}\right)^n\times\left(\frac{m}{x}\right)^n+x\times\left(\frac{m}{x}\right)^n}{\left(\frac{x}{m}\right)^n\times\left(\frac{m}{x}\right)^n+1\times\left(\frac{m}{x}\right)^n}$$

$$=\lim_{n\to\infty}\frac{f(x)+x\times\left(\frac{m}{x}\right)^n}{1+\left(\frac{m}{x}\right)^n}=f(x)$$

(i), (ii), (iii)에 의하여

$$g(x)=\begin{cases} x & (0<x<m) \\ \frac{f(m)+m}{2} & (x=m) \\ f(x) & (x>m)\end{cases}$$

[STEP 2] 조건 (가), (나)를 이용하여 함수 $g(x)$의 그래프의 개형을 그린다.

조건 (가)에서 함수 $g(x)$가 $x=m$에서 미분가능하고 연속이므로

$1=f'(m)$, $m=f(m)$

조건 (나)에서 $g(k)g(k+1)=0$을 만족시키는 자연수 k의 개수가 3이므로 $g(x)=0$을 만족시키는 자연수 x는 연속된 2개의 자연수이다. 이 두 자연수를 α, $\alpha+1$이라 하면 함수 $g(x)$의 그래프의 개형은 그림과 같다.

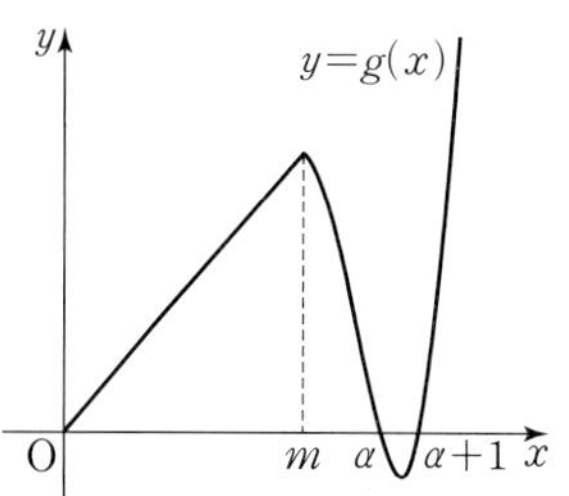

[STEP 3] 조건 (다)를 이용하여 함수 $f(x)$를 구한다.

방정식 $f(x)=0$의 세 근을 α, $\alpha+1$, β라 하자.

(iv) $g(m)<g(m+1)$일 때

$g'(m+1)\le 0$이므로 조건 (다)에서 $g(l)\ge g(l+1)$을 만족시키는 세 자연수 l은 $m+1$, $m+2$, $m+3$이고 $\alpha=m+3$

$f(x)=(x-\alpha)(x-\alpha-1)(x-\beta)$

$=(x-m-3)(x-m-4)(x-\beta)$

$=\{x^2-(2m+7)x+m^2+7m+12\}(x-\beta)$

$f'(x)=(2x-2m-7)(x-\beta)$
$+\{x^2-(2m+7)x+m^2+7m+12\}$

→ $y=f(x)g(x)$일 때, $y'=f'(x)g(x)+f(x)g'(x)$

$f'(m)=-7(m-\beta)+12$

$f'(m)=1$이므로

$-7(m-\beta)+12=1$, $m-\beta=\frac{11}{7}$

$m=f(m)=12(m-\beta)=\frac{132}{7}$이므로 모순이다.

→ m은 자연수라는 조건에 모순이다.

(v) $g(m)\ge g(m+1)$일 때

조건 (다)에서 $g(l)\ge g(l+1)$을 만족시키는 세 자연수 l은 m, $m+1$, $m+2$이므로 $\alpha=m+2$

$f(x)=(x-\alpha)(x-\alpha-1)(x-\beta)$

$=(x-m-2)(x-m-3)(x-\beta)$

$=\{x^2-(2m+5)x+m^2+5m+6\}(x-\beta)$

$f'(x)=(2x-2m-5)(x-\beta)$
$+\{x^2-(2m+5)x+m^2+5m+6\}$

$f'(m)=-5(m-\beta)+6$

$f'(m)=1$이므로 $-5(m-\beta)+6=1$, $m-\beta=1$

$m=f(m)=6(m-\beta)=6$

→ $m-\beta=6-\beta=1$이므로 $\beta=5$

$m=6$일 때, $f(x)=(x-5)(x-8)(x-9)$에서

$g'(m+1)=f'(m+1)=-4$이므로 조건 (가)를 만족시키고,

$g(m)=f(m)\ge f(m+1)=g(m+1)$이다.

(iv), (v)에 의하여 $f(x)=(x-5)(x-8)(x-9)$이므로

$g(12)=f(12)=7\times 4\times 3=84$

답 84

10

정답률 **5.6%**

정답 공식 **개념만 확실히 알자!**

1. 등비급수의 뜻

첫째항이 $a(a\neq0)$이고 공비가 r인 등비수열 $\{ar^{n-1}\}$에 대하여 급수

$\sum_{n=1}^{\infty} ar^{n-1}=a+ar+ar^2+\cdots+ar^{n-1}+\cdots$

2. 등비급수 $\sum_{n=1}^{\infty} ar^{n-1}(a\neq0)$의 수렴과 발산

① $|r|<1$일 때, 수렴하고 그 합은 $\frac{a}{1-r}$이다.

② $|r|\geq1$일 때, 발산한다.

3. 급수의 수렴 조건

등비급수 $\sum_{n=1}^{\infty} r^{n-1}$의 수렴 조건은 $-1<r<1$이다.

급수 $\sum_{n=1}^{\infty} ar^{n-1}$의 수렴 조건은 $a=0$ 또는 $-1<r<1$이다.

풀이 전략 조건을 만족시키는 등비급수를 구하여 등비급수의 합을 구한다.

문제 풀이

[STEP 1] 두 급수 $\sum_{n=1}^{\infty} a_n$, $\sum_{n=1}^{\infty} b_n$이 수렴하는 조건을 구한다.

$a_n=ar^{n-1}$, $b_n=bs^{n-1}$ $(a\neq0,\ b\neq0,\ r\neq0,\ s\neq0)$이라 하면

$\sum_{n=1}^{\infty} a_n$, $\sum_{n=1}^{\infty} b_n$이 각각 수렴하므로 $-1<r<1$, $-1<s<1$이다.

$\sum_{n=1}^{\infty} a_nb_n=\frac{ab}{1-rs}$ → 수열 $\{a_nb_n\}$은 첫째항이 ab이고 공비가 rs인 등비수열이다.

$\sum_{n=1}^{\infty} a_n=\frac{a}{1-r}$, $\sum_{n=1}^{\infty} b_n=\frac{b}{1-s}$

이므로

$\frac{ab}{1-rs}=\frac{a}{1-r}\times\frac{b}{1-s}$ → 주어진 조건에서 $\sum_{n=1}^{\infty} a_nb_n=\left(\sum_{n=1}^{\infty} a_n\right)\times\left(\sum_{n=1}^{\infty} b_n\right)$

$1-rs=(1-r)(1-s)$

$r+s=2rs$ ⋯⋯ ㉠

[STEP 2] 공비가 양수인 경우, 음수인 경우를 나누어 조건을 만족시키는 값을 구한다.

(i) $r>0$인 경우

$a_1>0$이면 $a_2>0$, $a_3>0$이므로

$3\times\sum_{n=1}^{\infty}|a_{2n}|=3\times\frac{a_2}{1-r^2}$

$7\times\sum_{n=1}^{\infty}|a_{3n}|=7\times\frac{a_3}{1-r^3}$

$\frac{3a_2}{1-r^2}=\frac{7a_3}{1-r^3}$ → $a_3=a_2r$

$\frac{3}{1-r^2}=\frac{7r}{1-r^3}$

$4r^3-7r+3=0$

$(r-1)(2r-1)(2r+3)=0$

따라서 $r=\frac{1}{2}$인데 ㉠을 만족시키는 s의 값이 존재하지 않으므로 모순이다.

같은 방법으로 $a_1<0$인 경우도 존재하지 않는다.

(ii) $r<0$인 경우

$a_1>0$이면 $a_2<0$, $a_3>0$이고 수열 $\{|a_{2n}|\}$의 공비는 r^2, 수열 $\{|a_{3n}|\}$의 공비는 $-r^3$이므로

$3\times\sum_{n=1}^{\infty}|a_{2n}|=3\times\frac{-a_2}{1-r^2}$

$7\times\sum_{n=1}^{\infty}|a_{3n}|=7\times\frac{a_3}{1+r^3}$

$\frac{-3a_2}{1-r^2}=\frac{7a_3}{1+r^3}$ → $a_3=a_2r$

$\frac{-3}{1-r^2}=\frac{7r}{1+r^3}$

$4r^3-7r-3=0$

$(r+1)(2r-3)(2r+1)=0$

따라서 $r=-\frac{1}{2}$이므로 ㉠에 대입하면

$s=\frac{1}{4}$

$a_1<0$인 경우도 같은 방법으로 생각하면 같은 결론을 얻을 수 있다.

[STEP 3] 수열 $\{b_n\}$의 일반항을 구하여 S의 값을 구한다.

$b_n=b\left(\frac{1}{4}\right)^{n-1}$이므로

$\sum_{n=1}^{\infty}\frac{b_{2n-1}+b_{3n+1}}{b_n}$ → $b_{2n-1}=b\left(\frac{1}{4}\right)^{2n-1-1}=b\left(\frac{1}{4}\right)^{2n-2}=b\left\{\left(\frac{1}{4}\right)^2\right\}^{n-1}=b\left(\frac{1}{16}\right)^{n-1}$

$=\sum_{n=1}^{\infty}\frac{b\left(\frac{1}{16}\right)^{n-1}+b\left(\frac{1}{64}\right)^n}{b\left(\frac{1}{4}\right)^{n-1}}$

$=\sum_{n=1}^{\infty}\left\{\left(\frac{1}{4}\right)^{n-1}+\left(\frac{1}{4}\right)^{2n+1}\right\}$

$=\frac{1}{1-\frac{1}{4}}+\frac{\frac{1}{64}}{1-\frac{1}{16}}$

$=\frac{4}{3}+\frac{1}{60}$

$=\frac{27}{20}$

따라서 $S=\frac{27}{20}$이므로

$120S=120\times\frac{27}{20}=162$

답 162

Ⅱ 미분법

본문 48~105쪽

수능 유형별 기출문제

01 ④	02 ③	03 ④	04 ②	05 ③
06 ④	07 ①	08 ②	09 ③	10 ③
11 ②	12 ②	13 ④	14 ⑤	15 ③
16 ②	17 ④	18 ⑤	19 ①	20 ①
21 ②	22 ③	23 ①	24 ②	25 ①
26 ③	27 ④	28 1	29 12	30 3
31 2	32 ②	33 ③	34 4	35 10
36 ①	37 ①	38 ②	39 ①	40 ②
41 ⑤	42 ④	43 11	44 ①	45 ⑤
46 ⑤	47 ④	48 ③	49 ⑤	50 ⑤
51 2	52 ④	53 ①	54 60	55 ⑤
56 ①	57 ①	58 ④	59 ④	60 20
61 ④	62 ③	63 2	64 ③	65 ②
66 ①	67 ④	68 ②	69 ②	70 ④
71 ①	72 ②	73 ③	74 30	75 2
76 ③	77 ⑤	78 ①	79 ④	80 3
81 ④	82 ①	83 ③	84 ④	85 ④
86 ⑤	87 1	88 ②	89 ④	90 ⑤
91 ①	92 8	93 ④	94 ④	95 ⑤
96 ③	97 ⑤	98 2	99 ③	100 ②
101 ④	102 ①	103 ②	104 ③	105 ④
106 ②	107 ①	108 ④	109 ②	110 2
111 ②	112 ⑤	113 2	114 ①	115 ④
116 ③	117 17	118 ⑤	119 ⑤	120 25
121 ②	122 4	123 5	124 ④	125 ①
126 ④	127 ④	128 ⑤	129 4	130 ①
131 ①	132 ④	133 10	134 ④	135 ④
136 ⑤	137 ④	138 ②	139 ③	140 12
141 90	142 ①	143 ④	144 ④	145 ⑤
146 ②	147 ②	148 ③	149 ④	150 ②
151 ④	152 2	153 96	154 ①	155 ③
156 ③	157 ④	158 ③	159 ③	160 ②
161 ②	162 ②	163 34	164 ①	165 17
166 5	167 24	168 ⑤	169 ④	170 ②
171 ⑤	172 ③	173 ④	174 ⑤	175 4
176 ③	177 ⑤			

유형 1 지수함수와 로그함수의 극한

01

$$\lim_{x\to0}\frac{\ln(1+8x)}{2x}=\lim_{x\to0}\left\{\frac{\ln(1+8x)}{8x}\times4\right\}$$

$$=4\times\lim_{x\to0}\ln(1+8x)^{\frac{1}{8x}}$$

$$=4\times\ln e=4$$

답 ④

02

$$\lim_{x\to0}\frac{x^2+5x}{\ln(1+3x)}=\lim_{x\to0}\left\{\frac{3x}{\ln(1+3x)}\times\frac{x+5}{3}\right\}$$

$$=1\times\frac{5}{3}=\frac{5}{3}$$

답 ③

03

$$\lim_{x\to0}\frac{\ln(1+12x)}{3x}=\lim_{x\to0}\left\{\frac{\ln(1+12x)}{12x}\times\frac{12}{3}\right\}$$

$$=1\times4=4$$

답 ④

04

$$\lim_{x\to0}\frac{e^x-1}{x(x^2+2)}=\lim_{x\to0}\frac{e^x-1}{x}\times\lim_{x\to0}\frac{1}{x^2+2}$$

$$=1\times\frac{1}{2}=\frac{1}{2}$$

답 ②

05

$$\lim_{x\to0}\frac{\ln(1+3x)}{x}=3\times\lim_{x\to0}\frac{\ln(1+3x)}{3x}$$

$$=3\times1=3$$

답 ③

06

$$\lim_{x\to0}\frac{\ln(1+5x)}{e^{2x}-1}=\lim_{x\to0}\left\{\frac{\ln(1+5x)}{5x}\times\frac{2x}{e^{2x}-1}\times\frac{5}{2}\right\}$$

$$=\frac{5}{2}\times\lim_{x\to0}\frac{\ln(1+5x)}{5x}\times\lim_{x\to0}\frac{2x}{e^{2x}-1}$$

$$=\frac{5}{2}\times1\times1=\frac{5}{2}$$

답 ④

07

$$\lim_{x\to 0}\frac{e^{6x}-e^{4x}}{2x}=\lim_{x\to 0}\frac{(e^{6x}-1)-(e^{4x}-1)}{2x}$$
$$=\lim_{x\to 0}\frac{e^{6x}-1}{2x}-\lim_{x\to 0}\frac{e^{4x}-1}{2x}$$
$$=3\times\lim_{x\to 0}\frac{e^{6x}-1}{6x}-2\times\lim_{x\to 0}\frac{e^{4x}-1}{4x}$$
$$=3-2=1$$

답 ①

08

$$\lim_{x\to 0}\frac{e^{3x}-1}{x(x+2)}=\lim_{x\to 0}\left(\frac{e^{3x}-1}{3x}\times\frac{3}{x+2}\right)$$
$$=1\times\frac{3}{2}=\frac{3}{2}$$

답 ②

09

$$\lim_{x\to 0}\frac{\ln(1+3x)}{\ln(1+5x)}=\lim_{x\to 0}\frac{3x\times\frac{\ln(1+3x)}{3x}}{5x\times\frac{\ln(1+5x)}{5x}}$$
$$=\frac{3}{5}\times\frac{\lim_{x\to 0}\frac{\ln(1+3x)}{3x}}{\lim_{x\to 0}\frac{\ln(1+5x)}{5x}}$$
$$=\frac{3}{5}\times\frac{1}{1}=\frac{3}{5}$$

답 ③

10

$$\lim_{x\to 0}\frac{f(x)-f(0)}{\ln(1+3x)}=\lim_{x\to 0}\frac{\frac{f(x)-f(0)}{x}}{\frac{\ln(1+3x)}{3x}\times 3}=\frac{f'(0)}{3}$$

$\frac{f'(0)}{3}=2$에서 $f'(0)=6$

답 ③

11

$$\lim_{x\to 0}\frac{e^{3x}-1}{\ln(1+2x)}$$
$$=\lim_{x\to 0}\left\{\frac{e^{3x}-1}{3x}\times\frac{1}{\frac{\ln(1+2x)}{2x}}\times\frac{3}{2}\right\}$$
$$=\frac{3}{2}$$

답 ②

12

$$\lim_{x\to 0}\frac{e^{6x}-1}{\ln(1+3x)}=\lim_{x\to 0}\left\{\frac{e^{6x}-1}{6x}\times\frac{3x}{\ln(1+3x)}\times\frac{6}{3}\right\}$$
$$=2\times\lim_{x\to 0}\frac{e^{6x}-1}{6x}\times\lim_{x\to 0}\frac{3x}{\ln(1+3x)}$$
$$=2\times 1\times 1=2$$

답 ②

13

$$\lim_{x\to 0}\frac{e^{7x}-1}{e^{2x}-1}=\lim_{x\to 0}\left(\frac{e^{7x}-1}{7x}\times\frac{2x}{e^{2x}-1}\times\frac{7}{2}\right)$$
$$=\frac{7}{2}\times\lim_{x\to 0}\frac{e^{7x}-1}{7x}\times\lim_{x\to 0}\frac{2x}{e^{2x}-1}$$
$$=\frac{7}{2}\times 1\times 1=\frac{7}{2}$$

답 ④

14

$\frac{e^{2x}+e^{3x}-2}{2x}=\frac{(e^{2x}-1)+(e^{3x}-1)}{2x}$이고

$\lim_{x\to 0}\frac{e^{2x}-1}{2x}=1$, $\lim_{x\to 0}\frac{e^{3x}-1}{3x}=1$이므로

$$\lim_{x\to 0}\frac{e^{2x}+e^{3x}-2}{2x}=\lim_{x\to 0}\frac{(e^{2x}-1)+(e^{3x}-1)}{2x}$$
$$=\lim_{x\to 0}\frac{e^{2x}-1}{2x}+\lim_{x\to 0}\frac{e^{3x}-1}{2x}$$
$$=\lim_{x\to 0}\frac{e^{2x}-1}{2x}+\lim_{x\to 0}\left(\frac{e^{3x}-1}{3x}\times\frac{3}{2}\right)$$
$$=1+1\times\frac{3}{2}=\frac{5}{2}$$

답 ⑤

15

$$\lim_{x\to 0}\frac{6x}{e^{4x}-e^{2x}}=\lim_{x\to 0}\frac{1}{\frac{e^{4x}-1}{6x}-\frac{e^{2x}-1}{6x}}$$
$$=\lim_{x\to 0}\frac{1}{\frac{e^{4x}-1}{4x}\times\frac{2}{3}-\frac{e^{2x}-1}{2x}\times\frac{1}{3}}$$
$$=\frac{1}{1\times\frac{2}{3}-1\times\frac{1}{3}}=3$$

답 ③

16

$$\lim_{x\to 0}\frac{f(x)}{x}=\lim_{x\to 0}\frac{e^{x}-e^{-x}}{x}$$

$$=\lim_{x\to 0}\frac{e^x-1+1-e^{-x}}{x}$$

$$=\lim_{x\to 0}\left(\frac{e^x-1}{x}+\frac{e^{-x}-1}{-x}\right)$$

이때 $\lim_{x\to 0}\frac{e^x-1}{x}=1$, $\lim_{x\to 0}\frac{e^{-x}-1}{-x}=1$이므로

$\lim_{x\to 0}\frac{f(x)}{x}=1+1=2$

답 ②

17

$$\lim_{x\to 0}\frac{\ln(x+1)}{\sqrt{x+4}-2}$$

$$=\lim_{x\to 0}\left\{\ln(x+1)\times\frac{1}{\sqrt{x+4}-2}\right\}$$

$$=\lim_{x\to 0}\left\{\frac{\ln(x+1)}{x}\times\frac{x(\sqrt{x+4}+2)}{(\sqrt{x+4}-2)(\sqrt{x+4}+2)}\right\}$$

$$=\lim_{x\to 0}\left\{\frac{\ln(x+1)}{x}\times(\sqrt{x+4}+2)\right\}$$

$$=1\times(2+2)$$

$$=4$$

답 ④

18

$$\lim_{x\to 0}(1+2x)^{\frac{1}{x}}=\lim_{x\to 0}\{(1+2x)^{\frac{1}{2x}}\}^2=e^2$$

답 ⑤

19

$$\lim_{x\to 0}\frac{4^x-2^x}{x}=\lim_{x\to 0}\frac{(4^x-1)-(2^x-1)}{x}$$

$$=\lim_{x\to 0}\frac{4^x-1}{x}-\lim_{x\to 0}\frac{2^x-1}{x}$$

$$=\ln 4-\ln 2$$

$$=\ln\frac{4}{2}=\ln 2$$

답 ①

20

$\lim_{x\to 0}\frac{2^{ax+b}-8}{2^{bx}-1}=16$에서 $x\to 0$일 때 (분모)$\to 0$이고 극한값이 존재하므로 (분자)$\to 0$이어야 한다.

이때 함수 $2^{ax+b}-8$은 실수 전체의 집합에서 연속이므로

$$\lim_{x\to 0}(2^{ax+b}-8)=2^b-8=0$$

$2^b=8$

$b=3$

따라서

$$\lim_{x\to 0}\frac{2^{ax+3}-8}{2^{3x}-1}=\lim_{x\to 0}\frac{8(2^{ax}-1)}{2^{3x}-1}$$

$$=\frac{8a}{3}\times\lim_{x\to 0}\frac{\frac{2^{ax}-1}{ax}}{\frac{2^{3x}-1}{3x}}$$

$$=\frac{8a}{3}\times\frac{\ln 2}{\ln 2}$$

$$=\frac{8a}{3}$$

이므로 $\frac{8a}{3}=16$에서 $a=6$

따라서 $a+b=6+3=9$

답 ①

21

두 점 $\mathrm{A}(t, \ln t)$, $\mathrm{B}(t, -\ln t)$이므로

$\overline{\mathrm{AB}}=2\ln t$

선분 PQ의 길이가 $f(t)$이고 삼각형 AQB의 넓이가 1이므로

$\frac{1}{2}\times\overline{\mathrm{AB}}\times\overline{\mathrm{PQ}}=1$에서

$\frac{1}{2}\times 2\ln t\times f(t)=1$

즉, $f(t)=\frac{1}{\ln t}$

$t-1=s$로 놓으면 $t=s+1$이고, $t\to 1+$일 때 $s\to 0+$이므로

$$\lim_{t\to 1+}(t-1)f(t)=\lim_{t\to 1+}\frac{t-1}{\ln t}$$

$$=\lim_{s\to 0+}\frac{s}{\ln(s+1)}$$

$$=\lim_{s\to 0+}\frac{1}{\frac{\ln(s+1)}{s}}=1$$

답 ②

22

두 점 P, Q의 y좌표는 각각 $e^{\frac{k}{2}}$, $e^{\frac{k}{2}+3t}$이므로

$\overline{\mathrm{PQ}}=e^{\frac{k}{2}+3t}-e^{\frac{k}{2}}=e^{\frac{k}{2}}(e^{3t}-1)$

점 R의 x좌표는 방정식

$e^{\frac{x}{2}}=e^{\frac{k}{2}+3t}$

의 실근이므로

$\frac{x}{2}=\frac{k}{2}+3t$에서

$x=k+6t$

따라서 $\overline{QR}=(k+6t)-k=6t$

$\overline{PQ}=\overline{QR}$에서

$e^{\frac{k}{2}}(e^{3t}-1)=6t$

$e^{\frac{k}{2}}=\frac{6t}{e^{3t}-1}$이므로

$\frac{k}{2}=\ln\frac{6t}{e^{3t}-1}$

$k=2\ln\frac{6t}{e^{3t}-1}$

즉, $f(t)=2\ln\frac{6t}{e^{3t}-1}$

따라서

$$\lim_{t\to0+}f(t)=2\lim_{t\to0+}\ln\frac{6t}{e^{3t}-1}$$
$$=2\lim_{t\to0+}\ln\frac{2}{\frac{e^{3t}-1}{3t}}$$
$$=2\ln2=\ln4$$

답 ③

23

점 P의 좌표를 $(a, \ln a)(a>0)$이라 하면 점 Q의 좌표는 (a, e^a)이다.

점 P는 직선 $x+y=t$ 위의 점이므로

$a+\ln a=t$

$\ln ae^a=t$이므로 $ae^a=e^t$

그러므로 삼각형 OHQ의 넓이 $S(t)$는

$$S(t)=\frac{1}{2}\times\overline{OH}\times\overline{HQ}$$
$$=\frac{1}{2}\times a\times e^a$$
$$=\frac{1}{2}ae^a=\frac{1}{2}e^t$$

따라서

$$\lim_{t\to0+}\frac{2S(t)-1}{t}=\lim_{t\to0+}\frac{2\times\frac{1}{2}e^t-1}{t}$$
$$=\lim_{t\to0+}\frac{e^t-1}{t}=1$$

답 ①

24

점 A의 x좌표를 a라 하면

$e^{a^2}-1=t$이므로

$a^2=\ln(1+t)$

$a>0$이므로

$a=\sqrt{\ln(1+t)}$

또 점 B의 x좌표를 b라 하면

$e^{b^2}-1=5t$이므로

$b^2=\ln(1+5t)$

$b>0$이므로

$b=\sqrt{\ln(1+5t)}$

그러므로 삼각형 ABC의 넓이는

$S(t)=\frac{1}{2}\times5t\times\{\sqrt{\ln(1+5t)}-\sqrt{\ln(1+t)}\}$

따라서

$$\lim_{t\to0+}\frac{S(t)}{t\sqrt{t}}=\lim_{t\to0+}\frac{5t\{\sqrt{\ln(1+5t)}-\sqrt{\ln(1+t)}\}}{2t\sqrt{t}}$$
$$=\lim_{t\to0+}\frac{5}{2}\left\{\sqrt{\frac{\ln(1+5t)}{t}}-\sqrt{\frac{\ln(1+t)}{t}}\right\}$$
$$=\frac{5}{2}(\sqrt{5}-1)$$

답 ②

유형 2 지수함수와 로그함수의 도함수

25

$f(x)=7+3\ln x$에서

$f'(x)=\frac{3}{x}$

따라서 $f'(3)=\frac{3}{3}=1$

답 ①

26

$f(x)=e^{3x-2}$에서

$f'(x)=e^{3x-2}\times(3x-2)'=3e^{3x-2}$

따라서 $f'(1)=3e^{3-2}=3e$

답 ③

27

$f(x)=e^x(2x+1)$에서

$f'(x)=e^x(2x+1)+e^x\times2=e^x(2x+3)$

따라서 $f'(1)=e\times5=5e$

답 ④

28

$f(x)=\ln(x^2+1)$에서

$f'(x)=\dfrac{(x^2+1)'}{x^2+1}=\dfrac{2x}{x^2+1}$

따라서 $f'(1)=\dfrac{2}{1^2+1}=1$

답 1

29

$f(x)=4e^{3x-3}$에서

$f'(x)=4e^{3x-3}\times 3=12e^{3x-3}$

따라서 $f'(1)=12e^0=12$

답 12

30

$f(x)=e^{3x-3}+1$에서

$f'(x)=3e^{3x-3}$

따라서 $f'(1)=3$

답 3

31

$f(x)=x\ln(2x-1)$에서

$f'(x)=\ln(2x-1)+x\times\dfrac{2}{2x-1}$

따라서

$f'(1)=\ln(2\times1-1)+1\times\dfrac{2}{2-1}$

$=\ln 1+2=0+2=2$

답 2

32

함수 $f(x)$는 양의 실수 전체의 집합에서 미분가능하므로

$\lim_{h\to0}\dfrac{f(3+h)-f(3-h)}{h}$

$=\lim_{h\to0}\dfrac{f(3+h)-f(3)-f(3-h)+f(3)}{h}$

$=\lim_{h\to0}\dfrac{f(3+h)-f(3)}{h}+\lim_{h\to0}\dfrac{f(3-h)-f(3)}{-h}$

$=f'(3)+f'(3)$

$=2f'(3)$

$f(x)=\log_3 x$에서

$f'(x)=\dfrac{1}{x}\times\dfrac{1}{\ln 3}$

따라서 $2f'(3)=2\times\dfrac{1}{3}\times\dfrac{1}{\ln 3}=\dfrac{2}{3\ln 3}$

답 ②

33

$\lim_{x\to0}\dfrac{f(x)}{x}=2$에서 $x\to0$일 때 (분모)$\to0$이므로

$\lim_{x\to0}f(x)=0$이고, 함수 $f(x)$는 연속함수이므로

$f(0)=\lim_{x\to0}f(x)=0$

$f(0)=\ln b=0$에서 $b=1$

$\lim_{x\to0}\dfrac{f(x)}{x}=\lim_{x\to0}\dfrac{f(x)-f(0)}{x-0}$

$=f'(0)=2$

함수 $f(x)=\ln(ax+1)$에서

$f'(x)=\dfrac{a}{ax+1}$

$f'(0)=a$이므로 $a=2$

따라서 $f(x)=\ln(2x+1)$이므로

$f(2)=\ln 5$

답 ③

34

$f(x)=x^3\ln x$에서

$f'(x)=3x^2\ln x+x^3\times\dfrac{1}{x}$

$=3x^2\ln x+x^2$

따라서 $f'(e)=3e^2\ln e+e^2=4e^2$이므로

$\dfrac{f'(e)}{e^2}=\dfrac{4e^2}{e^2}=4$

답 4

35

함수 $f(x)$가 $x=0$에서 미분가능하므로 $x=0$에서 연속이다.

즉, $\lim_{x\to0-}f(x)=\lim_{x\to0+}f(x)=f(0)$

그러므로 $f(0)=e^b=1$에서

$b=0$

$\lim_{x\to0+}\dfrac{f(x)-f(0)}{x-0}=\lim_{x\to0+}\dfrac{e^{ax}-1}{x}$

$=\lim_{x\to0+}\left(\dfrac{e^{ax}-1}{ax}\times a\right)=a$

$\lim_{x\to0-}\dfrac{f(x)-f(0)}{x}=\lim_{x\to0-}\dfrac{(x+1)-1}{x}=1$

함수 $f(x)$는 $x=0$에서 미분가능하므로

$a=1$

따라서 $f(10)=e^{10}$에서

$k=10$

답 10

36

$g(x)$가 실수 전체의 집합에서 연속이고 역함수를 가지려면 $g(x)$는 일대일대응이어야 한다.

$f'(x)=3e^{3x}-a$, $g'(x)=\begin{cases} f'(x) & (x>k) \\ -f'(x) & (x<k) \end{cases}$에서

$a\le 0$이면 모든 실수 x에 대하여 $f'(x)>0$이다.

$x>k$일 때 $g'(x)>0$이고, $x<k$일 때 $g'(x)<0$이므로 $g(x)$는 역함수를 갖지 않는다.

$a>0$이면 $f'(x)=0$에서 $x=\frac{1}{3}\ln\frac{a}{3}$이고

$x<\frac{1}{3}\ln\frac{a}{3}$이면 $f'(x)<0$,

$x>\frac{1}{3}\ln\frac{a}{3}$이면 $f'(x)>0$이므로

$k=\frac{1}{3}\ln\frac{a}{3}$

함수 $g(x)$가 $x=k$에서 연속이므로

$f(k)=-f(k)$, $f(k)=0$

$f(k)=f\left(\frac{1}{3}\ln\frac{a}{3}\right)=\frac{a}{3}-\frac{a}{3}\ln\frac{a}{3}=0$

$a=3e$, $k=\frac{1}{3}$

따라서 $a\times k=e$

답 ①

유형 3 삼각함수의 덧셈정리

37

$\cos(\alpha+\beta)=\frac{5}{7}$에서

$\cos\alpha\cos\beta-\sin\alpha\sin\beta=\frac{5}{7}$

한편 $\cos\alpha\cos\beta=\frac{4}{7}$이므로 위의 식에 대입하면

$\frac{4}{7}-\sin\alpha\sin\beta=\frac{5}{7}$

따라서 $\sin\alpha\sin\beta=-\frac{1}{7}$

답 ①

38

$\cos\alpha=\sqrt{1-\sin^2\alpha}=\sqrt{1-\left(\frac{3}{5}\right)^2}=\frac{4}{5}$,

$\sin\beta=\sqrt{1-\cos^2\beta}=\sqrt{1-\left(\frac{\sqrt{5}}{5}\right)^2}=\frac{2\sqrt{5}}{5}$이므로

$\sin(\beta-\alpha)=\sin\beta\cos\alpha-\cos\beta\sin\alpha$

$=\frac{2\sqrt{5}}{5}\times\frac{4}{5}-\frac{\sqrt{5}}{5}\times\frac{3}{5}$

$=\frac{\sqrt{5}}{5}$

답 ②

39

$\tan\left(\alpha+\frac{\pi}{4}\right)=\dfrac{\tan\alpha+\tan\frac{\pi}{4}}{1-\tan\alpha\tan\frac{\pi}{4}}$

$=\frac{\tan\alpha+1}{1-\tan\alpha}=2$

즉, $\tan\alpha+1=2(1-\tan\alpha)$이므로

$3\tan\alpha=1$

따라서 $\tan\alpha=\frac{1}{3}$

답 ①

40

$2\cos\alpha=3\sin\alpha$에서

$\frac{\sin\alpha}{\cos\alpha}=\frac{2}{3}$이므로

$\tan\alpha=\frac{2}{3}$

$\tan(\alpha+\beta)=\frac{\tan\alpha+\tan\beta}{1-\tan\alpha\tan\beta}$

$=\dfrac{\frac{2}{3}+\tan\beta}{1-\frac{2}{3}\tan\beta}$

$=\frac{2+3\tan\beta}{3-2\tan\beta}$

이고, $\tan(\alpha+\beta)=1$이므로

$\frac{2+3\tan\beta}{3-2\tan\beta}=1$

$2+3\tan\beta=3-2\tan\beta$

$5\tan\beta=1$

따라서 $\tan\beta=\frac{1}{5}$

답 ②

41

$\sin\alpha=\frac{4}{5}$, $\sin^2\alpha+\cos^2\alpha=1$이고 $0<\alpha<\frac{\pi}{2}$이므로

$\cos\alpha=\sqrt{1-\sin^2\alpha}=\sqrt{1-\left(\frac{4}{5}\right)^2}=\frac{3}{5}$

삼각형 ROQ에서

$\overline{OR}=\sqrt{2}$, $\overline{OQ}=1$, $\angle OQR=\frac{\pi}{2}$

이므로 $\beta=\frac{\pi}{4}$

그러므로 $\sin\beta=\cos\beta=\frac{\sqrt{2}}{2}$

따라서

$$\begin{aligned}\cos(\alpha+\beta)&=\cos\alpha\cos\beta-\sin\alpha\sin\beta\\&=\frac{3}{5}\times\frac{\sqrt{2}}{2}-\frac{4}{5}\times\frac{\sqrt{2}}{2}\\&=-\frac{\sqrt{2}}{10}\end{aligned}$$

답 ⑤

42

점 P의 좌표를 $(t,\ 1-t^2)$ $(0<t<1)$이라 하자.

직각삼각형 AHP에서 $\overline{\text{AO}}=1$, $\overline{\text{OH}}=1-t^2$이므로

$$\begin{aligned}\overline{\text{AH}}&=\overline{\text{AO}}-\overline{\text{OH}}\\&=1-(1-t^2)=t^2\end{aligned}$$

$\tan\theta_1=\frac{1}{2}$이므로

$$\tan\theta_1=\frac{\overline{\text{AH}}}{\overline{\text{HP}}}=\frac{t^2}{t}=t=\frac{1}{2}$$

이때 $\text{P}\left(\frac{1}{2},\ \frac{3}{4}\right)$이고 직각삼각형 PHO에서

$$\tan\theta_2=\frac{\overline{\text{OH}}}{\overline{\text{HP}}}=\frac{\frac{3}{4}}{\frac{1}{2}}=\frac{3}{2}$$

따라서

$$\begin{aligned}\tan(\theta_1+\theta_2)&=\frac{\tan\theta_1+\tan\theta_2}{1-\tan\theta_1\tan\theta_2}\\&=\frac{\frac{1}{2}+\frac{3}{2}}{1-\frac{1}{2}\times\frac{3}{2}}\\&=\frac{2}{\frac{1}{4}}=8\end{aligned}$$

답 ④

43

탄젠트함수의 덧셈정리에 의하여

$$\begin{aligned}\tan(\alpha+\beta)&=\frac{\tan\alpha+\tan\beta}{1-\tan\alpha\tan\beta}\\&=\frac{4+(-2)}{1-4\times(-2)}\\&=\frac{2}{9}\end{aligned}$$

따라서 $p=9$, $q=2$이므로

$p+q=11$

답 11

44

$0<\alpha<\beta<2\pi$, $\cos\alpha=\cos\beta=\frac{1}{3}$이므로 그림에서

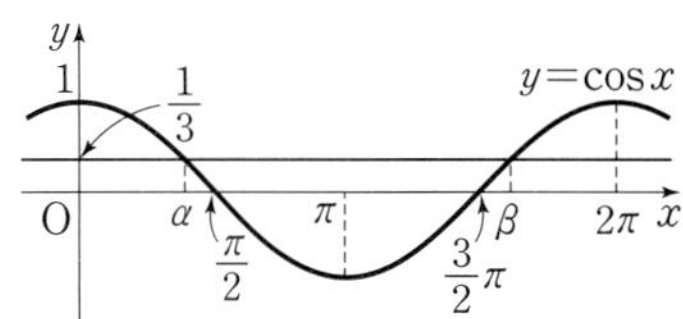

$0<\alpha<\frac{\pi}{2}$, $\frac{3}{2}\pi<\beta<2\pi$

$\sin^2\theta+\cos^2\theta=1$에서

$\sin\theta=\pm\sqrt{1-\cos^2\theta}$

$0<\theta<\pi$일 때 $\sin\theta>0$, $\pi<\theta<2\pi$일 때 $\sin\theta<0$이므로

$\sin\alpha=\frac{2\sqrt{2}}{3}$, $\sin\beta=-\frac{2\sqrt{2}}{3}$

따라서

$$\begin{aligned}\sin(\beta-\alpha)&=\sin\beta\cos\alpha-\cos\beta\sin\alpha\\&=\left(-\frac{2\sqrt{2}}{3}\right)\times\frac{1}{3}-\frac{1}{3}\times\frac{2\sqrt{2}}{3}\\&=-\frac{4\sqrt{2}}{9}\end{aligned}$$

답 ①

45

$\overline{\text{CD}}=a$ $(a>0)$이라 하면 직각삼각형 CED에서 피타고라스 정리에 의하여

$\overline{\text{DE}}=\sqrt{\overline{\text{CE}}^2-\overline{\text{CD}}^2}=\sqrt{(\sqrt{5})^2-a^2}=\sqrt{5-a^2}$

이때 점 E가 선분 AD를 3 : 1로 내분하는 점이므로

$\overline{\text{AE}}:\overline{\text{DE}}=3:1$, $\overline{\text{AE}}=3\overline{\text{DE}}$

$\overline{\text{AD}}=\overline{\text{AE}}+\overline{\text{DE}}=3\overline{\text{DE}}+\overline{\text{DE}}=4\overline{\text{DE}}$

즉, $\overline{\text{AD}}=4\overline{\text{DE}}$이므로

$\overline{\text{AD}}=4\sqrt{5-a^2}$

직각삼각형 CAD에서 피타고라스 정리에 의하여

$\overline{\text{CA}}^2=\overline{\text{CD}}^2+\overline{\text{AD}}^2$이므로

$(2\sqrt{5})^2=a^2+(4\sqrt{5-a^2})^2$

$20=a^2+80-16a^2$

$15a^2=60$

즉, $a^2=4$

이때 $a>0$이므로

$a=2$

따라서 $\overline{\text{DE}}=1$, $\overline{\text{AD}}=4$

직각삼각형 ABD에서 피타고라스 정리에 의하여

$$\begin{aligned}\overline{\text{BD}}&=\sqrt{\overline{\text{AB}}^2-\overline{\text{AD}}^2}\\&=\sqrt{5^2-4^2}=3\end{aligned}$$

이므로 $\sin\alpha=\frac{4}{5}$, $\cos\alpha=\frac{3}{5}$

직각삼각형 CED에서

$\sin\beta=\frac{1}{\sqrt{5}}$, $\cos\beta=\frac{2}{\sqrt{5}}$

따라서

$$\begin{aligned}\cos(\alpha-\beta)&=\cos\alpha\cos\beta+\sin\alpha\sin\beta\\&=\frac{3}{5}\times\frac{2}{\sqrt{5}}+\frac{4}{5}\times\frac{1}{\sqrt{5}}\\&=\frac{10}{5\sqrt{5}}\\&=\frac{2\sqrt{5}}{5}\end{aligned}$$

답 ⑤

46

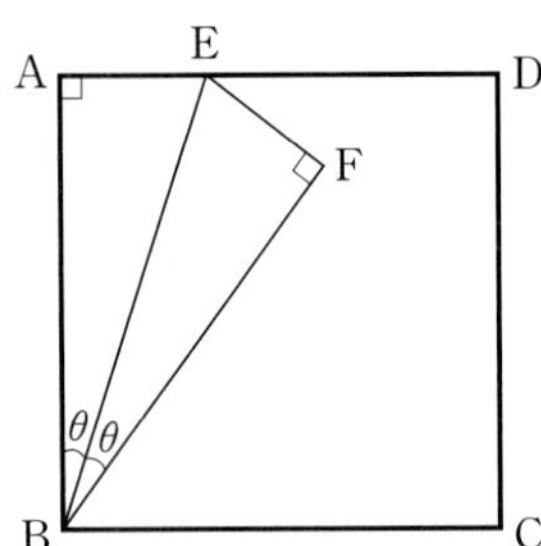

두 삼각형 ABE, FBE는 서로 합동이고 사각형 ABCD가 정사각형이므로

$\angle\text{A}=\angle\text{F}=\frac{\pi}{2}$

조건 (나)에서 사각형 ABFE의 넓이는 $\frac{1}{3}$이고,

조건 (가)에서 두 삼각형 ABE, FBE의 넓이가 같으므로

삼각형 ABE의 넓이는 $\frac{1}{6}$이다.

$\angle\text{ABE}=\theta$라 하면 직각삼각형 ABE에서

$\tan\theta=\frac{\overline{\text{AE}}}{\overline{\text{AB}}}$이므로

$\overline{\text{AE}}=\overline{\text{AB}}\tan\theta=\tan\theta$

삼각형 ABE의 넓이는

$\frac{1}{2}\times\overline{\text{AB}}\times\overline{\text{AE}}=\frac{1}{2}\times1\times\tan\theta$

$\frac{1}{2}\tan\theta=\frac{1}{6}$

즉, $\tan\theta=\frac{1}{3}$

$\angle\text{FBE}=\theta$이므로 $\angle\text{ABF}=2\theta$

따라서

$$\begin{aligned}\tan(\angle\text{ABF})&=\tan2\theta=\tan(\theta+\theta)\\&=\frac{\tan\theta+\tan\theta}{1-\tan\theta\times\tan\theta}\\&=\frac{\frac{1}{3}+\frac{1}{3}}{1-\frac{1}{3}\times\frac{1}{3}}\\&=\frac{3}{4}\end{aligned}$$

답 ⑤

47

$\angle\text{C}=\gamma$라 하면

$$\begin{aligned}\tan\gamma&=\tan\{\pi-(\alpha+\beta)\}\\&=-\tan(\alpha+\beta)\\&=-\left(-\frac{3}{2}\right)=\frac{3}{2}\end{aligned}$$

한편 삼각형 ABC는 $\overline{\text{AB}}=\overline{\text{AC}}$이므로 $\beta=\gamma$이다.

그러므로 $\tan\beta=\tan\gamma=\frac{3}{2}$

따라서

$$\begin{aligned}\tan\alpha&=\tan\{\pi-(\beta+\gamma)\}\\&=-\tan(\beta+\gamma)\\&=-\tan(\beta+\beta)\\&=-\frac{\tan\beta+\tan\beta}{1-\tan\beta\tan\beta}\\&=-\frac{2\tan\beta}{1-\tan^2\beta}\\&=-\frac{2\times\frac{3}{2}}{1-\left(\frac{3}{2}\right)^2}\\&=\frac{12}{5}\end{aligned}$$

답 ④

유형 4 삼각함수의 극한

48

$$\begin{aligned}\lim_{x\to0}\frac{3x^2}{\sin^2x}&=3\times\frac{1}{\lim\limits_{x\to0}\frac{\sin x}{x}}\times\frac{1}{\lim\limits_{x\to0}\frac{\sin x}{x}}\\&=3\end{aligned}$$

답 ③

49

$$\lim_{x\to0}\frac{\sin 5x}{x}=\lim_{x\to0}\left(\frac{\sin 5x}{5x}\times5\right)$$
$$=1\times5=5$$

답 ⑤

50

$$\lim_{x\to0}\frac{\sin 7x}{4x}=\lim_{x\to0}\left(\frac{\sin 7x}{7x}\times\frac{7}{4}\right)$$
$$=1\times\frac{7}{4}=\frac{7}{4}$$

답 ⑤

51

$$\lim_{x\to0}\frac{\sin 2x}{x\cos x}=\lim_{x\to0}\left(\frac{\sin 2x}{2x}\times\frac{2}{\cos x}\right)$$
$$=\lim_{x\to0}\frac{\sin 2x}{2x}\times\lim_{x\to0}\frac{2}{\cos x}$$
$$=1\times2=2$$

답 2

참고 $\lim_{x\to0}f(x)=0$, $\lim_{x\to0}g(x)=0$일 때,

$$\lim_{x\to0}\frac{\sin g(x)}{f(x)}=\lim_{x\to0}\left\{\frac{\sin g(x)}{g(x)}\times\frac{g(x)}{f(x)}\right\}$$
$$=\lim_{x\to0}\frac{g(x)}{f(x)}$$

52

직각삼각형 BCE에서 $\angle\text{EBC}=\theta$이므로

$\angle\text{BEC}=\angle\text{DEF}=\frac{\pi}{2}-\theta$

삼각형 DEF에서 $\angle\text{DFE}=\frac{\pi}{2}$이므로

$\angle\text{EDF}=\theta$

한편 $\overline{\text{EC}}=\tan\theta$이므로

$\overline{\text{DE}}=1-\tan\theta$

선분 DE의 중점을 M이라 하면

$\overline{\text{DM}}=\frac{1-\tan\theta}{2}$

직선 DF가 작은 원과 접하는 점을 N이라 하면 직각삼각형 DMN에서

$$\overline{\text{MN}}=\overline{\text{DM}}\times\sin\theta$$
$$=\frac{1-\tan\theta}{2}\times\sin\theta$$

이므로

$2r(\theta)+\overline{\text{MN}}=\overline{\text{DM}}$

$$r(\theta)=\frac{1}{2}(\overline{\text{DM}}-\overline{\text{MN}})$$
$$=\frac{1}{2}\times\left(\frac{1-\tan\theta}{2}-\frac{1-\tan\theta}{2}\times\sin\theta\right)$$
$$=\frac{1}{2}\times\frac{1-\tan\theta}{2}\times(1-\sin\theta)$$
$$=\frac{(1-\tan\theta)(1-\sin\theta)}{4}$$

한편 $\lim_{\theta\to\frac{\pi}{4}-}\frac{1-\tan\theta}{\frac{\pi}{4}-\theta}$에서

$\frac{\pi}{4}-\theta=t$로 놓으면 $\theta\to\frac{\pi}{4}-$일 때 $t\to0+$이므로

$$\lim_{\theta\to\frac{\pi}{4}-}\frac{1-\tan\theta}{\frac{\pi}{4}-\theta}=\lim_{t\to0+}\frac{1-\tan\left(\frac{\pi}{4}-t\right)}{t}$$
$$=\lim_{t\to0+}\frac{1-\frac{1-\tan t}{1+\tan t}}{t}$$
$$=\lim_{t\to0+}\frac{2\tan t}{t(1+\tan t)}$$
$$=\lim_{t\to0+}\frac{\tan t}{t}\times\lim_{t\to0+}\frac{2}{1+\tan t}$$
$$=1\times2=2$$

따라서

$$\lim_{\theta\to\frac{\pi}{4}-}\frac{r(\theta)}{\frac{\pi}{4}-\theta}=\lim_{\theta\to\frac{\pi}{4}-}\frac{\frac{(1-\tan\theta)(1-\sin\theta)}{4}}{\frac{\pi}{4}-\theta}$$
$$=\lim_{\theta\to\frac{\pi}{4}-}\frac{1-\tan\theta}{\frac{\pi}{4}-\theta}\times\lim_{\theta\to\frac{\pi}{4}-}\frac{1-\sin\theta}{4}$$
$$=2\times\frac{1-\frac{\sqrt{2}}{2}}{4}$$
$$=\frac{1}{4}(2-\sqrt{2})$$

답 ④

53

$\overline{\text{AB}}=2$이므로 직각삼각형 ABP에서

$\overline{\text{BP}}=2\sin\theta$

두 선분 BP, BQ는 모두 원 C_2의 반지름이므로

$\overline{\text{BP}}=\overline{\text{BQ}}=2\sin\theta$

$\overline{\text{OB}}=1$이므로 피타고라스 정리에 의하여

직각삼각형 OBQ에서

$\overline{\text{OQ}}=\sqrt{1-4\sin^2\theta}$

즉,

$S(\theta)=2\times\frac{1}{2}\times\overline{\text{BQ}}\times\overline{\text{OQ}}$

$=2\sin\theta\times\sqrt{1-4\sin^2\theta}$

따라서 구하는 극한값은

$$\lim_{\theta\to0+}\frac{S(\theta)}{\theta}=\lim_{\theta\to0+}\frac{2\sin\theta\times\sqrt{1-4\sin^2\theta}}{\theta}$$

$$=\lim_{\theta\to0+}\left(2\times\frac{\sin\theta}{\theta}\times\sqrt{1-4\sin^2\theta}\right)$$

$$=2\times1\times1=2$$

답 ①

54

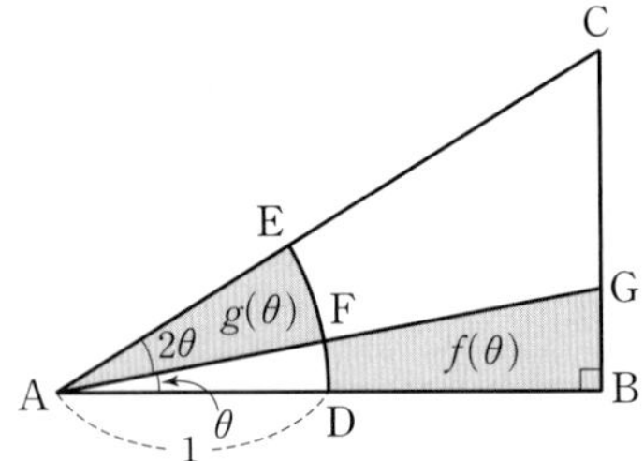

부채꼴 AFE에서 호 DE의 삼등분점 중 점 D에 가까운 점이 F이고 $\angle\text{FAD}=\theta$이므로

$\angle\text{EAF}=2\theta$

부채꼴 AFE의 넓이가 $g(\theta)$이므로

$$g(\theta)=\frac{1}{2}\times1^2\times2\theta=\theta$$

직각삼각형 ABG에서

$\dfrac{\overline{\text{BG}}}{\overline{\text{AB}}}=\tan\theta$이므로

$\overline{\text{BG}}=2\tan\theta$

$f(\theta)$는 직각삼각형 ABG의 넓이에서 부채꼴 ADF의 넓이를 뺀 것이므로

$$f(\theta)=\frac{1}{2}\times\overline{\text{AB}}\times\overline{\text{BG}}-\frac{1}{2}\times1^2\times\theta$$

$$=\frac{1}{2}\times2\times2\tan\theta-\frac{\theta}{2}$$

$$=2\tan\theta-\frac{\theta}{2}$$

따라서

$$40\times\lim_{\theta\to0+}\frac{f(\theta)}{g(\theta)}=40\times\lim_{\theta\to0+}\frac{2\tan\theta-\frac{\theta}{2}}{\theta}$$

$$=40\times\lim_{\theta\to0+}\left(\frac{2\tan\theta}{\theta}-\frac{1}{2}\right)$$

$$=40\times\lim_{\theta\to0+}\left(\frac{2}{\cos\theta}\times\frac{\sin\theta}{\theta}-\frac{1}{2}\right)$$

$$=40\times\left(\frac{2}{1}\times1-\frac{1}{2}\right)$$

$$=60$$

답 60

55

$(e^{2x}-1)^2f(x)=a-4\cos\frac{\pi}{2}x$에서 양변에 $x=0$을 대입하면

$0=a-4$이므로

$a=4$

$x\neq0$이면 $e^{2x}-1\neq0$이므로

$$f(x)=\frac{4-4\cos\frac{\pi}{2}x}{(e^{2x}-1)^2}\ (x\neq0)$$

이때 함수 $f(x)$는 실수 전체의 집합에서 연속이므로 $x=0$에서 연속이어야 한다.

따라서

$$f(0)=\lim_{x\to0}f(x)$$

$$=\lim_{x\to0}\frac{4-4\cos\frac{\pi}{2}x}{(e^{2x}-1)^2}$$

$$=\lim_{x\to0}\frac{4\left(1-\cos\frac{\pi}{2}x\right)\left(1+\cos\frac{\pi}{2}x\right)}{(e^{2x}-1)^2\left(1+\cos\frac{\pi}{2}x\right)}$$

$$=\lim_{x\to0}\frac{4\sin^2\frac{\pi}{2}x}{(e^{2x}-1)^2\left(1+\cos\frac{\pi}{2}x\right)}$$

$$=\frac{\lim_{x\to0}\left(\dfrac{\sin\frac{\pi}{2}x}{\frac{\pi}{2}x}\right)^2}{\lim_{x\to0}\left(\dfrac{e^{2x}-1}{2x}\right)^2}\times\lim_{x\to0}\frac{\frac{\pi^2}{4}}{1+\cos\frac{\pi}{2}x}$$

$$=\frac{1^2}{1^2}\times\frac{\frac{\pi^2}{4}}{1+1}=\frac{\pi^2}{8}$$

따라서 $a\times f(0)=4\times\dfrac{\pi^2}{8}=\dfrac{\pi^2}{2}$

답 ⑤

56

직각삼각형 POH에서

$\overline{\text{OH}}=\overline{\text{OP}}\times\cos\theta=1\times\cos\theta=\cos\theta$

$\overline{\text{HA}}=1-\overline{\text{OH}}=1-\cos\theta$

직각삼각형 OAB에서 $\overline{\text{OA}}=\overline{\text{OB}}$이므로

$\angle\text{OAB}=\angle\text{OBA}=\dfrac{\pi}{4}$ …… ㉠

이때 $\overline{\text{OB}}\,/\!/\,\overline{\text{PH}}$이므로

$\angle\text{OBA}=\angle\text{HQA}$ …… ㉡

㉠, ㉡에서 $\angle\text{HAQ}=\angle\text{HQA}=\dfrac{\pi}{4}$

즉, 직각삼각형 AQH에서 $\overline{\text{HA}}=\overline{\text{HQ}}$

따라서 삼각형 AQH의 넓이 $S(\theta)$는

$$S(\theta)=\frac{1}{2}\times\overline{\text{HA}}\times\overline{\text{HQ}}$$
$$=\frac{1}{2}(1-\cos\theta)(1-\cos\theta)$$
$$=\frac{(1-\cos\theta)^2}{2}$$

따라서

$$\lim_{\theta\to0+}\frac{S(\theta)}{\theta^4}=\lim_{\theta\to0+}\frac{(1-\cos\theta)^2}{2\theta^4}$$
$$=\lim_{\theta\to0+}\frac{(1-\cos\theta)^2(1+\cos\theta)^2}{2\theta^4(1+\cos\theta)^2}$$
$$=\lim_{\theta\to0+}\frac{(1-\cos^2\theta)^2}{2\theta^4(1+\cos\theta)^2}$$
$$=\lim_{\theta\to0+}\frac{\sin^4\theta}{2\theta^4(1+\cos\theta)^2}$$
$$=\lim_{\theta\to0+}\frac{1}{2(1+\cos\theta)^2}\times\lim_{\theta\to0+}\left(\frac{\sin\theta}{\theta}\right)^4$$
$$=\frac{1}{2\times(1+1)^2}\times1^4=\frac{1}{8}$$

답 ①

57

$\angle\text{POQ}=\theta$라 하면 반지름의 길이가 r, 중심각의 크기가 $\theta(\text{rad})$인 부채꼴의 호의 길이는 $r\theta$이다.

호 PQ의 길이가 π이므로

$2^n\times\theta=\pi$, 즉 $\theta=\frac{\pi}{2^n}$

한편 $\overline{\text{OQ}}=\overline{\text{OP}}=2^n$이고

$$\overline{\text{HP}}=\overline{\text{OP}}-\overline{\text{OH}}$$
$$=2^n-2^n\cos\frac{\pi}{2^n}$$
$$=2^n\left(1-\cos\frac{\pi}{2^n}\right)$$

이므로

$$\lim_{n\to\infty}(\overline{\text{OQ}}\times\overline{\text{HP}})=\lim_{n\to\infty}\left\{2^n\times2^n\left(1-\cos\frac{\pi}{2^n}\right)\right\}\quad\cdots\cdots\ ㉠$$

이때 $\frac{\pi}{2^n}=t$로 놓으면 $2^n=\frac{\pi}{t}$이고 $n\to\infty$일 때, $t\to0+$이므로

㉠은

$$\lim_{t\to0+}\frac{\pi^2(1-\cos t)}{t^2}=\pi^2\lim_{t\to0+}\frac{(1-\cos t)(1+\cos t)}{t^2(1+\cos t)}$$
$$=\pi^2\lim_{t\to0+}\frac{\sin^2 t}{t^2(1+\cos t)}$$
$$=\pi^2\times\lim_{t\to0+}\left(\frac{\sin t}{t}\right)^2\times\lim_{t\to0+}\frac{1}{1+\cos t}$$
$$=\pi^2\times1^2\times\frac{1}{2}=\frac{\pi^2}{2}$$

답 ①

58

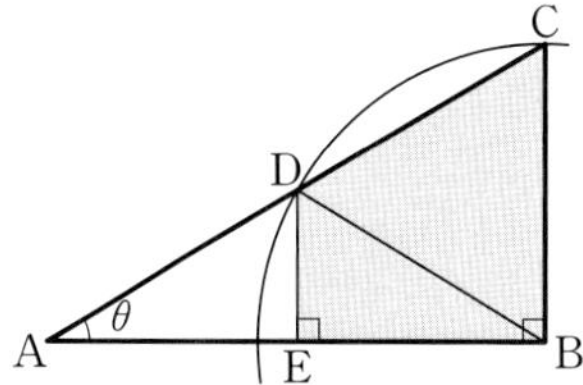

삼각형 ABC에서

$\overline{\text{BC}}=\overline{\text{AC}}\sin\theta=\sin\theta$

$\overline{\text{BD}}$를 그으면 삼각형 BCD는 $\overline{\text{BC}}=\overline{\text{BD}}$인 이등변삼각형이므로

$\overline{\text{BD}}=\overline{\text{BC}}=\sin\theta$

$\angle\text{BCD}=\angle\text{BDC}=\frac{\pi}{2}-\theta$

$\angle\text{CBD}=\pi-2\left(\frac{\pi}{2}-\theta\right)=2\theta$

$\angle\text{BDE}=\angle\text{CBD}=2\theta$

삼각형 DBE에서

$\overline{\text{DE}}=\overline{\text{BD}}\cos2\theta=\sin\theta\cos2\theta$

$\overline{\text{BE}}=\overline{\text{BD}}\sin2\theta=\sin\theta\sin2\theta$

따라서 사다리꼴 BCDE의 넓이는

$$S(\theta)=\frac{1}{2}\times(\overline{\text{DE}}+\overline{\text{BC}})\times\overline{\text{BE}}$$
$$=\frac{1}{2}\times(\sin\theta\cos2\theta+\sin\theta)\times\sin\theta\sin2\theta$$
$$=\frac{1}{2}\sin^2\theta\sin2\theta(1+\cos2\theta)$$

따라서

$$\lim_{\theta\to0+}\frac{S(\theta)}{\theta^3}=\lim_{\theta\to0+}\frac{\sin^2\theta\sin2\theta(1+\cos2\theta)}{2\theta^3}$$
$$=\lim_{\theta\to0+}\left\{\left(\frac{\sin\theta}{\theta}\right)^2\times\frac{\sin2\theta}{2\theta}\times(1+\cos2\theta)\right\}$$
$$=1^2\times1\times2$$
$$=2$$

답 ④

59

$$\lim_{x\to\frac{\pi}{2}}f(x)=\lim_{x\to\frac{\pi}{2}}(2\cos x\tan x+a)$$
$$=\lim_{x\to\frac{\pi}{2}}(2\sin x+a)$$
$$=2+a$$

함수 $f(x)$가 $x=\frac{\pi}{2}$에서 연속이므로

$$f\left(\frac{\pi}{2}\right)=\lim_{x\to\frac{\pi}{2}}f(x)$$

$3a=2+a$, 즉 $a=1$

$0\le x\le\pi$에서 함수 $f(x)=2\sin x+1$이고

$0 \le \sin x \le 1$이므로 함수 $f(x)$의 최댓값은 3, 최솟값은 1이다.
따라서 구하는 값은
$3+1=4$

답 ④

60

$$f(\theta)=1-\frac{1}{1+2\sin\theta}=\frac{1+2\sin\theta-1}{1+2\sin\theta}=\frac{2\sin\theta}{1+2\sin\theta}$$

따라서

$$\lim_{\theta\to0}\frac{10f(\theta)}{\theta}=10\lim_{\theta\to0}\frac{\frac{2\sin\theta}{1+2\sin\theta}}{\theta}=10\lim_{\theta\to0}\frac{2\sin\theta}{\theta(1+2\sin\theta)}=10\times\lim_{\theta\to0}\frac{\sin\theta}{\theta}\times\lim_{\theta\to0}\frac{2}{1+2\sin\theta}=10\times1\times2=20$$

답 20

61

삼각형 OHP에서 $\overline{OP}=1$, $\angle POH=\theta$이므로

$\sin\theta=\frac{\overline{PH}}{\overline{OP}}$, $\cos\theta=\frac{\overline{OH}}{\overline{OP}}$에서

$\overline{PH}=\sin\theta$, $\overline{OH}=\cos\theta$

즉, $f(\theta)=\frac{1}{2}\times\overline{PH}\times\overline{OH}=\frac{1}{2}\sin\theta\cos\theta$

$\angle OPQ=\frac{\pi}{2}$이므로 직각삼각형 OQP에서

$\cos\theta=\frac{\overline{OP}}{\overline{OQ}}=\frac{1}{\overline{OQ}}$

$\overline{OQ}=\frac{1}{\cos\theta}=\sec\theta$

$\angle OQP=\frac{\pi}{2}-\theta$, $\overline{AQ}=\overline{OQ}-\overline{OA}=\sec\theta-1$

반지름의 길이가 r, 중심각의 크기가 $\theta(\text{rad})$인 부채꼴의 넓이는

$\frac{1}{2}\times r^2\times\theta$이므로

$g(\theta)=\frac{1}{2}(\sec\theta-1)^2\left(\frac{\pi}{2}-\theta\right)$

따라서

$$\lim_{\theta\to0+}\frac{\sqrt{g(\theta)}}{\theta\times f(\theta)}$$

$$=\lim_{\theta\to0+}\frac{(\sec\theta-1)\sqrt{\frac{1}{2}\left(\frac{\pi}{2}-\theta\right)}}{\theta\times\frac{1}{2}\sin\theta\cos\theta}$$

$$=\lim_{\theta\to0+}\frac{2\tan^2\theta\sqrt{\frac{1}{2}\left(\frac{\pi}{2}-\theta\right)}}{\theta\times\sin\theta\cos\theta(\sec\theta+1)}$$

$$=\lim_{\theta\to0+}\left\{2\sqrt{\frac{1}{2}\left(\frac{\pi}{2}-\theta\right)}\times\frac{\sin\theta}{\theta}\times\frac{1}{\cos^3\theta(\sec\theta+1)}\right\}$$

$$=2\times\sqrt{\frac{\pi}{4}}\times1\times\frac{1}{1\times2}$$

$$=\frac{\sqrt{\pi}}{2}$$

답 ④

62

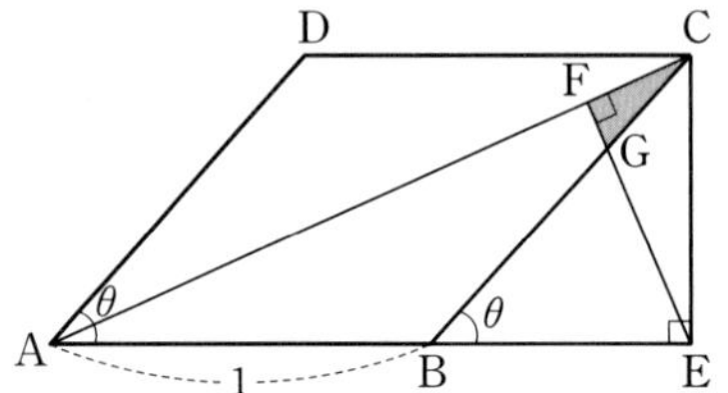

직각삼각형 CBE에서

$\overline{BC}=\overline{AB}=1$, $\angle CBE=\angle DAB=\theta$

이므로 삼각형 CBE에서

$\sin\theta=\frac{\overline{CE}}{\overline{CB}}=\frac{\overline{CE}}{1}$이므로

$\overline{CE}=\sin\theta$

마름모 ABCD에서 두 선분 AC와 BD의 교점을 O라 하자.

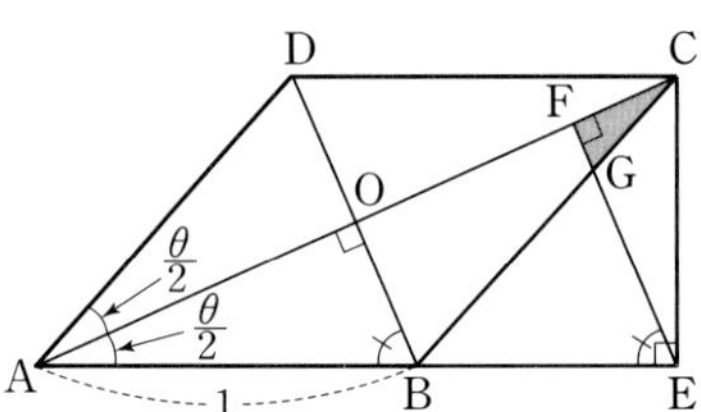

$\overline{AC}\perp\overline{BD}$이므로 $\overline{BO}\,/\!/\,\overline{EF}$

이때 $\angle OBA=\angle FEA$이고 $\angle BAO=\frac{1}{2}\angle DAB=\frac{\theta}{2}$이므로

$\angle CEF=\frac{\pi}{2}-\angle FEA=\frac{\pi}{2}-\angle OBA=\angle BAO=\frac{\theta}{2}$

직각삼각형 CEF에서

$\sin\frac{\theta}{2}=\frac{\overline{CF}}{\overline{CE}}=\frac{\overline{CF}}{\sin\theta}$

이므로 $\overline{CF}=\sin\theta\sin\frac{\theta}{2}$

삼각형 ABC에서 $\overline{AB}=\overline{BC}$이므로

$\angle BCA=\angle BAC=\frac{\theta}{2}$

직각삼각형 CFG에서

$\tan\frac{\theta}{2}=\frac{\overline{FG}}{\overline{CF}}=\frac{\overline{FG}}{\sin\theta\sin\frac{\theta}{2}}$

이므로

$\overline{FG}=\sin\theta\sin\frac{\theta}{2}\tan\frac{\theta}{2}$

직각삼각형 CFG의 넓이 $S(\theta)$는

$$S(\theta)=\frac{1}{2}\times\overline{CF}\times\overline{FG}$$
$$=\frac{1}{2}\times\sin\theta\sin\frac{\theta}{2}\times\sin\theta\sin\frac{\theta}{2}\tan\frac{\theta}{2}$$
$$=\frac{1}{2}\sin^2\theta\sin^2\frac{\theta}{2}\tan\frac{\theta}{2}$$

따라서

$$\lim_{\theta\to0+}\frac{S(\theta)}{\theta^5}=\lim_{\theta\to0+}\frac{\sin^2\theta\sin^2\frac{\theta}{2}\tan\frac{\theta}{2}}{2\theta^5}$$
$$=\lim_{\theta\to0+}\left\{\left(\frac{\sin\theta}{\theta}\right)^2\times\left(\frac{\sin\frac{\theta}{2}}{\frac{\theta}{2}}\right)^2\times\frac{\tan\frac{\theta}{2}}{\frac{\theta}{2}}\times\frac{1}{16}\right\}$$
$$=\frac{1}{16}\times\lim_{\theta\to0+}\left(\frac{\sin\theta}{\theta}\right)^2\times\lim_{\theta\to0+}\left(\frac{\sin\frac{\theta}{2}}{\frac{\theta}{2}}\right)^2\times\lim_{\theta\to0+}\frac{\tan\frac{\theta}{2}}{\frac{\theta}{2}}$$
$$=\frac{1}{16}\times1^2\times1^2\times1=\frac{1}{16}$$

답 ③

63

점 P의 좌표가 $(t, \sin t)$ $(0<t<\pi)$이므로 점 Q의 좌표는 $(t, 0)$이다.

$\overline{PR}=\overline{PQ}=\sin t$,

$\overline{OR}=\overline{OP}-\overline{PR}=\sqrt{t^2+\sin^2 t}-\sin t$

이므로

$$\lim_{t\to0+}\frac{\overline{OQ}}{\overline{OR}}=\lim_{t\to0+}\frac{t}{\sqrt{t^2+\sin^2 t}-\sin t}$$
$$=\lim_{t\to0+}\frac{t(\sqrt{t^2+\sin^2 t}+\sin t)}{(t^2+\sin^2 t)-\sin^2 t}$$
$$=\lim_{t\to0+}\frac{\sqrt{t^2+\sin^2 t}+\sin t}{t}$$
$$=\lim_{t\to0+}\left\{\sqrt{1+\left(\frac{\sin t}{t}\right)^2}+\frac{\sin t}{t}\right\}$$
$$=\sqrt{1+1^2}+1$$
$$=1+\sqrt{2}$$

$1+\sqrt{2}=a+b\sqrt{2}$에서 a, b가 정수이므로

$a=1$, $b=1$

따라서 $a+b=1+1=2$

답 2

64

곡선 $y=\sin x$ 위의 점 $P(t, \sin t)$에서의 접선의 기울기는 $y'=\cos x$에서 $\cos t$이다.

따라서 점 P에서의 접선과 점 P를 지나고 기울기가 -1인 직선이 이루는 예각의 크기는 θ이므로

$$\tan\theta=\left|\frac{\cos t-(-1)}{1+\cos t\times(-1)}\right|$$
$$=\left|\frac{\cos t+1}{1-\cos t}\right|$$

그런데 $0<t<\pi$이므로

$$\tan\theta=\frac{\cos t+1}{1-\cos t}$$

따라서

$$\lim_{t\to\pi-}\frac{\tan\theta}{(\pi-t)^2}=\lim_{t\to\pi-}\frac{\frac{\cos t+1}{1-\cos t}}{(\pi-t)^2}$$
$$=\lim_{t\to\pi-}\frac{\cos t+1}{(\pi-t)^2(1-\cos t)}$$

에서 $\pi-t=x$라 하면 $t\to\pi-$일 때 $x\to0+$이고

$\cos t=\cos(\pi-x)=-\cos x$이므로

$$\lim_{t\to\pi-}\frac{\tan\theta}{(\pi-t)^2}=\lim_{t\to\pi-}\frac{\cos t+1}{(\pi-t)^2(1-\cos t)}$$
$$=\lim_{x\to0+}\frac{1-\cos x}{x^2(1+\cos x)}$$
$$=\lim_{x\to0+}\frac{(1-\cos x)(1+\cos x)}{x^2(1+\cos x)(1+\cos x)}$$
$$=\lim_{x\to0+}\frac{1-\cos^2 x}{x^2(1+\cos x)^2}$$
$$=\lim_{x\to0+}\frac{\sin^2 x}{x^2(1+\cos x)^2}$$
$$=\lim_{x\to0+}\left\{\left(\frac{\sin x}{x}\right)^2\times\frac{1}{(1+\cos x)^2}\right\}$$
$$=1^2\times\frac{1}{2^2}$$
$$=\frac{1}{4}$$

답 ③

65

직각삼각형 ABC에서 $\overline{AB}=1$, $\angle CAB=\theta$이므로

$\cos\theta=\frac{\overline{AB}}{\overline{AC}}=\frac{1}{\overline{AC}}$에서

$\overline{AC}=\frac{1}{\cos\theta}=\sec\theta$

$\tan\theta=\frac{\overline{BC}}{\overline{AB}}=\overline{BC}$

이때 직선 CD가 $\angle ACB$를 이등분하므로

$\overline{AD}:\overline{BD}=\overline{AC}:\overline{BC}$

$\overline{AD} : (1-\overline{AD}) = \sec\theta : \tan\theta$

즉, $\overline{AD} = \dfrac{\sec\theta}{\sec\theta+\tan\theta} = \dfrac{1}{1+\sin\theta}$이므로

$$S(\theta) = \frac{1}{2}\times\left(\frac{1}{1+\sin\theta}\right)^2\times\theta$$
$$= \frac{1}{2}\times\frac{\theta}{(1+\sin\theta)^2}$$

한편 $\overline{CE} = \sec\theta - \dfrac{1}{1+\sin\theta}$이므로

$$T(\theta) = \frac{1}{2}\times\overline{BC}\times\overline{CE}\times\sin C$$
$$= \frac{1}{2}\times\tan\theta\times\left(\sec\theta-\frac{1}{1+\sin\theta}\right)\times\sin\left(\frac{\pi}{2}-\theta\right)$$
$$= \frac{1}{2}\sin\theta\left(\sec\theta-\frac{1}{1+\sin\theta}\right)$$

따라서

$$\lim_{\theta\to 0+}\frac{\{S(\theta)\}^2}{T(\theta)}$$
$$= \lim_{\theta\to 0+}\frac{\left\{\frac{1}{2}\times\frac{\theta}{(1+\sin\theta)^2}\right\}^2}{\frac{1}{2}\sin\theta\left(\sec\theta-\frac{1}{1+\sin\theta}\right)}$$
$$= \lim_{\theta\to 0+}\left\{\frac{1}{2}\times\frac{\theta^2}{\sin\theta}\times\frac{1}{(1+\sin\theta)^4\times\left(\frac{1}{\cos\theta}-\frac{1}{1+\sin\theta}\right)}\right\}$$
$$= \lim_{\theta\to 0+}\left\{\frac{1}{2}\times\frac{\theta}{\sin\theta}\times\frac{\cos\theta}{(1+\sin\theta)^3}\times\frac{\theta}{1+\sin\theta-\cos\theta}\right\}$$
$$= \lim_{\theta\to 0+}\left\{\frac{1}{2}\times\frac{\theta}{\sin\theta}\times\frac{\cos\theta}{(1+\sin\theta)^3}\times\frac{1}{\frac{\sin\theta}{\theta}+\frac{1-\cos\theta}{\theta}}\right\}$$
$$= \frac{1}{2}\times1\times\frac{1}{1}\times\frac{1}{1+0}$$
$$= \frac{1}{2}$$

답 ②

66

$\overline{OP}=1$이므로 직각삼각형 OPH에서

$\overline{OH} = \cos\theta$

점 Q에서 선분 OA에 내린 수선의 발을 R이라 하면

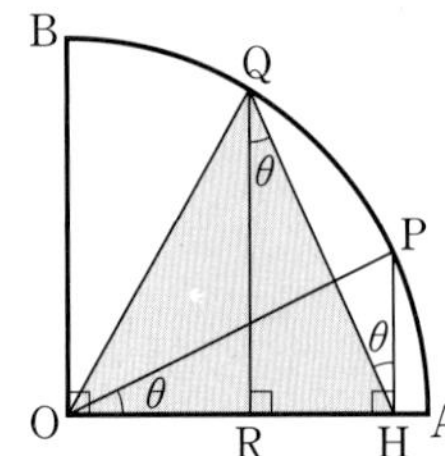

$$S(\theta) = \frac{1}{2}\times\overline{OH}\times\overline{QR}$$
$$= \frac{\cos\theta}{2}\times\overline{QR}$$

한편 엇각의 성질에 의하여 $\angle HQR=\theta$이므로

$\overline{QR}=a$라 하면

$$\overline{RH} = \overline{QR}\times\tan\theta$$
$$= a\tan\theta$$
$$\overline{OR} = \overline{OH}-\overline{RH}$$
$$= \cos\theta - a\tan\theta$$

이때 $\overline{QR}^2+\overline{OR}^2=\overline{OQ}^2=1$이므로

$$a^2+(\cos\theta-a\tan\theta)^2=1$$
$$(\tan^2\theta+1)a^2-2a\cos\theta\tan\theta+\cos^2\theta-1=0$$
$$a^2\sec^2\theta-2a\sin\theta-\sin^2\theta=0$$

위 등식의 양변에 $\cos^2\theta$를 곱하면

$$a^2-2a\sin\theta\cos^2\theta-\sin^2\theta\cos^2\theta=0$$

이때 $a>0$이므로 근의 공식에 의하여

$$a=\sin\theta\cos^2\theta+\sqrt{\sin^2\theta\cos^4\theta+\sin^2\theta\cos^2\theta}$$
$$=\sin\theta\cos^2\theta+\sin\theta\cos\theta\sqrt{\cos^2\theta+1}$$
$$=\sin\theta\cos\theta\,(\cos\theta+\sqrt{\cos^2\theta+1})$$

이므로

$$S(\theta)=\frac{a}{2}\cos\theta$$
$$=\frac{\sin\theta\cos^2\theta}{2}(\cos\theta+\sqrt{\cos^2\theta+1})$$

따라서

$$\lim_{\theta\to 0+}\frac{S(\theta)}{\theta}$$
$$=\lim_{\theta\to 0+}\left\{\frac{\sin\theta\cos^2\theta}{2\theta}(\cos\theta+\sqrt{\cos^2\theta+1})\right\}$$
$$=\frac{1}{2}\lim_{\theta\to 0+}\frac{\sin\theta}{\theta}\times\lim_{\theta\to 0+}\{\cos^2\theta(\cos\theta+\sqrt{\cos^2\theta+1})\}$$
$$=\frac{1}{2}\times1\times\{1^2\times(1+\sqrt{1^2+1})\}$$
$$=\frac{1+\sqrt{2}}{2}$$

답 ①

67

$\overline{OC}$를 그으면 $\overline{PA}=\overline{PC}$이므로 삼각형 OPC에서

$\angle COP=\angle POA=\theta$

또 점 O에서 선분 AP에 내린 수선의 발을 H_1이라 하면

$$\angle H_1OA=\frac{\theta}{2}$$

이므로

$$\overline{PA}=2\overline{AH_1}$$
$$=2\times\overline{OA}\sin\frac{\theta}{2}$$
$$=2\sin\frac{\theta}{2} \qquad \cdots\cdots ㉠$$

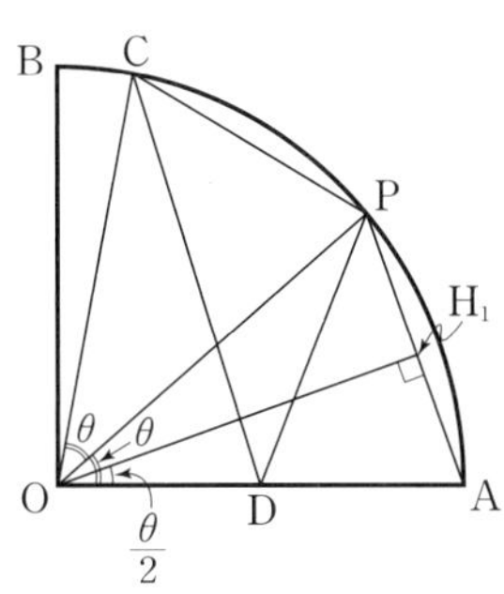

한편 점 P에서 선분 DA에 내린 수선의 발을 H_2라 하면

$$\begin{aligned}\angle APD&=2\angle APH_2\\&=2\times\{\pi-(\angle PH_2A+\angle H_2AP)\}\\&=2\times\left[\pi-\left\{\frac{\pi}{2}+\left(\frac{\pi}{2}-\frac{\theta}{2}\right)\right\}\right]\\&=\theta\end{aligned}$$

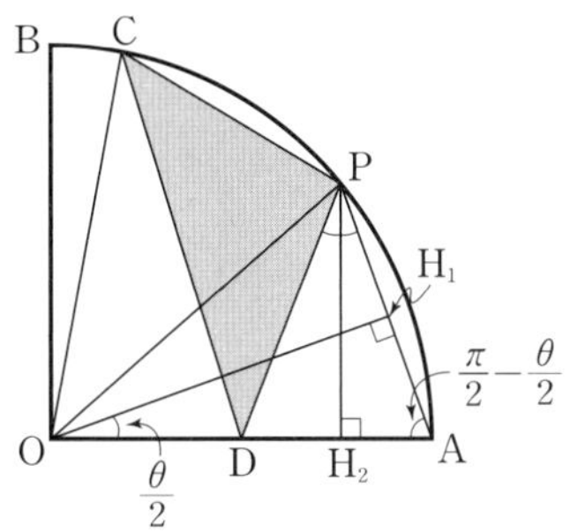

또 $\angle APO=\angle OPC=\frac{\pi}{2}-\frac{\theta}{2}$이므로

$$\begin{aligned}\angle DPC&=\angle APO+\angle OPC-\angle APD\\&=\left(\frac{\pi}{2}-\frac{\theta}{2}\right)+\left(\frac{\pi}{2}-\frac{\theta}{2}\right)-\theta\\&=\pi-2\theta \quad \cdots\cdots \text{㉡}\end{aligned}$$

㉠, ㉡에서

$$\begin{aligned}f(\theta)&=\frac{1}{2}\times\overline{PD}\times\overline{PC}\times\sin(\pi-2\theta)\\&=\frac{1}{2}\times\left(2\sin\frac{\theta}{2}\right)^2\times\sin 2\theta\\&=2\times\left(\sin\frac{\theta}{2}\right)^2\times\sin 2\theta\end{aligned}$$

㉠으로부터 삼각형 APD에서

$$\begin{aligned}\overline{DA}&=2\overline{AH_2}\\&=2\overline{PA}\cos\left(\frac{\pi}{2}-\frac{\theta}{2}\right)\\&=2\times 2\sin\frac{\theta}{2}\times\sin\frac{\theta}{2}\\&=4\left(\sin\frac{\theta}{2}\right)^2\end{aligned}$$

이때 두 삼각형 OAP, DAE는 닮음인 삼각형이고

$\overline{OA}=1$, $\overline{DA}=4\left(\sin\frac{\theta}{2}\right)^2$이므로

$$\begin{aligned}g(\theta)&=\triangle DAE\\&=4^2\times\left(\sin\frac{\theta}{2}\right)^4\times\triangle OAP\\&=16\times\left(\sin\frac{\theta}{2}\right)^4\times\frac{1}{2}\sin\theta\\&=8\times\left(\sin\frac{\theta}{2}\right)^4\times\sin\theta\end{aligned}$$

따라서

$$\begin{aligned}\lim_{\theta\to0+}\frac{g(\theta)}{\theta^2\times f(\theta)}&=\lim_{\theta\to0+}\frac{8\times\left(\sin\frac{\theta}{2}\right)^4\times\sin\theta}{\theta^2\times2\times\left(\sin\frac{\theta}{2}\right)^2\times\sin2\theta}\\&=\lim_{\theta\to0+}\frac{4\times\left(\sin\frac{\theta}{2}\right)^2\times\sin\theta}{\theta^2\times\sin2\theta}\\&=\lim_{\theta\to0+}\frac{4\times\left(\frac{\sin\frac{\theta}{2}}{\frac{\theta}{2}}\right)^2\times\frac{\sin\theta}{\theta}\times\frac{1}{4}}{\frac{\sin2\theta}{2\theta}\times2}\\&=\frac{4\times1^2\times1\times\frac{1}{4}}{1\times2}\\&=\frac{1}{2}\end{aligned}$$

답 ④

68

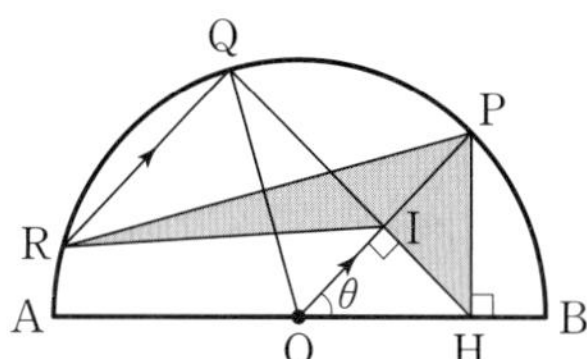

$\angle OHP=\frac{\pi}{2}$이므로 $\overline{OH}=\overline{OP}\cos\theta=\cos\theta$

$\angle HIO=\frac{\pi}{2}$이므로 $\overline{OI}=\overline{OH}\cos\theta=\cos^2\theta$

$\overline{IH}=\overline{OH}\sin\theta=\cos\theta\sin\theta$

$\overline{IP}=\overline{OP}-\overline{OI}=1-\cos^2\theta=\sin^2\theta$

그러므로 삼각형 IHP의 넓이 $T(\theta)$는

$$\begin{aligned}T(\theta)&=\frac{1}{2}\times\overline{IH}\times\overline{IP}\\&=\frac{1}{2}\times\cos\theta\sin\theta\times\sin^2\theta\\&=\frac{1}{2}\sin^3\theta\cos\theta\end{aligned}$$

직선 OP와 직선 RQ가 평행하므로 삼각형 RIP에서 $\overline{IP}$를 밑변으로 할 때의 높이는 $\overline{QI}$이다.

$\overline{OQ}=1$, $\angle OIQ=\frac{\pi}{2}$이므로 직각삼각형 OIQ에서

$\overline{QI}^2=\overline{OQ}^2-\overline{OI}^2$이므로

$$\begin{aligned}\overline{QI}&=\sqrt{1-(\cos^2\theta)^2}\\&=\sqrt{(1-\cos^2\theta)(1+\cos^2\theta)}\end{aligned}$$

$=\sin\theta\sqrt{1+\cos^2\theta}\ \left(0<\theta<\frac{\pi}{2}\right)$

그러므로 삼각형 RIP의 넓이 $S(\theta)$는

$$S(\theta)=\frac{1}{2}\times\overline{\mathrm{IP}}\times\overline{\mathrm{QI}}$$
$$=\frac{1}{2}\times\sin^2\theta\times\sin\theta\sqrt{1+\cos^2\theta}$$
$$=\frac{1}{2}\sin^3\theta\sqrt{1+\cos^2\theta}$$

따라서 $S(\theta)-T(\theta)=\frac{1}{2}\sin^3\theta(\sqrt{1+\cos^2\theta}-\cos\theta)$이므로

$$\lim_{\theta\to0+}\frac{S(\theta)-T(\theta)}{\theta^3}$$
$$=\lim_{\theta\to0+}\frac{\frac{1}{2}\sin^3\theta(\sqrt{1+\cos^2\theta}-\cos\theta)}{\theta^3}$$
$$=\lim_{\theta\to0+}\left\{\frac{1}{2}\times\frac{\sin^3\theta}{\theta^3}\times(\sqrt{1+\cos^2\theta}-\cos\theta)\right\}$$
$$=\frac{1}{2}\times1^3\times(\sqrt{1+1}-1)$$
$$=\frac{\sqrt{2}-1}{2}$$

답 ②

69

$\angle\mathrm{BPA}=\frac{\pi}{2}$이므로 $\angle\mathrm{QBR}=\alpha$라 하면

$3\alpha=\frac{\pi}{2}-\theta,\ \alpha=\frac{\pi}{6}-\frac{\theta}{3}$

$\overline{\mathrm{BP}}=\sin\theta$이므로

$\overline{\mathrm{PQ}}=\overline{\mathrm{BP}}\tan2\alpha=\sin\theta\tan2\alpha$

$\overline{\mathrm{PR}}=\overline{\mathrm{BP}}\tan\alpha=\sin\theta\tan\alpha$

따라서

$$S(\theta)=\frac{1}{2}\times\overline{\mathrm{BP}}\times\overline{\mathrm{PQ}}-\frac{1}{2}\times\overline{\mathrm{BP}}\times\overline{\mathrm{PR}}$$
$$=\frac{1}{2}\sin^2\theta(\tan2\alpha-\tan\alpha)$$
$$=\frac{1}{2}\sin^2\theta\left\{\tan\left(\frac{\pi}{3}-\frac{2}{3}\theta\right)-\tan\left(\frac{\pi}{6}-\frac{\theta}{3}\right)\right\}$$

이므로

$$\lim_{\theta\to0+}\frac{S(\theta)}{\theta^2}=\frac{1}{2}\lim_{\theta\to0+}\frac{\sin^2\theta}{\theta^2}\left\{\tan\left(\frac{\pi}{3}-\frac{2}{3}\theta\right)-\tan\left(\frac{\pi}{6}-\frac{\theta}{3}\right)\right\}$$
$$=\frac{1}{2}\times1^2\times\left(\tan\frac{\pi}{3}-\tan\frac{\pi}{6}\right)$$
$$=\frac{1}{2}\left(\sqrt{3}-\frac{\sqrt{3}}{3}\right)$$
$$=\frac{1}{2}\times\frac{2\sqrt{3}}{3}$$
$$=\frac{\sqrt{3}}{3}$$

답 ②

70

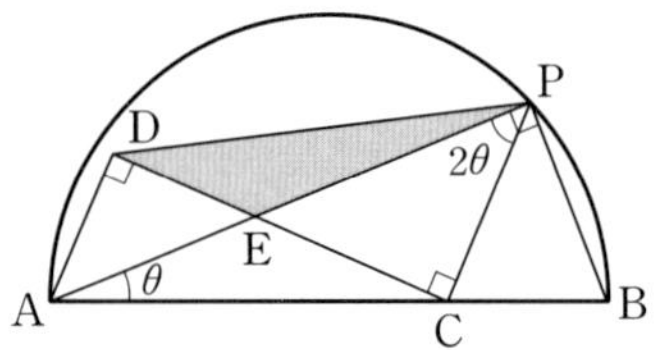

두 직각삼각형 PCE와 ADE는 닮음이므로

$\overline{\mathrm{EP}}:\overline{\mathrm{EA}}=\overline{\mathrm{EC}}:\overline{\mathrm{ED}}$에서

$\overline{\mathrm{EP}}\times\overline{\mathrm{ED}}=\overline{\mathrm{EA}}\times\overline{\mathrm{EC}}$

$\angle\mathrm{DEP}=\frac{\pi}{2}+2\theta$이므로

$$S(\theta)=\frac{1}{2}\times\overline{\mathrm{EP}}\times\overline{\mathrm{ED}}\times\sin\left(\frac{\pi}{2}+2\theta\right)$$
$$=\frac{1}{2}\times\overline{\mathrm{EA}}\times\overline{\mathrm{EC}}\times\cos2\theta$$

$\overline{\mathrm{BP}}$를 그으면 직각삼각형 APB에서

$\overline{\mathrm{AP}}=2\cos\theta$

삼각형 ACP에서 $\angle\mathrm{ACP}=\pi-3\theta$이므로

사인법칙에 의하여

$$\frac{\overline{\mathrm{AC}}}{\sin2\theta}=\frac{\overline{\mathrm{AP}}}{\sin(\pi-3\theta)}$$

$$\overline{\mathrm{AC}}=\frac{2\sin2\theta\cos\theta}{\sin3\theta}$$

삼각형 ACE에서

$\angle\mathrm{ACE}=\frac{\pi}{2}-3\theta,\ \angle\mathrm{CEA}=\frac{\pi}{2}+2\theta$

이고 사인법칙에 의하여

$$\frac{\overline{\mathrm{EC}}}{\sin\theta}=\frac{\overline{\mathrm{EA}}}{\sin\left(\frac{\pi}{2}-3\theta\right)}=\frac{\overline{\mathrm{AC}}}{\sin\left(\frac{\pi}{2}+2\theta\right)}$$

이므로

$$\overline{\mathrm{EC}}=\frac{\overline{\mathrm{AC}}\sin\theta}{\sin\left(\frac{\pi}{2}+2\theta\right)}$$
$$=\frac{2\sin2\theta\sin\theta\cos\theta}{\sin3\theta\cos2\theta}$$

$$\overline{\mathrm{EA}}=\frac{\overline{\mathrm{AC}}\sin\left(\frac{\pi}{2}-3\theta\right)}{\sin\left(\frac{\pi}{2}+2\theta\right)}$$
$$=\frac{2\sin2\theta\cos\theta\cos3\theta}{\sin3\theta\cos2\theta}$$

$S(\theta)=\frac{1}{2}\times\overline{\mathrm{EA}}\times\overline{\mathrm{EC}}\times\cos2\theta$이므로

$$S(\theta)=\frac{1}{2}\times\frac{2\sin2\theta\cos\theta\cos3\theta}{\sin3\theta\cos2\theta}\times\frac{2\sin2\theta\sin\theta\cos\theta}{\sin3\theta\cos2\theta}\times\cos2\theta$$
$$=\frac{2\sin^22\theta\sin\theta\cos^2\theta\cos3\theta}{\sin^23\theta\cos2\theta}$$

따라서

$$\lim_{\theta\to0+}\frac{S(\theta)}{\theta}$$

$$=\lim_{\theta\to0+}\frac{2\sin^2 2\theta\sin\theta\cos^2\theta\cos3\theta}{\theta\sin^2 3\theta\cos2\theta}$$

$$=\frac{8}{9}\lim_{\theta\to0+}\left\{\left(\frac{\sin2\theta}{2\theta}\right)^2\times\frac{\sin\theta}{\theta}\times\left(\frac{3\theta}{\sin3\theta}\right)^2\times\frac{\cos^2\theta\cos3\theta}{\cos2\theta}\right\}$$

$$=\frac{8}{9}\times1^2\times1\times1^2\times1$$

$$=\frac{8}{9}$$

답 ④

71

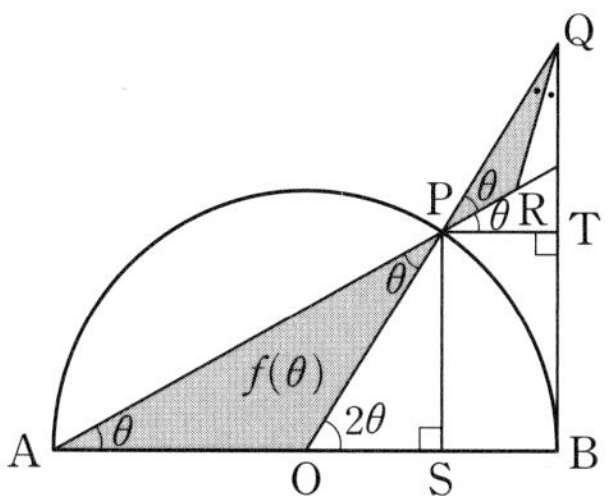

$f(\theta)=\frac{1}{2}\times1\times1\times\sin(\pi-2\theta)$

$=\frac{\sin2\theta}{2}$

또한, $\angle\mathrm{APO}=\angle\mathrm{QPR}=\theta$이므로 점 P에서 두 선분 AB, BQ에 내린 수선의 발을 각각 S, T라 하면

$\angle\mathrm{QPT}=2\theta$

즉, 점 R는 삼각형 PTQ의 내심이다. 이때

$\overline{\mathrm{OS}}=\cos2\theta$, $\overline{\mathrm{PS}}=\sin2\theta$, $\overline{\mathrm{BQ}}=\tan2\theta$

이므로

$\overline{\mathrm{PT}}=\overline{\mathrm{SB}}=\overline{\mathrm{OB}}-\overline{\mathrm{OS}}$

$=1-\cos2\theta$

$\overline{\mathrm{QT}}=\overline{\mathrm{BQ}}-\overline{\mathrm{BT}}=\tan2\theta-\sin2\theta$

$=\tan2\theta(1-\cos2\theta)$

이고

$\overline{\mathrm{PQ}}=\overline{\mathrm{OQ}}-\overline{\mathrm{OP}}=\frac{1}{\cos2\theta}-1$

$=\frac{1-\cos2\theta}{\cos2\theta}$

따라서 삼각형 PTQ의 내접원의 반지름의 길이를 r이라 하면

$\frac{1}{2}\times(1-\cos2\theta)\times\tan2\theta(1-\cos2\theta)$

$=\frac{1}{2}\times r\times\left\{\frac{1-\cos2\theta}{\cos2\theta}+1-\cos2\theta+\tan2\theta(1-\cos2\theta)\right\}$

에서

$r=\frac{(1-\cos2\theta)\sin2\theta}{1+\sin2\theta+\cos2\theta}$

그러므로

$g(\theta)=\frac{1}{2}\times\overline{\mathrm{PQ}}\times r$

$=\frac{1}{2}\times\frac{1-\cos2\theta}{\cos2\theta}\times\frac{(1-\cos2\theta)\sin2\theta}{1+\sin2\theta+\cos2\theta}$

$=\frac{1}{2}\times\frac{(1-\cos2\theta)^2\sin2\theta}{\cos2\theta(1+\sin2\theta+\cos2\theta)}$

$=\frac{1}{2}\times\frac{\sin^4 2\theta\times\sin2\theta}{\cos2\theta(1+\sin2\theta+\cos2\theta)(1+\cos2\theta)^2}$

따라서

$$\lim_{\theta\to0+}\frac{g(\theta)}{\theta^4\times f(\theta)}$$

$$=\lim_{\theta\to0+}\left\{\left(\frac{\sin2\theta}{2\theta}\right)^4\times16\times\frac{1}{\cos2\theta(1+\sin2\theta+\cos2\theta)(1+\cos2\theta)^2}\right\}$$

$$=1^4\times16\times\frac{1}{8}=2$$

답 ①

72

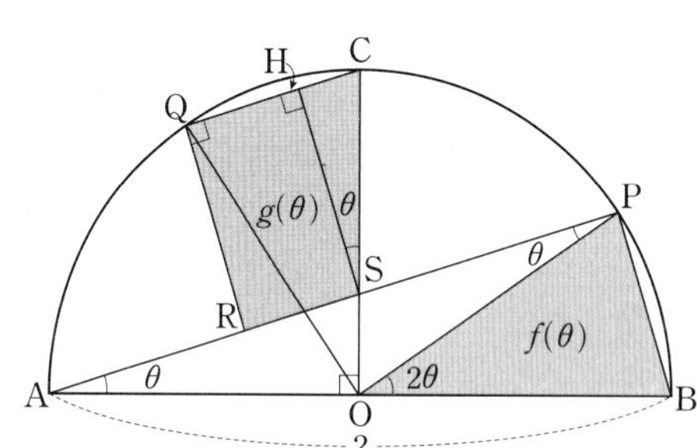

$\angle\mathrm{OAP}=\angle\mathrm{OPA}=\theta$이므로

$\angle\mathrm{BOP}=2\theta$

따라서 $f(\theta)=\frac{1}{2}\sin2\theta$

또한 $\overline{\mathrm{OA}}=1$에서 $\overline{\mathrm{OS}}=\tan\theta$이므로

$\overline{\mathrm{CS}}=1-\tan\theta$

이때 $\overline{\mathrm{OQ}}$를 그으면 $\overline{\mathrm{PB}}=\overline{\mathrm{QC}}$이므로 $\angle\mathrm{COQ}=\angle\mathrm{BOP}=2\theta$이고

삼각형 OCQ는 이등변삼각형이므로

$\angle\mathrm{SCQ}=\frac{1}{2}(\pi-2\theta)=\frac{\pi}{2}-\theta$

삼각형 SAO에서 외각의 성질에 의하여 $\angle\mathrm{CSR}=\theta+\frac{\pi}{2}$이므로

사각형 QRSC에서 내각의 크기의 총합을 이용하면

$\angle\mathrm{QRS}=\frac{\pi}{2}$

따라서 점 S에서 변 CQ에 내린 수선의 발을 H라 하면

$\angle\mathrm{CSH}=\theta$

이므로

$\overline{SH}=\overline{RQ}=\overline{CS}\cos\theta=(1-\tan\theta)\cos\theta$

$\overline{CH}=\overline{CS}\sin\theta=(1-\tan\theta)\sin\theta$

이고 $\angle APB=\frac{\pi}{2}$이므로

$\overline{CQ}=\overline{BP}=\overline{AB}\sin\theta=2\sin\theta$

$\overline{RS}=\overline{QH}=\overline{CQ}-\overline{CH}$

$=2\sin\theta-(1-\tan\theta)\sin\theta$

$=(1+\tan\theta)\sin\theta$

따라서

$g(\theta)$

$=\frac{1}{2}\times(\overline{CQ}+\overline{RS})\times\overline{QR}$

$=\frac{1}{2}\times\{2\sin\theta+(1+\tan\theta)\sin\theta\}(1-\tan\theta)\cos\theta$

$=\frac{1}{2}\times(3+\tan\theta)\sin\theta(1-\tan\theta)\cos\theta$

이므로

$3f(\theta)-2g(\theta)$

$=\frac{3}{2}\sin 2\theta-(3+\tan\theta)\sin\theta(1-\tan\theta)\cos\theta$

$=3\sin\theta\cos\theta-\sin\theta\cos\theta(3+\tan\theta)(1-\tan\theta)$

$=\sin\theta\cos\theta\tan\theta(\tan\theta+2)$

따라서

$\lim_{\theta\to0+}\frac{3f(\theta)-2g(\theta)}{\theta^2}$

$=\lim_{\theta\to0+}\frac{\sin\theta\cos\theta\tan\theta(\tan\theta+2)}{\theta^2}$

$=\lim_{\theta\to0+}\left\{\frac{\sin\theta}{\theta}\times\frac{\tan\theta}{\theta}\times\cos\theta\times(\tan\theta+2)\right\}$

$=1\times1\times1\times2$

$=2$

답 ②

73

삼각형 ABC에서 코사인법칙에 의하여

$\overline{AC}^2=1^2+2^2-2\times1\times2\times\cos\theta=5-4\cos\theta$이므로

$\overline{AC}=\sqrt{5-4\cos\theta}$

직선 AE가 $\angle BAC$의 이등분선이므로

$\overline{BE}:\overline{CE}=\overline{AB}:\overline{AC}=1:\sqrt{5-4\cos\theta}$에서

$\overline{BE}=\frac{1}{1+\sqrt{5-4\cos\theta}}\times\overline{BC}=\frac{2}{1+\sqrt{5-4\cos\theta}}$

삼각형 ABE의 넓이 $f(\theta)$는

$f(\theta)=\frac{1}{2}\times\overline{AB}\times\overline{BE}\times\sin(\angle CBA)$

$=\frac{1}{2}\times1\times\frac{2}{1+\sqrt{5-4\cos\theta}}\times\sin\theta$

$=\frac{\sin\theta}{1+\sqrt{5-4\cos\theta}}$

두 직선 AB, DM이 서로 평행하므로

$\angle CDM=\theta$, $\angle BAE=\angle DFE$

이다. 이때 $\angle BAE=\angle FAC$이므로 삼각형 AMF는 이등변삼각형이다. 점 M은 선분 AC의 중점이므로

$\overline{FM}=\overline{AM}=\frac{1}{2}\times\overline{AC}=\frac{\sqrt{5-4\cos\theta}}{2}$이고

$\overline{BD}=\overline{CD}=1$, $\overline{DM}=\frac{1}{2}$

그러므로 $\overline{DF}=\overline{FM}-\overline{DM}=\frac{\sqrt{5-4\cos\theta}-1}{2}$

$\angle FDC=\pi-\angle CDM=\pi-\theta$이므로

$g(\theta)=\frac{1}{2}\times\overline{CD}\times\overline{DF}\times\sin(\angle FDC)$

$=\frac{1}{2}\times1\times\frac{\sqrt{5-4\cos\theta}-1}{2}\times\sin(\pi-\theta)$

$=\frac{\sqrt{5-4\cos\theta}-1}{4}\times\sin\theta$

따라서

$\lim_{\theta\to0+}\frac{g(\theta)}{\theta^2\times f(\theta)}=\lim_{\theta\to0+}\frac{\frac{\sin\theta}{4}(\sqrt{5-4\cos\theta}-1)}{\theta^2\times\frac{\sin\theta}{1+\sqrt{5-4\cos\theta}}}$

$=\lim_{\theta\to0+}\frac{(\sqrt{5-4\cos\theta}-1)(\sqrt{5-4\cos\theta}+1)}{4\theta^2}$

$=\lim_{\theta\to0+}\frac{(5-4\cos\theta)-1}{4\theta^2}$

$=\lim_{\theta\to0+}\frac{1-\cos\theta}{\theta^2}$

$=\lim_{\theta\to0+}\frac{(1-\cos\theta)(1+\cos\theta)}{\theta^2(1+\cos\theta)}$

$=\lim_{\theta\to0+}\left(\frac{\sin^2\theta}{\theta^2}\times\frac{1}{1+\cos\theta}\right)$

$=1^2\times\frac{1}{2}$

$=\frac{1}{2}$

답 ③

74

삼각형 ABC에서 $\overline{AB}=\overline{AC}$이고 $\angle BAC=\theta$이므로

$\angle BCA=\frac{\pi}{2}-\frac{\theta}{2}$

점 D는 선분 AB를 지름으로 하는 원 위에 있으므로

$\angle BDA=\frac{\pi}{2}$

$\overline{CD}=\overline{BC}\times\cos\left(\frac{\pi}{2}-\frac{\theta}{2}\right)$

$=2\sin\frac{\theta}{2}$

점 E에서 선분 AC에 내린 수선의 발을 H라 하면 두 삼각형 AEH와 ABD는 서로 닮음이고 닮음비는 1 : 2이다.

$\overline{EH}=\frac{1}{2}\times\overline{BD}$

$=\frac{1}{2}\times\overline{BC}\times\sin\left(\frac{\pi}{2}-\frac{\theta}{2}\right)$

$=\cos\frac{\theta}{2}$

$S(\theta)=\frac{1}{2}\times\overline{CD}\times\overline{EH}=\sin\frac{\theta}{2}\cos\frac{\theta}{2}$

$$\lim_{\theta\to0+}\frac{S(\theta)}{\theta}=\lim_{\theta\to0+}\frac{\sin\frac{\theta}{2}\cos\frac{\theta}{2}}{\theta}$$

$$=\lim_{\theta\to0+}\left(\frac{1}{2}\times\frac{\sin\frac{\theta}{2}}{\frac{\theta}{2}}\times\cos\frac{\theta}{2}\right)$$

$$=\frac{1}{2}$$

따라서 $60\times\lim_{\theta\to0+}\frac{S(\theta)}{\theta}=60\times\frac{1}{2}=30$

답 30

유형 5 삼각함수의 도함수

75

$f(x)=\sin x-\sqrt{3}\cos x$에서

$f'(x)=\cos x+\sqrt{3}\sin x$

따라서

$f'\left(\frac{\pi}{3}\right)=\cos\frac{\pi}{3}+\sqrt{3}\sin\frac{\pi}{3}$

$=\frac{1}{2}+\sqrt{3}\times\frac{\sqrt{3}}{2}=2$

답 2

76

$f(x)=x+2\sin x$에서

$f'(x)=1+2\cos x$

따라서

$f'\left(\frac{\pi}{3}\right)=1+2\cos\frac{\pi}{3}$

$=1+2\times\frac{1}{2}=2$

답 ③

77

$f(x)=\frac{x}{2}+\sin x$에서

$f'(x)=\frac{1}{2}+\cos x$

따라서

$$\lim_{x\to\pi}\frac{f(x)-f(\pi)}{x-\pi}=f'(\pi)=\frac{1}{2}+\cos\pi$$

$$=\frac{1}{2}-1$$

$$=-\frac{1}{2}$$

답 ⑤

78

$$\lim_{h\to0}\frac{f(\pi+h)-f(\pi-h)}{h}$$

$$=\lim_{h\to0}\frac{\{f(\pi+h)-f(\pi)\}-\{f(\pi-h)-f(\pi)\}}{h}$$

$$=\lim_{h\to0}\left\{\frac{f(\pi+h)-f(\pi)}{h}+\frac{f(\pi-h)-f(\pi)}{-h}\right\}$$

$=f'(\pi)+f'(\pi)=2f'(\pi)$

$f(x)=\tan 2x+3\sin x$에서

$f'(x)=2\sec^2 2x+3\cos x$

따라서

$2f'(\pi)=2(2\sec^2 2\pi+3\cos\pi)$

$=2\{2\times1^2+3\times(-1)\}$

$=-2$

답 ①

79

$f(x)=\sin(x+\alpha)+2\cos(x+\alpha)$에서

$f'(x)=\cos(x+\alpha)-2\sin(x+\alpha)$

이므로

$f'\left(\frac{\pi}{4}\right)=\cos\left(\frac{\pi}{4}+\alpha\right)-2\sin\left(\frac{\pi}{4}+\alpha\right)=0$

즉, $\cos\left(\frac{\pi}{4}+\alpha\right)=2\sin\left(\frac{\pi}{4}+\alpha\right)$에서

$\tan\left(\frac{\pi}{4}+\alpha\right)=\frac{1}{2}$

$\tan(\alpha+\beta)=\frac{\tan\alpha+\tan\beta}{1-\tan\alpha\times\tan\beta}$이므로

$$\frac{\tan\frac{\pi}{4}+\tan\alpha}{1-\tan\frac{\pi}{4}\times\tan\alpha}=\frac{1}{2}$$

$$\frac{1+\tan\alpha}{1-\tan\alpha}=\frac{1}{2}$$

$2(1+\tan\alpha)=1-\tan\alpha$

따라서 $\tan\alpha=-\frac{1}{3}$

답 ④

유형 6 여러 가지 함수의 미분법

80

$f'(x)=3\cos(3x-6)$이므로

$f'(2)=3\cos 0=3$

답 3

81

$g\left(\frac{1}{4}\right)=k$라 하면 $f(k)=\frac{1}{4}$

$\frac{1}{e^k+2}=\frac{1}{4}$이므로 $e^k=2$, 즉 $k=\ln 2$

$f'(x)=-\frac{e^x}{(e^x+2)^2}$이므로

$f'(\ln 2)=-\frac{1}{8}$

따라서 $g'\left(\frac{1}{4}\right)=\frac{1}{f'(\ln 2)}=-8$

답 ④

82

$$\frac{dy}{dx}=\frac{\frac{dy}{dt}}{\frac{dx}{dt}}=\frac{\frac{2}{\sqrt{t}}}{2t}=\frac{1}{t\sqrt{t}}$$

따라서 $t=4$일 때,

$\frac{dy}{dx}=\frac{1}{8}$

답 ①

83

$x\sin 2y+3x=3$에서 y를 x의 함수로 보고 각 항을 x에 대하여 미분하면

$\sin 2y+x\cos 2y\times 2\times\frac{dy}{dx}+3=0$

$\frac{dy}{dx}=\frac{\sin 2y+3}{-2x\cos 2y}$ (단, $x\cos 2y\neq 0$)

따라서 점 $\left(1, \frac{\pi}{2}\right)$에서의 접선의 기울기는

$$\frac{\sin\left(2\times\frac{\pi}{2}\right)+3}{-2\times 1\times\cos\left(2\times\frac{\pi}{2}\right)}=\frac{\sin\pi+3}{-2\cos\pi}$$

$$=\frac{3}{-(-2)}=\frac{3}{2}$$

답 ③

84

$\pi x=\cos y+x\sin y$의 양변을 x에 대하여 미분하면

$\pi=-\sin y\frac{dy}{dx}+\sin y+x\cos y\frac{dy}{dx}$

$\frac{dy}{dx}=\frac{\sin y-\pi}{\sin y-x\cos y}$ (단, $\sin y-x\cos y\neq 0$)

따라서 점 $\left(0, \frac{\pi}{2}\right)$에서의 접선의 기울기는

$$\frac{\sin\frac{\pi}{2}-\pi}{\sin\frac{\pi}{2}-0\times\cos\frac{\pi}{2}}=1-\pi$$

답 ④

85

$\frac{dx}{dt}=2t$, $\frac{dy}{dt}=3t^2+1$이므로

$\frac{dy}{dx}=\frac{\frac{dy}{dt}}{\frac{dx}{dt}}=\frac{3t^2+1}{2t}$ (단, $t\neq 0$)

따라서 $t=1$일 때,

$\frac{dy}{dx}=\frac{3\times 1^2+1}{2\times 1}=2$

답 ④

86

$x^2+xy+y^3=7$의 양변을 x에 대하여 미분하면

$2x+y+x\frac{dy}{dx}+3y^2\frac{dy}{dx}=0$

$(x+3y^2)\frac{dy}{dx}=-(2x+y)$

$\frac{dy}{dx}=-\frac{2x+y}{x+3y^2}$ (단, $x+3y^2\neq 0$)

따라서 곡선 $x^2+xy+y^3=7$ 위의 점 $(2, 1)$에서의 접선의 기울기는

$-\frac{2\times 2+1}{2+3\times 1^2}=-1$

답 ⑤

87

$f(x)=-\cos^2 x$에서

$f'(x)=-2\cos x\times(\cos x)'=2\cos x\sin x$

따라서

$f'\left(\frac{\pi}{4}\right)=2\cos\frac{\pi}{4}\sin\frac{\pi}{4}$

$\quad=2\times\frac{\sqrt{2}}{2}\times\frac{\sqrt{2}}{2}=1$

답 1

88

$\dfrac{dx}{dt}=e^t-\sin t$, $\dfrac{dy}{dt}=\cos t$이므로

$$\frac{dy}{dx}=\frac{\frac{dy}{dt}}{\frac{dx}{dt}}=\frac{\cos t}{e^t-\sin t}$$

따라서 $t=0$일 때,

$$\frac{dy}{dx}=\frac{\cos 0}{e^0-\sin 0}=\frac{1}{1-0}=1$$

답 ②

89

$x=e^t-4e^{-t}$, $y=t+1$에서

$\dfrac{dx}{dt}=e^t+4e^{-t}$, $\dfrac{dy}{dt}=1$

이므로

$$\frac{dy}{dx}=\frac{\frac{dy}{dt}}{\frac{dx}{dt}}=\frac{1}{e^t+4e^{-t}}$$

따라서 $t=\ln 2$일 때,

$$\frac{dy}{dx}=\frac{1}{e^{\ln 2}+4e^{-\ln 2}}$$

$$=\frac{1}{2+4\times\frac{1}{2}}$$

$$=\frac{1}{4}$$

답 ④

90

$$f'(x)=\frac{\frac{1}{x}\times x^2-\ln x\times 2x}{x^4}$$

$$=\frac{1-2\ln x}{x^3}$$

이므로

$$f'(e)=\frac{1-2\ln e}{e^3}=-\frac{1}{e^3}$$

따라서

$$\lim_{h\to 0}\frac{f(e+h)-f(e-2h)}{h}$$

$$=\lim_{h\to 0}\frac{\{f(e+h)-f(e)\}-\{f(e-2h)-f(e)\}}{h}$$

$$=\lim_{h\to 0}\frac{f(e+h)-f(e)}{h}+2\lim_{h\to 0}\frac{f(e-2h)-f(e)}{-2h}$$

$$=f'(e)+2f'(e)=3f'(e)$$

$$=3\times\left(-\frac{1}{e^3}\right)$$

$$=-\frac{3}{e^3}$$

답 ⑤

91

$f(e)=3e$이므로 $g(3e)=e$

함수 $f(x)=3x\ln x$에서

$f'(x)=3\ln x+3x\times\dfrac{1}{x}=3\ln x+3$이므로

$f'(e)=3\ln e+3=6$

한편 $g'(3e)=\dfrac{1}{f'(g(3e))}=\dfrac{1}{f'(e)}=\dfrac{1}{6}$

따라서

$$\lim_{h\to 0}\frac{g(3e+h)-g(3e-h)}{h}$$

$$=\lim_{h\to 0}\frac{g(3e+h)-g(3e)}{h}+\lim_{h\to 0}\frac{g(3e-h)-g(3e)}{-h}$$

$$=g'(3e)+g'(3e)$$

$$=2g'(3e)=2\times\frac{1}{6}$$

$$=\frac{1}{3}$$

답 ①

92

$f(x)=\dfrac{x^2-2x-6}{x-1}$에서

$$f'(x)=\frac{(2x-2)(x-1)-(x^2-2x-6)}{(x-1)^2}$$

따라서 $f'(0)=\dfrac{-2\times(-1)-(-6)}{(-1)^2}=8$

답 8

93

$x^2-3xy+y^2=x$의 양변을 x에 대하여 미분하면

$$2x-3y-3x\frac{dy}{dx}+2y\frac{dy}{dx}=1$$

$$(3x-2y)\frac{dy}{dx}=2x-3y-1$$

즉, $\dfrac{dy}{dx}=\dfrac{2x-3y-1}{3x-2y}$ (단, $3x\neq 2y$) …… ㉠

따라서 구하는 접선의 기울기는 ㉠에 $x=1$, $y=0$을 대입한 값과 같으므로

$$\frac{2-0-1}{3-0}=\frac{1}{3}$$

답 ④

94

조건 (가)에서

$$\lim_{h\to 0}\frac{g(2+4h)-g(2)}{h}=\lim_{h\to 0}\left\{\frac{g(2+4h)-g(2)}{4h}\times 4\right\}$$
$$=4g'(2)=8$$

이므로 $g'(2)=2$

또한 조건 (나)에서 $f'(g(2))\times g'(2)=10$이므로

$f'(g(2))=5$

그런데 $f'(x)=2^x$이므로

$f'(g(2))=2^{g(2)}=5$

따라서 $g(2)=\log_2 5$

답 ④

95

$\lim_{x\to 1}\frac{g(x)+1}{x-1}=2$에서

$x\longrightarrow 1$일 때 (분모) $\longrightarrow 0$이고 극한값이 존재하므로 (분자) $\longrightarrow 0$ 이다.

즉, $\lim_{x\to 1}\{g(x)+1\}=g(1)+1=0$이므로

$g(1)=-1$

$$\lim_{x\to 1}\frac{g(x)+1}{x-1}=\lim_{x\to 1}\frac{g(x)-g(1)}{x-1}$$
$$=g'(1)=2$$

$\lim_{x\to 1}\frac{h(x)-2}{x-1}=12$에서

$x\longrightarrow 1$일 때 (분모) $\longrightarrow 0$이고 극한값이 존재하므로 (분자) $\longrightarrow 0$ 이다.

즉, $\lim_{x\to 1}\{h(x)-2\}=h(1)-2=0$이므로

$h(1)=2$

$$\lim_{x\to 1}\frac{h(x)-2}{x-1}=\lim_{x\to 1}\frac{h(x)-h(1)}{x-1}$$
$$=h'(1)=12$$

$h(x)=(f\circ g)(x)$에서 $x=1$일 때

$h(1)=f(g(1))=f(-1)=2$

$h'(x)=f'(g(x))g'(x)$에서 $x=1$일 때

$h'(1)=f'(g(1))g'(1)$

$=f'(-1)\times 2=12$

즉, $f'(-1)=6$

따라서 $f(-1)+f'(-1)=2+6=8$

답 ⑤

96

함수 $f(x)$의 역함수가 $g(x)$이므로 $g(3)=a$로 놓으면

$f(a)=3$

이때 $f(x)=x^3+5x+3$이므로

$a^3+5a+3=3$

$a(a^2+5)=0$

즉, $a=0$

따라서 $f'(x)=3x^2+5$이므로

$$g'(3)=\frac{1}{f'(g(3))}=\frac{1}{f'(0)}=\frac{1}{5}$$

답 ③

97

$f(x)=\frac{1}{1+e^{-x}}$에서

$$f'(x)=\frac{0\times(1+e^{-x})-1\times(-e^{-x})}{(1+e^{-x})^2}$$
$$=\frac{e^{-x}}{(1+e^{-x})^2}$$

이므로 $f'(-1)=\frac{e}{(1+e)^2}$

두 함수 $f(x)$와 $g(x)$는 역함수 관계이므로

$g(f(x))=x$

양변을 x에 대하여 미분하면

$g'(f(x))f'(x)=1$

따라서 $g'(f(-1))=\frac{1}{f'(-1)}=\frac{(1+e)^2}{e}$

답 ⑤

98

$\frac{dx}{dt}=\frac{1}{t}$, $\frac{dy}{dt}=\frac{2t}{t^2+1}$이므로

$$\frac{dy}{dx}=\frac{\frac{dy}{dt}}{\frac{dx}{dt}}=\frac{2t^2}{t^2+1}$$

따라서 $\lim_{t\to\infty}\frac{dy}{dx}=\lim_{t\to\infty}\frac{2t^2}{t^2+1}=2$

답 2

99

$g(x)=\frac{f(x)}{(e^x+1)^2}$에서

$$g'(x)=\frac{f'(x)\times(e^x+1)^2-f(x)\times 2(e^x+1)e^x}{(e^x+1)^4}$$
$$=\frac{f'(x)\times(e^x+1)-2e^xf(x)}{(e^x+1)^3}$$

따라서

$$g'(0)=\frac{f'(0)\times(e^0+1)-2e^0f(0)}{(e^0+1)^3}$$
$$=\frac{2f'(0)-2f(0)}{2^3}$$
$$=\frac{f'(0)-f(0)}{4}$$

$f'(0)-f(0)=2$이므로

$g'(0)=\frac{2}{4}=\frac{1}{2}$

답 ③

100

$x=\ln(t^3+1)$에서

$$\frac{dx}{dt}=\frac{3t^2}{t^3+1}$$

$y=\sin \pi t$에서

$$\frac{dy}{dt}=\pi \cos \pi t$$

이므로

$$\frac{dy}{dx}=\frac{\frac{dy}{dt}}{\frac{dx}{dt}}=\frac{\pi \cos \pi t}{\frac{3t^2}{t^3+1}}=\frac{\pi(t^3+1)\cos \pi t}{3t^2}$$

따라서 $t=1$일 때, $\frac{dy}{dx}$의 값은

$$\frac{\pi(1^3+1)\cos \pi}{3\times1^2}=\frac{\pi\times2\times(-1)}{3}=-\frac{2}{3}\pi$$

답 ②

101

$$\frac{dx}{dt}=\frac{5(t^2+1)-5t\times2t}{(t^2+1)^2}=\frac{-5t^2+5}{(t^2+1)^2}$$
$$\frac{dy}{dt}=\frac{3}{t^2+1}\times2t=\frac{6t}{t^2+1}$$

이므로

$$\frac{dy}{dx}=\frac{\frac{dy}{dt}}{\frac{dx}{dt}}=\frac{\frac{6t}{t^2+1}}{\frac{-5t^2+5}{(t^2+1)^2}}=\frac{6t(t^2+1)}{-5t^2+5}$$

따라서 $t=2$일 때, $\frac{dy}{dx}$의 값은

$$\frac{6\times2\times(2^2+1)}{-5\times2^2+5}=\frac{60}{-15}=-4$$

답 ④

102

$$\lim_{h\to0}\frac{f'(a+h)-f'(a)}{h}=f''(a)=2 \quad \cdots\cdots ㉠$$

한편 $f(x)=\frac{1}{x+3}$에서

$$f'(x)=-\frac{1}{(x+3)^2},\ f''(x)=\frac{2}{(x+3)^3}$$

㉠에서 $\frac{2}{(a+3)^3}=2$이므로

$(a+3)^3=1$, $a+3=1$

따라서 $a=-2$

답 ①

103

$\frac{dx}{dt}=1-2\sin 2t$, $\frac{dy}{dt}=2\sin t\cos t$이므로

$$\frac{dy}{dx}=\frac{\frac{dy}{dt}}{\frac{dx}{dt}}$$
$$=\frac{2\sin t\cos t}{1-2\sin 2t}\ (\text{단, } 1-2\sin 2t\neq0) \quad \cdots\cdots ㉠$$

㉠의 우변에 $t=\frac{\pi}{4}$를 대입하면

$$\frac{2\sin\frac{\pi}{4}\cos\frac{\pi}{4}}{1-2\sin\frac{\pi}{2}}=\frac{2\times\frac{\sqrt{2}}{2}\times\frac{\sqrt{2}}{2}}{1-2\times1}$$
$$=\frac{1}{1-2}=-1$$

답 ②

104

함수 $f(x)$가 $g(x)$의 역함수이고

$f(1)=2$, $f'(1)=3$

이므로 $g(2)=1$

즉, $g'(2)=\frac{1}{f'(g(2))}=\frac{1}{f'(1)}=\frac{1}{3}$

한편 함수 $h(x)=xg(x)$에서

$h'(x)=g(x)+xg'(x)$

따라서

$$h'(2)=g(2)+2g'(2)$$
$$=1+2\times\frac{1}{3}=\frac{5}{3}$$

답 ③

105

$f(x^3+x)=e^x$의 양변을 x에 대하여 미분하면

$f'(x^3+x)\times(3x^2+1)=e^x \quad \cdots\cdots ㉠$

$x^3+x=2$에서

$x^3+x-2=(x-1)(x^2+x+2)=0$

이므로 $x=1$이다.

따라서 ㉠의 양변에 $x=1$을 대입하면

$f'(1+1)\times(3+1)=e$

이므로

$f'(2)=\frac{e}{4}$

답 ④

106

주어진 등식의 양변을 x에 대하여 미분하면

$f'(x)+f'\left(\frac{1}{2}\sin x\right)\times\frac{1}{2}\cos x=\cos x$ …… ㉠

㉠에 $x=\pi$를 대입하면

$f'(\pi)+f'(0)\times\left(-\frac{1}{2}\right)=-1$

$f'(\pi)-\frac{1}{2}f'(0)=-1$ …… ㉡

㉠에 $x=0$을 대입하면

$f'(0)+f'(0)\times\frac{1}{2}=1$

$\frac{3}{2}f'(0)=1$

$f'(0)=\frac{2}{3}$이므로 ㉡에 대입하면

$f'(\pi)-\frac{1}{2}\times\frac{2}{3}=-1$

따라서 $f'(\pi)=-1+\frac{1}{3}=-\frac{2}{3}$

답 ②

107

$x^2-y\ln x+x=e$의 양변을 x에 대하여 미분하면

$2x-\frac{dy}{dx}\times\ln x-y\times\frac{1}{x}+1=0$

$\frac{dy}{dx}=\frac{2x-\frac{y}{x}+1}{\ln x}$

따라서 점 (e, e^2)에서의 접선의 기울기는

$\frac{2e-\frac{e^2}{e}+1}{\ln e}=e+1$

답 ①

108

$g\left(f\left(\frac{\pi}{4}\right)\right)=g\left(\frac{1}{2}\right)=\sqrt{e}$이므로

$\lim_{x\to\frac{\pi}{4}}\frac{g(f(x))-g\left(f\left(\frac{\pi}{4}\right)\right)}{x-\frac{\pi}{4}}=(g\circ f)'\left(\frac{\pi}{4}\right)$

이때

$(g\circ f)'(x)=g'(f(x))\times f'(x)$이고

$f(x)=\sin^2 x$, $g(x)=e^x$에서

$f'(x)=2\sin x\cos x$, $g'(x)=e^x$

따라서

$$\begin{aligned}\lim_{x\to\frac{\pi}{4}}\frac{g(f(x))-g\left(f\left(\frac{\pi}{4}\right)\right)}{x-\frac{\pi}{4}}&=(g\circ f)'\left(\frac{\pi}{4}\right)\\&=g'\left(f\left(\frac{\pi}{4}\right)\right)\times f'\left(\frac{\pi}{4}\right)\\&=g'\left(\frac{1}{2}\right)\times f'\left(\frac{\pi}{4}\right)\\&=e^{\frac{1}{2}}\times2\sin\frac{\pi}{4}\cos\frac{\pi}{4}\\&=\sqrt{e}\times2\times\frac{\sqrt{2}}{2}\times\frac{\sqrt{2}}{2}\\&=\sqrt{e}\end{aligned}$$

답 ④

109

$\lim_{x\to2}\frac{f(x)-3}{x-2}=5$에서

$x\to2$일 때 (분모) $\to0$이고 극한값이 존재하므로 (분자) $\to0$이어야 한다.

즉, $\lim_{x\to2}\{f(x)-3\}=0$

함수 $f(x)$가 실수 전체의 집합에서 미분가능하므로 실수 전체의 집합에서 연속이다.

따라서 $\lim_{x\to2}\{f(x)-3\}=f(2)-3=0$에서

$f(2)=3$

$$\begin{aligned}\lim_{x\to2}\frac{f(x)-3}{x-2}&=\lim_{x\to2}\frac{f(x)-f(2)}{x-2}\\&=f'(2)=5\end{aligned}$$

한편 $g(x)=\frac{f(x)}{e^{x-2}}$에서

$$\begin{aligned}g'(x)&=\frac{f'(x)\times e^{x-2}-f(x)\times(e^{x-2})'}{(e^{x-2})^2}\\&=\frac{\{f'(x)-f(x)\}\times e^{x-2}}{(e^{x-2})^2}\\&=\frac{f'(x)-f(x)}{e^{x-2}}\end{aligned}$$

따라서

$$\begin{aligned}g'(2)&=\frac{f'(2)-f(2)}{e^0}\\&=\frac{5-3}{1}=2\end{aligned}$$

답 ②

110

$2x+x^2y-y^3=2$의 양변을 x에 대하여 미분하면

$2+2xy+x^2\dfrac{dy}{dx}-3y^2\dfrac{dy}{dx}=0$

$(x^2-3y^2)\dfrac{dy}{dx}=-2-2xy$

즉, $\dfrac{dy}{dx}=\dfrac{2xy+2}{3y^2-x^2}$ (단, $3y^2-x^2\neq0$) …… ㉠

따라서 구하는 접선의 기울기는 ㉠에 $x=1$, $y=1$을 대입한 값과 같으므로

$\dfrac{2\times1\times1+2}{3\times1^2-1^2}=2$

답 2

111

함수 $g(x)$는 함수 $f(x)=x^3+2x+3$의 역함수이므로

$x=y^3+2y+3$ …… ㉠

$x=3$일 때,

$3=y^3+2y+3$

$y(y^2+2)=0$

$y=0$

㉠의 양변을 x에 대하여 미분하면

$1=(3y^2+2)\dfrac{dy}{dx}$

$\dfrac{dy}{dx}=\dfrac{1}{3y^2+2}$

따라서 $g'(3)=\dfrac{1}{3\times0^2+2}=\dfrac{1}{2}$

답 ②

112

$f'(x)=2e^{2x}+e^x$에서

$f'(0)=3$

$h(x)=g(5f(x))$라 하면 $f(0)=1$이므로

$h'(0)=g'(5f(0))\times5f'(0)$

$=15g'(5)$

$g(5)=t$로 놓으면 $f(t)=5$에서

$e^{2t}+e^t-1=5$, $(e^t-2)(e^t+3)=0$

$e^t>0$이므로

$e^t=2$, 즉 $t=\ln 2$

$f'(\ln 2)=2e^{2\ln 2}+e^{\ln 2}=10$

따라서 $h'(0)=15g'(5)=15\times\dfrac{1}{f'(\ln 2)}=\dfrac{3}{2}$

답 ⑤

113

$f(x)=\sqrt{x^3+1}$에서

$f'(x)=\dfrac{1}{2}(x^3+1)^{-\frac{1}{2}}\times3x^2$

$=\dfrac{3x^2}{2\sqrt{x^3+1}}$

따라서 $f'(2)=\dfrac{3\times2^2}{2\sqrt{2^3+1}}=2$

답 2

114

점 (a, b)가 곡선 $e^x-e^y=y$ 위의 점이므로

$e^a-e^b=b$ …… ㉠

$e^x-e^y=y$의 양변을 x에 대하여 미분하면

$e^x-e^y\dfrac{dy}{dx}=\dfrac{dy}{dx}$

$-(e^y+1)\dfrac{dy}{dx}=-e^x$

즉, $\dfrac{dy}{dx}=\dfrac{e^x}{e^y+1}$

곡선 위의 점 (a, b)에서의 접선의 기울기가 1이므로

$\dfrac{e^a}{e^b+1}=1$, $e^a=e^b+1$

$e^a-e^b=1$ …… ㉡

㉠, ㉡에서 $b=1$이고

$e^a=e+1$이므로

$a=\ln(e+1)$

따라서 $a+b=1+\ln(e+1)$

답 ①

115

$g(x)=\dfrac{f(x)\cos x}{e^x}$의 양변에 자연로그를 취하면

$\ln|g(x)|=\ln|f(x)|+\ln|\cos x|-\ln e^x$

$=\ln|f(x)|+\ln|\cos x|-x$

$(\ln|f(x)|)'=\dfrac{f'(x)}{f(x)}$를 이용하여 위 등식의 양변을 x에 대하여 미분하면

$\dfrac{g'(x)}{g(x)}=\dfrac{f'(x)}{f(x)}+\dfrac{-\sin x}{\cos x}-1$

이 식에 $x=\pi$를 대입하면

$\dfrac{g'(\pi)}{g(\pi)}=\dfrac{f'(\pi)}{f(\pi)}+\dfrac{-\sin\pi}{\cos\pi}-1$

이고, $\dfrac{g'(\pi)}{g(\pi)}=e^\pi$이므로

$$\frac{f'(\pi)}{f(\pi)}=e^{\pi}+1$$

답 ④

116

$\lim_{x \to -2} \frac{g(x)}{x+2}=b$에서 $x \to -2$일 때 (분모) → 0이고 극한값이 존재하므로

$\lim_{x \to -2} g(x)=0$

즉, $g(-2)=0$이고 $g(x)$는 $f(x)$의 역함수이므로

$f(0)=-2$

이때

$$f(0)=\ln\left(\frac{\sec 0+\tan 0}{a}\right)$$
$$=\ln\frac{1+0}{a}$$
$$=\ln\frac{1}{a}$$

이므로 $\ln\frac{1}{a}=-2$에서

$\frac{1}{a}=e^{-2}=\frac{1}{e^2}$

즉, $a=e^2$

또 $g(-2)=0$이므로

$$b=\lim_{x \to -2}\frac{g(x)}{x+2}=\lim_{x \to -2}\frac{g(x)-g(-2)}{x-(-2)}$$
$$=g'(-2)$$

한편 $f(x)=\ln\left(\frac{\sec x+\tan x}{a}\right)=\ln\left(\frac{\sec x+\tan x}{e^2}\right)$에서

$$f'(x)=\frac{e^2}{\sec x+\tan x}\times\frac{\sec x\tan x+\sec^2 x}{e^2}$$
$$=\frac{\sec x(\tan x+\sec x)}{\sec x+\tan x}$$
$$=\sec x$$

이므로

$$g'(-2)=\frac{1}{f'(g(-2))}=\frac{1}{f'(0)}$$
$$=\frac{1}{\sec 0}=1$$

따라서 $a=e^2$, $b=1$이므로

$ab=e^2\times 1=e^2$

답 ③

117

곡선 $y=g(x)$가 점 $(3, 0)$을 지나므로

$g(3)=0$

따라서 $f(0)=3$이므로 역함수의 미분법에 의하여

$$g'(3)=\frac{1}{f'(g(3))}$$
$$=\frac{1}{f'(0)}$$

$f(x)=3e^{5x}+x+\sin x$에서

$f'(x)=15e^{5x}+1+\cos x$이므로

$f'(0)=15+1+1=17$

따라서

$$\lim_{x \to 3}\frac{x-3}{g(x)-g(3)}=\lim_{x \to 3}\frac{1}{\frac{g(x)-g(3)}{x-3}}$$
$$=\frac{1}{\lim_{x \to 3}\frac{g(x)-g(3)}{x-3}}$$
$$=\frac{1}{g'(3)}$$
$$=f'(0)$$
$$=17$$

답 17

118

$g(4)=k$라 하면 $f(k)=4$이므로

$k^3-5k^2+9k-5=4$

$k^3-5k^2+9k-9=0$

$(k-3)(k^2-2k+3)=0$ ...... ㉠

$k^2-2k+3=0$의 판별식을 D라 하면

$\frac{D}{4}=1-3=-2<0$

이므로 모든 실수 k에 대하여 $k^2-2k+3>0$이다.

k는 실수이므로 ㉠에서 $k=3$

$f(x)=x^3-5x^2+9x-5$에서

$f'(x)=3x^2-10x+9$

이므로 $f'(3)=6$

따라서 역함수의 미분법에 의하여

$$g'(4)=\frac{1}{f'(g(4))}=\frac{1}{f'(3)}=\frac{1}{6}$$

답 ⑤

119

$\frac{dx}{dt}=\cos t+\sin t$, $\frac{dy}{dt}=-3\sin t+\cos t$이므로

$$\frac{dy}{dx}=\frac{\frac{dy}{dt}}{\frac{dx}{dt}}=\frac{-3\sin t+\cos t}{\cos t+\sin t}\ (\text{단, } \cos t+\sin t\neq 0)$$

$\frac{dy}{dx}=3$인 t의 값을 α $(0<\alpha<\pi)$라 하면

$\dfrac{-3\sin\alpha+\cos\alpha}{\cos\alpha+\sin\alpha}=3$에서

$\cos\alpha=-3\sin\alpha$

$\sin^2\alpha+\cos^2\alpha=1$이므로

$\sin^2\alpha+9\sin^2\alpha=1$

$10\sin^2\alpha=1$

$\sin\alpha>0$이므로

$\sin\alpha=\dfrac{\sqrt{10}}{10}$, $\cos\alpha=-\dfrac{3\sqrt{10}}{10}$

$a=\sin\alpha-\cos\alpha=\dfrac{2\sqrt{10}}{5}$

$b=3\cos\alpha+\sin\alpha=-\dfrac{4\sqrt{10}}{5}$

따라서 $a+b=-\dfrac{2\sqrt{10}}{5}$

답 ⑤

120

$f(x)=\tan 2x$에서

$f\left(\dfrac{\pi}{8}\right)=\tan\left(2\times\dfrac{\pi}{8}\right)=\tan\dfrac{\pi}{4}=1$

이므로 $g(1)=\dfrac{\pi}{8}$

역함수의 미분법에 의하여

$g'(1)=\dfrac{1}{f'(g(1))}=\dfrac{1}{f'\left(\dfrac{\pi}{8}\right)}$

이때 $f'(x)=2\sec^2 2x$이므로

$f'\left(\dfrac{\pi}{8}\right)=2\sec^2\dfrac{\pi}{4}=2\times(\sqrt{2})^2=4$

따라서 $g'(1)=\dfrac{1}{4}$이므로

$100\times g'(1)=100\times\dfrac{1}{4}=25$

답 25

121

삼각형 ABC에 내접하는 원의 중심을 O라 하고, 점 O에서 변 BC에 내린 수선의 발을 H라 하자.

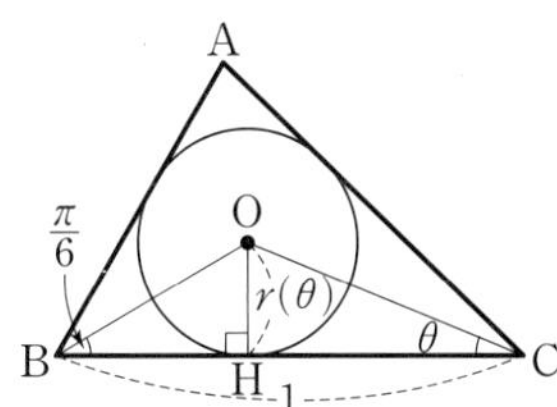

점 O는 삼각형 ABC의 내심이므로

$\angle\text{OBH}=\dfrac{\pi}{6}$, $\angle\text{OCH}=\theta$

$\dfrac{\overline{\text{OH}}}{\overline{\text{BH}}}=\tan\dfrac{\pi}{6}$에서 $\dfrac{r(\theta)}{\overline{\text{BH}}}=\dfrac{1}{\sqrt{3}}$이므로

$\overline{\text{BH}}=\sqrt{3}r(\theta)$

$\dfrac{\overline{\text{OH}}}{\overline{\text{CH}}}=\tan\theta$에서 $\dfrac{r(\theta)}{\overline{\text{CH}}}=\tan\theta$이므로

$\overline{\text{CH}}=\dfrac{r(\theta)}{\tan\theta}$

$\overline{\text{BH}}+\overline{\text{CH}}=\overline{\text{BC}}$에서

$\sqrt{3}r(\theta)+\dfrac{r(\theta)}{\tan\theta}=1$

$r(\theta)=\dfrac{\tan\theta}{1+\sqrt{3}\tan\theta}$이므로

$h(\theta)=\dfrac{r(\theta)}{\tan\theta}=\dfrac{1}{1+\sqrt{3}\tan\theta}$

$h(\theta)$를 θ에 대하여 미분하면

$h'(\theta)=-\dfrac{\sqrt{3}\sec^2\theta}{(1+\sqrt{3}\tan\theta)^2}$

따라서 $h'\left(\dfrac{\pi}{6}\right)=-\dfrac{\sqrt{3}\times\left(\dfrac{2}{\sqrt{3}}\right)^2}{\left(1+\sqrt{3}\times\dfrac{1}{\sqrt{3}}\right)^2}=-\dfrac{\sqrt{3}}{3}$

답 ②

122

점 $(a, 0)$은 곡선 $x^3-y^3=e^{xy}$ 위의 점이므로 $x=a$, $y=0$을 대입하면 $a^3=1$에서

$a=1$

$x^3-y^3=e^{xy}$의 양변을 x에 대하여 미분하면

$3x^2-3y^2\dfrac{dy}{dx}=ye^{xy}+xe^{xy}\dfrac{dy}{dx}$

이므로

$\dfrac{dy}{dx}=\dfrac{3x^2-ye^{xy}}{xe^{xy}+3y^2}$ (단, $xe^{xy}+3y^2\neq0$)

따라서 곡선 $x^3-y^3=e^{xy}$ 위의 점 $(1, 0)$에서의 접선의 기울기는

$b=\dfrac{3-0}{1+0}=3$

따라서 $a+b=1+3=4$

답 4

123

$g\left(\dfrac{x+8}{10}\right)=f^{-1}(x)$에서

$f\left(g\left(\dfrac{x+8}{10}\right)\right)=x$

양변을 x에 대하여 미분하면

$f'\left(g\left(\dfrac{x+8}{10}\right)\right)\times g'\left(\dfrac{x+8}{10}\right)\times\dfrac{1}{10}=1$

이 식에 $x=2$를 대입하면

$f'(g(1))\times g'(1)=10$

$f'(0)\times g'(1)=10$

한편

$f'(x)=2xe^{-x}-(x^2+2)e^{-x}$

$\quad=(2x-x^2-2)e^{-x}$

이므로 $f'(0)=-2$

따라서 $-2\times g'(1)=10$에서

$g'(1)=-5$이므로

$|g'(1)|=|-5|=5$

답 5

124

조건 (가)에 의하여 $f(1)=(1+a+b)e=e$에서

$a+b=0$ …… ㉠

$f'(x)=(2x+a)e^x+(x^2+ax+b)e^x$

$\quad=\{x^2+(a+2)x+a+b\}e^x$

이므로 $f'(1)=\{1+(a+2)+a+b\}e=e$에서

$2a+b=-2$ …… ㉡

㉠, ㉡에서 $a=-2$, $b=2$이므로

$f(x)=(x^2-2x+2)e^x$, $f'(x)=x^2e^x$

$f''(x)=2xe^x+x^2e^x=x(x+2)e^x$이므로

$f''(1)=3e$

이때 모든 실수 x에 대하여 $f'(x)\ge0$이므로 함수 $f(x)$는 역함수가 존재한다.

$f(1)=e$에서 $f^{-1}(e)=1$이므로 역함수의 미분법에 의하여

$$(f^{-1})'(e)=\frac{1}{f'(f^{-1}(e))}=\frac{1}{f'(1)}=\frac{1}{e}$$

조건 (나)에 의하여 $g(f(1))=f'(1)$, 즉 $g(e)=e$이고

$g(f(x))=f'(x)$의 양변을 x에 대하여 미분하면

$g'(f(x))f'(x)=f''(x)$ …… ㉢

㉢의 양변에 $x=1$을 대입하면

$g'(f(1))f'(1)=f''(1)$

$g'(e)\times e=3e$, 즉 $g'(e)=3$

따라서 $h(x)=f^{-1}(x)g(x)$이므로

$h'(x)=(f^{-1})'(x)g(x)+f^{-1}(x)g'(x)$에 $x=e$를 대입하면

$h'(e)=(f^{-1})'(e)g(e)+f^{-1}(e)g'(e)$

$\quad=\frac{1}{e}\times e+1\times3=4$

답 ④

125

곡선 $y=g(x)$ 위의 점 $(0,\ g(0))$에서의 접선이 x축이므로

$g(0)=0$, $g'(0)=0$이다.

$g(0)=f(e^0)+e^0=f(1)+1=0$

$f(1)=-1$ …… ㉠

$g'(x)=f'(e^x)\times e^x+e^x$이므로

$g'(0)=f'(e^0)\times e^0+e^0=f'(1)+1=0$

$f'(1)=-1$ …… ㉡

한편, 함수 $g(x)$가 역함수를 가지므로 모든 실수 x에 대하여

$g'(x)\ge0$ 또는 $g'(x)\le0$이어야 한다.

$g'(x)=f'(e^x)\times e^x+e^x$

$\quad=e^x\{f'(e^x)+1\}$

에서 모든 실수 x에 대하여 $e^x>0$이고 함수 $f(x)$의 최고차항의 계수가 양수이므로 모든 실수 x에 대하여 $f'(e^x)+1\ge0$, 즉

$f'(e^x)\ge-1$이어야 한다.

㉡에서 $f'(1)=-1$이고 함수 $f'(x)$는 최고차항의 계수가 3인 이차함수이므로

$f'(x)=3(x-1)^2-1$

이어야 한다. 그러므로

$f(x)=\int\{3(x-1)^2-1\}\,dx$

$\quad=(x-1)^3-x+C$ (단, C는 적분상수)

㉠에서 $f(1)=-1$이므로 위의 식에 $x=1$을 대입하면

$f(1)=-1+C=-1$, $C=0$

즉, $f(x)=(x-1)^3-x$

$g(x)=f(e^x)+e^x$

$\quad=(e^x-1)^3-e^x+e^x$

$\quad=(e^x-1)^3$

한편, 함수 $h(x)$가 함수 $g(x)$의 역함수이므로 $h(8)=k$라 하면 $g(k)=8$에서

$(e^k-1)^3=8$, $e^k-1=2$, $e^k=3$, $k=\ln 3$

따라서

$$h'(8)=\frac{1}{g'(h(8))}=\frac{1}{g'(\ln 3)}=\frac{1}{e^{\ln 3}\{f'(e^{\ln 3})+1\}}=\frac{1}{3\times[\{3\times(3-1)^2-1\}+1]}=\frac{1}{36}$$

답 ①

126

$F(x)=\ln|f(x)|$에서 $F'(x)=\dfrac{f'(x)}{f(x)}$이므로

$\lim_{x\to1}(x-1)F'(x)=3$에서

$$\lim_{x\to1}\left\{(x-1)\times\frac{f'(x)}{f(x)}\right\}=3 \quad\cdots\cdots ㉠$$

$x\to1$일 때 (분자)$\to0$이고 극한값이 존재하므로 (분모)$\to0$에서

$\lim_{x\to1}f(x)=f(1)=0$

또 $f'(x)$는 다항함수이므로 미분가능하다.

그러므로 ㉠에서

$$\lim_{x\to1}\frac{f'(x)}{\dfrac{f(x)-f(1)}{x-1}}=3$$

이때 $f'(1)\neq0$이라 하면 위의 식의 좌변은 $\dfrac{f'(1)}{f'(1)}=1$이므로 만족시키지 않는다.

그러므로 $f'(1)=0$이어야 한다.

$f(x)=(x-1)^2(x^2+ax+b)$ $(1+a+b\neq0)$

이라 하면 ㉠의 좌변은

$$\lim_{x\to1}\frac{(x-1)\{2(x-1)(x^2+ax+b)+(x-1)^2(2x+a)\}}{(x-1)^2(x^2+ax+b)}$$

$$=\lim_{x\to1}\frac{2(x^2+ax+b)+(x-1)(2x+a)}{x^2+ax+b}=2$$

이고 우변은 3이므로 만족시키지 않는다.

$f(x)=(x-1)^3(x+a)$ $(a+1\neq0)$이라 하면 ㉠의 좌변은

$$\lim_{x\to1}\frac{(x-1)\{3(x-1)^2(x+a)+(x-1)^3\}}{(x-1)^3(x+a)}$$

$$=\lim_{x\to1}\frac{3(x+a)+(x-1)}{x+a}=3$$

이므로 등식을 만족시킨다.

따라서 $f(x)=(x-1)^3(x+a)$ (단, a는 상수)

$$F'(x)=\frac{f'(x)}{f(x)}=\frac{3(x-1)^2(x+a)+(x-1)^3}{(x-1)^3(x+a)}=\frac{3(x+a)+(x-1)}{(x-1)(x+a)}$$

이므로 $\lim_{x\to0}\dfrac{F'(x)}{G'(x)}=\dfrac{1}{4}$에서

$$\lim_{x\to0}\frac{F'(x)}{G'(x)}=\lim_{x\to0}\frac{\dfrac{3(x+a)+(x-1)}{(x-1)(x+a)}}{\dfrac{g'(x)\sin x+g(x)\cos x}{g(x)\sin x}}$$

$$=\lim_{x\to0}\frac{\{3(x+a)+(x-1)\}g(x)\sin x}{(x-1)(x+a)\{g'(x)\sin x+g(x)\cos x\}}$$

$$=\lim_{x\to0}\frac{(4x+3a-1)g(x)\sin x}{(x-1)(x+a)\{g'(x)\sin x+g(x)\cos x\}}$$

$$=\frac{1}{4} \quad\cdots\cdots ㉡$$

위에서 $x\to0$일 때 (분자)$\to0$이고 극한값이 0이 아니므로 (분모)$\to0$에서

$\lim_{x\to0}[(x-1)(x+a)\{g'(x)\sin x+g(x)\cos x\}]=0$

$-ag(0)=0$

즉, $a=0$ 또는 $g(0)=0$

(i) $a=0$이고 $g(0)\neq0$일 때, ㉡에서

$$\lim_{x\to0}\frac{(4x-1)g(x)\sin x}{x(x-1)\{g'(x)\sin x+g(x)\cos x\}}$$

$$=\lim_{x\to0}\left\{\frac{g(x)}{g'(x)\sin x+g(x)\cos x}\times\frac{4x-1}{x-1}\times\frac{\sin x}{x}\right\}$$

$$=\frac{1}{4}$$

이때 위의 극한값이 존재하고

$\lim_{x\to0}\dfrac{4x-1}{x-1}=1$, $\lim_{x\to0}\dfrac{\sin x}{x}=1$이므로

$$\lim_{x\to0}\frac{g(x)}{g'(x)\sin x+g(x)\cos x}=\frac{1}{4} \quad\cdots\cdots ㉢$$

이어야 한다.

$g(0)\neq0$이므로 ㉢의 좌변은 $\dfrac{g(0)}{g(0)}=1$

즉, ㉢을 만족시키지 않는다.

(ii) $a=0$이고 $g(0)=0$일 때

① $g(x)=x(x^2+cx+d)$ $(d\neq0)$라 하면 ㉢의 좌변은

$$\lim_{x\to0}\frac{x(x^2+cx+d)}{(3x^2+2cx+d)\sin x+x(x^2+cx+d)\cos x}$$

$$=\lim_{x\to0}\frac{x^2+cx+d}{(3x^2+2cx+d)\dfrac{\sin x}{x}+(x^2+cx+d)\cos x}$$

$$=\frac{d}{d+d}=\frac{1}{2}$$

이므로 ㉢을 만족시키지 않는다.

② $g(x)=x^2(x+c)$ $(c\neq0)$라 하면 ㉢의 좌변은

$$\lim_{x\to0}\frac{x^2(x+c)}{(3x^2+2cx)\sin x+x^2(x+c)\cos x}$$

$$=\lim_{x\to0}\frac{x+c}{(3x+2c)\dfrac{\sin x}{x}+(x+c)\cos x}$$

$$=\frac{c}{2c+c}=\frac{1}{3}$$

이므로 ㉢을 만족시키지 않는다.

③ $g(x)=x^3$이라 하면 ㉢의 좌변은

$$\lim_{x\to0}\frac{x^3}{3x^2\sin x+x^3\cos x}=\lim_{x\to0}\frac{1}{3\times\dfrac{\sin x}{x}+\cos x}$$

$$=\frac{1}{3\times1+1}=\frac{1}{4}$$

이므로 ㉢을 만족시킨다.

따라서 $g(x)=x^3$

(iii) $a\neq 0$이고 $g(0)=0$일 때

$g(x)=x(x^2+cx+d)$라 하면 ㉡에서

$$\lim_{x\to 0}\frac{(4x+3a-1)(x^2+cx+d)\sin x}{(x-1)(x+a)\left\{(3x^2+2cx+d)\frac{\sin x}{x}+(x^2+cx+d)\cos x\right\}}=\frac{1}{4}$$

$x\to 0$일 때 (분자)$\to 0$이고 극한값이 0이 아니므로

(분모)$\to 0$에서 $-a(d+d)=0$, 즉 $d=0$

이때 위의 식은

$$\lim_{x\to 0}\frac{(4x+3a-1)(x+c)\sin x}{(x-1)(x+a)\left\{(3x+2c)\frac{\sin x}{x}+(x+c)\cos x\right\}}=\frac{1}{4}$$

$x\to 0$일 때 (분자)$\to 0$이고 극한값이 0이 아니므로

(분모)$\to 0$에서 $-a(2c+c)=0$, 즉 $c=0$

이때

$$\lim_{x\to 0}\frac{(4x+3a-1)x\sin x}{(x-1)(x+a)(3\sin x+x\cos x)}=\frac{1}{4}\text{이고,}$$

$$(\text{좌변})=\lim_{x\to 0}\frac{(4x+3a-1)\sin x}{(x-1)(x+a)\left(3\times\frac{\sin x}{x}+\cos x\right)}=0$$

그러므로 조건을 만족시키지 않는다.

따라서 $f(x)=x(x-1)^3$, $g(x)=x^3$이므로

$f(3)+g(3)=24+27=51$

답 ④

127

$h_1(x)=(x-a-2)^2e^x$

$h_2(x)=e^{2a}(x-a)+4e^a$

이라 하면

$$f(x)=\begin{cases}h_1(x) & (x\geq a)\\ h_2(x) & (x<a)\end{cases}$$

이고

$h_1'(x)=2(x-a-2)e^x+(x-a-2)^2e^x$

$\quad=(x-a)(x-a-2)e^x$

$h_2'(x)=e^{2a}$

이므로

$$f'(x)=\begin{cases}(x-a)(x-a-2)e^x & (x>a)\\ e^{2a} & (x<a)\end{cases}$$

이다.

$f(a)=4e^a$이므로 함수 $y=f(x)$의 그래프는 그림과 같다.

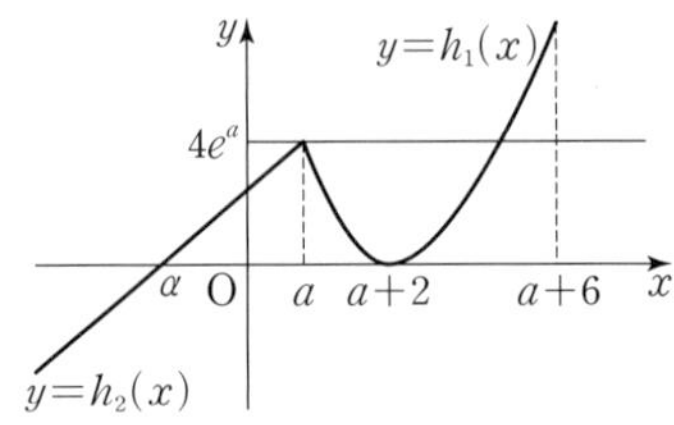

이때 실수 t에 대하여 $f(x)=t$를 만족시키는 x의 최솟값이 $g(t)$이므로

$t\leq 4e^a$일 때, $h_2(g(t))=t$

$t>4e^a$일 때, $h_1(g(t))=t$

가 성립한다.

또한 함수 $g(t)$는 $t=4e^a$에서 불연속이므로

$4e^a=12$, 즉 $e^a=3$

$t=f(a+2)=0<4e^a$이므로

$h_2'(g(t))\times g'(t)=1$에서

$h_2'(g(f(a+2)))\times g'(f(a+2))=1$

직선 $y=h_2(x)$가 x축과 만나는 점의 x좌표를 α $(\alpha<a)$라 하면 $g(0)=\alpha$이므로

$$g'(f(a+2))=\frac{1}{h_2'(g(f(a+2)))}=\frac{1}{h_2'(\alpha)}=\frac{1}{e^{2a}}\quad\cdots\cdots ㉠$$

$t=f(a+6)=16e^{a+6}>4e^a$이므로

$h_1'(g(t))\times g'(t)=1$에서

$h_1'(g(f(a+6)))\times g'(f(a+6))=1$

$$g'(f(a+6))=\frac{1}{h_1'(g(f(a+6)))}=\frac{1}{h_1'(a+6)}=\frac{1}{6\times 4\times e^{a+6}}=\frac{1}{24e^{a+6}}\quad\cdots\cdots ㉡$$

㉠, ㉡에서 $e^a=3$이므로

$$\frac{g'(f(a+2))}{g'(f(a+6))}=\frac{24e^{a+6}}{e^{2a}}=\frac{24e^6}{e^a}=\frac{24}{3}e^6=8e^6$$

답 ④

유형 7 접선의 방정식

128

$e^y \ln x = 2y+1$의 양변을 x에 대하여 미분하면

$e^y \dfrac{dy}{dx} \times \ln x + e^y \times \dfrac{1}{x} = 2\dfrac{dy}{dx}$

$(e^y \ln x - 2)\dfrac{dy}{dx} = -\dfrac{e^y}{x}$

즉, $\dfrac{dy}{dx} = -\dfrac{e^y}{x(e^y \ln x - 2)}$

곡선 위의 점 $(e, 0)$에서의 접선의 기울기는

$\dfrac{dy}{dx} = -\dfrac{1}{e(1\times 1-2)} = \dfrac{1}{e}$

이므로 곡선 위의 점 $(e, 0)$에서의 접선의 방정식은

$y-0=\dfrac{1}{e}(x-e)$, 즉 $y=\dfrac{1}{e}x-1$

따라서 $a=\dfrac{1}{e}$, $b=-1$이므로

$ab=\dfrac{1}{e}\times(-1)=-\dfrac{1}{e}$

답 ⑤

129

함수 $f(x)$의 역함수가 $g(x)$이므로

$g'(4\pi)=\dfrac{1}{f'(g(4\pi))}=\dfrac{1}{f'(2\pi)}$

한편 $f(x)=2x+\sin x$에서

$f'(x)=2+\cos x$이므로

$f'(2\pi)=2+1=3$

따라서 $g'(4\pi)=\dfrac{1}{3}$이므로 곡선 $y=g(x)$의 $x=4\pi$인 점에서의 접선의 기울기는 $\dfrac{1}{3}$이다.

그러므로 $p+q=3+1=4$

답 4

130

점 P의 x좌표를 a라 하자.

두 곡선 $y=ke^x+1$, $y=x^2-3x+4$가 점 P에서 만나므로

$ke^a+1=a^2-3a+4$ ...... ㉠

또 $y=ke^x+1$에서 $y'=ke^x$이므로 점 P에서의 접선의 기울기는 ke^a이다.

$y=x^2-3x+4$에서 $y'=2x-3$이므로 점 P에서의 접선의 기울기는 $2a-3$이다.

이 두 접선이 서로 수직이므로

$ke^a(2a-3)=-1$ ...... ㉡

㉠에서 $ke^a=a^2-3a+3$이므로 ㉡에 대입하면

$(a^2-3a+3)(2a-3)=-1$

$2a^3-9a^2+15a-8=0$

$(a-1)(2a^2-7a+8)=0$

$a=1$ 또는 $2a^2-7a+8=0$

이때 $2a^2-7a+8=0$의 판별식을 D라 하면

$D=(-7)^2-4\times 2\times 8<0$

이므로 허근을 갖는다.

그러므로 $a=1$

따라서 ㉠에 $a=1$을 대입하면

$ke+1=1^2-3+4$이므로

$k=\dfrac{1}{e}$

답 ①

131

함수 $y=\dfrac{1}{x-1}$에서 $\dfrac{dy}{dx}=-\dfrac{1}{(x-1)^2}$

점 $\left(\dfrac{3}{2}, 2\right)$에서의 접선의 기울기는

$\dfrac{dy}{dx}=-\dfrac{1}{\left(\dfrac{3}{2}-1\right)^2}=-4$

이므로 접선의 방정식은

$y=-4\left(x-\dfrac{3}{2}\right)+2$

즉, $y=-4x+8$

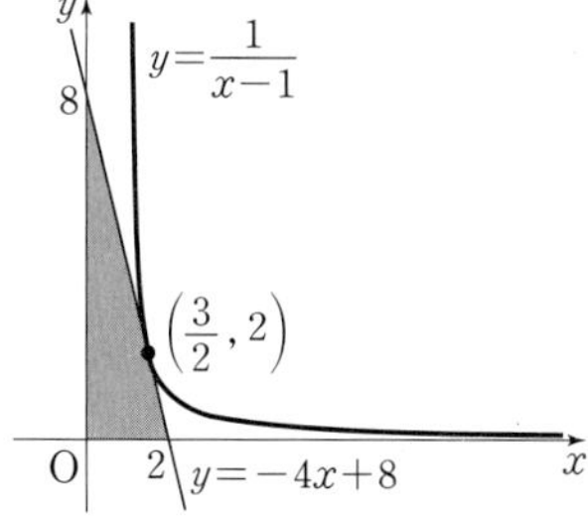

곡선 $y=\dfrac{1}{x-1}$ 위의 점 $\left(\dfrac{3}{2}, 2\right)$에서의 접선과 x축 및 y축으로 둘러싸인 부분은 그림과 같이 밑변의 길이가 2이고 높이가 8인 직각삼각형이다.

따라서 구하는 넓이는

$\dfrac{1}{2}\times 2\times 8=8$

답 ①

132

곡선 $y=e^{|x|}$은 y축에 대하여 대칭이다.

Ⅱ 미분법

$x\geq 0$일 때 $y=e^x$이고 접점을 $(t,\ e^t)$이라 하면 $y'=e^x$이므로 접선의 방정식은

$y-e^t=e^t(x-t)$

이 접선이 원점을 지나므로

$-e^t=e^t\times(-t),\ t=1$

따라서 $x=1$인 점에서의 접선의 기울기는 e이고 이 접선과 y축에 대하여 대칭인 접선의 기울기는 $-e$이므로

$\tan\alpha=-e,\ \tan\beta=e$

라 하면 두 접선이 이루는 예각의 크기는 $\theta=\alpha-\beta$

그러므로

$$\tan\theta=\tan(\alpha-\beta)=\frac{-e-e}{1+(-e)\times e}=\frac{-2e}{1-e^2}=\frac{2e}{e^2-1}$$

답 ④

133

$g(x)=\sin x$에서 $g'(x)=\cos x$이므로

$g'\left(\frac{\pi}{6}\right)=\cos\frac{\pi}{6}=\frac{\sqrt{3}}{2}$

$\lim\limits_{x\to 1}\frac{f(x)-\frac{\pi}{6}}{x-1}$에서 $x\to 1$일 때 (분모)→0이고, 극한값이 존재하므로 (분자)→0이어야 한다.

$\lim\limits_{x\to 1}\left\{f(x)-\frac{\pi}{6}\right\}=0$에서 $f(x)$가 미분가능한 함수이므로

$f(1)=\frac{\pi}{6}$

$h(x)=(g\circ f)(x)$라 하면

$$h(1)=g(f(1))=g\left(\frac{\pi}{6}\right)=\sin\frac{\pi}{6}=\frac{1}{2}$$

한편 $h'(x)=g'(f(x))f'(x)$이므로

$$h'(1)=g'(f(1))f'(1)=g'\left(\frac{\pi}{6}\right)f'(1)=\frac{\sqrt{3}}{2}f'(1)$$

이때 곡선 $y=h(x)$ 위의 점 $\left(1,\ \frac{1}{2}\right)$에서의 접선의 방정식은

$y-\frac{1}{2}=\frac{\sqrt{3}}{2}f'(1)(x-1)$

이 직선이 원점을 지나므로

$0-\frac{1}{2}=\frac{\sqrt{3}}{2}f'(1)(0-1)$에서

$f'(1)=\frac{1}{\sqrt{3}}$

따라서 $k=\lim\limits_{x\to 1}\frac{f(x)-f(1)}{x-1}=f'(1)=\frac{1}{\sqrt{3}}$이므로

$30k^2=30\times\left(\frac{1}{\sqrt{3}}\right)^2=10$

답 10

134

$f(x)=0$에서

$\ln(\tan x)=0,\ \tan x=1$

$0<x<\frac{\pi}{2}$에서 $x=\frac{\pi}{4}$이므로 점 P의 좌표는 $\left(\frac{\pi}{4},\ 0\right)$이다.

$f(x)=\ln(\tan x)$에서

$f'(x)=\frac{(\tan x)'}{\tan x}=\frac{\sec^2 x}{\tan x}$

이므로 $f'\left(\frac{\pi}{4}\right)=\frac{(\sqrt{2})^2}{1}=2$

점 P에서의 접선의 방정식은

$y=2\left(x-\frac{\pi}{4}\right)$

즉, $y=2x-\frac{\pi}{2}$

따라서 이 접선의 y절편은 $-\frac{\pi}{2}$이다.

답 ④

135

조건 (가)에서 직선 l이 제2사분면을 지나지 않고, 조건 (나)에서 직선 l과 x축 및 y축으로 둘러싸인 도형인 직각이등변삼각형의 넓이가 2이므로 그림과 같이 직선 l의 x절편과 y절편은 각각 2, -2이다.

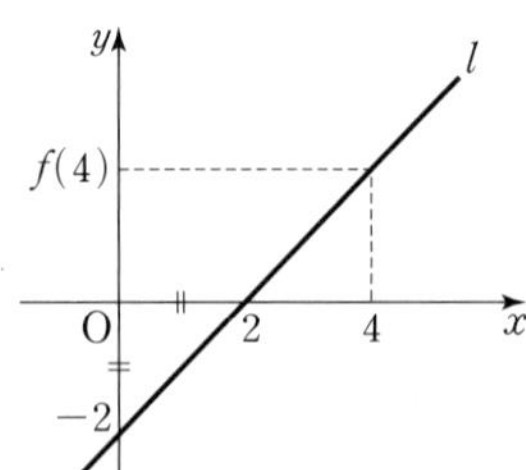

곡선 $y=f(x)$ 위의 점 $(4,\ f(4))$에서의 접선 l은 기울기가 1이고, 점 $(2,\ 0)$을 지나므로 직선 l의 방정식은 $y=x-2$이다.

따라서 $f(4)=2,\ f'(4)=1$이다.

$g(x)=xf(2x)$에서

$g'(x)=f(2x)+2xf'(2x)$이므로

$$g'(2)=f(4)+4f'(4)=2+4=6$$

답 ④

136

점 $\left(-\frac{\pi}{2}, 0\right)$에서 곡선 $y=\sin x$ $(x>0)$에 접선을 그어 접점의 x좌표를 $a_1, a_2, \cdots, a_n$이라 하자.

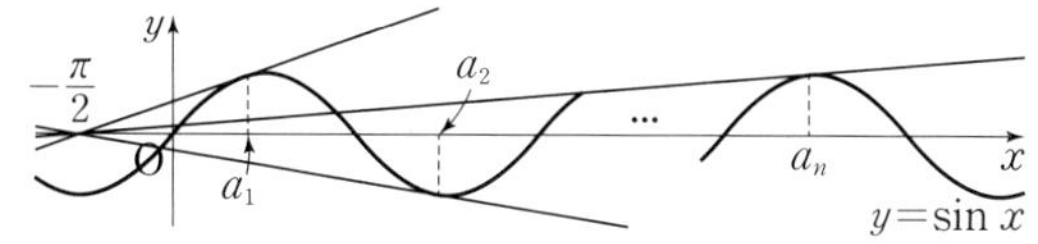

ㄱ. $(\sin x)'=\cos x$이므로 점 $(a_n, \sin a_n)$에서의 접선의 기울기는

$\cos a_n$ ······ ㉠

이 접선이 두 점 $\left(-\frac{\pi}{2}, 0\right)$, $(a_n, \sin a_n)$을 지나므로 기울기는

$\frac{\sin a_n}{a_n+\frac{\pi}{2}}$ ······ ㉡

㉠, ㉡에서 $\cos a_n=\frac{\sin a_n}{a_n+\frac{\pi}{2}}$이므로

$\frac{\sin a_n}{\cos a_n}=a_n+\frac{\pi}{2}$

따라서 $\tan a_n=a_n+\frac{\pi}{2}$ (참)

ㄴ. ㄱ에서 a_n은 곡선 $y=\tan x$와 직선 $y=x+\frac{\pi}{2}$의 교점의 x좌표를 작은 수부터 크기순으로 나열한 것이다.

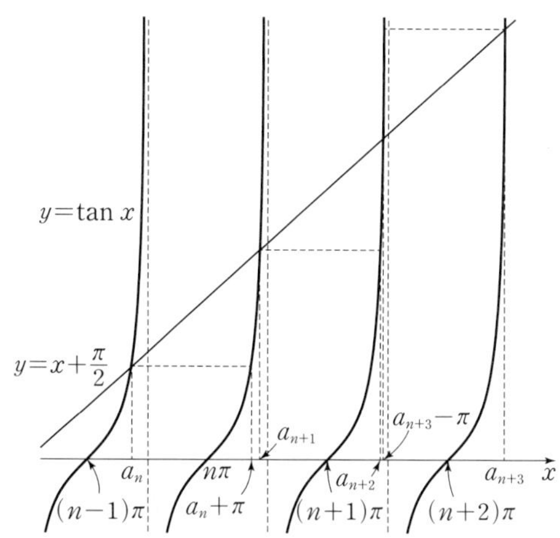

그림에서 $a_{n+1}>a_n+\pi$이므로 $a_{n+1}-a_n>\pi$임을 알 수 있다.

따라서

$$\begin{aligned}\tan a_{n+2}-\tan a_n&=\left(a_{n+2}+\frac{\pi}{2}\right)-\left(a_n+\frac{\pi}{2}\right)\\&=a_{n+2}-a_n\\&=(a_{n+2}-a_{n+1})+(a_{n+1}-a_n)\\&>\pi+\pi=2\pi\ (\text{참})\end{aligned}$$

ㄷ. ㄴ의 그림에서

$a_{n+1}-(a_n+\pi)>(a_{n+3}-\pi)-a_{n+2}$

이므로

$a_{n+1}-a_n>a_{n+3}-a_{n+2}$

따라서 $a_{n+1}+a_{n+2}>a_n+a_{n+3}$ (참)

이상에서 옳은 것은 ㄱ, ㄴ, ㄷ이다.

답 ⑤

137

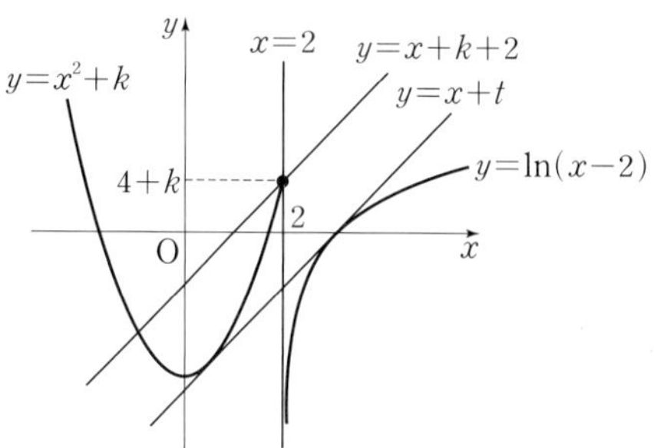

곡선 $y=f(x)$는 점 $(2, 4+k)$를 지나므로 직선 $y=x+t$가 이 점을 지날 때의 t의 값은 $4+k=2+t$에서

$t=k+2$

그림과 같이 기울기가 1인 직선 $y=x+t$에 대하여 주어진 조건을 만족시키려면, 곡선 $y=\ln(x-2)$에 접하고 기울기가 1인 직선이 곡선 $y=x^2+k$에도 접해야 한다.

이때 $g(t)=\begin{cases}2 & (t\le k+2)\\1 & (t>k+2)\end{cases}$

$y=\ln(x-2)$에서 $y'=\frac{1}{x-2}$이므로 접점의 x좌표는

$\frac{1}{x-2}=1$에서 $x=3$

$y=\ln(x-2)$에 $x=3$을 대입하면 $y=0$

즉, 직선 $y=x+t$는 점 $(3, 0)$을 지나므로

$y=x-3$

따라서 곡선 $y=x^2+k$와 직선 $y=x-3$이 접해야 하므로

$x^2+k=x-3$에서

$x^2-x+k+3=0$

이차방정식 $x^2-x+k+3=0$의 판별식을 D라 하면

$D=1-4(k+3)=0$에서

$k=-\frac{11}{4}$

답 ④

참고 $k=-\frac{11}{4}$일 때, 함수 $g(t)=\begin{cases}2 & \left(t\le-\frac{3}{4}\right)\\1 & \left(t>-\frac{3}{4}\right)\end{cases}$은 $t=-\frac{3}{4}$에서만 불연속이다.

138

함수 $f(x)=\frac{\ln x}{x}$에서

$f'(x)=\frac{1-\ln x}{x^2}$

$f'(x)=t$에서 $\frac{1-\ln x}{x^2}=t$

이때 $g(t)=x$이므로

$g\left(\frac{1-\ln x}{x^2}\right)=x$ …… ㉠

한편 원점에서 곡선 $y=f(x)$에 그은 접선을 l이라 하고, 접선 l과 곡선 $y=f(x)$의 접점의 좌표를 $(x_1, f(x_1))$이라 하면 접선 l의 방정식은

$y-f(x_1)=f'(x_1)(x-x_1)$

즉, $y-\frac{\ln x_1}{x_1}=\frac{1-\ln x_1}{(x_1)^2}(x-x_1)$

이 직선이 원점을 지나므로

$0-\frac{\ln x_1}{x_1}=\frac{1-\ln x_1}{(x_1)^2}(0-x_1)$

$\ln x_1=\frac{1}{2}$, 즉 $x_1=\sqrt{e}$

따라서 $a=f'(\sqrt{e})=\frac{1-\ln\sqrt{e}}{(\sqrt{e})^2}=\frac{1}{2e}$

㉠의 양변을 x에 대하여 미분하면

$g'\left(\frac{1-\ln x}{x^2}\right)\times\frac{2\ln x-3}{x^3}=1$

이므로

$g'\left(\frac{1-\ln x}{x^2}\right)=\frac{x^3}{2\ln x-3}$ …… ㉡

㉡의 양변에 $x=\sqrt{e}$를 대입하면

$g'\left(\frac{1}{2e}\right)=-\frac{e\sqrt{e}}{2}$

즉, $g'(a)=g'\left(\frac{1}{2e}\right)=-\frac{e\sqrt{e}}{2}$

따라서

$a\times g'(a)=\frac{1}{2e}\times\left(-\frac{e\sqrt{e}}{2}\right)=-\frac{\sqrt{e}}{4}$

답 ②

139

점 $(a, 0)$에서 그은 접선이 곡선 $y=(x-n)e^x$과 만나는 점의 좌표를 $(t, (t-n)e^t)$이라 하자.

$y'=e^x+(x-n)e^x=(x-n+1)e^x$이므로

점 $(t, (t-n)e^t)$에서 이 곡선에 그은 접선의 방정식은

$y=(t-n+1)e^t(x-t)+(t-n)e^t$

이 직선이 점 $(a, 0)$을 지나므로

$0=(t-n+1)e^t(a-t)+(t-n)e^t$

$t^2-(n+a)t+an+n-a=0$

이 방정식의 판별식을 D라 하면

$D=(n+a)^2-4(an+n-a)$

$=(n-a)(n-a-4)$

ㄱ. $a=0$일 때 $n=4$이면 $D=0$이므로 점 $(0, 0)$에서 곡선 $y=(x-4)e^x$에 그은 접선의 개수는 1이다. (참)

ㄴ. $D=(n-a)(n-a-4)=0$에서

$n=a$ 또는 $n=a+4$이므로

$f(n)=1$인 정수 n의 개수는 항상 2이다. (거짓)

ㄷ. 정수 a에 대하여 $f(n)$은

$$f(n)=\begin{cases}0 & (a<n<a+4)\\ 1 & (n=a \text{ 또는 } n=a+4)\\ 2 & (n<a \text{ 또는 } n>a+4)\end{cases}$$

이므로 $f(n)$이 가질 수 있는 값은 0, 1, 2뿐이다.

이때 $\sum_{n=1}^{5}f(n)=5$이므로 가능한 경우는 다음과 같다.

(i) $f(1)=0$, $f(2)=0$, $f(3)=1$, $f(4)=2$, $f(5)=2$인 경우는 $3=a+4$, 즉 $a=-1$

(ii) $f(1)=2$, $f(2)=2$, $f(3)=1$, $f(4)=0$, $f(5)=0$인 경우는 $a=3$

따라서 $a=-1$ 또는 $a=3$ (참)

이상에서 옳은 것은 ㄱ, ㄷ이다.

답 ③

140

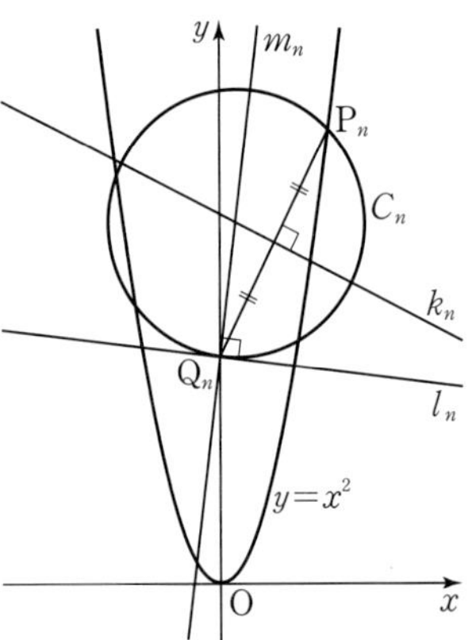

점 Q_n을 지나고 직선 l_n에 수직인 직선을 m_n이라 하면 원 C_n의 중심은 직선 m_n 위에 존재한다. 직선 m_n은 곡선 $y=x^2$ 위의 점 P_n에서의 접선과 평행하고 $y'=2x$이므로 직선 m_n의 기울기는 $4n$이다. 직선 m_n이 점 Q_n을 지나므로 직선 m_n의 방정식은

$y=4nx+2n^2$

선분 P_nQ_n의 수직이등분선을 k_n이라 하면 원 C_n의 중심은 직선 k_n 위에 존재한다.

직선 P_nQ_n의 기울기는 n, 선분 P_nQ_n의 중점의 좌표는 $(n, 3n^2)$이므로 직선 k_n의 방정식은

$y=-\frac{1}{n}(x-n)+3n^2$

$y=-\frac{1}{n}x+3n^2+1$

원 C_n의 중심은 두 직선 m_n, k_n의 교점이므로 원 C_n의 중심의 좌표를 (x_n, y_n)이라 하면

$4nx_n+2n^2=-\frac{1}{n}x_n+3n^2+1$에서

$\left(4n+\frac{1}{n}\right)x_n=n^2+1$

$x_n=\frac{n^3+n}{4n^2+1}$

$y_n=4n\times\frac{n^3+n}{4n^2+1}+2n^2$

$=\frac{12n^4+6n^2}{4n^2+1}$

원점을 지나고 원 C_n의 넓이를 이등분하는 직선은 이 원의 중심을 지나야 하므로

$a_n=\frac{y_n}{x_n}=\frac{12n^4+6n^2}{n^3+n}$

$=\frac{12n^3+6n}{n^2+1}$

따라서

$\lim_{n\to\infty}\frac{a_n}{n}=\lim_{n\to\infty}\frac{12n^2+6}{n^2+1}=12$

답 12

141

접점 $A\left(\alpha, -\frac{2}{\alpha}\right)$, $B\left(\beta, -\frac{2}{\beta}\right)$라 하자.

$y=-\frac{2}{x}$의 양변을 x에 대하여 미분하면

$\frac{dy}{dx}=\frac{2}{x^2}$

점 $A\left(\alpha, -\frac{2}{\alpha}\right)$를 지나는 접선의 방정식은

$y=\frac{2}{\alpha^2}(x-\alpha)-\frac{2}{\alpha}$

즉, $y=\frac{2}{\alpha^2}x-\frac{4}{\alpha}$ …… ㉠

같은 방법으로 점 $B\left(\beta, -\frac{2}{\beta}\right)$를 지나는 접선의 방정식은

$y=\frac{2}{\beta^2}x-\frac{4}{\beta}$ …… ㉡

㉠, ㉡이 모두 점 $P(a, 2a)$를 지나므로

$2a=\frac{2a}{\alpha^2}-\frac{4}{\alpha}$, $2a=\frac{2a}{\beta^2}-\frac{4}{\beta}$

즉, $a\alpha^2+2\alpha-a=0$, $a\beta^2+2\beta-a=0$이므로

α, β는 이차방정식 $ax^2+2x-a=0$의 두 근이다.

이차방정식의 근과 계수의 관계에 의하여

$\alpha+\beta=-\frac{2}{a}$, $\alpha\beta=-1$

$\overline{PA}^2+\overline{PB}^2$

$=(a-\alpha)^2+\left(2a+\frac{2}{\alpha}\right)^2+(a-\beta)^2+\left(2a+\frac{2}{\beta}\right)^2$

$=10a^2-2a(\alpha+\beta)+(\alpha^2+\beta^2)+8a\left(\frac{1}{\alpha}+\frac{1}{\beta}\right)+4\left(\frac{1}{\alpha^2}+\frac{1}{\beta^2}\right)$

$=10a^2+4+\{(\alpha+\beta)^2-2\alpha\beta\}+8a\times\frac{\alpha+\beta}{\alpha\beta}$

$+4\times\frac{(\alpha+\beta)^2-2\alpha\beta}{(\alpha\beta)^2}$

$=10a^2+\frac{20}{a^2}+30$

$\overline{AB}^2=(\alpha-\beta)^2+\left(-\frac{2}{\alpha}+\frac{2}{\beta}\right)^2$

$=(\alpha-\beta)^2+4\left(\frac{\alpha-\beta}{\alpha\beta}\right)^2$

$=5(\alpha-\beta)^2$

$=5\{(\alpha+\beta)^2-4\alpha\beta\}$

$=5\left(\frac{4}{a^2}+4\right)$

$=\frac{20}{a^2}+20$

이므로

$\overline{PA}^2+\overline{PB}^2+\overline{AB}^2=10a^2+\frac{40}{a^2}+50$

$a^2=t\,(t>0)$으로 놓고 $f(t)=10t+\frac{40}{t}+50$이라 하면

$f'(t)=10-\frac{40}{t^2}$

$=\frac{10(t^2-4)}{t^2}$

$=\frac{10(t+2)(t-2)}{t^2}$

$t>0$일 때 $f'(t)=0$에서

$t=2$

$t>0$에서 함수 $f(t)$의 증가와 감소를 표로 나타내면 다음과 같다.

t	(0)	$\cdots$	2	$\cdots$
$f'(t)$		$-$	0	$+$
$f(t)$		↘	90	↗

함수 $f(t)$는 $t=2$에서 최솟값 90을 갖는다.

$t=a^2=2$이고 a는 양수이므로

$a=\sqrt{2}$

점 P의 좌표는 $(\sqrt{2}, 2\sqrt{2})$이다.

따라서 $\overline{PA}^2+\overline{PB}^2+\overline{AB}^2$의 최솟값은 90이다.

답 90

다른 풀이

산술 · 기하평균의 부등식을 이용하면

$\overline{PA}^2+\overline{PB}^2+\overline{AB}^2=10a^2+\frac{40}{a^2}+50$

$\geq 2\sqrt{10a^2\times\frac{40}{a^2}}+50$

$=2\times 20+50$

$=90$

$\left(\text{단, 등호는 } 10a^2=\frac{40}{a^2}\text{, 즉 } a=\sqrt{2}\text{일 때 성립한다.}\right)$

유형 8 함수의 극대와 극소, 함수의 그래프

142

$f(x)=(x^2-2x-7)e^x$에서

$f'(x)=(2x-2)e^x+(x^2-2x-7)e^x$

$=(x^2-9)e^x$

$=(x+3)(x-3)e^x$

$f'(x)=0$에서 $x=-3$ 또는 $x=3$

함수 $f(x)$의 증가와 감소를 표로 나타내면 다음과 같다.

x	$\cdots$	-3	$\cdots$	3	$\cdots$
$f'(x)$	$+$	0	$-$	0	$+$
$f(x)$	↗	극대	↘	극소	↗

따라서

$a=f(-3)=8e^{-3}$,

$b=f(3)=-4e^3$

이므로

$a\times b=-32$

답 ①

143

$f(x)=(x^2-3)e^{-x}$에서

$f'(x)=2x\times e^{-x}+(x^2-3)\times(-e^{-x})$

$=-(x^2-2x-3)e^{-x}$

$=-(x+1)(x-3)e^{-x}$

$f'(x)=0$에서 $x=-1$ 또는 $x=3$

함수 $f(x)$의 증가와 감소를 표로 나타내면 다음과 같다.

x	$\cdots$	-1	$\cdots$	3	$\cdots$
$f'(x)$	$-$	0	$+$	0	$-$
$f(x)$	↘	극소	↗	극대	↘

따라서 $a=f(3)=6e^{-3}$, $b=f(-1)=-2e$이므로

$a\times b=6e^{-3}\times(-2e)$

$=-12e^{-2}=-\frac{12}{e^2}$

답 ④

144

$f(x)=xe^x$에서

$f'(x)=e^x+xe^x=(x+1)e^x$

$f''(x)=e^x+(x+1)e^x=(x+2)e^x$

$f''(x)=0$에서

$(x+2)e^x=0$

$x=-2$

$f''(-2)=0$이고, $x=-2$의 좌우에서 $f''(x)$의 부호가 변하므로 곡선 $y=f(x)$의 변곡점의 좌표는 $(-2, f(-2))$이다.

이때 $f(-2)=-2e^{-2}=-\frac{2}{e^2}$이므로

$a=-2$, $b=-\frac{2}{e^2}$

따라서 $ab=-2\times\left(-\frac{2}{e^2}\right)=\frac{4}{e^2}$

답 ④

145

$x=\ln t+t$, $y=-t^3+3t$이므로

$\frac{dx}{dt}=\frac{1}{t}+1$, $\frac{dy}{dt}=-3t^2+3$

$$\frac{dy}{dx}=\frac{\frac{dy}{dt}}{\frac{dx}{dt}}=\frac{-3t^2+3}{\frac{1}{t}+1}$$

$$=\frac{-3(t^2-1)}{\frac{t+1}{t}}$$

$$=\frac{-3t(t+1)(t-1)}{t+1}$$

$$=-3t(t-1)$$

이때 $f(t)=-3t(t-1)$이라 하면

$f(t)=-3(t^2-t)$

$=-3\left(t-\frac{1}{2}\right)^2+\frac{3}{4}$

이차함수 $y=f(t)$의 그래프는 직선 $t=\frac{1}{2}$에 대하여 대칭이고 최고차항의 계수가 음수이므로 $t=\frac{1}{2}$에서 최댓값을 갖는다.

따라서 $a=\frac{1}{2}$

답 ⑤

146

$f(x)=(x^2-8)e^{-x+1}$에서

$f'(x)=2xe^{-x+1}-(x^2-8)e^{-x+1}$

$=(-x^2+2x+8)e^{-x+1}$

$=-(x-4)(x+2)e^{-x+1}$

$f'(x)=0$에서 $x=-2$ 또는 $x=4$

함수 $f(x)$의 증가와 감소를 표로 나타내면 다음과 같다.

x	$\cdots$	-2	$\cdots$	4	$\cdots$
$f'(x)$	$-$	0	$+$	0	$-$
$f(x)$	↘	a(극소)	↗	b(극대)	↘

따라서 $a=f(-2)=-4e^3$, $b=f(4)=8e^{-3}$이므로

$ab=-4e^3\times 8e^{-3}=-32$

답 ②

147

$y=(\ln x)^2-x+1$에서

$y'=\dfrac{2\ln x}{x}-1$

$y''=\dfrac{\dfrac{2}{x}\times x-2\ln x\times 1}{x^2}=\dfrac{2-2\ln x}{x^2}$

$y''=0$에서 $2-2\ln x=0$

$\ln x=1$, 즉 $x=e$

$x=e$의 좌우에서 y''의 부호가 바뀌므로

곡선 $y=(\ln x)^2-x+1$은 $x=e$에서 변곡점 $(e, 2-e)$를 갖는다.

따라서 변곡점 $(e, 2-e)$에서의 접선의 기울기는

$\dfrac{2\ln e}{e}-1=\dfrac{2}{e}-1$

답 ②

148

$f(x)=\dfrac{x-1}{x^2-x+1}$에서

$f'(x)=\dfrac{(x^2-x+1)-(x-1)(2x-1)}{(x^2-x+1)^2}$

$=\dfrac{-x^2+2x}{(x^2-x+1)^2}$

$f'(x)=0$에서

$-x^2+2x=0$, $x(x-2)=0$

$x=0$ 또는 $x=2$

함수 $f(x)$의 증가와 감소를 표로 나타내면 다음과 같다.

x	$\cdots$	0	$\cdots$	2	$\cdots$
$f'(x)$	$-$	0	$+$	0	$-$
$f(x)$	↘	극소	↗	극대	↘

함수 $f(x)$는 $x=0$에서 극소이고, $x=2$에서 극대이므로 극댓값과 극솟값의 합은

$f(2)+f(0)=\dfrac{2-1}{2^2-2+1}+\dfrac{0-1}{0^2-0+1}$

$=\dfrac{1}{3}+(-1)$

$=-\dfrac{2}{3}$

답 ③

149

$y=2e^{-x}$에서

$y'=-2e^{-x}$

이므로 점 $\mathrm{P}(t, 2e^{-t})$에서의 접선의 방정식은

$y-2e^{-t}=-2e^{-t}(x-t)$

$x=0$을 대입하면

$y=2(1+t)e^{-t}$

즉, $\mathrm{B}(0, 2(1+t)e^{-t})$이고 $\mathrm{A}(0, 2e^{-t})$이므로

$\overline{\mathrm{AB}}=2te^{-t}$

삼각형 APB의 넓이를 $S(t)$라 하면

$S(t)=\dfrac{1}{2}\times 2te^{-t}\times t=t^2e^{-t}$

$S'(t)=2te^{-t}-t^2e^{-t}=t(2-t)e^{-t}$

$S'(t)=0$에서

$t=0$ 또는 $t=2$

$t>0$이므로 $t=2$

이때 $S(t)$는 $t=2$에서 극대이면서 최대이므로 구하는 t의 값은 2이다.

답 ④

150

$f(x)=\tan(\pi x^2+ax)$에서

$f'(x)=(2\pi x+a)\sec^2(\pi x^2+ax)$

함수 $f(x)$는 $x=\dfrac{1}{2}$에서 극솟값을 가지므로

$f'\left(\dfrac{1}{2}\right)=(\pi+a)\sec^2\left(\dfrac{\pi}{4}+\dfrac{a}{2}\right)=0$

$\sec^2\left(\dfrac{\pi}{4}+\dfrac{a}{2}\right)\neq 0$이므로

$a=-\pi$

따라서 $f(x)=\tan(\pi x^2-\pi x)$에서 극솟값 k는

$k=f\left(\dfrac{1}{2}\right)=\tan\left(\dfrac{\pi}{4}-\dfrac{\pi}{2}\right)$

$=\tan\left(-\dfrac{\pi}{4}\right)=-1$

답 ②

151

$y=ax^2-2\sin 2x$에서

$y'=2ax-4\cos 2x$

$y''=2a+8\sin 2x$

$y''=0$에서 $\sin 2x=-\frac{a}{4}$

곡선 $y=ax^2-2\sin 2x$가 변곡점을 가져야 하므로

$-1<\frac{a}{4}<1$, 즉 $-4<a<4$

따라서 부등식을 만족시키는 정수 a의 값은

$-3, -2, -1, 0, 1, 2, 3$

으로 그 개수는 7이다.

답 ④

152

$f(x)=3\sin kx+4x^3$에서

$f'(x)=3k\cos kx+12x^2$

$f''(x)=-3k^2\sin kx+24x$

$f''(x)=0$에서 $3k^2\sin kx=24x$

$g(x)=3k^2\sin kx$라 하면 곡선 $y=g(x)$는 원점에 대하여 대칭이고, 곡선 $y=g(x)$와 직선 $y=24x$가 원점에서만 만나야 하므로 곡선 $y=g(x)$ 위의 점 $(0, 0)$에서의 접선의 기울기가 24 이하이어야 한다.

$g'(x)=3k^3\cos kx$이므로

$g'(0)=3k^3$

따라서 $3k^3\le 24$에서

$3(k-2)(k^2+2k+4)\le 0$

$k^2+2k+4>0$이므로 $k\le 2$

즉, 실수 k의 최댓값은 2이다.

답 2

153

점 $(2, a)$가 곡선 $y=\frac{2}{x^2+b}$ $(b>0)$의 변곡점이므로

$\frac{2}{b+4}=a$ ...... ㉠

또한 $y'=\frac{-4x}{(x^2+b)^2}$에서

$$y''=\frac{-4(x^2+b)^2+4x\times 2(x^2+b)\times 2x}{(x^2+b)^4}$$

$$=\frac{-4(x^2+b)+16x^2}{(x^2+b)^3}$$

$$=\frac{12x^2-4b}{(x^2+b)^3}$$

이므로

$\frac{12\times 2^2-4b}{(2^2+b)^3}=\frac{48-4b}{(b+4)^3}=0$

즉, $b=12$이므로 ㉠에 대입하여 정리하면

$a=\frac{1}{8}$

따라서 $\frac{b}{a}=\frac{12}{\frac{1}{8}}=96$

답 96

154

ㄱ. 조건 (나)에 의하여 함수 $y=f(x)$의 그래프는 원점에 대하여 대칭이고, 조건 (가)에서 $f(x)\ne 1$이므로 모든 실수 x에 대하여 $f(x)\ne -1$ (참)

ㄴ. 조건 (나)에서 $f(x)=-f(-x)$이고 조건 (다)에서

$f'(x)=\{1+f(x)\}\{1+f(-x)\}$

$=\{1+f(x)\}\{1-f(x)\}$

$=1-\{f(x)\}^2$ ...... ㉠

함수 $f(x)$가 실수 전체의 집합에서 미분가능하고 그 그래프는 원점에 대하여 대칭이며 ㄱ에 의하여 $f(x)\ne 1$, $f(x)\ne -1$이므로

$-1<f(x)<1$

㉠에 의하여 $0<f'(x)=1-\{f(x)\}^2\le 1$이므로 함수 $f(x)$는 실수 전체의 집합에서 증가한다. (거짓)

ㄷ. ㉠에서 $f'(x)=1-\{f(x)\}^2$이므로 양변을 x에 대하여 미분하면

$f''(x)=-2f(x)f'(x)$

이때 $f''(x)=0$이면 $f(x)=0$

그런데 곡선 $y=f(x)$는 원점에 대하여 대칭이고 $f(0)=0$이고 증가하므로 변곡점은 $(0, 0)$ 하나만 존재한다. (거짓)

이상에서 옳은 것은 ㄱ이다.

답 ①

155

$f(x)=ae^{3x}+be^x$에서

$f'(x)=3ae^{3x}+be^x$

$f''(x)=9ae^{3x}+be^x$

조건 (가)에서 함수 $f(x)$가 $x=\ln\frac{2}{3}$에서 변곡점을 가지므로

$f''\left(\ln\frac{2}{3}\right)=0$

$9a\times\left(\frac{2}{3}\right)^3+b\times\frac{2}{3}=0$

$\frac{8a+2b}{3}=0$에서 $b=-4a$

이때 $a>0$이므로 $b<0$이다.

한편 함수 $f(x)$의 증가와 감소를 조사하면

$f'(x)=3ae^{3x}-4ae^x$

$=ae^x(3e^{2x}-4)$

$f'(x)=0$에서 $e^{2x}=\frac{4}{3}$

조건 (나)의 구간 $[k, \infty)$에서 함수 $f(x)$의 역함수가 존재하도록 하는 실수 k의 최솟값이 m이므로 함수 $f(x)$는 $x=m$에서 극값을 갖는다. 즉, $f'(m)=0$이다.

$e^{2m}=\frac{4}{3}$

$$\begin{aligned}f(2m)&=ae^{6m}-4ae^{2m}\\&=a\times(e^{2m})^3-4a\times e^{2m}\\&=a\times\left(\frac{4}{3}\right)^3-4a\times\frac{4}{3}\\&=-\frac{80}{27}a\end{aligned}$$

조건 (나)에 의하여 $-\frac{80}{27}a=-\frac{80}{9}$에서 $a=3$

따라서 $f(x)=3e^{3x}-12e^{x}$이므로

$f(0)=3-12=-9$

답 ③

156

$g(x)=\sin(x^2+ax+b)$이므로

$g'(x)=(2x+a)\cos(x^2+ax+b)$

조건 (가)에서 모든 실수 x에 대하여

$(-2x+a)\cos(x^2-ax+b)=-(2x+a)\cos(x^2+ax+b)$

$x=0$을 대입하면 $a\cos b=0$

$0<b<\frac{\pi}{2}$에서 $\cos b\neq0$이므로 $a=0$

$g(x)=\sin(x^2+b)$에서

$g'(x)=2x\cos(x^2+b)$

$g''(x)=2\cos(x^2+b)-4x^2\sin(x^2+b)$

조건 (나)에서 점 $(k, g(k))$는 곡선 $y=g(x)$의 변곡점이므로

$g''(k)=0$

$2\cos(k^2+b)-4k^2\sin(k^2+b)=0$ …… ㉠

$k=0$이면 $0<b<\frac{\pi}{2}$에서 $\cos b\neq0$이므로 ㉠이 성립하지 않고,

$\cos(k^2+b)=0$이면 ㉠에서 $\sin(k^2+b)=0$이므로

$\sin^2(k^2+b)+\cos^2(k^2+b)=1$이 성립하지 않는다.

따라서 $k\neq0$, $\cos(k^2+b)\neq0$

㉠에서 $\tan(k^2+b)=\frac{1}{2k^2}$ …… ㉡

조건 (나)에서

$2k\sin(k^2+b)=2\sqrt{3}k\cos(k^2+b)$

$\tan(k^2+b)=\sqrt{3}$ …… ㉢

㉡, ㉢에서 $\frac{1}{2k^2}=\sqrt{3}$

$k^2=\frac{\sqrt{3}}{6}$

㉡에서 $\tan\left(\frac{\sqrt{3}}{6}+b\right)=\sqrt{3}$이고 $0<b<\frac{\pi}{2}$이므로

$\frac{\sqrt{3}}{6}+b=\frac{\pi}{3}$, $b=\frac{\pi}{3}-\frac{\sqrt{3}}{6}$

따라서 $a+b=0+\left(\frac{\pi}{3}-\frac{\sqrt{3}}{6}\right)=\frac{\pi}{3}-\frac{\sqrt{3}}{6}$

답 ③

157

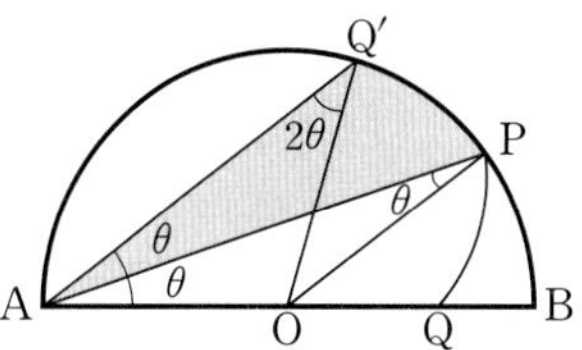

색종이를 접었을 때 호 AP와 선분 AB의 교점을 Q, 접힌 색종이를 다시 폈을 때 점 Q가 호 AB 위에 있게 되는 점을 Q′이라 하자. 도형 AQP와 도형 AQ′P는 합동이므로 포개어지는 부분의 넓이 $S(\theta)$는 호 AP와 현 AP로 둘러싸인 도형에서 호 AQ′과 현 AQ′으로 둘러싸인 도형의 넓이를 뺀 것과 같다.

$\angle PAO=\angle APO=\theta$에서

$\angle AOP=\pi-2\theta$

$\angle Q'AO=\angle AQ'O=2\theta$에서

$\angle AOQ'=\pi-4\theta$

이므로

$$\begin{aligned}S(\theta)&=\left\{\frac{1}{2}\times1^2\times(\pi-2\theta)-\frac{1}{2}\times1^2\times\sin(\pi-2\theta)\right\}\\&\quad-\left\{\frac{1}{2}\times1^2\times(\pi-4\theta)-\frac{1}{2}\times1^2\times\sin(\pi-4\theta)\right\}\\&=\frac{1}{2}(2\theta-\sin2\theta+\sin4\theta)\end{aligned}$$

이므로

$$\begin{aligned}S'(\theta)&=2\cos4\theta-\cos2\theta+1\\&=2(\cos^2 2\theta-\sin^2 2\theta)-\cos2\theta+1\\&=2(2\cos^2 2\theta-1)-\cos2\theta+1\\&=4\cos^2 2\theta-\cos2\theta-1\end{aligned}$$

$S'(\theta)=0$에서

$4\cos^2 2\theta-\cos2\theta-1=0$

$\cos2\theta=x$라 하면 이차방정식 $4x^2-x-1=0$의 근은

$x=\frac{1\pm\sqrt{17}}{8}$이므로

$\cos2\theta=\frac{1\pm\sqrt{17}}{8}$

$0<\theta<\frac{\pi}{4}$에서 $0<\cos2\theta<1$이므로

$\cos2\theta=\frac{1+\sqrt{17}}{8}$인 θ에서 $S'(\theta)=0$이다.

$0<\theta<\frac{\pi}{4}$에서 $\cos2\theta=\frac{1+\sqrt{17}}{8}$을 만족시키는 θ를 θ_0이라 하면

$\theta<\theta_0$일 때 $S'(\theta)>0$이고

$\theta>\theta_0$일 때 $S'(\theta)<0$이므로

$S(\theta)$는 $\theta=\theta_0$에서 극대이면서 최댓값을 갖는다.

그러므로 $\theta_0=\alpha$

따라서 $\cos 2\alpha=\dfrac{1+\sqrt{17}}{8}$

답 ④

158

ㄱ. 함수 $f(x)=\cos x+2x\sin x$에서

$f'(x)=-\sin x+2\sin x+2x\cos x$

$=\sin x+2x\cos x$

함수 $f(x)$가 $x=\alpha$에서 극값을 가지므로 $f'(\alpha)=0$에서

$\sin\alpha+2\alpha\cos\alpha=0$

$\dfrac{\sin\alpha}{\cos\alpha}=-2\alpha$, $\tan\alpha=-2\alpha$

따라서 $\tan(\alpha+\pi)=\tan\alpha=-2\alpha$ (참)

ㄴ. $f'(x)=0$에서 $\tan x=-2x$

이때 $f'(\alpha)=0$, $f'(\beta)=0$이므로 열린구간 $(0, 2\pi)$에서 함수 $y=\tan x$의 그래프와 직선 $y=-2x$가 만나는 점의 좌표가 $x=\alpha$, $x=\beta$이다.

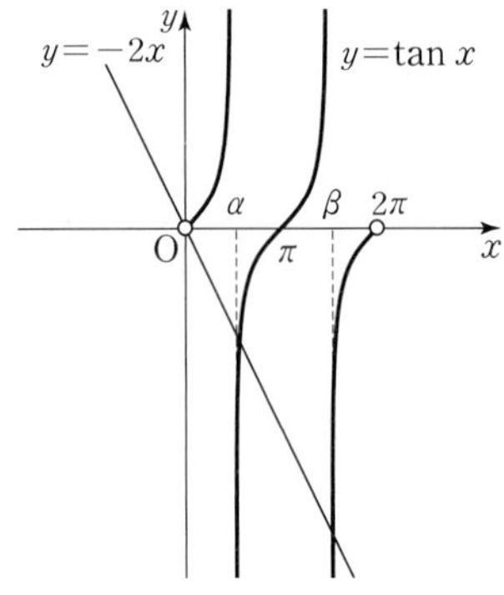

이때 $\tan(\alpha+\pi)=\tan\alpha$이므로

$\tan'(\alpha+\pi)=\tan'\alpha$

한편 $\alpha<\beta$이고, 함수 $y=\tan x$는 열린구간 $\left(\dfrac{3}{2}\pi, 2\pi\right)$에서 증가하므로

$\tan'(\alpha+\pi)<\tan'\beta$

따라서 $g'(\alpha+\pi)<g'(\beta)$ (참)

ㄷ. $\tan x=-2x$의 두 실근이 $x=\alpha$, $x=\beta$이므로

$\tan\alpha=-2\alpha$, $\tan\beta=-2\beta$

주어진 부등식의 좌변은

$$\frac{2(\beta-\alpha)}{\alpha+\pi-\beta}=\frac{-2\alpha+2\beta}{(\alpha+\pi)-\beta}$$

$$=\frac{\tan\alpha-\tan\beta}{(\alpha+\pi)-\beta}$$

$$=\frac{\tan(\alpha+\pi)-\tan\beta}{(\alpha+\pi)-\beta}$$

이므로 두 점 $(\alpha+\pi, \tan(\alpha+\pi))$, $(\beta, \tan\beta)$를 지나는 직선의 기울기와 같다.

한편 주어진 부등식의 우변은 $\sec^2\alpha=\tan'\alpha$와 같으므로 $y=\tan x$의 그래프에서 $x=\alpha$에서의 접선의 기울기와 같다.

$y=\tan x=\tan(\pi+x)$이고 이 곡선은 $\dfrac{3}{2}\pi<\beta<\alpha+\pi<2\pi$에서 위로 볼록하므로

$\dfrac{2(\beta-\alpha)}{\alpha+\pi-\beta}>\sec^2\alpha$ (거짓)

이상에서 옳은 것은 ㄱ, ㄴ이다.

답 ③

159

$f(x)=x^2e^{-x+2}$에서

$f'(x)=(-x^2+2x)e^{-x+2}$

$f'(x)=0$에서 $x=0$ 또는 $x=2$

$y=(f\circ f)(x)$에서

$\dfrac{dy}{dx}=f'(f(x))f'(x)$

$\dfrac{dy}{dx}=0$인 x의 값을 구하면

(i) $f'(x)=0$에서

$x=0$ 또는 $x=2$

(ii) $f'(f(x))=0$에서

$f(x)=0$일 때, $x=0$

$f(x)=2$일 때, $x=\alpha$ 또는 $x=\beta$ 또는 $x=\gamma$ $(\alpha<\beta<\gamma)$로 놓고, 함수 $y=(f\circ f)(x)$의 증가와 감소를 표로 나타내면 다음과 같다.

x	$\cdots$	α	$\cdots$	0	$\cdots$	β	$\cdots$	2	$\cdots$	γ	$\cdots$
$f'(x)$	$-$	$-$	$-$	0	$+$	$+$	$+$	0	$-$	$-$	$-$
$f'(f(x))$	$-$	0	$+$	0	$+$	0	$-$	$-$	$-$	0	$+$
$\dfrac{dy}{dx}$	$+$	0	$-$	0	$+$	0	$-$	0	$+$	0	$-$
y	↗	4	↘	0	↗	4	↘	$\dfrac{16}{e^2}$	↗	4	↘

위의 표를 이용하여 함수 $y=(f\circ f)(x)$의 그래프를 나타내면 그림과 같다.

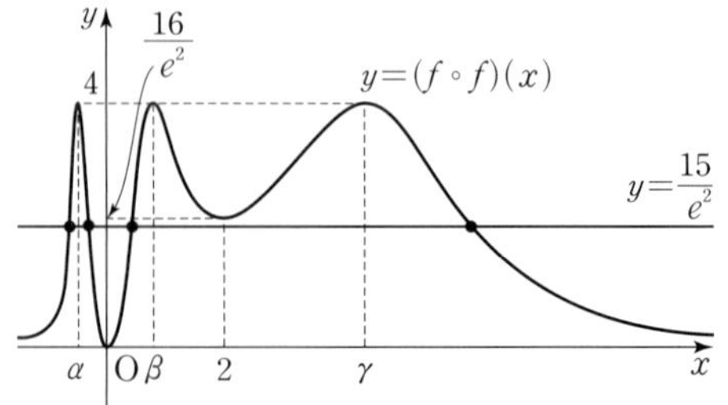

따라서 함수 $y=(f\circ f)(x)$의 그래프와 직선 $y=\dfrac{15}{e^2}$가 만나는

점의 개수는 4이다.

답 ③

160

$y=a^x$에서 $y'=a^x \ln a$

이때 점 $\mathrm{A}(t,\ a^t)$에서의 접선 l의 기울기는

$a^t \ln a$

이므로 직선 l에 수직인 직선의 기울기는

$-\dfrac{1}{a^t \ln a}$

그러므로 점 A를 지나고 직선 l에 수직인 직선의 방정식은

$y-a^t=-\dfrac{1}{a^t \ln a}(x-t)$

이 식에 $y=0$을 대입하면

$-a^t=-\dfrac{1}{a^t \ln a}(x-t)$

$x=t+a^{2t} \ln a$

이므로 점 B의 좌표는

$(t+a^{2t} \ln a,\ 0)$

한편 점 A에서 x축에 내린 수선의 발을 H, 원점을 O라 하면

$\dfrac{\overline{\mathrm{AC}}}{\overline{\mathrm{AB}}}=\dfrac{\overline{\mathrm{HO}}}{\overline{\mathrm{HB}}}=\dfrac{t}{a^{2t} \ln a}$

$f(t)=\dfrac{t}{a^{2t} \ln a}$라 하면

$f'(t)=\dfrac{a^{2t} \ln a-ta^{2t}\times 2(\ln a)^2}{(a^{2t} \ln a)^2}$

$=\dfrac{a^{2t} \ln a(1-2t \ln a)}{(a^{2t} \ln a)^2}$

$f'(t)=0$에서

$1-2t \ln a=0$

$t=\dfrac{1}{2 \ln a}$

이고, 함수 $f(t)$의 증가와 감소를 조사하면 함수 $f(t)$는

$t=\dfrac{1}{2 \ln a}$에서 최댓값을 가짐을 알 수 있다.

따라서 $\dfrac{1}{2 \ln a}=1$이므로

$\ln a=\dfrac{1}{2}$

$a=\sqrt{e}$

답 ②

161

$g(x)=3f(x)+4 \cos f(x)$, $f'(x)=12\pi(x-1)$이므로

$g'(x)=3f'(x)-4f'(x) \sin f(x)$

$=f'(x)\{3-4 \sin f(x)\}$

$=12\pi(x-1)\{3-4 \sin(6\pi(x-1)^2)\}$

이므로 $g'(x)=0$에서

$x=1$ 또는 $\sin(6\pi(x-1)^2)=\dfrac{3}{4}$

(i) $x=1$일 때

$\sin(6\pi(x-1)^2)=0$이므로

$x=1$ 부근에서 $3-4 \sin(6\pi(x-1)^2)>0$이다.

이때 $x-1$은 $x=1$의 좌우에서 음에서 양으로 변하므로

$g'(x)=12\pi(x-1)\{3-4 \sin(6\pi(x-1)^2)\}$도 $x=1$의 좌우에서 음에서 양으로 변한다.

따라서 함수 $g(x)$는 $x=1$에서 극소이다.

(ii) $1<x<2$일 때

$f'(x)=12\pi(x-1)>0$이고, 함수 $f(x)$는 구간 $[1,\ 2]$에서 0에서 6π까지 증가한다.

즉, $f(x)=t$라 하면 x의 값이 1에서 2까지 증가할 때 t의 값은 0에서 6π까지 증가한다.

이때 함수 $y=3-4 \sin t$의 그래프는 다음과 같으므로 $t=\alpha$, β, γ의 좌우에서 $y=3-4 \sin t$의 값은 음에서 양으로 변한다.

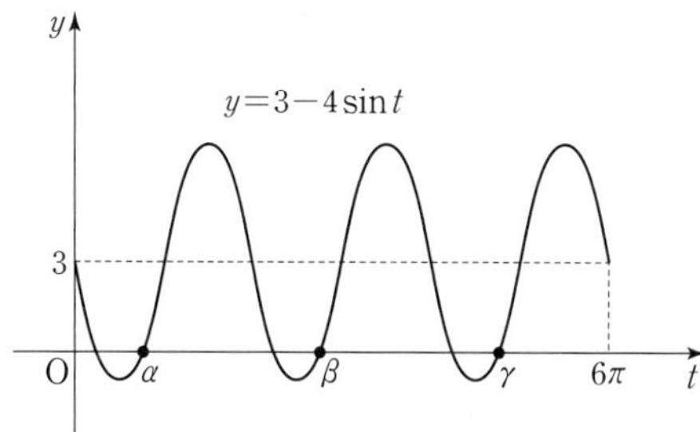

따라서 $f(x)=\alpha$, β, γ인 x의 좌우에서 $y=3-4 \sin f(x)$의 값은 음에서 양으로 변하고 이러한 x는 세 수 α, β, γ에 대하여 각각 하나씩 존재한다.

따라서 함수 $g(x)$가 $1<x<2$에서 극소가 되는 x의 개수는 3이다.

(iii) $0<x<1$일 때

함수 $y=f(x)$의 그래프는 직선 $x=1$에 대하여 대칭이다.

즉, 모든 실수 x에 대하여

$f(1-x)=f(1+x)$

가 성립한다.

이때

$g(1-x)=3f(1-x)+4 \cos f(1-x)$

$=3f(1+x)+4 \cos f(1+x)$

$=g(1+x)$

이므로 함수 $y=g(x)$의 그래프도 직선 $x=1$에 대하여 대칭이다.

따라서 (ii)와 같이 $0<x<1$에서 함수 $g(x)$가 극소가 되는 x의 개수도 3이다.

Ⅱ 미분법

(i), (ii), (iii)에서 구하는 x의 개수는

$1+3+3=7$

답 ②

참고

$0<x<2$에서 함수 $y=g(x)$의 그래프는 그림과 같다.

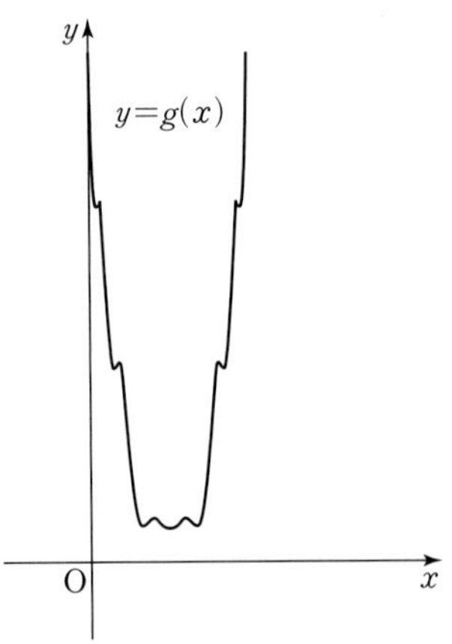

162

$x\neq-1$일 때, $f'(x)=\dfrac{n-(n^2-n)x^n}{(x^n+1)^2}$

ㄱ. $n=3$이면 $x<-1$일 때, $f'(x)=\dfrac{3-6x^3}{(x^3+1)^2}>0$이므로

함수 $f(x)$는 구간 $(-\infty, -1)$에서 증가한다. (참)

ㄴ. 함수 $f(x)$가 $x=-1$에서 연속이므로

$\lim_{x\to-1} f(x)=f(-1)$이 성립한다.

n이 홀수일 때, $x\to-1$이면 (분모)$\to0$이고

(분자)$\to-n$이므로 함수 $f(x)$의 극한값이 존재하지 않는다.

n이 짝수일 때, $\lim_{x\to-1} f(x)=-\dfrac{n}{2}$이고

$f(-1)=-2$이므로 $n=4$

따라서 $n=4$일 때만 함수 $f(x)$가 $x=-1$에서 연속이므로

$f'(x)=\dfrac{4-12x^4}{(x^4+1)^2}$

$x<0$일 때 $f(x)<0$이고, $x\geq0$일 때 함수 $f(x)$의 증가와 감소를 표로 나타내면 다음과 같다.

x	0	$\cdots$	$\frac{1}{\sqrt[4]{3}}$	$\cdots$
$f'(x)$	+	+	0	−
$f(x)$	0	↗	$\sqrt[4]{27}$	↘

$2<\sqrt[4]{27}$이므로 방정식 $f(x)=2$는 $x\geq0$에서만 서로 다른 두 실근을 갖는다. (참)

ㄷ. $f'(x)=0$에서 $x^n=\dfrac{1}{n-1}$ $(n\neq1)$

(i) n이 홀수일 때

함수 $f(x)$는 극솟값을 갖지 않는다.

(ii) n이 짝수일 때

$n=2$이면 함수 $f(x)$는 극솟값을 갖지 않고,

$n\geq4$이면 함수 $f(x)$는 $x=-\dfrac{1}{\sqrt[n]{n-1}}$에서 극솟값을 갖는다.

(i), (ii)에서 구간 $(-1, \infty)$에서 함수 $f(x)$가 극솟값을 갖도록 하는 10 이하의 모든 자연수 n은 4, 6, 8, 10이므로 그 합은 28이다. (거짓)

이상에서 옳은 것은 ㄱ, ㄴ이다.

답 ②

163

$\overline{OQ}=2\cos\theta$이므로

$\overline{OP}=2\cos\theta-1$

점 P에서 x축에 내린 수선의 발을 H라 하면 점 P의 y좌표는 선분 PH의 길이와 같다.

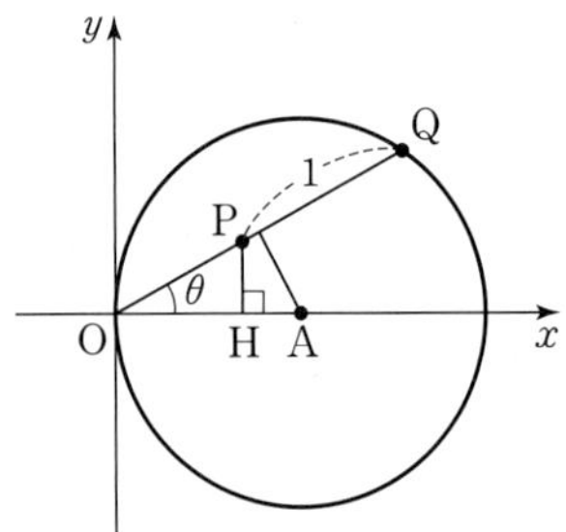

이때 $\overline{PH}=\overline{OP}\sin\theta=(2\cos\theta-1)\sin\theta$이므로

$f(\theta)=(2\cos\theta-1)\sin\theta$로 놓으면

$f'(\theta)=-2\sin\theta\times\sin\theta+(2\cos\theta-1)\cos\theta$

$=-2\sin^2\theta+2\cos^2\theta-\cos\theta$

$=-2(1-\cos^2\theta)+2\cos^2\theta-\cos\theta$

$=4\cos^2\theta-\cos\theta-2$

$f'(\theta)=4\cos^2\theta-\cos\theta-2=0$에서

$\cos\theta=\dfrac{1\pm\sqrt{33}}{8}$

그런데 $0<\theta<\dfrac{\pi}{3}$에서 $\dfrac{1}{2}<\cos\theta<1$이므로 $\cos\theta=\dfrac{1+\sqrt{33}}{8}$이고, $\cos\theta=\dfrac{1+\sqrt{33}}{8}$일 때 점 P의 y좌표가 최대이다.

따라서 $a=1$, $b=33$이므로

$a+b=1+33=34$

답 34

164

$a=-1$일 때 구간 $[0, 2)$에서 $f(x)=x+1$이므로 함수 $f(x)$는 $x=0$에서 극댓값을 갖지 않는다.

그런데 함수 $f(x)$가 $x=0$에서 극댓값을 가지므로 모순이다.

즉, $a\neq-1$

구간 $[0,\ 2)$에서 $f(x)$가 극솟값을 갖도록 하는 a의 값의 범위를 구하면

$f(x)=\frac{(x-a)^2}{x+1}$에서

$f'(x)=\frac{(x-a)(x+2+a)}{(x+1)^2}$

$f'(x)=0$에서

$x=a$ 또는 $x=-a-2$

(i) $a<-a-2$일 때, 즉 $a<-1$일 때

$x=-a-2$의 좌우에서 $f'(x)$의 부호가 음에서 양으로 바뀌므로 $x=-a-2$에서 함수 $f(x)$는 극솟값을 갖는다.

함수 $f(x)$는 $x=0$에서 극댓값을 가지므로 열린구간 $(0,\ 2)$에서 극솟값을 갖는다.

즉, $0<-a-2<2$에서

$-4<a<-2$

a는 정수이므로

$a=-3$

(ii) $a>-a-2$일 때, 즉 $a>-1$일 때

$x=a$의 좌우에서 $f'(x)$의 부호가 음에서 양으로 바뀌므로 $x=a$에서 함수 $f(x)$는 극솟값을 갖는다.

함수 $f(x)$는 $x=0$에서 극댓값을 가지므로 열린구간 $(0,\ 2)$에서 극솟값을 갖는다.

즉, $0<a<2$

a는 정수이므로 $a=1$

(i), (ii)에서 조건을 만족하는 정수 a의 값은

-3 또는 1

따라서 모든 정수 a의 값의 곱은

$(-3)\times1=-3$

답 ①

참고 $a=-1$일 때 구간 $[0,\ 2)$에서 $f(x)=x+1$

모든 실수 x에 대하여 $f(x+2)=f(x)$인 $f(x)=x+1$의 그래프는 그림과 같다.

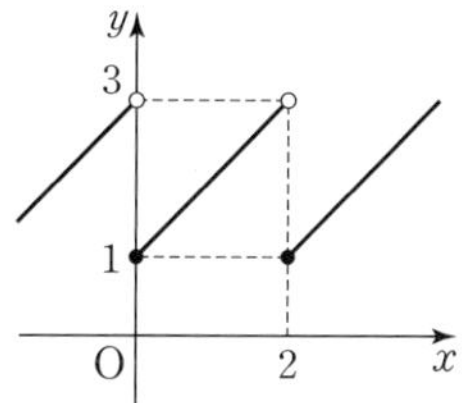

따라서 $x=0$에서 극댓값을 갖지 않는다.

165

$f'(x)=\frac{2t\ln x}{x}-2x$

$=\frac{2t\ln x-2x^2}{x}$

이고 $f(x)$는 $x=k$에서 극대이므로

$2t\ln k-2k^2=0$

$t\ln k=k^2$

이때 실수 k의 값을 $g(t)$라 했으므로

$t\ln g(t)=\{g(t)\}^2$ ······ ㉠

그런데 $g(\alpha)=e^2$이므로 ㉠에 $t=\alpha$를 대입하면

$\alpha\ln g(\alpha)=\{g(\alpha)\}^2$

$\alpha\ln e^2=(e^2)^2$

$2\alpha=e^4,\ \alpha=\frac{e^4}{2}$

또 ㉠의 양변을 t에 대하여 미분하면

$\ln g(t)+t\times\frac{g'(t)}{g(t)}=2g(t)\times g'(t)$

이 식에 $t=\alpha$를 대입하면

$\ln g(\alpha)+\alpha\times\frac{g'(\alpha)}{g(\alpha)}=2g(\alpha)\times g'(\alpha)$

$2+\frac{e^4}{2}\times\frac{g'(\alpha)}{e^2}=2e^2\times g'(\alpha)$

$\frac{3}{2}e^2\times g'(\alpha)=2$

$g'(\alpha)=\frac{4}{3e^2}$

$\alpha\times\{g'(\alpha)\}^2=\frac{e^4}{2}\times\frac{16}{9e^4}=\frac{8}{9}$

따라서 $p=9,\ q=8$이므로

$p+q=17$

답 17

166

$f(x)=x(x-n)(x-3n^2)$

$=x^3-(3n^2+n)x^2+3n^3x$

$f'(x)=3x^2-2(3n^2+n)x+3n^3$

$f'(x)=0$에서

$x=\frac{3n^2+n-\sqrt{9n^4-3n^3+n^2}}{3}$

또는 $x=\frac{3n^2+n+\sqrt{9n^4-3n^3+n^2}}{3}$

함수 $f(x)$는 최고차항의 계수가 1인 삼차함수이므로

$x=\frac{3n^2+n-\sqrt{9n^4-3n^3+n^2}}{3}$에서 극댓값을 갖는다.

즉, $a_n=\frac{3n^2+n-\sqrt{9n^4-3n^3+n^2}}{3}$

따라서

$\lim_{n\to\infty}\frac{a_n}{n}=\lim_{n\to\infty}\frac{3n^2+n-\sqrt{9n^4-3n^3+n^2}}{3n}$

$=\lim_{n\to\infty}\frac{3n+1-\sqrt{9n^2-3n+1}}{3}$

$=\lim_{n\to\infty}\frac{(3n+1)^2-(9n^2-3n+1)}{3(3n+1+\sqrt{9n^2-3n+1})}$

$=\lim_{n\to\infty}\frac{3n}{3n+1+\sqrt{9n^2-3n+1}}$

$=\lim_{n\to\infty}\frac{3}{3+\frac{1}{n}+\sqrt{9-\frac{3}{n}+\frac{1}{n^2}}}$

$=\frac{1}{2}$

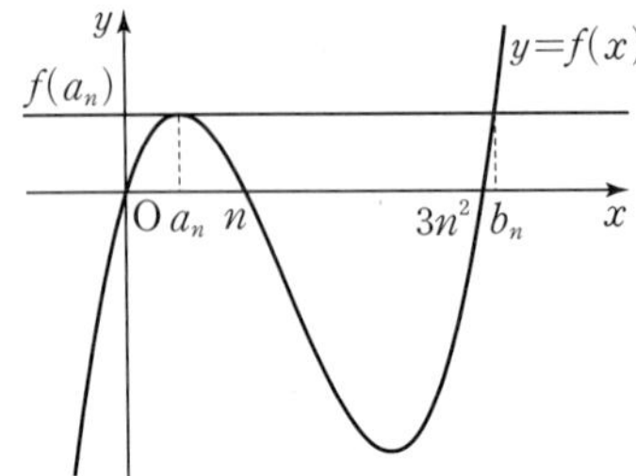

방정식 $f(x)-f(a_n)=0$은 $x=a_n$을 중근으로 갖고 a_n이 아닌 근이 b_n이므로

$f(x)-f(a_n)=(x-a_n)^2(x-b_n)$

$x=0$을 대입하면 $f(0)=0$이므로 $f(a_n)=a_n^{\ 2}b_n$에서

$a_n^{\ 2}b_n=a_n^{\ 3}-(3n^2+n)a_n^{\ 2}+3n^3a_n$

양변을 n^3a_n으로 나누면

$\frac{a_nb_n}{n^3}=\frac{a_n^{\ 2}-(3n^2+n)a_n+3n^3}{n^3}$

이때

$\lim_{n\to\infty}\frac{a_nb_n}{n^3}=\lim_{n\to\infty}\frac{a_n^{\ 2}-(3n^2+n)a_n+3n^3}{n^3}$

$=\lim_{n\to\infty}\left\{\frac{1}{n}\times\left(\frac{a_n}{n}\right)^2-\frac{3n^2+n}{n^2}\times\frac{a_n}{n}+3\right\}$

$=0-3\times\frac{1}{2}+3=\frac{3}{2}$

따라서 $p=2$, $q=3$이므로

$p+q=5$

답 5

167

$g(x)=\{f(x)+2\}e^{f(x)}$에서

$g'(x)=f'(x)e^{f(x)}+\{f(x)+2\}f'(x)e^{f(x)}$

$=f'(x)\{f(x)+3\}e^{f(x)}$

$g'(x)=0$에서

$f'(x)=0$ 또는 $f(x)+3=0$

$f(x)$가 이차함수이므로 조건 (가), (나)에 의하여

$f'(a)=0$, $f(a)=6$

$f(b)+3=0$, $f(b+6)+3=0$

이어야 한다.

이차함수 $f(x)$의 최고차항의 계수를 p라 하면

$f(b)+3=0$, $f(b+6)+3=0$이므로

$f(x)+3=p(x-b)(x-b-6)$

즉, $f(x)=p(x-b)(x-b-6)-3$ …… ㉠

이때 $f'(a)=0$이므로

$\frac{b+(b+6)}{2}=a$

$b=a-3$ …… ㉡

㉠, ㉡에서

$f(x)=p(x-a+3)(x-a-3)-3$

이므로

$f(a)=-9p-3=6$에서

$p=-1$

방정식 $f(x)=0$에서

$-(x-a+3)(x-a-3)-3=0$

$(x-a)^2-6=0$

$x=a\pm\sqrt{6}$

따라서 서로 다른 두 실근 α, β는 $a+\sqrt{6}$, $a-\sqrt{6}$이므로

$(\alpha-\beta)^2=\{(a+\sqrt{6})-(a-\sqrt{6})\}^2$

$=(2\sqrt{6})^2=24$

답 24

168

함수 $f(x)$는 최고차항이 양수인 삼차함수이므로 함수 $y=f(x)$의 그래프와 x축은 적어도 한 점에서 만난다.

조건 (가)에서 함수 $g(x)$가 $x\neq1$인 모든 실수 x에서 연속이므로

$\begin{cases}x=1\text{일 때, } f(1)=0\\ x\neq1\text{일 때, } f(x)\neq0\end{cases}$ …… ㉠

한편

$g(x)=\begin{cases}\ln|f(x)| & (f(x)\neq0)\\ 1 & (f(x)=0)\end{cases}$

이므로

$g'(x)=\frac{f'(x)}{f(x)}\ (f(x)\neq0)$

조건 (나)에서 함수 $g(x)$가 $x=2$에서 극값을 갖고 ㉠을 만족시켜야 하므로

$f'(2)=0$ …… ㉡

조건 (다)에서 주어진 방정식 $g(x)=0$은

$\ln|f(x)|=0$

$|f(x)|=1$

$f(x)=-1$ 또는 $f(x)=1$

이때 이 방정식이 서로 다른 세 실근을 갖고 ㉠을 만족시키려면 함수 $y=f(x)$는 극값을 가져야 한다.

한편 ㉡으로부터 함수 $f(x)$는 $x=2$에서 극값을 가지므로

$f'(\alpha)=f'(\beta)=0\ (1<\alpha<\beta)$

로 놓을 수 있다.

이때 $\alpha=2$ 또는 $\beta=2$이다.

이때 조건 (다)를 만족시키는 함수 $y=f(x)$의 그래프와 함수 $y=g(x)$의 그래프의 개형은 그림과 같다.

(i)

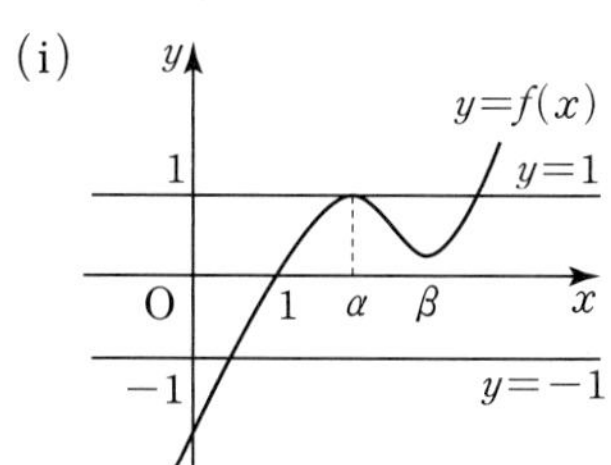

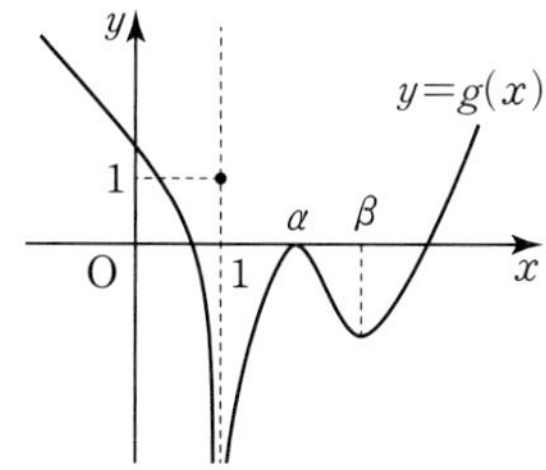

(ii)

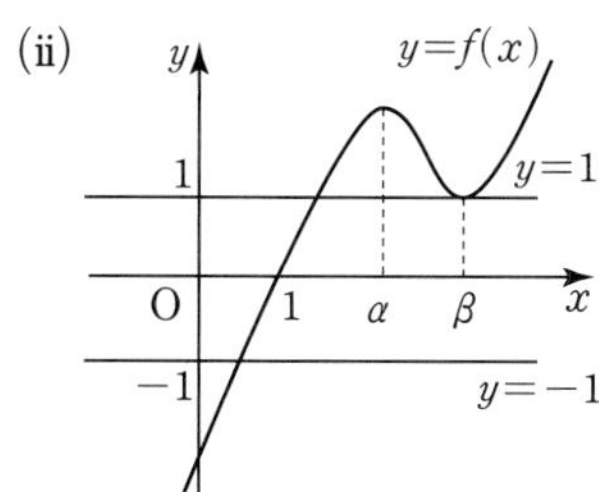

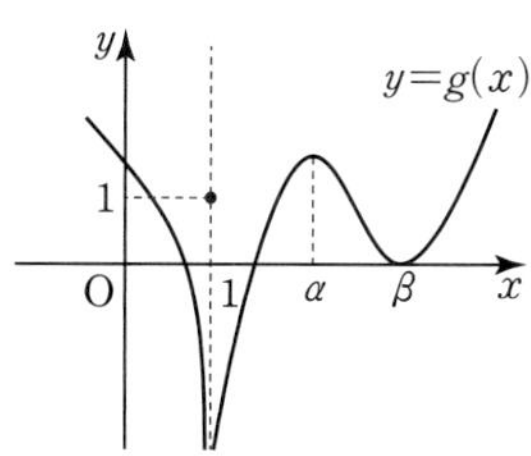

이때 조건 (나)에서 함수 $g(x)$가 $x=2$에서 극대이고 $|g(x)|$가 $x=2$에서 극소이기 위해서는 그림 (i)과 같아야 하고

$\alpha=2$

삼차함수 $f(x)$의 최고차항의 계수가 $\frac{1}{2}$이므로

$f(x)-1=\frac{1}{2}(x-2)^2(x-k)$ (k는 상수)

즉, $f(x)=\frac{1}{2}(x-2)^2(x-k)+1$

이고 ㉠에서 $f(1)=0$이므로

$f(1)=\frac{1}{2}(1-k)+1=0$

$1-k=-2$

$k=3$

이때

$f(x)=\frac{1}{2}(x-2)^2(x-3)+1$

이므로

$f'(x)=(x-2)(x-3)+\frac{1}{2}(x-2)^2$

$=\frac{1}{2}(x-2)\{(2x-6)+(x-2)\}$

$=\frac{1}{2}(x-2)(3x-8)$

$f'(x)=0$에서

$x=2$ 또는 $x=\frac{8}{3}$

그러므로 $\beta=\frac{8}{3}$

따라서 함수 $g(x)$는 $x=\frac{8}{3}$에서 극솟값을 갖고 그 값은

$\ln\left|f\left(\frac{8}{3}\right)\right|=\ln\left|\frac{1}{2}\times\left(\frac{2}{3}\right)^2\times\left(-\frac{1}{3}\right)+1\right|$

$=\ln\frac{25}{27}$

답 ⑤

유형 9 방정식과 부등식에의 활용

169

$e^x=k\sin x$에서

$\frac{1}{k}=\frac{\sin x}{e^x}$ …… ㉠

이므로 $h(x)=\frac{\sin x}{e^x}$라 하면

$h'(x)=\frac{e^x\cos x-e^x\sin x}{e^{2x}}$

$=\frac{\cos x-\sin x}{e^x}$

따라서 $x>0$에서 $h'(x)=0$을 만족시키는 x의 값은

$x=\frac{\pi}{4}, \frac{5\pi}{4}, \frac{9\pi}{4}, \cdots$

이므로 함수 $h(x)$의 증가와 감소를 표로 나타내면 다음과 같다.

x	(0)	$\cdots$	$\frac{\pi}{4}$	$\cdots$	$\frac{5\pi}{4}$	$\cdots$
$h'(x)$		$+$	0	$-$	0	$+$
$h(x)$		↗	$\frac{1}{\sqrt{2}e^{\frac{\pi}{4}}}$	↘	$-\frac{1}{\sqrt{2}e^{\frac{5}{4}\pi}}$	↗

x	$\cdots$	$\frac{9\pi}{4}$	$\cdots$	$\frac{13\pi}{4}$	$\cdots$
$h'(x)$	$+$	0	$-$	0	$+$
$h(x)$	↗	$\frac{1}{\sqrt{2}e^{\frac{9}{4}\pi}}$	↘	$-\frac{1}{\sqrt{2}e^{\frac{13}{4}\pi}}$	↗

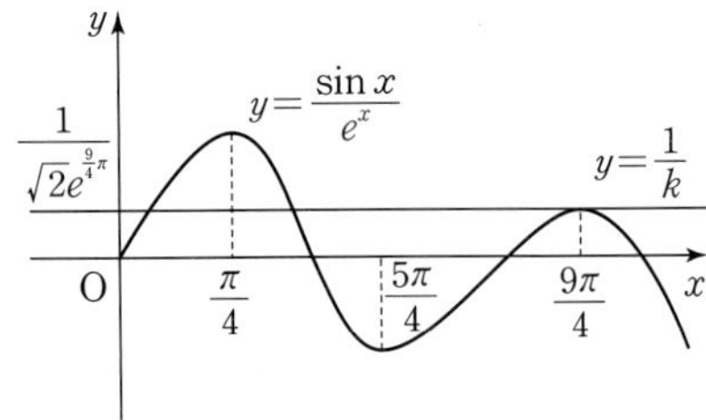

이때 ㉠의 서로 다른 양의 실근의 개수가 3이기 위해서는 그림과 같이 직선 $y=\frac{1}{k}$이 $x=\frac{9\pi}{4}$에서 곡선 $y=\frac{\sin x}{e^x}$와 접해야 하므로

$\frac{1}{k}=\frac{1}{\sqrt{2}e^{\frac{9}{4}\pi}}$

따라서 $k=\sqrt{2}e^{\frac{9}{4}\pi}$

답 ④

170

$x^2-5x+2\ln x=t$에서

$f(x)=x^2-5x+2\ln x$라 하면

$f'(x)=2x-5+\frac{2}{x}=\frac{2x^2-5x+2}{x}=\frac{(2x-1)(x-2)}{x}$

따라서 함수 $f(x)$의 증가와 감소를 표로 나타내면 다음과 같다.

x	(0)	$\cdots$	$\frac{1}{2}$	$\cdots$	2	$\cdots$
$f'(x)$		+	0	−	0	+
$f(x)$		↗	극대	↘	극소	↗

이때 함수 $f(x)$의 극댓값은

$f\left(\frac{1}{2}\right)=\left(\frac{1}{2}\right)^2-5\times\frac{1}{2}+2\ln\frac{1}{2}=-\frac{9}{4}-2\ln 2$

극솟값은

$f(2)=2^2-5\times 2+2\ln 2$

$=-6+2\ln 2$

이므로 함수 $y=f(x)$의 그래프의 개형은 그림과 같다.

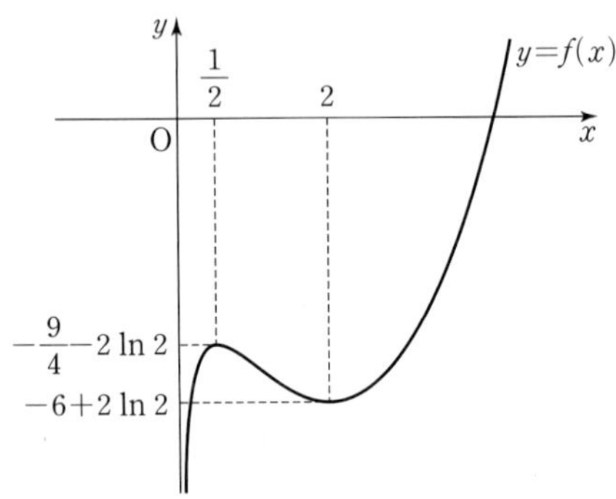

이때 x에 대한 방정식 $x^2-5x+2\ln x=t$의 서로 다른 실근의 개수가 2가 되기 위해서는 함수 $y=f(x)$의 그래프와 직선 $y=t$의 교점의 개수가 2가 되어야 하므로

$t=-\frac{9}{4}-2\ln 2$ 또는 $t=-6+2\ln 2$

따라서 모든 실수 t의 값의 합은

$\left(-\frac{9}{4}-2\ln 2\right)+(-6+2\ln 2)=-\frac{33}{4}$

답 ②

유형 10 속도와 가속도

171

$x=2t+\sin t$, $y=1-\cos t$에서

$\frac{dx}{dt}=2+\cos t$, $\frac{dy}{dt}=\sin t$

시각 $t=\frac{\pi}{3}$에서 속도는 $\left(\frac{5}{2}, \frac{\sqrt{3}}{2}\right)$

따라서 시각 $t=\frac{\pi}{3}$에서 점 P의 속력은

$\sqrt{\left(\frac{5}{2}\right)^2+\left(\frac{\sqrt{3}}{2}\right)^2}=\sqrt{\frac{25+3}{4}}=\sqrt{7}$

답 ⑤

172

$x=t-\frac{2}{t}$, $y=2t+\frac{1}{t}$에서

$\frac{dx}{dt}=1+\frac{2}{t^2}$, $\frac{dy}{dt}=2-\frac{1}{t^2}$

시각 $t=1$에서 점 P의 속도는 $(3, 1)$

따라서 시각 $t=1$에서 점 P의 속력은

$\sqrt{3^2+1^2}=\sqrt{10}$

답 ③

173

$\frac{dx}{dt}=\ln t+1$, $\frac{dy}{dt}=\frac{4\ln t-4}{(\ln t)^2}$이므로

시각 $t=e^2$에서 점 P의 속도는 $(3, 1)$

따라서 시각 $t=e^2$에서 점 P의 속력은

$\sqrt{3^2+1^2}=\sqrt{10}$

답 ④

174

$\frac{dx}{dt}=\frac{1}{\sqrt{t+1}}$, $\frac{dy}{dt}=1-\frac{1}{t+1}$

이므로 시각 t에서 점 P의 속력 $|v(t)|$는

$$|v(t)|=\sqrt{\left(\frac{dx}{dt}\right)^2+\left(\frac{dy}{dt}\right)^2}$$
$$=\sqrt{\left(\frac{1}{\sqrt{t+1}}\right)^2+\left(1-\frac{1}{t+1}\right)^2}$$
$$=\sqrt{\frac{1}{(t+1)^2}-\frac{1}{t+1}+1}$$
$$=\sqrt{\left(\frac{1}{t+1}-\frac{1}{2}\right)^2+\frac{3}{4}}$$

$\frac{1}{t+1}=s$로 놓고 $\left(s-\frac{1}{2}\right)^2+\frac{3}{4}=f(s)$라 하면 함수 $f(s)$는

$s=\frac{1}{2}$, 즉 $t=1$일 때 최솟값 $\frac{3}{4}$을 갖는다.

따라서 $t=1$일 때 점 P의 속력의 최솟값은

$$\sqrt{\frac{3}{4}}=\frac{\sqrt{3}}{2}$$

답 ⑤

175

$x=1-\cos 4t$, $y=\frac{1}{4}\sin 4t$에서

$\frac{dx}{dt}=4\sin 4t$, $\frac{dy}{dt}=\cos 4t$이므로

시각 t에서 점 P의 속도는 $(4\sin 4t,\ \cos 4t)$

이때 점 P의 속력은

$\sqrt{16\sin^2 4t+\cos^2 4t}=\sqrt{15\sin^2 4t+1}$

$-1\le\sin 4t\le 1$이므로 점 P의 속력이 최대가 되는 시각은

$\sin^2 4t=1$일 때이다.

$\frac{d^2x}{dt^2}=16\cos 4t$, $\frac{d^2y}{dt^2}=-4\sin 4t$이므로

시각 t에서 점 P의 가속도는 $(16\cos 4t,\ -4\sin 4t)$

즉, 가속도의 크기는 $\sqrt{256\cos^2 4t+16\sin^2 4t}$

그런데 점 P의 속력이 최대일 때 $\sin^2 4t=1$, $\cos^2 4t=0$이므로

점 P의 가속도의 크기는

$\sqrt{256\times 0+16\times 1}=4$

답 4

176

$x=t+\sin t\cos t$, $y=\tan t$에서

$\frac{dx}{dt}=1+\cos^2 t-\sin^2 t=2\cos^2 t$

$\frac{dy}{dt}=\sec^2 t$

시각 t에서 점 P의 속력은

$$\sqrt{\left(\frac{dx}{dt}\right)^2+\left(\frac{dy}{dt}\right)^2}=\sqrt{(2\cos^2 t)^2+(\sec^2 t)^2}$$
$$=\sqrt{4\cos^4 t+\sec^4 t}$$

이때 $4\cos^4 t>0$, $\sec^4 t>0$이므로

$$4\cos^4 t+\sec^4 t\ge 2\sqrt{4\cos^4 t\times\sec^4 t}$$
$$=2\sqrt{4\cos^4 t\times\frac{1}{\cos^4 t}}$$
$$=2\times 2=4$$

(단, 등호는 $4\cos^4 t=\sec^4 t$일 때 성립한다.)

따라서 점 P의 속력의 최솟값은 $\sqrt{4}=2$이다.

답 ③

177

점 P는 호 AB를 따라 매초 1의 속력으로 움직이므로 t초 후 호 AP의 길이가 t이고, 선분 OP가 x축의 양의 방향과 이루는 각의 크기는 t이다.

따라서 직선 OP의 방정식은 $y=(\tan t)x$

또 직선 AB의 방정식은 $y=\frac{1-0}{0-1}(x-1)$

즉, $y=-x+1$

점 Q는 두 직선 $y=-x+1$과 $y=(\tan t)x$의 교점이므로 시각 t에서의 점 Q의 좌표는 $\left(\frac{1}{1+\tan t},\ \frac{\tan t}{1+\tan t}\right)$이다.

$$\frac{dx}{dt}=-\frac{\sec^2 t}{(1+\tan t)^2}$$
$$\frac{dy}{dt}=\frac{\sec^2 t(1+\tan t)-\tan t\times\sec^2 t}{(1+\tan t)^2}$$
$$=\frac{\sec^2 t}{(1+\tan t)^2}$$

이므로 시각 t에서 점 Q의 속도는

$\left(-\frac{\sec^2 t}{(1+\tan t)^2},\ \frac{\sec^2 t}{(1+\tan t)^2}\right)$ …… ㉠

점 P는 원 $x^2+y^2=1$ $(x>0,\ y>0)$ 위의 점이므로

$x^2+y^2=1$에 $x=\frac{4}{5}$를 대입하면 $y^2=\frac{9}{25}$, $y=\frac{3}{5}$

따라서 점 P의 x좌표가 $\frac{4}{5}$일 때의 시각을 t_1이라 하면

$\tan t_1=\frac{3}{4}$이므로

$\sec^2 t_1=1+\tan^2 t_1=1+\left(\frac{3}{4}\right)^2=\frac{25}{16}$

점 P의 x좌표가 $\frac{4}{5}$인 순간 점 Q의 속도는 ㉠에서

$\left(-\frac{\frac{25}{16}}{\left(\frac{7}{4}\right)^2},\ \frac{\frac{25}{16}}{\left(\frac{7}{4}\right)^2}\right)$, 즉 $\left(-\frac{25}{49},\ \frac{25}{49}\right)$

따라서 $a=-\frac{25}{49}$, $b=\frac{25}{49}$이므로

$b-a=\frac{25}{49}-\left(-\frac{25}{49}\right)=\frac{50}{49}$

답 ⑤

도전 1등급 문제

본문 106~115쪽

01 40	**02** ④	**03** ①	**04** 20	**05** 5
06 72	**07** 5	**08** 17	**09** 23	**10** 15
11 40	**12** 55	**13** 3	**14** 50	**15** 30
16 11	**17** 91	**18** 43	**19** 16	**20** 32
21 29	**22** 77	**23** 27	**24** 64	**25** 25
26 10	**27** 331			

01

정답률 **27.3%**

정답 공식 **개념만 확실히 알자!**

1. 부채꼴의 넓이

부채꼴의 반지름의 길이가 r, 중심각의 크기가 θ(라디안)일 때, 넓이 S는

$S=\frac{1}{2}r^2\theta$

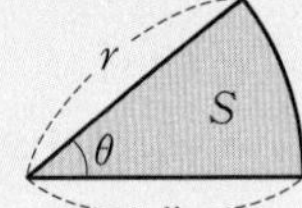

2. 원주각의 크기와 호의 길이

한 원에서

(1) 길이가 같은 호에 대한 원주각의 크기는 서로 같다.

즉, $\widehat{AB}=\widehat{CD}$이면 $\angle APB=\angle CQD$

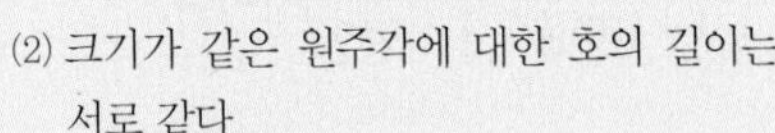

(2) 크기가 같은 원주각에 대한 호의 길이는 서로 같다.

즉, $\angle APB=\angle CQD$이면 $\widehat{AB}=\widehat{CD}$

(3) 원주각의 크기와 호의 길이는 정비례한다.

3. 삼각함수의 극한

(1) $\lim_{\theta\to0}\sin\theta=0$

(2) $\lim_{\theta\to0}\cos\theta=1$

(3) $\lim_{\theta\to0}\frac{\sin\theta}{\theta}=1$ (단, θ의 단위는 라디안)

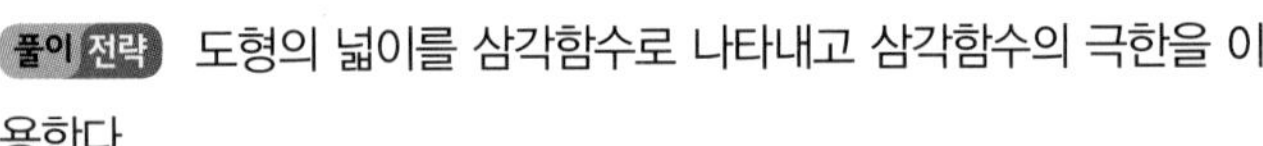

풀이 전략 도형의 넓이를 삼각함수로 나타내고 삼각함수의 극한을 이용한다.

문제 풀이

[STEP 1] S_1-S_2의 넓이에 대하여 파악한다.

$S_1=$(부채꼴 PAQ의 넓이)$-$(직각삼각형 AOH의 넓이)
$-$(도형 OQT의 넓이)

$S_2=$(부채꼴 ROB의 넓이)$-$(도형 OQT의 넓이)

이므로

$S_1-S_2=$(부채꼴 PAQ의 넓이)$-$(직각삼각형 AOH의 넓이)
$-$(부채꼴 ROB의 넓이)

[STEP 2] 부채꼴 PAQ, 삼각형 AOH, 부채꼴 ROB의 넓이를 각각 θ에 대한 식으로 나타낸다.

$\overline{PB}$를 그으면 삼각형 ABP에서 $\angle APB=\frac{\pi}{2}$이므로

$\overline{AP}=\overline{AB}\cos\theta=2\cos\theta$

직각삼각형 AOH에서

$\overline{AH}=\overline{OA}\cos\theta=\cos\theta$

$\overline{OH}=\overline{OA}\sin\theta=\sin\theta$

한편 부채꼴 PAQ의 넓이를 M_1이라 하면

$M_1=\frac{1}{2}\times\overline{AP}^2\times\theta$

$=\frac{1}{2}\times(2\cos\theta)^2\times\theta$

$=2\theta\cos^2\theta$

▶ 반지름의 길이가 r, 중심각의 크기가 θ(라디안)인 부채꼴의 넓이는 $\frac{1}{2}r^2\theta$

직각삼각형 AOH의 넓이를 M_2라 하면

$M_2=\frac{1}{2}\times\overline{AH}\times\overline{OH}$

$=\frac{1}{2}\cos\theta\sin\theta$

$\overline{OP}$를 그으면 부채꼴 POB에서 $\angle POB=2\angle PAB=2\theta$이고,

▶ 중심각의 크기는 원주각의 크기의 2배이다.

$\widehat{PR}:\widehat{RB}=3:7$이므로

$\angle ROB=\frac{7}{10}\times2\theta=\frac{7}{5}\theta$

부채꼴 ROB의 넓이를 M_3이라 하면

$M_3=\frac{1}{2}\times\overline{OB}^2\times\frac{7}{5}\theta$

$=\frac{1}{2}\times1^2\times\frac{7}{5}\theta=\frac{7}{10}\theta$

[STEP 2] 삼각함수의 극한을 이용하여 $50a$의 값을 구한다.

이때

$S_1-S_2=M_1-M_2-M_3$

$=2\theta\cos^2\theta-\frac{1}{2}\cos\theta\sin\theta-\frac{7}{10}\theta$

이므로

$\lim_{\theta\to0+}\frac{S_1-S_2}{\overline{OH}}$

$=\lim_{\theta\to0+}\frac{2\theta\cos^2\theta-\frac{1}{2}\cos\theta\sin\theta-\frac{7}{10}\theta}{\sin\theta}$

$=2\lim_{\theta\to0+}\frac{\theta}{\sin\theta}\times\lim_{\theta\to0+}\cos^2\theta-\frac{1}{2}\lim_{\theta\to0+}\cos\theta-\frac{7}{10}\lim_{\theta\to0+}\frac{\theta}{\sin\theta}$

$=2-\frac{1}{2}-\frac{7}{10}=\frac{4}{5}$

$\lim_{\theta\to0}\frac{\theta}{\sin\theta}=\lim_{\theta\to0}\frac{1}{\frac{\sin\theta}{\theta}}=\frac{1}{\lim_{\theta\to0}\frac{\sin\theta}{\theta}}=\frac{1}{1}=1$

따라서 $a=\frac{4}{5}$이므로

$50a=50\times\frac{4}{5}=40$

답 40

수능이 보이는 강의

일반적으로 도형의 넓이에 관한 문제는 각각의 넓이 S_1, S_2를 구해 S_1-S_2를 구해서 풀지만 이 문제에서는 두 도형의 넓이 S_1, S_2를 각각 구하기는 어려워. 그런데 구해야 하는 것이 S_1-S_2이므로 이것을 각 도형의 넓이의 차로 표현한 후 S_1-S_2를 θ에 대한 식으로 나타내면 돼.
한 원에서 부채꼴의 호의 길이는 중심각의 크기에 정비례하므로 $\angle ROB$의 크기를 θ로 나타낼 수 있어.

02

정답률 **22.2%**

정답 공식 **개념만 확실히 알자!**

1. 극값의 판정

함수 $y=f(x)$가 $x=a$에서 미분가능하고 $x=a$에서 극값을 가지면 $f'(a)=0$이다. 그러나 그 역은 성립하지 않는다.

2. 함수의 극대와 극소

함수 $f(x)$가 $x=a$를 포함하는 어떤 열린구간에 속하는 모든 실수 x에 대하여

(1) $f(x)\le f(a)$일 때, 함수 $f(x)$는 $x=a$에서 극대라 하고, 이때 함숫값 $f(a)$를 극댓값이라 한다.

(2) $f(x)\ge f(a)$일 때, 함수 $f(x)$는 $x=a$에서 극소라 하고, 이때 함숫값 $f(a)$를 극솟값이라 한다.

(3) 극댓값과 극솟값을 통틀어 극값이라 한다.

하나의 함수에서 극값은 여러 개 존재할 수 있고, 극댓값이 반드시 극솟값보다 큰 것은 아니다.

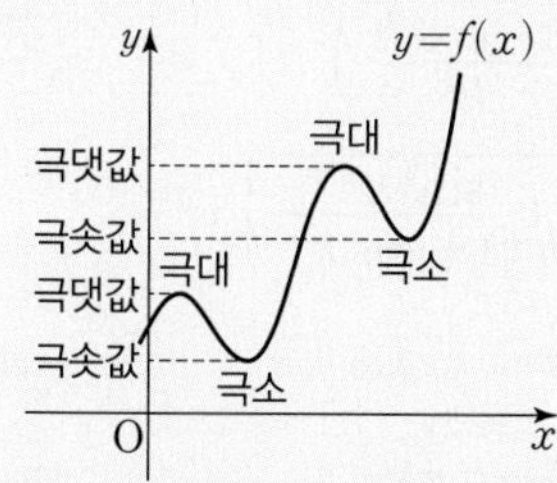

3. 함수의 연속

합성함수 $(h\circ g)(x)$가 실수 전체의 집합에서 연속이 되려면 임의의 실수 k에 대하여

$\lim_{x\to k-}(h\circ g)(x)=\lim_{x\to k+}(h\circ g)(x)=(h\circ g)(x)$

가 성립해야 한다.

풀이 전략 함수의 그래프와 미분가능하지 않을 조건을 이용하여 합성함수가 연속이 될 조건을 구한다.

문제 풀이

[STEP 1] $f'(x)=0$이 되는 x의 값을 구한다.

$$f(x)=\begin{cases}2\sin^3 x & \left(-\frac{\pi}{2}<x<\frac{\pi}{4}\right)\\ \cos x & \left(\frac{\pi}{4}\le x<\frac{3\pi}{2}\right)\end{cases}$$ 에서

→ $(\sin x)'=\cos x$이고 $\{f(g(x))\}'=f'(g(x))g'(x)$

$$f'(x)=\begin{cases}6\sin^2 x\cos x & \left(-\frac{\pi}{2}<x<\frac{\pi}{4}\right)\\ -\sin x & \left(\frac{\pi}{4}<x<\frac{3\pi}{2}\right)\end{cases}$$

$f'(x)=0$에서

$-\frac{\pi}{2}<x<\frac{\pi}{4}$일 때 $6\sin^2 x\cos x=0$에서 $x=0$

→ $-\frac{\pi}{2}<x<\frac{\pi}{4}$에서 $\cos x\ne0$이므로 $\sin^2 x=0$에서 $x=0$

$\frac{\pi}{4}<x<\frac{3\pi}{2}$일 때 $-\sin x=0$에서 $x=\pi$

이므로 $x=0$ 또는 $x=\pi$

[STEP 2] $f(x)$의 극대, 극소를 구하고 함수 $y=f(x)$의 그래프를 그린다.

이때 $f'(0)=0$이지만 $x=0$의 좌우에서 $f'(x)>0$이므로 $x=0$에서 극값을 갖지 않고, $x=\pi$에서는 극솟값 $f(\pi)=-1$을 갖는다.

또한 $f\left(\frac{\pi}{4}\right)=\lim_{x\to\frac{\pi}{4}}f(x)=\frac{\sqrt{2}}{2}$이므로 $x=\frac{\pi}{4}$에서 연속이지만

$\lim_{x\to\frac{\pi}{4}-}f'(x)=\lim_{x\to\frac{\pi}{4}-}6\sin^2 x\cos x=\frac{3\sqrt{2}}{2}$

$\lim_{x\to\frac{\pi}{4}+}f'(x)=\lim_{x\to\frac{\pi}{4}+}(-\sin x)=-\frac{\sqrt{2}}{2}$

에서 $\lim_{x\to\frac{\pi}{4}-}f'(x)\ne\lim_{x\to\frac{\pi}{4}+}f'(x)$이므로 $x=\frac{\pi}{4}$에서 미분가능하지 않다.

함수 $f(x)$는 $x=\frac{\pi}{4}$에서 극댓값 $f\left(\frac{\pi}{4}\right)=\frac{\sqrt{2}}{2}$를 갖는다.

$-\frac{\pi}{2}<x<\frac{3\pi}{2}$에서 함수 $f(x)$의 증가와 감소를 표로 나타내면 다음과 같다.

x	$\left(-\frac{\pi}{2}\right)$	$\cdots$	0	$\cdots$	$\frac{\pi}{4}$	$\cdots$	π	$\cdots$	$\left(\frac{3\pi}{2}\right)$
$f'(x)$		$+$	0	$+$		$-$	0	$+$	
$f(x)$		↗	0	↗	$\frac{\sqrt{2}}{2}$	↘	-1	↗	

그리고 $\lim_{x\to-\frac{\pi}{2}+}f(x)=-2$, $\lim_{x\to\frac{3\pi}{2}-}f(x)=0$이므로 함수 $y=f(x)$의 그래프는 그림과 같다.

→ $\lim_{x\to\frac{3\pi}{2}-}f(x)=\cos\frac{3\pi}{2}=0$

→ $\lim_{x\to-\frac{\pi}{2}+}f(x)=2\sin^3\left(-\frac{\pi}{2}\right)=2\times(-1)^3=-2$

[STEP 3] t의 값에 따른 함수 $y=G(x)$의 그래프를 그린다.

이때 $G(x)=|f(x)-t|$라 하면

$(\sqrt{G(x)})'=\frac{1}{2}\times\frac{1}{\sqrt{G(x)}}\times G'(x)$

이므로 함수 $\sqrt{G(x)}$는 $G(x)$가 미분가능하지 않는 x의 값과 $G(x)=0$인 x의 값에서 미분가능하지 않다.

(i) $t=\frac{\sqrt{2}}{2}$일 때

함수 $G(x)=|f(x)-t|$의 그래프는 그림과 같으므로 조건을 만족시키는 k의 개수는 1이다.

$\left(x=\frac{\pi}{4}\text{에서 미분가능하지 않다.}\right)$

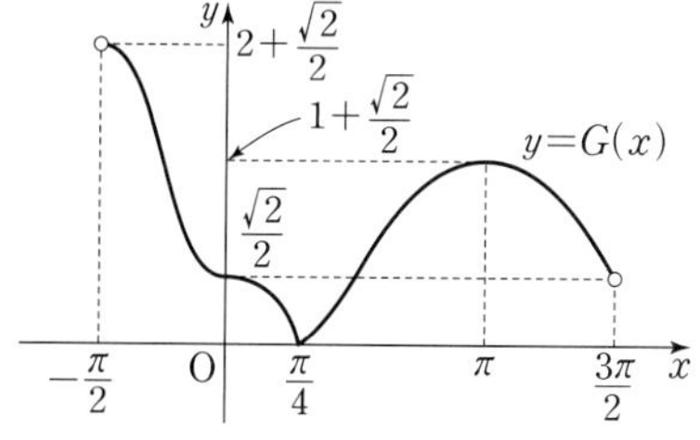

(ii) $0<t<\frac{\sqrt{2}}{2}$일 때

함수 $G(x)=|f(x)-t|$의 그래프는 그림과 같으므로 조건을 만족시키는 k의 개수는 3이다.

$\left(x=\alpha,\ \beta,\ \frac{\pi}{4}\text{에서 미분가능하지 않다.}\right)$

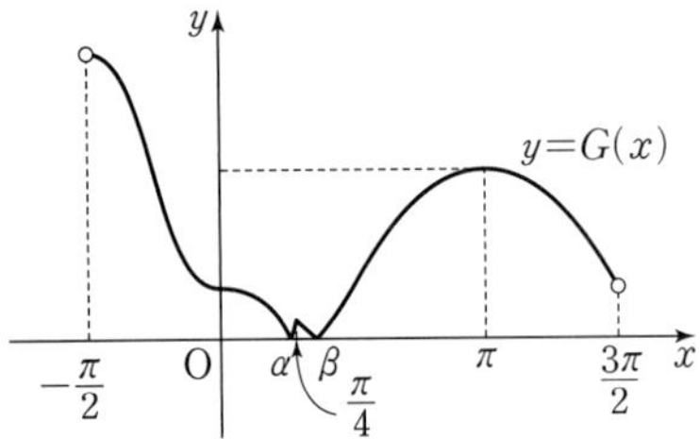

(iii) $t=0$일 때

함수 $G(x)=|f(x)|$의 그래프는 그림과 같다.

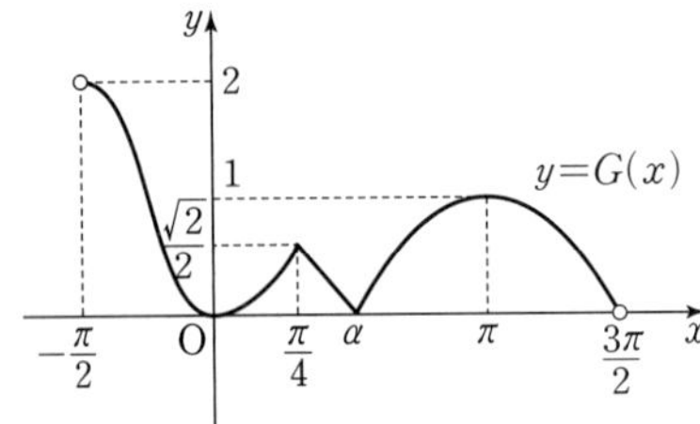

이때 $i(x)=\sqrt{|2\sin^3 x|}$라 하면

$$i'(0)=\lim_{h\to 0}\frac{i(0+h)-i(0)}{h}$$

$$=\lim_{h\to 0}\frac{\sqrt{|2\sin^3 h|}}{h}=0$$

$$\lim_{h\to 0}\sqrt{\frac{|2\sin^3 h|}{h^2}}=\lim_{h\to 0}\sqrt{\frac{\sin^2 h}{h^2}\times|2\sin h|}=\sqrt{1\times 0}=0$$

이므로 $x=0$에서는 미분가능하다.

따라서 조건을 만족시키는 k의 개수는 2이다.

$\left(x=\frac{\pi}{4},\ \alpha\text{에서 미분가능하지 않다.}\right)$

(iv) $-1<t<0$일 때

함수 $G(x)=|f(x)-t|$의 그래프는 그림과 같으므로 조건을 만족시키는 k의 개수는 4이다.

$\left(x=\alpha,\ \beta,\ \gamma,\ \frac{\pi}{4}\text{에서 미분가능하지 않다.}\right)$

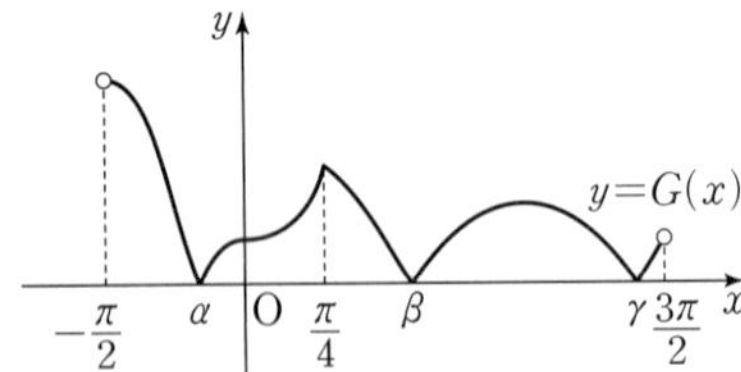

(v) $t=-1$일 때

함수 $G(x)=|f(x)-t|$의 그래프는 그림과 같다.

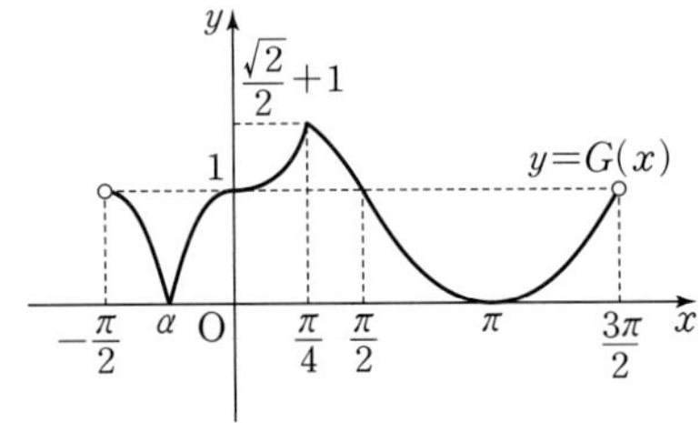

이때 $j(x)=\sqrt{|\cos x+1|}$이라 하면

$$\lim_{h\to 0-}\frac{j(\pi+h)-j(\pi)}{h}$$

$$=\lim_{h\to 0-}\frac{\sqrt{|\cos(\pi+h)+1|}-\sqrt{|\cos\pi+1|}}{h}$$

$$=\lim_{h\to 0-}\frac{\sqrt{|-\cos h+1|}}{h}$$

$$=\lim_{h\to 0-}\frac{\sqrt{-\cos h+1}}{h}$$

$$=\lim_{h\to 0-}\left(-\sqrt{\frac{1-\cos h}{h^2}}\right)$$

$$=\lim_{h\to 0-}\left\{-\sqrt{\frac{\sin^2 h}{h^2(1+\cos h)}}\right\}$$

$$=-\frac{\sqrt{2}}{2}$$

$h=-h'\ (h'>0)$으로 놓으면

$$\lim_{h'\to 0+}\frac{\sqrt{-\cos(-h')+1}}{-h'}=\lim_{h'\to 0+}\left(-\frac{\sqrt{1-\cos h'}}{h'}\right)=\lim_{h'\to 0+}\left(-\sqrt{\frac{1-\cos h'}{h'^2}}\right)=\lim_{h'\to 0+}\left(-\sqrt{\frac{1-\cos(-h')}{(-h')^2}}\right)=\lim_{h\to 0-}\left(-\sqrt{\frac{1-\cos h}{h^2}}\right)$$

$$\lim_{h\to 0+}\frac{j(\pi+h)-j(\pi)}{h}$$

$$=\lim_{h\to 0+}\frac{\sqrt{|\cos(\pi+h)+1|}-\sqrt{|\cos\pi+1|}}{h}$$

$$=\lim_{h\to 0+}\frac{\sqrt{|-\cos h+1|}}{h}$$

$$=\lim_{h\to 0+}\frac{\sqrt{-\cos h+1}}{h}$$

$$=\lim_{h\to 0+}\sqrt{\frac{1-\cos h}{h^2}}$$

$$=\lim_{h\to 0+}\sqrt{\frac{\sin^2 h}{h^2(1+\cos h)}}$$

$$=\frac{\sqrt{2}}{2}$$

즉, $x=\pi$에서 미분가능하지 않으므로 조건을 만족시키는 k의 개수는 3이다. $\left(x=\alpha,\ \frac{\pi}{4},\ \pi\text{에서 미분가능하지 않다.}\right)$

(vi) $-2<t<-1$일 때

함수 $G(x)=|f(x)-t|$의 그래프는 그림과 같으므로 조건을 만족시키는 k의 개수는 2이다.

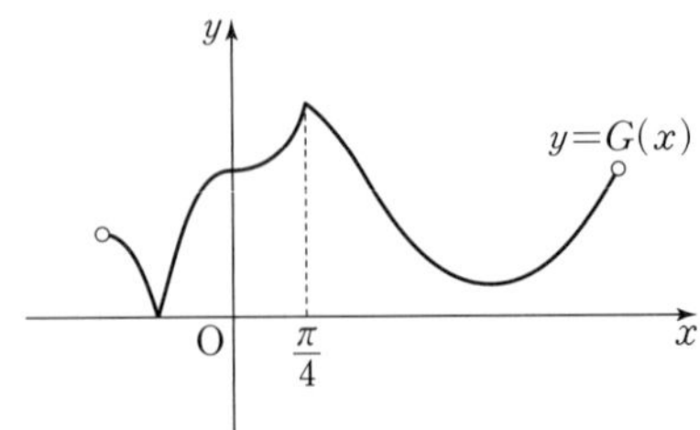

(vii) $t\le -2$일 때

함수 $G(x)=|f(x)-t|$의 그래프는 그림과 같으므로 조건을 만족시키는 k의 개수는 1이다.

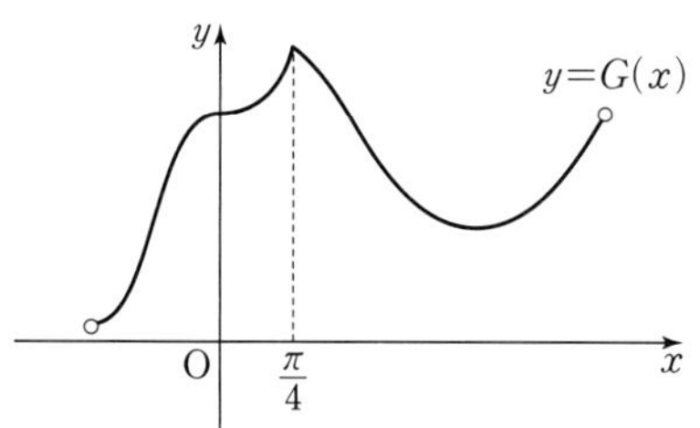

[STEP 4] 함수 $y=g(t)$의 그래프를 그리고 합성함수 $(h\circ g)(t)$가 실수 전체의 집합에서 연속이 되는 a, b, c의 값을 구한다.

따라서 함수 $y=g(t)$의 그래프는 그림과 같다.

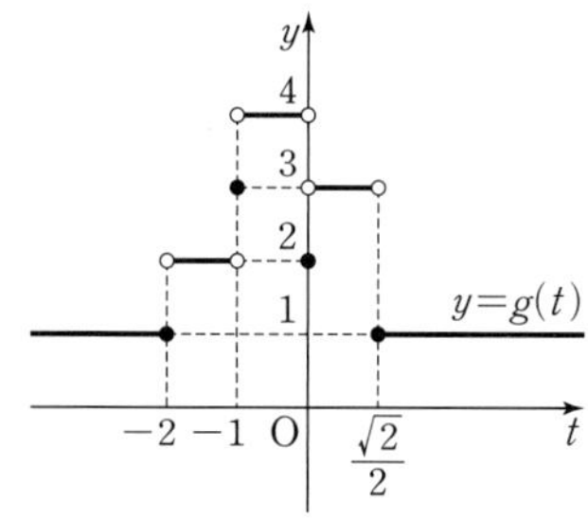

그런데 합성함수 $(h\circ g)(t)$가 실수 전체의 집합에서 연속이어야 하므로

→ 함수 $g(t)$의 그래프가 불연속인 t의 값에서만 합성함수 $(h\circ g)(t)$가 연속이면 실수 전체의 집합에서 연속이다.

$\lim_{t\to\frac{\sqrt{2}}{2}-}(h\circ g)(t)=\lim_{t\to\frac{\sqrt{2}}{2}+}(h\circ g)(t)=(h\circ g)\left(\frac{\sqrt{2}}{2}\right)$에서

$h(3)=h(1)$ ...... ㉠

$\lim_{t\to0-}(h\circ g)(t)=\lim_{t\to0+}(h\circ g)(t)=(h\circ g)(0)$에서

$h(4)=h(3)=h(2)$ ...... ㉡

$\lim_{t\to-1-}(h\circ g)(t)=\lim_{t\to-1+}(h\circ g)(t)=(h\circ g)(-1)$에서

$h(2)=h(4)=h(3)$ ...... ㉢

$\lim_{t\to-2-}(h\circ g)(t)=\lim_{t\to-2+}(h\circ g)(t)=(h\circ g)(-2)$에서

$h(1)=h(2)$ ...... ㉣

㉠, ㉡, ㉢, ㉣에 의하여

$h(1)=h(2)=h(3)=h(4)=k$ (k는 상수)

라 하면 사차함수 $h(x)$의 최고차항의 계수가 1이므로

$h(x)=(x-1)(x-2)(x-3)(x-4)+k$

이다. 그리고 a, b, c의 값은 함수 $y=g(t)$의 그래프에서

$a=g\left(\frac{\sqrt{2}}{2}\right)=1,\ b=g(0)=2,\ c=g(-1)=3$

[STEP 5] $h(a+5)-h(b+3)+c$의 값을 구한다.

따라서

$h(a+5)-h(b+3)+c$

$=h(6)-h(5)+3$

$=(5\times4\times3\times2+k)-(4\times3\times2\times1+k)+3$

$=(120+k)-(24+k)+3$

$=99$

함정: $h(x)$의 식에 k가 있더라도 계산 과정에서 소거가 되기 때문에 값을 구하는 데는 문제가 없어.

답 ④

03

정답률 21.7%

정답 공식 개념만 확실히 알자!

1. 지수함수의 도함수
 (1) $y=e^{f(x)}$에 대하여 $y'=e^{f(x)}f'(x)$
 (2) $y=a^{f(x)}$에 대하여 $y'=a^{f(x)}f'(x)\ln a$
 (단, $a>0$, $a\neq1$이고, $f(x)$는 미분가능한 함수이다.)
2. 접선의 방정식
 함수 $f(x)$가 $x=a$에서 미분가능할 때, 곡선 $y=f(x)$ 위의 점 $(a, f(a))$에서의 접선의 방정식은
 ⇨ $y-f(a)=f'(a)(x-a)$
3. 음함수의 미분법
 (1) x의 함수 y가 방정식 $f(x, y)=0$ 꼴로 주어졌을 때, y를 x의 음함수라 한다.
 (2) 음함수 $f(x, y)=0$에서 y를 x에 대한 함수로 보고 양변의 각 항을 x에 대하여 미분하여 $\frac{dy}{dx}$를 구한다.

풀이 전략 접선의 방정식을 구하고 함수의 미분계수를 구한다.

문제 풀이

[STEP 1] 주어진 곡선에 접하는 접선의 방정식을 구한다.

$y=e^{-x}+e^t$이므로

$y'=-e^{-x}$

접점의 좌표를 $(s, e^{-s}+e^t)$이라 하면 접선의 방정식은

$y=-e^{-s}(x-s)+e^{-s}+e^t$

이 접선이 원점을 지나므로

$se^{-s}+e^{-s}+e^t=0$

$e^t=-(s+1)e^{-s}$ ...... ㉠

양변을 s에 대하여 미분하면

→ 음함수의 미분법을 이용한다.

$e^t\frac{dt}{ds}=-e^{-s}+(s+1)e^{-s}=se^{-s}$ ...... ㉡

또한 $f(t)=-e^{-s}$이므로 양변을 s에 대하여 미분하면

→ $f(t)$는 접하는 직선의 기울기이다.

$f'(t)\frac{dt}{ds}=e^{-s}$ ...... ㉢

㉡, ㉢에서

$\frac{e^t}{f'(t)}=s$, 즉 $f'(t)=\frac{e^t}{s}$

[STEP 2] $f(a)=-e\sqrt{e}$를 만족시키는 a에 대하여 $f'(a)$의 값을 구한다.

또한 $f(a)=-e^{-s}=-e\sqrt{e}=-e^{\frac{3}{2}}$에서

$s=-\frac{3}{2}$

이고 ㉠에서 $e^t=\frac{1}{2}e^{\frac{3}{2}}$이므로

$f'(t)=\frac{e^t}{s}$에서

$f'(a)=\frac{\frac{1}{2}e^{\frac{3}{2}}}{-\frac{3}{2}}$

$=-\frac{1}{3}e^{\frac{3}{2}}$

$=-\frac{1}{3}e\sqrt{e}$

답 ①

04

정답률 21.4%

정답 공식 **개념만 확실히 알자!**

1. 부채꼴의 넓이

부채꼴의 반지름의 길이가 r, 중심각의 크기가 θ(라디안)일 때, 넓이 S는

$S=\frac{1}{2}r^2\theta$

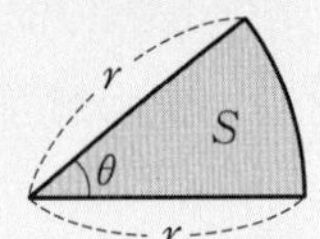

2. 원주각의 크기와 호의 길이

한 원에서

(1) 길이가 같은 호에 대한 원주각의 크기는 서로 같다.
즉, $\widehat{AB}=\widehat{CD}$이면 $\angle APB=\angle CQD$

(2) 크기가 같은 원주각에 대한 호의 길이는 서로 같다.
즉, $\angle APB=\angle CQD$이면 $\widehat{AB}=\widehat{CD}$

(3) 원주각의 크기와 호의 길이는 정비례한다.

3. 삼각함수의 극한

$\lim_{\theta\to 0}\frac{\sin b\theta}{a\theta}=\frac{b}{a}$ (단, $a\neq 0$, a, b는 상수)

풀이 전략 원의 성질을 이용하여 삼각함수의 극한값을 구한다.

문제 풀이

[STEP 1] $f(\theta)$를 구하여 $\lim_{\theta\to 0+}\frac{f(\theta)}{\theta}$를 구한다.

$\angle RBO=\angle BRQ=\frac{1}{2}\angle BOQ=\theta$이므로

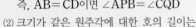

$\angle OST=2\theta$, $\angle OTS=\pi-3\theta$ (→ 호 AR에 대하여)

삼각형 OBS에서 사인법칙에 의하여

$\frac{\overline{OS}}{\sin\theta}=\frac{1}{\sin(\pi-2\theta)}$

$\overline{OS}=\frac{\sin\theta}{\sin 2\theta}$

삼각형 OBT에서 사인법칙에 의하여

$\frac{\overline{OT}}{\sin\theta}=\frac{1}{\sin(\pi-3\theta)}$

$\overline{OT}=\frac{\sin\theta}{\sin 3\theta}$

$\overline{OR}$을 그으면 호 AR에 대하여

$\angle ROA=2\times\angle RBA=2\theta$, $\angle TOR=\pi-4\theta$ (→ 중심각의 크기는 원주각의 크기의 2배이다.)

세 선분 OA, OT, TR와 호 RA로 둘러싸인 부분의 넓이 $f(\theta)$는

$f(\theta)=$(부채꼴 ORA의 넓이)$+$(삼각형 OTR의 넓이)

$=\frac{1}{2}\times 1^2\times 2\theta+\frac{1}{2}\times 1\times\overline{OT}\times\sin(\pi-4\theta)$ (→ $\frac{1}{2}\times\overline{OR}\times\overline{OT}\times\sin(\angle TOR)$)

$=\theta+\frac{\sin\theta\sin 4\theta}{2\sin 3\theta}$

이므로

$$\lim_{\theta\to 0+}\frac{f(\theta)}{\theta}=\lim_{\theta\to 0+}\left(1+\frac{4\times\frac{\sin\theta}{\theta}\times\frac{\sin 4\theta}{4\theta}}{6\times\frac{\sin 3\theta}{3\theta}}\right)$$

$$=1+\frac{4\times 1\times 1}{6\times 1}$$

$$=\frac{5}{3}$$

[STEP 2] $g(\theta)$를 구하여 $\lim_{\theta\to 0+}\frac{g(\theta)}{\theta}$를 구한다.

세 선분 QT, TS, SP와 호 PQ로 둘러싸인 부분의 넓이 $g(\theta)$는

$g(\theta)=$(부채꼴 OPQ의 넓이)$-$(삼각형 OST의 넓이)

$=\frac{1}{2}\times 1^2\times\theta-\frac{1}{2}\times\overline{OS}\times\overline{OT}\times\sin\theta$

$=\frac{\theta}{2}-\frac{\sin^3\theta}{2\sin 2\theta\sin 3\theta}$

이므로

$$\lim_{\theta\to 0+}\frac{g(\theta)}{\theta}=\lim_{\theta\to 0+}\left\{\frac{1}{2}-\frac{\left(\frac{\sin\theta}{\theta}\right)^3}{12\times\frac{\sin 2\theta}{2\theta}\times\frac{\sin 3\theta}{3\theta}}\right\}$$

$$=\frac{1}{2}-\frac{1^3}{12\times 1\times 1}$$

$$=\frac{5}{12}$$

$$\lim_{\theta\to 0+}\frac{g(\theta)}{f(\theta)}=\lim_{\theta\to 0+}\frac{\frac{g(\theta)}{\theta}}{\frac{f(\theta)}{\theta}}$$

$$=\frac{\frac{5}{12}}{\frac{5}{3}}=\frac{1}{4}$$

따라서 $a=\frac{1}{4}$이므로

$80a=80\times\frac{1}{4}=20$

답 20

05

정답률 **19.2%**

정답 공식 **개념만 확실히 알자!**

1. 삼각함수의 도함수

(1) $y=\sin x$에 대하여 $y'=\cos x$

(2) $y=\cos x$에 대하여 $y'=-\sin x$

(3) $y=\tan x$에 대하여 $y'=\sec^2 x$

(4) $y=\sec x$에 대하여 $y'=\sec x \tan x$

(5) $y=\csc x$에 대하여 $y'=-\csc x \cot x$

(6) $y=\cot x$에 대하여 $y'=-\csc^2 x$

2. 합성함수의 미분법

두 함수 $y=f(u)$, $u=g(x)$가 미분가능할 때,
합성함수 $y=f(g(x))$의 도함수는

$\dfrac{dy}{dx}=\dfrac{dy}{du}\times\dfrac{du}{dx}$ 또는 $\{f(g(x))\}'=f'(g(x))g'(x)$

풀이 전략 합성함수의 미분법을 이용하여 미분계수를 구하는 문제를 해결한다.

문제 풀이

[STEP 1] 직선 l의 방정식을 구한다.

직선 l의 기울기는 $\tan\theta\left(0<\theta<\dfrac{\pi}{2}\right)$이므로

직선 l의 방정식은

$y=(\tan\theta)x+1$

→ 기울기가 $\tan\theta$이고, 점 $(0, 1)$을 지나는 직선의 방정식이다.

[STEP 2] 직선 l이 곡선과 만나는 점의 x좌표가 $f(\theta)$임을 이용하여 식을 세운다.

직선 $y=(\tan\theta)x+1$이 곡선 $y=e^{\frac{x}{a}}-1$과 만나는 점의 x좌표가 $f(\theta)$이므로

→ $(\tan\theta)x+1=e^{\frac{x}{a}}-1$에 $x=f(\theta)$를 대입한다.

$\tan\theta\times f(\theta)+1=e^{\frac{f(\theta)}{a}}-1$ ······ ㉠

[STEP 3] a를 e에 대한 식으로 나타낸다.

이 식에 $\theta=\dfrac{\pi}{4}$를 대입하면

$\tan\dfrac{\pi}{4}\times f\left(\dfrac{\pi}{4}\right)+1=e^{\frac{f\left(\frac{\pi}{4}\right)}{a}}-1$

문제에서 $f\left(\dfrac{\pi}{4}\right)=a$이므로

$1\times a+1=e-1$

$a=e-2$

[STEP 4] ㉠의 양변을 θ에 대하여 미분하여 $f'\left(\dfrac{\pi}{4}\right)$를 구한다.

㉠의 양변을 θ에 대하여 미분하면

$\sec^2\theta\times f(\theta)+\tan\theta\times f'(\theta)=\dfrac{f'(\theta)}{a}e^{\frac{f(\theta)}{a}}$

이 식에 $\theta=\dfrac{\pi}{4}$를 대입하면

$(\sqrt{2})^2\times f\left(\dfrac{\pi}{4}\right)+\tan\dfrac{\pi}{4}\times f'\left(\dfrac{\pi}{4}\right)=\dfrac{f'\left(\frac{\pi}{4}\right)}{a}e^{\frac{f\left(\frac{\pi}{4}\right)}{a}}$

$2a+1\times f'\left(\dfrac{\pi}{4}\right)=\dfrac{f'\left(\frac{\pi}{4}\right)}{a}e$

$a=e-2$를 대입하면

$2(e-2)+f'\left(\dfrac{\pi}{4}\right)=\dfrac{f'\left(\frac{\pi}{4}\right)}{e-2}\times e$

→ 양변에 $(e-2)$를 곱하면
$2(e-2)^2+(e-2)f'\left(\dfrac{\pi}{4}\right)=f'\left(\dfrac{\pi}{4}\right)\times e$
$-2f'\left(\dfrac{\pi}{4}\right)=-2(e-2)^2$
$f'\left(\dfrac{\pi}{4}\right)=(e-2)^2$

$f'\left(\dfrac{\pi}{4}\right)=(e-2)^2$이므로 $\sqrt{f'\left(\dfrac{\pi}{4}\right)}=e-2$

따라서 $p=1$, $q=-2$이므로

$p^2+q^2=5$

답 5

06

정답률 **17.5%**

정답 공식 **개념만 확실히 알자!**

1. 합성함수의 미분법

합성함수 $y=f(g(x))$의 도함수는
$\{f(g(x))\}'=f'(g(x))g'(x)$

2. 음함수의 미분법

(1) x의 함수 y가 방정식 $f(x, y)=0$ 꼴로 주어졌을 때, y를 x의 음함수라 한다.

(2) 음함수 $f(x, y)=0$에서 y를 x에 대한 함수로 보고 양변의 각 항을 x에 대하여 미분하여 $\dfrac{dy}{dx}$를 구한다.

풀이 전략 미분가능성과 음함수의 미분법을 이용하여 함숫값을 구한다.

문제 풀이

[STEP 1] $g^{-1}(x)=k(x)$로 놓고 $h(x)$를 구한다.

$g^{-1}(x)=k(x)$라 하면

$h(x)=(f\circ g^{-1})(x)$
$=f(k(x))$
$=\{k(x)-a\}\{k(x)-b\}^2$

[STEP 2] 조건 (가)를 이용하여 a의 값을 구한다.

이때 조건 (가)에서 함수 $(x-1)|h(x)|$가 실수 전체의 집합에서 미분가능하므로

$k(1)-a=0$, $k(1)=a$

한편 $y=k(x)$는 함수 $g(x)$의 역함수로 음함수 $x=y^3+y+1$이므로 $x=1$을 대입하면

$1=y^3+y+1$

$y^3+y=0$

$y(y^2+1)=0$

$y=0$

그러므로 $a=0$

이때 $f(x)=x(x-b)^2$

[STEP 3] 조건 (나)를 이용하여 b의 값을 구한다.

조건 (나)에서 $h'(3)=2$이고

이때 $h'(x)=f'(k(x))\times k'(x)$이므로 $x=3$을 대입하면

$f'(k(3))\times k'(3)=2$ ······ ㉠

→ 미분가능한 두 함수 $f(x)$, $g(x)$에 대하여 $\{f(g(x))\}'=f'(g(x))g'(x)$

한편 $k(3)$의 값은

$3=y^3+y+1$ → $y^3+y-2=0$

$(y-1)(y^2+y+2)=0$

$y^2+y+2>0$이므로

$y=1$

따라서 $k(3)=1$

이때 $f'(x)=(x-b)^2+2x(x-b)$이므로

$f'(k(3))=f'(1)$

$=(1-b)^2+2(1-b)$

$=b^2-4b+3$

또 $x=y^3+y+1$의 양변을 x에 대하여 미분하면

→ 음함수에서 y를 x에 대한 함수로 보고 각 항을 x에 대하여 미분하여 $\frac{dy}{dx}$를 구한다.

$1=3y^2\frac{dy}{dx}+1\times\frac{dy}{dx}$

$(3y^2+1)\frac{dy}{dx}=1$

$\frac{dy}{dx}=\frac{1}{3y^2+1}$

그러므로

$k'(3)=\frac{1}{4}$ → $\frac{dy}{dx}=\frac{1}{3y^2+1}$에서 $y=1$일 때 $k'(3)=\frac{1}{3+1}=\frac{1}{4}$

㉠에서

$(b^2-4b+3)\times\frac{1}{4}=2$

$b^2-4b+3=8$

$b^2-4b-5=0$

$(b+1)(b-5)=0$

이때 $b>0$이므로 $b=5$

[STEP 4] $f(8)$의 값을 구한다.

따라서 $f(x)=x(x-5)^2$이므로

$f(8)=8\times3^2=72$

답 72

07

정답률 16.0%

정답 공식 **개념만 확실히 알자!**

1. 음함수의 미분법

음함수 $f(x, y)=0$에서 y를 x에 대한 함수로 보고 각 항을 x에 대하여 미분하여 $\frac{dy}{dx}$를 구한다.

2. 접선의 기울기와 미분계수

곡선 $y=f(x)$ 위의 점 $\mathrm{P}(a, f(a))$에서의 접선의 기울기는 $x=a$에서의 미분계수 $f'(a)$와 같다.

3. 접선이 서로 수직인 조건

곡선 $y=f(x)$ 위의 점 $(a, f(a))$의 접선과 점 $(b, f(b))$의 접선이 서로 수직일 때 접선의 기울기의 곱이 -1이다.

⇨ $f'(a)f'(b)=-1$

풀이 전략 음함수의 미분법을 이용하여 주어진 조건을 만족시키는 상수의 값을 구한다.

문제 풀이

[STEP 1] 곡선 C 위의 두 점 A, B에서의 접선이 서로 수직임을 이용하여 식을 구한다.

곡선 $x^2-2xy+2y^2=15$에서 양변을 x에 대하여 미분하면

$2x-2y-2x\frac{dy}{dx}+4y\frac{dy}{dx}=0$

$\frac{dy}{dx}=\frac{x-y}{x-2y}$ (단, $x\neq2y$)

점 $\mathrm{A}(a, a+k)$에서의 접선의 기울기는

→ 점 (m, n)에서의 접선의 기울기는 $f'(m)$

$\frac{a-(a+k)}{a-2(a+k)}=\frac{k}{a+2k}$

점 $\mathrm{B}(b, b+k)$에서의 접선의 기울기는

$\frac{b-(b+k)}{b-2(b+k)}=\frac{k}{b+2k}$

두 점 A, B에서의 접선이 서로 수직이므로

→ 두 접선의 기울기의 곱이 -1이다.

$\frac{k}{a+2k}\times\frac{k}{b+2k}=-1$

$ab+2(a+b)k+5k^2=0$ ······ ㉠

[STEP 2] 두 점 A, B가 곡선 C 위의 점임을 이용하여 식을 구한다.

점 A가 곡선 $x^2-2xy+2y^2=15$, 즉

$(x-y)^2+y^2=15$ 위의 점이므로

→ $x=a$, $y=a+k$를 대입한다.

$k^2+(a+k)^2=15$ ······ ㉡

점 B가 곡선 $x^2-2xy+2y^2=15$, 즉

$(x-y)^2+y^2=15$ 위의 점이므로

$k^2+(b+k)^2=15$ ······ ㉢

㉡, ㉢에서

$(a+k)^2=(b+k)^2$ → $(a+k)^2-(b+k)^2=0$, $(a+k+b+k)(a+k-b-k)=0$

$(a-b)(a+b+2k)=0$

[STEP 3] a와 b에 대한 식을 연립하여 풀어 k^2의 값을 구한다.

$a\neq b$이므로

$a+b=-2k$ …… ㉣

㉣을 ㉠에 대입하면

$ab-4k^2+5k^2=0$

$k^2=-ab$ …… ㉤

㉡에서 $2k^2+2ak+a^2=15$

㉣, ㉤을 위 식에 대입하면

$-2ab+a(-a-b)+a^2=15$

$ab=-5$

따라서 $k^2=-ab=-(-5)=5$

답 5

다른 풀이

곡선 $C: x^2-2xy+2y^2=15$ 위의 점 $\mathrm{A}(a,\ a+k)$, $\mathrm{B}(b,\ b+k)$는 직선 $y=x+k$ 위의 점이므로 a, b는 이차방정식

$x^2-2x(x+k)+2(x+k)^2-15=0$

의 두 근이다.

따라서 이차방정식 $x^2+2kx+2k^2-15=0$에서 근과 계수의 관계에 의하여

$a+b=-2k$ …… ㉠

$ab=2k^2-15$ …… ㉡

곡선 C의 양변을 x에 대하여 미분하면

$2x-2y-2xy'+4yy'=0$

$y'=\dfrac{x-y}{x-2y}$ (단, $x\neq 2y$)

따라서 점 $\mathrm{A}(a,\ a+k)$에서의 접선의 기울기는

$\dfrac{a-(a+k)}{a-2(a+k)}=\dfrac{k}{a+2k}$

점 $\mathrm{B}(b,\ b+k)$에서의 접선의 기울기는

$\dfrac{b-(b+k)}{b-2(b+k)}=\dfrac{k}{b+2k}$

두 접선이 서로 수직이므로 (→ 두 접선의 기울기의 곱이 -1이다.)

$\dfrac{k}{a+2k}\times\dfrac{k}{b+2k}=-1$

㉠에서 $a+b=-2k$이므로 $a+2k=-b$, $b+2k=-a$를 대입하면

$\dfrac{k^2}{ab}=-1$, $ab=-k^2$ …… ㉢

㉡, ㉢에서 $2k^2-15=-k^2$ (→ $3k^2=15$, $k^2=5$)

따라서 $k^2=5$

08

정답률 12.6%

정답 공식 개념만 확실히 알자!

1. 합성함수의 미분법

두 함수 $y=f(u)$, $u=g(x)$가 미분가능할 때, 합성함수 $y=f(g(x))$의 도함수는

$\dfrac{dy}{dx}=\dfrac{dy}{du}\times\dfrac{du}{dx}$ 또는 $\{f(g(x))\}'=f'(g(x))g'(x)$

2. 함수의 극대와 극소

미분가능한 함수 $f(x)$에 대하여 $f'(a)=0$이고 $x=a$의 좌우에서

① $f'(x)$의 부호가 양에서 음으로 바뀌면 함수 $f(x)$는 $x=a$에서 극대이고, 극댓값은 $f(a)$이다.

② $f'(x)$의 부호가 음에서 양으로 바뀌면 함수 $f(x)$는 $x=a$에서 극소이고, 극솟값은 $f(a)$이다.

풀이 전략 합성함수의 미분법을 이용하여 극댓값을 갖는 x의 값을 추론한다.

문제 풀이

[STEP 1] 조건 (가)를 이용하여 a의 값이 될 수 있는 수를 구한다.

$f(x)=\sin(ax+b+\sin x)$이고 조건 (가)에서 $f(0)=0$이므로

$f(0)=\sin b=0$, $b=k\pi$ (단, k는 정수) …… ㉠

$f(2\pi)=2\pi a+b$이므로

$f(2\pi)=\sin(2\pi a+b)=2\pi a+b$ …… ㉡

이때 $\sin x=x$를 만족시키는 실수 x의 값은 0뿐이므로 ㉡에서

$2\pi a+b=0$, $b=-2\pi a$ …… ㉢

㉠, ㉢에서

$-2\pi a=k\pi$, $a=-\dfrac{k}{2}$ …… ㉣

이고, $f(x)=\sin(ax-2\pi a+\sin x)$이다.

$1\le a\le 2$이고 ㉣에서 $a=-\dfrac{k}{2}$ (k는 정수)이므로

$a=1$ 또는 $a=\dfrac{3}{2}$ 또는 $a=2$이다.

[STEP 2] 조건 (나)를 이용하여 a, b의 값을 구한 후 $f(x)$의 식을 구한다.

이때

$f'(x)=\cos(ax-2\pi a+\sin x)\times(a+\cos x)$

에서

$f'(0)=\cos(-2\pi a)\times(a+1)$ (→ $\cos(-\theta)=\cos\theta$)

$=(a+1)\cos 2\pi a$

$f'(4\pi)=\cos 2\pi a\times(a+1)=(a+1)\cos 2\pi a$

이고

$f'(2\pi)=\cos 0\times(a+1)=a+1$

이므로 $a=1$ 또는 $a=2$이면

$f'(0)=(a+1)\cos 2\pi a=a+1$

즉, $f'(0)=f'(2\pi)$이므로 조건 (나)를 만족시키지 않는다.

따라서 $a=\dfrac{3}{2}$, $b=-2\pi a=-3\pi$이고,

$f(x)=\sin\left(\frac{3}{2}x-3\pi+\sin x\right)$

[STEP 3] $f'(x)$를 구한 후 주어진 구간에서 극댓값을 갖는 x의 값의 개수를 구한다.

$f'(x)=\left(\cos x+\frac{3}{2}\right)\cos\left(\frac{3}{2}x-3\pi+\sin x\right)$

이다. 모든 실수 x에 대하여 $\cos x+\frac{3}{2}\neq0$이므로 $f'(x)=0$에서

$\cos\left(\frac{3}{2}x-3\pi+\sin x\right)=0$

$g(x)=\frac{3}{2}x-3\pi+\sin x$라 하면 모든 실수 x에 대하여

$g'(x)>0$이므로 실수 전체의 집합에서 함수 $g(x)$는 증가하고

→ $g'(x)=\frac{3}{2}+\cos x$이고, $-1\leq\cos x\leq1$이므로 $g'(x)>0$

$g(0)=-3\pi,\ g(4\pi)=3\pi$

이다. 이때 $i=1,\ 2,\ 3,\ 4,\ 5,\ 6$에 대하여 $g(x)=\frac{2i-7}{2}\pi$를 만족시키는 실수 x의 값을 β_i라 하면 함수 $f(x)$는 $x=\beta_1,\ x=\beta_3,\ x=\beta_5$에서 극소이고 $x=\beta_2,\ x=\beta_4,\ x=\beta_6$에서 극대이다.

→ $g(x)=-\frac{3}{2}\pi,\ \frac{1}{2}\pi,\ \frac{5}{2}\pi$일 때 $f'(x)=0$이고 이 x의 값의 좌우에서 $f'(x)$의 부호가 양에서 음으로 바뀌므로 극댓값을 갖는다.

즉, $n=3$이다.

[STEP 4] 극댓값을 갖는 x의 값 중 가장 작은 x의 값을 구한다.

$g(\beta_2)=-\frac{3}{2}\pi$에서

$\frac{3}{2}\beta_2-3\pi+\sin\beta_2=-\frac{3}{2}\pi$

$\sin\beta_2=-\frac{3}{2}(\beta_2-\pi)$

이때 곡선 $y=\sin x$와 직선 $y=-\frac{3}{2}(x-\pi)$는 점 $(\pi,\ 0)$에서만 만나므로 $\beta_2=\pi$이다. 즉, $\alpha_1=\pi$이다.

따라서

$n\alpha_1-ab=3\times\pi-\frac{3}{2}\times(-3\pi)=\frac{15}{2}\pi$

에서 $p=2,\ q=15$이므로

$p+q=2+15=17$

답 17

09

정답률 12.5%

정답 공식 **개념만 확실히 알자!**

1. 사인법칙

삼각형 ABC에서 외접원의 반지름의 길이를 R라 할 때

(1) $\sin A=\frac{a}{2R},\ \sin B=\frac{b}{2R},\ \sin C=\frac{c}{2R}$

(2) $a:b:c=\sin A:\sin B:\sin C$

2. 삼각형의 넓이

삼각형 ABC의 넓이를 S라 할 때

$S=\frac{1}{2}ab\sin C=\frac{1}{2}bc\sin A=\frac{1}{2}ca\sin B$

3. 삼각함수의 극한

$\lim_{\theta\to0}\frac{\sin b\theta}{a\theta}=\frac{b}{a}$ (단, $a\neq0$, a, b는 상수)

4. 삼각함수의 성질

(1) $\sin(\pi+\theta)=-\sin\theta,\ \cos(\pi+\theta)=-\cos\theta,$
$\tan(\pi+\theta)=\tan\theta$

(2) $\sin(\pi-\theta)=\sin\theta,\ \cos(\pi-\theta)=-\cos\theta,$
$\tan(\pi-\theta)=-\tan\theta$

(3) $\sin\left(\frac{\pi}{2}+\theta\right)=\cos\theta,\ \cos\left(\frac{\pi}{2}+\theta\right)=-\sin\theta,$
$\tan\left(\frac{\pi}{2}+\theta\right)=-\cot\theta$

(4) $\sin\left(\frac{\pi}{2}-\theta\right)=\cos\theta,\ \cos\left(\frac{\pi}{2}-\theta\right)=\sin\theta,$
$\tan\left(\frac{\pi}{2}-\theta\right)=\cot\theta$

풀이 전략 도형의 성질과 삼각함수를 이용하여 삼각함수의 극한값을 구한다.

문제 풀이

[STEP 1] 원주각의 성질, 사인법칙을 이용하여 삼각형 POR의 넓이 $f(\theta)$를 구한다.

$\angle\text{AOP}=\theta$이므로 중심각과 원주각의 성질에 의하여

$\angle\text{ABP}=\frac{\theta}{2}$

삼각형 OBR에서

$\angle\text{BRO}=\pi-\left(2\theta+\frac{\theta}{2}\right)=\pi-\frac{5\theta}{2}$

이므로 사인법칙에 의하여

$\frac{\overline{\text{OB}}}{\sin\left(\pi-\frac{5\theta}{2}\right)}=\frac{\overline{\text{OR}}}{\sin\frac{\theta}{2}}$

→ $\sin(\pi-\theta)=\sin\theta$

즉, $\frac{1}{\sin\frac{5\theta}{2}}=\frac{\overline{\text{OR}}}{\sin\frac{\theta}{2}}$에서

$\overline{\text{OR}}=\frac{\sin\frac{\theta}{2}}{\sin\frac{5\theta}{2}}$

(i) 삼각형 POR에서 $\angle\text{POR}=\pi-3\theta$이므로 삼각형 POR의 넓

이 $f(\theta)$는

$$f(\theta)=\frac{1}{2}\times\overline{OP}\times\overline{OR}\times\sin(\pi-3\theta)$$
$$=\frac{1}{2}\times1\times\frac{\sin\frac{\theta}{2}}{\sin\frac{5\theta}{2}}\times\sin3\theta$$
$$=\frac{\sin\frac{\theta}{2}\sin3\theta}{2\sin\frac{5\theta}{2}}$$

[STEP 2] $g(\theta)$를 구한다.

(ii) $g(\theta)$는 부채꼴 QOB의 넓이에서 삼각형 OBR의 넓이를 뺀 것이므로

$$g(\theta)=\frac{1}{2}\times1^2\times2\theta-\frac{1}{2}\times\overline{OB}\times\overline{OR}\times\sin2\theta$$
$$=\theta-\frac{1}{2}\times1\times\frac{\sin\frac{\theta}{2}}{\sin\frac{5\theta}{2}}\times\sin2\theta$$
$$=\theta-\frac{\sin\frac{\theta}{2}\sin2\theta}{2\sin\frac{5\theta}{2}}$$

[STEP 3] $\overline{RH}$의 길이를 구한다.

(iii) 이등변삼각형 POQ의 점 O에서 선분 PQ에 내린 수선의 발을 H′이라 하면

$$\overline{OH'}=\overline{OP}\times\cos\left(\frac{\pi-3\theta}{2}\right)$$
$$=1\times\cos\left(\frac{\pi}{2}-\frac{3\theta}{2}\right)$$
$$=\sin\frac{3\theta}{2}$$

$\cos\left(\frac{\pi}{2}-\theta\right)=\sin\theta$

두 삼각형 OQH′, RQH가 서로 닮음이므로

$$\overline{OH'}:\overline{RH}=\overline{OQ}:\overline{RQ}$$
$$=1:(1-\overline{OR})$$
$$\overline{RH}=\overline{OH'}\times(1-\overline{OR})$$
$$=\sin\frac{3\theta}{2}\times\left(1-\frac{\sin\frac{\theta}{2}}{\sin\frac{5\theta}{2}}\right)$$

[STEP 4] $\lim_{\theta\to0+}\frac{f(\theta)+g(\theta)}{\overline{RH}}$의 값을 구한다.

(i), (ii), (iii)에서

$$f(\theta)+g(\theta)=\theta+\frac{\sin\frac{\theta}{2}}{2\sin\frac{5\theta}{2}}\times(\sin3\theta-\sin2\theta)$$

이고

$$\lim_{\theta\to0+}\frac{\sin\frac{\theta}{2}}{\sin\frac{5\theta}{2}}=\frac{\lim_{\theta\to0+}\frac{\sin\frac{\theta}{2}}{\frac{\theta}{2}}\times\frac{1}{2}}{\lim_{\theta\to0+}\frac{\sin\frac{5\theta}{2}}{\frac{5\theta}{2}}\times\frac{5}{2}}$$
$$=\frac{1\times\frac{1}{2}}{1\times\frac{5}{2}}=\frac{1}{5}$$

이므로

$$\lim_{\theta\to0+}\frac{f(\theta)+g(\theta)}{\overline{RH}}$$
$$=\lim_{\theta\to0+}\frac{\theta+\frac{\sin\frac{\theta}{2}}{2\sin\frac{5\theta}{2}}\times(\sin3\theta-\sin2\theta)}{\sin\frac{3\theta}{2}\times\left(1-\frac{\sin\frac{\theta}{2}}{\sin\frac{5\theta}{2}}\right)}$$
$$=\lim_{\theta\to0+}\frac{1+\frac{\sin\frac{\theta}{2}}{2\sin\frac{5\theta}{2}}\times\left(\frac{\sin3\theta}{\theta}-\frac{\sin2\theta}{\theta}\right)}{\frac{\sin\frac{3\theta}{2}}{\theta}\times\left(1-\frac{\sin\frac{\theta}{2}}{\sin\frac{5\theta}{2}}\right)}$$

분모, 분자를 θ로 각각 나누면

$$=\frac{1+\frac{1}{2}\times\frac{1}{5}\times(3-2)}{\frac{3}{2}\times\left(1-\frac{1}{5}\right)}$$
$$=\frac{\frac{11}{10}}{\frac{6}{5}}=\frac{11}{12}$$

따라서 $p=12$, $q=11$이므로

$p+q=12+11=23$

답 23

10

정답률 12.2%

정답 공식 **개념만 확실히 알자!**

1. 삼각형의 넓이

삼각형 ABC의 넓이를 S라 할 때

$S=\frac{1}{2}ab\sin C=\frac{1}{2}bc\sin A=\frac{1}{2}ca\sin B$

2. 삼각함수의 극한

$\lim_{\theta\to0}\frac{\sin b\theta}{a\theta}=\frac{b}{a}$ (단, $a\neq0$, a, b는 상수)

풀이 전략 삼각형의 넓이를 삼각함수로 나타내고 삼각함수의 극한값을 구한다.

문제 풀이

[STEP 1] 삼각형 DMC의 넓이를 구한다.

직각삼각형 BMH에서

$\overline{MB}=1$, $\frac{\overline{MH}}{\overline{MB}}=\sin\theta$이므로

$\overline{MH}=\overline{MB}\sin\theta=\sin\theta$

삼각형 DMC에서

$\overline{MD}=\overline{MH}=\sin\theta$, $\overline{MC}=1$

$\angle DMC=\pi-\angle DMB$

$=\pi-\angle AMB$ → 삼각형 ABM은 $\overline{AB}=\overline{BM}=1$인 이등변삼각형이므로 $\angle BAM=\angle BMA=\frac{\pi-\theta}{2}$

$=\pi-\frac{\pi-\theta}{2}$

$=\frac{\pi}{2}+\frac{\theta}{2}$

이므로

$\triangle DMC=\frac{1}{2}\times\overline{MD}\times\overline{MC}\times\sin(\angle DMC)$

$=\frac{1}{2}\times\sin\theta\times1\times\sin\left(\frac{\pi}{2}+\frac{\theta}{2}\right)$

$=\frac{1}{2}\sin\theta\cos\frac{\theta}{2}$

[STEP 2] 삼각형 HMC의 넓이를 구한다.

삼각형 HMC에서

$\overline{MH}=\sin\theta$, $\overline{MC}=1$

$\angle HMC=\pi-\angle HMB$ → 직각삼각형 HBM에서 $\angle B+\angle HMB=\frac{\pi}{2}$

$=\pi-\left(\frac{\pi}{2}-\theta\right)$

$=\frac{\pi}{2}+\theta$

이므로

$\triangle HMC=\frac{1}{2}\times\overline{MH}\times\overline{MC}\times\sin(\angle HMC)$

$=\frac{1}{2}\times\sin\theta\times1\times\sin\left(\frac{\pi}{2}+\theta\right)$

$=\frac{1}{2}\sin\theta\cos\theta$

[STEP 3] $f(\theta)-g(\theta)$의 값을 구한다.

이때

$f(\theta)-g(\theta)$

$=\triangle DMC-\triangle HMC$ → $\triangle DMC=f(\theta)+\triangle EMC$, $\triangle HMC=g(\theta)+\triangle EMC$ 이므로 $\triangle DMC-\triangle HMC=f(\theta)-g(\theta)$

$=\frac{1}{2}\sin\theta\cos\frac{\theta}{2}-\frac{1}{2}\sin\theta\cos\theta$

$=\frac{\sin\theta\left(\cos\frac{\theta}{2}-\cos\theta\right)}{2}$

[STEP 4] $\lim_{\theta\to0+}\frac{f(\theta)-g(\theta)}{\theta^3}$의 값을 구한다.

따라서

$\lim_{\theta\to0+}\frac{f(\theta)-g(\theta)}{\theta^3}$

$=\lim_{\theta\to0+}\frac{\sin\theta\left(\cos\frac{\theta}{2}-\cos\theta\right)}{2\theta^3}$

$=\lim_{\theta\to0+}\frac{\sin\theta\left(\cos\frac{\theta}{2}-\cos\theta\right)\left(\cos\frac{\theta}{2}+\cos\theta\right)}{2\theta^3\left(\cos\frac{\theta}{2}+\cos\theta\right)}$

$=\lim_{\theta\to0+}\frac{\sin\theta\left(\cos^2\frac{\theta}{2}-\cos^2\theta\right)}{2\theta^3\left(\cos\frac{\theta}{2}+\cos\theta\right)}$ → $\cos^2\frac{\theta}{2}-\cos^2\theta=\left(1-\sin^2\frac{\theta}{2}\right)-(1-\sin^2\theta)=\sin^2\theta-\sin^2\frac{\theta}{2}$

$=\lim_{\theta\to0+}\frac{\sin\theta\left(\sin^2\theta-\sin^2\frac{\theta}{2}\right)}{2\theta^3\left(\cos\frac{\theta}{2}+\cos\theta\right)}$

$=\frac{1}{2}\lim_{\theta\to0+}\frac{\sin\theta}{\theta}\times\left\{\lim_{\theta\to0+}\left(\frac{\sin\theta}{\theta}\right)^2-\frac{1}{4}\lim_{\theta\to0+}\left(\frac{\sin\frac{\theta}{2}}{\frac{\theta}{2}}\right)^2\right\}\times\lim_{\theta\to0+}\frac{1}{\cos\frac{\theta}{2}+\cos\theta}$

$=\frac{1}{2}\times1\times\left(1^2-\frac{1}{4}\times1^2\right)\times\frac{1}{1+1}$

$=\frac{3}{16}$

[STEP 5] $80a$의 값을 구한다.

따라서 $a=\frac{3}{16}$이므로

$80a=80\times\frac{3}{16}=15$

답 15

참고

삼각형 HMC의 넓이는 직각삼각형 HBM의 넓이와 같다.

$\triangle HMC=\triangle HBM=\frac{1}{2}\sin\theta\cos\theta$

11

정답률 12.2%

정답 공식 **개념만 확실히 알자!**

1. 지수함수의 도함수

(1) $y=e^{f(x)}$에 대하여 $y'=e^{f(x)}f'(x)$

(2) $y=a^{f(x)}$에 대하여 $y'=a^{f(x)}f'(x)\ln a$

(단, $a>0$, $a\neq1$이고, $f(x)$는 미분가능한 함수이다.)

2. 합성함수의 미분법

두 함수 $y=f(u)$, $u=g(x)$가 미분가능할 때,
합성함수 $y=f(g(x))$의 도함수는

$\dfrac{dy}{dx}=\dfrac{dy}{du}\times\dfrac{du}{dx}$ 또는 $\{f(g(x))\}'=f'(g(x))g'(x)$

풀이 전략 미분법을 활용하여 함수를 추론한다.

문제 풀이

[STEP 1] $f'(x)$, $f''(x)$를 구하고, 조건 (가)가 의미하는 뜻을 파악한다.

$f'(x)=\{-ax^2+(2a-b)x+b\}e^{-x}$

$f''(x)=\{ax^2-(4a-b)x+2a-2b\}e^{-x}$

점 (0, 0)에서 함수 $y=f(x)$의 그래프에 그은 접선 중 기울기가 $f'(0)$이 아닌 접선이 존재할 때 그 접선을 l이라 하자. 접선 l의 접점을 $(k,\ f(k))$라 하면 $k\neq0$이다.

$f(x)=(ax^2+bx)e^{-x}$이므로
$f'(x)=(2ax+b)e^{-x}+(ax^2+bx)e^{-x}\times(-1)$
$=\{-ax^2+(2a-b)x+b\}e^{-x}$

$\dfrac{f(k)}{k}=f'(k)$

$(ak+b)e^{-k}=\{-ak^2+(2a-b)k+b\}e^{-k}$

$k=-\dfrac{b}{a}+1$이고, $f'(k)=ae^{-k}$, $f''(k)=-ake^{-k}$

[STEP 2] $\dfrac{b}{a}$의 값에 따라 직선 l과 함수 $y=f(x)$의 그래프의 개형을 그려 보고, 조건 (가)를 만족시키는 경우를 찾는다.

(i) $\dfrac{b}{a}<0$일 때, 직선 l과 함수 $y=f(x)$의 그래프의 개형은 그림과 같고 $f'(t)>f'(k)$인 t가 존재하면 방정식 $f(x)=f'(t)\times x$의 실근은 0뿐이다.

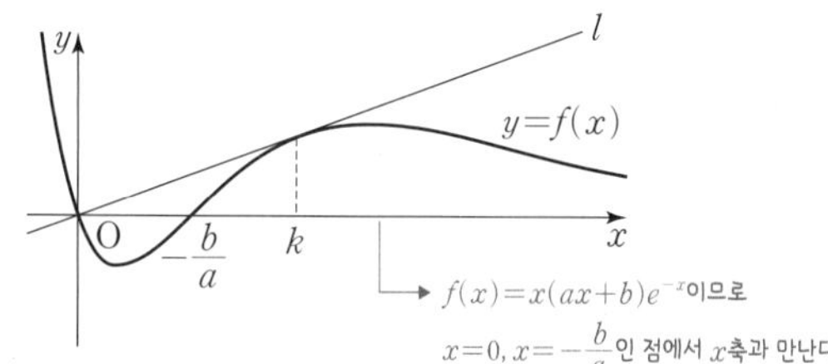

$f(x)=x(ax+b)e^{-x}$이므로 $x=0$, $x=-\dfrac{b}{a}$인 점에서 x축과 만난다.

$f''(0)=2a-2b$에서 $f''(0)\times f''(k)<0$이므로

$0<\alpha<k$이고 $f''(\alpha)=0$인 α가 존재하고,

$\alpha<t<k$인 임의의 t에 대하여 $f''(t)<0$이다.

이때 $\alpha<t_1<k$, $\alpha<t_2<k$인

두 실수 t_1, t_2 $(t_1<t_2)$가 존재하고

$f'(t_1)>f'(k)$, $f'(t_2)>f'(k)$이다.

t가 t_1 또는 t_2일 때, $\{x\,|\,f(x)=f'(t)\times x\}=\{0\}$

이므로 조건 (가)를 만족시키지 못한다.

실수 t의 개수가 1이 아니므로 조건 (가)를 만족시키지 않는다.

(ii) $\dfrac{b}{a}\geq0$, $\dfrac{b}{a}\neq1$일 때, 직선 l과 함수 $y=f(x)$의 그래프의 개형은 그림과 같고 $f'(t)>f'(k)$인 t가 존재하면 방정식 $f(x)=f'(t)\times x$의 실근은 0뿐이다.

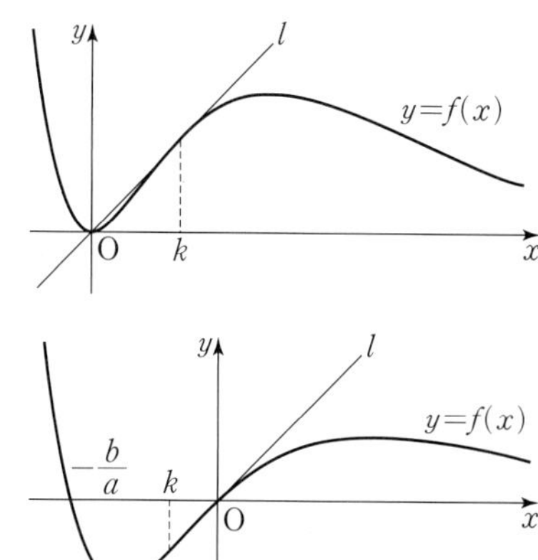

$f''(0)\times f''(k)<0$이므로 $\dfrac{b}{a}<0$일 때와 마찬가지로 조건 (가)를 만족시키지 못한다.

(iii) $\dfrac{b}{a}=1$일 때, 함수 $y=f(x)$의 그래프 위의 점 (0, 0)에서의 접선을 l'이라 하면 직선 l'과 함수 $y=f(x)$의 그래프의 개형은 그림과 같다.

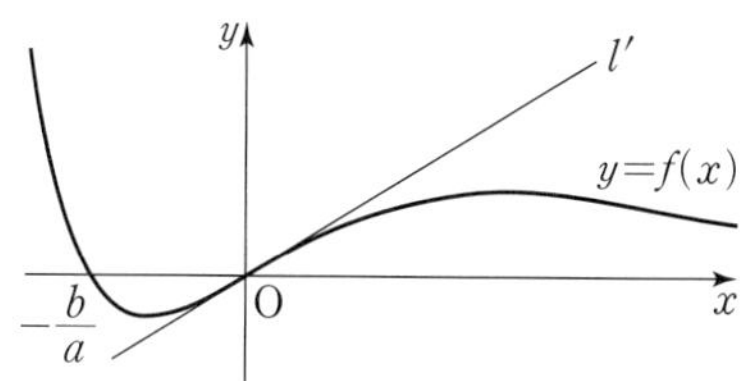

$t=0$일 때, 방정식 $f(x)=f'(t)\times x$에서

$a=b$이므로

$f(x)=(ax^2+bx)e^{-x}=(ax^2+ax)e^{-x}$

$a(x^2+x)e^{-x}=f'(0)x$

$f'(0)=a$이므로

$ax(x+1)e^{-x}=ax$

$ax\{(x+1)e^{-x}-1\}=0$

$x=0$ 또는 $(x+1)e^{-x}-1=0$이므로

방정식 $f(x)=f'(t)\times x$의 실근은 0뿐이다.

$f''(0)=0$이고 0이 아닌 모든 실수 t에 대하여 $f'(t)<f'(0)$이다.

따라서 0이 아닌 모든 실수 t에 대하여

$\{x\,|\,f(x)=f'(t)\times x\}\neq\{0\}$이므로 조건 (가)를 만족시킨다.

[STEP 3] 조건 (나)를 이용하여 a, b의 값을 구한다.

조건 (나)에서

$f(2)=(4a+2b)e^{-2}=2e^{-2}$

$4a+2b=2$

$2a+b=1$

$a=b$이므로 $a=b=\dfrac{1}{3}$

$2a+b=1$에서 $2a+a=1$, $3a=1$

따라서 $60\times(a+b)=60\times\dfrac{2}{3}=40$

답 40

12

정답률 **12.0%**

정답 공식 **개념만 확실히 알자!**

1. 미분가능성과 연속성

함수 $f(x)$가 $x=a$에서 미분가능하면 $f(x)$는 $x=a$에서 연속이다.

2. 함수의 연속

합성함수 $(h\circ g)(x)$가 실수 전체의 집합에서 연속이 되려면 임의의 실수 k에 대하여

$\lim_{x\to k-}(h\circ g)(x)=\lim_{x\to k+}(h\circ g)(x)=(h\circ g)(x)$

가 성립해야 한다.

3. 로그함수의 도함수

(1) $y=\ln|x|$에 대하여 $y'=\frac{1}{x}$

(2) $y=\log_a|x|$에 대하여 $y'=\frac{1}{x\ln a}$ (단, $a>0$, $a\neq1$)

(3) $y=\ln|f(x)|$에 대하여 $y'=\frac{f'(x)}{f(x)}$

(단, $f(x)$는 미분가능한 함수이고, $f(x)\neq0$이다.)

4. 함수의 몫의 미분법

두 함수 $f(x)$, $g(x)$가 미분가능하고 $g(x)\neq0$일 때

(1) $y=\frac{1}{g(x)}$이면 $y'=-\frac{g'(x)}{\{g(x)\}^2}$

(2) $y=\frac{f(x)}{g(x)}$이면 $y'=\frac{f'(x)g(x)-f(x)g'(x)}{\{g(x)\}^2}$

풀이 전략 함수가 실수 전체의 집합에서 미분가능할 조건을 이용한다.

문제 풀이

[STEP 1] $f'(x)$, $f''(x)$를 구하여 함수 $y=f(x)$의 그래프의 개형을 알아본다.

$f(x)=\frac{1}{3}x^3-x^2+\ln(1+x^2)+a$에서

$$f'(x)=x^2-2x+\frac{2x}{1+x^2}=\frac{x^2(x-1)^2}{x^2+1}$$

이때 $f'(x)=0$에서 $x=0$ 또는 $x=1$이고 $f'(x)\geq0$이므로 함수 $f(x)$는 실수 전체의 집합에서 증가한다.

또한

$$f''(x)=\frac{(4x^3-6x^2+2x)(x^2+1)-(x^4-2x^3+x^2)\times2x}{(x^2+1)^2}=\frac{2x(x-1)(x^3+2x-1)}{(x^2+1)^2}$$

이고 $h(x)=x^3+2x-1$이라 하면

$h'(x)=3x^2+2>0$

이므로 $h(x)=0$을 만족시키는 x의 값을 α라 하면

$h(0)=-1$, $h(1)=2$이므로

$0<\alpha<1$

따라서 변곡점은 $(0,\ f(0))$, $(\alpha,\ f(\alpha))$, $(1,\ f(1))$이고 변곡점에서의 미분계수는

$f'(0)=0$, $f'(\alpha)>0$, $f'(1)=0$

즉, 곡선 $y=f(x)$의 개형은 그림과 같다.

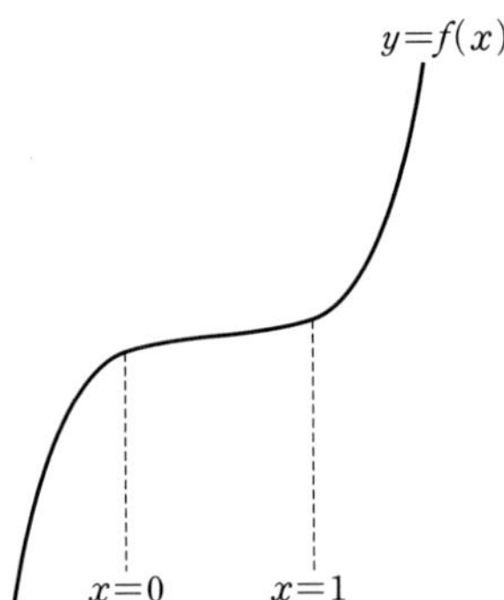

또한 곡선 $y=-f(x-c)$는 곡선 $y=f(x)$를 x축의 방향으로 c만큼 평행이동한 후 x축에 대하여 대칭이동한 것이므로 곡선 $y=-f(x-c)$의 개형은 그림과 같다.

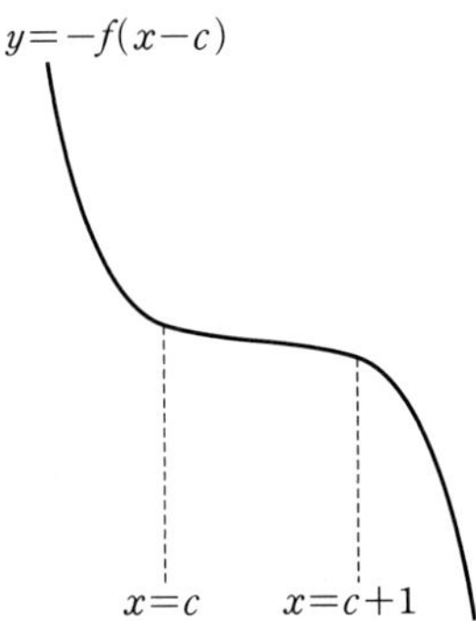

[STEP 2] 함수 $g(x)$가 실수 전체에서 미분가능하기 위한 상수 a의 조건을 구한다.

이때 함수 $g(x)=\begin{cases}f(x) & (x\geq b)\\ -f(x-c) & (x<b)\end{cases}$가 실수 전체의 집합에서 미분가능하려면 $x=b$에서 연속이어야 한다.

그런데 $a\geq0$인 경우에는 함수 $y=g(x)$의 그래프의 개형은 그림과 같다.

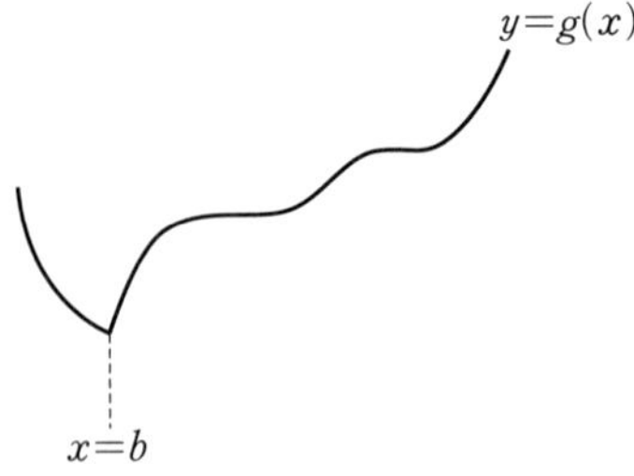

즉, $\lim_{x\to b-}g'(x)<0$, $\lim_{x\to b+}g'(x)\geq0$이므로 함수 $g(x)$는 $x=b$에서 미분가능하지 않다.

$a<0$인 경우

$f(0)=a$, $f'(0)=0$,

$f(1)=-\frac{2}{3}+\ln2+a$, $f'(1)=0$

이고

$x<b$에서 $\lim_{x \to b-} g'(x) \le 0$,

$x \ge b$에서 $\lim_{x \to b+} g'(x) \ge 0$

이므로 $x=b$에서 미분가능하려면

$\lim_{x \to b-} g'(x) = \lim_{x \to b+} g'(x) = 0$, 즉

$\lim_{x \to b} g'(x) = 0$

이어야 한다.

[STEP 3] a, b, c의 값을 구한다.

따라서 $|f(0)|=|f(1)|$, $b=1$, $c=1$이면 함수 $g(x)$는 실수 전체의 집합에서 미분가능하다.

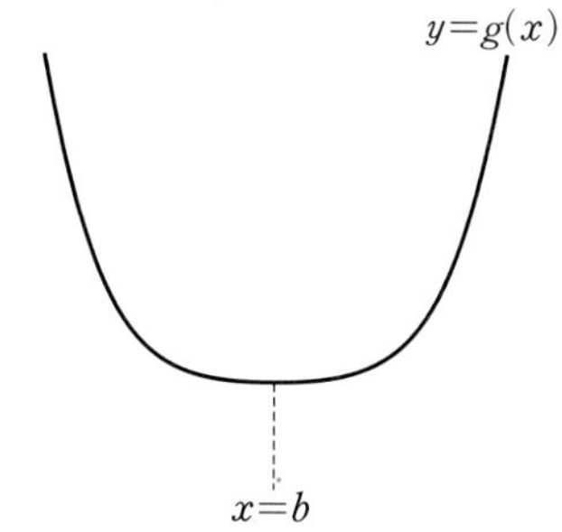

즉, $-a=-\frac{2}{3}+\ln 2+a$에서

→ $f(0)=a<0$이므로 $|f(0)|=-a$

$a=\frac{1}{3}-\frac{1}{2}\ln 2$

이므로

$a+b+c=\left(\frac{1}{3}-\frac{1}{2}\ln 2\right)+1+1$

$=\frac{7}{3}-\frac{1}{2}\ln 2$

따라서 $p=\frac{7}{3}$, $q=-\frac{1}{2}$이므로

$30(p+q)=30\left(\frac{7}{3}-\frac{1}{2}\right)$

$=30\times\frac{11}{6}=55$

답 55

13

정답률 **11.1%**

정답 공식 **개념만 확실히 알자!**

1. 합성함수의 미분법

합성함수 $y=f(g(x))$의 도함수는

$\{f(g(x))\}'=f'(g(x))g'(x)$

2. 역함수의 미분법

미분가능한 함수 $y=f(x)$의 역함수 $g(x)$가 존재하고, 미분가능하면 역함수 $g(x)$의 도함수는

$$g'(x)=\frac{1}{f'(g(x))} \text{ (단, } f'(g(x))\neq 0)$$

3. 접선이 서로 수직인 조건

곡선 $y=f(x)$ 위의 점 $(a, f(a))$의 접선과 점 $(b, f(b))$의 접선이 서로 수직일 때 접선의 기울기의 곱이 -1이다.

⇨ $f'(a)f'(b)=-1$

풀이 전략 합성함수의 미분법과 역함수의 미분법을 이용하여 미분계수를 구한다.

문제 풀이

[STEP 1] $f(s)$의 값 $g(t)$를 구한다.

점 $P(s, f(s))$와 점 $Q(t, 0)$ $(t>0)$이라 하면 곡선 $y=f(x)$ 위의 점 P에서의 접선과 직선 PQ는 수직이어야 한다.

이때 $f(x)=e^x+x$에서

$f'(x)=e^x+1$

이므로 점 P에서의 접선의 기울기는

$f'(s)=e^s+1$ …… ㉠

또 직선 PQ의 기울기는

$\frac{f(s)-0}{s-t}=\frac{e^s+s}{s-t}$ …… ㉡

㉠, ㉡에서

$(e^s+1)\times\frac{e^s+s}{s-t}=-1$

→ 점 $P(s, f(s))$에서의 접선의 기울기와 직선 PQ의 기울기의 곱이 -1이다.

$(e^s+1)(e^s+s)=t-s$

$t=(e^s+1)(e^s+s)+s$ …… ㉢

한편 $f(s)$의 값이 $g(t)$이므로

$g(t)=e^s+s$ …… ㉣

[STEP 2] 함수 $g(t)$의 역함수가 $h(t)$이므로 $g(h(t))=t$임을 이용하여 $h'(t)$를 구한다.

함수 $g(t)$의 역함수가 $h(t)$이므로

$h(1)=k$라 하면

$g(k)=1$

㉣에서 $e^s+s=1$이므로

$s=0$

이 값을 ㉢에 대입하면

$k=2\times 1+0=2$

$g(h(t))=t$에서 양변을 t에 대하여 미분하면

$g'(h(t)) \times h'(t) = 1$

$h'(t) = \dfrac{1}{g'(h(t))}$

[STEP 3] $h'(1)$의 값을 구한다.

이때 $t=1$을 대입하면

$h'(1) = \dfrac{1}{g'(2)}$

한편 ㉣의 양변을 t에 대하여 미분하면

$g'(t) = (e^s+1)\dfrac{ds}{dt}$

이때 ㉢의 양변을 t에 대하여 미분하면

$1 = \{e^s(e^s+s)+(e^s+1)^2+1\}\dfrac{ds}{dt}$

$\dfrac{ds}{dt} = \dfrac{1}{e^s(e^s+s)+(e^s+1)^2+1}$

이므로

$g'(t) = \dfrac{e^s+1}{e^s(e^s+s)+(e^s+1)^2+1}$

$s=0$일 때, $t=2$이므로

$g'(2) = \dfrac{2}{1+2^2+1} = \dfrac{1}{3}$

㉢에서 $t=(e^0+1)(e^0+0)+0$
$t=(1+1)(1+0)+0$
따라서 $t=2\times1=2$

따라서

$h'(1) = \dfrac{1}{g'(2)} = 3$

답 3

14

정답률 **11.0%**

정답 공식 **개념만 확실히 알자!**

1. 삼각함수의 극한

(1) $\lim_{\theta\to0}\dfrac{\sin\theta}{\theta}=1$, $\lim_{\theta\to0}\dfrac{\tan\theta}{\theta}=1$

(2) $\lim_{\theta\to0}\dfrac{\sin b\theta}{a\theta}=\dfrac{b}{a}$, $\lim_{\theta\to0}\dfrac{\tan b\theta}{a\theta}=\dfrac{b}{a}$ (단, $a\neq0$, a, b는 상수)

2. 삼각형의 넓이

삼각형 ABC의 넓이를 S라 할 때

$S=\dfrac{1}{2}ab\sin C=\dfrac{1}{2}bc\sin A=\dfrac{1}{2}ca\sin B$

풀이 전략 도형의 넓이를 삼각함수로 나타내고 삼각함수의 극한값을 구한다.

문제 풀이

[STEP 1] 삼각형 AQH의 넓이 $f(\theta)$를 구한다.

직각삼각형 AHP에서 $\angle APH=\theta$이므로

$\angle HAP = \dfrac{\pi}{2}-\theta$

한편 삼각형 OPA는 $\overline{OP}=\overline{OA}=1$인 이등변삼각형이므로

$\angle AOP = \pi - 2\times\angle HAP$

$= \pi - 2\times\left(\dfrac{\pi}{2}-\theta\right)$

$= 2\theta$

그러므로

$\overline{AH} = 1-\overline{OH}$

$= 1-\overline{OP}\cos2\theta$

$= 1-\cos2\theta$ …… ㉠

또

$\angle HAQ = \dfrac{1}{2}\angle HAP$

$= \dfrac{1}{2}\left(\dfrac{\pi}{2}-\theta\right)$

$= \dfrac{\pi}{4}-\dfrac{\theta}{2}$

이므로

$\overline{HQ} = \overline{AH}\tan\left(\dfrac{\pi}{4}-\dfrac{\theta}{2}\right)$

직각삼각형 AHQ에서 $\tan(\angle HAQ)=\dfrac{\overline{HQ}}{\overline{AH}}$

$= (1-\cos2\theta)\tan\left(\dfrac{\pi}{4}-\dfrac{\theta}{2}\right)$ …… ㉡

㉠, ㉡에서

$f(\theta) = \dfrac{1}{2}\times\overline{AH}\times\overline{HQ}$

$= \dfrac{1}{2}\times(1-\cos2\theta)^2\times\tan\left(\dfrac{\pi}{4}-\dfrac{\theta}{2}\right)$

$= \dfrac{1}{2}\times\dfrac{\sin^4 2\theta}{(1+\cos2\theta)^2}\times\tan\left(\dfrac{\pi}{4}-\dfrac{\theta}{2}\right)$

[STEP 2] $\lim_{\theta\to0+}\dfrac{f(\theta)}{\theta^4}$의 값을 구한다.

그러므로

$\lim_{\theta\to0+}\dfrac{f(\theta)}{\theta^4}$

$= \dfrac{1}{2}\times16\lim_{\theta\to0+}\left(\dfrac{\sin2\theta}{2\theta}\right)^4\times\lim_{\theta\to0+}\dfrac{1}{(1+\cos2\theta)^2}$

$\dfrac{1}{(1+\cos0)^2}=\dfrac{1}{2^2}=\dfrac{1}{4}$

$\times\lim_{\theta\to0+}\tan\left(\dfrac{\pi}{4}-\dfrac{\theta}{2}\right)$

$= \dfrac{1}{2}\times16\times1^4\times\dfrac{1}{4}\times1$

$=2$ …… ㉢

[STEP 3] 삼각형 PSR의 넓이 $g(\theta)$를 구한다.

한편 이등변삼각형 OPA의 점 O에서 선분 PA에 내린 수선의 발을 H′이라 하면 $\angle H'OP=\theta$이므로

$\overline{AP} = 2\overline{PH'}$

$= 2\times\overline{OP}\times\sin\theta$

$= 2\sin\theta$

삼각형 AOP에서 $\angle OAP$의 이등분선이 선분 OP와 만나는 점이

A, a, b, O, c, R, d, P
삼각형 AOP에서
$a:b=c:d$

R이므로

$\overline{AO}:\overline{AP}=\overline{OR}:\overline{RP}$

$1:2\sin\theta=\overline{OR}:(1-\overline{OR})$

$2\sin\theta\times\overline{OR}=1-\overline{OR}$

$\overline{OR}=\dfrac{1}{2\sin\theta+1}$ …… ㉣

또

$\overline{OS}=\overline{OA}\tan(\angle SAO)$

$=1\times\tan\left(\dfrac{\pi}{4}-\dfrac{\theta}{2}\right)$

$=\tan\left(\dfrac{\pi}{4}-\dfrac{\theta}{2}\right)$ …… ㉤

직각삼각형 AOS에서 $\dfrac{a}{b}=\tan\theta$이므로 $a=b\tan\theta$

㉣, ㉤에서

$g(\theta)=\triangle OSP-\triangle OSR$

$=\dfrac{1}{2}\times\overline{OS}\times\overline{OP}\times\sin(\angle POS)$ ($\overline{OP}=1$)

$-\dfrac{1}{2}\times\overline{OS}\times\overline{OR}\times\sin(\angle POS)$

$=\dfrac{1}{2}\times\overline{OS}\times\sin(\angle POS)\times(\overline{OP}-\overline{OR})$

$=\dfrac{1}{2}\times\tan\left(\dfrac{\pi}{4}-\dfrac{\theta}{2}\right)\times\sin\left(\dfrac{\pi}{2}-2\theta\right)\times\left(1-\dfrac{1}{2\sin\theta+1}\right)$

$=\dfrac{1}{2}\times\tan\left(\dfrac{\pi}{4}-\dfrac{\theta}{2}\right)\times\sin\left(\dfrac{\pi}{2}-2\theta\right)\times\dfrac{2\sin\theta}{2\sin\theta+1}$

[STEP 4] $\lim\limits_{\theta\to0+}\dfrac{g(\theta)}{\theta}$의 값을 구한다.

그러므로

$\lim\limits_{\theta\to0+}\dfrac{g(\theta)}{\theta}=\dfrac{1}{2}\times\lim\limits_{\theta\to0+}\tan\left(\dfrac{\pi}{4}-\dfrac{\theta}{2}\right)\times\lim\limits_{\theta\to0+}\sin\left(\dfrac{\pi}{2}-2\theta\right)$

$\times2\lim\limits_{\theta\to0+}\dfrac{\sin\theta}{\theta}\times\lim\limits_{\theta\to0+}\dfrac{1}{2\sin\theta+1}$

$=\dfrac{1}{2}\times1\times1\times2\times1\times1$

$=1$ …… ㉥

[STEP 5] $100k$의 값을 구한다.

㉢과 ㉥을 이용하면

$\lim\limits_{\theta\to0+}\dfrac{\theta^3\times g(\theta)}{f(\theta)}=\lim\limits_{\theta\to0+}\dfrac{\dfrac{g(\theta)}{\theta}}{\dfrac{f(\theta)}{\theta^4}}=\dfrac{1}{2}$

이므로 $k=\dfrac{1}{2}$

따라서 $100k=100\times\dfrac{1}{2}=50$

답 50

15

정답률 10.4%

정답 공식 **개념만 확실히 알자!**

1. 곱의 미분법

두 함수 $f(x)$, $g(x)$가 미분가능할 때

$y=f(x)g(x) \Rightarrow y'=f'(x)g(x)+f(x)g'(x)$

2. 합성함수의 미분법

(1) $y=\{f(x)\}^n$ (단, n은 실수)

$\Rightarrow y'=n\{f(x)\}^{n-1}f'(x)$

(2) $y=f(ax+b)$

$\Rightarrow y'=f'(ax+b)(ax+b)'$, 즉 $y'=af'(ax+b)$

3. 함수의 극대와 극소

미분가능한 함수 $f(x)$에서 $f'(a)=0$이고 $x=a$의 좌우에서

(1) $f'(x)$의 부호가 양에서 음으로 바뀌면 $f(x)$는 $x=a$에서 극대이고, 극댓값은 $f(a)$이다.

(2) $f'(x)$의 부호가 음에서 양으로 바뀌면 $f(x)$는 $x=a$에서 극소이고, 극솟값은 $f(a)$이다.

(3) 함수 $f(x)$가 $x=a$에서 미분가능하고 $x=a$에서 극값을 가지면 $f'(a)=0$이다.

4. 방정식의 실근의 개수

방정식 $f(x)=g(x)$의 서로 다른 실근의 개수는 두 함수 $y=f(x)$, $y=g(x)$의 그래프의 교점의 개수와 같다.

풀이 전략 함수 $y=g(x)$의 그래프의 개형을 그리고, 조건을 만족시키는 함수 $f(x)$를 파악한다.

문제 풀이

[STEP 1] 함수 $y=g(x)$의 그래프의 개형을 그린다.

사차함수 $f(x)$의 최솟값이 0이므로 함수 $y=f(x)$의 그래프는 x축에 접한다.

한편 $g(x)=2x^4e^{-x}$에서

$g'(x)=8x^3e^{-x}-2x^4e^{-x}=-2x^3e^{-x}(x-4)$

이때 $g'(x)=0$에서

$x=0$ 또는 $x=4$

그러므로 함수 $g(x)$의 증가와 감소를 표로 나타내면 다음과 같다.

x	$\cdots$	0	$\cdots$	4	$\cdots$
$g'(x)$	$-$	0	$+$	0	$-$
$g(x)$	↘	0	↗	2^9e^{-4}	↘

이때 $\lim\limits_{x\to\infty}g(x)=0$이므로 함수 $y=g(x)$의 그래프의 개형은 그림과 같다.

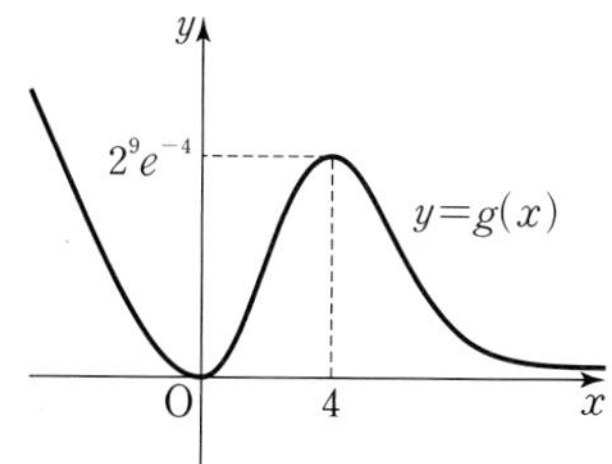

[STEP 2] $f(x)$를 구한다.

한편 조건 (가)에서 방정식 $h(x)=0$은 서로 다른 4개의 실근을 갖는다.

이때 $f(g(x))=0$에서 $g(x)=t$로 놓으면 주어진 방정식은 $f(t)=0$이다.

방정식 $f(t)=0$의 한 근을 $t=\alpha$라 하면

$g(x)=\alpha$

이때 $g(x)\geq 0$이므로 $\alpha\geq 0$이어야 한다.

또 함수 $y=g(x)$의 그래프와 직선 $y=\alpha$는 많아야 세 점에서 만나므로 방정식 $h(x)=0$의 서로 다른 실근의 개수가 4가 되기 위해서는 방정식 $f(t)=0$은 0 이상의 실근을 적어도 2개 가져야 한다.

→ $f(t)=0$을 만족시키는 t의 값이 0개 또는 1개이면 $g(x)=t$를 만족시키는 x의 값은 3개 이하가 된다.

한편 함수 $f(x)$의 최솟값이 0이고 함수 $f(x)$의 최고차항의 계수가 $\frac{1}{2}$이므로

$$f(x)=\frac{1}{2}(x-\alpha)^2(x-\beta)^2\ (0\leq\alpha\leq\beta) \quad \cdots\cdots ㉠$$

또 조건 (나)에서 함수 $h(x)$는 $x=0$에서 극소이므로 $h'(0)=0$이고 $x=0$의 좌우에서 $h'(x)$의 부호가 음에서 양으로 바뀌어야 한다.

한편 $h'(x)=f'(g(x))g'(x)$이고 $g'(x)$의 부호가 $x=0$의 좌우에서 음에서 양으로 바뀌므로 $f'(g(x))$의 부호는 $x=0$의 좌우에서 양으로 나타나야 한다.

한편 x의 값이 0에 아주 가까이 있을 때, $x<0$이면 $g(x)>0$이고, $x>0$이면 $g(x)>0$이다.

또 $g(0)=0$이므로 위의 조건을 만족시키기 위해서는 함수 $f(x)$에서 x의 값이 0의 근처이고 양수일 때, $f'(x)>0$이어야 한다.

이때 $\alpha\geq 0$이므로 $\alpha=0$이어야 한다.

그러므로 ㉠에서

$$f(x)=\frac{1}{2}x^2(x-\beta)^2 \quad \cdots\cdots ㉡$$

[STEP 3] 함수 $y=f(x)$의 그래프의 극댓값의 크기에 따라 교점의 개수를 알아본다.

또 조건 (다)에서 방정식 $h(x)=8$의 서로 다른 실근의 개수가 6이어야 한다. $f(g(x))=8$에서 $g(x)=t$로 놓으면 $f(t)=8$이고 $g(x)\geq 0$이므로 $t\geq 0$이어야 한다.

이때 함수 $y=f(x)$의 그래프와 직선 $y=8$을 각 경우로 나누어 함수 $y=f(x)$의 그래프와 직선 $y=8$의 교점 중 x좌표가 0보다 큰 점만 나타내면 다음과 같다.

(i) 함수 $f(x)$의 극댓값이 8보다 작은 경우

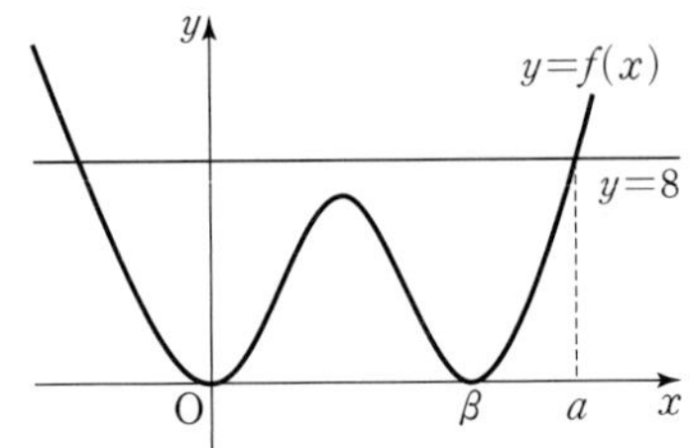

두 함수 $y=f(x)$의 그래프와 직선 $y=8$의 교점의 x좌표 중 0보다 큰 값을 a라 하면 방정식 $g(x)=a$의 서로 다른 실근의 개수는 6이어야 한다.

그런데 함수 $y=g(x)$의 그래프와 직선 $y=a\ (a>0)$은 많아야 세 점에서 만나므로 조건을 만족시키지 않는다.

(ii) 함수 $f(x)$의 극댓값이 8인 경우

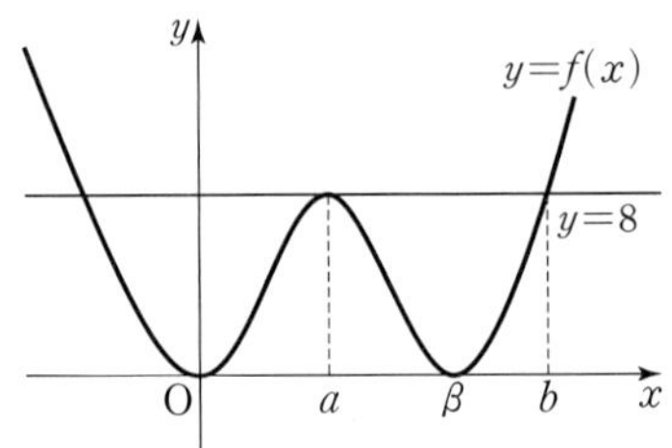

함수 $y=f(x)$의 그래프와 직선 $y=8$의 교점의 x좌표 중 0보다 큰 값을 a, $b\ (a<b)$라 하면 방정식 $g(x)=a$ 또는 $g(x)=b$의 서로 다른 실근의 개수는 6이어야 한다.

그런데 함수 $y=g(x)$의 그래프와 직선 $y=a\ (a>0)$의 교점의 개수는 2 또는 3이다.

마찬가지로 함수 $y=g(x)$의 그래프와 직선 $y=b\ (b>0)$의 교점의 개수는 2 또는 3이다.

그러므로 조건을 만족시킬 수 있다.

(iii) 함수 $f(x)$의 극댓값이 8보다 큰 경우

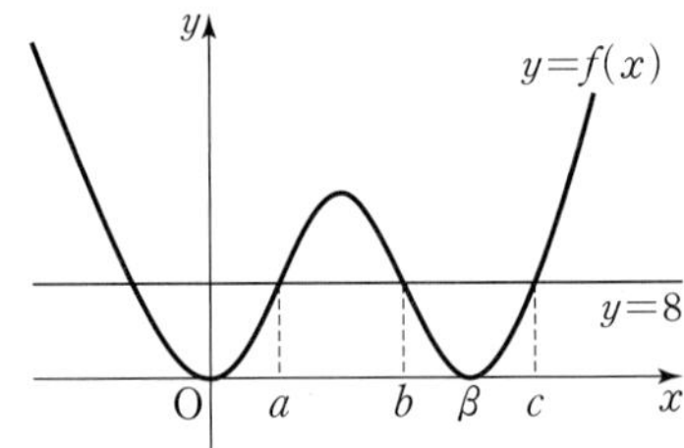

함수 $y=f(x)$의 그래프와 직선 $y=8$의 교점의 x좌표 중 0보다 큰 값을 a, b, $c\ (a<b<c)$라 하면 방정식 $g(x)=a$ 또는 $g(x)=b$ 또는 $g(x)=c$의 서로 다른 실근의 개수는 6이어야 한다.

그런데 함수 $y=g(x)$의 그래프와 직선 $y=a\ (a>0)$의 교점의 개수는 2 또는 3이다.

마찬가지로 함수 $y=g(x)$의 그래프와 직선 $y=b\ (b>0)$, 함수 $y=g(x)$의 그래프와 직선 $y=c\ (c>0)$의 교점의 개수도 모두 2 또는 3이다.

그러므로 방정식 $h(x)=0$의 서로 다른 실근의 개수가 6이기 위해서는 교점의 개수가 모두 2가 되어야 한다.

그런데 $0<a<b<c$이고 함수 $y=g(x)$의 그래프와 직선 $y=2^9e^{-4}$만 서로 다른 두 점에서 만나므로 조건을 만족시키지 않는다.

(i), (ii), (iii)에서 함수 $f(x)$의 극댓값은 8이다.

[STEP 4] $f(x)$의 증감을 나타내는 표를 만들고 β의 값을 구한다.

한편 ㉡에서

$$f'(x)=x(x-\beta)^2+x^2(x-\beta)$$
$$=x(x-\beta)(2x-\beta)$$
$$=2x(x-\beta)\left(x-\frac{\beta}{2}\right)$$

이때 함수 $f(x)$의 증가와 감소를 표로 나타내면 다음과 같다.

x	$\cdots$	0	$\cdots$	$\frac{\beta}{2}$	$\cdots$	β	$\cdots$
$f'(x)$	$-$	0	$+$	0	$-$	0	$+$
$f(x)$	↘	극소	↗	8(극대)	↘	극소	↗

그러므로 $f\left(\frac{\beta}{2}\right)=8$에서 ㉡에 의하여

$$\frac{1}{2}\times\left(\frac{\beta}{2}\right)^2\times\left(\frac{\beta}{2}-\beta\right)^2=8$$

$\beta^4=2^8$

이때 $\beta>0$이므로 $\beta=2^2=4$

[STEP 5] $f'(5)$의 값을 구한다.

따라서 $f(x)=\frac{1}{2}x^2(x-4)^2$에서

$$f'(x)=x(x-4)^2+x^2(x-4)$$
$$=2x(x-2)(x-4)$$

이므로 $f'(5)=2\times5\times3\times1=30$

답 30

수능이 보이는 강의

합성함수 $h(x)=f(g(x))$에서 $g(x)=t$로 놓고 함수 $f(t)$가 주어진 세 조건을 만족시키도록 그래프의 개형을 생각해야 해.
이때 사차함수의 그래프의 여러 개형을 알고 있어야 조건을 만족시키는 사차함수를 추론하기 쉽겠지?!

최고차항의 계수가 $\frac{1}{2}$이고 최솟값이 0인 사차함수 $y=f(x)$의 그래프의 개형은 그림과 같이 x축과 한 점에서 접하는 경우와 x축과 두 점에서 접하는 여러 가지 경우가 있어.

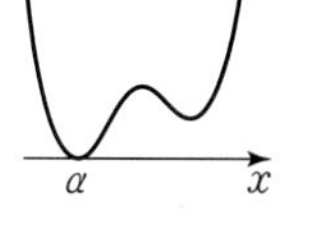

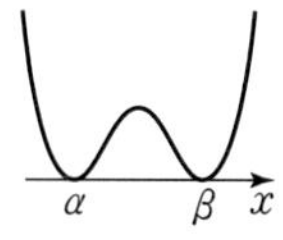

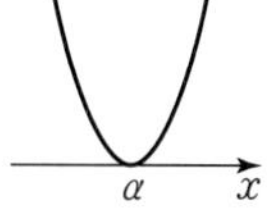

16

정답률 9.0%

정답 공식 **개념만 확실히 알자!**

1. 이차방정식의 근의 공식

x에 대한 이차방정식 $ax^2+bx+c=0(a\neq0)$의 해는

$x=\frac{-b\pm\sqrt{b^2-4ac}}{2a}$ (단, $b^2-4ac\geq0$)

2. 좌표평면 위의 두 점 사이의 거리

좌표평면 위의 두 점 $\mathrm{A}(x_1, y_1)$, $\mathrm{B}(x_2, y_2)$ 사이의 거리는

$\overline{\mathrm{AB}}=\sqrt{(x_2-x_1)^2+(y_2-y_1)^2}$

즉, $\overline{\mathrm{AB}}^2=(x_2-x_1)^2+(y_2-y_1)^2$

3. 로그의 성질

$a>0$, $a\neq1$이고 $x>0$, $y>0$일 때

① $\log_a xy=\log_a x+\log_a y$

② $\log_a \frac{x}{y}=\log_a x-\log_a y$

③ $\log_a x^n=n\log_a x$ (단, n은 실수)

4. 로그함수의 도함수

① $y=\ln|x|$이면 $y'=\frac{1}{x}$

② $y=\log_a|x|$이면 $y'=\frac{1}{x\ln a}$ (단, $a>0$, $a\neq1$)

풀이 전략 곡선과 직선이 만나는 교점을 구하여 두 점 사이의 거리를 구해 $f(t)$를 구하고 로그함수의 도함수를 이용하여 미분계수를 구한다.

문제 풀이

[STEP 1] 곡선과 직선이 만나는 두 점의 x좌표를 α, β로 놓고 $f(t)$를 α, β에 대한 식으로 세운다.

곡선 $y=\ln(1+e^{2x}-e^{-2t})$과 직선 $y=x+t$가 만나는 두 점을

$\mathrm{P}(\alpha, \alpha+t)$, $\mathrm{Q}(\beta, \beta+t)$ $(\alpha<\beta)$

로 놓으면

$$f(t)=\sqrt{(\beta-\alpha)^2+(\beta-\alpha)^2}$$
$$=\sqrt{2}(\beta-\alpha)$$

→ $\sqrt{2(\beta-\alpha)^2}=\sqrt{2}|\beta-\alpha|$에서 $\alpha<\beta$이므로 $\sqrt{2}(\beta-\alpha)$

[STEP 2] α, β를 실수 t에 대한 식으로 세워 $f(t)$를 구한다.

이때 α, β는 x에 대한 방정식

$\ln(1+e^{2x}-e^{-2t})=x+t$

의 서로 다른 두 실근이므로

$1+e^{2x}-e^{-2t}=e^{x+t}$

$e^{2x}-e^t\times e^x+1-e^{-2t}=0$

$e^x=k$ $(k>0)$으로 놓으면

$k^2-e^tk+1-e^{-2t}=0$

은 k에 대한 이차방정식이므로 근의 공식을 이용하면

→ $k^2-e^tk+(1-e^{-2t})=0$에서 $a=1$, $b=-e^t$, $c=1-e^{-2t}$으로 본다.

$$k=\frac{e^t\pm\sqrt{e^{2t}+4e^{-2t}-4}}{2}$$

이므로

$$e^{\alpha}=\frac{e^t-\sqrt{e^{2t}+4e^{-2t}-4}}{2}$$

$$e^{\beta}=\frac{e^t+\sqrt{e^{2t}+4e^{-2t}-4}}{2}$$

즉,

$$\alpha=\ln\frac{e^t-\sqrt{e^{2t}+4e^{-2t}-4}}{2},$$

$$\beta=\ln\frac{e^t+\sqrt{e^{2t}+4e^{-2t}-4}}{2}$$

이므로

$$\beta-\alpha=\ln\frac{e^t+\sqrt{e^{2t}+4e^{-2t}-4}}{e^t-\sqrt{e^{2t}+4e^{-2t}-4}}$$

$$=\ln\frac{(e^t+\sqrt{e^{2t}+4e^{-2t}-4})^2}{4(1-e^{-2t})}$$

→ 로그의 성질 $\log_a\frac{x}{y}=\log_a x-\log_a y$, $\log_a x^n=n\log_a x$ (단, n은 실수)

$$=2\ln(e^t+\sqrt{e^{2t}+4e^{-2t}-4})-\ln 4-\ln(1-e^{-2t})$$

따라서

$$g(t)=2\ln(e^t+\sqrt{e^{2t}+4e^{-2t}-4})-\ln 4-\ln(1-e^{-2t})$$

이라 하면

→ $y=\ln|f(x)|$이면 $y'=\frac{f'(x)}{f(x)}$ (단, $f(x)\neq 0$)

$$g'(t)=2\times\frac{e^t+\frac{2e^{2t}-8e^{-2t}}{2\sqrt{e^{2t}+4e^{-2t}-4}}}{e^t+\sqrt{e^{2t}+4e^{-2t}-4}}-\frac{2e^{-2t}}{1-e^{-2t}}$$

이므로

→ $e^{2\ln 2}=e^{\ln 2^2}=e^{\ln 4}=4$, $e^{-2\ln 2}=e^{-\ln 2^2}=e^{-\ln 4}=\frac{1}{4}$

$$g'(\ln 2)=2\times\frac{2+\frac{8-2}{2}}{2+1}-\frac{2}{3}$$

$$=2\times\frac{5}{3}-\frac{2}{3}$$

$$=\frac{8}{3}$$

[STEP 3] $f'(\ln 2)$의 값을 구한다.

$f(t)=\sqrt{2}g(t)$에서

$$f'(\ln 2)=\sqrt{2}g'(\ln 2)$$

$$=\frac{8}{3}\sqrt{2}$$

따라서 $p=3$, $q=8$이므로

$p+q=3+8=11$

답 11

17

정답률 7.8%

정답 공식 **개념만 확실히 알자!**

1. 이차방정식의 근과 계수의 관계

x에 대한 이차방정식 $ax^2+bx+c=0(a\neq 0)$의 두 근을 α, β라 할 때

$\alpha+\beta=-\frac{b}{a}$, $\alpha\beta=\frac{c}{a}$

2. $y=|f(x)|$의 그래프

절댓값의 정의 $|A|=\begin{cases}-A & (A<0)\\ A & (A\geq 0)\end{cases}$에 따라 함수 $|f(x)|$는

$y=|f(x)|=\begin{cases}-f(x) & (f(x)<0)\\ f(x) & (f(x)\geq 0)\end{cases}$을 나타낸다.

이때 $y=-f(x)$의 그래프는 $y=f(x)$의 그래프를 x축에 대하여 대칭이동시킨 것이다.

3. 함수의 극대와 극소

미분가능한 함수 $f(x)$에서 $f'(a)=0$이고 $x=a$의 좌우에서

(1) $f'(x)$의 부호가 양에서 음으로 바뀌면
$f(x)$는 $x=a$에서 극대이고, 극댓값은 $f(a)$이다.

(2) $f'(x)$의 부호가 음에서 양으로 바뀌면
$f(x)$는 $x=a$에서 극소이고, 극솟값은 $f(a)$이다.

(3) 함수 $f(x)$가 $x=a$에서 미분가능하고 $x=a$에서 극값을 가지면 $f'(a)=0$이다.

풀이 전략 함수의 극대, 극소 등의 성질을 활용하여 함수식을 구한다.

문제 풀이

[STEP 1] 함수 $f'(x)$를 구하여 극값을 갖는 조건을 이용한다.

$$f'(x)=(2x+a)e^{-x}-(x^2+ax+b)e^{-x}$$

$$=-\{x^2+(a-2)x+b-a\}e^{-x}$$

$f'(x)=0$에서 모든 실수 x에 대하여 $e^{-x}>0$이므로

$x^2+(a-2)x+b-a=0$ ...... ㉠

조건 (가)에서 이차방정식 ㉠은 서로 다른 두 실근을 가져야 한다.

→ $f'(x)=0$이 서로 다른 두 실근 α, β를 가지는 경우 $f'(x)=0$의 판별식 $D>0$이다.

이 두 실근을 α, β $(\alpha<\beta)$라 하자.

이차방정식 ㉠의 판별식을 D_1이라 하면

$$D_1=(a-2)^2-4(b-a)$$

$$=a^2+4-4b>0$$

$f(x)=0$에서 모든 실수 x에 대하여 $e^{-x}>0$이므로

$x^2+ax+b=0$ ...... ㉡

이차방정식 ㉡의 판별식을 D_2라 하면

$$D_2=a^2-4b$$

[STEP 2] 조건을 만족하는 $y=|f(x)|$의 그래프의 개형을 그려 a, b의 값을 구한다.

(i) $D_2>0$인 경우

함수 $y=f(x)$의 그래프가 x축과 서로 다른 두 점에서 만나고, 이 두 점의 x좌표를 γ, δ $(\gamma<\delta)$라 하면 함수 $y=|f(x)|$의 그래프의 개형은 [그림 1]과 같다.

→ $f(x)<0$인 x축의 아랫 부분을 x축에 대하여 대칭이동시킨 것이다.

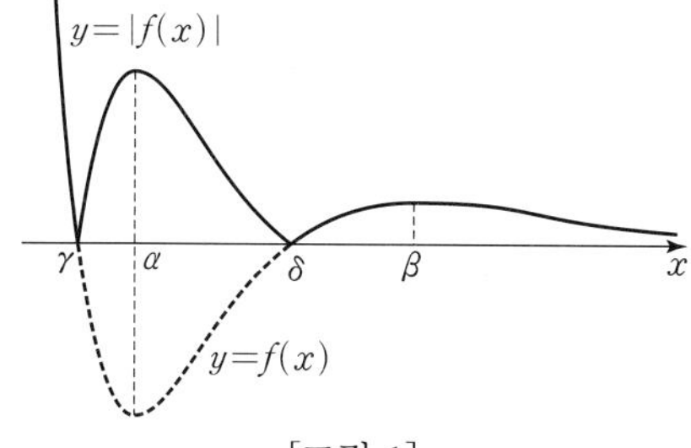

[그림 1]

함수 $|f(x)|$는 $x=\alpha$, $x=\beta$서 극대이고 $x=\gamma$, $x=\delta$에서 극소이므로 조건 (나)에서 모든 k의 값의 합은 이차방정식 ㉠의 서로 다른 두 실근 α, β와 이차방정식 ㉡의 서로 다른 두 실근 γ, δ의 합과 같다.

이차방정식의 근과 계수의 관계에 의하여

$(\alpha+\beta)+(\gamma+\delta)=(2-a)+(-a)=3$

→ ㉠에서 $\alpha+\beta=-\frac{a-2}{1}=-a+2$
㉡에서 $\gamma+\delta=-a$

$a=-\frac{1}{2}$

이때 a는 정수가 아니므로 조건을 만족시키지 않는다.

(ii) $D_2=0$인 경우

함수 $y=f(x)$의 그래프가 x축에 접하고, 이 접점의 x좌표는 α이므로 함수 $y=|f(x)|$의 그래프의 개형은 [그림 2]와 같다.

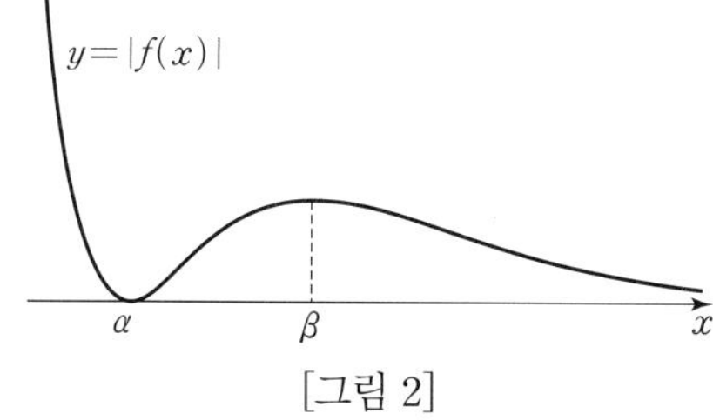

[그림 2]

함수 $|f(x)|$는 $x=\beta$에서 극대이고 $x=\alpha$에서 극소이므로 조건 (나)에서 모든 k의 값의 합은 이차방정식 ㉠의 서로 다른 두 실근 α, β의 합과 같다.

이차방정식의 근과 계수의 관계에 의하여

$\alpha+\beta=2-a=3$, $a=-1$

$D_2=(-1)^2-4b=0$

$b=\frac{1}{4}$

이때 b는 정수가 아니므로 조건을 만족시키지 않는다.

(iii) $D_2<0$인 경우

함수 $y=f(x)$의 그래프가 x축과 만나지 않으므로 함수 $y=|f(x)|$의 그래프의 개형은 [그림 3]과 같다.

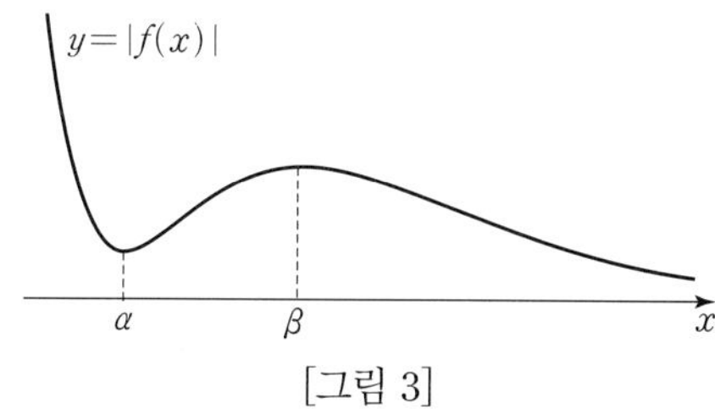

[그림 3]

함수 $|f(x)|$는 $x=\beta$에서 극대이고 $x=\alpha$에서 극소이므로 조건 (나)에서 모든 k의 값의 합은 이차방정식 ㉠의 서로 다른 두 실근 α, β의 합과 같다.

이차방정식의 근과 계수의 관계에 의하여

$\alpha+\beta=2-a=3$

$a=-1$

$D_1=(-1)^2+4-4b>0$, $b<\frac{5}{4}$

$D_2=(-1)^2-4b<0$, $b>\frac{1}{4}$

$\frac{1}{4}<b<\frac{5}{4}$이고 b는 정수이므로

$b=1$

[STEP 3] 조건을 만족시키는 정수 a, b의 값을 구하여 $f(x)$의 식을 세워 $f(10)$의 값을 구한다.

(i), (ii), (iii)에서 조건을 만족시키는 정수 a, b의 값이

$a=-1$, $b=1$이므로

$f(x)=(x^2-x+1)e^{-x}$

따라서 $f(10)=(10^2-10+1)e^{-10}=91e^{-10}$이므로

$p=91$

답 91

18

정답률 7.5%

정답 공식 **개념만 확실히 알자!**

1. 곡선 위의 점에서의 접선의 방정식
   곡선 $y=f(x)$ 위의 점 $(a, f(a))$에서의 접선의 방정식은
   $y-f(a)=f'(a)(x-a)$
2. 곱의 미분법
   미분가능한 두 함수 $f(x)$, $g(x)$에 대하여
   $\{f(x)g(x)\}'=f'(x)g(x)+f(x)g'(x)$

풀이 전략 그래프를 이용하여 접선의 방정식, 증가와 감소를 활용하여 최댓값, 최솟값을 구한다.

문제 풀이

[STEP 1] $f(x)=e^{x-2}$, $g(x)=-e^{-x+1}$이라 하고, 그래프를 그려 파악한다.

$f(x)=e^{x-2}$이라 하면 함수 $y=f(x)$의 그래프는 함수 $y=e^x$의 그래프를 x축의 방향으로 2만큼 평행이동한 것이다.

또 $g(x)=-e^{-x+1}$이라 하면 함수 $y=g(x)$의 그래프는 함수 $y=e^x$의 그래프를 원점에 대하여 대칭이동한 후 x축의 방향으로 1만큼 평행이동한 것이다.

→ 방정식 $f(x, y)=0$이 나타내는 도형을 원점에 대하여 대칭이동시킨 도형의 방정식은 $f(-x, -y)=0$

함수 $y=e^{x-2}$, $y=-e^{-x+1}$의 그래프와 두 그래프 사이를 지나는 직선 $y=ax+b$를 나타내면 그림과 같다.

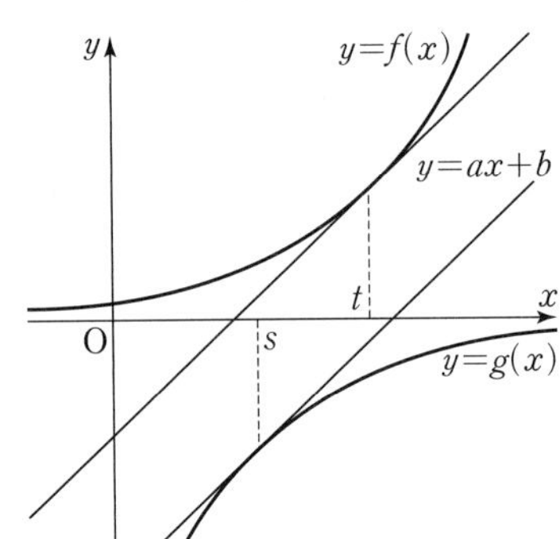

[STEP 2] 직선 $y=ax+b$의 기울기와 같은 곡선 $y=f(x)$, $y=g(x)$의 접선의 기울기를 구한다.

$f'(x)=e^{x-2}$이므로 곡선 $y=f(x)$ 위의 점 $(t, f(t))$에서의 접선의 방정식은

→ 곡선 $y=f(x)$ 위의 점 $\mathrm{P}(a, f(a))$에서의 접선의 방정식은 $y-f(a)=f'(a)(x-a)$

$y=e^{t-2}(x-t)+e^{t-2}$

$y=e^{t-2}x+(1-t)e^{t-2}$ …… ㉠

또 $g'(x)=e^{-x+1}$이므로 곡선 $y=g(x)$ 위의 점 $(s, g(s))$에서의 접선의 방정식은

$y=e^{-s+1}(x-s)-e^{-s+1}$

$y=e^{-s+1}x+(-s-1)e^{-s+1}$ …… ㉡

㉠과 ㉡에서 접선의 기울기가 같으면

→ 직선 $y=ax+b$에서 기울기는 a, y절편은 b

$e^{t-2}=e^{-s+1}$

즉, $t-2=-s+1$이므로

$s=-t+3$ …… ㉢

㉢을 ㉡에 대입하면

$y=e^{t-2}x+(t-4)e^{t-2}$ …… ㉣

이때 ㉠과 ㉣에서 $x=t$일 때

$a=e^{t-2}$

$(t-4)e^{t-2}\le b\le(1-t)e^{t-2}$이므로

$(t-4)e^{2t-4}\le ab\le(1-t)e^{2t-4}$ …… ㉤

한편 두 접선이 일치하면

→ ㉠, ㉡의 y절편이 같다.

$(1-t)e^{t-2}=(-s-1)e^{-s+1}$

이 식에 ㉢을 대입하면

$(1-t)e^{t-2}=(t-4)e^{t-2}$

$1-t=t-4$

$2t=5$, 즉 $t=\frac{5}{2}$

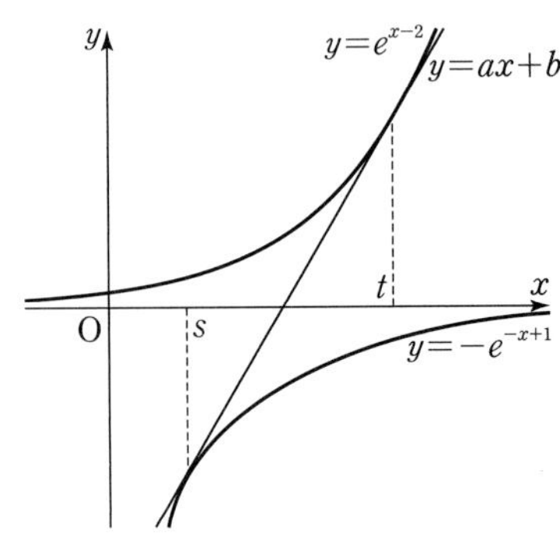

그러므로 모든 실수 x에 대하여 부등식

$-e^{-x+1}\le ax+b\le e^{x-2}$

을 만족시키는 실수 a, b에 대하여 t의 값의 범위는 다음과 같다.

$t\le\frac{5}{2}$ …… ㉥

[STEP 3] ab의 최댓값 M, 최솟값 m을 구한다.

$t\le\frac{5}{2}$에서 ab의 최댓값, 최솟값은 ㉤에서 $h(t)=(1-t)e^{2t-4}$이라 하면

→ $h'(t)=(1-t)'e^{2t-4}+(1-t)(e^{2t-4})'$

$h'(t)=-e^{2t-4}+(2-2t)e^{2t-4}=(1-2t)e^{2t-4}$

이므로 $h'(t)=0$에서 $t=\frac{1}{2}$

또 $k(t)=(t-4)e^{2t-4}$이라 하면

$k'(t)=e^{2t-4}+(2t-8)e^{2t-4}=(2t-7)e^{2t-4}$

이므로 $k'(t)=0$에서 $t=\frac{7}{2}$

이때 $h\left(\frac{1}{2}\right)=\frac{1}{2}e^{-3}$, $k\left(\frac{5}{2}\right)=-\frac{3}{2}e$이므로 $t\le\frac{5}{2}$에서 두 함수 $y=h(t)$, $y=k(t)$의 그래프는 그림과 같다.

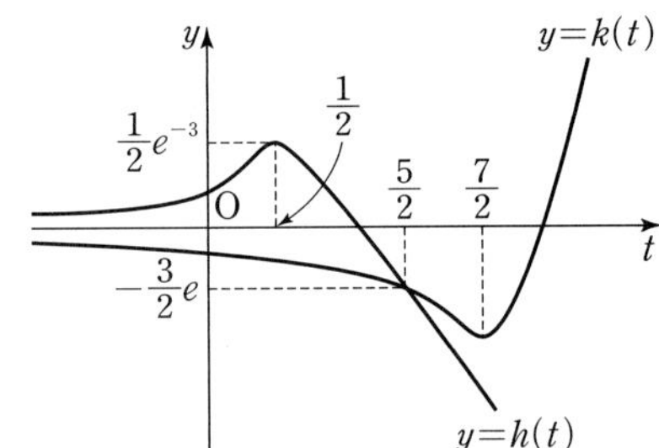

그러므로 $t=\frac{5}{2}$에서 최솟값 $-\frac{3}{2}e$, $t=\frac{1}{2}$에서 최댓값 $\frac{1}{2}e^{-3}$을 갖는다.

즉, $M=\frac{1}{2}e^{-3}$, $m=-\frac{3}{2}e$

[STEP 4] $|M\times m^3|$의 값을 구한다.

따라서 $|M\times m^3|=\left|\frac{1}{2}e^{-3}\times\left(-\frac{3}{2}e\right)^3\right|=\frac{27}{16}$이므로

$p+q=16+27=43$

답 43

19

정답률 **7.0%**

정답 공식 **개념만 확실히 알자!**

1. 함수의 연속과 불연속

(1) 함수의 연속

함수 $f(x)$가 실수 a에 대하여 다음 세 조건

① 함숫값 $f(a)$가 정의되고

② $\lim_{x \to a} f(x)$가 존재하며

③ $\lim_{x \to a} f(x) = f(a)$

를 모두 만족시킬 때, $x=a$에서 연속이라 한다.

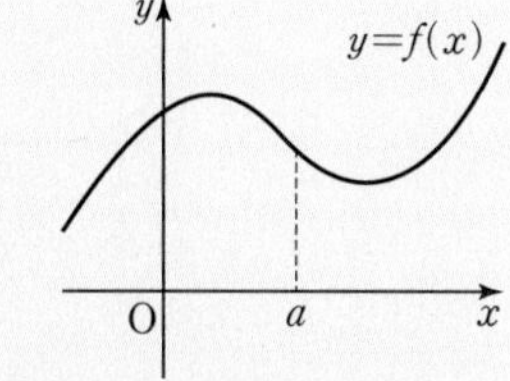

(2) 함수의 불연속

함수 $y=f(x)$의 그래프가 $x=a$에서 연속이 아닐 때, 함수 $f(x)$는 $x=a$에서 불연속이라 한다. 즉, 함수 $f(x)$가 위의 (1)의 세 조건 중 어느 한 조건이라도 만족시키지 않으면 $x=a$에서 불연속이다.

2. 함수의 극대와 극소

미분가능한 함수 $f(x)$에서 $f'(a)=0$이고 $x=a$의 좌우에서

(1) $f'(x)$의 부호가 양에서 음으로 바뀌면

$f(x)$는 $x=a$에서 극대이고, 극댓값은 $f(a)$이다.

(2) $f'(x)$의 부호가 음에서 양으로 바뀌면

$f(x)$는 $x=a$에서 극소이고, 극솟값은 $f(a)$이다.

(3) 함수 $f(x)$가 $x=a$에서 미분가능하고 $x=a$에서 극값을 가지면 $f'(a)=0$이다.

3. 곡선의 변곡점

곡선 $y=f(x)$ 위의 점 $P(a, f(a))$에 대하여 $x=a$의 좌우에서 곡선의 모양이 아래로 볼록에서 위로 볼록으로 바뀌거나 위로 볼록에서 아래로 볼록으로 바뀔 때, 이 점 P를 곡선 $y=f(x)$의 변곡점이라 한다.

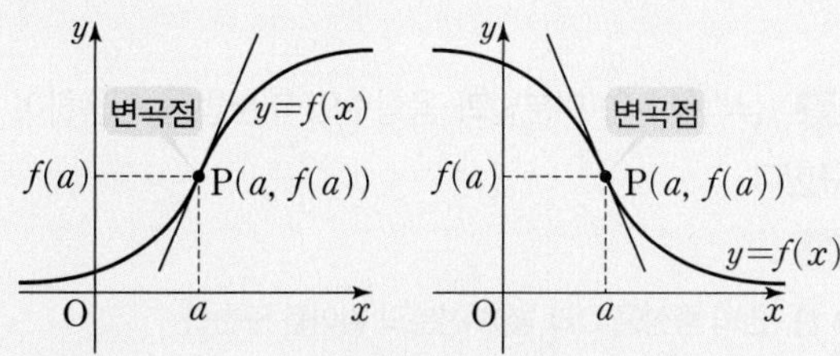

4. 이계도함수를 이용한 곡선의 변곡점의 판정

이계도함수를 가지는 함수 $f(x)$에 대하여 $f''(a)=0$이고 $x=a$의 좌우에서 $f''(x)$의 부호가 바뀌면 점 $(a, f(a))$는 곡선 $y=f(x)$의 변곡점이다.

5. 접선의 방정식

함수 $f(x)$가 $x=a$에서 미분가능할 때, 곡선 $y=f(x)$ 위의 점 $(a, f(a))$에서의 접선의 방정식은

⇨ $y-f(a)=f'(a)(x-a)$

6. 방정식의 실근의 개수

방정식 $f(x)=g(x)$의 서로 다른 실근의 개수는 두 함수 $y=f(x)$, $y=g(x)$의 그래프의 교점의 개수와 같다.

풀이 전략 미분을 이용하여 함수의 그래프의 개형을 그려서 조건을 만족시키는 함수를 구한다.

문제 풀이

[STEP 1] 함수 $y=f(x)$의 그래프의 개형을 그린다.

$$f(x)=\frac{x^2-ax}{e^x}=(x^2-ax)e^{-x}$$

이므로

$$\begin{aligned} f'(x) &= (2x-a)e^{-x}+(x^2-ax)e^{-x}\times(-1) \\ &= e^{-x}\{-x^2+(a+2)x-a\} \\ &= -e^{-x}\{x^2-(a+2)x+a\} \end{aligned}$$

이때 $f'(x)=0$에서

$x^2-(a+2)x+a=0$ …… ㉠

이 이차방정식의 판별식을 D라 하면

$$\begin{aligned} D &= (a+2)^2-4a \\ &= a^2+4>0 \end{aligned}$$

또 ㉠의 서로 다른 두 근은

$x=\dfrac{(a+2)\pm\sqrt{a^2+4}}{2}$ …… ㉡

이때 $a>0$이므로

$a+2=\sqrt{(a+2)^2}>\sqrt{a^2+4}$

그러므로 두 양의 실근을 갖는다.

($x=\dfrac{a+2\pm\sqrt{a^2+4}}{2}$에서 $a+2>\sqrt{a^2+4}$이므로 $x=\dfrac{a+2-\sqrt{a^2+4}}{2}>0$)

㉡의 두 근을 α, β $(0<\alpha<\beta)$라 하면 함수 $f(x)$의 증가와 감소를 나타내는 표는 다음과 같다.

x	…	α	…	β	…
$f'(x)$	$-$	0	$+$	0	$-$
$f(x)$	↘		↗		↘

이때 $f(0)=0$, $f(a)=0$이고

$$\lim_{x\to\infty} f(x)=\lim_{x\to\infty}\frac{x^2-ax}{e^x}=0$$

이므로 함수 $y=f(x)$의 그래프의 개형은 그림과 같다.

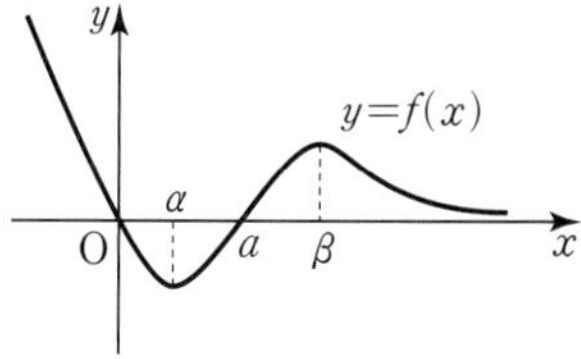

또

$$\begin{aligned} f''(x) &= e^{-x}\{x^2-(a+2)x+a\}-e^{-x}\{2x-(a+2)\} \\ &= e^{-x}\{x^2-(a+4)x+2a+2\} \end{aligned}$$

이때 $f''(x)=0$에서

$x^2-(a+4)x+2a+2=0$ …… ㉢

이 이차방정식의 판별식을 D라 하면

$$\begin{aligned} D &= (a+4)^2-4\times1\times(2a+2) \\ &= a^2+8>0 \end{aligned}$$

그러므로 함수 $f(x)$가 변곡점을 갖는 x의 값의 개수는 2이다.

[STEP 2] $f(x)=f'(t)(x-t)+f(t)$의 서로 다른 실근의 개수 $g(t)$를 구한다.

한편 방정식

$f(x)=f'(t)(x-t)+f(t)$

의 서로 다른 실근의 개수는 두 함수

$y=f(x)$, $y=f'(t)(x-t)+f(t)$

의 그래프의 교점의 개수이다.

이때 직선 $y=f'(t)(x-t)+f(t)$는 곡선 $y=f(x)$ 위의 점 $(t, f(t))$에서의 접선이다.

한편 함수 $g(t)$가 $t=a$에서 연속이면

$g(a)=\lim_{t\to a} g(t)$이므로

$g(a)+\lim_{t\to a} g(t)$의 값은 짝수이어야 한다.

그런데

$g(5)+\lim_{t\to 5} g(t)=5$ ...... ㉣

이므로 함수 $g(t)$는 $t=5$에서 불연속이다.

→ 주어진 조건에서 $\lim_{t\to k-} g(t) \neq \lim_{t\to k+} g(t)$

함수 $g(t)$가 불연속이 되는 t의 값은 함수 $f(x)$가 극값을 갖는 x의 값이거나 변곡점을 갖는 x의 값이다.

한편 함수 $f(x)$가 극값을 갖는 x의 값을 m이라 하면 함수 $g(t)$는 $t=m$에서 극한값을 갖지 않는다.

또 함수 $f(x)$가 변곡점을 갖는 x의 값을 n이라 하면 함수 $g(t)$는 $t=n$에서 극한값을 갖는다.

그러므로 ㉣을 만족시키는 t의 값은 함수 $f(x)$가 변곡점을 갖는 x의 값 중 큰 값이다.

→ 점 $P(a, f(a))$에 대하여 $x=a$의 좌우에서 곡선의 모양이 아래로 볼록에서 위로 볼록으로 바뀌거나 위로 볼록에서 아래로 볼록으로 바뀔 때, 이 점 P를 곡선 $y=f(x)$의 변곡점이라 한다.

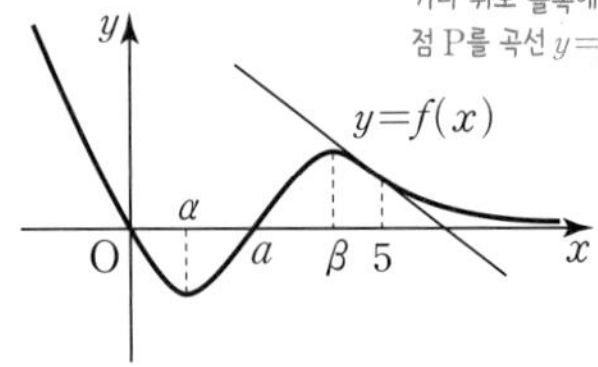

즉, 함수 $f(x)$는 $x=5$에서 변곡점을 갖고, 이때

$\lim_{t\to 5} g(t)=3$, $g(5)=2$

이므로 조건을 만족시킨다.

[STEP 3] 주어진 조건을 만족시키는 모든 실수 k의 값의 합을 구하여 $p+q$의 값을 구한다.

따라서 $x=5$가 이차방정식 ㉢의 근이므로 대입하면

$5^2-(a+4)\times 5+2a+2=0$

$-3a+7=0$

$a=\frac{7}{3}$ ...... ㉤

한편 $\lim_{t\to k-} g(t) \neq \lim_{t\to k+} g(t)$를 만족시키는 k의 값은 함수 $f(x)$가 극값을 갖는 x의 값이다.

㉠에 ㉤을 대입하면

$x^2-\left(\frac{7}{3}+2\right)x+\frac{7}{3}=0$

$x^2-\frac{13}{3}x+\frac{7}{3}=0$

따라서 구하는 모든 실수 k의 값의 합은 이차방정식의 근과 계수의 관계에 의하여 $\frac{13}{3}$이므로

→ $ax^2+bx+c=0\ (a\neq 0)$의 두 근 α, β에 대하여 $\alpha+\beta=-\frac{b}{a}, \alpha\beta=\frac{c}{a}$

$p+q=3+13=16$

답 16

20

정답률 7.0%

정답 공식 **개념만 확실히 알자!**

1. 삼각함수의 도함수

(1) $y=\sin\theta \Rightarrow y'=\cos\theta$

(2) $y=\cos\theta \Rightarrow y'=-\sin\theta$

2. 음함수의 미분법

(1) x의 함수 y가 방정식 $f(x, y)=0$ 꼴로 주어졌을 때, y를 x의 음함수라 한다.

(2) 음함수 $f(x, y)=0$에서 y를 x에 대한 함수로 보고 양변의 각 항을 x에 대하여 미분하여 $\frac{dy}{dx}$를 구한다.

3. 코사인법칙

삼각형 ABC에서

$a^2=b^2+c^2-2bc\cos A$

$b^2=c^2+a^2-2ca\cos B$

$c^2=a^2+b^2-2ab\cos C$

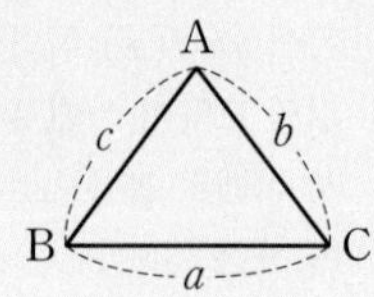

풀이 전략 삼각함수의 미분법과 음함수의 미분법을 이용하여 미분계수를 구한다.

문제 풀이

[STEP 1] 원의 중심을 O라 놓고 선분의 길이를 구한다.

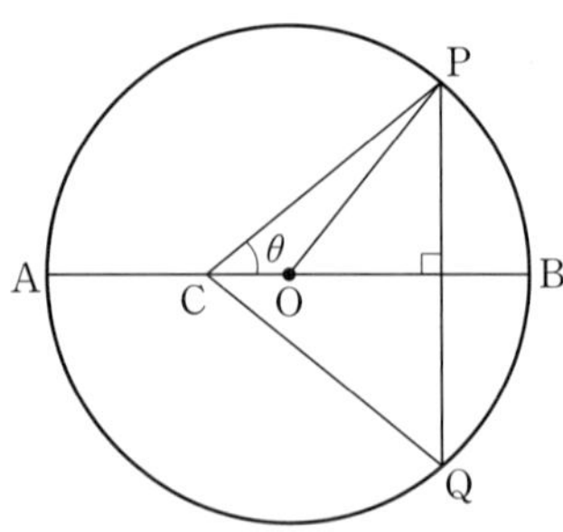

선분 AB의 중점을 O라 하면

→ 지름의 중점이 원의 중심이다.

$\overline{OP}=5$

$\overline{OC}=\overline{AO}-\overline{AC}$

$=5-4=1$

삼각형 PCO에서 코사인법칙을 이용하면

$\overline{OP}^2=\overline{CP}^2+\overline{OC}^2-2\times\overline{CP}\times\overline{OC}\times\cos\theta$

$\overline{CP}=x$라 하면

$5^2=x^2+1^2-2\times x\times 1\times\cos\theta$

$x^2-2x\cos\theta-24=0$ ······ ㉠

$\theta=\frac{\pi}{4}$를 ㉠에 대입하면

$x^2-\sqrt{2}x-24=0$ → 근의 공식을 이용하면 $x=\frac{\sqrt{2}\pm\sqrt{2+96}}{2}=\frac{\sqrt{2}\pm7\sqrt{2}}{2}$

$x>0$이므로 $x=4\sqrt{2}$ $x=4\sqrt{2}$ 또는 $x=-3\sqrt{2}$

㉠을 θ에 대하여 미분하면

$$2x\frac{dx}{d\theta}-2\cos\theta\frac{dx}{d\theta}+2x\sin\theta=0$$

$$\frac{dx}{d\theta}=\frac{x\sin\theta}{\cos\theta-x}$$

$\theta=\frac{\pi}{4}$일 때, $\frac{dx}{d\theta}$의 값은

$$\frac{dx}{d\theta}=\frac{4\sqrt{2}\times\sin\frac{\pi}{4}}{\cos\frac{\pi}{4}-4\sqrt{2}}$$

$$=-\frac{4\sqrt{2}}{7}$$

[STEP 2] 삼각형 PCQ의 넓이 $S(\theta)$를 구한다.

선분 PQ의 중점을 M이라 하면

$$S(\theta)=\frac{1}{2}\times\overline{PQ}\times\overline{CM}$$

→ $\overline{PQ}=2\overline{PM}=2\times\overline{CP}\sin\theta=2x\sin\theta$

$$=\frac{1}{2}\times 2x\sin\theta\times x\cos\theta$$

$$=x^2\sin\theta\cos\theta$$

[STEP 3] $S(\theta)$를 θ에 대하여 미분하여 $-7\times S'\left(\frac{\pi}{4}\right)$의 값을 구한다.

$S(\theta)$의 양변을 θ에 대하여 미분하면

$$S'(\theta)=2x\frac{dx}{d\theta}\sin\theta\cos\theta+x^2\cos^2\theta-x^2\sin^2\theta$$

이 식에 $\theta=\frac{\pi}{4}$를 대입하면

$$S'\left(\frac{\pi}{4}\right)=2\times4\sqrt{2}\times\left(-\frac{4\sqrt{2}}{7}\right)\times\sin\frac{\pi}{4}\times\cos\frac{\pi}{4}+(4\sqrt{2})^2\cos^2\frac{\pi}{4}-(4\sqrt{2})^2\sin^2\frac{\pi}{4}$$

$$=-\frac{32}{7}$$

따라서 $-7\times S'\left(\frac{\pi}{4}\right)=-7\times\left(-\frac{32}{7}\right)=32$

답 32

21

정답률 **6.7%**

정답 공식 **개념만 확실히 알자!**

1. 합성함수의 미분법

합성함수 $y=f(g(x))$의 도함수는

$\{f(g(x))\}'=f'(g(x))g'(x)$

2. 극대, 극소의 응용

미분가능한 함수 $f(x)$에 대하여

(1) $x=\alpha$에서 극값을 갖는다. ⇨ $f'(\alpha)=0$

(2) $x=\alpha$에서 극값 β를 갖는다. ⇨ $f'(\alpha)=0$, $f(\alpha)=\beta$

풀이 전략 삼차함수 $f(x)$를 이용한 새로운 함수 $g(x)$의 조건을 이용해 $y=g(x)$의 그래프 개형을 파악하고, 합성함수의 미분법을 이용하여 함수 $f(x)$를 구한다.

문제 풀이

[STEP 1] 주어진 조건에서 함수 $y=g(x)$의 그래프 개형을 파악한다.

$$g(1-x)=f(\sin^2\pi(1-x))$$
$$=f(\{\sin(\pi-\pi x)\}^2)$$
$$=f(\sin^2\pi x)$$

→ $\sin(\pi-\theta)=\sin\theta$

이므로 함수 $y=g(x)$의 그래프는 직선 $x=\frac{1}{2}$에 대하여 대칭이다.

$g(x)=f(\sin^2\pi x)$에서

$g'(x)=f'(\sin^2\pi x)\times2\sin\pi x\times\pi\cos\pi x$ → $\{f(g(x))\}'=f'(g(x))g'(x)$

이므로 $0<x<1$일 때, $\cos\pi x=0$에서

$x=\frac{1}{2}$

따라서 함수 $g(x)$는 $x=\frac{1}{2}$에서 극값을 가져야 한다.

한편 $0<x<\frac{1}{2}$일 때, $0<\sin^2\pi x<1$이므로 조건 (가)에서 $g(x)$가 극대가 되는 x의 개수가 3이 되려면 삼차함수 $f(x)$는 $0<x<1$에서 극댓값과 극솟값을 가져야 한다.

→ 삼차함수가 극값을 가지면 반드시 극댓값, 극솟값을 갖는다.

조건 (나)에서 함수 $g(x)$의 최댓값이 $\frac{1}{2}$이므로 함수 $f(x)$는 $x=1$에서 $\frac{1}{2}$이어야 한다.

따라서 함수 $y=g(x)$의 그래프의 개형은 그림과 같다.

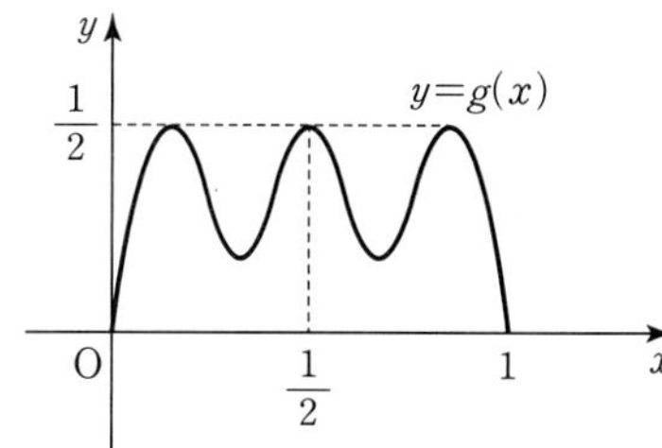

[STEP 2] 삼차함수 $f(x)$를 구한다.

이때 함수 $f(x)$의 최고차항의 계수가 1이므로

$$f(x)-\frac{1}{2}=(x-k)^2(x-1)\ (0<k<1)$$

로 놓으면

$f(x)=(x-k)^2(x-1)+\frac{1}{2}$

$f'(x)=2(x-k)(x-1)+(x-k)^2$

$=(x-k)(2x-2+x-k)$

$=(x-k)(3x-k-2)$

함수 $f(x)$는 $0\le x\le 1$에서 최솟값 0을 가져야 하므로 닫힌구간 $[0, 1]$에서 함수 $f(x)$의 최솟값을 알아보면 다음과 같다.

(i) $x=k$ 또는 $x=1$에서

$f(k)=f(1)=\frac{1}{2}>0$

(ii) $x=\frac{k+2}{3}$에서 $0<k<1$이므로 $-1<(k-1)^3<0$이고

$f\left(\frac{k+2}{3}\right)=\left(\frac{k+2}{3}-k\right)^2\left(\frac{k+2}{3}-1\right)+\frac{1}{2}$

$=\frac{4(k-1)^3}{27}+\frac{1}{2}>0$

(i), (ii)에 의하여 닫힌구간 $[0, 1]$에서 함수 $f(x)$는 $x=0$에서 최솟값 0을 갖는다.

$f(0)=-k^2+\frac{1}{2}=0$ → $k^2=\frac{1}{2}$, $k=\pm\frac{\sqrt{2}}{2}$

따라서 $0<k<1$이므로

$k=\frac{\sqrt{2}}{2}$

따라서 $f(x)=\left(x-\frac{\sqrt{2}}{2}\right)^2(x-1)+\frac{1}{2}$

[STEP 3] 함숫값 $f(2)$를 구하여 a^2+b^2의 값을 구한다.

$f(2)=\left(2-\frac{\sqrt{2}}{2}\right)^2+\frac{1}{2}=5-2\sqrt{2}$이므로

$a=5$, $b=-2$

따라서 $a^2+b^2=5^2+(-2)^2=29$

답 29

22

정답률 **6.0%**

정답 공식 **개념만 확실히 알자!**

1. 구간별로 다르게 정의된 함수의 미분가능성

다항함수 $f(x)$, $g(x)$에 대하여 함수

$F(x)=\begin{cases} f(x) & (x<a) \\ g(x) & (x\ge a) \end{cases}$가 $x=a$에서 미분가능하면

(1) 함수 $F(x)$는 $x=a$에서 연속이다.

즉, $\lim_{x\to a-} f(x)=g(a)$

(2) 함수 $F(x)$는 $x=a$에서의 미분계수가 존재한다.

즉, $\lim_{x\to a-}\frac{f(x)-f(a)}{x-a}=\lim_{x\to a+}\frac{g(x)-g(a)}{x-a}$

2. 함수의 그래프

함수 $y=f(x)$의 그래프는 다음과 같은 방법으로 그린다.

① 도함수 $f'(x)$를 구하고, $f'(x)=0$을 만족시키는 x의 값을 구한다.

② 함수 $f(x)$의 증가와 감소, 극대와 극소를 조사한다.

③ 그래프가 좌표축과 만나는 점을 이용하여 함수 $y=f(x)$의 그래프를 그린다.

풀이 전략 실수 전체의 집합에서 함수 $|(f\circ g)(x)|$가 미분가능하기 위한 조건을 이용한다.

문제 풀이

[STEP 1] 미분법을 이용하여 함수 $y=g(x)$의 그래프의 개형을 그린다.

자연수 k에 대하여 함수 $|(f\circ g)(x)|$의 미분가능성을 조사하므로 $k\ge 1$에서만 생각한다.

두 함수 $f(x)$, $g(x)$가 실수 전체의 집합에서 미분가능하므로 함수 $(f\circ g)(x)$는 실수 전체의 집합에서 미분가능하다.

함수 $|(f\circ g)(x)|$의 미분가능성은 함수 $(f\circ g)(x)$의 부호가 바뀌는 x의 값에 대해서만 판단하면 된다.

$g(x)=\frac{3x}{e^{x-1}}+k$

$=3xe^{1-x}+k$

에서

$g'(x)=3e^{1-x}-3xe^{1-x}$

$=3(1-x)e^{1-x}$

$g'(x)=0$에서

$x=1$

함수 $g(x)$의 증가와 감소를 표로 나타내면 다음과 같다.

x	$\cdots$	1	$\cdots$
$g'(x)$	+	0	−
$g(x)$	↗	$k+3$	↘

$\lim_{x\to-\infty} g(x)=-\infty$, $\lim_{x\to\infty} g(x)=k$이므로 곡선 $y=g(x)$의 개형은 [그림 1]과 같다.

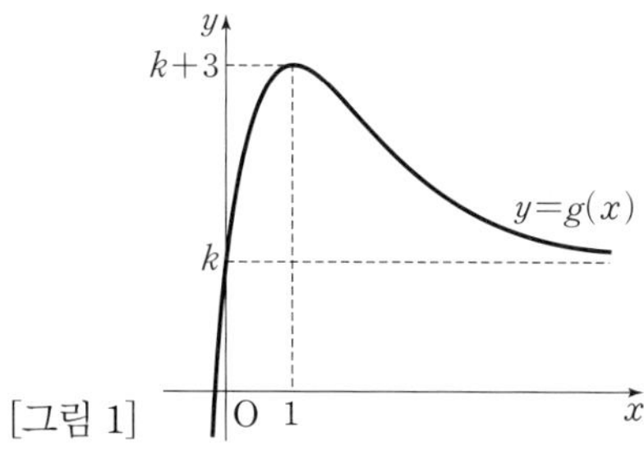

[그림 1]

[STEP 2] 주어진 조건을 이용하여 사차함수 $f(x)$를 추론한다.

최고차항의 계수가 1인 사차함수 $f(x)$를 조건 (가)에 의하여

$f(x)=(x-1)^2(x^2+ax+b)$ (a, b는 실수)

라 하자.

방정식 $f(x)=0$이 허근을 가지면 방정식 $x^2+ax+b=0$이 허근을 가지므로 모든 실수 x에 대하여 $x^2+ax+b>0$이다.

즉, $f(x)\geq 0$이므로 모든 자연수 k에 대하여 $(f\circ g)(x)\geq 0$이다.

모든 자연수 k에 대하여 함수 $|(f\circ g)(x)|$가 실수 전체의 집합에서 미분가능하므로 조건을 만족시키지 않는다.

따라서 조건 (다)에 의하여 자연수 k의 개수가 4인 방정식 $f(x)=0$은 허근을 갖지 않는다.

두 자연수 α, β $(1\leq\alpha\leq\beta\leq 10)$에 대하여

$f(x)=(x-1)^2(x-\alpha)(x-\beta)$

→ $f(1)=0$, $f'(1)=0$이므로 함수 $f(x)$는 $(x-1)^2$을 인수로 갖는다.

(i) $\alpha=\beta$인 경우

$f(x)=(x-1)^2(x-\alpha)^2$이고 모든 실수 x에 대하여

$(x-\alpha)^2\geq 0$이므로

$f(x)\geq 0$

따라서 $(f\circ g)(x)\geq 0$이므로 모든 자연수 k에 대하여 함수 $|(f\circ g)(x)|$가 실수 전체의 집합에서 미분가능하므로 조건을 만족시키지 않는다.

(ii) $1<\alpha<\beta$인 경우

곡선 $y=f(x)$의 개형은 [그림 2]와 같다.

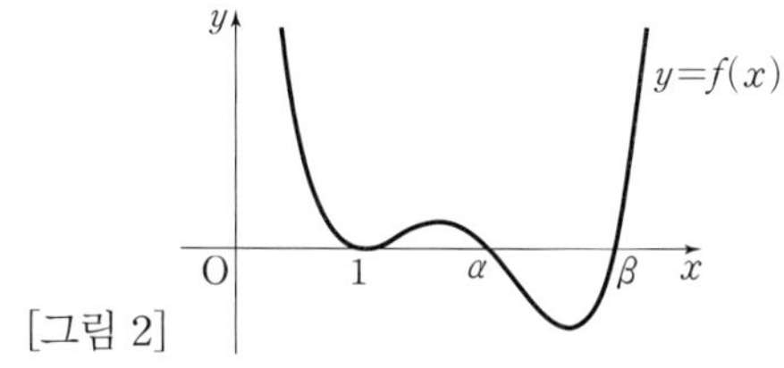

[그림 2]

① $k+3>\alpha$인 경우

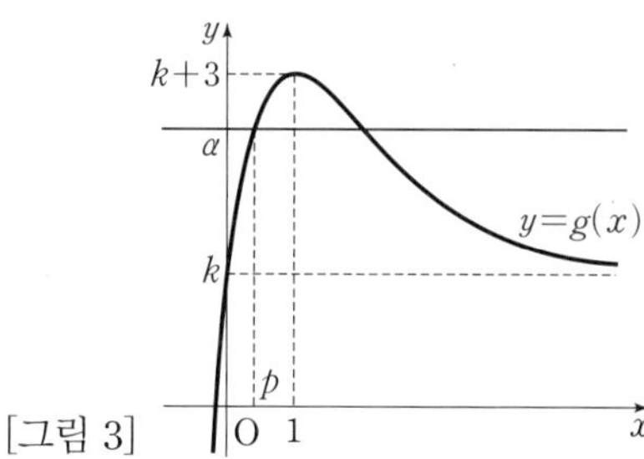

[그림 3]

[그림 3]에서 방정식 $g(x)=\alpha$를 만족시키는 $x<1$인 실수 x를 p라 하자.

> 실수
> $x\to p-$와 $x\to p+$일 때, 각각 절댓값 기호 안이 음수인지 양수인지를 파악해서 절댓값 기호를 없애야 해.

$$\lim_{x\to p}\frac{|(f\circ g)(x)|-|(f\circ g)(p)|}{x-p}$$

$$=\lim_{x\to p}\left\{\frac{|f(g(x))|-|f(g(p))|}{g(x)-g(p)}\times\frac{g(x)-g(p)}{x-p}\right\}$$

이때 $f(g(p))=0$이고, $x\to p-$이면

[그림 3]에서 $g(x)\to\alpha-$이므로

[그림 2]에서 $(f\circ g)(x)\to 0+$

$$\lim_{x\to p-}\left\{\frac{|f(g(x))|-|f(g(p))|}{g(x)-g(p)}\times\frac{g(x)-g(p)}{x-p}\right\}$$

$$=\lim_{x\to p-}\left\{\frac{f(g(x))-f(g(p))}{g(x)-g(p)}\times\frac{g(x)-g(p)}{x-p}\right\}$$

$=f'(g(p))g'(p)$

$=f'(\alpha)g'(p)$

한편 $x\to p+$이면 [그림 3]에서 $g(x)\to\alpha+$이므로

[그림 2]에서 $(f\circ g)(x)\to 0-$

$$\lim_{x\to p+}\left\{\frac{|f(g(x))|-|f(g(p))|}{g(x)-g(p)}\times\frac{g(x)-g(p)}{x-p}\right\}$$

$$=\lim_{x\to p+}\left\{-\frac{f(g(x))-f(g(p))}{g(x)-g(p)}\times\frac{g(x)-g(p)}{x-p}\right\}$$

$=-f'(g(p))g'(p)$

$=-f'(\alpha)g'(p)$

이때 [그림 2], [그림 3]에서

$f'(\alpha)<0$, $g'(p)>0$이므로

$f'(\alpha)g'(p)<0$

$f'(\alpha)g'(p)\neq -f'(\alpha)g'(p)$이므로

함수 $|(f\circ g)(x)|$는 $x=p$에서 미분가능하지 않다.

② $k+3\leq\alpha$인 경우

모든 실수 x에 대하여 $g(x)\leq k+3\leq\alpha$이므로

[그림 2]에서 $(f\circ g)(x)\geq 0$이다.

함수 $|(f\circ g)(x)|$가 실수 전체의 집합에서 미분가능하도록 하는 자연수 k의 개수가 4이려면

$4\leq\alpha-3<5$

$7\leq\alpha<8$

α는 자연수이므로

$\alpha=7$

$\alpha<\beta\leq 10$이므로 조건을 만족시키는 순서쌍 (α, β)는

$(7, 8)$, $(7, 9)$, $(7, 10)$이다.

(iii) $1=\alpha<\beta$인 경우

곡선 $y=f(x)$의 개형은 [그림 4]와 같다.

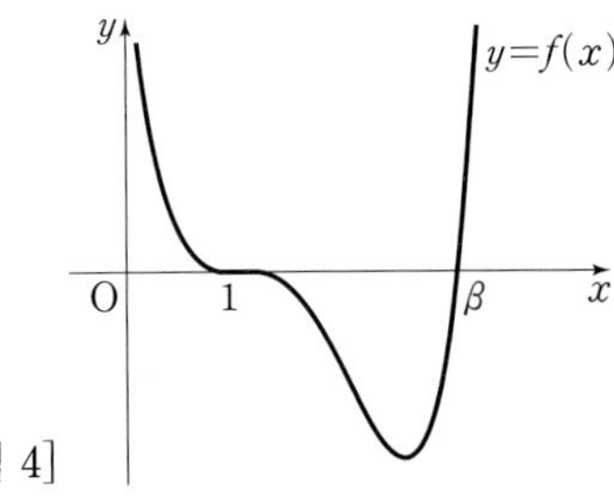

[그림 4]

① $k+3>\beta$인 경우

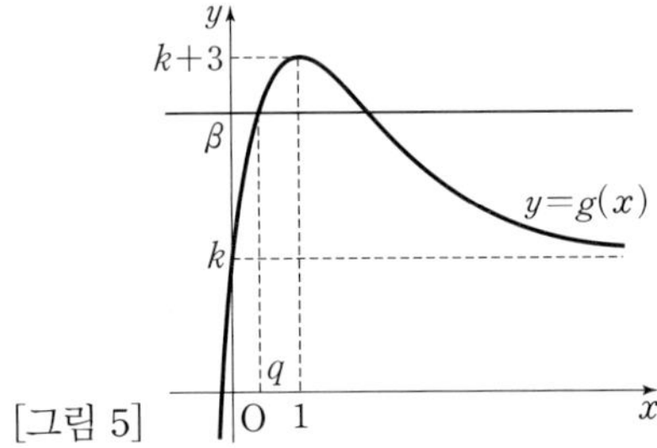

[그림 5]

[그림 5]에서 방정식 $g(x)=\beta$를 만족시키는 $x<1$인 실수 x를 q라 하자.

$$\lim_{x\to q}\frac{|(f\circ g)(x)|-|(f\circ g)(q)|}{x-q}$$

$$=\lim_{x\to q}\left\{\frac{|f(g(x))|-|f(g(q))|}{g(x)-g(q)}\times\frac{g(x)-g(q)}{x-q}\right\}$$

이때 $f(g(q))=0$이고, $x\to q-$이면

[그림 5]에서 $g(x)\to\beta-$이므로

[그림 4]에서 $(f\circ g)(x)\to 0-$

$$\lim_{x\to q-}\left\{\frac{|f(g(x))|-|f(g(q))|}{g(x)-g(q)}\times\frac{g(x)-g(q)}{x-q}\right\}$$

$$=\lim_{x\to q-}\left\{-\frac{f(g(x))-f(g(q))}{g(x)-g(q)}\times\frac{g(x)-g(q)}{x-q}\right\}$$

$=-f'(g(q))g'(q)$

$=-f'(\beta)g'(q)$

한편 $x\to q+$이면 [그림 5]에서 $g(x)\to\beta+$이므로

[그림 4]에서 $(f\circ g)(x)\to 0+$

$$\lim_{x\to q+}\left\{\frac{|f(g(x))|-|f(g(q))|}{g(x)-g(q)}\times\frac{g(x)-g(q)}{x-q}\right\}$$

$$=\lim_{x\to q+}\left\{\frac{f(g(x))-f(g(q))}{g(x)-g(q)}\times\frac{g(x)-g(q)}{x-q}\right\}$$

$=f'(g(q))g'(q)$

$=f'(\beta)g'(p)$

이때 [그림 4], [그림 5]에서

$f'(\beta)>0$, $g'(q)>0$이므로

$f'(\beta)g'(q)>0$

$-f'(\beta)g'(q)\neq f'(\beta)g'(q)$이므로

함수 $|(f\circ g)(x)|$는 $x=q$에서 미분가능하지 않다.

② $1=\alpha<k+3\leq\beta$인 경우

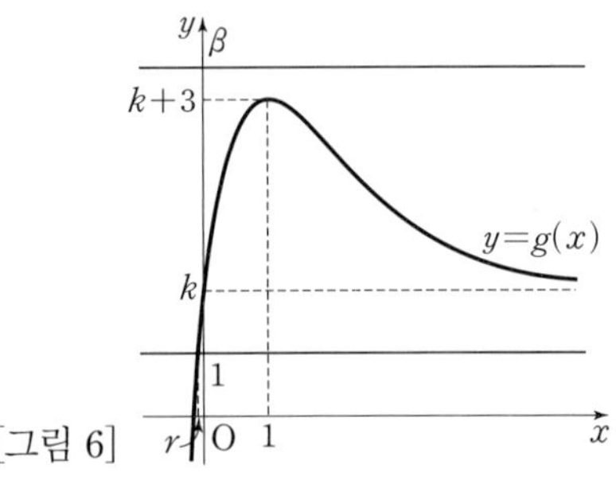

[그림 6]

[그림 6]에서 방정식 $g(x)=1$을 만족시키는 실수 x가 오직 하나 존재하며 $x>1$이다. 이 실수를 r이라 하자.

(ㄱ) $x<r$인 경우

[그림 6]에서 $x<r$인 모든 실수 x에 대하여

$g(x)<1$이므로 [그림 4]에서 $(f\circ g)(x)>0$이다.

따라서 $x<r$인 모든 실수 x에 대하여 함수

$|(f\circ g)(x)|$는 미분가능하다.

(ㄴ) $x>r$인 경우

[그림 6]에서 $x>r$인 모든 실수 x에 대하여

$1<g(x)\leq\beta$이므로 [그림 4]에서 $(f\circ g)(x)\leq 0$이다.

따라서 $x>r$인 모든 실수 x에 대하여 함수 $|(f\circ g)(x)|$는 미분가능하다.

(ㄷ) $x=r$인 경우

$$\lim_{x\to r}\frac{|(f\circ g)(x)|-|(f\circ g)(r)|}{x-r}$$

$$=\lim_{x\to r}\left\{\frac{|f(g(x))|-|f(g(r))|}{g(x)-g(r)}\times\frac{g(x)-g(r)}{x-r}\right\}$$

이때 $f(g(r))=0$이고, $x\to r-$이면

[그림 6]에서 $g(x)\to 1-$이므로

[그림 4]에서 $(f\circ g)(x)\to 0+$

$$\lim_{x\to r-}\left\{\frac{|f(g(x))|-|f(g(r))|}{g(x)-g(r)}\times\frac{g(x)-g(r)}{x-r}\right\}$$

$$=\lim_{x\to r-}\left\{\frac{f(g(x))-f(g(r))}{g(x)-g(r)}\times\frac{g(x)-g(r)}{x-r}\right\}$$

$=f'(g(r))g'(r)$

$=f'(1)g'(r)=0$

한편 $x\to r+$이면 [그림 6]에서 $g(x)\to 1+$이므로

[그림 4]에서 $(f\circ g)(x)\to 0-$

$$\lim_{x\to r+}\left\{\frac{|f(g(x))|-|f(g(r))|}{g(x)-g(r)}\times\frac{g(x)-g(r)}{x-r}\right\}$$

$$=\lim_{x\to r+}\left\{-\frac{f(g(x))-f(g(r))}{g(x)-g(r)}\times\frac{g(x)-g(r)}{x-r}\right\}$$

$=-f'(g(r))g'(r)$

$=-f'(1)g'(r)=0$

따라서

$$\lim_{x\to r-}\frac{|(f\circ g)(x)|-|(f\circ g)(r)|}{x-r}$$

$$= \lim_{x \to r+} \frac{|(f \circ g)(x)| - |(f \circ g)(r)|}{x - r}$$

이므로 함수 $|(f \circ g)(x)|$는 $x=r$에서 미분가능하다.

즉, $1=\alpha<k+3\leq\beta$일 때 실수 전체의 집합에서 함수 $|(f \circ g)(x)|$가 미분가능하도록 하는 자연수 k의 개수가 4이려면

$4\leq\beta-3<5$, 즉 $7\leq\beta<8$

이고, β는 자연수이므로 $\beta=7$

$\alpha=1$이므로 순서쌍 (α, β)는 $(1, 7)$이다.

[STEP 3] $f(0)$의 최댓값과 최솟값을 구한다.

(i), (ii), (iii)에 의하여 자연수 k의 개수가 4가 되도록 하는 순서쌍 (α, β)는 $(7, 8)$, $(7, 9)$, $(7, 10)$, $(1, 7)$이다.

함수 $f(x)$에 대하여 $f(0)=\alpha\beta$이므로 $f(0)$은 순서쌍 (α, β)가 $(7, 10)$일 때 최댓값 70이고, $(1, 7)$일 때 최솟값 7을 갖는다.

따라서 $f(0)$의 최댓값과 최솟값의 합은

$70+7=77$

답 77

수능이 보이는 강의

고난도 문제에서 자주 출제되는 유형 중 하나가 절댓값이 포함된 함수의 미분가능성 문제야.

실수 전체의 집합에서 미분가능한 두 함수 $f(x)$, $g(x)$에 대하여 합성함수 $(f \circ g)(x)$는 실수 전체의 집합에서 미분가능해.

$(f \circ g)(x)=f(g(x))$이므로 $\{f(g(x))\}'=f'(g(x))g'(x)$

절댓값이 포함된 $|f(g(x))|$의 미분가능성은 함수 $f(g(x))$의 부호가 바뀌는 x의 값에 대해서만 판단하면 된다는 것을 정확하게 이해하고 연습해야 해.

23

정답률 5.9%

정답 공식 개념만 확실히 알자!

1. 함수의 몫의 미분법

두 함수 $f(x)$, $g(x)$가 미분가능하고 $g(x)\neq0$일 때

(1) $y=\dfrac{1}{g(x)}$이면 $y'=-\dfrac{g'(x)}{\{g(x)\}^2}$

(2) $y=\dfrac{f(x)}{g(x)}$이면 $y'=\dfrac{f'(x)g(x)-f(x)g'(x)}{\{g(x)\}^2}$

2. 사인함수와 코사인함수의 미분

(1) $y=\sin x$에 대하여 $y'=\cos x$

(2) $y=\cos x$에 대하여 $y'=-\sin x$

3. 함수의 극대와 극소

미분가능한 함수 $f(x)$에서 $f'(a)=0$이고 $x=a$의 좌우에서

(1) $f'(x)$의 부호가 양에서 음으로 바뀌면 $f(x)$는 $x=a$에서 극대이고, 극댓값은 $f(a)$이다.

(2) $f'(x)$의 부호가 음에서 양으로 바뀌면 $f(x)$는 $x=a$에서 극소이고, 극솟값은 $f(a)$이다.

(3) 함수 $f(x)$가 $x=a$에서 미분가능하고 $x=a$에서 극값을 가지면 $f'(a)=0$이다.

풀이 전략 함수 $g(x)$의 극대 또는 극소는 도함수 $g'(x)=0$을 만족시키는 경우임을 이용한다.

문제 풀이

[STEP 1] $g'(x)=0$을 만족시키는 $f(x)$를 알아보고 $f(x)$에 대하여 $f(0)$, $f'(0)$의 값을 구한다.

$g(x)=\dfrac{1}{2+\sin(f(x))}$에서

$g'(x)=\dfrac{-\cos(f(x))\times f'(x)}{\{2+\sin(f(x))\}^2}$

몫의 미분법 $g'(x)=-\dfrac{\{2+\sin(f(x))\}'}{\{2+\sin(f(x))\}^2}$

$g'(x)=0$에서

$\cos(f(x))=0$ 또는 $f'(x)=0$

이때 $\cos(f(x))=0$에서

$f(x)=\pm\dfrac{\pi}{2}$ 또는 $f(x)=\pm\dfrac{3}{2}\pi$ 또는 $f(x)=\pm\dfrac{5}{2}\pi$, $\cdots$

그런데 조건 (가)에서

$\dfrac{1}{g(\alpha_1)}=\dfrac{1}{g(0)}=2+\sin(f(0))=\dfrac{5}{2}$이므로

$\sin(f(0))=\dfrac{1}{2}$

이때 조건에서 $0<f(0)<\dfrac{\pi}{2}$이므로

$f(0)=\dfrac{\pi}{6}$ …… ㉠

따라서 $\cos(f(\alpha_1))=\cos(f(0))=\cos\dfrac{\pi}{6}=\dfrac{\sqrt{3}}{2}\neq0$이므로

$f'(0)=0$ …… ㉡

[STEP 2] 삼차함수 $f(x)$를 정하고, 조건 (나)에 의한 방정식을 푼다.

㉠, ㉡에서 최고차항의 계수가 6π인 삼차함수 $f(x)$를

Ⅱ 미분법

$f(x)=6\pi x^3+px^2+\frac{\pi}{6}$ (p는 상수)

로 놓으면 조건 (나)에서

$$\frac{1}{g(\alpha_5)}-\frac{1}{g(\alpha_2)}=\sin(f(\alpha_5))-\sin(f(\alpha_2))$$
$$=\frac{1}{2} \quad \cdots\cdots \text{㉢}$$

이때 $\cos(f(x))=0$이면

$\sin(f(x))=-1$ 또는 $\sin(f(x))=1$

이므로 ㉢을 만족시키기 위해서는

$f'(\alpha_2)=0,\ f'(\alpha_5)\neq 0$ 또는 $f'(\alpha_2)\neq 0,\ f'(\alpha_5)=0$

> $1-1=0\neq\frac{1}{2}$
> $1-(-1)=2\neq\frac{1}{2}$
> $-1-1=-2\neq\frac{1}{2}$
> $-1-(-1)=0\neq\frac{1}{2}$
> 이므로 $\cos(f(x))\neq 0$

[STEP 3] $f'(\alpha_2)=0,\ f'(\alpha_5)\neq 0$인 경우에 함수 $y=f(x)$의 그래프를 그리고 α_2의 값을 알아본다.

> $f'(x)=18\pi x^2+2px=0$에서 $x=0$ 또는 $x=-\frac{p}{9\pi}$
> 따라서 $f'(x)=0$을 만족시키는 해는 0을 제외하면 하나뿐이다. 즉, $f'(\alpha_2)=0$이면 $n\neq 2$인 모든 자연수 n에 대하여 $f'(\alpha_n)\neq 0$이어야 한다.

(i) $f'(\alpha_2)=0,\ f'(\alpha_5)\neq 0$인 경우

$x\geq 0$에서 함수 $y=f(x)$의 그래프는 그림과 같다.

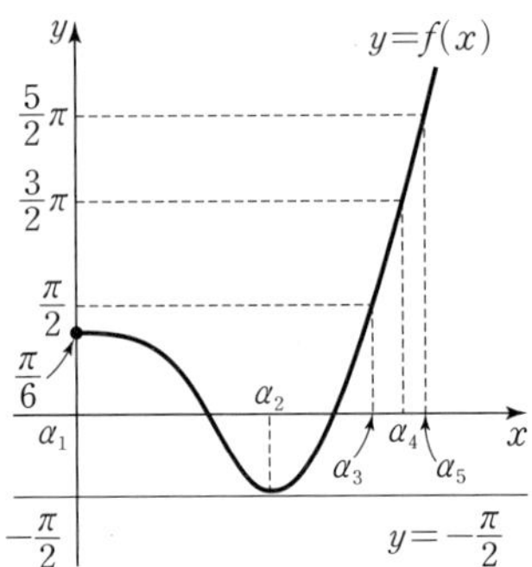

$f(\alpha_5)=\frac{5}{2}\pi$이므로

> $\cos(f(\alpha_3))=0$, $\cos f((\alpha_4))=0$, $\cos(f(\alpha_5))=0$에서
> $f(\alpha_3)=\frac{\pi}{2}$, $f(\alpha_4)=\frac{3}{2}\pi$, $f(\alpha_5)=\frac{5}{2}\pi$

$$\sin(f(\alpha_5))-\sin(f(\alpha_2))=1-\sin(f(\alpha_2))=\frac{1}{2}$$

$$\sin(f(\alpha_2))=\frac{1}{2} \quad \cdots\cdots \text{㉣}$$

그런데 $-\frac{\pi}{2}<f(\alpha_2)<\frac{\pi}{6}$이므로 ㉣을 만족시키는 α_2는 존재하지 않는다.

> 삼차함수 $f(x)$는 $x=\alpha_2$에서 극소이므로 $f(\alpha_2)<f(0)=\frac{\pi}{6}$
> 또 $f(\alpha_2)\leq-\frac{\pi}{2}$이면 $0<x<\alpha_2$이고 $f(x)=-\frac{\pi}{2}$, 즉 $\cos(f(x))=0$인 x의 값이 존재하므로 조건에 오순이다.
> 따라서 $f(\alpha_2)>-\frac{\pi}{2}$

[STEP 4] $f'(\alpha_2)\neq 0,\ f'(\alpha_5)=0$인 경우에 함수 $y=f(x)$의 그래프를 그리고 $f(\alpha_5)$의 값을 구한다.

> $\cos(f(\alpha_2))=0$, $\cos(f(\alpha_3))=0$, $\cos(f(\alpha_4))=0$에서 $f(\alpha_2)=-\frac{\pi}{2}$, $f(\alpha_3)=-\frac{3}{2}\pi$, $f(\alpha_4)=-\frac{5}{2}\pi$

(ii) $f'(\alpha_2)\neq 0,\ f'(\alpha_5)=0$인 경우

$x\geq 0$에서 함수 $y=f(x)$의 그래프는 그림과 같다.

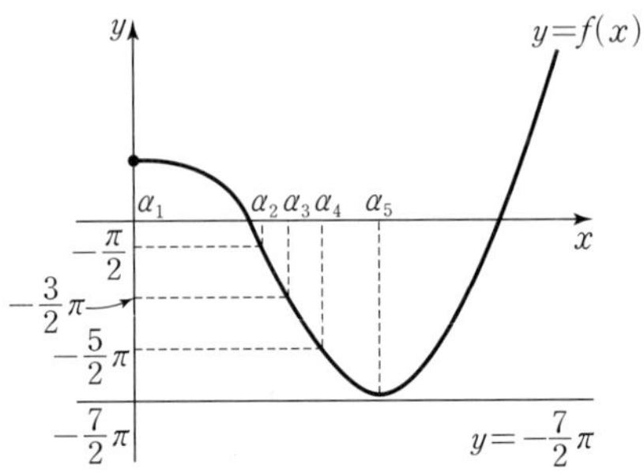

$\cos(f(\alpha_5))\neq 0$이므로 $f'(\alpha_5)=0$이고 위의 그림에서

$$-\frac{7}{2}\pi<f(\alpha_5)<-\frac{5}{2}\pi$$

> $f(\alpha_5)\leq-\frac{7}{2}\pi$에서 $\alpha_4<x\leq\alpha_5$이고 $f(x)=-\frac{7}{2}\pi$, 즉 $\cos(f(x))=0$인 x의 값이 존재하므로 조건에 오순이다.

이때 $\sin(f(\alpha_2))=\sin\left(-\frac{\pi}{2}\right)=-1$이므로

$\sin(f(\alpha_5))=-\frac{1}{2}$이어야 한다.

따라서 $f(\alpha_5)=-3\pi+\frac{\pi}{6}$

[STEP 5] $f(x)$, $f'(x)$를 구한다.

즉, $f'(x)=18\pi x^2+2px=2x(9\pi x+p)=0$에서

$\alpha_5=-\frac{p}{9\pi}$이므로

$$f(\alpha_5)=f\left(-\frac{p}{9\pi}\right)$$
$$=6\pi\times\left(-\frac{p}{9\pi}\right)^3+p\left(-\frac{p}{9\pi}\right)^2+\frac{\pi}{6}$$
$$=-3\pi+\frac{\pi}{6}$$

$$-\frac{2p^3}{3^5\pi^2}+\frac{p^3}{3^4\pi^2}=-3\pi$$

$$\frac{p^3}{3^5\pi^2}=-3\pi$$

즉, $p^3=-3^6\pi^3$

따라서 $p=-3^2\pi=-9\pi$이므로

$$f(x)=6\pi x^3-9\pi x^2+\frac{\pi}{6}$$

$$f'(x)=18\pi x^2-18\pi x$$

[STEP 6] $g'\left(-\frac{1}{2}\right)$의 값을 구하고 a^2의 값을 구한다.

따라서

$$f'\left(-\frac{1}{2}\right)=\frac{9}{2}\pi+9\pi=\frac{27}{2}\pi$$

$$f\left(-\frac{1}{2}\right)=-\frac{3}{4}\pi-\frac{9}{4}\pi+\frac{\pi}{6}=-3\pi+\frac{\pi}{6}$$

$$\sin\left(f\left(-\frac{1}{2}\right)\right)=\sin\left(-3\pi+\frac{\pi}{6}\right)=-\frac{1}{2}$$

$$\cos\left(f\left(-\frac{1}{2}\right)\right)=\cos\left(-3\pi+\frac{\pi}{6}\right)=-\frac{\sqrt{3}}{2}$$

$$g'\left(-\frac{1}{2}\right)=\frac{-\cos\left(f\left(-\frac{1}{2}\right)\right)\times f'\left(-\frac{1}{2}\right)}{\left\{2+\sin\left(f\left(-\frac{1}{2}\right)\right)\right\}^2}$$
$$=\frac{-\left(-\frac{\sqrt{3}}{2}\right)\times\frac{27}{2}\pi}{\left(2-\frac{1}{2}\right)^2}$$
$$=\frac{27\sqrt{3}}{4}\pi\times\frac{4}{9}$$
$$=3\sqrt{3}\pi$$

따라서 $a^2=(3\sqrt{3})^2=27$

답 27

24

정답률 5.5%

정답 공식 **개념만 확실히 알자!**

1. **$y=f(x)$와 $y=g(x)$의 그래프의 교점의 개수**
   ⇨ 방정식 $f(x)=g(x)$의 실근의 개수
2. **함수의 극대, 극소**
   미분가능한 함수 $f(x)$에서 $f'(a)=0$이고 $x=a$의 좌우에서
   (1) $f'(x)$의 부호가 양에서 음으로 바뀌면
   $f(x)$는 $x=a$에서 극대이고, 극댓값은 $f(a)$이다.
   (2) $f'(x)$의 부호가 음에서 양으로 바뀌면
   $f(x)$는 $x=a$에서 극소이고, 극솟값은 $f(a)$이다.
   (3) 함수 $f(x)$가 $x=a$에서 미분가능하고 $x=a$에서 극값을 가지면 $f'(a)=0$이다.
3. **로그의 성질**
   $a>0$, $a\neq1$이고 $x>0$, $y>0$일 때
   ① $\log_a xy=\log_a x+\log_a y$
   ② $\log_a \frac{x}{y}=\log_a x-\log_a y$
   ③ $\log_a x^n=n\log_a x$ (단, n은 실수)
4. **로그함수의 도함수**
   ① $y=\ln|x|$이면 $y'=\frac{1}{x}$
   ② $y=\log_a|x|$이면 $y'=\frac{1}{x\ln a}$ (단, $a>0$, $a\neq1$)

풀이 전략 두 곡선이 오직 한 점에서 만나는 경우의 조건을 방정식의 해와 연결하여 실근 조건을 이용한다.

문제 풀이

[STEP 1] $g(x)=t^3\ln(x-t)-2e^{x-a}$으로 놓고 함수 $g(x)$의 그래프를 추론한다.

$g(x)=t^3\ln(x-t)-2e^{x-a}$ ($x>t$)로 놓으면
→ 로그의 진수 조건에 의하여 $x-t>0$이므로 $x>t$

$g'(x)=\frac{t^3}{x-t}-2e^{x-a}=0$에서

$\frac{t^3}{x-t}=2e^{x-a}$

두 곡선 $y=\frac{t^3}{x-t}$, $y=2e^{x-a}$의 교점의 x좌표를 p ($p>t$)라 하면

$g'(p)=0$에서

$\frac{t^3}{p-t}=2e^{p-a}$ …… ㉠

$x>t$에서 함수 $g(x)$의 증가와 감소를 표로 나타내면 다음과 같다.

x	(t)	$\cdots$	p	$\cdots$
$g'(x)$		$+$	0	$-$
$g(x)$		↗	극대	↘

이때 $x=p$에서 함수 $g(x)$는 극댓값이자 최댓값 $g(p)$를 갖는다.

[STEP 2] 조건을 만족시키는 $f(t)$를 구한다.

문제의 조건에서 두 곡선 $y=t^3\ln(x-t)$, $y=2e^{x-a}$이 오직 하나의 실근을 가지면 방정식 $g(x)=0$은 $x>t$에서 단 하나의 실근을 갖는다.
→ 주어진 조건에서 두 곡선이 오직 한 점에서 만난다는 것은 두 곡선이 오직 한 점에서 접한다는 의미이다.

$g(p)=0$에서 $t^3\ln(p-t)=2e^{p-a}$ …… ㉡

㉠, ㉡에서

$\frac{t^3}{p-t}=t^3\ln(p-t)$

$t>0$이므로

$\frac{1}{p-t}=\ln(p-t)$ …… ㉢

두 곡선 $y=\frac{1}{x}$, $y=\ln x$의 교점의 x좌표를 q (q는 상수)라 하면

㉢에서 $p-t=q$

즉, $p=t+q$

㉠에서 $2e^{t+q-a}=\frac{t^3}{q}$, $e^a=\frac{2qe^{t+q}}{t^3}$

$a=\ln\frac{2qe^{t+q}}{t^3}=\ln 2q+t+q-3\ln t$

따라서 $f(t)=a=t-3\ln t+\ln 2q+q$

[STEP 3] $\left\{f'\left(\frac{1}{3}\right)\right\}^2$의 값을 구한다.

$f'(t)=1-\frac{3}{t}$에서

$\left\{f'\left(\frac{1}{3}\right)\right\}^2=(1-9)^2=64$

답 64

수능이 보이는 강의

문제의 조건은 간단해 보이지만 주어진 곡선의 식에서 세 개의 문자 t, x, a가 섞여 있기 때문에 어렵게 보일거야. 문자의 개수가 많을 경우에는 한 문자를 고정시키거나 특정한 수를 대입하면 주어진 조건의 상황을 해석 가능하게 해줘.
$t=1$일 때, 두 곡선 $y=\ln(x-1)$, $y=2e^{x-a}$이 오직 한 점에서 만나려면 곡선 $y=2e^x$을 x축의 방향으로 a만큼 평행이동해서 곡선 $y=\ln(x-1)$과 오직 한 점에서 만나는 a의 값이 $f(1)$이야.
$t=2$일 때에도 두 곡선 $y=8\ln(x-2)$, $y=2e^{x-a}$이 오직 한 점에서 만나게 하는 a의 값이 $f(2)$이므로 t의 값에 따라 a의 값이 하나로 정해져.
따라서 a는 t에 대한 함수이므로 두 곡선 $y=t^3\ln(x-t)$, $y=2e^{x-a}$이 오직 한 점에서 만난다는 것은 두 곡선이 오직 한 점에서 접한다는 의미이므로, 두 곡선이 만나는 점에서 공통접선이 존재한다는 조건을 이용해서 문제를 해결하면 돼.

25

정답률 5.0%

정답 공식 **개념만 확실히 알자!**

1. 삼각함수의 덧셈정리

(1) $\sin(\alpha+\beta)=\sin\alpha\cos\beta+\cos\alpha\sin\beta$

$\sin(\alpha-\beta)=\sin\alpha\cos\beta-\cos\alpha\sin\beta$

(2) $\cos(\alpha+\beta)=\cos\alpha\cos\beta-\sin\alpha\sin\beta$

$\cos(\alpha-\beta)=\cos\alpha\cos\beta+\sin\alpha\sin\beta$

(3) $\tan(\alpha+\beta)=\dfrac{\tan\alpha+\tan\beta}{1-\tan\alpha\tan\beta}$ (단, $\tan\alpha\tan\beta\neq1$)

$\tan(\alpha-\beta)=\dfrac{\tan\alpha-\tan\beta}{1+\tan\alpha\tan\beta}$ (단, $\tan\alpha\tan\beta\neq-1$)

풀이 전략 삼각함수의 덧셈정리를 이용한다.

문제 풀이

[STEP 1] 함수의 그래프를 그려 수열 $\{a_n\}$의 일반항에 관한 식을 세운다.

두 함수 $y=\dfrac{\sqrt{x}}{10}$, $y=\tan x$의 그래프와 수열 $\{a_n\}$을 좌표평면에 나타내면 그림과 같다.

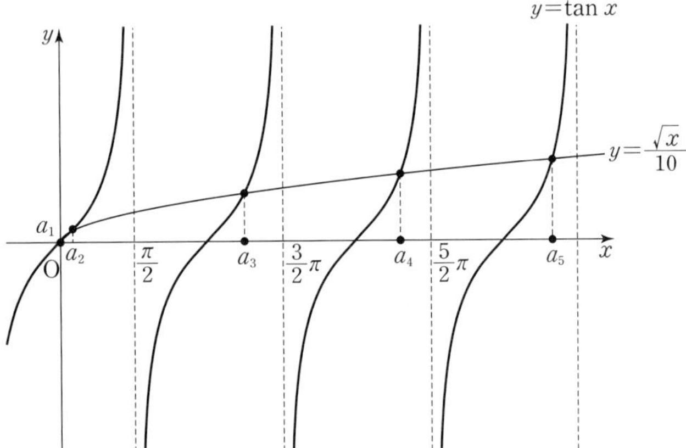

이때

$\dfrac{\sqrt{a_n}}{10}=\tan a_n$

[STEP 2] 삼각함수의 덧셈정리를 이용하여 $\tan^2(a_{n+1}-a_n)$을 간단히 한다.

삼각함수의 덧셈정리에 의하여

$$\tan(a_{n+1}-a_n)=\frac{\tan a_{n+1}-\tan a_n}{1+\tan a_{n+1}\tan a_n}$$

$$=\frac{\dfrac{\sqrt{a_{n+1}}}{10}-\dfrac{\sqrt{a_n}}{10}}{1+\dfrac{\sqrt{a_{n+1}}}{10}\times\dfrac{\sqrt{a_n}}{10}}$$

$$=\frac{\dfrac{\sqrt{a_{n+1}}-\sqrt{a_n}}{10}}{\dfrac{100+\sqrt{a_{n+1}a_n}}{100}}$$

$$=10\times\frac{\sqrt{a_{n+1}}-\sqrt{a_n}}{100+\sqrt{a_{n+1}a_n}}$$

$$=\frac{10(a_{n+1}-a_n)}{(\sqrt{a_{n+1}}+\sqrt{a_n})(100+\sqrt{a_{n+1}a_n})}$$

즉,

$$\tan^2(a_{n+1}-a_n)=\frac{100(a_{n+1}-a_n)^2}{(\sqrt{a_{n+1}}+\sqrt{a_n})^2(100+\sqrt{a_{n+1}a_n})^2}$$

[STEP 3] $\tan^2(a_{n+1}-a_n)$의 값을 구할 때 필요한 각각의 식의 값을 구한다.

한편 곡선 $y=\tan x$의 점근선의 방정식은

$x=\dfrac{2n-1}{2}\pi$ (n은 정수)

이고,

$n\longrightarrow\infty$일 때 $\dfrac{\sqrt{a_n}}{10}\longrightarrow\infty$

이므로 위의 그래프에서

$\lim\limits_{n\to\infty}\left(a_n-\dfrac{2n-3}{2}\pi\right)=0$

임을 알 수 있다.

→ $n\longrightarrow\infty$일 때 a_n과 오른쪽 점근선 사이의 간격은 0에 가까워진다.

이때 $b_n=a_n-\dfrac{2n-3}{2}\pi$로 놓으면

$\lim\limits_{n\to\infty}b_n=0$이므로

$\lim\limits_{n\to\infty}(a_{n+1}-a_n)$

$=\lim\limits_{n\to\infty}\left(b_{n+1}+\dfrac{2n-1}{2}\pi-b_n-\dfrac{2n-3}{2}\pi\right)$

$=\lim\limits_{n\to\infty}(b_{n+1}-b_n+\pi)$

→ $a_n=b_n+\dfrac{2n-3}{2}\pi$에서 n 대신 $(n+1)$을 대입한다.

$=0-0+\pi=\pi$

이고,

$\lim\limits_{n\to\infty}\dfrac{a_{n+1}}{a_n}$

$$=\lim_{n\to\infty}\frac{b_{n+1}+\dfrac{2n-1}{2}\pi}{b_n+\dfrac{2n-3}{2}\pi}$$

$$=\lim_{n\to\infty}\frac{\dfrac{b_{n+1}}{n}+\dfrac{2n-1}{2n}\pi}{\dfrac{b_n}{n}+\dfrac{2n-3}{2n}\pi}$$

$=\dfrac{0+\pi}{0+\pi}=1$

이다.

이때

$\lim\limits_{n\to\infty}\dfrac{(\sqrt{a_{n+1}}+\sqrt{a_n})^2}{a_n}$

$=\lim\limits_{n\to\infty}\left(\dfrac{\sqrt{a_{n+1}}+\sqrt{a_n}}{\sqrt{a_n}}\right)^2$

$=\lim\limits_{n\to\infty}\left(\sqrt{\dfrac{a_{n+1}}{a_n}}+\sqrt{\dfrac{a_n}{a_n}}\right)^2$

$=(\sqrt{1}+\sqrt{1})^2=4$

이고,

$$\lim_{n\to\infty}\frac{(100+\sqrt{a_{n+1}a_n})^2}{a_n^{\,2}}$$

$$=\lim_{n\to\infty}\left(\frac{100}{a_n}+\frac{\sqrt{a_{n+1}a_n}}{a_n}\right)^2$$

$$=\lim_{n\to\infty}\left(\frac{100}{a_n}+\sqrt{\frac{a_{n+1}}{a_n}}\right)^2$$

$$=(0+\sqrt{1})^2=1$$

이므로

$$\lim_{n\to\infty}a_n^{\,3}\tan^2(a_{n+1}-a_n)$$

$$=\lim_{n\to\infty}\frac{100a_n^{\,3}(a_{n+1}-a_n)^2}{(\sqrt{a_{n+1}}+\sqrt{a_n})^2(100+\sqrt{a_{n+1}a_n})^2}$$

$$=\lim_{n\to\infty}\frac{100(a_{n+1}-a_n)^2}{\frac{(\sqrt{a_{n+1}}+\sqrt{a_n})^2(100+\sqrt{a_{n+1}a_n})^2}{a_n^{\,3}}}$$

$$=\lim_{n\to\infty}\frac{100(a_{n+1}-a_n)^2}{\frac{(\sqrt{a_{n+1}}+\sqrt{a_n})^2}{a_n}\times\frac{(100+\sqrt{a_{n+1}a_n})^2}{a_n^{\,2}}}$$

$$=\frac{100\pi^2}{4\times1}=25\pi^2$$

따라서

$$\frac{1}{\pi^2}\times\lim_{n\to\infty}a_n^{\,3}\tan^2(a_{n+1}-a_n)=25$$

답 25

26

정답률 5.0%

정답 공식 **개념만 확실히 알자!**

1. 함수의 몫의 미분법

두 함수 $f(x)$, $g(x)$가 미분가능하고 $g(x)\neq0$일 때

(1) $y=\frac{1}{g(x)}$이면 $y'=-\frac{g'(x)}{\{g(x)\}^2}$

(2) $y=\frac{f(x)}{g(x)}$이면 $y'=\frac{f'(x)g(x)-f(x)g'(x)}{\{g(x)\}^2}$

2. 합성함수의 미분법

두 함수 $y=f(u)$, $u=g(x)$가 미분가능할 때, 합성함수 $y=f(g(x))$의 도함수는

$$\frac{dy}{dx}=\frac{dy}{du}\times\frac{du}{dx}\ \text{ 또는 }\ \{f(g(x))\}'=f'(g(x))g'(x)$$

3. 역함수의 미분법

미분가능한 함수 $y=f(x)$의 역함수 $g(x)$가 존재하고, 미분가능하면 역함수 $g(x)$의 도함수는

$$g'(x)=\frac{1}{f'(g(x))}\ (\text{단, } f'(g(x))\neq0)$$

4. 평균값 정리

함수 $f(x)$가 닫힌구간 $[a, b]$에서 연속이고 열린구간 (a, b)에서 미분가능하면

$$\frac{f(b)-f(a)}{b-a}=f'(c)\ (a<c<b)$$

인 c가 적어도 하나 존재한다.

풀이 전략 주어진 조건을 몫의 미분법, 합성함수의 미분법과 역함수의 미분법을 이용하여 문제를 해결한다.

문제 풀이

[STEP 1] $f'(x)$를 구하여 모든 실수에서 함수 $f'(x)$가 연속이고 $f'(x)<0$임을 구한다.

$f(x)=-\frac{ax^3+bx}{x^2+1}$에서

$$f'(x)=-\frac{(3ax^2+b)(x^2+1)-(ax^3+bx)\times2x}{(x^2+1)^2}$$

$$=-\frac{ax^4+(3a-b)x^2+b}{(x^2+1)^2}\qquad\cdots\cdots \text{㉠}$$

모든 실수 x에 대하여 $x^2+1\neq0$이므로 함수 $f'(x)$는 실수 전체의 집합에서 연속이다.

모든 실수 x에 대하여 $f'(x)\neq0$이고 $f'(0)=-b<0$이므로 모든 실수 x에 대하여 $f'(x)<0$이다.

[STEP 2] 조건 (가), (나)를 이용하여 $f'(2)$의 값을 구한다.

$h(x)=g(f(x))=f(f(x))-x$이므로

$h(0)=f(f(0))-0=f(0)=0$이다.

조건 (가)에서 $g(2)=f(2)-f^{-1}(2)=h(0)=0$이므로

$f(2)=f^{-1}(2)=t$ (t는 상수)라 하면 $f(t)=2$이다.

모든 실수 x에 대하여 $f(-x)=-f(x)$이므로

$f(-2)=-f(2)=-t$

즉, 두 점 $(t, 2)$, $(-2, -t)$는 함수 $y=f(x)$의 그래프 위에 있다.

$t \neq -2$일 때, 두 점 $(t, 2)$, $(-2, -t)$를 지나는 직선의 기울기는

$\frac{2-(-t)}{t-(-2)}=1$ → 닫힌구간 $[a, b]$의 양 끝점을 연결한 직선의 기울기와 접선의 기울기가 같아지는 점이 열린 구간 (a, b)에 존재한다.

이므로 평균값 정리에 의하여 $f'(c)=1$인 상수 c가 존재한다.

그러나 모든 실수 x에 대하여 $f'(x)<0$이므로 모순이다.

즉, $t=-2$

$f(2)=-2$에서 $-\frac{8a+2b}{5}=-2$

그러므로 $4a+b=5$ …… ㉡

$f^{-1}(2)=-2$이므로 역함수의 미분법에 의하여

$g'(2)=f'(2)-(f^{-1})'(2)$ → $y=f^{-1}(x)$의 도함수는 $(f^{-1})'(x)=\frac{1}{f'(y)}$

$=f'(2)-\frac{1}{f'(-2)}$

㉠에서 모든 실수 x에 대하여 $f'(-x)=f'(x)$이므로

$f'(-2)=f'(2)$

즉, $g'(2)=f'(2)-\frac{1}{f'(2)}$

$h(x)=f(f(x))-x$에서

$h'(x)=f'(f(x))f'(x)-1$이므로

$h'(2)=f'(f(2))f'(2)-1$

$=f'(-2)f'(2)-1$

$=\{f'(2)\}^2-1$

조건 (나)에서 $g'(2)=-5h'(2)$이므로 → $g'(2)=f'(2)-\frac{1}{f'(2)}$, $h'(2)=\{f'(2)\}^2-1$

$f'(2)-\frac{1}{f'(2)}=-5\{f'(2)\}^2+5$

$5\{f'(2)\}^3+\{f'(2)\}^2-5f'(2)-1=0$

$\{5f'(2)+1\}\{f'(2)+1\}\{f'(2)-1\}=0$

$f'(x)<0$이므로 $f'(2)=-\frac{1}{5}$ 또는 $f'(2)=-1$

㉠에서 $f'(2)=-\frac{16a+4(3a-b)+b}{(4+1)^2}=-\frac{28a-3b}{25}$

[STEP 3] $f'(2)$의 값에서 a, b에 대한 식을 구하여 연립하여 풀어 a, b의 값을 구한다.

(i) $f'(2)=-\frac{1}{5}$일 때, $-\frac{28a-3b}{25}=-\frac{1}{5}$이므로

$28a-3b=5$ …… ㉢

㉡, ㉢을 연립하여 풀면

$a=\frac{1}{2}$, $b=3$

(ii) $f'(2)=-1$일 때, $-\frac{28a-3b}{25}=-1$이므로

$28a-3b=25$ …… ㉣

㉡, ㉣을 연립하여 풀면 $a=1$, $b=1$이므로 모순이다. → 주어진 조건에서 a, b는 서로 다른 두 양수이다.

(i), (ii)에 의하여

$4(b-a)=4\times\left(3-\frac{1}{2}\right)=10$

답 10

27

정답률 2.8%

정답 공식 **개념만 확실히 알자!**

1. 함수의 연속과 불연속

(1) 함수의 연속

함수 $f(x)$가 실수 a에 대하여 다음 세 조건

① 함숫값 $f(a)$가 정의되고

② $\lim_{x\to a} f(x)$가 존재하며

③ $\lim_{x\to a} f(x)=f(a)$

를 모두 만족시킬 때, $x=a$에서 연속이라 한다.

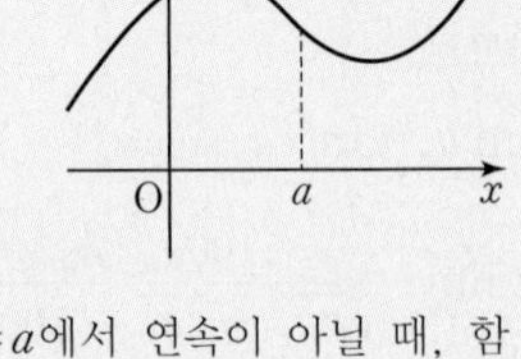

(2) 함수의 불연속

함수 $y=f(x)$의 그래프가 $x=a$에서 연속이 아닐 때, 함수 $f(x)$는 $x=a$에서 불연속이라 한다. 즉, 함수 $f(x)$가 위의 (1)의 세 조건 중 어느 한 조건이라도 만족시키지 않으면 $x=a$에서 불연속이다.

2. 합성함수의 미분법

(1) $y=\{f(x)\}^n$ (단, n은 실수)

⇨ $y'=n\{f(x)\}^{n-1}f'(x)$

(2) $y=f(ax+b)$

⇨ $y'=f'(ax+b)\times(ax+b)'$, 즉 $y'=af'(ax+b)$

3. 등차수열의 합

(1) 첫째항이 a, 공차가 d인 등차수열의 첫째항부터 제n항까지의 합 S_n은

$$S_n=\frac{n\{2a+(n-1)d\}}{2}$$

(2) 첫째항이 a, 제n항이 l인 등차수열의 첫째항부터 제n항까지의 합 S_n은

$$S_n=\frac{n(a+l)}{2}$$

풀이 전략 합성함수의 미분법과 미분가능성을 이용하여 구한다.

문제 풀이

[STEP 1] $f(x+3)=f(x)$를 이용하여 x의 범위를 나누고 $f'(x)$를 구한다.

함수 $f(2^x)$에서 $p(x)=2^x$이라 하면 함수 $p(x)$는 실수 전체의 집합에서 미분가능하고 연속이다.

한편 자연수 m에 대하여

$3m-3<x<3m-2$일 때, $f'(x)=-2$

$3m-2<x<3m-1$일 때, $f'(x)=0$

$3m-1<x<3m$일 때, $f'(x)=2$

이고

$g(x)=\lim_{h\to 0+}\left|\frac{f(p(x+h))-f(p(x))}{h}\right|$

$=|f'(p(x))\times p'(x)|$

$=|f'(p(x))|\times 2^x\ln 2$ → $p(x)=2^x$이므로 $p'(x)=2^x\ln 2$

$=|f'(2^x)|\times 2^x\ln 2$

[STEP 2] 2^x의 범위를 나누어 $g(x)$를 구한다.

2^x의 범위에 따른 함수 $g(x)$는 다음과 같다.

(i) $3m-3 \leq 2^x < 3m-2$일 때

$g(x)=|f'(2^x)| \times 2^x \ln 2 = 2\ln 2 \times 2^x$

(ii) $3m-2 \leq 2^x < 3m-1$일 때

$g(x)=|f'(2^x)| \times 2^x \ln 2 = 0 \times 2^x \ln 2 = 0$

(iii) $3m-1 \leq 2^x < 3m$일 때

$g(x)=|f'(2^x)| \times 2^x \ln 2 = 2\ln 2 \times 2^x$

이때

$\lim_{x \to \log_2(3m-2)-} g(x) \neq \lim_{x \to \log_2(3m-2)+} g(x)$,

$\lim_{x \to \log_2(3m-1)-} g(x) \neq \lim_{x \to \log_2(3m-1)+} g(x)$,

$\lim_{x \to (\log_2 3m)-} g(x) = \lim_{x \to (\log_2 3m)+} g(x) = g(\log_2 3m)$

이므로 함수 $g(x)$는 $x=\log_2(3m-2)$와

$x=\log_2(3m-1)$에서 불연속이다.

[STEP 3] 열린구간 $(-5, 5)$에서 함수 $g(x)$가 불연속인 x의 값을 구한다.

그런데 $-5<x<5$에서

$\frac{1}{32} < 2^x < 32$

이므로 함수 $g(x)$는

$x=\log_2 k$ $(k=1, 2, 4, 5, 7, \cdots, 28, 29, 31)$

에서 불연속이다.

[STEP 4] a_k의 값과 n을 구하여 수열의 합을 구한다.

$a_k=\log_2 k$ $(k=1, 2, 4, 5, 7, \cdots, 28, 29, 31)$

이므로

$n=31-10=21$

이고, $g(a_k)$는 다음과 같다.

(i) $2^{a_k}=3m-2$, 즉 $a_k=\log_2(3m-2)$일 때

$3m-2<2^x<3m-1$일 때 $g(x)=0$이므로

$g(a_k)=\lim_{x \to \log_2(3m-2)+} g(x)=0$

(ii) $2^{a_k}=3m-1$, 즉 $a_k=\log_2(3m-1)$일 때

$3m-1<2^x<3m$일 때 $g(x)=2\ln 2 \times 2^x$이므로

$g(a_k)=\lim_{x \to \log_2(3m-1)+} g(x)=2\ln 2 \times (3m-1)$

(i), (ii)에서

$$\sum_{k=1}^{n} \frac{g(a_k)}{\ln 2} = \sum_{k=1}^{21} \frac{g(a_k)}{\ln 2}$$

$$=2(2+5+8+11+14+\cdots+29)$$

$$=2 \times \frac{10(2+29)}{2}$$

$$=310$$

첫째항이 a, 제n항이 l인 등차수열의 첫째항부터 제n항까지의 합 S_n은 $S_n=\frac{n(a+l)}{2}$

따라서

$$n+\sum_{k=1}^{n} \frac{g(a_k)}{\ln 2} = 21+310=331$$

답 331

Ⅲ 적분법

본문 118~150쪽

수능 유형별 기출문제

01 ④	02 ③	03 ④	04 ①	05 ⑤
06 ⑤	07 ①	08 ②	09 ①	10 ①
11 4	12 ②	13 ①	14 13	15 ②
16 ⑤	17 ③	18 2	19 ③	20 ④
21 ①	22 ②	23 ②	24 ①	25 ⑤
26 3	27 ②	28 ③	29 ②	30 ③
31 ③	32 ③	33 ⑤	34 ④	35 ④
36 ⑤	37 ④	38 ⑤	39 ①	40 64
41 ②	42 ②	43 ④	44 ②	45 ②
46 ⑤	47 ④	48 ⑤	49 ④	50 ④
51 ⑤	52 ⑤	53 ①	54 ②	55 ③
56 ②	57 ④	58 ④	59 ②	60 ③
61 ③	62 ①	63 ④	64 ②	65 ①
66 242	67 ②	68 5	69 19	70 ②
71 ②	72 ②	73 ③	74 ⑤	75 ①
76 ③	77 ①	78 ②	79 ②	80 ④
81 ③	82 ①	83 ②	84 ③	85 ③
86 ③	87 ①	88 ③	89 ③	90 ②
91 ④	92 340	93 ⑤	94 ①	95 ①

유형 1 정적분의 계산

01

$$\int_0^{\ln 3} e^{x+3}\,dx=\left[e^{x+3}\right]_0^{\ln 3}=e^{\ln 3+3}-e^3$$
$$=e^{\ln 3}\times e^3-e^3$$

$e^{\ln 3}=3^{\ln e}=3$이므로

$$\int_0^{\ln 3} e^{x+3}\,dx=3e^3-e^3=2e^3$$

답 ④

02

$$\int_0^3 \frac{2}{2x+1}\,dx=\int_0^3 \frac{(2x+1)'}{2x+1}\,dx$$
$$=\Big[\ln|2x+1|\Big]_0^3$$
$$=\ln 7-\ln 1=\ln 7$$

답 ③

03

$$\int_0^{10} \frac{x+2}{x+1}\,dx=\int_0^{10}\left(1+\frac{1}{x+1}\right)dx$$
$$=\Big[x+\ln|x+1|\Big]_0^{10}=10+\ln 11$$

답 ④

04

$$\int_2^4 \frac{6}{x^2}\,dx=\left[-\frac{6}{x}\right]_2^4=-\frac{3}{2}-(-3)=\frac{3}{2}$$

답 ①

05

$$\int_0^{\frac{\pi}{2}} 2\sin x\,dx=\Big[-2\cos x\Big]_0^{\frac{\pi}{2}}$$
$$=-2\cos\frac{\pi}{2}-(-2\cos 0)$$
$$=0-(-2)=2$$

답 ⑤

06

$\frac{\pi}{3}-x=t$로 놓으면 $-1=\frac{dt}{dx}=1$이고

$x=0$일 때 $t=\frac{\pi}{3}$, $x=\frac{\pi}{3}$일 때 $t=0$이므로

$$\int_0^{\frac{\pi}{3}}\cos\left(\frac{\pi}{3}-x\right)dx=-\int_{\frac{\pi}{3}}^0\cos t\,dt=\int_0^{\frac{\pi}{3}}\cos t\,dt$$
$$=\Big[\sin t\Big]_0^{\frac{\pi}{3}}=\frac{\sqrt{3}}{2}$$

답 ⑤

07

$u(x)=\ln x$, $v'(x)=1$로 놓으면

$u'(x)=\frac{1}{x}$, $v(x)=x$이므로

$$\int_1^e \ln x\,dx=\Big[x\ln x-x\Big]_1^e$$
$$=(e-e)-(0-1)=1$$

따라서

$$\int_1^e (1+\ln x)\,dx=\int_1^e 1\,dx+\int_1^e \ln x\,dx$$
$$=\Big[x\Big]_1^e+1=(e-1)+1=e$$

답 ①

08

$u(x)=\ln x$, $v'(x)=x^3$으로 놓으면

$u'(x)=\frac{1}{x}$, $v(x)=\frac{x^4}{4}$이므로

$$\begin{aligned}\int_1^e x^3\ln x\,dx&=\left[\frac{x^4}{4}\ln x\right]_1^e-\int_1^e\left(\frac{1}{x}\times\frac{x^4}{4}\right)dx\\&=\left(\frac{e^4}{4}\ln e-\frac{1}{4}\ln 1\right)-\left[\frac{x^4}{16}\right]_1^e\\&=\frac{e^4}{4}-0-\left(\frac{e^4}{16}-\frac{1}{16}\right)\\&=\frac{3e^4+1}{16}\end{aligned}$$

답 ②

09

$u(x)=x-1$, $v'(x)=e^{-x}$으로 놓으면

$u'(x)=1$, $v(x)=-e^{-x}$이므로

$$\begin{aligned}\int_1^2(x-1)e^{-x}\,dx&=\left[-(x-1)e^{-x}\right]_1^2-\int_1^2(-e^{-x})\,dx\\&=-e^{-2}+\int_1^2 e^{-x}\,dx\\&=-e^{-2}+\left[-e^{-x}\right]_1^2\\&=-e^{-2}-e^{-2}+e^{-1}\\&=\frac{1}{e}-\frac{2}{e^2}\end{aligned}$$

답 ①

10

$u(x)=x$, $v'(x)=e^x$으로 놓으면

$u'(x)=1$, $v(x)=e^x$이므로

$$\begin{aligned}\int_0^1 xe^x\,dx&=\left[xe^x\right]_0^1-\int_0^1 e^x\,dx\\&=(e-0)-\left[e^x\right]_0^1\\&=e-(e-1)\\&=1\end{aligned}$$

답 ①

11

$2x-4=t$로 놓으면 $2=\frac{dt}{dx}$이고

$x=2$일 때 $t=0$, $x=4$일 때 $t=4$이므로

$$\begin{aligned}\int_2^4 2e^{2x-4}\,dx&=\int_0^4 e^t\,dt\\&=\left[e^t\right]_0^4\\&=e^4-1\end{aligned}$$

따라서 $k=e^4-1$이므로

$\ln(k+1)=\ln e^4=4$

답 4

12

$\ln\frac{x}{e}=\ln x-\ln e=\ln x-1$이므로

$$\int_1^e\ln\frac{x}{e}\,dx=\int_1^e\ln x\,dx-\int_1^e 1\,dx$$

한편 $\int_1^e\ln x\,dx$에서 $u(x)=\ln x$, $v'(x)=1$로 놓으면

$u'(x)=\frac{1}{x}$, $v(x)=x$이므로

$$\begin{aligned}\int_1^e\ln x\,dx&=\left[x\ln x-x\right]_1^e\\&=(e\ln e-e)-(0-1)\\&=1\end{aligned}$$

따라서

$$\begin{aligned}\int_1^e\ln\frac{x}{e}\,dx&=\int_1^e\ln x\,dx-\int_1^e 1\,dx\\&=1-\left[x\right]_1^e\\&=1-(e-1)\\&=2-e\end{aligned}$$

답 ②

13

$x^2-1=t$로 놓으면 $2x=\frac{dt}{dx}$이고

$x=1$일 때 $t=0$, $x=2$일 때 $t=3$이므로

$$\begin{aligned}\int_1^2 x\sqrt{x^2-1}\,dx&=\frac{1}{2}\int_0^3\sqrt{t}\,dt\\&=\frac{1}{2}\left[\frac{2}{3}t\sqrt{t}\right]_0^3\\&=\frac{1}{3}(3\sqrt{3}-0)\\&=\sqrt{3}\end{aligned}$$

답 ①

14

$f'(x)=\frac{1}{x}$에서

$f(x)=\int f'(x)\,dx=\int \frac{1}{x}\,dx$

$=\ln|x|+C$ (단, C는 적분상수)

$f(1)=10$이므로 $C=10$

$f(x)=\ln|x|+10$에서

$f(e^3)=\ln e^3+10$

$=3\ln e+10$

$=3+10$

$=13$

답 13

15

$\cos\left(\frac{\pi}{2}-x\right)=\sin x$이므로

$$\int_0^\pi x\cos\left(\frac{\pi}{2}-x\right)dx=\int_0^\pi x\sin x\,dx$$

$$=\left[-x\cos x\right]_0^\pi-\int_0^\pi(-\cos x)\,dx$$

$$=\pi+\left[\sin x\right]_0^\pi$$

$$=\pi$$

답 ②

16

$$\int_1^e x(1-\ln x)dx=\int_1^e(x-x\ln x)dx$$

$$=\int_1^e x\,dx-\int_1^e x\ln x\,dx \quad \cdots\cdots ㉠$$

$$\int_1^e x\,dx=\left[\frac{1}{2}x^2\right]_1^e=\frac{1}{2}e^2-\frac{1}{2}$$

$\int_1^e x\ln x\,dx$에서 $u(x)=\ln x$, $v'(x)=x$로 놓으면

$u'(x)=\frac{1}{x}$, $v(x)=\frac{1}{2}x^2$이므로

$$\int_1^e x\ln x\,dx=\left[\frac{1}{2}x^2\ln x\right]_1^e-\int_1^e\frac{1}{2}x\,dx$$

$$=\left(\frac{1}{2}e^2-0\right)-\left[\frac{1}{4}x^2\right]_1^e$$

$$=\frac{1}{4}e^2+\frac{1}{4}$$

따라서 ㉠에서

$$\int_1^e x\,dx-\int_1^e x\ln x\,dx=\left(\frac{1}{2}e^2-\frac{1}{2}\right)-\left(\frac{1}{4}e^2+\frac{1}{4}\right)$$

$$=\frac{1}{4}e^2-\frac{3}{4}$$

$$=\frac{1}{4}(e^2-3)$$

답 ⑤

17

$$\int_2^6\ln(x-1)\,dx=\int_1^5\ln x\,dx$$

이때 $u(x)=\ln x$, $v'(x)=1$로 놓으면

$u'(x)=\frac{1}{x}$, $v(x)=x$이므로

$$\int_1^5\ln x\,dx=\left[x\ln x-x\right]_1^5$$

$$=5\ln 5-4$$

답 ③

18

$\cos(\pi-x)=-\cos x$이므로

$$\int_0^\pi x\cos(\pi-x)\,dx=\int_0^\pi x(-\cos x)\,dx$$

이때 $u(x)=x$, $v'(x)=-\cos x$로 놓으면

$u'(x)=1$, $v(x)=-\sin x$이므로

$$\int_0^\pi x\cos(\pi-x)\,dx=\int_0^\pi x(-\cos x)\,dx$$

$$=\left[x(-\sin x)\right]_0^\pi+\int_0^\pi\sin x\,dx$$

$$=0+\left[-\cos x\right]_0^\pi$$

$$=-\cos\pi+\cos 0=2$$

답 2

19

$x^2+1=t$로 놓으면 $2x=\frac{dt}{dx}$이고

$x=0$일 때 $t=1$, $x=\sqrt{3}$일 때 $t=4$이므로

$$\int_0^{\sqrt{3}}2x\sqrt{x^2+1}\,dx=\int_1^4\sqrt{t}\,dt=\left[\frac{2}{3}t^{\frac{3}{2}}\right]_1^4$$

$$=\frac{2}{3}(8-1)=\frac{14}{3}$$

답 ③

20

$\ln x=t$로 놓으면 $\frac{1}{x}=\frac{dt}{dx}$이고

$x=1$일 때 $t=0$, $x=e^2$일 때 $t=\ln e^2=2$이므로

$$\int_1^{e^2}\frac{(\ln x)^3}{x}\,dx=\int_0^2 t^3\,dt$$

$$=\left[\frac{1}{4}t^4\right]_0^2=4$$

답 ④

21

$\ln x=t$로 놓으면 $\frac{1}{x}=\frac{dt}{dx}$이고

$x=1$일 때 $t=0$, $x=e$일 때 $t=1$이므로

$$\int_1^e \frac{3(\ln x)^2}{x}\,dx=\int_0^1 3t^2\,dt$$
$$=\Big[t^3\Big]_0^1=1$$

답 ①

22

$x^2-1=t$로 놓으면 $2x=\frac{dt}{dx}$이고

$x=1$일 때 $t=0$, $x=\sqrt{2}$일 때 $t=1$이므로

$$\int_1^{\sqrt{2}} x^3\sqrt{x^2-1}\,dx=\int_0^1 \frac{1}{2}(t+1)\sqrt{t}\,dt$$
$$=\frac{1}{2}\int_0^1 (t^{\frac{3}{2}}+t^{\frac{1}{2}})\,dt$$
$$=\frac{1}{2}\Big[\frac{2}{5}t^{\frac{5}{2}}+\frac{2}{3}t^{\frac{3}{2}}\Big]_0^1$$
$$=\frac{1}{2}\left(\frac{2}{5}+\frac{2}{3}\right)$$
$$=\frac{8}{15}$$

답 ②

23

$f'(x)=1+\frac{1}{x}$이므로

$$\int_1^e \left(1+\frac{1}{x}\right)f(x)\,dx=\int_1^e f'(x)f(x)\,dx$$
$$=\Big[\frac{1}{2}\{f(x)\}^2\Big]_1^e$$
$$=\frac{1}{2}\{f(e)\}^2-\frac{1}{2}\{f(1)\}^2$$
$$=\frac{1}{2}(e+1)^2-\frac{1}{2}(1+0)^2$$
$$=\frac{e^2}{2}+e$$

답 ②

24

$f(g(x))=x$, $g(f(x))=x$이므로

$f'(g(x))g'(x)=1$, $g'(f(x))f'(x)=1$

따라서

$$\int_1^3 \left\{\frac{f(x)}{f'(g(x))}+\frac{g(x)}{g'(f(x))}\right\}dx$$
$$=\int_1^3 \{f(x)g'(x)+g(x)f'(x)\}dx$$
$$=\int_1^3 \{f(x)g(x)\}'dx$$
$$=\Big[f(x)g(x)\Big]_1^3$$
$$=f(3)g(3)-f(1)g(1)$$

$f(1)=3$에서 $g(3)=1$

$g(1)=3$에서 $f(3)=1$

따라서 $f(3)g(3)-f(1)g(1)=1\times1-3\times3=-8$

답 ①

25

$\int_e^{e^2} \frac{\ln x-1}{x^2}\,dx$에서 $u(x)=\ln x-1$, $v'(x)=\frac{1}{x^2}$로 놓으면

$u'(x)=\frac{1}{x}$, $v(x)=-\frac{1}{x}$이므로

$$\int_e^{e^2} \frac{\ln x-1}{x^2}\,dx=\Big[-\frac{\ln x-1}{x}\Big]_e^{e^2}+\int_e^{e^2}\frac{1}{x^2}\,dx$$
$$=\Big[-\frac{\ln x-1}{x}\Big]_e^{e^2}+\Big[-\frac{1}{x}\Big]_e^{e^2}$$
$$=-\frac{1}{e^2}+\left(-\frac{1}{e^2}+\frac{1}{e}\right)$$
$$=\frac{e-2}{e^2}$$

답 ⑤

26

$$\int_0^{\frac{\pi}{2}} (\cos x+3\cos^3 x)\,dx=\int_0^{\frac{\pi}{2}} \cos x(1+3\cos^2 x)\,dx$$
$$=\int_0^{\frac{\pi}{2}} \cos x\{1+3(1-\sin^2 x)\}dx$$
$$=\int_0^{\frac{\pi}{2}} \cos x(4-3\sin^2 x)\,dx$$

$\sin x=t$로 놓으면 $\cos x=\frac{dt}{dx}$이고

$x=0$일 때 $t=0$, $x=\frac{\pi}{2}$일 때 $t=1$이므로

$$\int_0^{\frac{\pi}{2}} \cos x(4-3\sin^2 x)\,dx=\int_0^1 (4-3t^2)\,dt$$
$$=\Big[4t-t^3\Big]_0^1$$
$$=3$$

답 3

27

$2f(x)+\frac{1}{x^2}f\left(\frac{1}{x}\right)=\frac{1}{x}+\frac{1}{x^2}$ ...... ㉠

㉠에서 x 대신 $\frac{1}{x}$을 대입하면

$2f\left(\frac{1}{x}\right)+x^2f(x)=x+x^2$

양변을 $2x^2$으로 나누면

$\frac{1}{x^2}f\left(\frac{1}{x}\right)+\frac{1}{2}f(x)=\frac{1}{2x}+\frac{1}{2}$ ...... ㉡

㉠−㉡을 하면

$\frac{3}{2}f(x)=\frac{1}{2x}+\frac{1}{x^2}-\frac{1}{2}$

즉, $f(x)=\frac{1}{3x}+\frac{2}{3x^2}-\frac{1}{3}$

따라서

$$\int_{\frac{1}{2}}^{2}f(x)\,dx=\int_{\frac{1}{2}}^{2}\left(\frac{1}{3x}+\frac{2}{3x^2}-\frac{1}{3}\right)dx$$

$$=\left[\frac{1}{3}\ln|x|-\frac{2}{3x}-\frac{1}{3}x\right]_{\frac{1}{2}}^{2}$$

$$=\left(\frac{1}{3}\ln 2-1\right)-\left(\frac{1}{3}\ln\frac{1}{2}-\frac{3}{2}\right)$$

$$=\frac{2\ln 2}{3}+\frac{1}{2}$$

답 ②

28

$g(0)=f'(0)\sin 0+0=0$

$g(1)=f'(2)\sin\pi+1=1$이므로

$$\int_0^1 g(x)\,dx+\int_{g(0)}^{g(1)}g^{-1}(x)\,dx$$

$$=\int_0^1 g(x)\,dx+\int_0^1 g^{-1}(x)\,dx$$

$=1\times1-0\times0=1$

따라서

$\int_0^1 g(x)\,dx+\int_0^1 g^{-1}(x)\,dx=1$ ...... ㉠

㉠에 $g(x)=f'(2x)\sin\pi x+x$,

$\int_0^1 g^{-1}(x)\,dx=2\int_0^1 f'(2x)\sin\pi x\,dx+\frac{1}{4}$을 대입하면

$$\int_0^1\{f'(2x)\sin\pi x+x\}\,dx+2\int_0^1 f'(2x)\sin\pi x\,dx+\frac{1}{4}=1$$

$$3\int_0^1 f'(2x)\sin\pi x\,dx+\left[\frac{1}{2}x^2\right]_0^1+\frac{1}{4}=1$$

$$3\int_0^1 f'(2x)\sin\pi x\,dx=1-\frac{1}{2}-\frac{1}{4}=\frac{1}{4}$$

따라서 $\int_0^1 f'(2x)\sin\pi x\,dx=\frac{1}{12}$ ...... ㉡

한편 $\int_0^2 f(x)\cos\frac{\pi}{2}x\,dx$에서

$x=2t$로 놓으면 $1=2\frac{dt}{dx}$이고

$x=0$일 때 $t=0$, $x=2$일 때 $t=1$이므로

$$\int_0^2 f(x)\cos\frac{\pi}{2}x\,dx=2\int_0^1 f(2t)\cos\pi t\,dt$$

$u(t)=f(2t)$, $v'(t)=\cos\pi t$로 놓으면

$u'(t)=2f'(2t)$, $v(t)=\frac{1}{\pi}\sin\pi t$이므로

$$2\int_0^1 f(2t)\cos\pi t\,dt$$

$$=2\left[\frac{1}{\pi}f(2t)\sin\pi t\right]_0^1-\frac{4}{\pi}\int_0^1 f'(2t)\sin\pi t\,dt$$

$$=0-\frac{4}{\pi}\int_0^1 f'(2t)\sin\pi t\,dt$$

$$=-\frac{4}{\pi}\int_0^1 f'(2x)\sin\pi x\,dx$$

이므로 ㉡에서

$$\int_0^2 f(x)\cos\frac{\pi}{2}x\,dx$$

$$=-\frac{4}{\pi}\int_0^1 f'(2x)\sin\pi x\,dx$$

$$=-\frac{4}{\pi}\times\frac{1}{12}$$

$$=-\frac{1}{3\pi}$$

답 ③

유형 2 정적분으로 나타낸 함수

29

$\int_1^x f(t)\,dt=x^2-a\sqrt{x}$ ...... ㉠

㉠에 $x=1$을 대입하면

$0=1-a$에서

$a=1$

㉠의 양변을 x에 대하여 미분하면

$f(x)=2x-\frac{1}{2\sqrt{x}}$

따라서 $f(1)=2-\frac{1}{2}=\frac{3}{2}$

답 ②

30

$f(x)=\int_0^x \frac{2t-1}{t^2-t+1}dt$의 양변을 x에 대하여 미분하면

$f'(x)=\frac{2x-1}{x^2-x+1}$

$f'(x)=0$에서 $x=\frac{1}{2}$

$x=\frac{1}{2}$의 좌우에서 $f'(x)$의 부호가 음에서 양으로 바뀌므로

$f(x)$는 $x=\frac{1}{2}$에서 극소이면서 최소이다.

따라서 구하는 최솟값은

$$f\left(\frac{1}{2}\right)=\int_0^{\frac{1}{2}} \frac{2t-1}{t^2-t+1}dt$$
$$=\int_0^{\frac{1}{2}} \frac{(t^2-t+1)'}{t^2-t+1}dt$$
$$=\Big[\ln|t^2-t+1|\Big]_0^{\frac{1}{2}}$$
$$=\ln\frac{3}{4}$$

답 ③

31

주어진 식에 $t=1$을 대입하면

$0=a^2-a=a(a-1)$

이때 $a\neq 0$이므로 $a=1$

주어진 식의 양변을 t에 대하여 미분하면

$f(\ln t)\times\frac{1}{t}=2(t\ln t+1)(\ln t+1)$

$f(\ln t)=2t(t\ln t+1)(\ln t+1)$ …… ㉠

$\ln t=1$일 때 $t=e$이므로 $f(1)$의 값은 ㉠에 $t=e$를 대입한 값이다.

따라서 $f(1)=2e(e+1)\times 2=4e^2+4e$

답 ③

32

$g(x)=|2^x-5|$라 하면 함수 $y=g(x+2)$의 그래프와 함수 $y=g(x)$의 그래프가 만나는 점의 x좌표는 그림과 같이 $-2+\log_2 5$보다 크고 $\log_2 5$보다 작다.

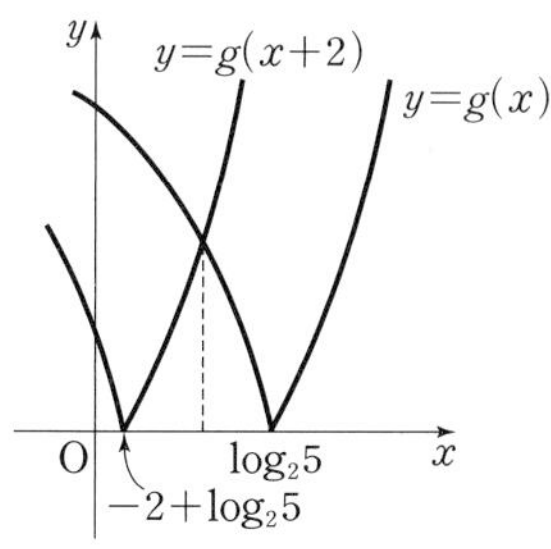

$f'(x)=g(x+2)-g(x)$이므로

$f'(x)=0$에서

$2^{x+2}-5-(-2^x+5)=0$

$5\times 2^x=10,\ 2^x=2$

즉, $x=1$

$x<1$에서 $f'(x)<0$이고, $x>1$에서 $f'(x)>0$이므로

함수 $f(x)$는 $x=1$에서 극소이면서 최소이다.

$$f(1)=\int_1^3|2^t-5|dt$$
$$=\int_1^{\log_2 5}(-2^t+5)dt+\int_{\log_2 5}^3(2^t-5)dt$$
$$=\left[-\frac{2^t}{\ln 2}+5t\right]_1^{\log_2 5}+\left[\frac{2^t}{\ln 2}-5t\right]_{\log_2 5}^3$$
$$=\left(-\frac{3}{\ln 2}+5\log_2 5-5\right)+\left(\frac{3}{\ln 2}+5\log_2 5-15\right)$$
$$=10\log_2 5-20$$

따라서 최솟값은 $m=10\log_2 5-20=\log_2\left(\frac{5}{4}\right)^{10}$이므로

$$2^m=2^{\log_2\left(\frac{5}{4}\right)^{10}}$$
$$=\left(\frac{5}{4}\right)^{10}$$

답 ③

33

$f(x)$의 한 부정적분을 $F(x)$라 하면

$$\lim_{x\to 0}\left\{\frac{x^2+1}{x}\int_1^{x+1}f(t)dt\right\}$$
$$=\lim_{x\to 0}\left[\frac{x^2+1}{x}\{F(x+1)-F(1)\}\right]$$
$$=\lim_{x\to 0}\left\{(x^2+1)\times\frac{F(x+1)-F(1)}{x}\right\}$$
$$=\lim_{x\to 0}(x^2+1)\times\lim_{x\to 0}\frac{F(x+1)-F(1)}{x}$$
$$=1\times F'(1)$$
$$=f(1)=3$$

$f(x)=a\cos(\pi x^2)$에서

$f(1)=a\cos\pi=-a=3$

$a=-3$이므로

$f(x)=-3\cos(\pi x^2)$

따라서

$$f(a)=f(-3)$$
$$=-3\cos(9\pi)$$
$$=-3\cos\pi$$
$$=-3\times(-1)$$
$$=3$$

답 ⑤

Ⅲ 적분법

34

$$f(x)=\int_0^x \frac{1}{1+e^{-t}}\,dt$$

$$=\int_0^x \left(\frac{1}{1+e^{-t}}\times\frac{e^t}{e^t}\right)dt$$

$$=\int_0^x \frac{e^t}{1+e^t}\,dt$$

에서 $1+e^t=s$로 놓으면 $e^t=\frac{ds}{dt}$이고

$t=0$일 때 $s=2$, $t=x$일 때 $s=1+e^x$이므로

$$f(x)=\int_2^{1+e^x}\frac{1}{s}\,ds=\Big[\ln s\Big]_2^{1+e^x}$$

$$=\ln(1+e^x)-\ln 2$$

$$=\ln\frac{1+e^x}{2}$$

$$(f\circ f)(a)=f(f(a))=f\left(\ln\frac{1+e^a}{2}\right)$$

$$=\ln\frac{1+e^{\ln\frac{1+e^a}{2}}}{2}$$

이때 $e^{\ln\frac{1+e^a}{2}}=\left(\frac{1+e^a}{2}\right)^{\ln e}=\frac{1+e^a}{2}$이므로

$$(f\circ f)(a)=\ln\frac{1+e^{\ln\frac{1+e^a}{2}}}{2}$$

$$=\ln\frac{1+\frac{1+e^a}{2}}{2}$$

$$=\ln\frac{3+e^a}{4}$$

한편 $(f\circ f)(a)=\ln 5$이므로

$\ln\frac{3+e^a}{4}=\ln 5$, $\frac{3+e^a}{4}=5$

따라서 $e^a=17$이므로

$a=\ln 17$

답 ④

35

함수 $g(x)$의 정의역이 양의 실수 전체의 집합이고 그 역함수 $f(x)$의 치역은 양의 실수 전체의 집합이다.

즉, 모든 양수 x에 대하여

$f(x)>0$ …… ㉠

이다.

모든 양수 x에 대하여 $g(f(x))=x$이므로 양변을 x에 대하여 미분하면

$g'(f(x))f'(x)=1$

따라서

$$\int_1^a \frac{1}{g'(f(x))f(x)}dx=\int_1^a\frac{f'(x)}{f(x)}dx$$

$$=\Big[\ln|f(x)|\Big]_1^a$$

$$=\ln f(a)-\ln f(1)\ (\because ㉠)$$

$$=\ln f(a)-\ln 8$$

$$=\ln f(a)-3\ln 2$$

이므로

$\ln f(a)-3\ln 2=2\ln a+\ln(a+1)-\ln 2$에서

$$\ln f(a)=2\ln a+\ln(a+1)+2\ln 2$$

$$=\ln a^2+\ln(a+1)+\ln 2^2$$

$$=\ln 4a^2(a+1)$$

즉, $f(a)=4a^2(a+1)$이므로

$f(2)=4\times 2^2\times(2+1)=48$

답 ④

다른 풀이

함수 $g(x)$의 정의역이 양의 실수 전체의 집합이고 그 역함수 $f(x)$의 치역은 양의 실수 전체의 집합이다.

즉, 모든 양수 x에 대하여

$f(x)>0$ …… ㉠

이다.

$\int_1^a \frac{1}{g'(f(x))f(x)}dx$에서 $f(x)=y$라 하면

$x=1$일 때 $y=f(1)=8$, $x=a$일 때 $y=f(a)$이고

$$\frac{dy}{dx}=f'(x)$$

이때 역함수의 미분법에 의하여

$$f'(x)=\frac{1}{g'(y)}$$

이므로

$$\frac{dy}{dx}=\frac{1}{g'(y)}$$

이때 도함수 $g'(x)$가 양의 실수 전체의 집합에서 연속이므로

$g'(y)\neq 0$

따라서

$$\int_1^a \frac{1}{g'(f(x))f(x)}dx=\int_8^{f(a)}\left\{\frac{1}{g'(y)\times y}\times g'(y)\right\}dy$$

$$=\int_8^{f(a)}\frac{1}{y}dy$$

$$=\Big[\ln|y|\Big]_8^{f(a)}$$

$$=\ln|f(a)|-\ln|8|$$

$$=\ln|f(a)|-3\ln 2$$

㉠에서 $f(a)>0$이므로 주어진 등식에서

$\ln f(a)-3\ln 2=2\ln a+\ln(a+1)-\ln 2$

$$\ln f(a)=2\ln a+\ln(a+1)+2\ln 2$$

$$=\ln a^2+\ln(a+1)+\ln 2^2$$

$$=\ln 4a^2(a+1)$$

따라서 $f(a)=4a^2(a+1)$이므로

$f(2)=4\times2^2\times(2+1)=48$

36

ㄱ. $0<x<\sqrt{\pi}$에서 $e^{-x}>0$, $\sin(x^2)>0$이고

$\sin 0=0$, $\sin\pi=0$이므로

$f(\sqrt{\pi})=e^{-\sqrt{\pi}}\int_0^{\sqrt{\pi}}\sin(t^2)dt>0$ (참)

ㄴ. $f'(x)=-e^{-x}\int_0^x\sin(t^2)dt+e^{-x}\sin(x^2)$이므로

$f'(0)=-e^{-0}\int_0^0\sin(t^2)dt+e^{-0}\sin(0^2)=0$

$f'(\sqrt{\pi})=-e^{-\sqrt{\pi}}\int_0^{\sqrt{\pi}}\sin(t^2)dt+e^{-\sqrt{\pi}}\sin(\sqrt{\pi}^2)$

$=-f(\sqrt{\pi})<0$

함수 $f(x)$가 닫힌구간 $[0, \sqrt{\pi}]$에서 연속이고, 열린구간 $(0, \sqrt{\pi})$에서 미분가능하므로 평균값 정리에 의하여

$f'(a)=\dfrac{f(\sqrt{\pi})-f(0)}{\sqrt{\pi}-0}>0$

을 만족시키는 a가 열린구간 $(0, \sqrt{\pi})$에 적어도 하나 존재한다. (참)

ㄷ. ㄴ을 만족시키는 a $(0<a<\sqrt{\pi})$에 대하여 함수 $f'(x)$가 닫힌구간 $[a, \sqrt{\pi}]$에서 연속이고, $f'(a)>0$, $f'(\sqrt{\pi})<0$이므로 사잇값의 정리에 의하여 $f'(b)=0$을 만족시키는 b가 열린구간 $(0, \sqrt{\pi})$에 적어도 하나 존재한다. (참)

이상에서 옳은 것은 ㄱ, ㄴ, ㄷ이다.

답 ⑤

37

(i) $0\le a\le4$일 때

$\int_0^a f(x)dx+\int_a^8 g(x)dx$

$=\int_0^a\left(\frac{5}{2}-\frac{10x}{x^2+4}\right)dx+8-\int_0^a\frac{x}{2}dx$

$=\left[\frac{5}{2}x-5\ln(x^2+4)\right]_0^a+8-\left[\frac{1}{4}x^2\right]_0^a$

$=\frac{5}{2}a-5\ln(a^2+4)+5\ln4+8-\frac{1}{4}a^2$

$S_1(a)=\frac{5}{2}a-5\ln(a^2+4)+5\ln4+8-\frac{1}{4}a^2$이라 하자.

(ii) $4<a\le8$일 때

$\int_0^a f(x)dx+\int_a^8 g(x)dx$

$=\int_0^a\left(\frac{5}{2}-\frac{10x}{x^2+4}\right)dx+\int_a^8\frac{-x+8}{2}dx$

$=\left[\frac{5}{2}x-5\ln(x^2+4)\right]_0^a+\left[-\frac{1}{4}x^2+4x\right]_a^8$

$=\frac{5}{2}a-5\ln(a^2+4)+5\ln4+16+\frac{1}{4}a^2-4a$

$S_2(a)=\frac{5}{2}a-5\ln(a^2+4)+5\ln4+16+\frac{1}{4}a^2-4a$라 하자.

따라서 $0\le a\le4$일 때

$S_1'(a)=\dfrac{-(a-1)(a^2-4a+20)}{2(a^2+4)}$이므로

$a=1$에서 극대이고

$S_1(0)=8$ …… ㉠

$S_1(4)=14-5\ln5$ …… ㉡

$4<a\le8$일 때

$S_2'(a)=\dfrac{(a-6)(a+1)(a+2)}{2(a^2+4)}$이므로

$a=6$에서 극소이고

$S_2(6)=16-5\ln10$ …… ㉢

따라서 ㉠, ㉡, ㉢에서 최솟값은 $16-5\ln10$이다.

답 ④

다른 풀이 정적분으로 나타낸 함수의 미분을 이용한 풀이이다.

$S(a)=\int_0^a f(x)dx+\int_a^8 g(x)dx$라 하면

$S'(a)=f(a)-g(a)$이므로

$0\le a\le8$에서 $S'(a)=0$을 구하면

$a=1$ 또는 $a=6$

$f(a)-g(a)$의 부호를 조사하면 $S(a)$는

$a=1$에서 극대이고, $a=6$에서 극소이다.

$S(0)=\int_0^0 f(x)dx+\int_0^8 g(x)dx$

$=0+8=8$

$S(6)=\int_0^6 f(x)dx+\int_6^8 g(x)dx$

$=\frac{5}{2}\times6-5\ln(6^2+4)+5\ln4+16+\frac{1}{4}\times6^2-4\times6$

$=16-5\ln10$

이므로 $S(a)$의 최솟값은 $16-5\ln10$이다.

38

ㄱ. $f(x)=\int_0^x\sin(\pi\cos t)dt$에서

$f'(x)=\sin(\pi\cos x)$

따라서 $f'(0)=\sin(\pi\cos0)=\sin\pi=0$ (참)

ㄴ. 모든 실수 x에 대하여

$f(-x)=\int_0^{-x}\sin(\pi\cos t)dt$

$-t=y$로 놓으면 $-1=\dfrac{dy}{dt}$이고

Ⅲ 적분법

$t=0$일 때 $y=0$, $t=-x$일 때 $y=x$이므로

$$f(-x)=-\int_0^x \sin\{\pi\cos(-y)\}dy$$
$$=-\int_0^x \sin(\pi\cos y)dy$$
$$=-f(x)$$

따라서 함수 $y=f(x)$의 그래프는 원점에 대하여 대칭이다. (참)

ㄷ. $\pi-t=y$로 놓으면 $-1=\dfrac{dy}{dt}$이고

$t=0$일 때 $y=\pi$, $t=\pi$일 때 $y=0$이므로

$$f(\pi)=\int_0^\pi \sin(\pi\cos t)dt$$
$$=-\int_\pi^0 \sin\{\pi\cos(\pi-y)\}dy$$
$$=-\int_\pi^0 \sin(-\pi\cos y)dy$$
$$=\int_\pi^0 \sin(\pi\cos y)dy$$
$$=-\int_0^\pi \sin(\pi\cos y)dy$$
$$=-f(\pi)$$

$2f(\pi)=0$이므로 $f(\pi)=0$이다. (참)

이상에서 옳은 것은 ㄱ, ㄴ, ㄷ이다.

답 ⑤

참고 함수 $y=\sin(\pi\cos x)$의 그래프는 그림과 같다.

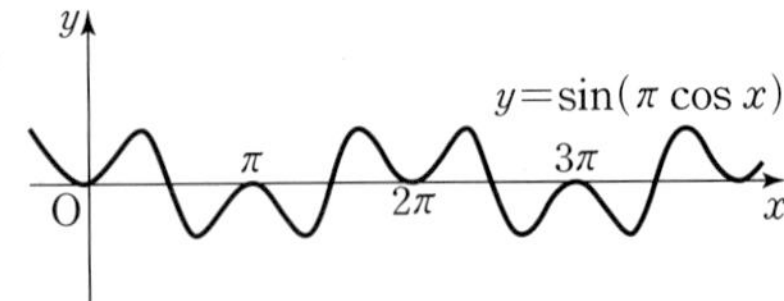

39

$\int_0^x tf(x-t)dt$에서 $x-t=s$로 놓으면 $-1=\dfrac{ds}{dt}$이고

$t=0$일 때 $s=x$, $t=x$일 때 $s=0$이므로

$$\int_0^x tf(x-t)dt=\int_x^0 (x-s)f(s)(-ds)$$
$$=\int_0^x (x-s)f(s)ds$$

따라서 $g(x)=x\int_0^x f(s)ds-\int_0^x sf(s)ds$이므로

$$g'(x)=\int_0^x f(s)ds+xf(x)-xf(x)$$
$$=\int_0^x f(s)ds$$

이때 함수 $y=f(x)=\sin(\pi\sqrt{x})$의 그래프는 그림과 같다.

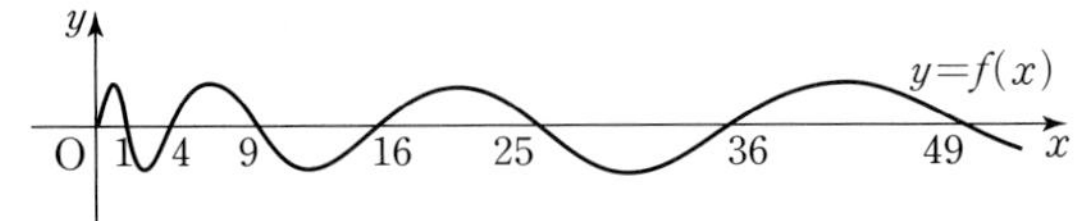

따라서

$1^2<a_1<2^2$,

$3^2<a_2<4^2$,

$5^2<a_3<6^2$,

⋮

$11^2<a_6<12^2$

이므로 $k=11$

답 ①

40

$$x\int_0^x f(t)dt-\int_0^x tf(t)dt=ae^{2x}-4x+b \quad \cdots\cdots ㉠$$

㉠의 양변에 $x=0$을 대입하면

$$0=a+b \quad \cdots\cdots ㉡$$

㉠의 양변을 x에 대하여 미분하면

$$\int_0^x f(t)dt+xf(x)-xf(x)=2ae^{2x}-4$$

즉, $\int_0^x f(t)dt=2ae^{2x}-4$ ······ ㉢

㉢의 양변에 $x=0$을 대입하면

$0=2a-4$, 즉 $a=2$

이므로 ㉡에서 $b=-2$

$\int_0^x f(t)dt=4e^{2x}-4$의 양변을 x에 대하여 미분하면

$f(x)=8e^{2x}$

따라서

$$f(a)f(b)=f(2)f(-2)$$
$$=8e^4\times 8e^{-4}$$
$$=64$$

답 64

41

ㄱ. $x\le 0$인 모든 실수 x에 대하여 $f(x)=0$이므로

$x\le 0$일 때

$$g(x)=\int_0^x f(t)f(1-t)dt$$
$$=\int_0^x 0\times f(1-t)dt$$
$$=\int_0^x 0\,dt$$
$$=0 \text{ (참)}$$

ㄴ. $g\left(\frac{1}{2}\right)=\int_0^{\frac{1}{2}} f(t)f(1-t)\,dt$에서 $1-t=s$로 놓으면

$$g\left(\frac{1}{2}\right)=\int_1^{\frac{1}{2}} f(1-s)f(s)(-ds)$$
$$=\int_{\frac{1}{2}}^1 f(s)f(1-s)\,ds$$
$$=\int_{\frac{1}{2}}^1 f(t)f(1-t)\,dt$$

이므로

$$g(1)=\int_0^1 f(t)f(1-t)\,dt$$
$$=\int_0^{\frac{1}{2}} f(t)f(1-t)\,dt+\int_{\frac{1}{2}}^1 f(t)f(1-t)\,dt$$
$$=g\left(\frac{1}{2}\right)+g\left(\frac{1}{2}\right)$$
$$=2g\left(\frac{1}{2}\right) \text{ (참)}$$

ㄷ. ㄱ에 의하여 $x\le0$일 때 $g(x)=0$

$x\ge1$일 때

$$g(x)=\int_0^x f(t)f(1-t)\,dt$$
$$=\int_0^1 f(t)f(1-t)\,dt+\int_1^x f(t)f(1-t)\,dt$$

에서 $1-t=s$로 놓으면 $t=1$일 때 $s=0$, $t=x$일 때 $s=1-x$

이고 $-1=\frac{ds}{dt}$이므로

$$\int_1^x f(t)f(1-t)\,dt=\int_0^{1-x} f(1-s)f(s)(-ds)$$
$$=\int_{1-x}^0 f(1-s)f(s)\,ds$$

이때 $1-x\le0$이므로

$$\int_1^x f(t)f(1-t)\,dt=0$$

즉, $x\ge1$일 때,

$g(x)=g(1)+0=g(1)$

한편 $0<x<1$일 때,

$g'(x)=f(x)f(1-x)>0$

이므로 함수 $g(x)$는 닫힌구간 $[0, 1]$에서 증가한다.

즉, $g(a)\le g(1)$이고 ㄴ에서 $g(1)=2g\left(\frac{1}{2}\right)$이므로

$g(a)\le 2g\left(\frac{1}{2}\right)$

이때 닫힌구간 $[0, 1]$에서

$f(x)=\{\ln(1+x^4)\}^{10}\le(\ln 2)^{10}$이므로

$2g\left(\frac{1}{2}\right)\le 2\times\frac{1}{2}\times(\ln 2)^{20}<1$

따라서 $g(a)\ge1$을 만족시키는 실수 a는 존재하지 않는다.

(거짓)

이상에서 옳은 것은 ㄱ, ㄴ이다.

답 ②

유형 3 조건으로 주어진 함수의 정적분

42

조건 (가)에서 $\{f(x)\}^2f'(x)=\frac{2x}{x^2+1}$이므로

$$\int\{f(x)\}^2f'(x)\,dx=\int\frac{2x}{x^2+1}\,dx$$

$f(x)=t$로 놓으면 $f'(x)=\frac{dt}{dx}$이므로

$$\int\{f(x)\}^2f'(x)\,dx=\int t^2\,dt=\frac{1}{3}t^3+C_1$$
$$=\frac{1}{3}\{f(x)\}^3+C_1 \text{ (단, } C_1\text{은 적분상수)}$$

$$\int\frac{2x}{x^2+1}\,dx=\ln(x^2+1)+C_2 \text{ (단, } C_2\text{는 적분상수)}$$

그러므로 $\{f(x)\}^3=3\ln(x^2+1)+C$ (단, C는 적분상수)

조건 (나)에서 $f(0)=0$이므로

$C=0$

따라서 $\{f(x)\}^3=3\ln(x^2+1)$이므로

$\{f(1)\}^3=3\ln 2$

답 ②

43

양수 t에 대하여 곡선 $y=f(x)$ 위의 점 $(t, f(t))$에서의 접선의 기울기가 $\frac{1}{t}+4e^{2t}$이므로

$f'(t)=\frac{1}{t}+4e^{2t}$

이다. 즉, 양수 x에 대하여

$f'(x)=\frac{1}{x}+4e^{2x}$

이므로

$$f(x)=\int\left(\frac{1}{x}+4e^{2x}\right)dx$$
$$=\ln x+2e^{2x}+C \text{ (단, } C\text{는 적분상수)}$$

이때 $f(1)=2e^2+1$이므로

$\ln 1+2e^2+C=2e^2+1$

$C=1$

따라서 $f(x)=\ln x+2e^{2x}+1$이므로

$f(e)=\ln e+2e^{2e}+1$

$=1+2e^{2e}+1$

$=2e^{2e}+2$

답 ④

44

$f'(x)=2-\dfrac{3}{x^2}$에서

$\int f'(x)\,dx=\int\left(2-\dfrac{3}{x^2}\right)dx$

$f(x)=2x+\dfrac{3}{x}+C_1$ (단, C_1은 적분상수)

이때 $f(1)=5$이므로

$f(1)=2+3+C_1=5$, $C_1=0$

즉, $f(x)=2x+\dfrac{3}{x}$

한편 조건 (가)에서 $x<0$인 모든 실수 x에 대하여

$g'(x)=f'(-x)=2-\dfrac{3}{x^2}$

이므로

$g(x)=\int\left(2-\dfrac{3}{x^2}\right)dx=2x+\dfrac{3}{x}+C_2$ (단, C_2는 적분상수)

이때 조건 (나)에서 $f(2)+g(-2)=9$이므로

$f(2)+g(-2)=\left(4+\dfrac{3}{2}\right)+\left(-4-\dfrac{3}{2}+C_2\right)=9$

$C_2=9$

즉, $g(x)=2x+\dfrac{3}{x}+9$

따라서 $g(-3)=-6-1+9=2$

답 ②

45

조건 (가)에서 $f(x)g(x)=x^4-1$이므로

$f(1)g(1)=0$, $f(-1)g(-1)=0$

$f(x)g(x)=x^4-1$의 양변을 x에 대하여 미분하면

$f'(x)g(x)+f(x)g'(x)=4x^3$ ...... ㉠

한편 $\int_{-1}^{1}\{f(x)\}^2g'(x)\,dx$에서

$u(x)=\{f(x)\}^2$, $v'(x)=g'(x)$로 놓으면

$u'(x)=2f(x)f'(x)$, $v(x)=g(x)$이므로

$\int_{-1}^{1}\{f(x)\}^2g'(x)\,dx$

$=\left[\{f(x)\}^2g(x)\right]_{-1}^{1}-2\int_{-1}^{1}f(x)f'(x)g(x)\,dx$

$=0-2\int_{-1}^{1}f(x)f'(x)g(x)\,dx$

조건 (나)에서 $\int_{-1}^{1}f(x)f'(x)g(x)\,dx=-60$

㉠에서 $f'(x)g(x)=4x^3-f(x)g'(x)$이므로

$\int_{-1}^{1}f(x)\{4x^3-f(x)g'(x)\}\,dx=-60$

$4\int_{-1}^{1}x^3f(x)\,dx-\int_{-1}^{1}\{f(x)\}^2g'(x)\,dx=-60$

$4\int_{-1}^{1}x^3f(x)\,dx-120=-60$

$4\int_{-1}^{1}x^3f(x)\,dx=60$

따라서 $\int_{-1}^{1}x^3f(x)\,dx=15$

답 ②

46

ㄱ. 조건 (나)에서 $\ln f(x)+2x\int_0^x f(t)\,dt-2\int_0^x tf(t)\,dt=0$

양변을 x에 대하여 미분하면

$\dfrac{f'(x)}{f(x)}+2\int_0^x f(t)\,dt+2xf(x)-2xf(x)=0$

$\dfrac{f'(x)}{f(x)}+2\int_0^x f(t)\,dt=0$

$f'(x)=-2f(x)\int_0^x f(t)\,dt$ ...... ㉠

이때 $x>0$이고 $f(x)>0$이므로 $\int_0^x f(t)dt>0$

즉, $x>0$에서 $f'(x)<0$이므로 함수 $f(x)$는 감소한다. (참)

ㄴ. ㉠에 $x=0$을 대입하면 $f'(0)=0$

또한 ㉠에서 $x<0$일 때 $f(x)>0$이고

$\int_0^x f(t)dt<0$이므로 $f'(x)>0$

따라서 함수 $f(x)$는 $x=0$에서 극대이면서 최댓값을 갖는다.

이때 조건 (나)의 식에 $x=0$을 대입하면

$\ln f(0)=0$, $f(0)=e^0=1$

즉, 함수 $f(x)$의 최댓값은 1이다. (참)

ㄷ. ㉠에서 $f'(x)=-2f(x)\int_0^x f(t)dt=-2f(x)F(x)$

이고 $F(x)=\int_0^x f(t)dt$에서 $F'(x)=f(x)$이므로

$f'(x)=-2F'(x)F(x)$

$f'(x)+2F(x)F'(x)=0$

그런데 $\dfrac{d}{dx}[f(x)+\{F(x)\}^2]=f'(x)+2F(x)F'(x)$

이므로 $f(x)+\{F(x)\}^2=C$ (단, C는 상수)

이때 $f(0)=1$, $F(0)=\int_0^0 f(t)dt=0$이므로

$f(0)+\{F(0)\}^2=1+0=1$

즉, $C=1$이므로 $f(x)+\{F(x)\}^2=1$

따라서 $f(1)+\{F(1)\}^2=1$ (참)

이상에서 옳은 것은 ㄱ, ㄴ, ㄷ이다.

답 ⑤

47

$g(f(x))=x$의 양변을 x에 대하여 미분하면

$g'(f(x))f'(x)=1$

조건 (나)에서 $g'(f(x))\neq 0$이고

$g'(f(x))=\dfrac{1}{f'(x)}$이므로

$f(x)g'(f(x))=\dfrac{f(x)}{f'(x)}=\dfrac{1}{x^2+1}$에서

$\dfrac{f'(x)}{f(x)}=x^2+1$

$\displaystyle\int \dfrac{f'(x)}{f(x)}\,dx=\int (x^2+1)\,dx$에서

$\ln|f(x)|=\dfrac{1}{3}x^3+x+C$ (단, C는 적분상수)

즉, $|f(x)|=e^{\frac{1}{3}x^3+x+C}$

조건 (가)에서 $f(0)=1>0$이고 함수 $f(x)$가 실수 전체의 집합에서 미분가능하므로

$f(x)=e^{\frac{1}{3}x^3+x+C}$

$f(0)=e^C=1$에서 $C=0$

따라서 $f(x)=e^{\frac{1}{3}x^3+x}$이므로

$f(3)=e^{12}$

답 ④

48

$y=e^x$에서 $y'=e^x$

곡선 $y=e^x$ 위의 점 $(t,\ e^t)$에서의 접선의 방정식이 $y=f(x)$이므로

$f(x)=e^t(x-t)+e^t$

함수 $y=|f(x)+k-\ln x|$에서

$h(x)=f(x)+k=e^tx+(1-t)e^t+k$라 하자.

함수 $y=|f(x)+k-\ln x|$가 양의 실수 전체의 집합에서 미분가능하고, 실수 k가 최소일 때는 직선 $y=h(x)$와 곡선 $y=\ln x$가 만날 때이므로 만나는 점의 x좌표를 p라 하면

$e^tp+(1-t)e^t+k=\ln p$ …… ㉠

또 $h'(x)=e^t$이고, $y=\ln x$에서 $y'=\dfrac{1}{x}$이므로

$e^t=\dfrac{1}{p}$ …… ㉡

$\ln p=\ln\dfrac{1}{e^t}=-t$ …… ㉢

㉡, ㉢을 ㉠에 대입하면

$\dfrac{1}{p}\times p+(1-t)e^t+k=-t$

$k=(t-1)e^t-t-1$

따라서 $g(t)=(t-1)e^t-t-1$

ㄱ. $g'(t)=e^t+(t-1)e^t-1=te^t-1$

한편 $g''(t)=e^t+te^t=(t+1)e^t$이므로 함수 $y=g'(t)$의 그래프는 그림과 같다.

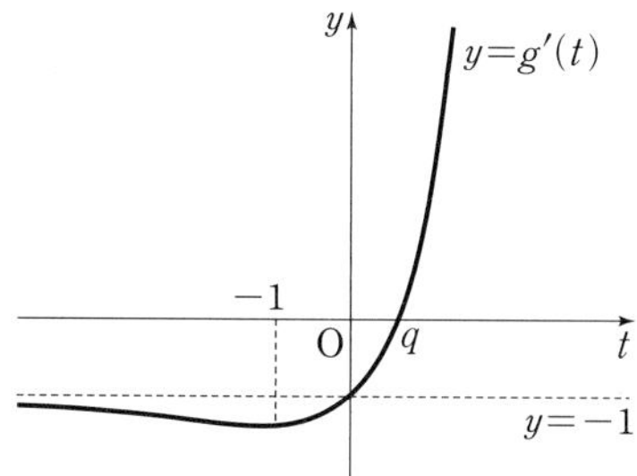

이때 함수 $y=g'(t)$의 그래프와 t축이 만나는 점의 t좌표를 q $(q>0)$이라 하면 $g'(q)=qe^q-1=0$이고, 함수 $g(t)$는 $t=q$에서 극솟값을 갖는다.

$q>0$이므로 $g(q)=qe^q-e^q-q-1=-e^q-q<0$

따라서 $m<0$이 되도록 하는 두 실수 a, b $(a<b)$가 존재한다. (참)

ㄴ. $g(c)=(c-1)e^c-c-1=0$에서

$e^c=\dfrac{c+1}{c-1}$

따라서

$g(-c)=(-c-1)e^{-c}+c-1$

$=-(c+1)\times\dfrac{c-1}{c+1}+c-1=0$ (참)

ㄷ. m의 값이 최소가 되려면 두 실수 a, b는 함수 $y=g(t)$의 그래프가 t축과 만나는 두 점의 t좌표이어야 하므로

$g(\alpha)=g(\beta)=0$

$g'(t)=te^t-1$이고 ㄴ에서 $\alpha=-c$, $\beta=c$이므로

$\dfrac{1+g'(\beta)}{1+g'(\alpha)}=\dfrac{1+g'(c)}{1+g'(-c)}=\dfrac{ce^c}{-ce^{-c}}=-e^{2c}$

한편 $g(1)=-2$이므로 $c>1$이다.

이때 $-e^{2c}<-e^2$이므로

$\dfrac{1+g'(\beta)}{1+g'(\alpha)}<-e^2$ (참)

이상에서 옳은 것은 ㄱ, ㄴ, ㄷ이다.

답 ⑤

49

ㄱ. 조건 (가)의 식을 조건 (나)의 식에 대입하면

$\displaystyle\int_0^1 F(x)\,dx=\int_0^1\{f(x)-x\}\,dx$

$\displaystyle=\int_0^1 f(x)\,dx-\int_0^1 x\,dx$

$\displaystyle=\int_0^1 f(x)\,dx-\dfrac{1}{2}$

Ⅲ 적분법

$=F(1)-\frac{1}{2}$

이므로 $F(1)=e-\frac{5}{2}+\frac{1}{2}=e-2$ (거짓)

ㄴ. $F(x)=f(x)-x$이고, $F(x)=\int_0^x f(t)\,dt$의 양변을 x에 대하여 미분하면 $F'(x)=f(x)$이므로

$$\begin{aligned}\int_0^1 xF(x)dx&=\int_0^1 x\{f(x)-x\}dx\\&=\int_0^1 \{xf(x)-x^2\}dx\\&=\int_0^1 xf(x)dx-\int_0^1 x^2\,dx\\&=\Big[xF(x)\Big]_0^1-\int_0^1 F(x)dx-\frac{1}{3}\\&=F(1)-\left(e-\frac{5}{2}\right)-\frac{1}{3}\\&=e-2-e+\frac{5}{2}-\frac{1}{3}=\frac{1}{6}\ (\text{참})\end{aligned}$$

ㄷ. $F(0)=\int_0^0 f(t)dt=0$이므로

$$\begin{aligned}\int_0^1 \{F(x)\}^2\,dx&=\int_0^1 F(x)\{f(x)-x\}dx\\&=\int_0^1 F(x)f(x)dx-\int_0^1 xF(x)dx\\&=\int_0^1 F(x)F'(x)dx-\int_0^1 xF(x)dx\\&=\left[\frac{1}{2}\{F(x)\}^2\right]_0^1-\frac{1}{6}\\&=\frac{1}{2}\{F(1)\}^2-\frac{1}{2}\{F(0)\}^2-\frac{1}{6}\\&=\frac{1}{2}(e-2)^2-\frac{1}{6}\\&=\frac{1}{2}e^2-2e+\frac{11}{6}\ (\text{참})\end{aligned}$$

이상에서 옳은 것은 ㄴ, ㄷ이다.

답 ④

다른 풀이

$F(x)=\int_0^x f(t)\,dt$의 양변을 x에 대하여 미분하면

$F'(x)=f(x)$

$F(x)=f(x)-x$의 양변을 x에 대하여 두 번 미분하면

$f'(x)=f''(x)$

$\frac{f''(x)}{f'(x)}=1$이므로 양변을 x에 대하여 적분하면

$\ln|f'(x)|=x+C_1$ (단, C_1은 적분상수)

$f'(x)=C_2e^x$ (단, C_2는 상수)

이므로 양변을 x에 대하여 적분하면

$f(x)=C_2e^x+C_3$ (단, C_3은 적분상수)

$F(0)=f(0)-0=0$, 즉 $f(0)=0$

$F(x)=f(x)-x$의 양변을 x에 대하여 미분하면

$f(x)=f'(x)-1$이므로 $f'(0)=1$

$f'(x)=C_2e^x$, $f(x)=C_2e^x+C_3$에 $x=0$을 각각 대입하면

$f'(0)=C_2=1$, $f(0)=C_2+C_3=0$, $C_3=-1$

즉, $f(x)=e^x-1$

이것을 조건 (가)에 대입하면

$F(x)=e^x-x-1$

$$\begin{aligned}\int_0^1 F(x)dx&=\int_0^1 (e^x-x-1)dx\\&=\left[e^x-\frac{1}{2}x^2-x\right]_0^1\\&=\left(e-\frac{1}{2}-1\right)-1=e-\frac{5}{2}\end{aligned}$$

이므로 함수 $F(x)=e^x-x-1$은 조건 (나)를 만족시킨다.

ㄱ. $F(1)=e^1-1-1=e-2$ (거짓)

ㄴ. $$\begin{aligned}\int_0^1 xF(x)dx&=\int_0^1 x(e^x-x-1)dx\\&=\int_0^1 xe^x\,dx-\int_0^1 x^2\,dx-\int_0^1 x\,dx\\&=\Big[xe^x\Big]_0^1-\int_0^1 e^x\,dx-\left[\frac{1}{3}x^3\right]_0^1-\left[\frac{1}{2}x^2\right]_0^1\\&=\Big[xe^x\Big]_0^1-\Big[e^x\Big]_0^1-\left[\frac{1}{3}x^3\right]_0^1-\left[\frac{1}{2}x^2\right]_0^1\\&=e-(e-1)-\frac{1}{3}-\frac{1}{2}=\frac{1}{6}\ (\text{참})\end{aligned}$$

ㄷ. $\int_0^1 \{F(x)\}^2\,dx$

$$\begin{aligned}&=\int_0^1 (e^x-x-1)^2\,dx\\&=\int_0^1 (e^{2x}+x^2+1-2xe^x+2x-2e^x)dx\\&=\int_0^1 e^{2x}\,dx+\int_0^1 x^2\,dx+\int_0^1 1\,dx\\&\qquad-2\int_0^1 xe^x\,dx+\int_0^1 2x\,dx-2\int_0^1 e^x\,dx\\&=\left[\frac{e^{2x}}{2}\right]_0^1+\left[\frac{1}{3}x^3\right]_0^1+\Big[x\Big]_0^1-2\Big[xe^x\Big]_0^1+2\Big[e^x\Big]_0^1+\Big[x^2\Big]_0^1-2\Big[e^x\Big]_0^1\\&=\frac{1}{2}(e^2-1)+\frac{1}{3}+1-2e+2(e-1)+1-2(e-1)\\&=\frac{1}{2}e^2-2e+\frac{11}{6}\ (\text{참})\end{aligned}$$

이상에서 옳은 것은 ㄴ, ㄷ이다.

50

조건 (가)에서

$\int 2\{f(x)\}^2 f'(x)\,dx=\int \{f(2x+1)\}^2 f'(2x+1)\,dx$이므로

$\frac{2}{3}\{f(x)\}^3=\frac{1}{3}\{f(2x+1)\}^3\times\frac{1}{2}+C_1$ (단, C_1은 적분상수)

$\{f(2x+1)\}^3=4\{f(x)\}^3+C_2$ (단, $C_2=-6C_1$) …… ㉠

㉠에 $x=-1$을 대입하면

$\{f(-1)\}^3=4\{f(-1)\}^3+C_2$

에서 $C_2=-3\{f(-1)\}^3$ …… ㉡

㉠에 $x=-\frac{1}{8}$을 대입하면

$\left\{f\left(\frac{3}{4}\right)\right\}^3=4\left\{f\left(-\frac{1}{8}\right)\right\}^3+C_2=4+C_2$

㉠에 $x=\frac{3}{4}$을 대입하면

$\left\{f\left(\frac{5}{2}\right)\right\}^3=4\left\{f\left(\frac{3}{4}\right)\right\}^3+C_2=16+5C_2$

㉠에 $x=\frac{5}{2}$를 대입하면

$\{f(6)\}^3=4\left\{f\left(\frac{5}{2}\right)\right\}^3+C_2$, $2^3=64+21C_2$

즉, $C_2=-\frac{8}{3}$ …… ㉢

㉡, ㉢에서 $-3\{f(-1)\}^3=-\frac{8}{3}$이므로

$\{f(-1)\}^3=\frac{8}{9}=\frac{24}{27}$

따라서 $f(-1)=\sqrt[3]{\frac{24}{27}}=\frac{2\sqrt[3]{3}}{3}$ 답 ④

51

조건 (가)에 의하여 함수 $f(x)$는 실수 전체의 집합에서 감소한다.
그러므로 조건 (나)에 의하여

$f(-1)=1$, $f(3)=-2$

즉, $f^{-1}(1)=-1$, $f^{-1}(-2)=3$

$\int_{-2}^{1}f^{-1}(x)dx$에서 $f^{-1}(x)=t$로 놓으면

$x=-2$일 때 $t=3$, $x=1$일 때 $t=-1$이고,

$x=f(t)$에서 $1=f'(t)\frac{dt}{dx}$이므로

$$\begin{aligned}\int_{-2}^{1}f^{-1}(x)dx&=\int_{3}^{-1}tf'(t)dt\\&=\Big[tf(t)\Big]_3^{-1}-\int_3^{-1}f(t)dt\\&=-f(-1)-3f(3)+\int_{-1}^{3}f(t)dt\\&=-1-3\times(-2)+3\\&=-1+6+3=8\end{aligned}$$

답 ⑤

52

함수 $h(x)=f(nx)g(x)$가 실수 전체의 집합에서 연속이고 함수 $g(x)$의 치역이 $\{0, 1\}$이다.

한편 구간 $[-1, 1]$에서 함수 $f(nx)$의 함숫값이 0이 되는 x의 값은

$x=\frac{k}{2n}$ (단, k는 $-2n$ 이상 $2n$ 이하의 정수)

그러므로 함수 $g(x)$는 어떤 정수 k에 대하여 구간 $\left[\frac{k}{2n}, \frac{k+1}{2n}\right]$에서 0이어야 한다.

$$\begin{aligned}\int_0^{\frac{1}{2n}}f(nx)dx&=\int_0^{\frac{1}{2n}}\pi\sin 2n\pi x\,dx\\&=\left[-\frac{1}{2n}\cos 2n\pi x\right]_0^{\frac{1}{2n}}\\&=\frac{1}{2n}-\left(-\frac{1}{2n}\right)=\frac{1}{n}\end{aligned}$$

이므로 $f(x)\ge0$인 구간에서 함수 $f(nx)$의 정적분은

$\frac{1}{n}\times n\times2=2$

그러므로 $\int_{-1}^{1}h(x)dx=2$이기 위해서 함수 $g(x)$는

$g(x)=\begin{cases}1 & (f(nx)>0)\\0 & (f(nx)\le0)\end{cases}$

이어야 한다. 함수 $k(x)=xf(nx)$라 하면

$$\begin{aligned}k(-x)&=-xf(-nx)\\&=-x\pi\sin(2n\pi(-x))\\&=x\pi\sin 2n\pi x\end{aligned}$$

즉, 함수 $y=k(x)$의 그래프는 y축에 대하여 대칭이다.

그러므로

$$\begin{aligned}&\int_{-1}^{1}xh(x)dx\\&=\int_0^1 xf(nx)dx\\&=\int_0^1 x\pi\sin 2n\pi x\,dx\\&=\left[-\frac{x}{2n}\cos 2n\pi x\right]_0^1-\int_0^1\left(-\frac{1}{2n}\cos 2n\pi x\right)dx\\&=\left(-\frac{1}{2n}\right)+\frac{1}{2n}\times\left[\frac{1}{2n\pi}\sin 2n\pi x\right]_0^1\\&=-\frac{1}{2n}=-\frac{1}{32}\end{aligned}$$

따라서 $n=16$

답 ⑤

참고 함수 $y=xf(nx)$의 그래프는 y축에 대하여 대칭이므로

$\int_{-a}^{-b}xf(nx)dx=\int_b^a xf(nx)dx$

이때

$$\int_{-1}^{1}xh(x)dx=\int_{-\frac{2n}{2n}}^{-\frac{2n-1}{2n}}xf(nx)dx+\int_{-\frac{2n-2}{2n}}^{-\frac{2n-3}{2n}}xf(nx)dx+\cdots+\int_0^{\frac{1}{2n}}xf(nx)dx+\int_{\frac{2}{2n}}^{\frac{3}{2n}}xf(nx)dx+\cdots+\int_{\frac{2n-2}{2n}}^{\frac{2n-1}{2n}}xf(nx)dx$$

Ⅲ 적분법

$=\int_0^1 xf(nx)dx=-\frac{1}{2n}$

이므로

$-\frac{1}{2n}=-\frac{1}{32}$

따라서 $n=16$

53

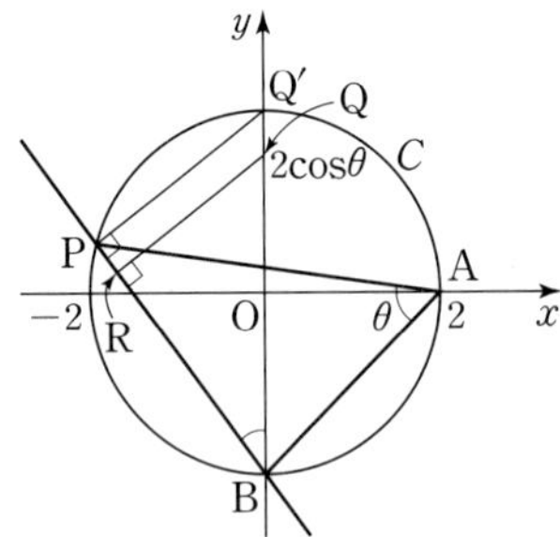

$\overline{QB}=\overline{OB}+\overline{OQ}=2+2\cos\theta$

$=2(1+\cos\theta)$

$Q'(0,\ 2)$라 하면 원주각의 성질에 의하여 $\angle PQ'B=\angle PAB=\theta$이고 $\angle PQ'B=\angle RQB$이므로 $\angle RQB=\theta$

직각삼각형 QRB에서 $\angle QBR=\frac{\pi}{2}-\theta$이므로

$\overline{BR}=\overline{QB}\times\cos\left(\frac{\pi}{2}-\theta\right)$

$=2(1+\cos\theta)\sin\theta$

삼각형 APB의 외접원의 반지름의 길이가 2이므로 사인법칙에 의하여

$\frac{\overline{BP}}{\sin\theta}=2\times 2$

즉, $\overline{BP}=4\sin\theta$

따라서

$f(\theta)=\overline{BP}-\overline{BR}$

$=4\sin\theta-2(1+\cos\theta)\sin\theta$

$=2\sin\theta-2\cos\theta\sin\theta$

이므로

$\int_{\frac{\pi}{6}}^{\frac{\pi}{3}} f(\theta)d\theta=\int_{\frac{\pi}{6}}^{\frac{\pi}{3}}(2\sin\theta-2\cos\theta\sin\theta)d\theta$

$=\left[-2\cos\theta-\sin^2\theta\right]_{\frac{\pi}{6}}^{\frac{\pi}{3}}$

$=\left(-2\cos\frac{\pi}{3}-\sin^2\frac{\pi}{3}\right)-\left(-2\cos\frac{\pi}{6}-\sin^2\frac{\pi}{6}\right)$

$=\left(-1-\frac{3}{4}\right)-\left(-\sqrt{3}-\frac{1}{4}\right)$

$=\frac{2\sqrt{3}-3}{2}$

답 ①

54

ㄱ. 조건 (가)에서

$g(x)=(x+1)\int_1^x f'(t)\,dt-\int_1^x tf'(t)\,dt$

양변을 x에 대하여 미분하면

$g'(x)=\int_1^x f'(t)\,dt+(x+1)f'(x)-xf'(x)$

$=\int_1^x f'(t)\,dt+f'(x)$ …… ㉠

따라서 $g'(1)=f'(1)=\frac{1}{e}$ (참)

ㄴ. 조건 (가)에서 $g(x)=\int_1^x f'(t)(x+1-t)\,dt$의 양변에 $x=1$을 대입하면 $g(1)=0$

조건 (나)에서

$f(x)=g'(x)-f'(x)=\int_1^x f'(t)\,dt$ (㉠에 의하여)

이므로 $x=1$을 대입하면 $f(1)=0$

따라서 $f(1)=g(1)$ (참)

ㄷ. $h(x)=g(x)-f(x)$라 하면 ㄴ에 의하여

$h(1)=g(1)-f(1)=0$

$h'(x)=g'(x)-f'(x)=f(x)$

$h'(1)=f(1)=0$

$h''(x)=f'(x)=xe^{-x^2}$

$x>0$에서 $h''(x)>0$이므로

$0<x<1$에서 $h'(x)<0$이고,

$x>1$에서 $h'(x)>0$

$x>0$에서 함수 $h(x)$의 증가와 감소를 표로 나타내면 다음과 같다.

x	(0)	$\cdots$	1	$\cdots$
$h'(x)$		$-$	0	$+$
$h(x)$		↘	0	↗

$x>0$에서 함수 $h(x)$의 최솟값이 0이므로

모든 양수 x에 대하여 $h(x)=g(x)-f(x)\ge 0$

즉, $g(x)<f(x)$인 양수 x가 존재하지 않는다. (거짓)

이상에서 옳은 것은 ㄱ, ㄴ이다.

답 ②

55

조건 (가)에서 $\left(\frac{f(x)}{x}\right)'=x^2e^{-x^2}$이고

$f(1)=\frac{1}{e}$이므로 조건 (나)에서

$g(x)=\frac{4}{e^4}\int_1^x e^{t^2}f(t)\,dt=\frac{2}{e^4}\int_1^x\left\{2te^{t^2}\times\frac{f(t)}{t}\right\}dt$

$$=\frac{2}{e^4}\int_1^x \left\{(e^{t^2})' \times \frac{f(t)}{t}\right\} dt$$

$$=\frac{2}{e^4}\left\{\left[e^{t^2}\times\frac{f(t)}{t}\right]_1^x - \int_1^x e^{t^2}\times\left(\frac{f(t)}{t}\right)' dt\right\}$$

$$=\frac{2}{e^4}\left\{e^{x^2}\times\frac{f(x)}{x} - ef(1) - \int_1^x e^{t^2}\times(t^2e^{-t^2})\,dt\right\}$$

$$=\frac{2}{e^4}\left\{e^{x^2}\times\frac{f(x)}{x} - 1 - \int_1^x t^2\,dt\right\}$$

$$=\frac{2}{e^4}\left\{e^{x^2}\times\frac{f(x)}{x} - 1 - \left[\frac{1}{3}t^3\right]_1^x\right\}$$

$$=\frac{2}{e^4}\left\{e^{x^2}\times\frac{f(x)}{x} - 1 - \frac{1}{3}(x^3-1)\right\}$$

$g(x)$에 $x=2$를 대입하면

$$g(2)=\frac{2}{e^4}\left(e^4\times\frac{f(2)}{2}-1-\frac{7}{3}\right)$$

$$=f(2)-\frac{20}{3e^4}$$

따라서 $f(2)-g(2)=\frac{20}{3e^4}$

답 ③

56

$\int_a^t f(x)\,dx=0$에서

$$\int_a^0 f(x)\,dx+\int_0^t f(x)\,dx=0$$

$$\int_0^t f(x)\,dx=-\int_a^0 f(x)\,dx$$

이 방정식의 서로 다른 실근의 개수는 함수 $y=\int_0^t f(x)\,dx$의 그래프와 직선 $y=-\int_a^0 f(x)\,dx$의 교점의 개수이다.

한편 $f(x)=\sin(2^n\pi x)$ $(a_n\le x\le a_{n+1})$이므로 최댓값과 최솟값은 각각 1, -1이고 주기는 $\frac{2\pi}{2^n\pi}=2^{1-n}$이다.

함수 $y=f(x)$의 그래프의 개형은 그림과 같다.

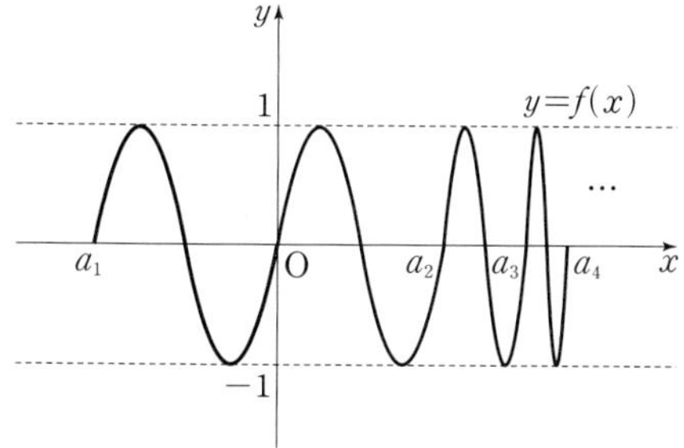

$g(t)=\int_0^t f(x)\,dx$라 하면

$g'(t)=f(t)$

이므로 함수 $y=g(t)$의 그래프의 개형은 그림과 같다.

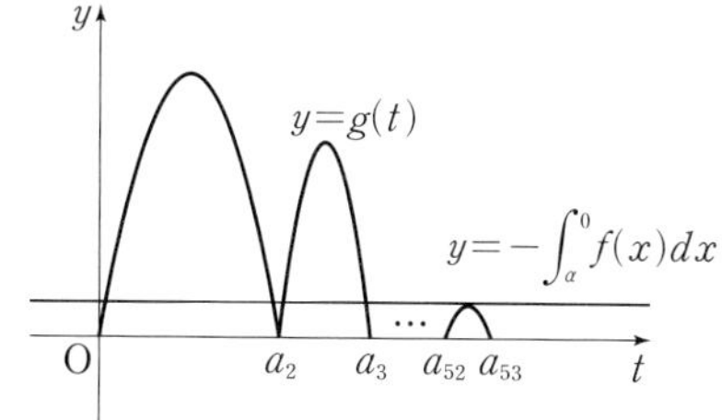

이때 함수 $y=g(t)$의 그래프와 직선 $y=-\int_a^0 f(x)\,dx$의 교점의 개수가 103이기 위해서는 곡선 $y=g(t)$와 직선 $y=-\int_a^0 f(x)\,dx$가 구간 (a_{52}, a_{53})에서 접해야 한다.

한편 수직선 위에서 0, a_2가 나타내는 두 점을 잇는 선분의 중점의 좌표를 b_1이라 하고 $n\ge2$일 때, a_n, a_{n+1}이 나타내는 두 점을 잇는 선분의 중점의 좌표를 b_n이라 하면

$$\int_0^{b_1} f(x)\,dx=\int_0^{\frac{1}{2}}\sin(2\pi x)\,dx$$

$$=\left[-\frac{1}{2\pi}\cos(2\pi x)\right]_0^{\frac{1}{2}}$$

$$=-\frac{1}{2\pi}\{(-1)-1\}$$

$$=\frac{1}{\pi}$$

$$\int_0^{b_2} f(x)\,dx=\int_0^{a_2} f(x)\,dx+\int_{a_2}^{b_2} f(x)\,dx$$

$$=\int_1^{\frac{5}{4}} f(x)\,dx$$

$$=\int_1^{\frac{5}{4}}\sin(2^2\pi x)\,dx$$

$$=\left[-\frac{1}{2^2\pi}\cos(2^2\pi x)\right]_1^{\frac{5}{4}}$$

$$=-\frac{1}{2^2\pi}\{(-1)-1\}$$

$$=\frac{1}{2\pi}$$

이와 같은 방법으로 하면

$$\int_0^{b_{52}} f(x)\,dx=\frac{1}{2^{51}\pi} \quad \cdots\cdots ㉠$$

한편

$$-\int_a^0 \sin(2\pi x)\,dx=-\left[-\frac{1}{2\pi}\cos(2\pi x)\right]_a^0$$

$$=\frac{1}{2\pi}\{1-\cos(2\pi a)\} \quad \cdots\cdots ㉡$$

㉠과 ㉡의 값이 같아야 하므로

$$\frac{1}{2\pi}\{1-\cos(2\pi a)\}=\frac{1}{2^{51}\pi}$$

$$1-\cos(2\pi a)=\frac{1}{2^{50}}$$

따라서

Ⅲ 적분법

$\log_2\{1-\cos(2\pi\alpha)\}=\log_2\frac{1}{2^{50}}$

$=\log_2 2^{-50}=-50$

답 ②

57

함수 $y=f(x)$의 그래프가 닫힌구간 $[0, 1]$에서 x축과 만나는 점의 x좌표를 k라 하자.

곡선 $y=f(x)$와 x축, y축으로 둘러싸인 부분의 넓이를 S_1, 곡선 $y=f(x)$와 x축 및 직선 $x=1$로 둘러싸인 부분의 넓이를 S_2라 하면

$\int_0^1 f(x)dx=2$에서

$-S_1+S_2=2$ ...... ㉠

$\int_0^1 |f(x)|dx=2\sqrt{2}$에서

$S_1+S_2=2\sqrt{2}$ ...... ㉡

㉠, ㉡에서

$S_1=\sqrt{2}-1,\ S_2=\sqrt{2}+1$

(i) $0\le x\le k$인 경우

$F(x)=\int_0^x\{-f(t)\}dt$이므로

$F'(x)=-f(x)$

$\int_0^k f(x)F(x)dx$에서 $F(x)=s$로 놓으면 $F'(x)=\frac{ds}{dx}$이고

$x=0$일 때 $s=0$, $x=k$일 때 $s=\sqrt{2}-1$이므로

$$\int_0^k f(x)F(x)dx=\int_0^{\sqrt{2}-1}(-s)ds$$
$$=\left[-\frac{1}{2}s^2\right]_0^{\sqrt{2}-1}$$
$$=-\frac{1}{2}(\sqrt{2}-1)^2$$

(ii) $k\le x\le 1$인 경우

$F(x)=(\sqrt{2}-1)+\int_k^x f(t)dt$이므로

$F'(x)=f(x)$

$\int_k^1 f(x)F(x)dx$에서 $F(x)=s$로 놓으면 $F'(x)=\frac{ds}{dx}$이고

$x=k$일 때 $s=\sqrt{2}-1$, $x=1$일 때 $s=2\sqrt{2}$이므로

$$\int_k^1 f(x)F(x)dx=\int_{\sqrt{2}-1}^{2\sqrt{2}} s\,ds$$
$$=\left[\frac{1}{2}s^2\right]_{\sqrt{2}-1}^{2\sqrt{2}}$$
$$=4-\frac{1}{2}(\sqrt{2}-1)^2$$

(i), (ii)에서

$$\int_0^1 f(x)F(x)dx=\int_0^k f(x)F(x)dx+\int_k^1 f(x)F(x)dx$$
$$=-\frac{1}{2}(\sqrt{2}-1)^2+4-\frac{1}{2}(\sqrt{2}-1)^2$$
$$=4-(\sqrt{2}-1)^2=4-(3-2\sqrt{2})$$
$$=1+2\sqrt{2}$$

답 ④

58

$a\ne b$이므로 조건 (가)에서

$a\ne 0,\ b=0$ 또는 $a=0,\ b\ne 0$

(i) $a\ne 0,\ b=0$일 때

$\sin x=t$로 놓으면

$x=0$일 때 $t=0$, $x=\frac{\pi}{2}$일 때 $t=1$이고

$\cos x=\frac{dt}{dx}$이므로

$$\int_0^{\frac{\pi}{2}} f(x)dx=\int_0^{\frac{\pi}{2}}(\sin x\cos x\times e^{a\sin x})dx$$
$$=\int_0^1 te^{at}dt=\left[\frac{t}{a}e^{at}\right]_0^1-\int_0^1\frac{1}{a}e^{at}dt$$
$$=\frac{e^a}{a}-\left[\frac{1}{a^2}e^{at}\right]_0^1$$
$$=\frac{(a-1)e^a+1}{a^2}$$

조건 (나)에서

$\frac{(a-1)e^a+1}{a^2}=\frac{1}{a^2}-2e^a$

$a-1=-2a^2$, $(a+1)(2a-1)=0$

$a=-1$ 또는 $a=\frac{1}{2}$

(ii) $a=0,\ b\ne 0$일 때

$\cos x=t$로 놓으면

$x=0$일 때 $t=1$, $x=\frac{\pi}{2}$일 때 $t=0$이고

$-\sin x=\frac{dt}{dx}$이므로

$$\int_0^{\frac{\pi}{2}} f(x)dx=\int_0^{\frac{\pi}{2}}(\sin x\cos x\times e^{b\cos x})dx$$
$$=-\int_1^0 te^{bt}dt=\int_0^1 te^{bt}dt$$
$$=\left[\frac{t}{b}e^{bt}\right]_0^1-\int_0^1\frac{1}{b}e^{bt}dt$$
$$=\frac{e^b}{b}-\left[\frac{1}{b^2}e^{bt}\right]_0^1$$
$$=\frac{(b-1)e^b+1}{b^2}$$

조건 (나)에서

$\frac{(b-1)e^b+1}{b^2}=\frac{1}{b^2}-2e^b$

$b-1=-2b^2$, $(b+1)(2b-1)=0$

$b=-1$ 또는 $b=\dfrac{1}{2}$

(i), (ii)에서 두 실수 a, b의 순서쌍 (a, b)는

$(-1, 0)$, $\left(\dfrac{1}{2}, 0\right)$, $(0, -1)$, $\left(0, \dfrac{1}{2}\right)$

따라서 $a-b$의 최솟값은

$-1-0=-1$

답 ④

59

조건 (가)에서 곡선 $y=f(x)$는 구간 $\left(0, \dfrac{\pi}{2}\right)$에서 아래로 볼록이고, 구간 $\left(\dfrac{\pi}{2}, \pi\right)$에서 위로 볼록이므로 점 $\left(\dfrac{\pi}{2}, f\left(\dfrac{\pi}{2}\right)\right)$는 곡선 $y=f(x)$의 변곡점이다.

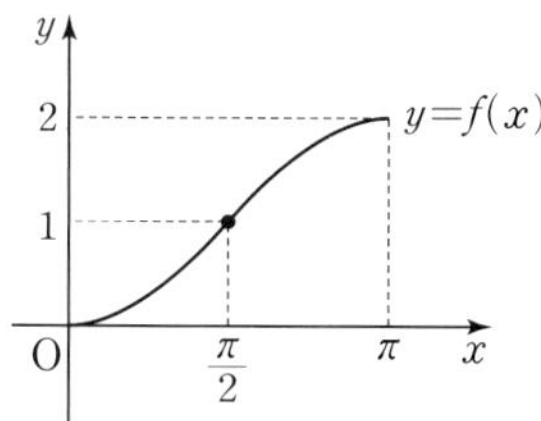

조건 (나)에 의하여 $n\pi<x\le(n+1)\pi$에서 곡선의 모양은 다음 두 가지 중 하나이다.

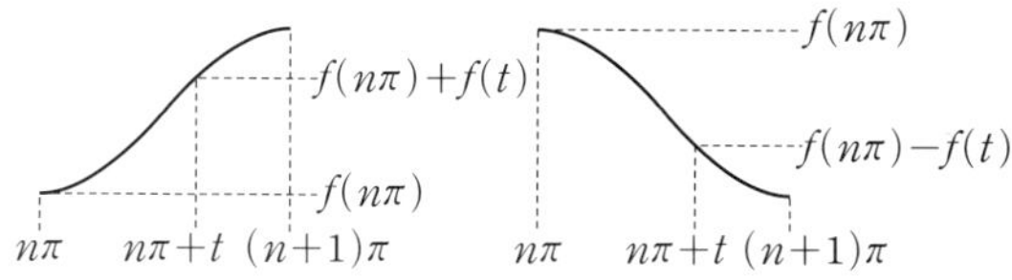

$0<x<4\pi$에서 곡선 $y=f(x)$의 변곡점의 개수가 6인 경우는 다음과 같다.

(i) 함수 $y=f(x)$가 $x=\pi$에서 극대일 때

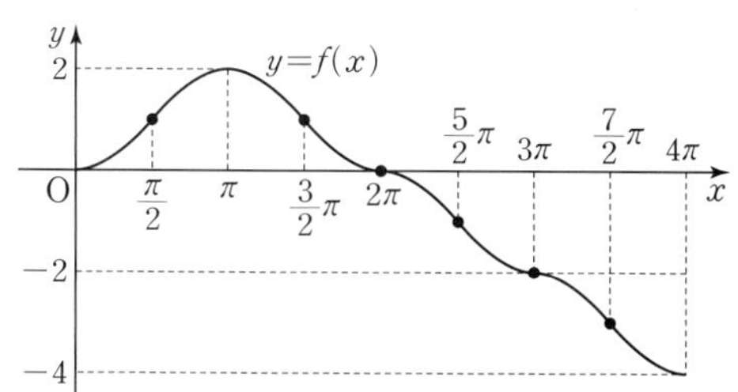

위 그림에서 곡선 $y=f(x)$의 변곡점은

x좌표가 $\dfrac{\pi}{2}$, $\dfrac{3}{2}\pi$, 2π, $\dfrac{5}{2}\pi$, 3π, $\dfrac{7}{2}\pi$인 점이다.

$$\begin{aligned}\int_0^{4\pi}|f(x)|dx&=4\int_0^{\pi}f(x)dx+\pi\times2\\&=4\int_0^{\pi}(1-\cos x)dx+2\pi\\&=4\Big[x-\sin x\Big]_0^{\pi}+2\pi\\&=6\pi\end{aligned}$$

(ii) 함수 $y=f(x)$가 $x=2\pi$에서 극대일 때

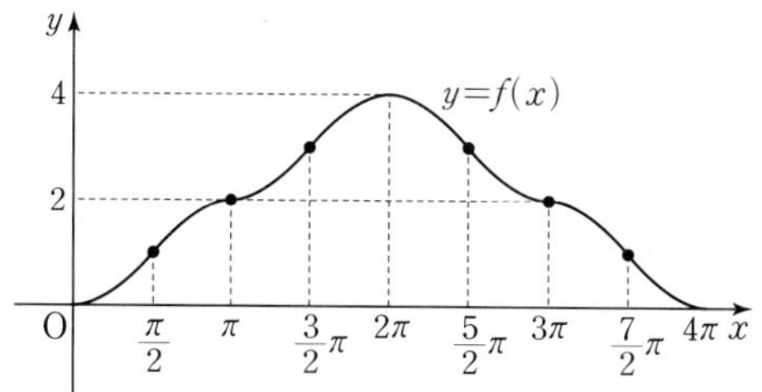

위 그림에서 곡선 $y=f(x)$의 변곡점은

x좌표가 $\dfrac{\pi}{2}$, π, $\dfrac{3}{2}\pi$, $\dfrac{5}{2}\pi$, 3π, $\dfrac{7}{2}\pi$인 점이다.

$$\begin{aligned}\int_0^{4\pi}|f(x)|dx&=4\int_0^{\pi}f(x)dx+2\pi\times2\\&=8\pi\end{aligned}$$

(iii) 함수 $y=f(x)$가 $x=3\pi$에서 극대일 때

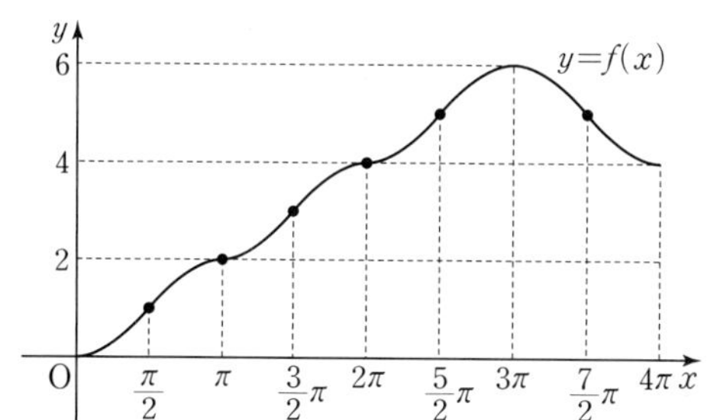

위 그림에서 곡선 $y=f(x)$의 변곡점은

x좌표가 $\dfrac{\pi}{2}$, π, $\dfrac{3}{2}\pi$, 2π, $\dfrac{5}{2}\pi$, $\dfrac{7}{2}\pi$인 점이다.

$$\begin{aligned}\int_0^{4\pi}|f(x)|dx&=4\int_0^{\pi}f(x)dx+\pi\times2+2\pi\times4\\&=14\pi\end{aligned}$$

(i), (ii), (iii)에서 구하는 최솟값은 6π이다.

답 ②

유형 4 급수와 정적분

60

$$\begin{aligned}&\lim_{n\to\infty}\sum_{k=1}^{n}\frac{k^2+2kn}{k^3+3k^2n+n^3}\\&=\lim_{n\to\infty}\sum_{k=1}^{n}\left\{\frac{\left(\frac{k}{n}\right)^2+2\times\frac{k}{n}}{\left(\frac{k}{n}\right)^3+3\times\left(\frac{k}{n}\right)^2+1}\times\frac{1}{n}\right\}\\&=\int_0^1\frac{x^2+2x}{x^3+3x^2+1}dx\\&=\left[\frac{1}{3}\ln(x^3+3x^2+1)\right]_0^1\end{aligned}$$

$=\frac{1}{3}(\ln 5-\ln 1)=\frac{\ln 5}{3}$

답 ③

61

$\lim_{n\to\infty}\frac{1}{n}\sum_{k=1}^{n}\sqrt{1+\frac{3k}{n}}=\int_0^1\sqrt{1+3x}\,dx$

$=\left[\frac{2}{9}(1+3x)^{\frac{3}{2}}\right]_0^1$

$=\frac{2}{9}(8-1)$

$=\frac{14}{9}$

답 ③

62

$x_k=\frac{k\pi}{n}$, $\Delta x=\frac{\pi}{n}$라 하면 정적분의 정의에 의하여

$\lim_{n\to\infty}\sum_{k=1}^{n}\frac{\pi}{n}f\left(\frac{k\pi}{n}\right)=\lim_{n\to\infty}\sum_{k=1}^{n}f(x_k)\Delta x$

$=\int_0^{\pi}f(x)dx$

$=\int_0^{\pi}\sin(3x)dx$

$3x=t$로 놓으면 $3=\frac{dt}{dx}$이고

$x=0$일 때 $t=0$, $x=\pi$일 때 $t=3\pi$이므로

$\int_0^{\pi}\sin(3x)dx=\int_0^{3\pi}\frac{1}{3}\sin t\,dt$

$=\left[-\frac{1}{3}\cos t\right]_0^{3\pi}$

$=\left(-\frac{1}{3}\cos 3\pi\right)-\left(-\frac{1}{3}\cos 0\right)$

$=\frac{1}{3}+\frac{1}{3}=\frac{2}{3}$

답 ①

63

함수 $f(x)=\cos x$에 대하여

$\lim_{n\to\infty}\sum_{k=1}^{n}\frac{k\pi}{n^2}f\left(\frac{\pi}{2}+\frac{k\pi}{n}\right)$

$=\lim_{n\to\infty}\sum_{k=1}^{n}\frac{k}{n}f\left(\frac{\pi}{2}+\frac{k\pi}{n}\right)\frac{\pi}{n}$

$=\frac{1}{\pi}\int_0^{\pi}xf\left(\frac{\pi}{2}+x\right)dx$

$=\frac{1}{\pi}\int_0^{\pi}x\cos\left(\frac{\pi}{2}+x\right)dx$

$=\frac{1}{\pi}\int_0^{\pi}x(-\sin x)dx$

$=\frac{1}{\pi}\left(\left[x\cos x\right]_0^{\pi}-\int_0^{\pi}\cos x\,dx\right)$

$=\frac{1}{\pi}\left(-\pi-\left[\sin x\right]_0^{\pi}\right)$

$=\frac{1}{\pi}\times(-\pi)=-1$

답 ④

64

$x_k=\frac{\pi k}{3n}$라 하면 $\Delta x=\frac{\pi}{3n}$이므로

$\lim_{n\to\infty}\frac{2\pi}{n}\sum_{k=1}^{n}\sin\frac{\pi k}{3n}=6\int_0^{\frac{\pi}{3}}\sin x\,dx$

$=6\left[-\cos x\right]_0^{\frac{\pi}{3}}=3$

답 ②

65

$\lim_{n\to\infty}\frac{1}{n}\sum_{k=1}^{n}\sqrt{\frac{3n}{3n+k}}=\lim_{n\to\infty}\frac{1}{n}\sum_{k=1}^{n}\sqrt{\frac{3}{3+\frac{k}{n}}}$

$=\int_3^4\sqrt{\frac{3}{x}}\,dx$

$=\sqrt{3}\int_3^4\frac{1}{\sqrt{x}}\,dx$

$=\sqrt{3}\int_3^4 x^{-\frac{1}{2}}\,dx$

$=\sqrt{3}\left[2x^{\frac{1}{2}}\right]_3^4$

$=2\sqrt{3}(2-\sqrt{3})$

$=4\sqrt{3}-6$

답 ①

66

$\lim_{n\to\infty}\sum_{k=1}^{n}\frac{2}{n}\left(1+\frac{2k}{n}\right)^4$에서 $f(x)=x^4$, $a=1$, $b=3$으로 놓으면

$\Delta x=\frac{2}{n}$, $x_k=1+\frac{2k}{n}$이므로

$\lim_{n\to\infty}\sum_{k=1}^{n}\frac{2}{n}\left(1+\frac{2k}{n}\right)^4=\int_1^3 f(x)\,dx$

$=\int_1^3 x^4\,dx$

$=\left[\frac{1}{5}x^5\right]_1^3$

$=\frac{242}{5}$

따라서 $5a=242$

답 242

67

$$\lim_{n\to\infty}\sum_{k=1}^{n}\frac{k}{(2n-k)^2}=\lim_{n\to\infty}\sum_{k=1}^{n}\frac{\frac{k}{n}}{\left(\frac{k}{n}-2\right)^2}\times\frac{1}{n}$$
$$=\int_{-2}^{-1}\frac{x+2}{x^2}dx$$
$$=\int_{-2}^{-1}\left(\frac{1}{x}+\frac{2}{x^2}\right)dx$$
$$=\left[\ln|x|-\frac{2}{x}\right]_{-2}^{-1}$$
$$=1-\ln 2$$

답 ②

68

$x_k=1+\frac{k}{n}$로 놓으면 $\Delta x=\frac{1}{n}$이므로 정적분의 정의에 의하여

$$\lim_{n\to\infty}\sum_{k=1}^{n}\frac{k}{n^2}f\left(1+\frac{k}{n}\right)=\lim_{n\to\infty}\sum_{k=1}^{n}\frac{k}{n}f\left(1+\frac{k}{n}\right)\frac{1}{n}$$
$$=\int_{1}^{2}(x-1)f(x)\,dx$$

이므로

$$\int_{1}^{2}(x-1)\ln x\,dx=\left[\left(\frac{1}{2}x^2-x\right)\ln x\right]_{1}^{2}-\int_{1}^{2}\frac{1}{x}\left(\frac{1}{2}x^2-x\right)dx$$
$$=(0-0)-\int_{1}^{2}\left(\frac{1}{2}x-1\right)dx$$
$$=-\left[\frac{1}{4}x^2-x\right]_{1}^{2}$$
$$=\frac{1}{4}$$

따라서 $p=4$, $q=1$이므로

$p+q=5$

답 5

69

$$\lim_{n\to\infty}\sum_{k=1}^{n}\frac{k}{n^2}f\left(\frac{k}{n}\right)=\lim_{n\to\infty}\sum_{k=1}^{n}\frac{k}{n}f\left(\frac{k}{n}\right)\frac{1}{n}$$
$$=\int_{0}^{1}xf(x)dx$$
$$=\int_{0}^{1}x(4x^2+6x+32)dx$$
$$=\int_{0}^{1}(4x^3+6x^2+32x)dx$$
$$=\left[x^4+2x^3+16x^2\right]_{0}^{1}$$
$$=1+2+16=19$$

답 19

유형 5 넓이

70

$$\int_{\ln\frac{1}{2}}^{\ln 2}e^{2x}dx=\left[\frac{1}{2}e^{2x}\right]_{\ln\frac{1}{2}}^{\ln 2}$$
$$=\frac{1}{2}\left(e^{2\ln 2}-e^{2\ln\frac{1}{2}}\right)$$
$$=\frac{1}{2}\left(e^{\ln 4}-e^{\ln\frac{1}{4}}\right)$$
$$=\frac{1}{2}\left(4-\frac{1}{4}\right)=\frac{15}{8}$$

답 ②

71

모든 실수 x에 대하여 $f(x)>0$이므로

$f(2x+1)>0$

$2x+1=t$로 놓으면 $2=\frac{dt}{dx}$이고

$x=1$일 때 $t=3$, $x=2$일 때 $t=5$이므로 구하는 넓이는

$$\int_{1}^{2}f(2x+1)\,dx=\int_{3}^{5}\frac{f(t)}{2}dt=\frac{1}{2}\int_{3}^{5}f(t)\,dt$$
$$=\frac{1}{2}\times 36=18$$

답 ②

72

두 함수 $y=2^x-1$, $y=\left|\sin\frac{\pi}{2}x\right|$의 그래프가 만나는 점의 좌표는 $(0, 0)$, $(1, 1)$이다.

이때 $0\le x\le 1$에서 $\sin\frac{\pi}{2}x\ge 2^x-1$이다.

따라서 두 곡선 $y=2^x-1$, $y=\left|\sin\frac{\pi}{2}x\right|$로 둘러싸인 부분의 넓이는

$$\int_{0}^{1}\left\{\sin\frac{\pi}{2}x-(2^x-1)\right\}dx=\int_{0}^{1}\left(\sin\frac{\pi}{2}x-2^x+1\right)dx$$
$$=\left[-\frac{2}{\pi}\cos\frac{\pi}{2}x-\frac{2^x}{\ln 2}+x\right]_{0}^{1}$$
$$=\left(-\frac{2}{\ln 2}+1\right)-\left(-\frac{2}{\pi}-\frac{1}{\ln 2}\right)$$
$$=\frac{2}{\pi}-\frac{1}{\ln 2}+1$$

답 ②

73

주어진 영역의 넓이가 직선 $y=a$에 의하여 이등분되므로 색칠된

Ⅲ 적분법

부분의 넓이는 직선 $y=a$의 아랫부분인 직사각형의 넓이의 2배이다.

즉, $\int_0^{\frac{\pi}{12}} \cos 2x\,dx = 2\times\frac{\pi}{12}\times a$

$\left[\frac{1}{2}\sin 2x\right]_0^{\frac{\pi}{12}} = \frac{a}{6}\pi$

$\frac{1}{4} = \frac{a}{6}\pi$

따라서 $a=\frac{3}{2\pi}$

답 ③

74

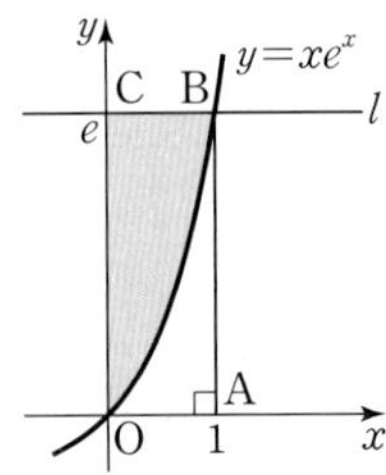

4개의 점 O(0, 0), A(1, 0), B(1, e), C(0, e)를 꼭짓점으로 하는 직사각형의 넓이는

$1\times e=e$

이고, 곡선 $y=xe^x$과 x축 및 직선 $x=1$로 둘러싸인 도형의 넓이 S는

$S=\int_0^1 xe^x\,dx$

$=\left[xe^x\right]_0^1-\int_0^1 e^x\,dx$

$=e-(e-1)=1$

따라서 구하는 도형의 넓이는

$e-S=e-1$

답 ⑤

75

영역 A의 넓이와 영역 B의 넓이가 같으므로

$\int_0^1 \{e^{2x}-(-2x+a)\}dx=0$

$\int_0^1 (e^{2x}+2x-a)dx=\left[\frac{1}{2}e^{2x}+x^2-ax\right]_0^1$

$=\left(\frac{1}{2}e^2+1-a\right)-\frac{1}{2}$

$=\frac{1}{2}e^2+\frac{1}{2}-a=0$

이므로 $a=\frac{e^2+1}{2}$

답 ①

76

곡선 $y=|\sin 2x|+1$과 x축 및 두 직선 $x=\frac{\pi}{4}$, $x=\frac{5\pi}{4}$로 둘러싸인 부분은 그림과 같다.

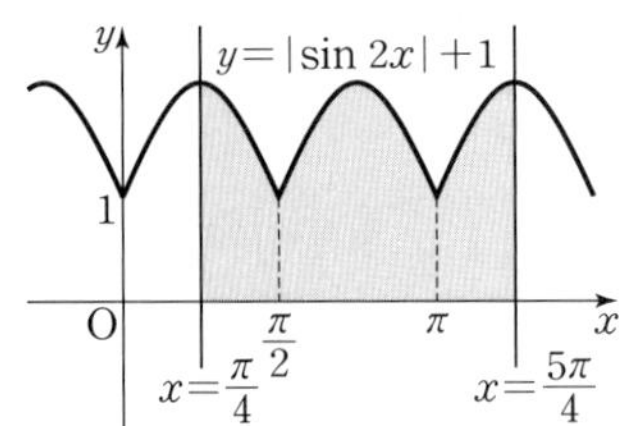

따라서 구하는 넓이는

$4\int_{\frac{\pi}{4}}^{\frac{\pi}{2}} (\sin 2x+1)dx=4\left[-\frac{1}{2}\cos 2x+x\right]_{\frac{\pi}{4}}^{\frac{\pi}{2}}$

$=4\left\{\left(\frac{1}{2}+\frac{\pi}{2}\right)-\frac{\pi}{4}\right\}$

$=\pi+2$

답 ③

77

점 A$(t, f(t))$ $(t>0)$을 지나고 점 A에서의 접선과 수직인 직선의 방정식은

$y-f(t)=-\frac{1}{f'(t)}(x-t)$

$y=0$일 때 $x=f(t)f'(t)+t$이므로

C$(f(t)f'(t)+t,\ 0)$

$\overline{AB}=f(t)$, $\overline{BC}=f(t)f'(t)$이므로 삼각형 ABC의 넓이는

$\frac{1}{2}\{f(t)\}^2f'(t)$

즉, $\frac{1}{2}\{f(t)\}^2f'(t)=\frac{1}{2}(e^{3t}-2e^{2t}+e^t)$에서

$\{f(t)\}^2f'(t)=e^{3t}-2e^{2t}+e^t$

$\frac{d}{dt}\left[\frac{1}{3}\{f(t)\}^3\right]=e^{3t}-2e^{2t}+e^t$

$\frac{1}{3}\{f(t)\}^3=\frac{1}{3}e^{3t}-e^{2t}+e^t+C$ (단, C는 적분상수)

이때 $f(0)=0$이므로 $C=-\frac{1}{3}$

$\frac{1}{3}\{f(t)\}^3=\frac{1}{3}e^{3t}-e^{2t}+e^t-\frac{1}{3}$에서

$\{f(t)\}^3=e^{3t}-3e^{2t}+3e^t-1=(e^t-1)^3$

이므로 $f(x)=e^x-1$

따라서 구하는 넓이는

$\int_0^1 (e^x-1)dx=\left[e^x-x\right]_0^1=(e-1)-1=e-2$

답 ①

78

$0\le x\le\frac{\pi}{2}$에서 방정식 $\sin^2 x\cos x=0$의 해를 구하면

$\sin^2 x=0$ 또는 $\cos x=0$

$x=0$ 또는 $x=\frac{\pi}{2}$

$0\le x\le\frac{\pi}{2}$일 때, $\sin^2 x\cos x\ge 0$이므로

곡선 $y=\sin^2 x\cos x\left(0\le x\le\frac{\pi}{2}\right)$는 그림과 같다.

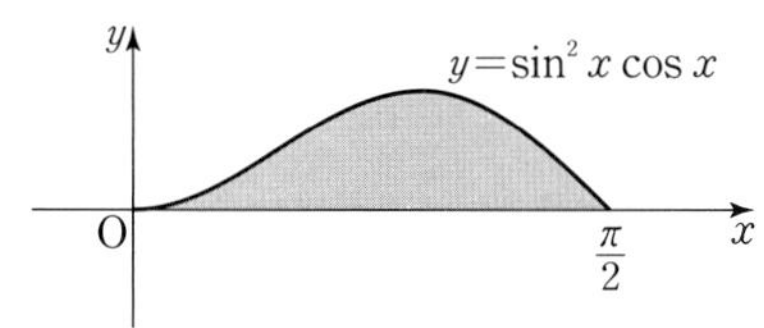

따라서 구하는 넓이는

$\int_0^{\frac{\pi}{2}}\sin^2 x\cos x\,dx$

이때 $\sin x=t$로 놓으면 $\cos x=\frac{dt}{dx}$이고

$x=0$일 때 $t=0$, $x=\frac{\pi}{2}$일 때 $t=1$이므로

$\int_0^{\frac{\pi}{2}}\sin^2 x\cos x\,dx=\int_0^1 t^2\,dt=\left[\frac{1}{3}t^3\right]_0^1=\frac{1}{3}$

답 ②

79

$f(x)=ax^2$, $g(x)=\ln x$에서

$f'(x)=2ax$, $g'(x)=\frac{1}{x}$

두 함수 $y=f(x)$, $y=g(x)$의 그래프가 만나는 점 P의 x좌표를 k라 하면

$ak^2=\ln k$ …… ㉠

두 곡선 위의 점 P에서의 접선의 기울기가 서로 같으므로

$2ak=\frac{1}{k}$, $2ak^2=1$ …… ㉡

㉠, ㉡에 의하여 $\ln k=\frac{1}{2}$

즉, $k=\sqrt{e}$, $a=\frac{1}{2e}$

$f(x)=\frac{x^2}{2e}$이고 점 P의 좌표는 $\left(\sqrt{e},\ \frac{1}{2}\right)$이므로

두 함수 $y=f(x)$, $y=g(x)$의 그래프는 그림과 같다.

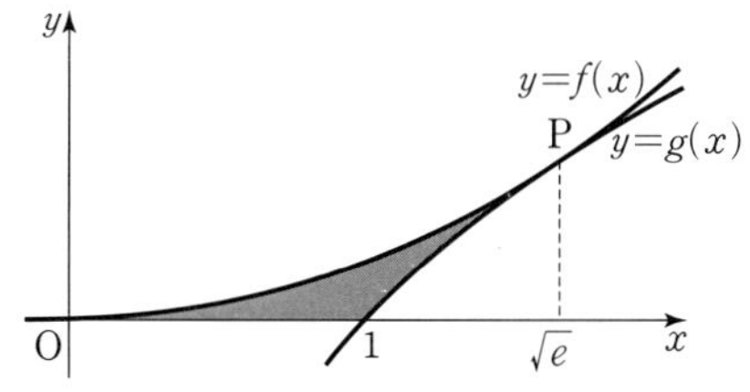

따라서 구하는 넓이는

$\int_0^{\sqrt{e}}\frac{x^2}{2e}\,dx-\int_1^{\sqrt{e}}\ln x\,dx$

$=\left[\frac{x^3}{6e}\right]_0^{\sqrt{e}}-\left\{\left[x\ln x\right]_1^{\sqrt{e}}-\int_1^{\sqrt{e}}\left(x\times\frac{1}{x}\right)dx\right\}$

$=\left[\frac{x^3}{6e}\right]_0^{\sqrt{e}}-\left[x\ln x\right]_1^{\sqrt{e}}+\left[x\right]_1^{\sqrt{e}}$

$=\left(\frac{\sqrt{e}}{6}-0\right)-\left(\frac{\sqrt{e}}{2}-0\right)+(\sqrt{e}-1)$

$=\frac{2\sqrt{e}-3}{3}$

답 ②

유형 6 입체도형의 부피

80

직선 $x=t\ (0\le t\le 1)$을 포함하고 x축에 수직인 평면으로 입체도형을 자른 단면의 넓이를 $S(t)$라 하면

$S(t)=(\sqrt{t}+1)^2=t+2\sqrt{t}+1$

따라서 구하는 입체도형의 부피를 V라 하면

$V=\int_0^1 S(t)\,dt=\int_0^1(t+2\sqrt{t}+1)\,dt$

$=\left[\frac{1}{2}t^2+\frac{4}{3}t\sqrt{t}+t\right]_0^1=\frac{17}{6}$

답 ④

81

x좌표가 $t\ (1\le t\le 4)$인 점을 지나고 x축에 수직인 평면으로 입체도형을 자른 단면의 넓이를 $S(t)$라 하면

$S(t)=\left(\frac{2}{\sqrt{t}}\right)^2=\frac{4}{t}$

따라서 구하는 입체도형의 부피는

$\int_1^4 S(t)dt=\int_1^4\frac{4}{t}dt=\left[4\ln t\right]_1^4=8\ln 2$

답 ③

82

직선 $x=t\ (1\le t\le e)$를 포함하고 x축에 수직인 평면으로 입체도형을 자른 단면의 넓이를 $S(t)$라 하면

$S(t)=\left(\sqrt{\frac{t+1}{t(t+\ln t)}}\right)^2=\frac{t+1}{t(t+\ln t)}$

따라서 구하는 입체도형의 부피는

$$\int_1^e S(t)\,dt=\int_1^e \frac{t+1}{t(t+\ln t)}\,dt$$

이때 $t+\ln t=s$로 놓으면

$$\frac{ds}{dt}=1+\frac{1}{t}=\frac{t+1}{t}$$

이고 $t=1$일 때 $s=1$, $t=e$일 때 $s=e+1$이므로

$$\int_1^e S(t)\,dt=\int_1^e \frac{t+1}{t(t+\ln t)}\,dt=\int_1^{e+1}\frac{1}{s}\,ds$$

$$=\Big[\ln s\Big]_1^{e+1}=\ln(e+1)$$

답 ①

83

직선 $x=t$ $(0\le t\le k)$를 지나고 x축에 수직인 평면으로 입체도형을 자른 단면은 한 변의 길이가 $\sqrt{\frac{e^t}{e^t+1}}$인 정사각형이므로 단면의 넓이는

$$\left(\sqrt{\frac{e^t}{e^t+1}}\right)^2=\frac{e^t}{e^t+1}$$

따라서 입체도형의 부피는

$$\int_0^k \frac{e^t}{e^t+1}\,dt=\int_0^k \frac{e^x}{e^x+1}\,dx$$

이때 $e^x+1=s$로 놓으면 $e^x=\frac{ds}{dx}$이고

$x=0$일 때 $s=2$, $x=k$일 때 $s=e^k+1$이므로

$$\int_0^k \frac{e^x}{e^x+1}\,dx=\int_2^{e^k+1}\frac{1}{s}\,ds=\Big[\ln s\Big]_2^{e^k+1}$$

$$=\ln(e^k+1)-\ln 2$$

$$=\ln\frac{e^k+1}{2}$$

주어진 입체도형의 부피가 $\ln 7$이므로

$\ln\frac{e^k+1}{2}=\ln 7$, $\frac{e^k+1}{2}=7$, $e^k=13$

따라서 $k=\ln 13$

답 ②

84

$\sqrt{\frac{\pi}{6}}\le t\le\sqrt{\frac{\pi}{2}}$인 실수 t에 대하여 직선 $x=t$를 포함하고 x축에 수직인 평면으로 입체도형을 자른 단면의 넓이를 $S(t)$라 하면

$$S(t)=\frac{\pi}{2}t^3\sin t^2$$

따라서 구하는 입체도형의 부피는

$$\int_{\sqrt{\frac{\pi}{6}}}^{\sqrt{\frac{\pi}{2}}} S(t)dt=\int_{\sqrt{\frac{\pi}{6}}}^{\sqrt{\frac{\pi}{2}}}\frac{\pi}{2}t^3\sin t^2\,dt$$

$$=\frac{\pi}{2}\int_{\sqrt{\frac{\pi}{6}}}^{\sqrt{\frac{\pi}{2}}} t^3\sin t^2\,dt$$

이때 $t^2=u$로 놓으면 $2t=\frac{du}{dt}$이고,

$t=\sqrt{\frac{\pi}{6}}$일 때 $u=\frac{\pi}{6}$, $t=\sqrt{\frac{\pi}{2}}$일 때 $u=\frac{\pi}{2}$이므로

$$\frac{\pi}{2}\int_{\sqrt{\frac{\pi}{6}}}^{\sqrt{\frac{\pi}{2}}} t^3\sin t^2\,dt=\frac{\pi}{4}\int_{\frac{\pi}{6}}^{\frac{\pi}{2}} u\sin u\,du$$

$$=\frac{\pi}{4}\left(\Big[-u\cos u\Big]_{\frac{\pi}{6}}^{\frac{\pi}{2}}+\int_{\frac{\pi}{6}}^{\frac{\pi}{2}}\cos u\,du\right)$$

$$=\frac{\pi}{4}\left(\frac{\pi}{6}\times\frac{\sqrt{3}}{2}+\Big[\sin u\Big]_{\frac{\pi}{6}}^{\frac{\pi}{2}}\right)$$

$$=\frac{\pi}{4}\left(\frac{\sqrt{3}}{12}\pi+1-\frac{1}{2}\right)=\frac{\sqrt{3}\pi^2+6\pi}{48}$$

답 ③

85

직선 $x=t$ $\left(\frac{3}{4}\pi\le t\le\frac{5}{4}\pi\right)$를 포함하고 x축에 수직인 평면으로 입체도형을 자른 단면의 넓이를 $S(t)$라 하면

$S(t)=(1-2t)\cos t$

따라서 구하는 입체도형의 부피는

$$\int_{\frac{3}{4}\pi}^{\frac{5}{4}\pi} S(t)t\,dt=\int_{\frac{3}{4}\pi}^{\frac{5}{4}\pi}(1-2t)\cos t\,dt$$

$u(t)=1-2t$, $v'(t)=\cos t$로 놓으면

$u'(t)=-2$, $v(t)=\sin t$이므로

$$\int_{\frac{3}{4}\pi}^{\frac{5}{4}\pi}(1-2t)\cos t\,dt$$

$$=\Big[(1-2t)\sin t\Big]_{\frac{3}{4}\pi}^{\frac{5}{4}\pi}+2\int_{\frac{3}{4}\pi}^{\frac{5}{4}\pi}\sin t\,dt$$

$$=\Big[(1-2t)\sin t\Big]_{\frac{3}{4}\pi}^{\frac{5}{4}\pi}+2\Big[-\cos t\Big]_{\frac{3}{4}\pi}^{\frac{5}{4}\pi}$$

$$=\left(1-\frac{5}{2}\pi\right)\times\left(-\frac{\sqrt{2}}{2}\right)-\left(1-\frac{3}{2}\pi\right)\times\frac{\sqrt{2}}{2}+2\left(\frac{\sqrt{2}}{2}-\frac{\sqrt{2}}{2}\right)$$

$$=2\sqrt{2}\pi-\sqrt{2}$$

답 ③

86

x좌표가 t $(2\le t\le 4)$인 점을 지나고 x축에 수직인 평면으로 입체도형을 자른 단면의 넓이를 $S(t)$라 하면

$S(t)=(\sqrt{(5-t)\ln t})^2=(5-t)\ln t$

따라서 구하는 입체도형의 부피는

$$\int_2^4 S(t)\,dt=\int_2^4(5-t)\ln t\,dt$$

$u(t)=\ln t$, $v'(t)=5-t$로 놓으면

$u'(t)=\frac{1}{t}$, $v(t)=5t-\frac{1}{2}t^2$이므로

$$\int_2^4 S(t)\,dt=\int_2^4 (5-t)\ln t\,dt$$
$$=\left[\left(5t-\frac{1}{2}t^2\right)\ln t\right]_2^4-\int_2^4\left(5-\frac{1}{2}t\right)dt$$
$$=(12\ln 4-8\ln 2)-\left[5t-\frac{1}{4}t^2\right]_2^4$$
$$=16\ln 2-7$$

답 ③

87

점 $(t,\ 0)\left(\frac{\sqrt{\pi}}{2}\le t\le\frac{\sqrt{3\pi}}{2}\right)$를 지나고 x축에 수직인 평면으로 입체도형을 자른 단면의 넓이는

$\{2f(t)\}^2=4t\sin t^2$

따라서 구하는 입체도형의 부피는

$$\int_{\frac{\sqrt{\pi}}{2}}^{\frac{\sqrt{3\pi}}{2}} 4t\sin t^2 dt$$

이때 $t^2=u$로 놓으면 $2t=\frac{du}{dt}$이고

$t=\frac{\sqrt{\pi}}{2}$일 때 $u=\frac{\pi}{4}$, $t=\frac{\sqrt{3\pi}}{2}$일 때 $u=\frac{3\pi}{4}$이므로

$$\int_{\frac{\sqrt{\pi}}{2}}^{\frac{\sqrt{3\pi}}{2}} 4t\sin t^2 dt=2\int_{\frac{\pi}{4}}^{\frac{3\pi}{4}}\sin u\,du=2\Big[-\cos u\Big]_{\frac{\pi}{4}}^{\frac{3\pi}{4}}$$
$$=-2\left(\cos\frac{3\pi}{4}-\cos\frac{\pi}{4}\right)$$
$$=-2\left(-\frac{\sqrt{2}}{2}-\frac{\sqrt{2}}{2}\right)$$
$$=2\sqrt{2}$$

답 ①

88

$\frac{1}{\sqrt{2k}}\le t\le\frac{1}{\sqrt{k}}$인 실수 t에 대하여 $f(t)=2\sqrt{t}e^{kt^2}$이므로 직선 $x=t$를 포함하고 x축에 수직인 평면으로 입체도형을 자른 단면의 넓이를 $S(t)$라 하면

$S(t)=\frac{\sqrt{3}}{4}\times(2\sqrt{t}e^{kt^2})^2=\sqrt{3}te^{2kt^2}$

따라서 입체도형의 부피는

$$\int_{\frac{1}{\sqrt{2k}}}^{\frac{1}{\sqrt{k}}} S(t)\,dt=\sqrt{3}\int_{\frac{1}{\sqrt{2k}}}^{\frac{1}{\sqrt{k}}} te^{2kt^2}\,dt$$

이때 $t^2=s$로 놓으면 $2t=\frac{ds}{dt}$이고

$t=\frac{1}{\sqrt{2k}}$일 때 $s=\frac{1}{2k}$, $t=\frac{1}{\sqrt{k}}$일 때 $s=\frac{1}{k}$이므로

$$\sqrt{3}\int_{\frac{1}{\sqrt{2k}}}^{\frac{1}{\sqrt{k}}} te^{2kt^2}\,dt=\frac{\sqrt{3}}{2}\int_{\frac{1}{2k}}^{\frac{1}{k}} e^{2ks}\,ds$$
$$=\frac{\sqrt{3}}{2}\left[\frac{1}{2k}e^{2ks}\right]_{\frac{1}{2k}}^{\frac{1}{k}}$$
$$=\frac{\sqrt{3}}{4k}(e^2-e)$$

주어진 입체도형의 부피가 $\sqrt{3}(e^2-e)$이므로

$\frac{\sqrt{3}}{4k}(e^2-e)=\sqrt{3}(e^2-e)$

$4k=1$

따라서 $k=\frac{1}{4}$

답 ③

89

정사각형의 한 변의 길이가 $\sqrt{\frac{kx}{2x^2+1}}$이므로 정사각형의 넓이는

$\left(\sqrt{\frac{kx}{2x^2+1}}\right)^2=\frac{kx}{2x^2+1}$

그러므로 구하는 입체도형의 부피는

$$\int_1^2\frac{kx}{2x^2+1}\,dx \qquad \cdots\cdots ㉠$$

이때 $2x^2+1=t$로 놓으면

$4x=\frac{dt}{dx}$

또 $x=1$일 때 $t=3$, $x=2$일 때 $t=9$이므로 ㉠은

$$\int_3^9\frac{k}{4}\times\frac{1}{t}\,dt=\frac{k}{4}\int_3^9\frac{1}{t}\,dt$$
$$=\frac{k}{4}\times\Big[\ln t\Big]_3^9$$
$$=\frac{k}{4}\times(\ln 9-\ln 3)$$
$$=\frac{k}{4}\ln 3$$

입체도형의 부피가 $2\ln 3$이므로

$\frac{k}{4}\ln 3=2\ln 3$

따라서 $k=8$

답 ③

90

x좌표가 t $(1\le t\le 2)$인 점을 지나고 x축에 수직인 평면으로 입체도형을 자른 단면은 한 변의 길이가 $\sqrt{\frac{3t+1}{t^2}}$인 정사각형이므로 단면의 넓이를 $S(t)$라 하면

$S(t)=\frac{3t+1}{t^2}$

따라서 구하는 입체도형의 부피를 V라 하면

$$V=\int_1^2 S(t)dt$$

Ⅲ 적분법

$=\int_1^2 \frac{3t+1}{t^2}dt$

$=\int_1^2 \left(\frac{3}{t}+\frac{1}{t^2}\right)dt$

$=\left[3\ln|t|-\frac{1}{t}\right]_1^2$

$=\left(3\ln 2-\frac{1}{2}\right)-(3\ln 1-1)$

$=\frac{1}{2}+3\ln 2$

답 ②

91

$0\le t\le\frac{\pi}{3}$인 실수 t에 대하여 직선 $x=t$를 포함하고 x축에 수직인 평면으로 자른 단면의 넓이를 $S(t)$라 하면

$S(t)=(\sqrt{\sec^2 t+\tan t})^2$

$=\sec^2 t+\tan t$

이므로 구하는 입체도형의 부피는

$\int_0^{\frac{\pi}{3}}(\sec^2 t+\tan t)dt=\int_0^{\frac{\pi}{3}}\left(\sec^2 x+\frac{\sin x}{\cos x}\right)dx$

$=\int_0^{\frac{\pi}{3}}\left\{\sec^2 x-\frac{(\cos x)'}{\cos x}\right\}dx$

$=\left[\tan x-\ln|\cos x|\right]_0^{\frac{\pi}{3}}$

$=\tan\frac{\pi}{3}-\ln\cos\frac{\pi}{3}-0$

$=\sqrt{3}-\ln\frac{1}{2}$

$=\sqrt{3}+\ln 2$

답 ④

92

직선 $x=t$ $(0\le t\le 2)$를 포함하고 x축에 수직인 평면으로 입체도형을 자른 단면은 한 변의 길이가

$(2\sqrt{2t}+1)-\sqrt{2t}=\sqrt{2t}+1$

인 정사각형이므로 단면의 넓이를 $S(t)$라 하면

$S(t)=(\sqrt{2t}+1)^2=2t+2\sqrt{2t}+1$

구하는 입체도형의 부피 V는

$V=\int_0^2 S(t)dt$

$=\int_0^2(2t+2\sqrt{2t}+1)dt$

$=\left[t^2+\frac{4\sqrt{2}}{3}t\sqrt{t}+t\right]_0^2$

$=\frac{34}{3}$

따라서 $30V=340$

답 340

유형 7 속도와 거리

93

$y=\frac{1}{8}e^{2x}+\frac{1}{2}e^{-2x}$에서

$\frac{dy}{dx}=\frac{1}{8}e^{2x}\times 2+\frac{1}{2}e^{-2x}\times(-2)$

$=\frac{1}{4}e^{2x}-e^{-2x}$

따라서 구하는 곡선의 길이 l은

$l=\int_0^{\ln 2}\sqrt{1+\left(\frac{dy}{dx}\right)^2}\,dx$

$=\int_0^{\ln 2}\sqrt{1+\left(\frac{1}{4}e^{2x}-e^{-2x}\right)^2}\,dx$

$=\int_0^{\ln 2}\sqrt{\frac{1}{16}e^{4x}+\frac{1}{2}+e^{-4x}}\,dx$

$=\int_0^{\ln 2}\sqrt{\left(\frac{1}{4}e^{2x}+e^{-2x}\right)^2}\,dx$

$=\int_0^{\ln 2}\left(\frac{1}{4}e^{2x}+e^{-2x}\right)dx$

$=\left[\frac{1}{8}e^{2x}-\frac{1}{2}e^{-2x}\right]_0^{\ln 2}$

$=\left(\frac{1}{8}e^{2\ln 2}-\frac{1}{2}e^{-2\ln 2}\right)-\left(\frac{1}{8}-\frac{1}{2}\right)$

$=\left(\frac{1}{8}e^{\ln 4}-\frac{1}{2}e^{\ln\frac{1}{4}}\right)-\left(-\frac{3}{8}\right)$

$=\left(\frac{1}{8}\times 4-\frac{1}{2}\times\frac{1}{4}\right)+\frac{3}{8}$

$=\left(\frac{1}{2}-\frac{1}{8}\right)+\frac{3}{8}$

$=\frac{3}{4}$

답 ⑤

94

곡선 $y=x^2$과 직선 $y=t^2x-\frac{\ln t}{8}$가 만나는 두 점의 x좌표를 각각 α, β라 하면 두 점의 좌표는

(α, α^2), (β, β^2)

이므로 이 두 점의 중점의 좌표는

$\left(\frac{\alpha+\beta}{2}, \frac{\alpha^2+\beta^2}{2}\right)$ …… ㉠

이다. 두 식 $y=x^2$, $y=t^2x-\frac{\ln t}{8}$를 연립한 x에 대한 이차방정식

$x^2=t^2x-\frac{\ln t}{8}$, 즉 $x^2-t^2x+\frac{\ln t}{8}=0$의 두 근이 α, β이므로 근과 계수의 관계에 의하여

$\alpha+\beta=t^2$, $\alpha\beta=\frac{\ln t}{8}$

따라서

$\alpha^2+\beta^2=(\alpha+\beta)^2-2\alpha\beta$

$=t^4-\dfrac{\ln t}{4}$

이므로 ㉠에서 중점의 좌표는 $\left(\dfrac{1}{2}t^2,\ \dfrac{1}{2}t^4-\dfrac{\ln t}{8}\right)$이다.

그러므로 점 P의 시각 t에서의 위치는

$x=\dfrac{1}{2}t^2,\ y=\dfrac{1}{2}t^4-\dfrac{\ln t}{8}$

이때

$\dfrac{dx}{dt}=t,\ \dfrac{dy}{dt}=2t^3-\dfrac{1}{8t}$

이므로

$$\sqrt{\left(\frac{dx}{dt}\right)^2+\left(\frac{dy}{dt}\right)^2}=\sqrt{t^2+\left(2t^3-\frac{1}{8t}\right)^2}$$
$$=\sqrt{t^2+4t^6-\frac{1}{2}t^2+\frac{1}{64t^2}}$$
$$=\sqrt{4t^6+\frac{1}{2}t^2+\frac{1}{64t^2}}$$
$$=\sqrt{\left(2t^3+\frac{1}{8t}\right)^2}$$
$$=2t^3+\frac{1}{8t}$$

따라서 시각 $t=1$에서 $t=e$까지 점 P가 움직인 거리는

$$\int_1^e\sqrt{\left(\frac{dx}{dt}\right)^2+\left(\frac{dy}{dt}\right)^2}dt=\int_1^e\left(2t^3+\frac{1}{8t}\right)dt$$
$$=\left[\frac{1}{2}t^4+\frac{1}{8}\ln|t|\right]_1^e$$
$$=\frac{1}{2}e^4+\frac{1}{8}-\left(\frac{1}{2}+0\right)$$
$$=\frac{e^4}{2}-\frac{3}{8}$$

답 ①

95

$$y=\begin{cases}-\dfrac{e^x+e^{-x}}{2}+1 & (x<0)\\ 0 & (x\ge0)\end{cases}$$에서

$$\frac{dy}{dx}=\begin{cases}-\dfrac{e^x-e^{-x}}{2} & (x<0)\\ 0 & (x\ge0)\end{cases}$$

$x<0$일 때,

$$1+\left(\frac{dy}{dx}\right)^2=1+\left(-\frac{e^x-e^{-x}}{2}\right)^2$$
$$=\left(\frac{e^x+e^{-x}}{2}\right)^2$$

이므로

$$\sqrt{1+\left(\frac{dy}{dx}\right)^2}=\sqrt{\left(\frac{e^x+e^{-x}}{2}\right)^2}$$
$$=\left|\frac{e^x+e^{-x}}{2}\right|$$
$$=\frac{e^x+e^{-x}}{2}$$

$x\ge0$일 때

$1+\left(\dfrac{dy}{dx}\right)^2=1+0=1$

이므로

$\sqrt{1+\left(\dfrac{dy}{dx}\right)^2}=1$

따라서 $-\ln 4\le x\le1$에서의 곡선의 길이는

$$\int_{-\ln 4}^1\sqrt{1+\left(\frac{dy}{dx}\right)^2}dx=\int_{-\ln 4}^0\frac{e^x+e^{-x}}{2}dx+\int_0^1 1\,dx$$
$$=\left[\frac{e^x-e^{-x}}{2}\right]_{-\ln 4}^0+\Big[x\Big]_0^1$$
$$=\left(\frac{e^0-e^0}{2}-\frac{e^{-\ln 4}-e^{\ln 4}}{2}\right)+(1-0)$$
$$=\left(0-\frac{\frac{1}{4}-4}{2}\right)+1$$
$$=\frac{15}{8}+1$$
$$=\frac{23}{8}$$

답 ①

도전 1등급 문제

본문 151~160쪽

01 ①	**02** ②	**03** ⑤	**04** ②	**05** ②
06 ②	**07** 26	**08** 36	**09** 25	**10** 25
11 14	**12** 12	**13** 12	**14** 16	**15** 83
16 16	**17** 26	**18** 9	**19** 350	**20** 93
21 143	**22** 115	**23** 283	**24** 125	**25** 21

01

정답률 **28.5%**

정답 공식 **개념만 확실히 알자!**

정적분과 급수의 관계

연속함수 $f(x)$에 대하여

(1) $\lim_{n\to\infty}\sum_{k=1}^{n} f\left(\frac{k}{n}\right)\frac{1}{n}=\int_{0}^{1} f(x)\,dx$

(2) $\lim_{n\to\infty}\sum_{k=1}^{n} f\left(a+\frac{b-a}{n}k\right)\frac{b-a}{n}=\int_{a}^{b} f(x)\,dx$

(3) $\lim_{n\to\infty}\sum_{k=1}^{n} f\left(a+\frac{p}{n}k\right)\frac{p}{n}=\int_{a}^{a+p} f(x)\,dx$

$=\int_{0}^{p} f(a+x)\,dx$

풀이 전략 급수와 정적분의 관계를 이용하여 식의 값을 구한다.

문제 풀이

[STEP 1] 급수를 정적분으로 나타낼 수 있도록 변형한다.

$$\lim_{n\to\infty}\sum_{k=1}^{n}\frac{1}{n+k}f\left(\frac{k}{n}\right)=\lim_{n\to\infty}\sum_{k=1}^{n}\frac{1}{\frac{n+k}{n}}f\left(\frac{k}{n}\right)\frac{1}{n}$$

$$=\lim_{n\to\infty}\sum_{k=1}^{n}\frac{1}{1+\frac{k}{n}}f\left(\frac{k}{n}\right)\frac{1}{n} \quad\cdots\cdots\ ㉠$$

이때 $g(x)=\frac{1}{1+x}f(x)$라 하면 ㉠에서

$$\lim_{n\to\infty}\sum_{k=1}^{n}\frac{1}{1+\frac{k}{n}}f\left(\frac{k}{n}\right)\frac{1}{n}=\lim_{n\to\infty}\sum_{k=1}^{n}g\left(\frac{k}{n}\right)\frac{1}{n} \quad\cdots\cdots\ ㉡$$

이고 ㉡은 정적분의 정의

$$\lim_{n\to\infty}\sum_{k=1}^{n}g\left(a+\frac{b-a}{n}k\right)\frac{b-a}{n}=\int_{a}^{b}g(x)\,dx$$

에서 $a=0$, $b=1$인 경우와 같다.

[STEP 2] 정적분의 값을 구한다.

따라서

$$\lim_{n\to\infty}\sum_{k=1}^{n}\frac{1}{1+\frac{k}{n}}f\left(\frac{k}{n}\right)\frac{1}{n}=\lim_{n\to\infty}\sum_{k=1}^{n}g\left(\frac{k}{n}\right)\frac{1}{n}$$

→ ㉡에 의하여

$$=\int_{0}^{1}g(x)\,dx$$

$$=\int_{0}^{1}\frac{1}{1+x}f(x)\,dx$$

$$=\int_{0}^{1}\frac{4x^4+4x^3}{1+x}\,dx$$

$$=\int_{0}^{1}\frac{4x^3(x+1)}{1+x}\,dx$$

$$=\int_{0}^{1}4x^3\,dx$$

$$=\Big[x^4\Big]_{0}^{1}=1-0=1$$

답 ①

수능이 보이는 강의

정적분과 급수의 관계에 관련된 문제는 최근 기출에서 자주 나오는 유형이라 꼭 푸는 법을 알아두길 바래.
무엇을 x로 놓는지에 따라 정적분의 식이 결정 되기 때문에 어떤 것을 x로 놓아야 간단하게 계산할 수 있는지 빨리 파악할 수 있도록 많은 연습을 해야 해. 이 문제에서는 $\frac{k}{n}\to x$라 하면 $\frac{1}{n}\to dx$이므로 주어진 급수에서 $\frac{k}{n}$, $\frac{1}{n}$이 나오도록 주어진 식을 먼저 변형해.

02

정답률 **26.3%**

정답 공식 **개념만 확실히 알자!**

1. **곡선 위의 한 점에서의 접선의 방정식**
   곡선 $y=f(x)$ 위의 점 $\mathrm{P}(a, f(a))$에서의 접선의 방정식은
   $y-f(a)=f'(a)(x-a)$, 즉 $y=f'(a)(x-a)+f(a)$
2. **부분적분법을 이용한 정적분**
   두 함수 $f(x)$, $g(x)$가 미분가능하고 $f'(x)$, $g'(x)$가 닫힌구간 $[a, b]$에서 연속일 때
   $\int_{a}^{b}f(x)g'(x)\,dx=\Big[f(x)g(x)\Big]_{a}^{b}-\int_{a}^{b}f'(x)g(x)\,dx$
3. **두 곡선으로 둘러싸인 부분의 넓이**
   두 함수 $f(x)$, $g(x)$가 닫힌구간 $[a, b]$에서 연속일 때, 두 곡선 $y=f(x)$, $y=g(x)$ 및 두 직선 $x=a$, $x=b$로 둘러싸인 부분의 넓이 S는

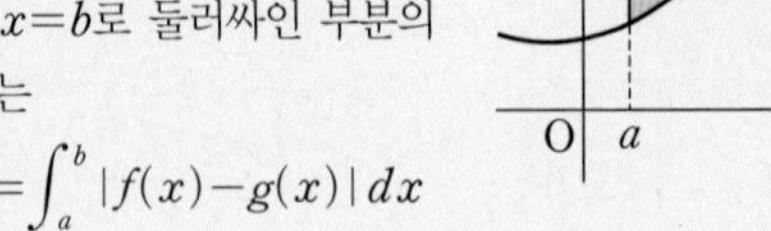

$$S=\int_{a}^{b}|f(x)-g(x)|\,dx$$

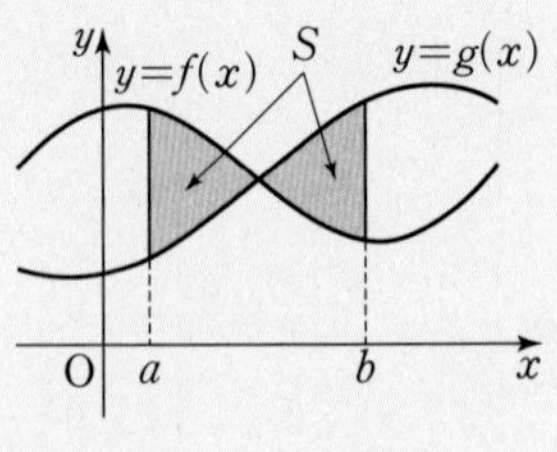

풀이 전략 부정적분과 접선의 방정식을 이용하여 주어진 도형의 넓이를 구한다.

문제 풀이

[STEP 1] $f''(x)$를 이용하여 접선과 곡선 $y=f(x)$의 개형을 알아본다.

$x>0$에서 $f''(x)=-1-2xe^{1-x^2}<0$이므로 곡선 $y=f(x)$는 $x>0$에서 위로 볼록이다. 따라서 양수 t에 대하여 점 $(t, f(t))$에

서의 접선과 곡선 $y=f(x)$ $(x>0)$의 교점은 점 $(t,\ f(t))$ 하나이고, 접선은 곡선의 위쪽에 위치한다.

[STEP 2] 접선의 방정식과 $g(t)$를 식으로 나타내고, 부분적분법을 이용하여 $\int f(x)\,dx$를 구한다.

점 $(t,\ f(t))$에서의 접선의 방정식 $y=f'(t)(x-t)+f(t)$에 대하여

$$g(t)=\int_0^t \{f'(t)(x-t)+f(t)-f(x)\}\,dx$$

이때 $f'(x)=-x+e^{1-x^2}$에서 양변에 x를 곱하면

$$xf'(x)=-x^2+xe^{1-x^2}$$

$$\int xf'(x)\,dx=\int(-x^2+xe^{1-x^2})\,dx$$

$$xf(x)-\int f(x)\,dx=-\frac{1}{3}x^3-\frac{1}{2}e^{1-x^2}$$

$$\int f(x)\,dx=xf(x)+\frac{1}{3}x^3+\frac{1}{2}e^{1-x^2}$$

[STEP 3] $g(t)$, $g'(t)$를 구한다.

$$\begin{aligned}g(t)&=\left[\frac{f'(t)}{2}x^2-tf'(t)x+f(t)x\right]_0^t-\int_0^t f(x)\,dx\\&=\frac{1}{2}t^2f'(t)-t^2f'(t)+tf(t)-\left[xf(x)+\frac{1}{3}x^3+\frac{1}{2}e^{1-x^2}\right]_0^t\\&=-\frac{1}{2}t^2f'(t)+tf(t)-\left(tf(t)+\frac{1}{3}t^3+\frac{1}{2}e^{1-t^2}-\frac{1}{2}e\right)\\&=-\frac{1}{2}t^2(-t+e^{1-t^2})-\frac{1}{3}t^3-\frac{1}{2}e^{1-t^2}+\frac{1}{2}e\\&=\frac{1}{6}t^3-\frac{1}{2}(t^2+1)e^{1-t^2}+\frac{1}{2}e\end{aligned}$$

$$g'(t)=\frac{1}{2}t^2+t^3e^{1-t^2}$$

따라서

$$\begin{aligned}g(1)+g'(1)&=\left(-\frac{5}{6}+\frac{1}{2}e\right)+\frac{3}{2}\\&=\frac{1}{2}e+\frac{2}{3}\end{aligned}$$

답 ②

03

정답률 22.4%

정답 공식 **개념만 확실히 알자!**

1. 연속함수

함수 $f(x)$가 어떤 구간에 속하는 모든 실수 x에서 연속일 때, 함수 $f(x)$는 그 구간에서 연속이라 하고, 그 구간에서 연속인 함수를 그 구간에서 연속함수라 한다. 특히 함수 $f(x)$가

① 열린구간 $(a,\ b)$에서 연속이고

② $\lim_{x\to a+} f(x)=f(a)$, $\lim_{x\to b-} f(x)=f(b)$

일 때, 함수 $f(x)$는 닫힌구간 $[a,\ b]$에서 연속이라 한다.

2. 삼각함수의 정적분

(1) $\int_a^b \sin x\,dx=\Big[-\cos x\Big]_a^b$

(2) $\int_a^b \cos x\,dx=\Big[\sin x\Big]_a^b$

풀이 전략 부정적분을 이용하여 함수 $f(x)$를 구할 때, $0\le x\le\frac{3}{2}\pi$에서 연속임을 이용한다.

문제 풀이

[STEP 1] 주어진 조건과 $f'(x)$를 이용하여 $f(x)$를 구한다.

주어진 $f'(x)$를 부정적분하면 다음과 같다.

$$f(x)=\begin{cases}l\sin x+C_1 & \left(0\le x\le\frac{\pi}{2}\right)\\ m\sin x+C_2 & \left(\frac{\pi}{2}<x\le\pi\right)\\ n\sin x+C_3 & \left(\pi<x\le\frac{3}{2}\pi\right)\end{cases}$$

(단, C_1, C_2, C_3은 적분상수)

$0\le x\le\frac{\pi}{2}$에서 $f(0)=0$이므로

$f(0)=C_1=0$, 즉 $f(x)=l\sin x$

함수 $f(x)$가 $x=\frac{\pi}{2}$에서 연속이므로

$l=m+C_2$, 즉 $C_2=l-m$

$x=\pi$에서 연속이므로

$C_2=C_3$, 즉 $C_3=l-m$

$\pi<x\le\frac{3}{2}\pi$에서 $f\left(\frac{3}{2}\pi\right)=1$이므로

$f\left(\frac{3}{2}\pi\right)=-n+C_3=1$에서

$-n+(l-m)=1$

$l=m+n+1$ …… ㉠

따라서

$$f(x)=\begin{cases}l\sin x & \left(0\le x\le\frac{\pi}{2}\right)\\ m\sin x+n+1 & \left(\frac{\pi}{2}<x\le\pi\right)\\ n\sin x+n+1 & \left(\pi<x\le\frac{3}{2}\pi\right)\end{cases}$$

→ $C_2=l-m$이므로 ㉠에서 $C_2=n+1$

→ $C_3=C_2=n+1$

III 적분법

[STEP 2] $\int_0^{\frac{3}{2}\pi} f(x)dx$의 값이 최대가 되는 조건을 알아본다.

$$\int_0^{\frac{3}{2}\pi} f(x)dx = \int_0^{\frac{\pi}{2}} f(x)dx + \int_{\frac{\pi}{2}}^{\pi} f(x)dx + \int_{\pi}^{\frac{3}{2}\pi} f(x)dx$$

$$= \Big[-l\cos x\Big]_0^{\frac{\pi}{2}} + \Big[-m\cos x + (n+1)x\Big]_{\frac{\pi}{2}}^{\pi}$$

$$+ \Big[-n\cos x + (n+1)x\Big]_{\pi}^{\frac{3}{2}\pi}$$

$$= l + m + (\pi - 1)n + \pi$$

㉠에서 $l = m+n+1$이므로

$$\int_0^{\frac{3}{2}\pi} f(x)dx = 2m + n\pi + \pi + 1$$

$$= (n+1)\pi + 2m + 1$$

의 값이 최대이어야 하므로 $m>0$, $n>0$이어야 한다.

[STEP 3] $|l|+|m|+|n| \le 10$을 만족시키는 m, n의 값에 따른 $\int_0^{\frac{3}{2}\pi} f(x)dx$의 값을 알아본다.

한편 $|l|+|m|+|n| \le 10$에서 $l = m+n+1$이므로

$|m+n+1| + |m| + |n| \le 10$

$(m+n+1) + m + n \le 10$

$2m + 2n + 1 \le 10$에서

$m + n \le \dfrac{9}{2}$ → $m+n \le 4.5$이므로 양의 정수 m, n이 $m+n \le 4$를 만족시키면 된다.

(i) $m=1$, $n=3$일 때

$$\int_0^{\frac{3}{2}\pi} f(x)dx = 4\pi + 3$$

(ii) $m=2$, $n=2$일 때

$$\int_0^{\frac{3}{2}\pi} f(x)dx = 3\pi + 5$$

(iii) $m=3$, $n=1$일 때

$$\int_0^{\frac{3}{2}\pi} f(x)dx = 2\pi + 7$$

[STEP 4] $\int_0^{\frac{3}{2}\pi} f(x)dx$의 값이 최대가 되도록 하는 $l+2m+3n$의 값을 구한다.

(i), (ii), (iii)에서 $\int_0^{\frac{3}{2}\pi} f(x)dx$의 값이 최대인 경우는 $4\pi+3$이므로

$m=1$, $n=3$일 때이고, ㉠에서

$l = 1+3+1 = 5$

따라서 $l + 2m + 3n = 5 + 2\times1 + 3\times3 = 16$

답 ⑤

수능이 보이는 강의

부정적분을 이용하여 함수 $f(x)$를 구하고 각 구간별로 나누어서 적분하여 주어진 정적분의 값이 최대가 되도록 해야 해.

함수 $f(x)$가 연속이므로 각 구간의 경곗값 $x=\dfrac{\pi}{2}$, $x=\pi$에서도 연속이어야 한다는 것을 이용하면 조건을 구할 수 있어.

04

정답률 21.1%

정답 공식 개념만 확실히 알자!

급수와 정적분

함수 $f(x)$가 닫힌구간 $[a, b]$에서 연속일 때

(1) $\lim\limits_{n\to\infty}\sum\limits_{k=1}^{n} f\left(a + \dfrac{b-a}{n}k\right)\dfrac{b-a}{n} = \int_a^b f(x)\,dx$

(2) $\lim\limits_{n\to\infty}\sum\limits_{k=1}^{n} f\left(\dfrac{p}{n}k\right)\dfrac{p}{n} = \int_0^p f(x)dx$

(3) $\lim\limits_{n\to\infty}\sum\limits_{k=1}^{n} f\left(a + \dfrac{p}{n}k\right)\dfrac{p}{n} = \int_a^{a+p} f(x)dx$

$= \int_0^p f(a+x)dx$

풀이 전략 급수와 정적분의 관계를 이해하여 급수의 합을 구한다.

문제 풀이

[STEP 1] a_m의 정의를 이용하여 $n\times\cos^2(a_{n+k})$를 a_{n+k}에 대한 식으로 나타낸다.

a_m은 두 곡선 $y=\dfrac{2\pi}{x}$와 $y=\cos x$의 교점의 x좌표이므로

$\dfrac{2\pi}{a_m} = \cos(a_m)$ → $\dfrac{2\pi}{x} = \cos x$에 $x=a_m$을 대입한다.

$n\times\cos^2(a_{n+k}) = n\times\dfrac{4\pi^2}{(a_{n+k})^2}$

[STEP 2] 수열의 극한의 대소 관계를 이용한다.

$a_1 = 2\pi$, $m>1$에서 $m\pi < a_m < (m+1)\pi$이므로 → $\dfrac{1}{(m+1)\pi} < \dfrac{1}{a_m} < \dfrac{1}{m\pi}$이므로 m에 $(n+k)$를 대입한다.

$\dfrac{4n}{(n+k+1)^2} < n\times\cos^2(a_{n+k}) < \dfrac{4n}{(n+k)^2}$ → $\dfrac{4\pi^2}{(a_{n+k})^2}$

이다.

$$\lim_{n\to\infty}\sum_{k=1}^{n}\frac{4n}{(n+k)^2} = \lim_{n\to\infty}\sum_{k=1}^{n}\frac{4}{\left(1+\frac{k}{n}\right)^2}\times\frac{1}{n}$$

→ 곡선 $y=\dfrac{2\pi}{x}$는 $x=2\pi$일 때 처음으로 $y=\cos x$의 그래프와 만난다.

$$= \int_0^1 \frac{4}{(1+x)^2}dx$$

$$= \left[-\frac{4}{1+x}\right]_0^1 = 2$$

이고,

$$\lim_{n\to\infty}\sum_{k=1}^{n}\left\{\frac{4n}{(n+k+1)^2} - \frac{4n}{(n+k)^2}\right\}$$

→ $= \left\{\dfrac{4n}{(n+2)^2} - \dfrac{4n}{(n+1)^2}\right\} + \left\{\dfrac{4n}{(n+3)^2} - \dfrac{4n}{(n+2)^2}\right\} \cdots + \left\{\dfrac{4n}{(2n+1)^2} - \dfrac{4n}{(2n)^2}\right\}$

$$= \lim_{n\to\infty}\left\{\frac{4n}{(2n+1)^2} - \frac{4n}{(n+1)^2}\right\} = 0$$

이므로

$$\lim_{n\to\infty}\sum_{k=1}^{n}\frac{4n}{(n+k+1)^2} = 2$$

수열의 극한의 대소 관계에 의하여

$$\lim_{n\to\infty}\sum_{k=1}^{n}\{n\times\cos^2(a_{n+k})\} = 2$$

답 ②

05

정답률 17.5%

정답 공식 **개념만 확실히 알자!**

1. 구간별로 다르게 정의된 함수의 미분가능성

함수 $f(x)$, $g(x)$에 대하여 함수

$F(x)=\begin{cases} f(x) & (x<a) \\ g(x) & (x\geq a) \end{cases}$가 $x=a$에서 미분가능하면

(1) 함수 $F(x)$는 $x=a$에서 연속이다.

즉, $\lim_{x\to a-} f(x)=g(a)$

(2) 함수 $F(x)$는 $x=a$에서의 미분계수가 존재한다.

즉, $\lim_{x\to a-}\frac{f(x)-f(a)}{x-a}=\lim_{x\to a+}\frac{g(x)-g(a)}{x-a}$

2. 삼각함수의 정적분

(1) $\int_a^b \sin x\,dx=\Big[-\cos x\Big]_a^b$

(2) $\int_a^b \cos x\,dx=\Big[\sin x\Big]_a^b$

3. 정적분의 성질

함수 $f(x)$가 닫힌구간 $[a, b]$에서 연속일 때

$\int_a^b f(x)dx=\int_a^c f(x)dx+\int_c^b f(x)dx$ (단, c는 임의의 상수)

풀이 전략 정적분과 절댓값이 포함된 함수의 미분가능한 조건을 이용하여 구한다.

문제 풀이

[STEP 1] 함수 $y=f(x)$의 그래프를 그려 본다.

함수 $y=f(x)$의 그래프는 그림과 같다.

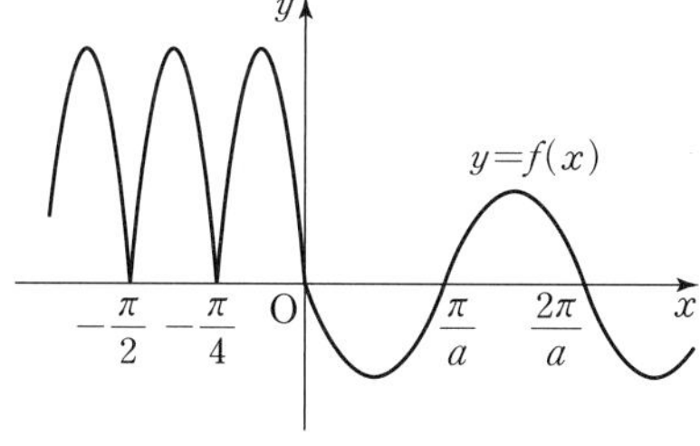

[STEP 2] 함수 $g(x)$의 미분가능한 조건을 따져 본다.

$F(x)=\int_{-a\pi}^x f(t)\,dt$라 하자.

함수 $f(x)$는 실수 전체의 집합에서 연속이므로 함수 $F(x)$는 실수 전체의 집합에서 미분가능하다.

이때 정적분의 성질에 의하여

$F'(x)=f(x)$

이고,

$g(x)=\begin{cases} -F(x) & (F(x)<0) \\ F(x) & (F(x)\geq 0) \end{cases}$

이므로

$g'(x)=\begin{cases} -f(x) & (F(x)<0) \\ f(x) & (F(x)>0) \end{cases}$

따라서 함수 $g(x)=|F(x)|$가 실수 전체의 집합에서 미분가능하려면

$F(k)=0$인 실수 k가 존재하지 않거나

$F(k)=0$인 모든 실수 k에 대하여 $F'(k)=f(k)=0$이어야 한다.

(i) 함수 $g(x)$가 구간 $(-\infty, 0)$에서 미분가능할 조건

$-a\pi<0$이고 모든 음의 실수 x에 대하여 $f(x)\geq 0$이므로

$F(k)=\int_{-a\pi}^k f(t)\,dt=0$인 음의 실수 k의 값은 $-a\pi$뿐이다.

이때

$f(k)=f(-a\pi)=2|\sin(-4a\pi)|=0$

이어야 하므로 $-4a\pi=-n\pi$, 즉

$a=\frac{n}{4}$ (n은 자연수) ...... ㉠

(ii) 함수 $g(x)$가 구간 $[0, \infty)$에서 미분가능할 조건

$$\int_{-\frac{\pi}{4}}^0 f(t)\,dt=\int_{-\frac{\pi}{4}}^0 (-2\sin 4t)\,dt$$
$$=\left[\frac{1}{2}\cos 4t\right]_{-\frac{\pi}{4}}^0$$
$$=\frac{1}{2}\cos 0-\frac{1}{2}\cos(-\pi)$$
$$=\frac{1}{2}+\frac{1}{2}=1$$

이고 모든 음의 실수 x에 대하여 $f\left(x-\frac{\pi}{4}\right)=f(x)$가 성립하므로

→ sin 함수는 주기함수이다.
함수 $g(x)=|\sin ax|$의 주기는 $\frac{\pi}{|a|}$이므로 함수 $f(x)=2|\sin 4x|$의 주기는 $\frac{\pi}{4}$이다.

㉠에서

$$\int_{-a\pi}^0 f(t)\,dt=\int_{-\frac{n}{4}\pi}^0 f(t)\,dt$$
$$=n\int_{-\frac{\pi}{4}}^0 f(t)\,dt=n$$

따라서 양의 실수 x에 대하여

$$F(x)=\int_{-a\pi}^x f(t)\,dt$$
$$=\int_{-\frac{n}{4}\pi}^0 f(t)\,dt+\int_0^x f(t)\,dt$$
$$=n+\int_0^x(-\sin at)\,dt$$
$$=n+\left[\frac{1}{a}\cos at\right]_0^x$$
$$=n+\left(\frac{1}{a}\cos ax-\frac{1}{a}\cos 0\right)$$
$$=n+\frac{1}{a}\cos ax-\frac{1}{a}$$
$$=n+\frac{4}{n}\cos\frac{n}{4}x-\frac{4}{n}$$

→ 정적분의 성질
$\int_a^b f(x)dx=\int_a^c f(x)dx+\int_c^b f(x)dx$

이때 $F(k)=0$인 양수 k가 존재하면

$n=\frac{4}{n}\left(1-\cos\frac{n}{4}k\right)$

→ $n+\frac{4}{n}\cos\frac{n}{4}k-\frac{4}{n}=0$에서 $n=\frac{4}{n}-\frac{4}{n}\cos\frac{n}{4}k$

에서

$\cos\frac{n}{4}k=1-\frac{n^2}{4}$ ...... ㉡

III 적분법

이때 $f(k)=-\sin ak=-\sin \frac{n}{4}k=0$이어야 하므로

$\frac{n}{4}k=m\pi$ (단, m은 자연수)

㉡에서 $\cos m\pi=1-\frac{n^2}{4}$

이때 m, n은 자연수이므로

$\cos m\pi=1-\frac{n^2}{4}=-1$, 즉 $n^2=8$을 만족시키는 자연수 n은 존재하지 않는다.

→ $-\frac{n^2}{4}=-2$, $n^2=8$

그러므로 함수 $g(x)$가 구간 $[0, \infty)$에서 미분가능하려면 모든 양의 실수 x에 대하여

$F(x)=n+\frac{4}{n}\cos\frac{n}{4}x-\frac{4}{n}>0$

즉,

$\cos\frac{n}{4}x>1-\frac{n^2}{4}$

이어야 한다.

[STEP 3] 삼각함수의 성질과 미분가능한 조건을 만족하는 상수 a의 최솟값을 구한다.

따라서 $1-\frac{n^2}{4}<-1$이어야 하므로

$n^2>8$

→ 자연수 n에 대하여 $-1<\cos\frac{n}{4}x<1$이므로 $1-\frac{n^2}{4}<-1$

따라서 자연수 n의 최솟값은 3이므로 ㉠에서 a의 최솟값은 $\frac{3}{4}$이다.

→ $n^2>8$인 자연수 n의 값은 $3^2=9$, $4^2=16$, $5^2=25$, $\cdots$ 이므로 n의 최솟값은 3이다.

답 ②

06

정답률 **15.0%**

정답 공식 **개념만 확실히 알자!**

1. 지수함수의 도함수
   $y=e^{f(x)}$이면 $y'=e^{f(x)}f'(x)$
2. 지수함수의 정적분
   $\int_a^b e^x dx=\left[e^x\right]_a^b$
3. 정적분의 부분적분법
   닫힌구간 $[a, b]$에서 두 함수 $f(x)$, $g(x)$가 미분가능하고 $f'(x)$, $g'(x)$가 연속일 때
   $$\int_a^b f(x)g'(x)dx=\left[f(x)g(x)\right]_a^b-\int_a^b f'(x)g(x)dx$$

풀이 전략 정적분을 이용하여 주어진 조건을 만족시키는 함수를 구한다.

문제 풀이

[STEP 1] $f'(x)$를 구하여 함수 $y=f(x)$의 그래프의 개형을 그려 본다.

$x<0$일 때 $f(x)=-4xe^{4x^2}$이므로

$f'(x)=-4e^{4x^2}-4xe^{4x^2}\times 8x$

$\quad=-4e^{4x^2}-32x^2e^{4x^2}<0$

즉, $x<0$에서 함수 $f(x)$는 감소한다.

→ $f'(x)<0$이므로 $f(x)$는 감소함수이다.

또한 모든 실수 x에 대하여 $f(x)\geq 0$이고 양수 t에 대하여 x에 대한 방정식 $f(x)=t$의 서로 다른 실근의 개수가 2이므로 $x\geq 0$에서 함수 $f(x)$는 증가한다.

또한 모든 양수 t에 대하여

$2g(t)+h(t)=k$

가 성립하므로 함수 $y=f(x)$의 그래프의 개형은 그림과 같다.

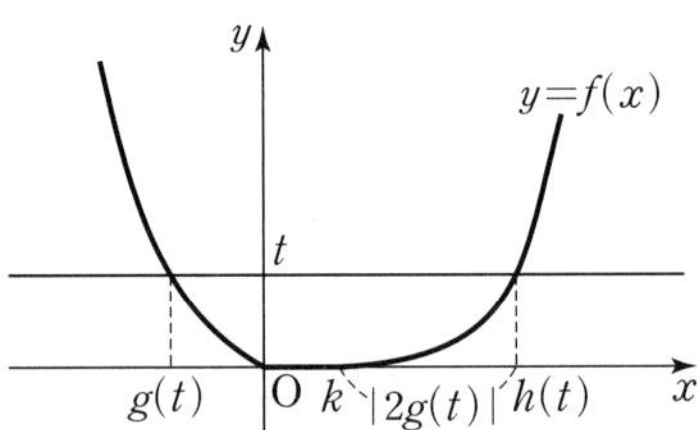

[STEP 2] 주어진 조건을 만족시키는 $g(t)$, $h(t)$를 구하여 k의 값을 구한다.

이때 $\int_0^7 f(x)dx=e^4-1$에서 $h(t_1)=7$이라 하면

$\int_{g(t_1)}^0 (-4xe^{4x^2})dx=\frac{1}{2}(e^4-1)$

$\left[-\frac{1}{2}e^{4x^2}\right]_{g(t_1)}^0=\frac{1}{2}(e^4-1)$

$-\frac{1}{2}+\frac{1}{2}e^{4\{g(t_1)\}^2}=\frac{1}{2}(e^4-1)$

$-1+e^{4\{g(t_1)\}^2}=e^4-1$

즉, $e^{4\{g(t_1)\}^2}=e^4$

$g(t_1)=-1$

→ $\{g(t_1)\}^2=1$에서 $g(t_1)=\pm 1$ 작은 값이므로 $g(t_1)=-1$

즉, $k+|2\times(-1)|=7$에서

$k=5$

[STEP 3] $\dfrac{f(9)}{f(8)}$의 값을 구한다.

$f(8)=f\left(-\dfrac{3}{2}\right)$, $f(9)=f(-2)$이므로

$$\begin{aligned}\frac{f(9)}{f(8)}&=\frac{f(-2)}{f\left(-\frac{3}{2}\right)}\\&=\frac{-4\times(-2)\times e^{4(-2)^2}}{-4\times\left(-\frac{3}{2}\right)\times e^{4\left(-\frac{3}{2}\right)^2}}\\&=\frac{4}{3}e^{16-9}\\&=\frac{4}{3}e^{7}\end{aligned}$$

답 ②

07

정답률 **14.6%**

정답 공식 **개념만 확실히 알자!**

1. **역함수의 미분법**
   미분가능한 함수 $f(x)$의 역함수 $g(x)$가 존재하고 이 역함수가 미분가능할 때
   $$g'(x)=\frac{1}{f'(g(x))}\ (\text{단, } f'(g(x))\neq 0)$$
2. **정적분의 부분적분법**
   닫힌구간 $[a, b]$에서 두 함수 $f(x)$, $g(x)$가 미분가능하고 $f'(x)$, $g'(x)$가 연속일 때
   $$\int_a^b f(x)g'(x)dx=\Big[f(x)g(x)\Big]_a^b-\int_a^b f'(x)g(x)dx$$

풀이 전략 역함수의 미분법, 부분적분법을 이용하여 문제를 해결한다.

문제 풀이

[STEP 1] 조건 (가), (나)를 이용하여 세 상수 a, b, c의 값을 구하여 함수 $f(x)$를 구한다.

조건 (가)에서

$$\begin{aligned}\lim_{x\to-\infty}\frac{f(x)+6}{e^x}&=\lim_{x\to-\infty}\frac{ae^{2x}+be^x+c+6}{e^x}\\&=\lim_{x\to-\infty}\left(ae^x+b+\frac{c+6}{e^x}\right)\\&=1\end{aligned}$$

$b=1$, $c=-6$이므로

$f(x)=ae^{2x}+e^x-6$

조건 (나)에서

$$\begin{aligned}f(\ln 2)&=ae^{2\ln 2}+e^{\ln 2}-6\\&=4a+2-6\\&=0\end{aligned}$$

$a=1$

즉, $f(x)=e^{2x}+e^x-6$

[STEP 2] $\displaystyle\int_0^{14} g(x)dx$의 값을 구하여 $p+q$의 값을 구한다.

이때 $f(k)=14$라 하면

$f(k)=e^{2k}+e^k-6=14$

$e^{2k}+e^k-20=0$에서 $(e^k+5)(e^k-4)=0$이므로

$e^k=4$, 즉 $k=\ln 4$

$f(\ln 2)=0$, $f(\ln 4)=14$이므로

$g(0)=\ln 2$, $g(14)=\ln 4$

→ 함수 $f(x)$의 역함수가 $g(x)$이므로 $f^{-1}(a)=b$에서 $g(b)=a$

따라서 $\displaystyle\int_0^{14} g(x)dx$에서 $g(x)=t$로 놓으면 $g'(x)=\dfrac{dt}{dx}$이고

$g'(x)=\dfrac{1}{f'(g(x))}=\dfrac{1}{f'(t)}$

이므로

$$\begin{aligned}\int_0^{14} g(x)dx&=\int_{\ln 2}^{\ln 4} tf'(t)dt\\&=\Big[tf(t)\Big]_{\ln 2}^{\ln 4}-\int_{\ln 2}^{\ln 4} f(t)dt\\&=14\ln 4-\int_{\ln 2}^{\ln 4}(e^{2t}+e^t-6)dt\\&=14\ln 4-\left[\frac{1}{2}e^{2t}+e^t-6t\right]_{\ln 2}^{\ln 4}\\&=28\ln 2-(8-6\ln 2)\\&=34\ln 2-8\end{aligned}$$

따라서 $p=-8$, $q=34$이므로

$p+q=26$

답 26

08

정답률 13.0%

정답 공식 **개념만 확실히 알자!**

1. 미분가능한 함수의 극대, 극소

미분가능한 함수 $f(x)$가 $f'(a)=0$이고, $x=a$의 좌우에서

(1) $f'(x)$의 부호가 양에서 음으로 바뀌면 $f(x)$는 $x=a$에서 극대이다.

(2) $f'(x)$의 부호가 음에서 양으로 바뀌면 $f(x)$는 $x=a$에서 극소이다.

2. 지수함수의 도함수

(1) $y=e^{f(x)}$이면 $y'=e^{f(x)}f'(x)$

(2) $y=a^{f(x)}$이면 $y'=a^{f(x)}f'(x)\ln a$

(단, $a>0$, $a\neq1$이고, $f(x)$는 미분가능한 함수이다.)

풀이 전략 정적분으로 정의된 함수의 그래프를 그려 보고, 극댓값과 극솟값을 구한다.

문제 풀이

[STEP 1] $0<x\le1$일 때 $g(x)$를 구한다.

(i) $0<x\le1$일 때

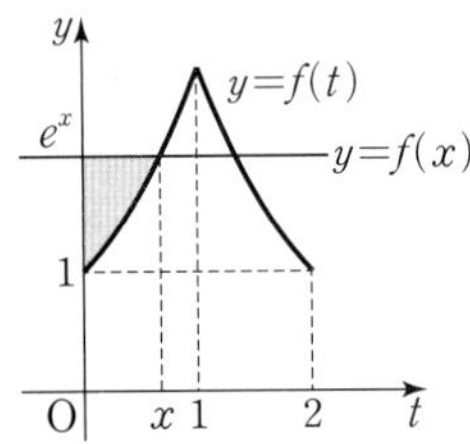

그림에서 $0<t\le x$일 때, $f(x)\ge f(t)$이므로

$$g(x)=\int_0^x|f(x)-f(t)|\,dt$$

$$=\int_0^x\{f(x)-f(t)\}\,dt \quad (0<t\le x\text{일 때 } f(x)-f(t)\ge0)$$

$$=\int_0^x(e^x-e^t)\,dt$$

$$=\Big[te^x-e^t\Big]_0^x$$

$$=xe^x-e^x+1$$

$$=(x-1)e^x+1$$

[STEP 2] $1<x<2$일 때 $g(x)$를 구한다.

(ii) $1<x<2$일 때

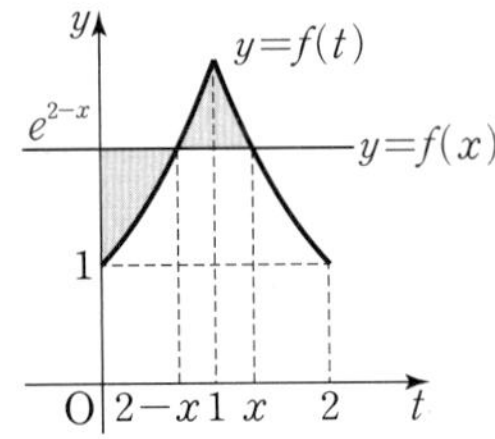

그림에서 $0<t<2-x$일 때, $f(x)>f(t)$이고
$2-x\le t<x$일 때, $f(x)\le f(t)$이므로

$$g(x)=\int_0^x|f(x)-f(t)|\,dt$$

$$=\int_0^{2-x}\{f(x)-f(t)\}\,dt+\int_{2-x}^x\{f(t)-f(x)\}\,dt$$

(i)에 의하여

$$\int_0^{2-x}\{f(x)-f(t)\}\,dt=(2-x-1)e^{2-x}+1$$

$$=(1-x)e^{2-x}+1$$

한편 함수 $y=e^{2-x}$의 그래프는 함수 $y=e^x$의 그래프와 직선 $x=1$에 대하여 대칭이므로

$$\int_{2-x}^x\{f(t)-f(x)\}\,dt=2\int_1^x\{f(t)-f(x)\}\,dt$$

$$=2\int_1^x(e^{2-t}-e^{2-x})\,dt$$

$$=2\Big[-e^{2-t}-te^{2-x}\Big]_1^x$$

$$=2\{(-e^{2-x}-xe^{2-x})-(-e-e^{2-x})\}$$

$$=2e-2xe^{2-x}$$

따라서

$$g(x)=(1-x)e^{2-x}+1+2e-2xe^{2-x}$$

$$=(1-3x)e^{2-x}+2e+1$$

[STEP 3] $g'(x)$를 구하고, $g(x)$의 증가와 감소를 나타내는 표를 만든다.

(i), (ii)에서

$$g(x)=\begin{cases}(x-1)e^x+1 & (0<x\le1)\\(1-3x)e^{2-x}+2e+1 & (1<x<2)\end{cases}\text{이므로}$$

$$g'(x)=\begin{cases}xe^x & (0<x<1)\\(3x-4)e^{2-x} & (1<x<2)\end{cases}$$

함수 $g(x)$의 증가와 감소를 표로 나타내면 다음과 같다.

x	(0)	$\cdots$	1	$\cdots$	$\frac{4}{3}$	$\cdots$	(2)
$g'(x)$		+		−	0	+	
$g(x)$		↗	극대	↘	극소	↗	

[STEP 4] 극댓값과 극솟값을 구하고 $(ab)^2$의 값을 구한다.

위의 표에서

$g(x)$의 극댓값은 $g(1)=(1-1)e+1=1$

$g(x)$의 극솟값은 $g\left(\frac{4}{3}\right)=(1-4)e^{\frac{2}{3}}+2e+1=2e-3e^{\frac{2}{3}}+1$

함수 $g(x)$의 극댓값과 극솟값의 차는

$1-(2e-3e^{\frac{2}{3}}+1)=-2e+3e^{\frac{2}{3}}=-2e+3\sqrt[3]{e^2}$

따라서 $a=-2$, $b=3$이므로

$(ab)^2=36$

답 36

09

정답률 **9.7%**

정답 공식 **개념만 확실히 알자!**

1. **절대부등식**
   모든 실수 x에 대하여
   $f(x)g(x)\le 0$이면 $f(x)\ge 0$, $g(x)\le 0$ 또는 $f(x)\le 0$, $g(x)\ge 0$
2. **지수함수의 정적분**
   $\int_a^b e^x dx=\left[e^x\right]_a^b$
3. **정적분의 성질**
   함수 $f(x)$가 닫힌구간 $[a, b]$에서 연속일 때
   $\int_a^b f(x)dx=\int_a^c f(x)dx+\int_c^b f(x)dx$ (단, c는 임의의 상수)

풀이 전략 이차함수 $f(x)=kx^2+px+q$로 놓고 치환을 이용하여 정적분의 값을 구한다.

문제 풀이

[STEP 1] 이차함수 $f(x)$를 식으로 나타내고 조건 (가)를 이용하여 $g'(-1)$의 값을 구한다.

$f(x)=kx^2+px+q$ (p, q는 상수)라 하면

$f(0)=f(-2)$이므로

$q=4k-2p+q$, $p=2k$

$f(0)\ne 0$이므로 $q\ne 0$

즉, $f(x)=kx^2+2kx+q$ $(k>0,\ q\ne 0)$

조건 (가)에서 $(x+1)\{g(x)-mx-m\}\le 0$

$x\ge -1$일 때, $g(x)\le mx+m$ → $AB\le 0$일 때 $A\ge 0, B\le 0$ 또는 $A\le 0, B\ge 0$

$x<-1$일 때, $g(x)\ge mx+m$

이고, $g(x)$는 연속함수이므로 $g(-1)=0$

즉, $(-a+b)e^{f(-1)}=0$에서 $b=a$

$g(x)=(ax+a)e^{kx^2+2kx+q}$에서

$g'(x)=a\{1+2k(x+1)^2\}e^{kx^2+2kx+q}$

$g''(x)=2ak(x+1)\{3+2k(x+1)^2\}e^{kx^2+2kx+q}$

$a<0$, $k>0$이므로 모든 실수 x에 대하여 $g'(x)<0$이다.

$x<-1$이면 $g''(x)>0$, $x>-1$이면 $g''(x)<0$이다.

조건 (가)에서 m의 최솟값이 -2이므로

$g'(-1)=-2$ → $g'(-1)=ae^{-k+q}$

$ae^{-k+q}=-2$

$a=-2e^{k-q}$ …… ㉠

[STEP 2] 조건 (나)를 이용하여 k의 값을 구한다.

조건 (나)의 $\int_0^1 g(x)dx=\frac{e-e^4}{k}$에서

$kx^2+2kx+q=t$로 놓으면

$x=0$일 때 $t=q$, $x=1$일 때 $t=3k+q$

이고 $2kx+2k=\frac{dt}{dx}$이므로

$$\int_0^1 g(x)dx=\int_q^{3k+q}\frac{a}{2k}e^t\,dt$$
$$=\left[\frac{a}{2k}e^t\right]_q^{3k+q}$$
$$=\frac{a}{2k}(e^{3k+q}-e^q)$$

즉, $\frac{a}{2k}(e^{3k+q}-e^q)=\frac{e-e^4}{k}$

㉠을 대입하면

$-\frac{e^k}{k}(e^{3k}-1)=\frac{e-e^4}{k}$, $-e^{4k}+e^k=e-e^4$

$e^{4k}-e^4-e^k+e=0$

$(e^k)^4-e^4-(e^k-e)=0$ → $(e^k)^4-e^4=(e^{2k}-e^2)(e^{2k}+e^2)=(e^k+e)(e^k-e)(e^{2k}+e^2)$

$(e^k-e)\{(e^{2k}+e^2)(e^k+e)-1\}=0$

$(e^{2k}+e^2)(e^k+e)-1>0$이므로

$e^k-e=0$, 즉 $k=1$

[STEP 3] 조건 (나)와 $k=1$을 이용하여 이차함수 $f(x)$와 a, b의 값을 구한다.

조건 (나)에서

$\int_{-2f(0)}^1 g(x)dx-\int_0^1 g(x)dx=\int_{-2f(0)}^0 g(x)dx=0$ → $-\int_0^1 g(x)dx=\int_1^0 g(x)dx$이므로 $\int_{-2f(0)}^1 g(x)dx+\int_1^0 g(x)dx$

$k=1$이므로 $f(x)=x^2+2x+q$, $f(0)=q$

$x^2+2x+q=t$로 놓으면

$x=-2q$일 때 $t=4q^2-3q$, $x=0$일 때 $t=q$이고

$2x+2=\frac{dt}{dx}$이므로

$$\int_{-2f(0)}^0 g(x)dx=\int_{-2q}^0 g(x)dx$$
$$=\int_{4q^2-3q}^q\frac{a}{2}e^t dt$$
$$=\left[\frac{a}{2}e^t\right]_{4q^2-3q}^q$$
$$=\frac{a}{2}(e^q-e^{4q^2-3q})$$
$$=0$$

$a\ne 0$에서 $e^q=e^{4q^2-3q}$

$q=4q^2-3q$이고 $q\ne 0$이므로 → $4q^2-4q=0$, $4q(q-1)=0$, $q=0$ 또는 $q=1$

$q=1$

$k=1$, $q=1$을 ㉠에 대입하면

$a=-2e^{1-1}=-2$

따라서 $a=-2$, $b=-2$, $f(x)=x^2+2x+1$이므로

$f(ab)=f(4)$

$=16+8+1$

$=25$

답 25

10

정답률 9.0%

정답 공식 **개념만 확실히 알자!**

1. **미분가능한 함수의 극대, 극소**
미분가능한 함수 $f(x)$가 $f'(a)=0$이고, $x=a$의 좌우에서
(1) $f'(x)$의 부호가 양에서 음으로 바뀌면 $f(x)$는 $x=a$에서 극대이다.
(2) $f'(x)$의 부호가 음에서 양으로 바뀌면 $f(x)$는 $x=a$에서 극소이다.

2. **정적분의 부분적분법**
닫힌구간 $[a, b]$에서 두 함수 $f(x)$, $g(x)$가 미분가능하고 $f'(x)$, $g'(x)$가 연속일 때

$$\int_a^b f(x)g'(x)dx=\Big[f(x)g(x)\Big]_a^b-\int_a^b f'(x)g(x)dx$$

풀이 전략 절댓값과 지수함수 e^x을 포함한 함수의 부정적분을 구하여 k의 값에 따른 함수의 그래프를 추론하여 문제를 해결한다.

문제 풀이

[STEP 1] 부분적분법을 이용하여 함수 $f(x)$의 부분적분을 구한다.

x의 값의 범위에 따라 함수

$$f(x)=\begin{cases}(k-x)e^{-x} & (x\ge 0)\\(k+x)e^{-x} & (x<0)\end{cases}$$

의 한 부정적분을 구하면 (→ 부분적분을 이용한다.)

$$F(x)=\begin{cases}(x-k+1)e^{-x}+C_1 & (x\ge 0)\\(-x-k-1)e^{-x}+C_2 & (x<0)\end{cases}$$

(단, C_1, C_2는 적분상수)

[STEP 2] 함수 $F(x)$가 실수 전체의 집합에서 미분가능함을 이용하여 적분상수 사이의 관계를 구한다.

이때 함수 $F(x)$가 모든 실수 x에 대하여 미분가능하므로 $x=0$에서 $F(x)$는 연속이다.

즉, $\lim_{x\to 0+}F(x)=\lim_{x\to 0-}F(x)$에서

$-k+1+C_1=-k-1+C_2$

$C_2=C_1+2$

$g(k)$를 $F(0)$의 최솟값으로 정의하였으므로

$F(0)=-k+1+C_1$ …… ㉠

의 최솟값이 $g(k)$이다.

[STEP 3] 함수 $h(x)=F(x)-f(x)$라 두고, 함수 $h(x)$의 증가와 감소를 표로 나타낸다.

함수 $h(x)=F(x)-f(x)$라 하면

$$h(x)=\begin{cases}(2x-2k+1)e^{-x}+C_1 & (x\ge 0)\\(-2x-2k-1)e^{-x}+C_1+2 & (x<0)\end{cases}$$

(→ $C_2=C_1+2$)

이고,

$$h'(x)=\begin{cases}(-2x+2k+1)e^{-x} & (x>0)\\(2x+2k-1)e^{-x} & (x<0)\end{cases}$$

이므로 $h'(x)=0$에서

$x\ge 0$일 때 $x=\dfrac{2k+1}{2}$이고,

$x<0$일 때 $x=\dfrac{1-2k}{2}$이다.

이때 $\dfrac{1-2k}{2}\ge 0$이면 $x<0$에서 $h'(x)<0$이므로 $x=0$과 $x=\dfrac{2k+1}{2}$의 좌우에서 함수 $h(x)$의 증가와 감소를 표로 나타내면 다음과 같다.

x	…	0	…	$\frac{2k+1}{2}$	…
$h'(x)$	$-$		$+$	0	$-$
$h(x)$	↘		↗		↘

또한 $\dfrac{1-2k}{2}<0$일 때 $x=\dfrac{2k+1}{2}$과 $x=\dfrac{1-2k}{2}$의 좌우에서 함수 $h(x)$의 증가와 감소를 표로 나타내면 다음과 같다.

x	…	$\frac{1-2k}{2}$	…	$\frac{2k+1}{2}$	…
$h'(x)$	$-$	0	$+$	0	$-$
$h(x)$	↘		↗		↘

[STEP 4] $\dfrac{1-2k}{2}$의 부호에 따라 $F(0)$의 최솟값을 구한다.

또 $h(0)=-2k+1+C_1$이고

$\lim_{x\to\infty}h(x)=C_1$, $\lim_{x\to-\infty}h(x)=\infty$

이므로 $\dfrac{1-2k}{2}$의 부호에 따라 C_1의 값의 범위를 정하여 $F(0)$의 최솟값을 구하면

(i) $\dfrac{1-2k}{2}\ge 0$일 때 $x=0$에서 극솟값 $h(0)$을 갖고 (→ $0<k\le\frac{1}{2}$)

$1-2k\ge 0$이므로

$h(0)=-2k+1+C_1\ge C_1=\lim_{x\to\infty}h(x)$

그런데 모든 실수 x에 대하여 $F(x)\ge f(x)$이므로 $h(x)\ge 0$에서 $C_1\ge 0$이다.

즉, ㉠에서 $F(0)=-k+1+C_1\ge -k+1$

(ii) $\dfrac{1-2k}{2}<0$일 때 (→ $1-2k<0$에서 $k>\frac{1}{2}$)

$x=\dfrac{1-2k}{2}$일 때 $h(x)$의 극솟값은

$h\left(\dfrac{1-2k}{2}\right)=-2e^{\frac{2k-1}{2}}+C_1+2$이다.

$\dfrac{1-2k}{2}<0$에서 $(e^{-1})^{\frac{1-2k}{2}}>(e^{-1})^0=1$이므로

$-2e^{\frac{2k-1}{2}}+C_1+2\le C_1$

그러므로 $-2e^{\frac{2k-1}{2}}+C_1+2$는 $h(x)$의 최솟값이다.

그런데 $F(x)\ge f(x)$에서 $h\left(\dfrac{1-2k}{2}\right)\ge 0$이므로

$-2e^{\frac{2k-1}{2}}+C_1+2\geq 0$ → $C_1 \geq 2e^{\frac{2k-1}{2}}-2$

즉,

$F(0)=-k+1+C_1$

$\geq -k+2e^{\frac{2k-1}{2}}-1$

[STEP 5] k의 값의 범위에 따라 함수 $g(k)$를 구한다.

$g(k)$는 $F(0)$의 최솟값이므로

$$g(k)=\begin{cases} -k+1 & \left(0<k\leq\frac{1}{2}\right) \\ -k+2e^{\frac{2k-1}{2}}-1 & \left(k>\frac{1}{2}\right) \end{cases}$$

그러므로

$$g\left(\frac{1}{4}\right)+g\left(\frac{3}{2}\right)=\frac{3}{4}+\left(-\frac{3}{2}\right)+2e-1$$

($\frac{3}{4}$ → $g\left(\frac{1}{4}\right)$, $\left(-\frac{3}{2}\right)+2e-1$ → $g\left(\frac{3}{2}\right)$)

$$=2e-\frac{7}{4}$$

$2e-\frac{7}{4}=pe+q$에서

$p=2,\ q=-\frac{7}{4}$

따라서 $100(p+q)=25$

답 25

11

정답률 **9.0%**

정답 공식 **개념만 확실히 알자!**

1. 삼각함수의 정적분

(1) $\int_a^b \sin x\,dx=\Big[-\cos x\Big]_a^b$

(2) $\int_a^b \cos x\,dx=\Big[\sin x\Big]_a^b$

2. 삼각함수의 주기

(1) $y=a\sin(bx+c)+d$의 주기: $\frac{2\pi}{|b|}$

(2) $y=a\cos(bx+c)+d$의 주기: $\frac{2\pi}{|b|}$

풀이 전략 정적분의 성질과 삼각함수의 성질을 이용하여 문제를 해결한다.

문제 풀이

[STEP 1] 조건 (가)를 이용하여 a의 값의 범위를 구한다.

조건 (가)에서

$$\int_0^{\frac{\pi}{a}} f(x)\,dx=\int_0^{\frac{\pi}{a}}\sin(ax)\,dx$$

$$=\left[-\frac{1}{a}\cos(ax)\right]_0^{\frac{\pi}{a}}$$

→ $-\frac{1}{a}\cos\pi+\frac{1}{a}\cos 0$
$=-\frac{1}{a}\times(-1)+\frac{1}{a}\times 1$

$$=\frac{2}{a}$$

즉, $\frac{2}{a}\geq\frac{1}{2}$이므로

$0<a\leq 4$ …… ㉠

[STEP 2] 조건 (나)와 함수의 주기성을 이용하여 a의 값을 구한다.

조건 (나)에서

$$\int_0^{3\pi}\{|f(x)+t|-|f(x)-t|\}\,dx=0$$

$g(x)=|f(x)+t|-|f(x)-t|$라 하면

$$g(x)=\begin{cases} -2t & (-1\leq\sin(ax)<-t) \\ 2\sin(ax) & (-t\leq\sin(ax)<t) \\ 2t & (t\leq\sin(ax)\leq 1) \end{cases}$$

($-2t$ → $g(x)=-(f(x)+t)+(f(x)-t)=-2t$)

함수 $y=g(x)$의 그래프는 그림과 같다.

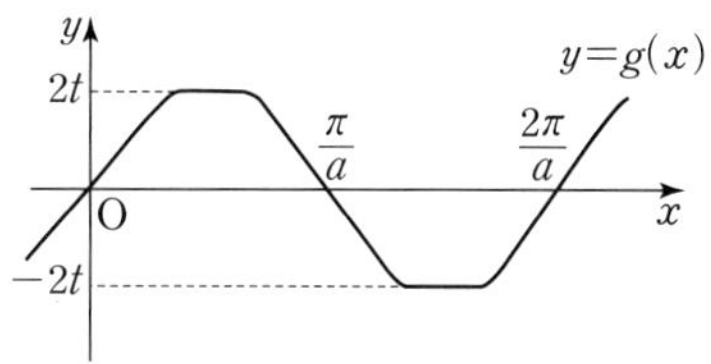

위의 그림에서 $0<k<\frac{2\pi}{a}$인 모든 실수 k에 대하여

$\int_0^k g(x)\,dx>0$이고

$\int_0^{\frac{2\pi}{a}} g(x)\,dx=0$

함수 $g(x)$는 주기가 $\frac{2\pi}{a}$이고 $\int_0^{3\pi}g(x)\,dx=0$이므로

$3\pi=\frac{2\pi}{a}\times n$ (n은 자연수)

즉, $a=\frac{2}{3}n$

[STEP 3] 조건을 만족시키는 a의 값을 구하여 그 합을 구한다.

㉠에서 $0<\frac{2}{3}n\leq 4$

$0<2n\leq 12,\ 0<n\leq 6$

따라서 구하는 모든 실수 a의 값은 → 자연수 n은 1, 2, 3, 4, 5, 6이므로 $a=\frac{2}{3}n$에 n의 값을 넣어 a의 값을 구한다.

$\frac{2}{3},\ \frac{4}{3},\ 2,\ \frac{8}{3},\ \frac{10}{3},\ 4$이므로 그 합은 14이다.

답 14

12

정답률 **8.3%**

정답 공식 **개념만 확실히 알자!**

1. **정적분의 기본 정리**
   함수 $f(x)$가 닫힌구간 $[a, b]$에서 연속이고 $F(x)$가 $f(x)$의 한 부정적분이면
   $$\int_a^b f(x)dx=\Big[F(x)\Big]_a^b=F(b)-F(a)$$
2. **정적분의 부분적분법**
   닫힌구간 $[a, b]$에서 두 함수 $f(x)$, $g(x)$가 미분가능하고 $f'(x)$, $g'(x)$가 연속일 때
   $$\int_a^b f(x)g'(x)dx=\Big[f(x)g(x)\Big]_a^b-\int_a^b f'(x)g(x)dx$$

풀이 전략 정적분의 성질과 부분적분법을 이용하여 문제를 해결한다.

문제 풀이

[STEP 1] 정적분의 성질과 조건 (가)에서 a의 값을 구한다.

함수 $g(x)$의 한 부정적분을 $G(x)$라 하자. ← $G'(x)=g(x)$

조건 (가)에서

$$\int_{2a}^{3a+x} g(t)dt=\int_{3a-x}^{2a+2} g(t)dt$$

$G(3a+x)-G(2a)=G(2a+2)-G(3a-x)$

위 등식의 양변을 x에 대하여 미분하면 ← $G'(2a)=0, G'(2a+2)=0$

$g(3a+x)=g(3a-x)$ …… ㉠

모든 실수 x에 대하여 ㉠이 성립하므로

함수 $y=g(x)$의 그래프는 직선 $x=3a$에 대하여 대칭이다.

$$\int_{2a}^{3a+x} g(t)dt=\int_{3a-x}^{2a+2} g(t)dt$$
$$=\int_{3a-x}^{4a} g(t)dt+\int_{4a}^{2a+2} g(t)dt$$

$\int_{2a}^{3a+x} g(t)dt=\int_{3a-x}^{4a} g(t)dt$에서

$$\int_{4a}^{2a+2} g(t)dt=0$$

조건 (가)에서 $g(x)>0$이므로

$2a+2=4a$

$a=1$

[STEP 2] $h(x)=f(x)+f'(x)+1=x^2+px+q$로 놓고 p, q의 값을 구한다.

$f(x)$는 최고차항의 계수가 1인 이차함수이므로

$h(x)=f(x)+f'(x)+1$

$\quad=x^2+px+q$ (p, q는 상수)

라 하자.

함수 $y=g(x)$의 그래프는 직선 $x=3$에 대하여 대칭이므로

$g(4)=g(2)$, 즉 $h(4)=h(2)$

$16+4p+q=4+2p+q$에서

$p=-6$

조건 (나)에서 $h(4)=5$이므로

$16-24+q=5$에서

$q=13$

$h(x)=x^2-6x+13$에서

$h'(x)=f'(x)+f''(x)$

$\quad=f'(x)+2$

[STEP 3] $\int_3^5 \{f'(x)+2a\}g(x)dx$의 값을 구하여 $m+n$의 값을 구한다.

$$\int_3^5 \{f'(x)+2a\}g(x)dx$$
$$=\int_3^5 \{f'(x)+2\}g(x)dx \leftarrow a=1$$
$$=\int_3^5 h'(x)\ln h(x)dx$$
$$=\Big[h(x)\ln h(x)\Big]_3^5-\int_3^5 \left\{h(x)\times\frac{h'(x)}{h(x)}\right\}dx$$
$$=h(5)\ln h(5)-h(3)\ln h(3)-\{h(5)-h(3)\}$$
$$=8\ln 8-4\ln 4-(8-4)$$
$$=-4+16\ln 2$$

따라서 $m=-4$, $n=16$이므로

$m+n=12$

답 12

13

정답률 8.0%

정답 공식 **개념만 확실히 알자!**

1. 치환적분법

a, b는 실수, $a \neq 0$이고 C는 적분상수일 때

(1) $\int (ax+b)^n dx = \frac{1}{a(n+1)}(ax+b)^{n+1}+C$ (단, $n \neq -1$)

(2) $\int \frac{1}{ax+b}dx = \frac{1}{a}\ln|ax+b|+C$

즉, $\int \frac{f'(x)}{f(x)}dx = \ln|f(x)|+C$

2. 역함수의 미분법

미분가능한 함수 $f(x)$의 역함수 $g(x)$가 존재하고 이 역함수가 미분가능할 때

$$g'(x) = \frac{1}{f'(g(x))} \text{ (단, } f'(g(x)) \neq 0)$$

풀이 전략 삼각함수의 그래프의 성질과 정적분의 성질을 이용한다.

문제 풀이

[STEP 1] 주어진 조건을 이용하여 함수 $f(x)$를 구한다.

$f(x) = a\sin^3 x + b\sin x$에서

$f\left(\frac{\pi}{4}\right) = \frac{\sqrt{2}}{4}a + \frac{\sqrt{2}}{2}b = 3\sqrt{2}$이므로

$a+2b=12$ ······ ㉠

$f\left(\frac{\pi}{3}\right) = \frac{3\sqrt{3}}{8}a + \frac{\sqrt{3}}{2}b = 5\sqrt{3}$이므로

$3a+4b=40$ ······ ㉡

㉠, ㉡을 연립하여 풀면

$a=16, b=-2$

따라서 $f(x) = 16\sin^3 x - 2\sin x$이므로

함수 $f(x)$의 주기는 2π이고, 함수 $y=f(x)$의 그래프는 직선

$x = n\pi + \frac{\pi}{2}$ (n은 정수)에 대하여 대칭이다.

[STEP 2] 삼각함수가 포함된 방정식의 해의 성질을 이용하여 x_n을 구한다.

이때

$f'(x) = 48\sin^2 x\cos x - 2\cos x$

$\quad = 2\cos x(24\sin^2 x - 1)$

이므로 $f'(x)=0$에서

$\cos x = 0$ 또는 $\sin x = \pm\frac{\sqrt{6}}{12}$

→ $0<x<2\pi$에서 함수 $f(x)$는 $x=\frac{\pi}{2}$일 때 극댓값 $f\left(\frac{\pi}{2}\right)=14$를 갖고 $\sin\alpha = -\frac{\sqrt{6}}{12}$인 α에서 극댓값을 갖는다. 이때 $f(\alpha) = \frac{\sqrt{6}}{9} < 1$

따라서 함수 $f(x)$의 극댓값은 14이거나 1보다 작으므로 함수 $y=f(x)$의 그래프에서 $1<t<14$인 실수 t에 대하여

$1<f(x_n)<14$이고

$x_n = (n-1)\pi + (-1)^{n-1}x_1$

→ $x_2 = \pi - x_1$, $x_3 = 2\pi + x_1$, $x_4 = 3\pi - x_1$, ⋮, $x_n = (n-1)\pi + (-1)^{n-1}x_1$

[STEP 3] 정적분의 성질을 이용하여 c_n의 값을 구한다.

(i) n이 홀수일 때

$f'(x_n) = f'(x_1)$이므로

→ $f'(x_n)$의 값의 기하학적 의미는 점 (x_n, t)에서의 접선의 기울기이다. 그래프의 접선의 기울기를 비교하면 직관적으로 파악할 수 있다.

$c_n = \int_{3\sqrt{2}}^{5\sqrt{3}} \frac{t}{f'(x_n)}dt$

$\quad = \int_{3\sqrt{2}}^{5\sqrt{3}} \frac{t}{f'(x_1)}dt$

(ii) n이 짝수일 때

$f'(x_n) = -f'(x_1)$이므로

$c_n = \int_{3\sqrt{2}}^{5\sqrt{3}} \frac{t}{f'(x_n)}dt$

$\quad = -\int_{3\sqrt{2}}^{5\sqrt{3}} \frac{t}{f'(x_1)}dt$

(i), (ii)에서 $c_1+c_2=c_3+c_4=\cdots=c_{99}+c_{100}=0$이므로

$\sum_{n=1}^{101} c_n = c_{101} = c_1$

이제 $c_1 = \int_{3\sqrt{2}}^{5\sqrt{3}} \frac{t}{f'(x_1)}dt$의 값을 구해 보자.

$\frac{\pi}{4} \le x \le \frac{\pi}{3}$에서 함수 $g(x)$를 $g(x)=f(x)$라 하면 함수 $y=g(x)$는 일대일대응이므로 $h(x)=g^{-1}(x)$라 하자.

$f(x_1)=t$에서 $g(x_1)=t$이므로 $h(t)=x_1$

→ $f(x)$의 역함수가 $f^{-1}(x)$일 때 $f(a)=b$이면 $f^{-1}(b)=a$가 성립한다.

따라서 역함수의 미분법에 의하여

$\frac{1}{f'(x_1)} = \frac{1}{g'(x_1)} = h'(t)$이므로

$c_1 = \int_{3\sqrt{2}}^{5\sqrt{3}} \frac{t}{f'(x_1)}dt$

$\quad = \int_{3\sqrt{2}}^{5\sqrt{3}} th'(t)dt$

이때 $h(t)=y$라 하면 $t=g(y)=f(y)$이고,

$t=3\sqrt{2}$일 때 $y=\frac{\pi}{4}$ → $f\left(\frac{\pi}{4}\right)=3\sqrt{2}$

$t=5\sqrt{3}$일 때 $y=\frac{\pi}{3}$ → $f\left(\frac{\pi}{3}\right)=5\sqrt{3}$

한편 $h(t)=y$에서 $\frac{dy}{dt}=h'(t)$이다.

따라서

$\int_{3\sqrt{2}}^{5\sqrt{3}} th'(t)dt$

$= \int_{\frac{\pi}{4}}^{\frac{\pi}{3}} f(y)dy$

$= \int_{\frac{\pi}{4}}^{\frac{\pi}{3}} (16\sin^3 y - 2\sin y)dy$

→ $\sin^3 y = \sin y\sin^2 y = \sin y(1-\cos^2 y)$

$= \int_{\frac{\pi}{4}}^{\frac{\pi}{3}} \{16\sin y(1-\cos^2 y) - 2\sin y\}dy$

$= 14\int_{\frac{\pi}{4}}^{\frac{\pi}{3}} \sin y\,dy - 16\int_{\frac{\pi}{4}}^{\frac{\pi}{3}} \sin y\cos^2 y\,dy$

→ $\int \sin y\cos^2 y\,dy = -\frac{1}{3}\cos^3 y + C$ (단, C는 적분상수)

$= 14\left[-\cos y\right]_{\frac{\pi}{4}}^{\frac{\pi}{3}} - 16\left[-\frac{1}{3}\cos^3 y\right]_{\frac{\pi}{4}}^{\frac{\pi}{3}}$

$= 14\left(-\cos\frac{\pi}{3} + \cos\frac{\pi}{4}\right) + \frac{16}{3}\left(\cos^3\frac{\pi}{3} - \cos^3\frac{\pi}{4}\right)$

Ⅲ 적분법

$=14\left(-\frac{1}{2}+\frac{\sqrt{2}}{2}\right)+\frac{16}{3}\left(\frac{1}{8}-\frac{\sqrt{2}}{4}\right)$

$=-7+7\sqrt{2}+\frac{2}{3}-\frac{4\sqrt{2}}{3}$

$=-\frac{19}{3}+\frac{17\sqrt{2}}{3}$

이므로 $c_1=-\frac{19}{3}+\frac{17\sqrt{2}}{3}$

[STEP 4] $q-p$의 값을 구한다.

그러므로 $\sum_{n=1}^{101}c_n=c_{101}=c_1=-\frac{19}{3}+\frac{17\sqrt{2}}{3}$

따라서 $p=-\frac{19}{3}$, $q=\frac{17}{3}$이므로

$q-p=\frac{17}{3}-\left(-\frac{19}{3}\right)=12$

답 12

수능이 보이는 강의

주어진 함수 $f(x)$의 식과 함수 $y=f(x)$의 그래프를 이용하여 주기성과 대칭성을 파악할 수 있어.

$f(x+2\pi)=16\sin^3(x+2\pi)-2\sin(x+2\pi)$

$=16\sin^3 x-2\sin x$

$=f(x)$

이므로 함수 $f(x)$의 주기는 2π야.

함수 $f(x)$가 실수 p에 대하여 $f(x)=f(2p-x)$가 성립하면 함수 $y=f(x)$의 그래프는 $x=p$에 대하여 대칭이라는 것을 알 수 있겠지?

$f\left(2\times\left(n\pi+\frac{\pi}{2}\right)-x\right)=f((2n+1)\pi-x)=f(\pi-x)$

$=16\sin^3(\pi-x)-2\sin(\pi-x)$

$=16\sin^3 x-2\sin x=f(x)$

이므로 함수 $y=f(x)$의 그래프는 직선 $x=n\pi+\frac{\pi}{2}$ (n은 정수)에 대하여 대칭이야.

14

정답률 7.6%

정답 공식 개념만 확실히 알자!

1. 로그함수의 도함수

$y=\ln|f(x)|$이면 $y'=\frac{f'(x)}{f(x)}$

(단, $f(x)$는 미분가능한 함수이고, $f(x)\neq 0$이다.)

2. 대칭인 함수

(1) 모든 실수 x에 대하여 $f(-x)=f(x)$

$\Longleftrightarrow$ 함수 $y=f(x)$의 그래프가 y축에 대하여 대칭

(2) 모든 실수 x에 대하여 $f(-x)=-f(x)$

$\Longleftrightarrow$ 함수 $y=f(x)$의 그래프가 원점에 대하여 대칭

풀이 전략 주어진 등식을 x에 대하여 미분하고 함수 $y=f(x)$의 그래프를 이용하여 함수 $y=g(x)$의 그래프를 추론한다.

문제 풀이

[STEP 1] $f'(x)$를 구한 후 함수 $y=f(x)$의 그래프를 그린다.

$g(x)=\int_a^x f(t)\,dt$의 양변을 x에 대하여 미분하면

$g'(x)=f(x)$

조건 (가)에서 $g'(1)=0$이므로

$f(1)=\ln 2-c=0$에서

$c=\ln 2$

$f(x)=\ln(x^4+1)-\ln 2$이므로

$f'(x)=\frac{4x^3}{x^4+1}$

$f'(x)=0$에서 $x=0$

함수 $f(x)$는 $x=0$에서 극솟값 $-\ln 2$를 갖고,

모든 실수 x에 대하여 $f(-x)=f(x)$이므로 함수 $y=f(x)$의 그래프는 그림과 같다.

→ 함수 $y=f(x)$의 그래프는 y축에 대하여 대칭이다.

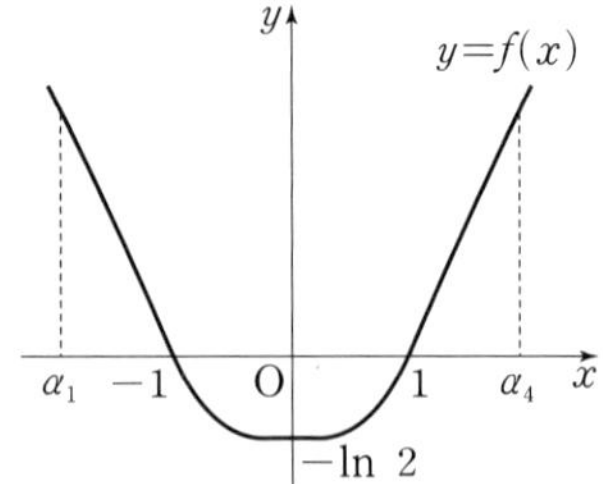

[STEP 2] m의 값을 구한다.

조건 (가)에서 위의 그림과 같이 곡선 $y=f(x)$와 x축으로 둘러싸인 부분의 넓이와 곡선 $y=f(x)$와 x축 및 직선 $x=\alpha_1$ $(\alpha_1<-1)$로 둘러싸인 부분의 넓이가 같아지도록 α_1을 정할 수 있다.

이때 $g(x)=\int_a^x f(t)\,dt=0$을 만족시키는 서로 다른 실근의 개수가 2가 되도록 하는 a의 값은

α_1, $\alpha_2=-1$, $\alpha_3=1$, $\alpha_4=-\alpha_1$

이므로 $m=4$

[STEP 3] 함수 $y=g(x)$의 그래프를 그린다.

따라서 조건을 만족시키는 함수 $y=g(x)$의 그래프는 그림과 같다.

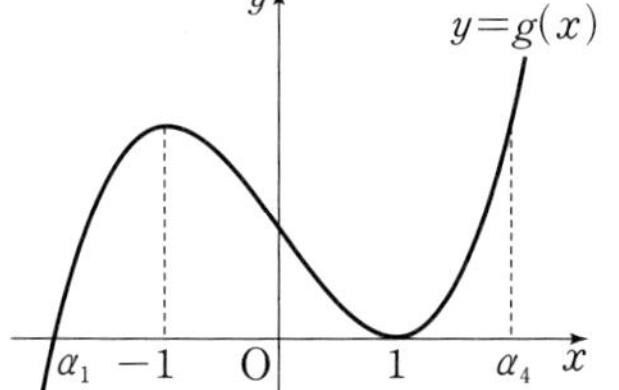

→ 함수 $y=g(x)$의 그래프는 점 $(0, g(0))$에 대하여 대칭인 그래프이다.

[STEP 4] c, k의 값을 구한다.

$$\begin{aligned}\int_0^1 |f(x)|dx&=\int_0^1 \{-f(x)\}dx\\&=\int_0^1 \{-g'(x)\}dx\\&=\Big[-g(x)\Big]_0^1\\&=-g(1)+g(0)\\&=g(0)\end{aligned}$$

즉, $g(0)=\int_0^1 |f(x)|dx$

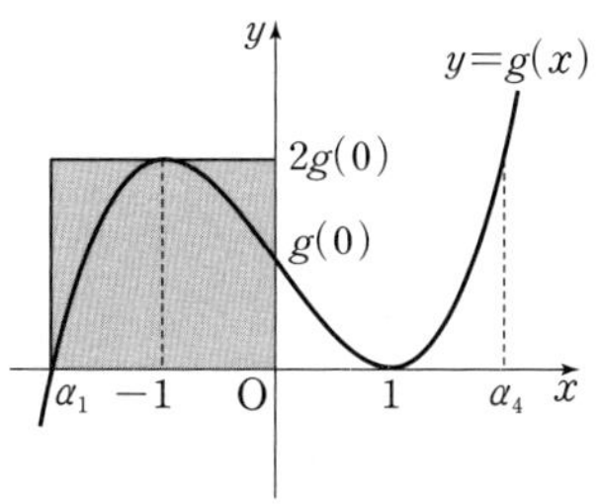

$\int_{\alpha_1}^{\alpha_4} g(x)dx$의 값은 위의 그림에서 직사각형의 넓이와 같으므로

$$\begin{aligned}\int_{\alpha_1}^{\alpha_4} g(x)dx&=(0-\alpha_1)\times 2g(0)\\&=-2\alpha_1\times\int_0^1 |f(x)|dx\\&=2\alpha_4\times\int_0^1 |f(x)|dx\end{aligned}$$

→ 함수 $y=f(x)$의 그래프가 y축에 대하여 대칭이므로 함수 $y=g(x)$의 그래프는 점 $(0, g(0))$에 대하여 대칭이다.

조건 (나)에서 $k=2$

[STEP 5] $mk\times e^c$의 값을 구한다.

따라서 $c=\ln 2$, $m=4$, $k=2$이므로

$$\begin{aligned}mk\times e^c&=4\times2\times e^{\ln 2}\\&=4\times2\times2\\&=16\end{aligned}$$

답 16

15

정답률 **7.5%**

정답 공식 **개념만 확실히 알자!**

1. 정적분으로 나타낸 함수의 미분

연속함수 $f(x)$에 대하여 a가 상수일 때

(1) $\dfrac{d}{dx}\int_a^x f(t)dt=f(x)$

(2) $\dfrac{d}{dx}\int_x^{x+a} f(t)dt=f(x+a)-f(x)$

2. 대칭인 함수의 정적분

연속함수 $f(x)$가 모든 실수 x에 대하여

(1) $f(-x)=f(x)$, 즉 함수 $y=f(x)$의 그래프가 y축에 대하여 대칭일 때

$$\int_{-a}^a f(x)dx=2\int_0^a f(x)dx$$

(2) $f(-x)=-f(x)$, 즉 함수 $y=f(x)$의 그래프가 원점에 대하여 대칭일 때

$$\int_{-a}^a f(x)dx=0$$

3. 삼각함수의 미분법

(1) $\{\sin f(x)\}'=\cos f(x)\times f'(x)$

(2) $\{\cos f(x)\}'=-\sin f(x)\times f'(x)$

4. 삼각함수의 적분법

(1) $\int \sin ax\,dx=-\dfrac{1}{a}\cos ax+C$ (단, C는 적분상수)

(2) $\int \cos ax\,dx=\dfrac{1}{a}\sin ax+C$ (단, C는 적분상수)

(3) $\int f(\sin x)\cos x\,dx=\int f(t)dt$ → $\sin x=t$로 놓으면 $\cos x=\dfrac{dt}{dx}$

풀이 전략 정적분으로 나타낸 함수의 미분을 이용한다.

문제 풀이

[STEP 1] 조건 (가), (나)와 정적분으로 나타낸 함수의 미분을 이용하여 a의 값을 구한다.

조건 (나)에서 $\int_x^{x+a} f(t)dt=\sin\left(x+\dfrac{\pi}{3}\right)$의 양변을 x에 대하여 미분하면

$$f(x+a)-f(x)=\cos\left(x+\frac{\pi}{3}\right) \quad \cdots\cdots ㉠$$

이 식의 양변에 $x=-\dfrac{a}{2}$를 대입하면

$$f\left(\frac{a}{2}\right)-f\left(-\frac{a}{2}\right)=\cos\left(-\frac{a}{2}+\frac{\pi}{3}\right)$$

조건 (가)에 의하여 $f\left(\dfrac{a}{2}\right)=f\left(-\dfrac{a}{2}\right)$이므로

$$\cos\left(-\frac{a}{2}+\frac{\pi}{3}\right)=0$$

$0<a<2\pi$에서 $-\dfrac{2}{3}\pi<-\dfrac{a}{2}+\dfrac{\pi}{3}<\dfrac{\pi}{3}$이므로

$$-\frac{a}{2}+\frac{\pi}{3}=-\frac{\pi}{2}$$

→ $0<a<2\pi$의 각 변에 $-\dfrac{1}{2}$을 곱하면 $-\pi<-\dfrac{a}{2}<0$
각 변에 $\dfrac{\pi}{3}$를 더하면 $-\dfrac{2}{3}\pi<-\dfrac{a}{2}+\dfrac{\pi}{3}<\dfrac{\pi}{3}$

따라서 $a=\frac{5\pi}{3}$

[STEP 2] 조건 (가), (나)를 이용하여 b와 c의 관계식을 구한다.

㉠에서 양변을 x에 대하여 미분하면

$$f'(x+a)-f'(x)=-\sin\left(x+\frac{\pi}{3}\right)$$

이 식에 $x=-\frac{a}{2}$를 대입하면

$$f'\left(\frac{a}{2}\right)-f'\left(-\frac{a}{2}\right)=-\sin\left(-\frac{a}{2}+\frac{\pi}{3}\right)$$

이때 조건 (가) $f(x)=f(-x)$에서 $f'(x)=-f'(-x)$이므로

$f(x)=f(-x)$의 양변을 x에 대하여 미분하면 $f'(x)=-f'(-x)$, 즉 $f'(-x)=-f'(x)$이고 이를 만족시키는 함수 $y=f'(x)$의 그래프는 원점에 대하여 대칭이다.

$$2f'\left(\frac{a}{2}\right)=-\sin\left(-\frac{a}{2}+\frac{\pi}{3}\right)$$

$a=\frac{5\pi}{3}$이므로

$$2f'\left(\frac{5\pi}{6}\right)=-\sin\left(-\frac{5\pi}{6}+\frac{\pi}{3}\right)$$
$$=-\sin\left(-\frac{\pi}{2}\right)$$
$$=1$$

$$f'\left(\frac{5\pi}{6}\right)=\frac{1}{2}$$

$(\cos ax)'=-a\sin ax$

$f(x)=b\cos(3x)+c\cos(5x)$에서

$$f'(x)=-3b\sin(3x)-5c\sin(5x)$$

$$f'\left(\frac{5\pi}{6}\right)=-3b\sin\left(\frac{5\pi}{2}\right)-5c\sin\left(\frac{25\pi}{6}\right)$$

$\sin\frac{5}{2}\pi=\sin\left(2\pi+\frac{\pi}{2}\right)=\sin\frac{\pi}{2}=1$

$$=-3b-\frac{5c}{2}$$
$$=\frac{1}{2}$$

$-6b-5c=1$ …… ㉡

한편 $\int_{x}^{x+a}f(t)\,dt=\sin\left(x+\frac{\pi}{3}\right)$의 양변에 $x=-\frac{a}{2}$를 대입하면

$$\int_{-\frac{a}{2}}^{\frac{a}{2}}f(t)\,dt=\sin\left(-\frac{a}{2}+\frac{\pi}{3}\right)$$

조건 (가)에서 함수 $y=f(x)$의 그래프는 y축에 대하여 대칭이므로

$f(x)=f(-x)$이므로 $\int_{-a}^{a}f(x)dx=2\int_{0}^{a}f(x)dx$

$$2\int_{0}^{\frac{a}{2}}f(t)\,dt=\sin\left(-\frac{a}{2}+\frac{\pi}{3}\right)$$

$$2\int_{0}^{\frac{a}{2}}f(t)\,dt=2\int_{0}^{\frac{a}{2}}\{b\cos(3t)+c\cos(5t)\}dt$$
$$=2\left[\frac{b}{3}\sin(3t)+\frac{c}{5}\sin(5t)\right]_{0}^{\frac{a}{2}}$$
$$=2\left\{\frac{b}{3}\sin\left(\frac{3a}{2}\right)+\frac{c}{5}\sin\left(\frac{5a}{2}\right)\right\}$$

이므로

$$2\left\{\frac{b}{3}\sin\left(\frac{3a}{2}\right)+\frac{c}{5}\sin\left(\frac{5a}{2}\right)\right\}=\sin\left(-\frac{a}{2}+\frac{\pi}{3}\right)$$

양변에 $a=\frac{5\pi}{3}$를 대입하면

$$2\left\{\frac{b}{3}\sin\left(\frac{5\pi}{2}\right)+\frac{c}{5}\sin\left(\frac{25\pi}{6}\right)\right\}=\sin\left(-\frac{5\pi}{6}+\frac{\pi}{3}\right)$$

$$2\left(\frac{b}{3}+\frac{c}{5}\times\frac{1}{2}\right)=\sin\left(-\frac{\pi}{2}\right)$$

$$\frac{2}{3}b+\frac{c}{5}=-1$$

$10b+3c=-15$ …… ㉢

[STEP 3] abc의 값을 구한다.

㉡, ㉢을 연립하여 풀면

$b=-\frac{9}{4}$, $c=\frac{5}{2}$

이므로

$$abc=\frac{5\pi}{3}\times\left(-\frac{9}{4}\right)\times\frac{5}{2}$$
$$=-\frac{75}{8}\pi$$

[STEP 4] $p+q$의 값을 구한다.

따라서 $p=8$, $q=75$이므로

$$p+q=8+75$$
$$=83$$

답 83

16

정답률 7.3%

정답 공식 **개념만 확실히 알자!**

1. **곡선 위의 한 점이 주어진 경우의 접선의 방정식**
곡선 $y=f(x)$ 위의 접점 (x_1, y_1)이 주어질 때
① 접선의 기울기 $f'(x_1)$을 구한다.
② 접선의 방정식 $y-y_1=f'(x_1)(x-x_1)$을 구한다.
2. **정적분의 부분적분법**
닫힌구간 $[a, b]$에서 두 함수 $f(x)$, $g(x)$가 미분가능하고 $f'(x)$, $g'(x)$가 연속일 때
$$\int_a^b f(x)g'(x)dx=\Big[f(x)g(x)\Big]_a^b-\int_a^b f'(x)g(x)dx$$

풀이 전략 함수의 성질과 부분적분법을 이용한다.

문제 풀이

[STEP 1] 접선의 y절편 $g(t)$를 구한다.

곡선 $y=f(x)$ 위의 점 $(t, f(t))$에서의 접선의 방정식은

$y-f(t)=f'(t)(x-t)$

즉, $y=f'(t)x-tf'(t)+f(t)$

따라서 접선의 y절편은

$g(t)=f(t)-tf'(t)$

[STEP 2] 부분적분법을 이용하여 $2\{f(4)+f(-4)\}-\int_{-4}^4 f(x)dx$를 간단히 한다.

$f(t)=g(t)+tf'(t)$에서

$$\int_{-4}^4 f(t)dt=\int_{-4}^4 g(t)dt+\int_{-4}^4 tf'(t)dt \quad \cdots\cdots ㉠$$

이때

$$\int_{-4}^4 tf'(t)dt=\Big[tf(t)\Big]_{-4}^4-\int_{-4}^4 f(t)dt$$

→ $\int_a^b f(x)g'(x)dx=\Big[f(x)g(x)\Big]_a^b-\int_a^b f'(x)g(x)dx$

$$=\{4f(4)-(-4)f(-4)\}-\int_{-4}^4 f(t)dt$$

$$=4\{f(4)+f(-4)\}-\int_{-4}^4 f(t)dt$$

이므로 ㉠에서

$$2\int_{-4}^4 f(t)dt=\int_{-4}^4 g(t)dt+4\{f(4)+f(-4)\}$$

따라서

$$2\{f(4)+f(-4)\}-\int_{-4}^4 f(t)dt=-\frac{1}{2}\int_{-4}^4 g(t)dt \quad \cdots\cdots ㉡$$

[STEP 3] $\int_{-4}^4 g(t)dt$의 값을 구한다.

한편 $g(t)=f(t)-tf'(t)$에서

$\int_0^1 g(t)dt=\int_0^1 f(t)dt-\int_0^1 tf'(t)dt$이고

$$\int_0^1 tf'(t)dt=\Big[tf(t)\Big]_0^1-\int_0^1 f(t)dt$$

$$=f(1)-0+\frac{\ln 10}{4}$$

$$=4+\frac{\ln 17}{8}+\frac{\ln 10}{4}$$

이므로

$$\int_0^1 g(t)dt=-\frac{\ln 10}{4}-\left(4+\frac{\ln 17}{8}+\frac{\ln 10}{4}\right)$$

$$=-4-\frac{\ln 10}{2}-\frac{\ln 17}{8}$$

한편 $(1+t^2)\{g(t+1)-g(t)\}=2t$에서

$g(t+1)-g(t)=\dfrac{2t}{t^2+1}$이므로

$$g(t+1)=g(t)+\frac{2t}{t^2+1} \quad \cdots\cdots ㉢$$

㉢에서

$$\int_n^{n+1} g(t)dt=\int_{n-1}^n g(t+1)dt$$

→ $\int_n^{n+1} h(x)dx=\int_{n-1}^n h(x+1)dx$

$$=\int_{n-1}^n \left\{g(t)+\frac{2t}{t^2+1}\right\}dt$$

$$=\int_{n-1}^n g(t)dt+\int_{n-1}^n \frac{2t}{t^2+1}dt$$

이때

$$\int_{n-1}^n \frac{2t}{t^2+1}dt=\Big[\ln(t^2+1)\Big]_{n-1}^n$$

→ $\int_a^b \frac{f'(x)}{f(x)}dx=\Big[\ln|f(x)|\Big]_a^b$

$$=\ln(n^2+1)-\ln\{(n-1)^2+1\}$$

이므로 $\int_0^1 g(t)dt=-4-\dfrac{\ln 10}{2}-\dfrac{\ln 17}{8}=A$라 하면

$$\int_1^2 g(t)dt=A+(\ln 2-\ln 1)$$
$$=A+\ln 2$$

$$\int_2^3 g(t)dt=\int_1^2 g(t)dt+(\ln 5-\ln 2)$$
$$=(A+\ln 2)+(\ln 5-\ln 2)$$
$$=A+\ln 5$$

$$\int_3^4 g(t)dt=\int_2^3 g(t)dt+(\ln 10-\ln 5)$$
$$=(A+\ln 5)+(\ln 10-\ln 5)$$
$$=A+\ln 10$$

한편 $\int_0^1 g(t)dt=\int_{-1}^0 g(t)dt+(\ln 1-\ln 2)$이므로

$$\int_{-1}^0 g(t)dt=A+\ln 2$$

마찬가지로

$$\int_{-2}^{-1} g(t)dt=\int_{-1}^0 g(t)dt-(\ln 2-\ln 5)$$
$$=(A+\ln 2)-(\ln 2-\ln 5)$$
$$=A+\ln 5$$

$$\int_{-3}^{-2} g(t)dt=\int_{-2}^{-1} g(t)dt-(\ln 5-\ln 10)$$
$$=(A+\ln 5)-(\ln 5-\ln 10)$$

$=A+\ln 10$

$\int_{-4}^{-3} g(t)\,dt=\int_{-3}^{-2} g(t)\,dt-(\ln 10-\ln 17)$

$=(A+\ln 10)-(\ln 10-\ln 17)$

$=A+\ln 17$

이상에서

$\int_{-4}^{4} g(t)\,dt$

$=(A+\ln 17)+(A+\ln 10)+(A+\ln 5)+(A+\ln 2)$

$+A+(A+\ln 2)+(A+\ln 5)+(A+\ln 10)$

$=8A+\ln(17\times 10\times 5\times 2\times 2\times 5\times 10)$

$=8A+\ln(17\times 10^4)$

이때 $A=-4-\frac{\ln 10}{2}-\frac{\ln 17}{8}$이므로

$\int_{-4}^{4} g(t)\,dt=8\times\left(-4-\frac{\ln 10}{2}-\frac{\ln 17}{8}\right)+\ln 17+\ln 10^4$

$=-32$

[STEP 4] 주어진 식의 값을 구한다.

따라서 ㉡에 의하여

$2\{f(4)+f(-4)\}-\int_{-4}^{4} f(x)\,dx$

$=2\{f(4)+f(-4)\}-\int_{-4}^{4} f(t)\,dt$

$=-\frac{1}{2}\int_{-4}^{4} g(t)\,dt$

$=-\frac{1}{2}\times(-32)$

$=16$

답 16

17

정답률 6.8%

정답 공식 **개념만 확실히 알자!**

1. 정적분으로 나타낸 함수의 미분
   연속함수 $f(x)$에 대하여
   (1) $\frac{d}{dx}\int_a^x f(t)\,dt=f(x)$ (단, a는 상수)
   (2) $\frac{d}{dx}\int_x^{x+a} f(t)\,dt=f(x+a)-f(x)$
2. 정적분의 부분적분법
   닫힌구간 $[a, b]$에서 두 함수 $f(x)$, $g(x)$가 미분가능하고 $f'(x)$, $g'(x)$가 연속일 때
   $\int_a^b f(x)g'(x)\,dx=\Big[f(x)g(x)\Big]_a^b-\int_a^b f'(x)g(x)\,dx$

풀이 전략 치환적분법과 부분적분법을 이용한다.

문제 풀이

[STEP 1] 조건 (나)의 양변을 x에 대하여 미분한다.

조건 (나)의 양변에 $x=0$을 대입하면 $g(1)=0$ → $\int_a^a f(x)\,dx=0$

$g(x+1)=\int_0^x \{f(t+1)e^t-f(t)e^t+g(t)\}\,dt$의 양변을 x에 대하여 미분하면

$g'(x+1)=f(x+1)e^x-f(x)e^x+g(x)$에서

$f(x+1)-f(x)=\{g'(x+1)-g(x)\}e^{-x}$

[STEP 2] 임의의 실수 t에 대하여 양변을 적분한다.

임의의 실수 t에 대하여

$\int_0^t \{f(x+1)-f(x)\}\,dx=\int_0^t \{g'(x+1)-g(x)\}e^{-x}\,dx$

이므로

(좌변)$=\int_0^t f(x+1)\,dx-\int_0^t f(x)\,dx$

→ $x+1=u$로 놓으면 $1=\frac{du}{dx}$이고 $x=0$일 때 $u=1$, $x=t$일 때 $u=t+1$이므로 $\int_0^t f(x+1)\,dx=\int_1^{t+1} f(u)\,du=\int_1^{t+1} f(x)\,dx$

$=\int_1^{t+1} f(x)\,dx-\int_0^t f(x)\,dx$

$=\int_1^t f(x)\,dx+\int_t^{t+1} f(x)\,dx-\int_0^t f(x)\,dx$

$=\int_t^{t+1} f(x)\,dx-\left\{\int_0^t f(x)\,dx-\int_1^t f(x)\,dx\right\}$

$=\int_t^{t+1} f(x)\,dx-\int_0^1 f(x)\,dx$ …… ㉠

(우변)$=\int_0^t \{g'(x+1)-g(x)\}e^{-x}\,dx$

$=\int_0^t g'(x+1)e^{-x}\,dx-\int_0^t g(x)e^{-x}\,dx$

[STEP 3] 부분적분법을 이용하여 우변을 적분한다.

이때 $\int_0^t g'(x+1)e^{-x}\,dx=\Big[g(x+1)e^{-x}\Big]_0^t+\int_0^t g(x+1)e^{-x}\,dx$

→ $u'(x)=g'(x+1)$, $v(x)=e^{-x}$으로 놓으면 $u(x)=g(x+1)$, $v'(x)=-e^{-x}$이므로 부분적분법을 이용한다.

이므로

(우변)$=\Big[g(x+1)e^{-x}\Big]_0^t+\int_0^t \{g(x+1)-g(x)\}e^{-x}\,dx$

$$=g(t+1)e^{-t}-g(1)-\int_0^t \pi(e+1)\sin(\pi x)\,dx$$

$$=g(t+1)e^{-t}+\Big[(e+1)\cos(\pi x)\Big]_0^t$$

$$=g(t+1)e^{-t}+(e+1)\cos(\pi t)-(e+1) \quad \cdots\cdots ㉡$$

[STEP 4] $\int_1^{10} f(x)\,dx$의 값을 구한다.

㉠, ㉡에서

$$\int_t^{t+1} f(x)\,dx$$

$$=\int_0^1 f(x)\,dx+g(t+1)e^{-t}+(e+1)\cos(\pi t)-(e+1)$$

조건 (가)에서

$g(0)=g(1)=g(2)=\cdots=g(10)=0$

→ $g(1)=0$이므로
$g(x+1)=g(x)-\pi(e+1)e^x\sin(\pi x)$에 $x=0$을 대입하면
$g(1)=g(0)-0=g(0)=0$
마찬가지로 $x=1, 2, 3, \cdots, 9$를 대입하면
$g(2)=g(3)=\cdots=g(10)=0$

따라서

$$\int_1^{10} f(x)\,dx$$

$$=\sum_{n=1}^{9}\int_n^{n+1} f(x)\,dx$$

$$=\sum_{n=1}^{9}\left\{\int_0^1 f(x)\,dx+g(n+1)e^{-n}+(e+1)\cos(\pi n)-(e+1)\right\}$$

→ $g(n+1)=0$

$$=9\int_0^1 f(x)\,dx+0+(e+1)\sum_{n=1}^{9}\{\cos(\pi n)-1\}$$

→ $\cos\pi=\cos 3\pi=\cos 5\pi=\cos 7\pi=\cos 9\pi=-1$,
$\cos 2\pi=\cos 4\pi=\cos 6\pi=\cos 8\pi=1$이므로
$\sum_{n=1}^{9}\{\cos(\pi n)-1\}=(-1)-9=-10$

$$=9\left(\frac{10}{9}e+4\right)+(e+1)\times(-10)$$

$$=26$$

답 26

수능이 보이는 강의

보통 주어진 조건에서 식을 세워 답을 구하지만 거꾸로 결과에서부터 올라가다보면 구해야 하는 값이 결정되는 경우가 있어. 이 문제의 경우 구하려는 것이 $\int_1^{10} f(x)dx$의 값이고 $\int_0^1 f(x)dx$의 값이 주어져 있기 때문에 $\int_1^{10} f(x)dx=\sum_{n=1}^{9}\int_n^{n+1} f(x)dx$임을 이용하기 위해 $\int_t^{t+1} f(x)dx$를 구해야 해.

18

정답률 **6.6%**

정답 공식 **개념만 확실히 알자!**

1. 정적분의 성질

함수 $f(x)$가 닫힌구간 $[a, b]$에서 연속일 때

$$\int_a^b f(x)dx=\int_a^c f(x)dx+\int_c^b f(x)dx \text{ (단, } c\text{는 임의의 상수)}$$

2. 등비수열의 합

첫째항이 a, 공비가 r인 등비수열의 첫째항부터 제n항까지의 합 S_n은

$$S_n=\frac{a(r^n-1)}{r-1}=\frac{a(1-r^n)}{1-r} \quad (r\neq 1)$$

풀이 전략 주어진 조건을 만족시키는 함수에 대하여 수열 $\{a_n\}$을 정하고, 극한값을 이용하여 미지수의 값을 구한다.

문제 풀이

[STEP 1] 주어진 조건의 식을 변형하여 함수를 새롭게 정의하고, 함수 $g(x)-x$를 간단히 한다.

$$h(x)=\begin{cases} g(x) & (0\le x<5 \text{ 또는 } x\ge k) \\ 2x-g(x) & (5\le x<k) \end{cases}$$

에서 $h(x)-x=F(x)$로 놓으면

$$F(x)=h(x)-x$$

$$=\begin{cases} g(x)-x & (0\le x<5 \text{ 또는 } x\ge k) \\ x-g(x) & (5\le x<k) \end{cases}$$

→ $\{2x-g(x)\}-x=2x-x-g(x)=x-g(x)$

이므로 $g(x)-x$의 식을 구하자.

조건 (가)에서 $0\le x<1$일 때,

$$g(x)-x=f(x)-x=\frac{3x-x^2}{2}-x$$

$$=\frac{1}{2}(x-x^2)$$

[STEP 2] $n\le x<n+1$일 때, $\int_n^{n+1}\{g(x)-x\}\,dx$를 구한다.

$n\le x<n+1$일 때, 조건 (나)에서

$$g(x)-x=\frac{1}{2^n}\{f(x-n)-(x-n)\}+x-x$$

$$=\frac{1}{2^n}\left\{\frac{3}{2}(x-n)-\frac{1}{2}(x-n)^2-(x-n)\right\}$$

→ $f(x)=\frac{3}{2}x-\frac{1}{2}x^2$에 x 대신 $x-n$을 대입한다.

$$=\frac{1}{2^n}\left\{\frac{1}{2}(x-n)-\frac{1}{2}(x-n)^2\right\}$$

$$=\frac{1}{2^{n+1}}(x-n)(1+n-x)$$

$$=-\frac{1}{2^{n+1}}(x-n)\{x-(n+1)\}$$

함수 $y=-\frac{1}{2^{n+1}}(x-n)\{x-(n+1)\}$의 그래프는 함수 $y=-\frac{1}{2^{n+1}}x(x-1)$의 그래프를 x축의 방향으로 n만큼 평행이동한 것이므로

$$\int_n^{n+1}\{g(x)-x\}\,dx=\int_n^{n+1}\left[-\frac{1}{2^{n+1}}(x-n)\{x-(n+1)\}\right]dx$$
$$=\int_0^1\left\{-\frac{1}{2^{n+1}}x(x-1)\right\}dx$$
$$=-\frac{1}{2^{n+1}}\int_0^1 x(x-1)dx$$
$\rightarrow =\int_0^1(x^2-x)dx=\left[\frac{1}{3}x^3-\frac{1}{2}x^2\right]_0^1=\frac{1}{3}-\frac{1}{2}=-\frac{1}{6}$
$$=\frac{1}{2^{n+1}}\times\frac{1}{6}$$
$$=\frac{1}{6}\times\left(\frac{1}{2}\right)^{n+1} \quad \cdots\cdots ㉠$$

[STEP 3] $\int_0^n F(x)dx$를 구간을 나누어 구한다.

따라서 $a_n=\int_0^n h(x)dx$를 구하기 위해 $\int_0^n F(x)dx$를 계산하면

$$\int_0^n F(x)dx$$
$$=\int_0^n \{h(x)-x\}dx$$
$$=\int_0^1\{g(x)-x\}\,dx+\cdots+\int_4^5\{g(x)-x\}\,dx$$
$$+\int_5^6\{x-g(x)\}\,dx+\cdots+\int_{k-1}^k\{x-g(x)\}\,dx$$
$\rightarrow 5\le x<k$일 때 $F(x)=x-g(x)$
$$+\int_k^{k+1}\{g(x)-x\}\,dx+\cdots+\int_{n-1}^n\{g(x)-x\}\,dx$$

그런데

$$\int_0^n F(x)dx=\int_0^n\{h(x)-x\}dx$$
$$=\int_0^n h(x)dx-\int_0^n xdx$$
$$=\int_0^n h(x)dx-\left[\frac{1}{2}x^2\right]_0^n$$
$$=a_n-\frac{n^2}{2}$$
$$=\frac{1}{2}(2a_n-n^2)$$

이므로 $2\int_0^n F(x)dx=2a_n-n^2$

이때 ㉠은 $n=0$일 때도 성립하므로 ㉠에서

$$2\int_0^n F(x)dx$$
$$=\frac{1}{3}\times\left\{\frac{1}{2}+\left(\frac{1}{2}\right)^2+\cdots+\left(\frac{1}{2}\right)^5\right\}-\frac{1}{3}\times\left\{\left(\frac{1}{2}\right)^6+\cdots+\left(\frac{1}{2}\right)^k\right\}$$
$$+\frac{1}{3}\times\left\{\left(\frac{1}{2}\right)^{k+1}+\cdots+\left(\frac{1}{2}\right)^n\right\}$$
$\rightarrow$ 첫째항이 $\left(\frac{1}{2}\right)^6$, 공비가 $\frac{1}{2}$인 등비수열의 합
$$=\frac{1}{3}\times\left\{\frac{1}{2}+\left(\frac{1}{2}\right)^2+\cdots+\left(\frac{1}{2}\right)^n\right\}-\frac{2}{3}\times\left\{\left(\frac{1}{2}\right)^6+\cdots+\left(\frac{1}{2}\right)^k\right\}$$
$$=\frac{1}{3}\times\frac{\frac{1}{2}\times\left\{1-\left(\frac{1}{2}\right)^n\right\}}{1-\frac{1}{2}}-\frac{2}{3}\times\frac{\left(\frac{1}{2}\right)^6\times\left\{1-\left(\frac{1}{2}\right)^{k-5}\right\}}{1-\frac{1}{2}}$$
$$=\frac{1}{3}\times\left\{1-\left(\frac{1}{2}\right)^n\right\}-\frac{2}{3}\times\left(\frac{1}{2}\right)^5\times\left\{1-\left(\frac{1}{2}\right)^{k-5}\right\}$$
$$=\frac{1}{3}\times\left\{1-\left(\frac{1}{2}\right)^n\right\}-\frac{1}{48}\times\left\{1-\left(\frac{1}{2}\right)^{k-5}\right\} \quad \cdots\cdots ㉡$$

[STEP 4] $2\lim_{n\to\infty}\int_0^n F(x)dx$를 계산하여 실수 k의 값을 구한다.

㉡에서 $\lim_{n\to\infty}\left(\frac{1}{2}\right)^n=0$이므로

$$2\lim_{n\to\infty}\int_0^n F(x)dx=\frac{1}{3}-\frac{1}{48}\times\left\{1-\left(\frac{1}{2}\right)^{k-5}\right\}$$
$$=\frac{15}{48}+\frac{1}{48}\times\left(\frac{1}{2}\right)^{k-5}$$

즉, $\frac{15}{48}+\frac{1}{48}\times\left(\frac{1}{2}\right)^{k-5}=\frac{241}{768}$이므로

$$\left(\frac{1}{2}\right)^{k-5}=\frac{1}{16}=\left(\frac{1}{2}\right)^4$$

$k-5=4$

따라서 $k=9$

답 9

수능이 보이는 강의

함수식이 $f(x)$, $g(x)$, $h(x)$의 세 개의 식이 주어져 복잡해 보이지만 세 식의 관계를 살펴보고 연관성을 먼저 찾는 것이 중요해.

$g(x)=\frac{1}{2^n}\{f(x-n)-(x-n)\}+x$에서

$g(x)-x=\frac{1}{2^n}\{f(x-n)-(x-n)\}$

으로 놓고 $h(x)-x$의 식을 구해.

$$h(x)-x=\begin{cases}g(x)-x & (0\le x<5 \text{ 또는 } x\ge k)\\ x-g(x) & (5\le x<k)\end{cases}$$

구간 $[0, \infty)$에서 정의된 함수 $g(x)$에 대하여

$g(x)-x=\frac{1}{2^n}\{f(x-n)-(x-n)\}$

이므로 함수 $y=g(x)-x$의 그래프는 함수 $y=f(x)-x$의 그래프를 x축의 방향으로 n만큼 평행이동시킨 것이야.

즉, 함숫값 $f(x-n)-(x-n)$을 2^n만큼 나누어준 것이야.

$0\le x<1$인 범위에서 그래프를 이해한 후 $y=f(x)-x$의 그래프를 x축의 방향으로 n만큼 평행이동시키면 수열 $\{a_n\}$을 정의할 수 있어.

19

정답률 **6.1%**

정답 공식 **개념만 확실히 알자!**

1. 두 곡선으로 둘러싸인 부분의 넓이

두 함수 $y=f(x)$, $y=g(x)$가 닫힌구간 $[a, b]$에서 연속일 때, 두 곡선 $y=f(x)$, $y=g(x)$ 및 두 직선 $x=a$, $x=b$로 둘러싸인 부분의 넓이 S는

$$S=\int_a^b |f(x)-g(x)|\,dx$$

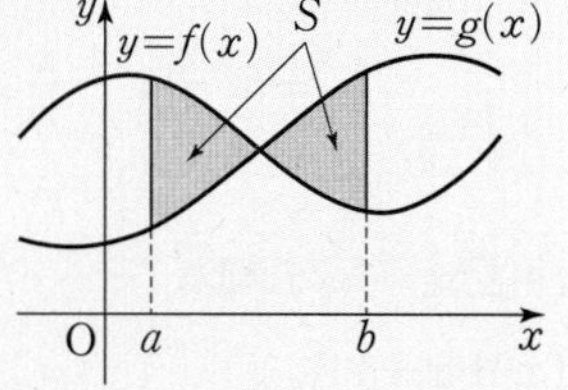

2. 도형의 대칭이동

방정식 $f(x, y)=0$이 나타내는 도형을

(1) x축에 대하여 대칭이동시킨 도형의 방정식은

⇨ $f(x, -y)=0$

(2) y축에 대하여 대칭이동시킨 도형의 방정식은

⇨ $f(-x, y)=0$

(3) 원점에 대하여 대칭이동시킨 도형의 방정식은

⇨ $f(-x, -y)=0$

(4) 직선 $y=x$에 대하여 대칭이동시킨 도형의 방정식은

⇨ $f(y, x)=0$

풀이 전략 t의 값에 따른 함수 $g(x)$를 알아보고 정적분의 성질을 이용하여 미지수를 구한다.

문제 풀이

[STEP 1] t의 값에 따른 $g(t)$를 구한다.

부등식 $f(x)\le f(t)$를 만족시키는 x의 값의 범위는 곡선 $y=f(x)$가 직선 $y=f(t)$와 만나거나 아래쪽에 그려지는 실수 x의 값의 범위와 같다. 따라서 직선 $y=f(t)$와 곡선 $y=f(x)$가 만나는 점의 x좌표 중 가장 작은 값이 $g(t)$이다.

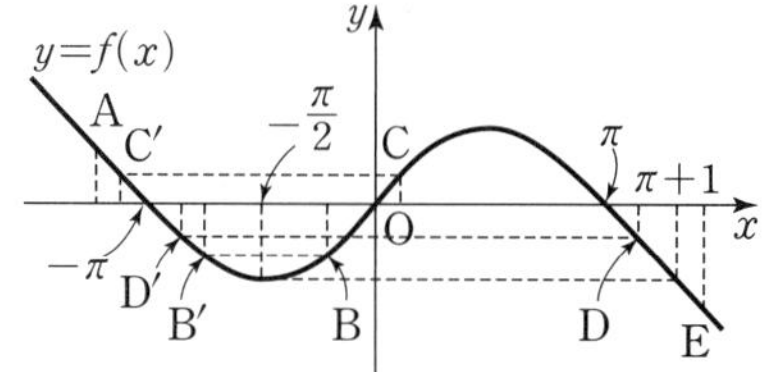

(i) $t\le -\frac{\pi}{2}$일 때

점 A의 x좌표가 t일 때, 점 A를 지나고 x축에 평행한 직선이 곡선과 만나는 점 중 x좌표가 가장 작은 점은 A이다.

따라서 $g(t)=t$이다.

(ii) $-\frac{\pi}{2}<t\le 0$일 때

점 B의 x좌표가 t일 때, 점 B를 지나고 x축에 평행한 직선이 곡선과 만나는 점 중 x좌표가 가장 작은 점은 B′이다.

따라서 점 B′의 x좌표가 $g(t)$이다.

두 점 B, B′은 직선 $x=-\frac{\pi}{2}$에 대하여 대칭이므로

$\frac{t+g(t)}{2}=-\frac{\pi}{2}$에서

→ 두 점 B, B′의 x좌표의 값의 중점이 $x=-\frac{\pi}{2}$이다.

$g(t)=-t-\pi$

(iii) $0<t\le\pi$일 때

점 C의 x좌표가 t일 때, 점 C를 지나고 x축에 평행한 직선이 곡선과 만나는 점 중 x좌표가 가장 작은 점은 C′이다.

따라서 점 C′의 x좌표가 $g(t)$이다.

점 C는 곡선 $y=\sin x$ 위의 점이고, 점 C′은 직선 $y=-x-\pi$ 위의 점이므로

$\sin t=-g(t)-\pi$에서

$g(t)=-\sin t-\pi$

(iv) $\pi<t\le\pi+1$일 때

점 D의 x좌표가 t일 때, 점 D를 지나고 x축에 평행한 직선이 곡선과 만나는 점 중 x좌표가 가장 작은 점은 D′이다.

따라서 점 D′의 x좌표가 $g(t)$이다.

점 D는 직선 $y=-x+\pi$ 위의 점이고, 점 D′은 곡선 $y=\sin x$ 위의 점이므로 $-t+\pi=\sin g(t)$이다.

함수 $y=\sin x\left(-\pi\le x\le -\frac{\pi}{2}\right)$의 역함수를 $h(x)$라 하면

$g(t)=h(-t+\pi)$

→ $\sin(g(t))=-t+\pi$에서 $\sin x$의 역함수가 $h(x)$이므로 $g(t)=h(-t+\pi)$

(v) $t>\pi+1$일 때

점 E의 x좌표가 t일 때, 점 E를 지나고 x축에 평행한 직선이 곡선과 만나는 점 중 x좌표가 가장 작은 점은 E이다.

따라서 $g(t)=t$이다.

[STEP 2] 함수 $y=g(t)$의 그래프를 그린다.

함수 $g(t)$는 $t=\pi+1$에서 불연속이므로 $a=\pi+1$이고 함수 $y=g(t)$의 그래프는 그림과 같다.

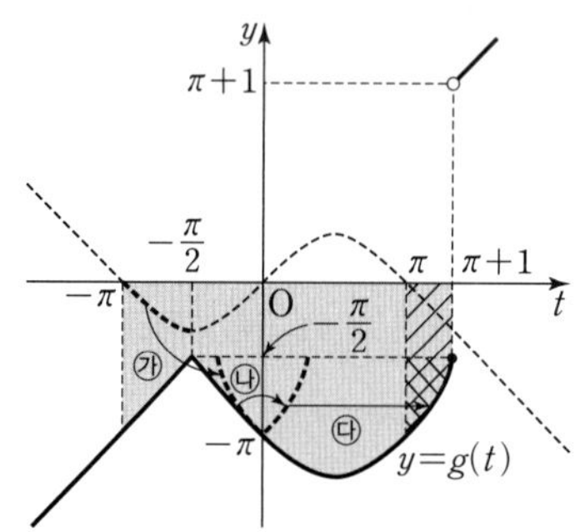

[STEP 3] $\int_{-\pi}^{\pi} g(t)\,dt$, $\int_{\pi}^{a} g(t)\,dt$의 값을 구한다.

$$\int_{-\pi}^{\pi} g(t)\,dt=\left[\frac{t^2}{2}\right]_{-\pi}^{-\frac{\pi}{2}}+\left[-\frac{t^2}{2}-\pi t\right]_{-\frac{\pi}{2}}^{0}+\left[\cos t-\pi t\right]_{0}^{\pi}$$

$$=-\frac{7}{4}\pi^2-2 \quad \cdots\cdots ㉠$$

한편 위의 그림에서

$y=\sin t\left(-\pi\le t\le -\frac{\pi}{2}\right)$ $\xrightarrow[\text{직선 } y=t\text{에 대하여 대칭}]{㉮}$ $y=h(t)$

$\xrightarrow[y\text{축에 대하여 대칭}]{㉯}$ $y=h(-t)$ $\xrightarrow[\text{평행이동}]{㉰}$ $y=h(-t+\pi)$

이므로

$$\int_{\pi}^{a} g(t)\,dt = -(\text{빗금 친 부분의 넓이})$$
$$= -\left(1\times\frac{\pi}{2}+\int_{0}^{\frac{\pi}{2}}\sin t\,dt\right)$$
$$= -\frac{1}{2}\pi-1 \qquad \cdots\cdots ㉡$$

[STEP 4] $100\times|p+q|$의 값을 구한다.

㉠, ㉡에 의하여

$$\int_{-\pi}^{a} g(t)\,dt=\int_{-\pi}^{\pi} g(t)\,dt+\int_{\pi}^{a} g(t)\,dt$$
$$= -\frac{7}{4}\pi^2-\frac{1}{2}\pi-3$$

따라서 $p=-\frac{1}{2}$, $q=-3$이므로

$100\times|p+q|=350$

답 350

20

정답률 **4.6%**

정답 공식 **개념만 확실히 알자!**

1. 부정적분과 미분의 관계
   (1) $\frac{d}{dx}\left\{\int f(x)dx\right\}=f(x)$
   (2) $\int\left\{\frac{d}{dx}f(x)\right\}dx=f(x)+C$ (단, C는 적분상수)
2. 부정적분의 부분적분법
   두 함수 $f(x)$, $g(x)$가 미분가능할 때
   $$\int f(x)g'(x)dx=f(x)g(x)-\int f'(x)g(x)dx$$

풀이 전략 부정적분을 이용하여 함수를 구한다.

문제 풀이

[STEP 1] 양변에 $2x+1$을 곱한 후 양변을 적분한다.

$f'(x^2+x+1)=\pi f(1)\sin \pi x+f(3)x+5x^2$의 양변에

$(x^2+x+1)'=2x+1$을 곱하고 $f(1)=a$, $f(3)=b$로 놓으면 (→ 상수)

$(2x+1)f'(x^2+x+1)$

$=a\pi(2x+1)\sin\pi x+b(2x^2+x)+10x^3+5x^2$

좌변을 적분하면

$$\int(2x+1)f'(x^2+x+1)\,dx=f(x^2+x+1)+C_1$$

(단, C_1은 적분상수) ······ ㉠

우변을 적분하면

$$\int\{a\pi(2x+1)\sin\pi x+b(2x^2+x)+10x^3+5x^2\}\,dx$$
$$=a\pi\int(2x+1)\sin\pi x\,dx+\int\{b(2x^2+x)+10x^3+5x^2\}\,dx$$

($\int f(x)g'(x)dx=f(x)g(x)-\int f'(x)g(x)dx$)

$$=-a(2x+1)\cos\pi x-a\int(-2\cos\pi x)\,dx$$
$$+b\left(\frac{2}{3}x^3+\frac{1}{2}x^2\right)+\frac{5}{2}x^4+\frac{5}{3}x^3$$
$$=-a(2x+1)\cos\pi x+\frac{2a}{\pi}\sin\pi x$$
$$+b\left(\frac{2}{3}x^3+\frac{1}{2}x^2\right)+\frac{5}{2}x^4+\frac{5}{3}x^3+C_2$$

(단, C_2는 적분상수) ······ ㉡

그러므로 ㉠과 ㉡에서

$f(x^2+x+1)$

$$=-a(2x+1)\cos\pi x+\frac{2a}{\pi}\sin\pi x+b\left(\frac{2}{3}x^3+\frac{1}{2}x^2\right)$$
$$+\frac{5}{2}x^4+\frac{5}{3}x^3+C \text{ (단, } C\text{는 적분상수)} \qquad \cdots\cdots ㉢$$

[STEP 2] $f(1)$, $f(3)$의 값을 구한다.

이때 $f(x^2+x+1)$에서

(i) $x^2+x+1=1$이면 $x^2+x=0$

$x(x+1)=0$에서

$x=0$ 또는 $x=-1$

① $x=0$을 ㉢에 대입하면

$f(1)=-a+C$

이때 $f(1)=a$이므로

$a=-a+C$, $2a=C$ ······ ㉣

② $x=-1$을 ㉢에 대입하면

$f(1)=-a-\frac{1}{6}b+\frac{5}{6}+C$

이때 $f(1)=a$이므로

$a=-a-\frac{1}{6}b+\frac{5}{6}+C$

$12a+b-6C=5$ ······ ㉤

(ii) $x^2+x+1=3$이면 $x^2+x-2=0$

$(x-1)(x+2)=0$에서

$x=1$ 또는 $x=-2$

$x=1$을 ㉢에 대입하면

$f(3)=3a+\frac{7}{6}b+\frac{25}{6}+C$

이때 $f(3)=b$이므로

$b=3a+\frac{7}{6}b+\frac{25}{6}+C$

$18a+b+6C=-25$ ······ ㉥

㉣을 ㉤, ㉥에 대입하면

$a=-1$, $b=5$

이때 ㉣에서 $C=-2$

[STEP 3] $f(7)$의 값을 구한다.

따라서

$f(x^2+x+1)$

$$=(2x+1)\cos\pi x-\frac{2}{\pi}\sin\pi x+5\left(\frac{2}{3}x^3+\frac{1}{2}x^2\right)$$

$$+\frac{5}{2}x^4+\frac{5}{3}x^3-2 \quad \cdots\cdots ㅅ$$

이때 $x^2+x+1=7$이면

$x^2+x-6=0$

$(x-2)(x+3)=0$

$x=2$ 또는 $x=-3$

ㅅ에 $x=2$를 대입하면

$f(7)=5+5\times\left(\frac{16}{3}+2\right)+40+\frac{40}{3}-2=93$

답 93

21

정답률 **5.0%**

정답 공식 **개념만 확실히 알자!**

1. **정적분의 부분적분법**
   닫힌구간 $[a, b]$에서 두 함수 $f(x)$, $g(x)$가 미분가능하고 $f'(x)$, $g'(x)$가 연속일 때
   $$\int_a^b f(x)g'(x)dx=\Big[f(x)g(x)\Big]_a^b-\int_a^b f'(x)g(x)dx$$
2. **정적분의 치환적분법**
   미분가능한 함수 $g(x)$가 닫힌구간 $[a, b]$에서 연속이고 일대일대응이며 $\alpha=g(a)$, $\beta=g(b)$이고, 도함수 $g'(x)$가 닫힌구간 $[a, b]$에서 연속이며, 함수 $f(x)$는 닫힌구간 $[\alpha, \beta]$에서 연속일 때, $g(x)=t$로 놓으면
   $$\int_a^b f(g(x))g'(x)dx=\int_\alpha^\beta f(t)dt$$

풀이 전략 함수 $y=f(x)$의 그래프의 개형을 그린 후 정적분의 부분적분법과 치환적분법을 이용하여 정적분의 값을 구한다.

문제 풀이

[STEP 1] 조건 (가), (나)를 이용하여 함수 $y=f(x)$의 그래프의 개형을 그린다.

조건 (가)에서 $f(1)=1$이므로 조건 (나)에 의하여

$g(2)=2f(1)=2$

$f(2)=2$이므로 → 함수 $f(x)$의 역함수가 $g(x)$이므로 $f(a)=b$에서 $f^{-1}(b)=a$, 즉 $g(b)=a$

$g(4)=2f(2)=4$

$f(4)=4$이므로

$g(8)=2f(4)=8$

따라서 $f(8)=8$

함수 $y=f(x)$의 그래프의 개형은 그림과 같다.

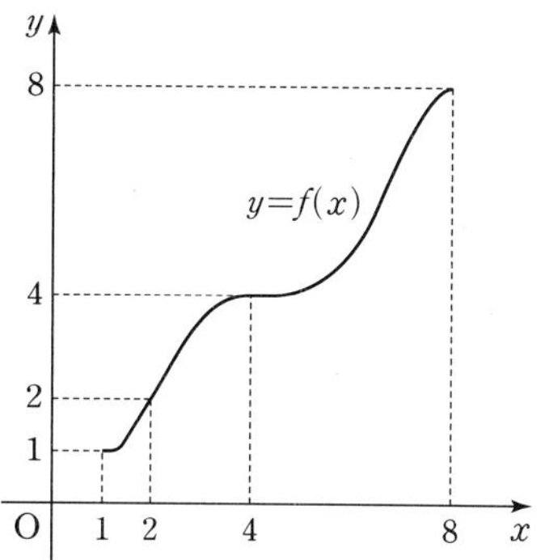

[STEP 2] 부분적분법을 이용하여 $\int_1^8 xf'(x)dx$에서 $\int_1^8 f(x)dx$에 대한 식을 유도한다.

부분적분법에 의하여

$$\int_1^8 xf'(x)dx=\Big[xf(x)\Big]_1^8-\int_1^8 f(x)dx$$
$$=8f(8)-f(1)-\int_1^8 f(x)dx$$

→ $f(8)=8$, $f(1)=1$

$$=8\times8-1-\int_1^8 f(x)dx$$
$$=63-\int_1^8 f(x)dx \quad \cdots\cdots ㉠$$

[STEP 3] 정적분의 성질과 조건 (가), (나)를 이용하여 $\int_1^8 f(x)dx$의 값을 구한다.

이때

$$\int_1^8 f(x)dx$$
$$=\int_1^2 f(x)dx+\int_2^4 f(x)dx+\int_4^8 f(x)dx \quad \cdots\cdots ㉡$$

→ 임의의 실수 a, b, c를 포함하는 구간에서 함수 $f(x)$가 연속일 때 $\int_a^b f(x)dx=\int_a^c f(x)dx+\int_c^b f(x)dx$

이고 조건 (가)에서

$$\int_1^2 f(x)dx=\frac{5}{4} \quad \cdots\cdots ㉢$$

이때 두 함수 $y=f(x)$, $y=g(x)$의 그래프의 대칭성에 의하여

$$\int_2^4 f(x)dx=4\times4-2\times2-\int_2^4 g(y)dy$$
$$=12-\int_2^4 g(y)dy \quad \cdots\cdots ㉣$$

이때 $y=2t$로 놓으면 치환적분법에 의하여

→ 치환적분법을 이용하여 정적분할 때는 적분 변수와 적분 구간이 바뀐다는 사실에 주의해야 한다.

$$\int_2^4 g(y)dy=2\int_1^2 g(2t)dt$$

이므로 조건 (나)에서

$$\int_2^4 g(y)dy=2\int_1^2 g(2t)dt=2\int_1^2 2f(t)dt$$
$$=4\int_1^2 f(x)dx$$
$$=4\times\frac{5}{4}=5$$

㉣에서

$$\int_2^4 f(x)dx=12-\int_2^4 g(y)dy$$
$$=12-5=7 \quad \cdots\cdots ㉤$$

또 두 함수 $y=f(x)$, $y=g(x)$의 그래프의 대칭성에 의하여

$$\int_4^8 f(x)dx=8\times8-4\times4-\int_4^8 g(y)dy$$

$$=48-\int_4^8 g(y)dy \quad \cdots\cdots ㉥$$

이때 $y=2t$로 놓으면 치환적분법에 의하여

$$\int_4^8 g(y)dy=2\int_2^4 g(2t)dt$$

이므로 조건 (나)에서

$$\int_4^8 g(y)dy=2\int_2^4 g(2t)dt=2\int_2^4 2f(t)dt$$

$$=4\int_2^4 f(x)dx$$

$$=4\times7=28$$

㉥에서

$$\int_4^8 f(x)dx=48-\int_4^8 g(y)dy$$

$$=48-28=20 \quad \cdots\cdots ㉦$$

㉡, ㉢, ㉤, ㉦에서

$$\int_1^8 f(x)dx=\int_1^2 f(x)dx+\int_2^4 f(x)dx+\int_4^8 f(x)dx$$

$$=\frac{5}{4}+7+20=\frac{113}{4}$$

[STEP 4] $\int_1^8 xf'(x)dx$의 값을 구하여 p, q의 값을 구한다.

㉠에서

$$\int_1^8 xf'(x)dx=63-\int_1^8 f(x)dx$$

$$=63-\frac{113}{4}=\frac{139}{4}$$

따라서 $p=4$, $q=139$이므로

$p+q=4+139=143$

답 143

22

정답률 4.0%

정답 공식 **개념만 확실히 알자!**

1. 연속함수

함수 $f(x)$가 어떤 구간에 속하는 모든 실수 x에서 연속일 때, 함수 $f(x)$는 그 구간에서 연속이라 하고, 그 구간에서 연속인 함수를 그 구간에서 연속함수라 한다. 특히 함수 $f(x)$가

① 열린구간 (a, b)에서 연속이고

② $\lim_{x\to a+} f(x)=f(a)$, $\lim_{x\to b-} f(x)=f(b)$

일 때, 함수 $f(x)$는 닫힌구간 $[a, b]$에서 연속이라 한다.

2. 정적분의 성질

함수 $f(x)$가 닫힌구간 $[a, b]$에서 연속일 때

$$\int_a^b f(x)dx=\int_a^c f(x)dx+\int_c^b f(x)dx \text{ (단, } c\text{는 임의의 상수)}$$

3. 삼각함수의 미분법

(1) $\{\sin f(x)\}'=\cos f(x)\times f'(x)$

(2) $\{\cos f(x)\}'=-\sin f(x)\times f'(x)$

4. 평행이동한 함수의 정적분

함수 $y=f(x)$의 그래프를 x축의 방향으로 m만큼 평행이동한 함수 $y=f(x-m)$의 그래프에 대하여

$$\int_a^b f(x)dx=\int_{a+m}^{b+m} f(x-m)dx$$

풀이 전략 삼각함수의 극한 및 함수의 극값을 이용하여 주어진 조건을 만족시키는 함수를 구한 후 치환적분법을 이용하여 정적분의 값을 구한다.

문제 풀이

[STEP 1] 조건 (가)를 이용하여 $f(0)$, $f'(0)$의 값을 구한다.

조건 (가)에서 $x\longrightarrow0$일 때 (분모) $\longrightarrow0$이고 극한값이 존재하므로 (분자) $\longrightarrow0$이어야 한다.

즉, $\lim_{x\to0}\sin(\pi\times f(x))=\sin(\pi\times f(0))=0$에서

$f(0)=n$ (n은 정수)

한편 삼차함수 $f(x)$의 최고차항의 계수가 9이므로

$f(x)=9x^3+ax^2+bx+n$ (a, b는 상수)

로 놓을 수 있다.

이때 $h(x)=\sin(\pi\times f(x))$라 하면

$h(0)=0$이므로

$$\lim_{x\to0}\frac{\sin(\pi\times f(x))}{x}=\lim_{x\to0}\frac{h(x)-h(0)}{x}=h'(0)$$

→ $f'(a)=\lim_{\Delta x\to0}\frac{f(a+\Delta x)-f(a)}{\Delta x}$

즉, $h'(0)=0$

이때 $h'(x)=\pi f'(x)\times\cos(\pi\times f(x))$이므로

$h'(0)=\pi f'(0)\times\cos(n\pi)=0$에서

→ $f(0)=n$ (n은 정수)이므로 $\cos(\pi\times f(0))=\cos(n\pi)=\pm1$

$f'(0)=0$

$f'(x)=27x^2+2ax+b$에서

$f'(0)=b=0 \quad \cdots\cdots ㉠$

[STEP 2] 함수 $g(x)$가 연속인 조건과 조건 (나)를 이용하여 $f(x)$를 구한다.

한편 함수 $g(x)$가 실수 전체의 집합에서 연속이므로

$\lim_{x\to1-} g(x)=\lim_{x\to1+} g(x)$

이어야 한다.

이때 함수 $g(x)$는 $0\le x<1$일 때 $g(x)=f(x)$이고 모든 실수 x에 대하여 $g(x+1)=g(x)$이므로

$\lim_{x\to1+} g(x)=\lim_{x\to0+} g(x)$

$\lim_{x\to1-} g(x)=\lim_{x\to1-} f(x)=9+a+n$,

$\lim_{x\to0+} g(x)=\lim_{x\to0+} f(x)=n$이므로 → $f(x)=9x^3+ax^2+n$

$9+a+n=n$

$a=-9$ …… ㉡

$f'(x)=27x^2-18x=9x(3x-2)$이므로

$f'(x)=0$에서

$x=0$ 또는 $x=\frac{2}{3}$

함수 $f(x)$는 $x=0$에서 극대이고 $x=\frac{2}{3}$에서 극소이다.

→ 미분가능한 함수 $f(x)$에 대하여 $f'(a)=0$이고 $x=a$의 좌우에서 $f'(x)$의 부호가 양에서 음으로 바뀌면 $f(x)$는 $x=a$에서 극대, 음에서 양으로 바뀌면 $f(x)$는 $x=a$에서 극소이다.

조건 (나)에 의하여

$f(0)\times f\left(\frac{2}{3}\right)=5$

이므로

$n\times\left(n-\frac{4}{3}\right)=5$, $3n^2-4n-15=0$

$(3n+5)(n-3)=0$

n이 정수이므로

$n=3$ …… ㉢

㉠, ㉡, ㉢에 의하여

$f(x)=9x^3-9x^2+3$

[STEP 3] $\int_0^5 xg(x)\,dx$의 값을 구하여 p, q의 값을 구한다.

따라서

$$\int_0^5 xg(x)\,dx$$

$$=\int_0^1 xg(x)\,dx+\int_1^2 xg(x)\,dx+\int_2^3 xg(x)\,dx+\int_3^4 xg(x)\,dx+\int_4^5 xg(x)\,dx$$

→ $\int_a^b f(x)\,dx=\int_a^c f(x)\,dx+\int_c^b f(x)\,dx$

$$=\int_0^1 xf(x)\,dx+\int_0^1 (x+1)g(x+1)\,dx+\int_0^1 (x+2)g(x+2)\,dx+\int_0^1 (x+3)g(x+3)\,dx+\int_0^1 (x+4)g(x+4)\,dx$$

$$=\int_0^1 xf(x)\,dx+\int_0^1 (x+1)f(x)\,dx+\int_0^1 (x+2)f(x)\,dx+\int_0^1 (x+3)f(x)\,dx+\int_0^1 (x+4)f(x)\,dx$$

→ $\int_0^1 xf(x)\,dx+4\int_0^1 f(x)\,dx$

$$=5\int_0^1 xf(x)\,dx+10\int_0^1 f(x)\,dx$$

$$=5\int_0^1 (9x^4-9x^3+3x)\,dx+10\int_0^1 (9x^3-9x^2+3)\,dx$$

$$=5\left[\frac{9}{5}x^5-\frac{9}{4}x^4+\frac{3}{2}x^2\right]_0^1+10\left[\frac{9}{4}x^4-3x^3+3x\right]_0^1$$

$$=\frac{21}{4}+\frac{45}{2}=\frac{111}{4}$$

따라서 $p=4$, $q=111$이므로

$p+q=4+111=115$

답 115

Ⅲ 적분법

23

정답률 3.0%

정답 공식 **개념만 확실히 알자!**

1. 평행이동한 함수의 정적분

함수 $y=f(x)$의 그래프를 x축의 방향으로 m만큼 평행이동한 함수 $y=f(x-m)$의 그래프에 대하여

$$\int_a^b f(x)\,dx=\int_{a+m}^{b+m} f(x-m)\,dx$$

2. 정적분의 치환적분법

미분가능한 함수 $g(x)$가 닫힌구간 $[a, b]$에서 연속이고 일대일대응이며 $\alpha=g(a)$, $\beta=g(b)$이고, 도함수 $g'(x)$가 닫힌구간 $[a, b]$에서 연속이며, 함수 $f(x)$는 닫힌구간 $[\alpha, \beta]$에서 연속일 때, $g(x)=t$로 놓으면

$$\int_a^b f(g(x))g'(x)\,dx=\int_\alpha^\beta f(t)\,dt$$

풀이 전략 도함수를 이용하여 함수의 식을 구하고, 치환적분을 이용하여 정적분의 값을 구한다.

문제 풀이

[STEP 1] 조건을 만족시키는 $f(x)$, $g(x+3)$의 식을 구한다.

조건 (가)에서 함수 $f(x)$는 구간 $(-\infty, -3)$에서 감소하는 함수이다.

조건 (나)에서 $x>-3$인 모든 실수 x에 대하여

$g(x+3)\{f(x)-f(0)\}^2=f'(x)$ …… ㉠

이고 함수 $g(x)$는 구간 $(0, \infty)$에서 $g(x)\ge0$이므로 ㉠의 좌변은 0 이상인 실수이다.

그러므로 구간 $(-3, \infty)$에서

$f'(x)\ge0$

㉠에 $x=0$을 대입하면

$f'(0)=0$

이때 함수 $f(x)$가 최고차항의 계수가 1인 사차함수이므로

$f'(x)=4x^2(x+3)$

$=4x^3+12x^2$

이때

$f(x)=x^4+4x^3+C$ (단, C는 적분상수)

이 식을 ㉠에 대입하면

$g(x+3)\times(x^4+4x^3)^2=4x^3+12x^2$ …… ㉡

한편

$\int_4^5 g(x)\,dx$

의 적분구간 $[4, 5]$에서의 $g(x)$가 가지는 값은 구간 $[1, 2]$에서의 $g(x+3)$이 가지는 값과 같다.

→ $\int_a^b f(x)\,dx=\int_{a+m}^{b+m} f(x-m)\,dx$

한편 ㉡의 좌변의 식 x^4+4x^3은 구간 $[1, 2]$에서

$x^4+4x^3\neq 0$이므로

$g(x+3)=\dfrac{4x^3+12x^2}{(x^4+4x^3)^2}$

[STEP 2] $\int_4^5 g(x)\,dx$의 값을 구하여 $p+q$의 값을 구한다.

$$\int_4^5 g(x)\,dx=\int_1^2 g(x+3)\,dx$$
$$=\int_1^2 \frac{4x^3+12x^2}{(x^4+4x^3)^2}\,dx \quad \cdots\cdots ㉢$$

이때 $x^4+4x^3=s$로 놓으면

$4x^3+12x^2=\dfrac{ds}{dx}$

이고 $x=1$일 때 $s=5$, $x=2$일 때 $s=48$이므로 ㉢은

$$\int_1^2 \frac{4x^3+12x^2}{(x^4+4x^3)^2}\,dx=\int_5^{48}\frac{1}{s^2}\,ds$$
$$=\left[-\frac{1}{s}\right]_5^{48}$$
$$=\left(-\frac{1}{48}\right)+\frac{1}{5}$$
$$=\frac{43}{240}$$

따라서 $p=240$, $q=43$이므로

$p+q=240+43=283$

답 283

24

정답률 3.0%

정답 공식 **개념만 확실히 알자!**

1. 삼각함수 공식

$\sin 2x=2\sin x\cos x$

즉, $\sin x\cos x=\dfrac{1}{2}\sin 2x$

2. 삼각함수의 주기

(1) $y=a\sin(bx+c)+d$의 주기: $\dfrac{2\pi}{|b|}$

(2) $y=a\cos(bx+c)+d$의 주기: $\dfrac{2\pi}{|b|}$

3. 함수의 극대와 극소

미분가능한 함수 $f(x)$에서 $f'(a)=0$이고 $x=a$의 좌우에서

(1) $f'(x)$의 부호가 양에서 음으로 바뀌면 $f(x)$는 $x=a$에서 극대이고, 극댓값은 $f(a)$이다.

(2) $f'(x)$의 부호가 음에서 양으로 바뀌면 $f(x)$는 $x=a$에서 극소이고, 극솟값은 $f(a)$이다.

(3) 함수 $f(x)$가 $x=a$에서 미분가능하고 $x=a$에서 극값을 가지면 $f'(a)=0$이다.

풀이 전략 주어진 조건을 이용하여 극값을 갖는 x의 값을 구한다.

문제 풀이

[STEP 1] $\sin x$의 값의 범위를 나누어 $f'(x)$를 구한다.

$$f'(x)=|\sin x|\cos x$$

→ $|A|=\begin{cases} A & (A\geq 0) \\ -A & (A<0)\end{cases}$

$$=\begin{cases} \sin x\cos x & (\sin x\geq 0) \\ -\sin x\cos x & (\sin x<0)\end{cases}$$
$$=\begin{cases} \frac{1}{2}\sin 2x & (\sin x\geq 0) \\ -\frac{1}{2}\sin 2x & (\sin x<0)\end{cases}$$

→ $2\sin x\cos x=\sin 2x$

[STEP 2] $y=f'(x)$의 그래프의 개형을 그려 본다.

이때 함수 $y=\sin 2x$의 주기는 $\dfrac{2\pi}{2}=\pi$이므로 $0\leq x\leq 2\pi$에서 함수 $y=f'(x)$의 그래프의 개형을 그리면 그림과 같다.

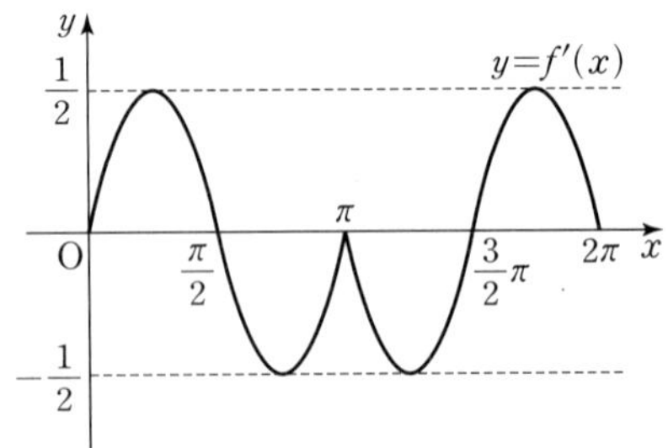

또한

$h(x)=\int_0^x \{f(t)-g(t)\}dt$

→ $\dfrac{d}{dx}\left[\int_0^x \{f(t)-g(t)\}dt\right]=f(x)-g(x)$

에서

$h'(x)=f(x)-g(x)$

이므로 $h'(x)=0$, 즉 $f(x)=g(x)$를 만족시키면서 그 값의 좌우에서 $h'(x)$의 부호가 바뀌는 경우이다.

→ 그 값에서 극값을 갖는다.

[STEP 3] $h(x)$가 극값을 갖는 x의 값을 구한다.

이때 $y=\sin 2x$의 대칭성을 이용하여 양수 a의 값을 작은 수부터 차례대로 구하면

$\frac{\pi}{4}$, $\frac{3}{4}\pi$, π, $\frac{5}{4}\pi$, $\frac{7}{4}\pi$, 2π이므로

$a_6=2\pi$, $a_2=\frac{3}{4}\pi$

따라서

$$\frac{100}{\pi}\times(a_6-a_2)=\frac{100}{\pi}\times\left(2\pi-\frac{3}{4}\pi\right)=125$$

답 125

25

정답률 2.8%

정답 공식 **개념만 확실히 알자!**

1. **정적분의 부분적분법**
   닫힌구간 $[a, b]$에서 두 함수 $f(x)$, $g(x)$가 미분가능하고 $f'(x)$, $g'(x)$가 연속일 때
   $$\int_a^b f(x)g'(x)dx=\Big[f(x)g(x)\Big]_a^b-\int_a^b f'(x)g(x)dx$$
   상대적으로 미분하기 쉬운 함수를 $f(x)$로, 적분하기 쉬운 함수를 $g'(x)$로 놓고 부분적분법을 이용하면 계산이 편리하다.
2. **주기함수의 정적분**
   주기가 p인 연속함수 $f(x)$에 대하여
   (1) $\int_a^b f(x)dx=\int_{a+p}^{b+p} f(x)dx$
   (2) $\int_a^{a+p} f(x)dx=\int_b^{b+p} f(x)dx$
   주기함수의 그래프는 일정한 모양이 반복되므로 정적분의 아래끝과 위끝에 각각 주기만큼 더하면 정적분의 값은 변하지 않는다.
3. **함수 $y=\cos x$의 그래프와 성질**

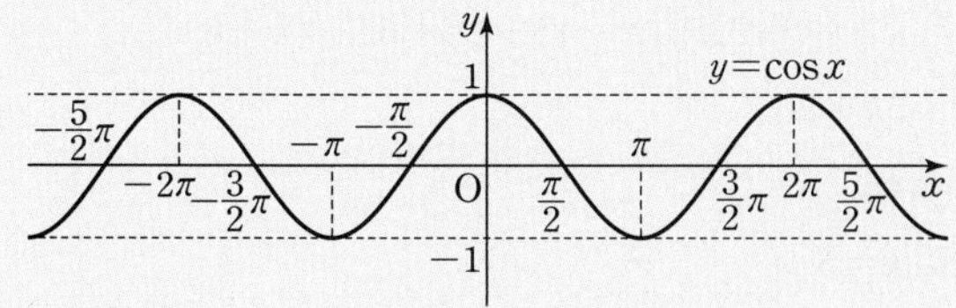

① 정의역은 실수 전체의 집합이고, 치역은 $\{y|-1\le y\le 1\}$이다.
② $y=\cos x$의 그래프는 y축에 대하여 대칭이다.
③ 주기가 2π인 주기함수이다.

풀이 전략 함수 $y=f(x)$의 그래프의 특징을 파악하고 적분 구간 $[k, k+8]$의 위치에 따라 $g(t)$를 구해 조건을 만족시키는 점을 찾는다.

문제 풀이

[STEP 1] 두 함수 $y=f(x)$, $y=\cos(\pi x)$의 그래프를 그려 본다.

실수 t에 대하여 함수 $f(x)$는

$$f(x)=\begin{cases}-x+t+1 & (t\le x<t+1)\\ x-t+1 & (t-1\le x<t)\\ 0 & (x>t+1 \text{ 또는 } x<t-1)\end{cases}$$

이므로 함수 $y=f(x)$의 그래프는 그림과 같다.

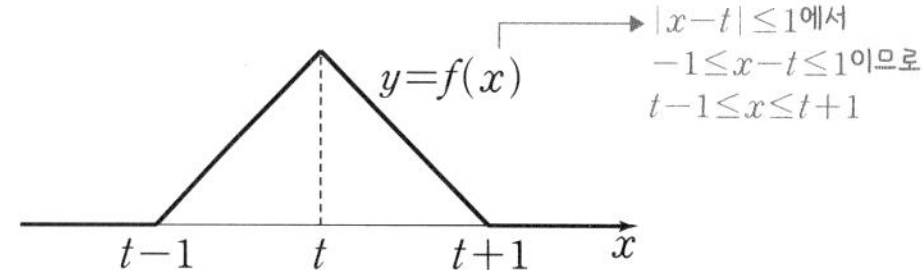

한편 함수 $y=\cos(\pi x)$의 주기는 $\frac{2\pi}{\pi}=2$이므로 홀수 k에 대하여 함수 $y=\cos(\pi x)$의 그래프는 그림과 같다.

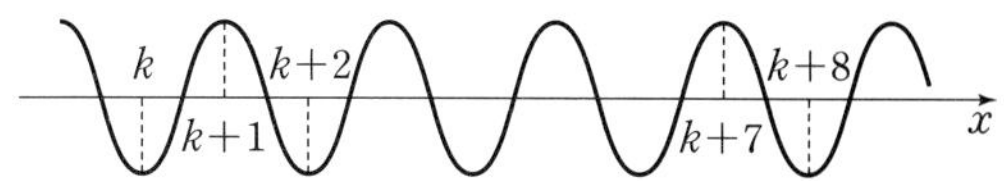

[STEP 2] t의 값을 증가시키면서 함수 $g(t)$를 구해 본다.

홀수 k에 대하여 적분 구간 $[k, k+8]$의 위치에 따라 $g(t)$를 구해 보자.

주의: 주어진 적분 구간의 길이가 8이지만 $x<t-1$ 또는 $x>t+1$에서 $f(x)=0$이므로 실제 적분 구간의 길이는 최대 2가 될거야.

한편 $x<t-1$ 또는 $x>t+1$일 때 $f(x)=0$이므로 닫힌구간 $[a, b]$가 구간 $(-\infty, t-1]$에 포함되거나 구간 $[t+1, \infty)$에 포함되면

$$\int_a^b f(x)\cos(\pi x)dx=0$$

이다. t의 값을 증가시키면서 함수 $g(t)$를 구하면 다음과 같다.

(i) $t+1\le k$일 때

$$g(t)=\int_k^{k+8} f(x)\cos(\pi x)dx=\int_k^{k+8} 0\times\cos(\pi x)dx=0$$

(ii) $t-1\le k\le t+1$일 때

$$g(t)=\int_k^{k+8} f(x)\cos(\pi x)dx=\int_k^{t+1} f(x)\cos(\pi x)dx$$

(iii) $k\le t-1<t+1\le k+8$일 때

$$g(t)=\int_k^{k+8} f(x)\cos(\pi x)dx=\int_{t-1}^{t+1} f(x)\cos(\pi x)dx$$

(iv) $t-1\le k+8\le t+1$일 때

$$g(t)=\int_k^{k+8} f(x)\cos(\pi x)dx=\int_{t-1}^{k+8} f(x)\cos(\pi x)dx$$

(v) $t-1\ge k+8$일 때

$$g(t)=\int_k^{k+8} f(x)\cos(\pi x)dx=\int_k^{k+8} 0\times\cos(\pi x)dx$$
$$=0$$

[STEP 3] 함수 $\int_{t-1}^{t+1} f(x)\cos(\pi x)dx$가 t가 홀수일 때 극소임을 구한다.

한편 다음 그림에서 함수 $\int_{t-1}^{t+1} f(x)\cos(\pi x)dx$는 t가 홀수일 때 극소이면서 최소이고, t가 짝수일 때 극대이면서 최대임을 알 수 있다.

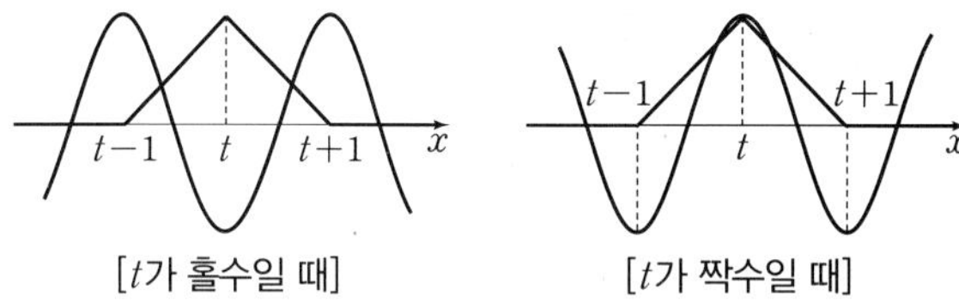

[STEP 4] t가 $k\le t-1<t+1\le k+8$인 범위에서 홀수일 때와 짝수일 때 $g(t)=\int_k^{k+8} f(x)\cos(\pi x)\,dx$의 값을 구한다.

그런데

$$\int_0^1 (1-x)\cos(\pi x)\,dx$$

→ $u'=\cos(\pi x)$, $v=1-x$라 하면 $u=\frac{1}{\pi}\sin(\pi x)$, $v'=-1$

$$=\left[\frac{1}{\pi}(1-x)\sin(\pi x)\right]_0^1+\frac{1}{\pi}\int_0^1 \sin(\pi x)\,dx$$

$$=0+\frac{1}{\pi}\left[-\frac{1}{\pi}\cos(\pi x)\right]_0^1$$

$$=\frac{2}{\pi^2}$$

이므로 t가 $k\le t-1<t+1\le k+8$인 홀수일 때,

$$\begin{aligned} g(t)&=\int_k^{k+8} f(x)\cos(\pi x)\,dx\\ &=\int_{t-1}^{t+1} f(x)\cos(\pi x)\,dx\\ &=\int_{-1}^{1} f(x+t)\cos\{\pi(x+t)\}dx\\ &=-\int_{-1}^{1}(1-|x|)\cos(\pi x)\,dx\\ &=-2\int_0^1(1-x)\cos(\pi x)\,dx\\ &=-\frac{4}{\pi^2}\end{aligned}$$

→ 함수 $y=1-|x|$의 그래프와 함수 $y=\cos(\pi x)$의 그래프가 y축에 대하여 대칭이므로 $\int_{-1}^{1}(1-|x|)\cos(\pi x)\,dx=2\int_0^1(1-|x|)\cos(\pi x)\,dx$

이고, t가 $k\le t-1<t+1\le k+8$인 짝수일 때,

$$\begin{aligned} g(t)&=\int_k^{k+8} f(x)\cos(\pi x)\,dx\\ &=\int_{t-1}^{t+1} f(x)\cos(\pi x)\,dx\\ &=\int_{-1}^{1} f(x+t)\cos\{\pi(x+t)\}dx\\ &=\int_{-1}^{1}(1-|x|)\cos(\pi x)\,dx\\ &=2\int_0^1(1-x)\cos(\pi x)\,dx\\ &=\frac{4}{\pi^2}\end{aligned}$$

[STEP 5] $g(t)$의 극솟값을 구한다.

그런데 k는 홀수이므로 함수 $g(t)$는 다음과 같이 극솟값을 갖는다.

① $t=k$에서 극솟값

$$\begin{aligned}\int_k^{k+8} f(x)\cos(\pi x)\,dx&=\int_k^{k+1} f(x)\cos(\pi x)\,dx\\ &=-\int_0^1(1-x)\cos(\pi x)\,dx\\ &=-\frac{2}{\pi^2}\end{aligned}$$

를 갖는다.

② $t=k+8$에서 극솟값

$$\begin{aligned}\int_k^{k+8} f(x)\cos(\pi x)\,dx&=\int_{k+7}^{k+8} f(x)\cos(\pi x)\,dx\\ &=-\int_{-1}^{0}(1+x)\cos(\pi x)\,dx\\ &=-\int_0^1(1-x)\cos(\pi x)\,dx\\ &=-\frac{2}{\pi^2}\end{aligned}$$

를 갖는다.

③ $t=k+2$에서 극솟값

$$\begin{aligned}\int_k^{k+8} f(x)\cos(\pi x)\,dx&=\int_{k+1}^{k+3} f(x)\cos(\pi x)\,dx\\ &=-\int_{-1}^{1}(1-|x|)\cos(\pi x)\,dx\\ &=-2\int_0^1(1-x)\cos(\pi x)\,dx\\ &=-\frac{4}{\pi^2}\end{aligned}$$

를 갖는다.

④ $t=k+4$, $t=k+6$에서도 ③과 마찬가지로 극솟값 $-\frac{4}{\pi^2}$를 갖는다.

[STEP 6] $k-\pi^2\sum_{i=1}^{m} g(\alpha_i)$의 값을 구한다.

이상에서 $\alpha_1=k$, $\alpha_2=k+2$, $\alpha_3=k+4$, $\alpha_4=k+6$, $\alpha_5=k+8$이고,

$$g(\alpha_1)=g(\alpha_5)=-\frac{2}{\pi^2}$$

$$g(\alpha_2)=g(\alpha_3)=g(\alpha_4)=-\frac{4}{\pi^2}$$

이때 주어진 조건에서

$$\begin{aligned}\sum_{i=1}^{m}\alpha_i=\sum_{i=1}^{5}\alpha_i&=\alpha_1+\alpha_2+\alpha_3+\alpha_4+\alpha_5\\ &=k+(k+2)+(k+4)+(k+6)+(k+8)\\ &=5k+20\\ &=45\end{aligned}$$

이므로 $k=5$

$$\begin{aligned}\sum_{i=1}^{m} g(\alpha_i)&=\sum_{i=1}^{5} g(\alpha_i)\\ &=-\frac{1}{\pi^2}(2+4+4+4+2)\\ &=-\frac{16}{\pi^2}\end{aligned}$$

→ $g(\alpha_1)+g(\alpha_2)+g(\alpha_3)+g(\alpha_4)+g(\alpha_5)$

따라서

$$\begin{aligned}k-\pi^2\sum_{i=1}^{m} g(\alpha_i)&=5-\pi^2\times\left(-\frac{16}{\pi^2}\right)\\ &=5+16\\ &=21\end{aligned}$$

답 21

한눈에 보는 정답

Ⅰ 수열의 극한

수능 유형별 기출문제 　본문 8~41쪽

01 ④	02 ⑤	03 ③	04 ④	05 ③	06 ③
07 ④	08 ②	09 ②	10 ⑤	11 ①	12 ③
13 ③	14 ①	15 ②	16 ⑤	17 ①	18 ②
19 ④	20 ⑤	21 ①	22 ③	23 ⑤	24 ②
25 ④	26 5	27 21	28 ③	29 ④	30 ①
31 ⑤	32 33	33 ③	34 ②	35 ①	36 50
37 ③	38 ⑤	39 ③	40 ①	41 ①	42 ②
43 ②	44 ⑤	45 ④	46 ②	47 ④	48 ⑤
49 ②	50 ④	51 ③	52 ①	53 18	54 ①
55 ③	56 ①	57 ③	58 ②	59 ③	60 ②
61 ③	62 ③	63 ③	64 ②	65 ③	66 ⑤
67 ③	68 ③	69 ⑤	70 21	71 ①	72 ③
73 5	74 ②	75 ①	76 ③	77 ②	78 ②
79 ③	80 ④	81 ②	82 ④	83 ③	84 ③
85 ②	86 ②	87 ③	88 ②	89 ②	90 ③
91 ①	92 ②	93 ③	94 ②	95 ①	96 ②
97 ③	98 ③	99 ⑤	100 ⑤		

도전 1등급 문제 　본문 42~45쪽

01 57	02 ②	03 ①	04 28	05 25	06 270
07 80	08 25	09 84	10 162		

Ⅱ 미분법

수능 유형별 기출문제 　본문 48~105쪽

01 ④	02 ③	03 ④	04 ②	05 ③	06 ④
07 ①	08 ②	09 ③	10 ③	11 ②	12 ②
13 ④	14 ⑤	15 ③	16 ②	17 ④	18 ⑤
19 ①	20 ①	21 ②	22 ③	23 ①	24 ②
25 ①	26 ③	27 ④	28 1	29 12	30 3
31 2	32 ②	33 ③	34 4	35 10	36 ①
37 ①	38 ②	39 ①	40 ②	41 ⑤	42 ④
43 11	44 ①	45 ⑤	46 ⑤	47 ④	48 ③
49 ⑤	50 ⑤	51 2	52 ④	53 ①	54 60
55 ⑤	56 ①	57 ①	58 ④	59 ④	60 20
61 ④	62 ③	63 2	64 ③	65 ②	66 ①
67 ④	68 ②	69 ②	70 ④	71 ①	72 ②
73 ③	74 30	75 2	76 ③	77 ⑤	78 ①
79 ④	80 3	81 ④	82 ①	83 ③	84 ④
85 ④	86 ⑤	87 1	88 ②	89 ④	90 ⑤
91 ①	92 8	93 ④	94 ④	95 ⑤	96 ③
97 ⑤	98 2	99 ③	100 ②	101 ④	102 ①
103 ②	104 ③	105 ④	106 ②	107 ①	108 ④
109 ②	110 2	111 ②	112 ⑤	113 2	114 ①
115 ④	116 ③	117 17	118 ⑤	119 ⑤	120 25
121 ②	122 4	123 5	124 ④	125 ①	126 ④
127 ④	128 ⑤	129 4	130 ①	131 ①	132 ④
133 10	134 ④	135 ④	136 ⑤	137 ④	138 ②
139 ③	140 12	141 90	142 ①	143 ④	144 ④
145 ⑤	146 ②	147 ②	148 ③	149 ④	150 ②
151 ④	152 2	153 96	154 ①	155 ③	156 ③
157 ④	158 ③	159 ③	160 ②	161 ②	162 ②
163 34	164 ①	165 17	166 5	167 24	168 ⑤
169 ④	170 ②	171 ⑤	172 ③	173 ④	174 ⑤
175 4	176 ③	177 ⑤			

도전 1등급 문제 　본문 106~115쪽

01 40	02 ④	03 ①	04 20	05 5	06 72
07 5	08 17	09 23	10 15	11 40	12 55
13 3	14 50	15 30	16 11	17 91	18 43
19 16	20 32	21 29	22 77	23 27	24 64
25 25	26 10	27 331			

Ⅲ 적분법

수능 유형별 기출문제

본문 118~150쪽

01 ④	02 ③	03 ④	04 ①	05 ⑤	06 ⑤
07 ①	08 ②	09 ①	10 ①	11 4	12 ②
13 ①	14 13	15 ②	16 ⑤	17 ③	18 2
19 ③	20 ④	21 ①	22 ②	23 ②	24 ①
25 ⑤	26 3	27 ②	28 ③	29 ②	30 ③
31 ③	32 ③	33 ⑤	34 ④	35 ④	36 ⑤
37 ④	38 ⑤	39 ①	40 64	41 ②	42 ②
43 ④	44 ②	45 ②	46 ⑤	47 ④	48 ⑤
49 ④	50 ④	51 ⑤	52 ⑤	53 ①	54 ②
55 ③	56 ②	57 ④	58 ④	59 ②	60 ③
61 ③	62 ①	63 ④	64 ②	65 ①	66 242
67 ②	68 5	69 19	70 ②	71 ②	72 ②
73 ③	74 ⑤	75 ①	76 ③	77 ①	78 ②
79 ②	80 ④	81 ③	82 ①	83 ②	84 ③
85 ③	86 ③	87 ①	88 ③	89 ③	90 ②
91 ④	92 340	93 ⑤	94 ①	95 ①	

도전 1등급 문제

본문 151~160쪽

01 ①	02 ②	03 ⑤	04 ②	05 ②	06 ②
07 26	08 36	09 25	10 25	11 14	12 12
13 12	14 16	15 83	16 16	17 26	18 9
19 350	20 93	21 143	22 115	23 283	24 125
25 21					